教育部高等学校电子信息类专业教学指导委员会规划教材

高等学校电子信息类专业系列教材·新形态教材

模拟电子线路

（第3版）

杨凌　阎石　高晖　编著

清华大学出版社

北京

内容简介

本书较为全面、系统地介绍了模拟电子线路的基本内容，主要包括绪论、晶体二极管及其基本应用电路、双极结型晶体管及其基本放大电路、场效应晶体管及其基本放大电路、放大电路的频率响应、低频功率放大电路、集成运算放大器、反馈及其稳定性、信号的运算和处理电路、信号的产生电路、直流稳压电源、在系统可编程模拟器件及其开发平台。

本书体系结构合理，符合认知规律，内容系统完整，知识过渡平滑，文字简练流畅，叙述深入浅出。书中每章均以讨论的问题开始，以小结结束，重点内容以二维码形式提供微课视频，章末配备了丰富的习题（包括仿真习题），附录介绍了 Multisim 软件，并提供了大部分习题的参考答案，同时，配套出版了《模拟电子线路学习指导与习题详解》教学辅导书，利于读者自学。

本书可作为高等学校电子信息类、自动化类、计算机类专业本科生的"模拟电子技术基础""模拟电子线路""低频电子线路"等课程的教材，也可供从事电子技术工作的工程技术人员参考。

版权所有，侵权必究。举报：010-62782989，beiqinquan@tup.tsinghua.edu.cn。

图书在版编目（CIP）数据

模拟电子线路 / 杨凌，阎石，高晖编著. -- 3版. -- 北京：清华大学出版社，2025.2.
(高等学校电子信息类专业系列教材). -- ISBN 978-7-302-68401-5

Ⅰ．TN710

中国国家版本馆 CIP 数据核字第 2025PA8792 号

策划编辑：盛东亮
责任编辑：范德一
封面设计：李召霞
责任校对：时翠兰
责任印制：宋　林

出版发行：清华大学出版社
网　　址：https://www.tup.com.cn，https://www.wqxuetang.com
地　　址：北京清华大学学研大厦 A 座　　邮　编：100084
社 总 机：010-83470000　　邮　购：010-62786544
投稿与读者服务：010-62776969，c-service@tup.tsinghua.edu.cn
质量反馈：010-62772015，zhiliang@tup.tsinghua.edu.cn
课件下载：https://www.tup.com.cn，010-83470236

印 装 者：三河市龙大印装有限公司
经　　销：全国新华书店
开　　本：185mm×260mm　　印　张：28.5　　字　数：694千字
版　　次：2015年9月第1版　2025年4月第3版　　印　次：2025年4月第1次印刷
印　　数：1~1500
定　　价：85.00元

产品编号：102957-01

高等学校电子信息类专业系列教材

顾问委员会

谈振辉	北京交通大学（教指委高级顾问）	郁道银	天津大学（教指委高级顾问）

编审委员会

主　任　　吕志伟　哈尔滨工业大学

副主任　　刘　旭　浙江大学　　　　　　王志军　北京大学
　　　　　　隆克平　北京科技大学　　　　葛宝臻　天津大学
　　　　　　秦石乔　国防科技大学　　　　何伟明　哈尔滨工业大学
　　　　　　刘向东　浙江大学

委　员　　韩　焱　中北大学　　　　　　宋　梅　北京邮电大学
　　　　　　殷福亮　大连理工大学　　　　张雪英　太原理工大学
　　　　　　张朝柱　哈尔滨工程大学　　　赵晓晖　吉林大学
　　　　　　洪　伟　东南大学　　　　　　刘兴钊　上海交通大学
　　　　　　杨明武　合肥工业大学　　　　陈鹤鸣　南京邮电大学
　　　　　　王忠勇　郑州大学　　　　　　袁东风　山东大学
　　　　　　曾　云　湖南大学　　　　　　程文青　华中科技大学
　　　　　　陈前斌　重庆邮电大学　　　　李思敏　桂林电子科技大学
　　　　　　谢　泉　贵州大学　　　　　　张怀武　电子科技大学
　　　　　　吴　瑛　战略支援部队信息工程大学　卞树檀　火箭军工程大学
　　　　　　金伟其　北京理工大学　　　　刘纯亮　西安交通大学
　　　　　　胡秀珍　内蒙古工业大学　　　毕卫红　燕山大学
　　　　　　贾宏志　上海理工大学　　　　付跃刚　长春理工大学
　　　　　　李振华　南京理工大学　　　　顾济华　苏州大学
　　　　　　李　晖　福建师范大学　　　　韩正甫　中国科学技术大学
　　　　　　何平安　武汉大学　　　　　　何兴道　南昌航空大学
　　　　　　郭永彩　重庆大学　　　　　　张新亮　华中科技大学
　　　　　　刘缠牢　西安工业大学　　　　曹益平　四川大学
　　　　　　赵尚弘　空军工程大学　　　　李儒新　中国科学院上海光学精密机械研究所
　　　　　　蒋晓瑜　陆军装甲兵学院　　　董友梅　京东方科技集团股份有限公司
　　　　　　仲顺安　北京理工大学　　　　蔡　毅　中国兵器科学研究院
　　　　　　王艳芬　中国矿业大学　　　　冯其波　北京交通大学

丛书责任编辑　　盛东亮　清华大学出版社

  2022年，我国规模以上计算机、通信和其他电子设备制造业实现营业收入15.4万亿元，占工业营业收入比重达11.2%。电子信息产业在工业经济中的支撑作用凸显，更加促进了信息化和工业化的高层次深度融合。随着移动互联网、云计算、物联网、大数据和石墨烯等新兴产业的爆发式增长，电子信息产业的发展呈现了新的特点，电子信息产业的人才培养面临着新的挑战。

  (1) 随着控制、通信、人机交互和网络互联等新兴电子信息技术的不断发展，传统工业设备融合了大量最新的电子信息技术，它们一起构成了庞大而复杂的系统，派生出大量新兴的电子信息技术应用需求。这些"系统级"的应用需求，迫切要求具有系统级设计能力的电子信息技术人才。

  (2) 电子信息系统设备的功能越来越复杂，系统的集成度越来越高。因此，要求未来的设计者应该具备更扎实的理论基础知识和更宽广的专业视野。未来电子信息系统的设计越来越要求软件和硬件的协同规划、协同设计和协同调试。

  (3) 新兴电子信息技术的发展依赖于半导体产业的不断推动，半导体厂商为设计者提供了越来越丰富的生态资源，系统集成厂商的全方位配合又加速了这种生态资源的进一步完善。半导体厂商和系统集成厂商所建立的这种生态系统，为未来的设计者提供了更加便捷却又必须依赖的设计资源。

  教育部2020年颁布了新版《普通高等学校本科专业目录》，将电子信息类专业进行了扩充，为各高校建立系统化的人才培养体系，培养具有扎实理论基础和宽广专业技能的、兼顾"基础"和"系统"的高层次电子信息人才给出了指引。

  传统的电子信息学科专业课程体系呈现"自底向上"的特点，这种课程体系偏重对底层元器件的分析与设计，较少涉及系统级的集成与设计。近年来，国内很多高校对电子信息类专业课程体系进行了大力度的改革，这些改革顺应时代潮流，从系统集成的角度，更加科学合理地构建了课程体系。

  为了进一步提高普通高校电子信息类专业教育与教学质量，推动教育与教学高质量发展，教育部高等学校电子信息类专业教学指导委员会开展了"高等学校电子信息类专业课程体系"的立项研究工作，并启动了"高等学校电子信息类专业系列教材"（教育部高等学校电子信息类专业教学指导委员会规划教材）的建设工作。其目的是推进高等教育内涵式发展，提高教学水平，满足高等学校对电子信息类专业人才培养、教学改革与课程改革的需要。

  本系列教材定位于高等学校电子信息类专业的专业课程，适用于电子信息类的电子信息工程、电子科学与技术、通信工程、微电子科学与工程、光电信息科学与工程、信息工程及其相近专业。经过编审委员会与众多高校多次沟通，初步拟定分批次建设约100门核心课程教材。本系列教材将力求在保证基础的前提下,突出技术的先进性和科学的前沿性,体现创新教学和工程实践教学;重视系统集成思想在教学中的体现,鼓励推陈出新,采用"自顶向下"的方法编写教材;注重反映优秀的教学改革成果,推广优秀的教学经验与理念。

  为了保证本系列教材的科学性、系统性及编写质量,本系列教材设立顾问委员会及编审委员会。顾问委员会由教指委高级顾问、特约高级顾问和国家级教学名师担任,编审委员会由教育部高等学校电子信息类专业教学指导委员会委员和一线教学名师组成。同时,清华大学出版社为本系列教材配置优秀的编辑团队,力求高水准出版。本系列教材的建设,不仅有众多高校教师参与,也有大量知名的电子信息类企业支持。在此,谨向参与本系列教材策划、组织、编写与出版的广大教师、企业代表及出版人员致以诚挚的感谢,并殷切希望本系列教材在我国高等学校电子信息类专业人才培养与课程体系建设中发挥切实的作用。

吕志伟 教授

第3版前言
PREFACE

本书是在总结前两版图书使用经验的基础上,结合新工科建设实践,并广泛汲取多所院校用书师生的反馈意见,修编而成的。

除继续保持前两版图书的特点外,在修编时,充分考虑新时期高等教育的发展趋势,注重进一步处理好教学内容"经典与现代"、"理论与工程"以及"内容多与学时少"的关系,并探索"基于成果导向教育"的教学新模式,力求使第3版更加适应教育现代化背景下的教学新需求。修编本书的具体工作如下。

(1) 融入课程拓展要素。

① 绪论中增加 1.2 节"中国集成电路发展史",在课程中浸润家国情怀。

② 教学资源分"使命篇""哲学篇""艺术篇",提供 11 个课程拓展案例库,覆盖全部核心内容。

(2) 突出新工科特色。

① 进一步密切材料、器件、电路、系统之间的关系,强调理工融合,注重科学与技术并重。如在 4.1.2 节增加了 CMOS 器件的内容,强化与硅基 CMOS 集成芯片设计相关的内容。

② 进一步密切集成电路与分立元件电路的关系,删减与集成电路相关度较小的内容,如第 6 章删去了 3 例变压器耦合功率放大电路的习题。

③ 以 Multisim 14 为例,修编了附录 A 的内容,增加 A.4 节内容,介绍 Multisim 14 新增的仿真功能。

(3) 书中重要图示双色显示,关键部分加深底色,以提升读者阅读的舒适度。

(4) 新版以新形态教材出版,提供较为完整的教学资源,包括教学大纲、思维导图、授课 PPT、微课视频、课程拓展案例库等,此外,教材配有学习指导与习题详解,更加方便教学、利于自学。

书中标记为"※"的内容可供使用本教材的师生灵活选用。

本书由杨凌主编,杨凌编写第 1~11 章,阎石编写第 12 章,高晖编写附录 A 及附录 B。

限于作者水平有限,书中难免存在不妥之处,敬请读者批评和指正。

作 者

2025 年 2 月

第2版前言
PREFACE

本书是在总结第1版使用经验的基础上，密切跟踪电子科学技术的发展态势，并广泛听取多所院校用书师生的反馈意见，修编而成的。

除继续保持第1版的特点外，在修编时，遵循"突出集成、强调应用、利于教学"的修编原则。特别注重进一步处理好教材内容"经典与现代"、"理论与工程"、"内容多与学时少"以及"教与学"的关系，力求使第2版更具系统性、先进性、实用性和适用性。具体工作如下。

（1）考虑MOS场效应器件在电子产品中已占统治地位，为适应电子技术的最新发展形势，新版教材在内容和习题中均加强了MOS场效应器件及电路的相关内容。

（2）弱化与现代集成电路系统设计相关性较小的分立元件电路的有关内容，如将5.3节的内容标记为选讲内容。

（3）进一步突出集成电路的应用，如在第9章中增加9.7节，介绍电子信息系统中常用的特殊放大器。

（4）进一步突出经典电路的实用性和适用性，在大部分章节增加了应用实例，具体内容如下：

※2.5　PN结的应用实例——太阳能系统
※3.9　BJT放大电路的应用实例
※4.2.4　FET放大电路的应用实例——前置放大器
6.6.3　集成功率放大电路的应用实例
※7.6　集成运算放大器的应用实例
※8.7　负反馈放大电路的应用实例——25瓦四通道混频器/放大器
※9.8　信号运算和处理电路的应用实例
9.8.1　比较器的应用：模数转换器
9.8.2　数模转换器
9.8.3　射频识别系统中的滤波器
9.8.4　特殊放大器的应用——电动机控制系统
※10.2.3　文氏桥振荡器的应用实例
※11.3.4　三端集成稳压器的应用实例

（5）在修编新版教材的同时，重新修编了教学辅导书《模拟电子线路学习指导与习题详解》（第2版），以利于读者配套自学。

书中标记为"※"的内容可供使用本教材的师生灵活选用。

本书由杨凌主编,杨凌编写第1～11章,阎石编写第12章,高晖编写附录A及附录B。

本书配有多媒体教学课件(PPT),免费提供给使用本书作为教材的院校。

本书的出版获得中央高校教育教学改革教材建设专项经费资助,作者在此深表感谢。

限于作者水平有限,书中难免存在不妥之处,敬请读者批评和指正。

作　者

2019 年 1 月

第1版前言
PREFACE

"模拟电子线路"课程是电子信息类、电气类、自动化类等专业的基础平台课程,其内容庞杂、概念性强、分析方法多、重点和难点集中,是一门教与学都有困难的课程。如何编写一本比较符合读者认知规律、体系结构合理、内容取舍恰当、适宜于教学的教材是作者多年来的追求。

本书是作者多年教学经验的总结,在编写时遵循"精选内容、优化体系,体现先进、引导创新,联系实际、突出应用"的编写原则,力图使本书内容更全面,体系更合理,方法更简洁,启发性、创新性和工程性更突出。

本书的主要特点有如下几点。

- 内容选取兼顾"经典与现代",保证基本内容的同时,引导先进技术。

虽然电子技术发展迅速,知识容量急速膨胀,但其核心的基本理论和方法具有相对的经典性。本书在保证基础内容完整性的基础上,较为系统地阐述了电子技术领域的基本知识,如"半导体器件基本知识"、"分立元件电路理论"、"集成电路理论"、"负反馈"和"正反馈"理论等。同时,兼顾技术发展的先进性,如第12章简要介绍了模拟可编程器件及开发平台,使读者能领略现代模拟集成电路技术的发展态势,进一步拓宽读者的视野。

- 知识顺序合理,内容过渡平滑。

在构建教材体系结构时,尊重电子技术的发展历史,教材的主线是以半导体器件为基石,从分立走向集成,从经典跃向现代。章节安排上尽量避免内容的倒置,促进知识的正迁移,防止负迁移。

- 语言形象精练、叙述深入浅出,具有启发性。

编写时充分利用图、表等形象化的语言,使问题的叙述更为精练。此外,在介绍与电路有关的基本概念、原理和方法时,注重突出电路结构的构思方法,以使读者从中获得启发,有利于培养创新意识。

- 注重突出电路设计方法,强调工程应用。

在阐述电路分析方法的同时,注重突出电路设计方法,增加了设计类例题及习题。在处理课程"三要素"——"器件"、"电路"和"应用"三者的关系时,遵循"管为路用""分立为集成服务""电路因应用而生"的原则,使器件与电路的结合更为紧密,分立和集成的关系更为密切,工程应用性更为突出。

- 分散教学的重点和难点。

将重点和难点比较集中的知识点分散处理。例如,将"放大电路的频率响应"单独设章,不仅分散了基本放大电路的分析难点,更为重要的是强调了频率失真和频率响应的概念,扩展了改善放大电路频率响应的思路和方法;将"反馈理论"分章处理,不仅突出了"负反馈"

对电路性能的影响(第 8 章),同时也强调了"正反馈"在信号产生方面的应用(第 10 章)。

- 引入电路仿真软件,简化复杂电路分析。

附录 A 介绍了 Multisim 电路仿真软件,各章习题中均配有 Multisim 仿真题目,仿真习题的选取或具有研究性质,或在实际实验中难于实现,且尽量涵盖模拟电子线路的基本测试方法和仿真方法,使得复杂电路的分析方法更简洁。

书中标记为"※"的内容可供使用本教材的师生灵活选用。

本书由杨凌主编,杨凌编写第 1~11 章,阎石编写第 12 章,高晖编写附录 A 及附录 B。

本书配有多媒体教学课件(PPT),并将免费提供给使用本书作为教材的院校。

本书的出版获得兰州大学教材建设基金资助,作者在此深表感谢。

限于作者水平有限,书中难免存在不妥之处,敬请读者批评和指正。

作 者

2015 年 6 月

符号说明
SYMBOL EXPLANATION

一、基本原则

1. 电流和电压(以 BJT 基极电流为例,其他电流、电压可类比)

$I_B(I_{BQ})$	大写字母、大写下标,表示直流量(或静态电流)
i_B	小写字母、大写下标,表示交、直流量的瞬时总量
I_b	大写字母、小写下标,表示交流有效值
i_b	小写字母、小写下标,表示交流瞬时值
$\dot{I}_b$	表示交流复数值
Δi_B	表示瞬时值的变化量

2. 电阻

R	电路中的电阻或等效电阻
r	器件内部的等效电阻

二、基本符号

1. 电流和电压

I、i	电流通用符号
V、v	电压通用符号
I_Q、V_Q	电流、电压静态值
V_{BB}	BJT 电路基极回路电源
V_{CC}	BJT 电路集电极回路电源
V_{EE}	BJT 电路发射极回路电源
V_{DD}	FET 电路漏极回路电源
V_{SS}	FET 电路源极回路电源
$\dot{V}_s$	交流信号源电压
$\dot{I}_i$、$\dot{V}_i$	交流输入电流、电压
$\dot{I}_o$、$\dot{V}_o$	交流输出电流、电压
$\dot{I}_f$、$\dot{V}_f$	反馈电流、电压
V_A	厄尔利电压
v_{ic}	共模输入电压
v_{id}	差模输入电压

i_P、v_P 集成运放同相输入端的电流、电位

i_N、v_N 集成运放反相输入端的电流、电位

V_T 电压比较器的阈值电压

V_{OH}、V_{OL} 电压比较器的输出高电平、输出低电平

2. 功率和效率

P 功率通用符号

p 瞬时功率

P_o 输出交流功率

P_{om} 最大输出交流功率

P_T 晶体管耗散功率

P_D 电源消耗功率

3. 频率

f 频率通用符号

BW   通频带

f_H、f_L 放大电路的上限截止频率、下限截止频率

f_s 石英晶体的串联谐振频率

f_p 石英晶体的并联谐振频率

f_0 电路的振荡频率、中心频率、滤波电路的特征频率

ω 角频率通用符号

4. 电阻、电导、电容、电感

R 电阻通用符号

G 电导通用符号

C 电容通用符号

L 电感通用符号

R_B、R_C、R_E FET 的基极电阻、集电极电阻、发射极电阻

R_G、R_D、R_S FET 的栅极电阻、漏极电阻、源极电阻

R_s 信号源内阻

R_L 负载电阻

R_i、R_{if} 放大电路的输入电阻、负反馈放大电路的输入电阻

R_o、R_{of} 放大电路的输出电阻、负反馈放大电路的输出电阻

R_N、R_P 集成运放反相输入端外接的等效电阻、同相输入端外接的等效电阻

5. 放大倍数、增益

$\dot{A}$ 放大倍数或增益的通用符号

$\dot{A}_v$ 电压增益

$\dot{A}_i$ 电流增益

$\dot{A}_r$ 互阻增益

$\dot{A}_g$ 互导增益

$\dot{A}_{vs}$	源电压增益
$\dot{A}_{is}$	源电流增益
$\dot{A}_m$	中频增益的通用符号
$\dot{A}_{vH}$	高频电压增益
$\dot{A}_{vL}$	低频电压增益
$\dot{A}_{vm}$	中频电压增益
$\dot{A}_{vp}$	有源滤波电路的通带增益
$\dot{F}$	反馈系数的通用符号

三、半导体器件的参数符号

1. P 型、N 型半导体和 PN 结

C_B	PN 结势垒电容
C_D	PN 结扩散电容
C_j	PN 结电容
V_T	温度电压当量(热电压)

2. 二极管

D	二极管
D_Z	稳压二极管
I_D	二极管的电流
I_F	二极管的最大整流电流
I_R、I_S	二极管的反向电流、反向饱和电流
$V_{D(on)}$	二极管的开启电压
V_{BR}	二极管的击穿电压
r_d	二极管导通时的动态电阻
r_Z	稳压管工作在稳压状态下的动态电阻

3. 双极结型晶体管(BJT)

T	BJT 的通用符号
B(b)、C(c)、E(e)	BJT 的基极、集电极、发射极
$V_{(BR)CBO}$	发射极开路时 B-C 间的反向击穿电压
$V_{(BR)CEO}$	基极开路时 C-E 间的反向击穿电压
$V_{(BR)EBO}$	集电极开路时 E-B 间的反向击穿电压
$V_{CE(sat)}$	C-E 间的饱和压降
$V_{BE(on)}$	B-E 间的开启电压
I_{CM}	集电极最大允许电流
P_{CM}	集电极最大允许耗散功率
$r_{bb'}$	基区体电阻

$r_{b'e}$	发射结动态电阻
r_{ce}	c-e 间动态电阻
$C_{b'c}$	集电结电容
$C_{b'e}$	发射结电容
α、$\bar{\alpha}$	共基极交流电流放大系数、共基极直流电流放大系数
β、$\bar{\beta}$	共发射极交流电流放大系数、共发射极直流电流放大系数
g_m	跨导
f_β	共发射极接法电流放大系数的上限截止频率
f_α	共基极接法电流放大系数的上限截止频率
f_T	特征频率(共发射极接法下使电流放大系数为 1 时的频率)

4. 场效应管

T	场效应管通用符号
G(g)、D(d)、S(s)	场效应管的栅极、漏极、源极
$V_{GS(off)}$	耗尽型场效应管的夹断电压
$V_{GS(th)}$	增强型场效应管的开启电压
C_{ox}	单位面积的栅极电容量
$V_{(BR)GSO}$	漏极开路时 G-S 间的击穿电压
$V_{(BR)DSO}$	栅源电压一定,D-S 间的击穿电压
I_{DSS}	结型场效应管和耗尽型 MOS 管在 $V_{GS}=0$ 时的漏极电流
P_{DM}	漏极最大允许耗散功率
r_{ds}	d-s 间动态电阻
C_{ds}	d-s 间等效电容
C_{gs}	g-s 间等效电容
C_{gd}	g-d 间等效电容
g_m	跨导

5. 集成运放

A_{od}	开环差模电压增益
K_{CMR}	共模抑制比
I_{IB}	输入偏置电流
I_{IO}、dI_{IO}/dT	输入失调电流、输入失调电流的温漂
V_{IO}、dV_{IO}/dT	输入失调电压、输入失调电压的温漂
R_{id}	差模输入电阻
R_{ic}	共模输入电阻
V_{Idmax}	最大差模输入电压
V_{Icmax}	最大共模输入电压
$BW(f_H)$	开环带宽(−3dB 带宽)
$BW_G(f_T)$	单位增益带宽
S_R	转换速率(压摆率)

四、其他符号

THD	非线性失真系数
K	热力学温度的单位
Q	静态工作点
T	温度,周期
η	效率(交流输出功率与电源提供的功率之比)
τ	时间常数
φ	相位角
D_n	电子扩散系数
D_p	空穴扩散系数
μ_n	电子迁移率
μ_p	空穴迁移率

目 录
CONTENTS

第 1 章　绪论 ·· 1
　　▶ 微课视频 44 分钟
　1.1　电子科学技术发展简史 ·· 1
　　　1.1.1　电子管时代 ··· 1
　　　1.1.2　晶体管时代 ··· 2
　　　1.1.3　集成电路时代 ·· 3
　　　1.1.4　SoC 时代 ··· 4
　1.2　中国集成电路发展史 ·· 5
　　　1.2.1　创业期 ·· 5
　　　1.2.2　探索前进期 ··· 5
　　　1.2.3　重点建设期 ··· 6
　　　1.2.4　发展加速期 ··· 7
　　　1.2.5　高质量发展期 ·· 7
　　　1.2.6　挑战与机遇 ··· 8
　1.3　模拟电路与数字电路 ·· 9
　1.4　模拟电子线路课程的特点和学习方法 ··· 10
　　　1.4.1　模拟电子线路课程的特点 ·· 10
　　　1.4.2　模拟电子线路课程的学习方法 ·· 10
　调研与阅读 ·· 11

第 2 章　晶体二极管及其基本应用电路 ··· 12
　　▶ 微课视频 184 分钟
　2.1　半导体物理基础知识 ·· 12
　　　2.1.1　半导体的共价键结构 ··· 12
　　　2.1.2　本征半导体 ··· 13
　　　2.1.3　杂质半导体 ··· 14
　　　2.1.4　半导体的导电机理 ·· 16
　2.2　PN 结 ··· 17
　　　2.2.1　PN 结的形成 ··· 17
　　　2.2.2　PN 结的伏安特性 ··· 19
　　　2.2.3　PN 结的击穿特性 ··· 21
　　　2.2.4　PN 结的温度特性 ··· 21
　　　2.2.5　PN 结的电容特性 ··· 22
　2.3　晶体二极管 ·· 23

2.3.1 二极管的结构、符号 23
2.3.2 二极管的伏安特性 24
2.3.3 二极管的主要参数 25
2.3.4 几种特殊的二极管 26
2.3.5 二极管的模型 29
2.4 二极管的基本应用电路 31
2.4.1 整流电路 31
2.4.2 稳压电路 32
2.4.3 限幅电路 33
2.4.4 开关电路 34
※2.5 PN结的应用实例——太阳能系统 35
本章小结 37
本章习题 38
Multisim 仿真习题 40

第3章 双极结型晶体管及其基本放大电路 42

▶ 微课视频 361 分钟

3.1 双极结型晶体管 42
3.1.1 BJT 的分类、结构及符号 42
3.1.2 BJT 的电流分配与放大作用 43
3.1.3 BJT 的伏安特性曲线 46
3.1.4 BJT 的主要参数 48
3.1.5 BJT 的模型 50
3.2 放大电路概述 55
3.2.1 放大电路的基本概念 55
3.2.2 放大电路的主要性能指标 57
3.3 基本放大电路的工作原理 60
3.3.1 基本共发射极放大电路的组成 61
3.3.2 放大电路的直流通路和交流通路 61
3.3.3 基本共发射极放大电路的工作原理 62
※3.3.4 基本共发射极放大电路的功率分析 63
3.4 放大电路的图解分析方法 64
3.4.1 静态分析方法 64
3.4.2 动态分析方法 65
3.4.3 静态工作点与放大电路非线性失真的关系 67
3.5 放大电路的等效电路分析方法 68
3.5.1 静态分析方法 68
3.5.2 动态分析方法 69
3.6 放大电路静态工作点的稳定 70
3.6.1 温度对静态工作点的影响 71
3.6.2 分压式偏置 Q 点稳定电路 71
3.7 BJT 放大电路的三种基本组态 75
3.7.1 共集电极放大电路——射极输出器 75
3.7.2 共基极放大电路 78

3.7.3 三种基本 BJT 放大电路的比较 80
3.8 多级放大电路 80
3.8.1 多级放大电路的级间耦合方式 81
3.8.2 多级放大电路的分析 83
3.8.3 常用组合放大电路 85
※3.9 BJT 放大电路的应用实例 87
本章小结 88
本章习题 89
Multisim 仿真习题 97

第 4 章 场效应晶体管及其基本放大电路 99

▶ 微课视频 171 分钟

4.1 场效应晶体管 99
4.1.1 结型场效应管 99
4.1.2 金属-氧化物-半导体场效应管 103
4.1.3 FET 的主要参数 107
4.1.4 各种类型 FET 的符号及特性比较 109
4.1.5 放大状态下 FET 的模型 110
4.1.6 FET 与 BJT 的比较 111
4.2 FET 放大电路 111
4.2.1 FET 的直流偏置电路 111
4.2.2 三种基本的 FET 放大电路 113
4.2.3 FET 放大电路与 BJT 放大电路的比较 117
※4.2.4 FET 放大电路的应用实例——前置放大器 118
本章小结 119
本章习题 120
Multisim 仿真习题 126

第 5 章 放大电路的频率响应 127

▶ 微课视频 129 分钟

5.1 频率响应概述 127
5.1.1 频率响应的基本概念 127
5.1.2 频率响应的分析 129
5.2 BJT 放大电路的高频响应 135
5.2.1 BJT 的频率参数 135
5.2.2 共发射极放大电路的高频响应 137
5.2.3 共集电极放大电路的高频响应 140
5.2.4 共基极放大电路的高频响应 141
※5.3 BJT 放大电路的低频响应 142
5.4 FET 放大电路的频率响应 145
5.4.1 FET 的高频小信号等效模型 145
5.4.2 FET 放大电路的高频响应 145
※5.4.3 FET 放大电路的低频响应 147

5.5 多级放大电路的频率响应 149
    5.5.1 多级放大电路的上限截止频率 149
    5.5.2 多级放大电路的下限截止频率 150
5.6 宽带放大电路的实现思想 151
※5.7 放大电路的瞬态响应 152
    5.7.1 上升时间 152
    5.7.2 平顶降落 153
本章小结 155
本章习题 155
Multisim 仿真习题 157

第 6 章 低频功率放大电路 159

▶ 微课视频 103 分钟

6.1 功率放大电路概述 159
    6.1.1 功率放大电路的特点和主要研究问题 159
    6.1.2 功率放大电路的分类 160
6.2 甲类功率放大电路 160
6.3 乙类功率放大电路 163
    6.3.1 电路组成及工作原理 163
    6.3.2 电路性能分析 164
    6.3.3 功率 BJT 的选择 165
6.4 甲乙类功率放大电路 166
    6.4.1 甲乙类双电源功率放大电路 166
    6.4.2 甲乙类单电源功率放大电路 168
6.5 桥式功率放大电路 169
※6.6 集成功率放大电路 170
    6.6.1 BJT 集成功率放大电路 LM386 170
    6.6.2 Bi-MOS 集成功率放大电路 SHM1150 Ⅱ 171
    6.6.3 集成功率放大电路的应用实例 171
6.7 功率器件 173
    6.7.1 功率 BJT 173
    ※6.7.2 功率 MOSFET 175
    ※6.7.3 功率模块 176
本章小结 177
本章习题 177
Multisim 仿真习题 181

第 7 章 集成运算放大器 183

▶ 微课视频 179 分钟

7.1 集成运放概述 183
    7.1.1 集成运放的组成 183

7.1.2 集成运放的结构特点 ………………………………………………… 184
7.2 电流源电路 ……………………………………………………………… 184
　　7.2.1 BJT 电流源电路 ………………………………………………… 184
　　7.2.2 FET 电流源电路 ………………………………………………… 188
　　7.2.3 电流源电路用作有源负载 ……………………………………… 189
7.3 差分放大电路 …………………………………………………………… 189
　　7.3.1 差分放大电路的组成 …………………………………………… 189
　　7.3.2 差分放大电路的工作原理 ……………………………………… 191
　　7.3.3 有源负载差分放大电路 ………………………………………… 198
　　7.3.4 差分放大电路的传输特性 ……………………………………… 200
　　7.3.5 FET 差分放大电路 ……………………………………………… 201
　　7.3.6 差分放大电路的失调及其温漂 ………………………………… 202
7.4 集成运算放大器 ………………………………………………………… 206
　　7.4.1 BJT 集成运放——μA741 ……………………………………… 206
　　7.4.2 FET 集成运放——MC14573 …………………………………… 209
　　7.4.3 混合型集成运放——LF356 …………………………………… 210
　　7.4.4 集成运放的主要参数 …………………………………………… 211
※7.5 电流模运算放大器 ……………………………………………………… 214
　　7.5.1 电流模电路基础 ………………………………………………… 214
　　7.5.2 电流模运算放大器 ……………………………………………… 216
※7.6 集成运算放大器的应用实例 …………………………………………… 217
本章小结 …………………………………………………………………………… 218
本章习题 …………………………………………………………………………… 218
Multisim 仿真习题 ………………………………………………………………… 229

第 8 章　反馈及其稳定性 ……………………………………………………… 231

▶ 微课视频 152 分钟

8.1 反馈的基本概念及反馈放大电路的一般框图 ………………………… 231
　　8.1.1 反馈的基本概念 ………………………………………………… 231
　　8.1.2 反馈放大电路的一般框图 ……………………………………… 232
8.2 反馈的分类及判别方法 ………………………………………………… 232
8.3 负反馈放大电路的一般表达式及四种基本组态 ……………………… 238
　　8.3.1 负反馈放大电路的一般表达式 ………………………………… 238
　　8.3.2 负反馈放大电路的四种组态 …………………………………… 239
8.4 负反馈对放大电路性能的影响 ………………………………………… 240
　　8.4.1 对放大电路增益稳定性的影响 ………………………………… 240
　　8.4.2 对放大电路非线性失真的改善 ………………………………… 241
　　8.4.3 对放大电路内部噪声与干扰的抑制 …………………………… 242
　　8.4.4 对放大电路通频带的影响 ……………………………………… 243
　　8.4.5 对放大电路输入、输出电阻的影响 …………………………… 244

8.5 深度负反馈放大电路的近似估算 ································· 247
8.6 负反馈放大电路的稳定性 ······································· 252
  8.6.1 稳定工作条件 ··· 252
  8.6.2 稳定裕量 ··· 252
  8.6.3 稳定性分析 ··· 253
  8.6.4 相位补偿技术 ··· 255
※8.7 负反馈放大电路的应用实例——25W 四通道混频器/放大器 ··· 259
本章小结 ·· 260
本章习题 ·· 261
Multisim 仿真习题 ··· 270

第 9 章 信号的运算和处理电路 ··· 272

▶ 微课视频150分钟

9.1 集成运放应用电路的分析方法 ··································· 272
  9.1.1 集成运放的电压传输特性及理想运放的性能指标 ······ 272
  9.1.2 集成运放应用电路的一般分析方法 ······················ 273
9.2 基本运算电路 ·· 274
  9.2.1 比例运算电路 ··· 274
  9.2.2 加、减运算电路 ·· 276
  9.2.3 积分和微分运算电路 ···································· 279
  9.2.4 对数和指数运算电路 ···································· 282
  9.2.5 乘法和除法运算电路 ···································· 283
  ※9.2.6 模拟乘法器 ··· 284
9.3 实际运算放大器运算电路的误差分析 ··························· 288
  9.3.1 A_{od} 和 R_{id} 为有限值时对反相比例运算电路运算误差的影响 ··· 288
  9.3.2 A_{od} 和 K_{CMR} 为有限值时对同相比例运算电路运算误差的影响 ··· 288
  9.3.3 失调参数及其温漂对比例运算电路运算误差的影响 ··· 289
9.4 精密整流电路 ·· 291
  9.4.1 精密半波整流电路 ·· 291
  9.4.2 精密全波整流电路——绝对值电路 ····················· 291
9.5 有源滤波电路 ·· 292
  9.5.1 一阶有源滤波电路 ·· 293
  9.5.2 二阶有源滤波电路 ·· 294
  9.5.3 带通滤波电路 ··· 296
  9.5.4 带阻滤波电路 ··· 298
  9.5.5 全通滤波电路 ··· 299
  ※9.5.6 开关电容滤波电路 ······································· 300
9.6 电压比较器 ··· 302
  9.6.1 单限电压比较器 ·· 302
  9.6.2 滞回电压比较器 ·· 303

9.6.3　窗口电压比较器 ····· 305
9.7　特殊用途放大器 ····· 306
9.7.1　仪表放大器 ····· 306
9.7.2　隔离放大器 ····· 307
9.7.3　互导运算放大器 ····· 308
※9.8　信号运算和处理电路的应用实例 ····· 309
9.8.1　比较器的应用：模数转换器 ····· 309
9.8.2　数模转换器 ····· 311
9.8.3　射频识别系统中的滤波器 ····· 311
9.8.4　特殊放大器的应用——电动机控制系统 ····· 312
本章小结 ····· 313
本章习题 ····· 314
Multisim 仿真习题 ····· 326

第 10 章　信号的产生电路 ····· 328

▶微课视频 105 分钟

10.1　正弦波振荡电路概述 ····· 328
10.1.1　产生正弦波振荡的条件 ····· 328
10.1.2　正弦波振荡电路的组成及分类 ····· 329
10.1.3　正弦波振荡电路的分析方法 ····· 330
10.2　RC 正弦波振荡电路 ····· 330
10.2.1　RC 文氏桥振荡电路 ····· 330
10.2.2　RC 移相式振荡电路 ····· 334
※10.2.3　文氏桥振荡器的应用实例 ····· 334
10.3　LC 正弦波振荡电路 ····· 335
10.3.1　LC 并联谐振回路的频率特性 ····· 335
10.3.2　LC 选频放大电路 ····· 337
10.3.3　变压器反馈式 LC 振荡电路 ····· 337
10.3.4　电感三点式振荡电路 ····· 337
10.3.5　电容三点式振荡电路 ····· 339
10.4　石英晶体正弦波振荡电路 ····· 340
10.4.1　石英晶体的特点和等效电路 ····· 341
10.4.2　石英晶体正弦波振荡电路 ····· 342
10.5　非正弦波信号产生电路 ····· 343
10.5.1　方波产生电路 ····· 343
10.5.2　三角波产生电路 ····· 345
10.5.3　锯齿波产生电路 ····· 347
※10.6　ICL8038 函数发生器 ····· 349
10.6.1　电路结构 ····· 349
10.6.2　工作原理 ····· 349

　　　　10.6.3　引脚排列及性能特点 ······ 350
　　　　10.6.4　常用接法 ······ 351
　　本章小结 ······ 352
　　本章习题 ······ 353
　　Multisim 仿真习题 ······ 360

第 11 章　直流稳压电源 ······ 362

▶ 微课视频 83 分钟

　　11.1　直流稳压电源的组成 ······ 362
　　11.2　滤波电路 ······ 362
　　　　11.2.1　电容滤波电路 ······ 363
　　　　11.2.2　其他形式的滤波电路 ······ 365
　　11.3　线性稳压电路 ······ 366
　　　　11.3.1　稳压电路的性能指标 ······ 366
　　　　11.3.2　串联反馈式稳压电路 ······ 367
　　　　11.3.3　三端集成稳压电路 ······ 369
　　　※11.3.4　三端集成稳压器的应用实例 ······ 373
　　※11.4　开关稳压电路 ······ 374
　　　　11.4.1　开关稳压电路的基本工作原理 ······ 374
　　　　11.4.2　串联型开关稳压电路 ······ 375
　　　　11.4.3　并联型开关稳压电路 ······ 376
　　本章小结 ······ 378
　　本章习题 ······ 378
　　Multisim 仿真习题 ······ 383

※第 12 章　在系统可编程模拟器件及其开发平台 ······ 385

　　12.1　引言 ······ 385
　　12.2　主要 ispPAC 器件的特性及应用 ······ 385
　　　　12.2.1　ispPAC10 ······ 386
　　　　12.2.2　ispPAC20 ······ 387
　　　　12.2.3　ispPAC30 ······ 388
　　　　12.2.4　ispPAC80/ispPAC81 ······ 389
　　12.3　PAC-Designer 软件及开发实例 ······ 389
　　　　12.3.1　PAC-Designer 的基本用法 ······ 389
　　　　12.3.2　设计实例 ······ 391
　　本章小结 ······ 396
　　本章习题 ······ 396

附录 A　电路仿真软件——Multisim 软件简介 ······ 397

附录 B　部分习题参考答案 ······ 414

参考文献 ······ 426

视频目录
VIDEO CONTENTS

视频名称	时长/min	视频位置
第0集 电子科学技术发展简史——百年故事	13	1.1节
第1集 电子科学技术发展简史——世纪演变	15	1.1节
第2集 中国集成电路发展史	16	1.2节
第3集 半导体物理基础知识	29	2.1节
第4集 PN结的形成及其伏安特性	31	2.2.1节
第5集 PN结的击穿、温度及电容特性	23	2.2.3节
第6集 晶体二极管	30	2.3节
第7集 二极管整流电路	20	2.4.1节
第8集 二极管稳压电路	28	2.4.2节
第9集 二极管限幅电路	23	2.4.3节
第10集 BJT的结构、分类、符号	12	3.1.1节
第11集 BJT的电流分配与放大作用	34	3.1.2节
第12集 BJT的伏安特性曲线和主要参数	35	3.1.3节
第13集 BJT的模型	44	3.1.5节
第14集 放大电路概述	38	3.2节
第15集 放大电路的组成及工作原理	31	3.3.1节
第16集 放大电路的图解分析方法	32	3.4节
第17集 放大电路的等效电路分析方法	24	3.5节
第18集 分压偏置Q点稳定电路	35	3.6节
第19集 共集电极放大电路	30	3.7.1节
第20集 共基极放大电路	21	3.7.2节
第21集 多级放大电路	25	3.8节
第22集 JFET	31	4.1.1节
第23集 MOSFET	44	4.1.2节
第24集 FET的电路模型及各种FET的比较	18	4.1.4节
第25集 FET放大电路的直流偏置方式	19	4.2.1节
第26集 共源极放大电路	22	4.2.2节
第27集 共漏极放大电路	18	4.2.2节
第28集 共栅极放大电路	19	4.2.2节
第29集 频率响应的基本概念及分析方法	35	5.1节
第30集 BJT的频率特性参数	18	5.2.1节
第31集 共发射极放大电路的高频响应	28	5.2.2节
第32集 共集电极放大电路的高频响应	14	5.2.3节

续表

视 频 名 称		时长/min	视频位置
第33集	共基极放大电路的高频响应	17	5.2.4节
第34集	多级放大电路的频率响应	17	5.5节
第35集	功率放大电路概述	20	6.1节
第36集	乙类功率放大电路	30	6.3节
第37集	甲乙类功率放大电路	33	6.4节
第38集	功率器件	20	6.7节
第39集	集成运放概述	12	7.1节
第40集	电流源电路	40	7.2节
第41集	差分放大电路(上)	45	7.3.1节
第42集	差分放大电路(下)	36	7.3.3节
第43集	集成运算放大器(上)	26	7.4节
第44集	集成运算放大器(下)	20	7.4.2节
第45集	反馈的基本概念	10	8.1节
第46集	反馈的分类及判别方法	37	8.2节
第47集	负反馈放大电路的闭环增益方程	17	8.3节
第48集	负反馈对放大电路性能的影响	31	8.4节
第49集	深度负反馈放大电路的近似估算	22	8.5节
第50集	负反馈放大电路的稳定性	19	8.6.1节
第51集	相位补偿技术	16	8.6.4节
第52集	集成运放应用电路的分析方法	14	9.1节
第53集	基本的信号运算电路(上)	30	9.2节
第54集	基本的信号运算电路(下)	23	9.2.3节
第55集	实际运放运算电路的误差	19	9.3节
第56集	精密整流电路	14	9.4节
第57集	有源滤波电路	29	9.5节
第58集	电压比较器	21	9.6节
第59集	正弦波振荡电路概述	13	10.1.1节
第60集	RC正弦波振荡电路	24	10.2节
第61集	LC正弦波振荡电路	27	10.3节
第62集	石英晶体正弦波振荡电路	14	10.4节
第63集	非正弦波振荡电路	27	10.5节
第64集	直流稳压电源概述	13	11.1节
第65集	滤波电路	20	11.2节
第66集	串联反馈式稳压电路	17	11.3.2节
第67集	三端集成稳压电路	33	11.3.3节

第 1 章 绪 论

CHAPTER 1

人类很早就认识了电磁现象,如"磁石召铁""琥珀拾芥"的记载,早在公元前 600 年左右,古希腊人就发现了摩擦起电现象,我国在 11 世纪发明了指南针。虽然人类很早就认识电磁现象了,但电子科学与技术却是在 19 世纪末、20 世纪初发展起来的,经过了一个多世纪的历程,它已经成为当代科技发展的重要标志。

1.1 电子科学技术发展简史

现代电子科学技术的诞生最早可追溯到 1883 年美国发明家爱迪生(Thomas A. Edison)发现的热电子效应,即著名的"爱迪生效应",如图 1.1 所示。爱迪生效应同后来的电子发现、电子二极管的发明密切相关,在科学史上具有重要意义。

第 0 集
微课视频

第 1 集
微课视频

(a) 爱迪生(1847—1931年)

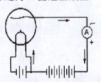

(b) 爱迪生效应

1883年,美国发明家爱迪生为了寻找白炽灯的最佳灯丝材料,曾做过一个小小的试验。

他在真空白炽灯泡内部炭丝附近安装了一小截铜丝,希望铜丝能阻止炭丝蒸发。试验结果使爱迪生大失所望,但在无意中,他发现,没有连接在电路里的铜丝却产生了微弱的电流。

爱迪生并不重视这个现象,只是把它记录在案,申报了一个未找到任何用途的专利,称之为"爱迪生效应"。

图 1.1 爱迪生发明的热电子效应

1.1.1 电子管时代

1904 年,英国的弗莱明(John A. Fleming)利用热电子效应制成了<u>电子二极管</u>(见图 1.2),并首先被用于无线电检波。1906 年,美国的李·德弗雷斯特(Lee de Forest)在弗莱明的二极管中放进了第三个电极——栅极而发明了<u>电子三极管</u>(见图 1.3),从而建树了早期电子技术史上最重要的里程碑。

电子管在电子科学技术的发展史上曾立下过汗马功劳,1946 年,世界上第一台电子数字积分计算机 **ENIAC**(Electronic Numerical Integrator and Calculator)的成功研制是电子

图 1.2　弗莱明发明了电子二极管　　　　图 1.3　德弗雷斯特发明了电子三极管

管应用的一个经典范例。然而电子管有着它自身无法克服的诸多缺陷，如成本高，制造繁杂，体积大，耗电多等。例如，ENAIC 使用了 17468 个电子管、70000 个电阻、10000 个电容、1500 个继电器、6000 个手动开关、500 万个焊点，占地 167 平方米，重达 30 吨，耗电 160 千瓦，价格 40 多万美元，是一个昂贵耗电的"庞然大物"。图 1.4 为工作人员在 ENIAC 上进行编程的情形，其繁杂程度可见一斑。

(a) 格伦·贝克（远）和贝蒂·斯奈德（近）在位于弹　　(b) Betty Jean Jennings（左）和 Frances Bilas（右）
道研究实验室（BRL）Building 328 的 ENIAC 上编程　　　正在操作 ENIAC 的主控制板

图 1.4　工作人员在 ENIAC 上编程的情形

1.1.2　晶体管时代

电子科学技术真正的突飞猛进源于晶体管的发明。1947 年，美国贝尔实验室（Bell Lab.）的威廉·肖克莱（William Shockley）、约翰·巴丁（John Bardeen）和沃特·布拉顿（Walter Brattain）发明了**晶体管**，见图 1.5。

晶体管的诞生，是电子科学技术树上绽开的一朵绚丽多彩的奇葩。尤其是 **PN 结型晶体管**的出现，开辟了电子器件的新纪元，引起了一场电子科学技术的革命。晶体管同电子管相比，具有如下优越性：①可靠性高、寿命长；②功耗低；③体积小、重量轻、装配密度高；④不需预热，一开机就工作；⑤适于批量生产、生产成本低且易于实现装配机械化和自动化。因此自诞生之后，晶体管便逐渐取代了电子管。

1960 年，贝尔实验室的江大元（Dawon Kahng）和马丁·阿塔拉（Martin Atalla）博士研发出首个绝缘栅型场效应晶体管，即金属-氧化物-半导体**场效应管**（Metal-Oxide-Semiconductor Field Effect Transistor，MOSFET），如图 1.6 所示。MOSFET 在随后出现的集成电路，特别是大规模和超大规模集成电路技术领域获得了重要的应用。

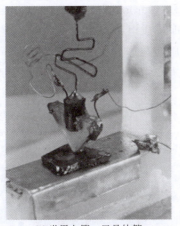
(a) 世界上第一只晶体管

(b) 肖克莱（中坐）、巴丁（左站）和布拉顿

图 1.5　世界上第一只晶体管及其发明者

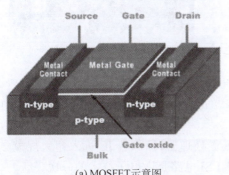
(a) MOSFET示意图

(b) Martin Atalla（左）和 Dawon Kahng（右）

图 1.6　MOSFET 及其发明者

1.1.3　集成电路时代

集成电路(Integrated Circuit,IC)的第一个样品是 1958 年在美国德克萨斯仪器公司见诸于世的，图 1.7 为杰克·基尔比(Jack Kilby)及其研制的世界上第一块集成电路——相移振荡器。集成电路的出现和应用标志着电子科学技术发展到了一个新的阶段——微电子技术时代。集成电路实现了材料、元件、电路三者之间的统一，与传统的电子元件的设计和生产方式、电路的结构形式有着本质的不同。

1963 年，美国仙童半导体公司(Fairchild Semiconductor)的鲍勃·维德拉(Bob Widlar)(见图 1.8)设计制造出第一块运算放大器 $\mu A702$，后改进为 $\mu A709$。1968 年，$\mu A741$ 问世，得到了广泛应用，几乎成为行业的标准。

图 1.7　基尔比发明了世界上第一块集成电路

集成电路芯片的发展基本上遵循了戈登·摩尔(Gordon E. Moore)——Intel 公司的创始人之一(见图 1.9)在 1965 年预言的摩尔定律，即集成电路的集成度每 3 年增长 4 倍，特征尺寸每 3 年缩小 2 倍。微电子技术的发展和应用使全球发生了第三次工业革命，它大大推动了航空技术、遥测传感技术、通信技术、计算机技术、网络技术及家用电器产业的迅速发展。

图 1.8　鲍勃·维德拉(1937—1991 年)

图 1.9　Intel 公司创始人(右为戈登)

1971 年，Intel 公司研制出第一个微处理器 4004(见图 1.10)，集成了 2300 只晶体管，其计算能力相当于 ENIAC，标志着 IC 进入大规模集成(Large Scale Integration，LSI)电路时代。

1979 年，Intel 公司推出主频为 5MHz 的 8088 微处理器，标志着 IC 进入超大规模集成(Very Large Scale Integration，VLSI)电路时代，VLSI 电路是微电子技术的一次飞跃。

1981 年，IBM 基于 8088 推出全球第一台 PC——IBM5150，如图 1.11 所示。

图 1.10　Intel 4004 微处理器

图 1.11　全球第一台 PC——IBM5150

1.1.4　SoC 时代

随着电子系统不断向高速度、低功耗、低电压和多媒体、网络化、移动化的发展，对电路的要求越来越高，同时，IC 的设计与工艺水平日趋提高，目前已经可以在一个芯片上集成 $10^{12} \sim 10^{13}$ 个晶体管。在这种需求牵引和技术推动的双重作用下，诞生了将整个系统集成在一个微电子芯片上的系统芯片(System on Chip，SoC)。SoC 从整个系统的角度出发，把处理机制、模型算法、芯片结构、各层次电路,直至器件的设计紧密结合起来,在单个(或少数几个)芯片上完成整个系统的功能。图 1.12 为华为 Mate40E、Mate30 Pro 5G、nova 6(5G)等搭载的麒麟 990 5G SoC 芯片。

与 IC 组成的系统相比,SoC 可以在同样的工艺技术条件下,实现更高性能的技术指标。SoC 技术的出现,大大促进了软硬件协同设计及计算机系统设计自动化的发展。微电子技术从 IC 向 SoC 转变不仅是一种概念上的突破,同时也是电子科技史上又一新的里程碑。

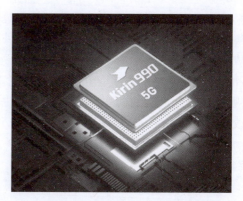

图 1.12 麒麟 990 5G SoC 芯片

1.2 中国集成电路发展史

我国集成电路产业诞生于 20 世纪 60 年代,经历了以下 5 个发展阶段。

1.2.1 创业期

1965—1977 年,是中国集成电路产业从无到有的创业期。期间,以计算机和军工配套为目标,以开发逻辑电路为主要产品,初步建立集成电路工业基础及相关设备、仪器、材料的配套条件。标志性事件如下。

1965 年,第一批国内研制的晶体管和数字电路在河北半导体研究所鉴定成功。

1968 年,上海无线电十四厂首家制成 PMOS 集成电路。

1970 年,北京 878 厂、上海无线电十九厂建成投产。

第 2 集
微课视频

图 1.13 首台每秒运算 100 万次的计算机问世

1972 年,中国第一块 PMOS 型 LSI 电路在四川永川一四二四研究所研制。

1973 年,北京大学和国营 738 厂(北京有线电厂)联合研制的每秒运算 100 万次的集成电路电子计算机"150"问世(见图 1.13),这是中国计算机发展史上一个重要里程碑。

1976 年,中科院计算所采用中科院 109 厂(现中科院微电子研究所)研制的 ECL(发射极耦合逻辑电路)研制成功每秒 1000 万次大型电子计算机。

1.2.2 探索前进期

1978—1989 年,是中国集成电路产业的探索前进期。期间,主要引进美国二手设备,改善集成电路装备水平,以消费类整机作为配套重点,较好地解决了彩电集成电路的国产化。重要事件如下。

1980 年,中国第一条 3 英寸线在 878 厂投入运行。

1982年，江苏无锡742厂从东芝引进电视机集成电路生产线，这是中国第一次从国外引进集成电路技术（见图1.14）；国务院成立电子计算机和大规模集成电路领导小组，制定了中国IC发展规划，提出"六五"期间要对半导体工业进行技术改造。

1985年，第一块64KB DRAM在无锡国营742厂试制成功。

1988年，上海无线电十四厂建成了我国第一条4英寸线。

图1.14 从东芝引进电视机生产线

1989年，机电部在无锡召开"八五"集成电路发展战略研讨会，提出振兴集成电路的发展战略；742厂和永川半导体研究所无锡分所合并成立了中国华晶电子集团公司。

1.2.3 重点建设期

1990—1999年，是中国集成电路产业的重点建设期。期间，以908工程、909工程为重点，以CAD为突破口，抓科技攻关和北方科研开发基地的建设，主要事件如下。

1990年，国务院决定实施"908"工程。

1991年，首都钢铁公司和日本NEC公司成立中外合资公司——首钢NEC电子有限公司。

1992年，上海飞利浦公司建成了我国第一条5英寸线。

1993年，第一块256KB DRAM在中国华晶电子集团公司试制成功。

1994年，首钢日电公司建成了我国第一条6英寸线。

1995年，国务院决定继续实施集成电路专项工程（"909"工程），集中建设我国第一条8英寸生产线。

1996年，英特尔公司投资在上海建设封测厂。

1997年，由上海华虹集团与日本NEC公司合资组建上海华虹NEC电子有限公司（见图1.15），主要承担"909"主体工程超大规模集成电路芯片生产线项目建设。

图1.15 1997年，上海华虹NEC电子有限公司成立

1998年，华晶与上华合作生产MOS圆片合约签订，开始了中国内地的Foundry时代；由北京有色金属研究总院半导体材料国家工程研究中心承担的我国第一条8英寸硅单晶抛光生产线建成投产。

1999年，上海华虹NEC的第一条8英寸生产线正式建成投产。

1.2.4 发展加速期

2000—2011 年,是中国集成电路产业的发展加速期。期间,我国集成电路产量年均增长率超过 25%,集成电路销售额年均增长率则达到 23%。2010 年国内集成电路产量达到 640 亿块,销售额超过 1430 亿元。

2000 年,中芯国际在上海成立,国务院 18 号文件加大对集成电路的扶持力度。

2002 年,中国第一款批量投产的通用 CPU 芯片"龙芯 1 号"研制成功(见图 1.16),结束了中国近二十年无"芯"的历史。

2003 年,台积电(上海)有限公司落户上海。

2004 年,中国第一条 12 英寸线在北京投入生产。

2006 年,设立"国家重大科技专项";无锡海力士意法半导体正式投产。

2008 年,中星微电子手机多媒体芯片全球销量突破 1 亿枚。

2009 年,国家"核高基"重大专项进入申报与实施阶段。

2011 年,《关于印发进一步鼓励软件产业和继承电路产业发展若干政策的通知》发布。

图 1.16　中国首款通用 CPU 芯片

1.2.5 高质量发展期

2012 年以来,我国集成电路产业进入高质量发展期。积极探索产业链上下游虚拟一体化模式,充分发挥市场机制作用,共建价值链。培育和完善生态环境,加强集成电路产品设计与软件、整机、系统及服务的有机连接,实现各环节企业的群体跃升,增强电子信息大产业链的整体竞争优势。重要事件如下。

2012 年,《集成电路产业"十二五"发展规划》发布;韩国三星 70 亿美元一期投资闪存芯片项目落户西安。

2013 年,紫光收购展讯通信、锐迪科;大陆 IC 设计公司进入 10 亿美元俱乐部。

2014 年,《国家集成电路产业发展推进纲要》正式发布实施;"国家集成电路产业发展投资基金"(大基金)成立。

2015 年,长电科技以 7.8 亿美元收购星科金朋公司;中芯国际 28 纳米产品实现量产。

2016 年,大基金、紫光投资长江储存;第一台全部采用国产处理器构建的超级计算机"神威太湖之光"(见图 1.17)获世界超算冠军。

2017 年,长江存储一期项目封顶;存储器产线建设全面开启;全球首家 AI 芯片独角兽初创公司成立;华为发布全球第一款人工智能芯片麒麟 970。

2018 年,紫光量产 32 层 3D NAND,实现

图 1.17　中国首台全部采用国产处理器的超级计算机

零突破。

2019年，全球首款5G SoC芯片海思麒麟990面世，采用了全球先进的7纳米工艺；64层3D NAND闪存芯片实现量产；中芯国际14纳米工艺量产。

2021年7月，首款采用自主指令系统LoongArch设计的处理器芯片，龙芯3A5000正式发布（见图1.18）。

图1.18 中国首款采用自主指令系统设计的处理器芯片

1.2.6 挑战与机遇

2018年4月16日，美国商务部发布公告称，美国政府在未来7年内禁止中兴通讯向美国企业购买敏感产品！

2020年9月15日，华为"芯片"断供，在美国的禁令之下，华为失去了海内外芯片供应链的渠道，包括台积电、三星、SK海力士以及中芯国际在内的所有芯片代工厂都无法向华为提供芯片！

《科技日报》曾推出系列文章报道制约我国工业发展的35项"卡脖子"技术，其中与集成电路产业相关的技术有光刻机、芯片、手机射频器件等。

制造芯片的光刻机，其精度决定了芯片性能的上限。在"十二五"科技成就展览上，中国生产的最好的光刻机，加工精度是90纳米，而国外当时已经做到了十几纳米。图1.19光刻机巨头ASML生产的TWINSCAN系列光刻机。

低速的光芯片和电芯片已实现国产，但高速的仍依赖进口。据报道，在计算机系统、通用电子系统、通信设备、内存设备和显示及视频系统多个领域，国产芯片占有率为零。

中国是世界最大的手机生产国，但造不了高端的手机射频器件。手机使用的高端滤波器，几十亿美元的市场，完全归属Qorvo等国外射频器件巨头。图1.20为2020年Qorvo推出的高性能BAW滤波器QPQ1298，适用于基站基础设施、小型基站和中继器等应用，用于支持全球5G基础设施的快速部署。

虽然目前我们所面临的挑战十分严峻，但也应该看到，后摩尔时代产业技术发展趋缓，创新空间和追赶机会也很大，机遇与挑战并存！CMOS器件从平面进入三维FinFET时代，标志着后摩尔时代新器件技术已经到来，量子器件、自旋器件、神经形态器件等新型信息器件逐步开始崭露头角。此外，异质集成、系统级封装（System in Package，SiP）等技术也开始得到广泛关注。在这种机遇期,新原理、新结构或新材料的器件的基础研究显得尤为重要。作为新时期电子信息类专业人才,让我们秉承"自强不息、求真务实"的精神,扎实学好专业基础课程,为中国集成电路事业发展贡献自己的力量!

图 1.19 TWINSCAN 系列光刻机

图 1.20 Qorvo 的高性能 BAW 滤波器

1.3 模拟电路与数字电路

电子电路的基本内容包括两大部分:模拟电路和数字电路。这两大部分之间既有联系、又有区别。例如,组成两类电路的最基本元件都是晶体二极管、晶体三极管[包括双极结型晶体管(BJT)和单极型场效应晶体管(FET)]等,这是它们的共同之处。但是,二者之间又有明显的区别和各自的特点。表 1.1 概括了模拟电路与数字电路之间的主要区别。

表 1.1 模拟电路与数字电路之间的主要区别

主要区别	模拟电路	数字电路
工作信号	模拟量	数字量
电路功能	实现模拟信号的放大、变换、产生等	在输入、输出的数字量之间实现一定的逻辑关系
对电路参数、电源电压等的要求	要求比较严格,与精度有关	允许有较大的误差
晶体三极管的作用	放大元件	开关元件
晶体三极管的工作区	主要在放大区(恒流区)	主要在截止区和饱和区(可变电阻区)
主要分析设计方法	图解法、等效电路法、EDA 等	逻辑代数、真值表、卡诺图、状态转换图、EDA 等

在过去的二十多年里,由于数字电子技术的飞速发展,传统上隶属于模拟电子学领域的许多功能,目前都用数字形式实现了,其中最为常见的例子就是数字音响。在电子系统中,之所以用数字方法实现尽可能多的功能,主要原因之一是数字电路的高可靠性和高灵活性。然而,**物理世界本来就是模拟的**。这表明,总是需要模拟电路去适应这些物理信号,像与传感器相连的电路,以及把模拟信号转换为数字信号,再从数字转换到模拟以供物理世界进一步处理的模拟电路。再者,考虑到速度和功率的因素,采用模拟前端电路更具优势。

当今的许多应用是由混合模式的集成电路和系统组成的,它们依赖模拟电路与物理世界对接,而数字电路则用作处理和控制。即便其中模拟电路或许仅占芯片面积的一小部分,但它往往却是设计中极具挑战性的部分,并且在整个系统的性能上起着关键作用。在这一方面,通常所谓的模拟设计师就要用明确的数字工艺为实现模拟功能的任务构思出独创性的解决方案,滤波中的开关电容技术和数据转换中的 Σ-D 技术就是大家所熟知的例子。出于以上原因,企业对有能力的模拟设计师的需求仍然很强盛。此外,即使是纯数字电路,当它们推向运算极限时,还是要呈现出模拟的行为特性。因此,对模拟电路设计原理和技术的牢固掌握,在任何电子系统(无论是数字或纯模拟)设计中都是一笔宝贵的财富。

1.4 模拟电子线路课程的特点和学习方法

"模拟电子线路"课程简称"模电",是电子信息类专业重要的专业基础课程,其目的是使学生初步掌握模拟电子电路的基本理论、基本知识和基本技能。

1.4.1 模拟电子线路课程的特点

"模拟电子线路"课程是一门理论性、工程性、实践性都很强的课程,与公共基础课程,如数学、物理等有着明显的区别,甚至与同为专业基础课的先修课程——"电路分析"也有着显著的差别,其主要特点如下。

1. 理论性强

基于"电路分析"课程所提供的相关电路理论,"模电"课程偏重于为人们提供构造实际应用电路的理论及技术,包含丰富的理论知识,如半导体基础理论、直流偏置技术、集成电路技术、反馈理论等。

2. 工程性强

与"电路分析"相比,"模电"的特殊性表现在包含具有非线性的半导体器件,所以与"电路分析"课程采用理想模型和严格计算的分析方法不同,"模电"课程重视电路的定性分析,普遍采用近似模型和工程估算的方法,精确的计算常常没有实际意义。研究电路时需要重点考虑"解决什么问题?在什么条件下?采用何种模型?哪些参数可以不计?为什么可被忽略?"等问题。有人说:"近似估算是模拟电子线路的灵魂",从工程的角度来看,此话并不为过。

3. 实践性强

实用的模拟电子电路大部分要通过反复调试才能达到预期的指标,掌握常用电子仪器的使用方法、电路的测试方法、故障的判断和排除方法、仿真分析方法是教学的基本要求。需要强调的是,"模电"课程中的有些内容,只有通过实验才能更好地去理解和掌握,比如振荡的建立和稳定过程等。

1.4.2 模拟电子线路课程的学习方法

由于"模电"课程具有上述特点,所以学习时应特别注意以下问题。

1. 勤于思考,注重课后习题训练,夯实理论基础

"模电"课程概念多、电路多、分析方法多,初学者往往感到无所适从。但任何学科都有其内在的规律,学习时,一定要做到"举一反三"。虽然电路基本概念的含义是不变的,但其应用是灵活的;虽然基本电路的组成原则是不变的,但电路结构是千变万化的;不同类型的电路需要不同的方法去描述。因此,只有多思考并通过大量的习题训练,才能熟练掌握课程的基本概念、基本电路和基本分析方法。

2. 学会全面、辩证地分析问题,培养"系统工程"思维能力

在掌握电路基本理论的同时,一方面注意学会从工程的角度思考和处理问题,使用合适的器件模型对电路进行合理的近似分析;另一方面,因为电子电路是一个整体,各方面性能是相互关联的,常常会"顾此失彼"。例如,当采用负反馈手段扩展通频带时,势必会牺牲增益。所以在电路设计时应该明白,对于实际应用需求,从系统观的角度出发,没有最好的电路,只有最适合的电路。

3. 注重实践训练,提升硬件设计能力

硬件能力是电子工程师的基本能力,从产业界反馈的需求信息来看,硬件工程师严重缺乏。通过"模电"课程的学习,应掌握对基本电子电路的分析和设计能力,具体可归结为"懂、选、算、用"四个字。"懂"指能读懂电路图;"选"指能够根据设计需要正确选用相关的电路形式和相应的元器件(特别是有源器件);"算"指能够计算电路设计时所需的元件参数;"用"泛指能够正确使用各类电子设备和仪器。通过"模电"课程的实践训练,培养基本的硬件设计能力。

4. 克服学习上的"畏难"情绪,培养对专业的浓厚兴趣

电子信息类专业是极具挑战性的专业,而"模电"是一门公认的难入门、难学懂的专业基础课程。学习的最根本动力来自内因,孔子说:"知之者不如好之者,好之者不如乐之者。"既然你已踏入这个专业,那么就去亲近它、热爱它,相信付出会有相应的回报!

调研与阅读

【1-1】 调研威廉·肖克莱(William Shockley)、约翰·巴丁(John Bardeen)和沃特·布拉顿(Walter Brattain)的生平事迹,进而调研晶体管的发展历程。

【1-2】 调研鲍勃·维德拉(Bob Widlar)的生平事迹,进而调研集成运算放大器的发展历程。

【1-3】 调研戈登·摩尔(Gordon E. Moore)的生平事迹,并简述摩尔定律。

【1-4】 调研"隆基绿能光伏科技有限公司"的创立背景以及与兰州大学的深厚渊源,并提交一份不少于1000字的调研报告。

第 2 章　晶体二极管及其基本应用电路

CHAPTER 2

半导体器件是现代电子技术的重要组成部分。晶体二极管(简称二极管)是由 PN 结构成的一种最简单的半导体器件,在电子电路中有着广泛的应用。本章首先从半导体材料的基本性质出发,学习 PN 结的形成机理及其特性,然后讨论二极管的伏安特性、参数及电路模型,最后介绍几种常用的二极管应用电路及太阳能系统。

2.1　半导体物理基础知识

第 3 集
微课视频

半导体是电阻率介于导体和绝缘体之间的物质,导体的电阻率低于 $10^{-5}\,\Omega\cdot cm$,绝缘体的电阻率为 $10^{14}\sim 10^{22}\,\Omega\cdot cm$,半导体的电阻率在 $10^{-2}\sim 10^{9}\,\Omega\cdot cm$ 的范围内。目前用来制造电子器件的半导体材料主要是硅(Si)、锗(Ge)和砷化镓(GaAs)等,其导电能力介于导体和绝缘体之间,而且,它们的导电性能会随温度、光照或掺杂而发生显著变化,这些迥异的特点说明,半导体的导电机理不同于其他物质,为了深入理解这些特点,必须从半导体的原子结构谈起。

2.1.1　半导体的共价键结构

由原子物理知识可知,原子是由带正电荷的原子核和分层围绕原子核运动的电子组成的。其中,处于最外层轨道上运动的电子称为**价电子**(Valence Electron)。元素的许多物理和化学性质都是由价电子决定的,如导电性能等。原子序数不同的元素可以具有相同的价电子数,例如硅的原子序数是 14,锗的原子序数是 32,但它们的价电子都是 4 个,因此都是四价元素。硅和锗的原子结构模型分别如图 2.1(a)、图 2.1(b)所示。由于两者价电子数相同,所以呈现出非常相似的导电性能。为了突出价电子对半导体导电性能的影响,常把内层电子和原子核共同看成一个惯性核,硅和锗的惯性核都带 4 个正电子电量,周围是 4 个价电子,其简化原子结构模型如图 2.1(c)所示。

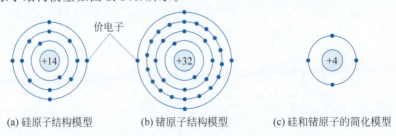

(a) 硅原子结构模型　　(b) 锗原子结构模型　　(c) 硅和锗原子的简化模型

图 2.1　硅和锗的原子结构模型

半导体与金属和许多绝缘体一样，均具有晶体结构。在硅和锗的单晶中，每个原子均和相邻的四个原子通过共用价电子以共价键形式紧密结合在一起，晶体的最终结构是四面体，如图 2.2(a)所示。图 2.2(b)是图 2.2(a)的二维晶格结构示意图。

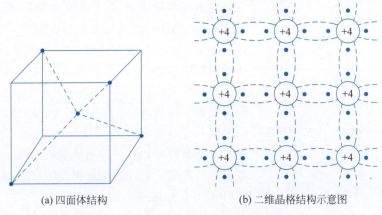

(a) 四面体结构　　　　　　(b) 二维晶格结构示意图

图 2.2　硅和锗的共价键结构

2.1.2　本征半导体

纯净而且结构非常完整的单晶半导体称为**本征半导体**(Intrinsic Semiconductor)。实际上很难实现理想的本征半导体，在工程上常把杂质浓度很低的单晶半导体称为本征半导体。

1. 本征激发

在热力学温度 $T=0\text{K}$(即 $-273℃$)且没有其他外界能量激发时，本征半导体的所有价电子均被束缚在共价键中，不存在自由运动的电子，因此不导电。当温度升高时，部分价电子获得热能而挣脱共价键的束缚，离开原子而成为**自由电子**(Free Electron)，与此同时在原共价键位置上留下了与自由电子数目相同的空位，称为**空穴**(Hole)，如图 2.3 所示。原子因失掉一个价电子而带正电，或者说空穴带正电。空穴的出现是半导体区别于导体的一个重要特点。

本征半导体受外界能量激发产生"电子-空穴对"的过程称为**本征激发**。

热、光、电磁辐射等均可导致本征激发，其中热激发是半导体材料中产生本征激发的主要因素。为了摆脱共价键的束缚，价电子必须获得的最小能量 E_g 称为**禁带宽度**。禁带宽度在 3～6 电子伏特(eV)的物质属于绝缘体，半导体的禁带宽度在 1eV 左右。

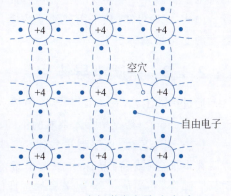

图 2.3　本征激发电子-空穴对

如图 2.4 所示，若在本征半导体两端外加一电场，自由电子将产生定向运动，形成**电子电流**；同时，由于空穴失去了一个电子而呈现出一个正电荷的电性，所以相邻共价键内的电子在正电荷的吸引下会填补这个空穴，从而把空穴移到别处去，即空穴也可在整个晶体内自由移动。价电子定向地填补空穴，使空穴作相反方向的移动，从而形成**空穴电流**。因此，在本征半导体中存在两种极性的导电粒子：带负电荷的自由电子(简称电子)和带正电荷的空穴，统称为"载流子"。

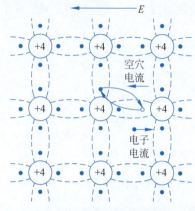

图 2.4　电子与空穴的运动形成电流

2. 热平衡载流子浓度

在本征半导体中，由于本征激发，不断地产生电子-空穴对，使载流子浓度增加。与此同时，又会有相反的过程发生，由于正、负电荷相互吸引，会使电子和空穴在运动过程中相遇，这时电子填入空位成为价电子，同时释放出相应的能量，从而失去一对电子、空穴，这一过程称为**复合**。显然，载流子浓度越大，复合的机会就越多。当温度一定且没有其他能量存在时，电子-空穴对的产生与复合最终会达到一种热平衡状态，使本征半导体中载流子的浓度一定。理论分析表明，热平衡载流子浓度值(Intrinsic Concentration)为

$$n_i = p_i = AT^{3/2} e^{-\frac{E_{g0}}{2kT}} \tag{2-1}$$

式中，n_i、p_i 分别为电子和空穴的浓度(cm^{-3})；T 为热力学温度(K)；A 为与半导体材料有关的常数，$A = \begin{cases} 3.88 \times 10^{16} cm^{-3} K^{-3/2} (Si) \\ 1.76 \times 10^{16} cm^{-3} K^{-3/2} (Ge) \end{cases}$；$E_{g0}$ 为 $T=0K$ 时的禁带宽度(硅为 1.21eV，锗为 0.785eV)；k 为玻耳兹曼常数(8.63×10^{-5} eV/K)。

在 $T=300K$ 的室温下，由式(2-1)可求得本征硅和锗的载流子浓度分别约为 $1.5 \times 10^{10} cm^{-3}$ 和 $2.4 \times 10^{13} cm^{-3}$，这些数值虽然看似很大，但与硅和锗的原子密度 $4.96 \times 10^{22} cm^{-3}$ 和 $4.4 \times 10^{22} cm^{-3}$ 相比非常小。对硅半导体而言，在室温下，只有约为三万亿分之一的原子的价电子受激发产生电子-空穴对，因此，本征半导体在室温下的导电能力非常弱。

由式(2-1)可知，热平衡载流子浓度与温度成指数关系，所以，本征半导体的导电性能对温度的变化很敏感。

2.1.3　杂质半导体

通过扩散工艺，在本征半导体中掺入一定量的杂质元素，便可得到**杂质半导体**(Doped Semiconductor)。根据所掺杂质的不同，杂质半导体分为 N 型半导体和 P 型半导体两大类。

1. N 型半导体(电子型半导体)

在本征硅(或锗)晶体中掺入少量的五价元素，如磷、砷、锑等，便构成了 **N 型半导体**。此时，杂质原子替代了晶格中的某些硅原子，它的 5 个价电子中，除 4 个与周围相邻的硅原子组成共价键外，还多余 1 个价电子只能位于共价键外，如图 2.5 所示。由于这个键外电子受杂质原子的束缚很弱，所以只需很小的能量激发便可挣脱杂质原子的束缚，成为自由电子。室温下，大部分的杂质原子都能提供出一个自由电子，当杂质浓度远远超过本征半导体热平衡载流子浓度时，电子浓度远大于

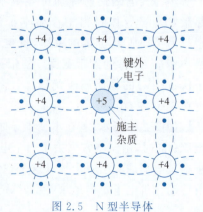

图 2.5　N 型半导体

空穴浓度。大量的自由电子增加了与空穴复合的概率,从而使空穴浓度值远低于它的本征浓度值。

在 N 型半导体中,由于电子占多数,故称它为多数载流子,简称**多子**(Majority Carriers);而空穴占少数,所以称它为少数载流子,简称**少子**(Minority Carriers)。由于 N 型半导体主要依靠电子导电,所以又称为**电子型半导体**。

五价杂质原子能"施舍"出一个电子,所以称为**施主杂质**(Donor)。施主杂质失去一个电子后,便成为正离子,由于施主离子被束缚在晶格中,不能自由移动,所以不能参与导电。虽然 N 型半导体中电子数目远大于空穴数目,但由于施主正离子的存在,使正、负电荷数目相等,所以整块半导体仍然是电中性的。

2. P 型半导体(空穴型半导体)

在本征硅(或锗)晶体中掺入少量的三价元素,如硼、铝、铟等,便构成了 **P 型半导体**。此时,杂质原子替代了晶格中的某些硅原子,它的 3 个价电子和相邻的 4 个硅原子组成共价键时,只有 3 个价电子是完整的,第 4 个共价键因缺少 1 个价电子而出现一个空穴,如图 2.6 所示。显然,这个空穴不是释放价电子形成的,因而它不会同时产生自由电子。可见,在 P 型半导体中,空穴是多子,电子是少子。由于 P 型半导体主要依靠空穴导电,所以又称**空穴型半导体**。

三价杂质原子形成的空穴由相邻共价键中的价电子填补时,能"接受"一个电子,所以称为**受主杂质**(Acceptor)。受主杂质接受一个电子后成为负离子,负离子不参与导电。在 P 型半导体中,空穴数等于电子数加上受主负离子数,整块半导体呈电中性。

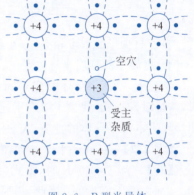

图 2.6 P 型半导体

3. 多子和少子的热平衡浓度

通过上述讨论可见,不论 N 型还是 P 型半导体,掺杂越多,多子数目就越多,少子数目就越少。它们之间的定量关系服从以下两个条件。

1) 热平衡条件

当温度一定时,杂质半导体中两种载流子热平衡浓度值的乘积恒等于本征载流子浓度值 n_i 的平方,即

$$n_0 p_0 = n_i^2 \qquad (2\text{-}2)$$

式中,n_0 和 p_0 分别是杂质半导体中电子和空穴的热平衡浓度;n_i 是本征半导体中载流子的热平衡浓度。

2) 电中性条件

无论是 N 型还是 P 型半导体,其中的正电荷量恒等于负电荷量。所以有

N 型半导体 $\qquad\qquad\qquad n_0 = N_d + p_0 \qquad (2\text{-}3a)$

P 型半导体 $\qquad\qquad\qquad p_0 = N_a + n_0 \qquad (2\text{-}3b)$

式中,N_d 是施主杂质浓度;N_a 是受主杂质浓度。

当杂质浓度远大于本征载流子浓度时,有以下近似关系

N 型半导体
$$\begin{cases} n_0 \approx N_d & \text{(2-4a)} \\ p_0 = \dfrac{n_i^2}{n_0} \approx \dfrac{n_i^2}{N_d} & \text{(2-4b)} \end{cases}$$

P 型半导体
$$\begin{cases} p_0 \approx N_a & \text{(2-5a)} \\ n_0 = \dfrac{n_i^2}{p_0} \approx \dfrac{n_i^2}{N_a} & \text{(2-5b)} \end{cases}$$

【**例 2.1**】 在一块本征锗半导体中掺入浓度为 $1.5 \times 10^{15} \text{cm}^{-3}$ 的三价元素硼,试问它为何种类型的杂质半导体？求室温 $T=300\text{K}$ 时电子和空穴的浓度值。

【**解**】 在本征硅片中掺入三价受主杂质后,形成 P 型半导体。

已知 $N_a = 1.5 \times 10^{15} \text{cm}^{-3}$,其值远大于 $n_i(\approx 1.5 \times 10^{10} \text{cm}^{-3})$,故空穴浓度为

$$p_0 \approx N_a = 1.5 \times 10^{15} \text{cm}^{-3}$$

相应的电子浓度为

$$n_0 = \frac{n_i^2}{p_0} \approx \frac{n_i^2}{N_a} = \frac{(1.5 \times 10^{10})^2}{1.5 \times 10^{15}} \text{cm}^{-3} = 1.5 \times 10^5 \text{cm}^{-3}$$

多子与少子的浓度相差 10 个数量级。

4. 高温下的杂质半导体

常温下,杂质半导体中多子和少子的浓度相差达到 10 个数量级以上。但当温度升高时,本征激发加剧,使少子浓度迅速提高,若少子浓度增大到与多子浓度相当时,杂质半导体便呈现出本征半导体的性质,失去了其特有的性质,这是半导体器件在高温下失效的原因。

【**例 2.2**】 在例 2.1 中,当温度升高到 400K 时,试求电子和空穴的浓度值。

【**解**】 当 $T=400\text{K}$ 时,由式(2-1),求得 $n_i \approx 1.62 \times 10^{15} \text{cm}^{-3}$。

此时,由于 $N_a < n_i$,因此,需要利用式(2-2)和式(2-3b)联立求解电子和空穴的浓度值。代入数据,计算得到

$$p_0 \approx 2.52 \times 10^{15} \text{cm}^{-3}, \quad n_0 \approx 1.04 \times 10^{15} \text{cm}^{-3}$$

可见,当温度升高到 400K 时,多子与少子浓度相当,表现出本征半导体的特性。

由于硅的禁带宽度比锗宽,所以温度性能比锗好,这是目前半导体器件多采用硅材料的原因。

2.1.4 半导体的导电机理

半导体和导体的导电机理不同。导体中只有一种载流子——电子,它在电场作用下产生定向的漂移运动,形成漂移电流。而半导体中有两种载流子——电子和空穴,其运动形式有漂移和扩散两种,从而形成漂移电流和扩散电流两种电流。

1. 漂移与漂移电流

在外电场作用下,半导体中的电子将逆电场方向运动,空穴顺电场方向运动,如图 2.7 所示。载流子在外电场作用下产生的定向运动称为**漂移运动**,由此形成的电流称为**漂移电流**(Drift Current)。漂移电流的密度为

$$J_t = J_{pt} + J_{nt} = q(p\mu_p + n\mu_n)E \propto E \quad \text{(2-6a)}$$

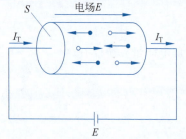

图 2.7 电场作用下的漂移电流

式中,$q(=1.6\times10^{-19}\text{C})$为电子电荷量;$p$、$n$ 分别为空穴和电子的浓度;μ_p、μ_n 分别为空穴和电子的迁移率(迁移率表示单位场强下载流子的平均漂移速度,它影响半导体器件的工作频率);E 为外加电场强度。

总的漂移电流为

$$I_\text{T}=J_\text{t}S=I_\text{pT}+I_\text{nT} \qquad (2\text{-}6\text{b})$$

式中,S 为半导体材料的截面积;I_pT、I_nT 分别为空穴漂移电流和电子漂移电流。

2. 扩散与扩散电流

在半导体中,因某种原因(如不均匀光照)使载流子浓度分布不均匀时,载流子会从浓度大的地方向浓度小的地方做**扩散运动**,从而形成**扩散电流**(Diffusion Current)。

半导体中某处的扩散电流主要取决于该处载流子的浓度梯度,与浓度本身无关。浓度梯度越大,扩散电流越大,反映在浓度分布曲线上,即扩散电流正比于浓度分布曲线上某点处的斜率,如图 2.8 所示。图中 $n(x)$ 和 $p(x)$ 分别表示电子和空穴沿 x 方向的浓度分布。沿 x 方向电子和空穴的扩散电流密度分别为

$$J_\text{nd}=-(-q)D_\text{n}\frac{\text{d}n(x)}{\text{d}x}=qD_\text{n}\frac{\text{d}n(x)}{\text{d}x} \qquad (2\text{-}7\text{a})$$

$$J_\text{pd}=-qD_\text{p}\frac{\text{d}p(x)}{\text{d}x} \qquad (2\text{-}7\text{b})$$

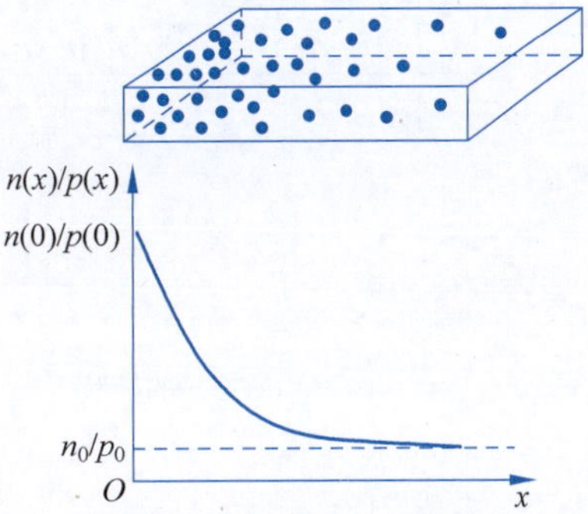

图 2.8 载流子浓度梯度引起扩散电流

式中,q 为电子电荷量;D_n、D_p 分别为电子和空穴的扩散系数(其值随温度升高而增大);$\text{d}n(x)/\text{d}x$、$\text{d}p(x)/\text{d}x$ 分别为电子和空穴的浓度梯度。

由图 2.8 可知,该半导体左端电子(空穴)浓度最大,沿 x 方向的浓度按指数规律减小,最后趋向于平衡值 n_0 或 p_0。因此,该半导体中的电流也有类似的变化规律,即沿 x 方向扩散电流逐渐减小,最后趋于零。

由扩散运动产生的扩散电流是半导体区别于导体的一种特有电流。

2.2 PN 结

通过掺杂工艺,把本征硅(或锗)片的一边做成 P 型半导体,另一边做成 N 型半导体,这样在它们的交界面处会形成一个很薄的特殊物理层,称为 **PN 结**。PN 结是构造半导体器件的基本单元,详细理解其形成过程及主要特性是学好并熟练应用半导体器件的基础。

2.2.1 PN 结的形成

当 P 区和 N 区掺杂浓度相同时形成的 PN 结称为**对称结**。当 P 区和 N 区掺杂浓度不同时形成的 PN 结称为**不对称结**,其中 P 区掺杂浓度大于 N 区的称为 P$^+$N 结;N 区掺杂浓度大于 P 区的称为 PN$^+$ 结。实际的 PN 结均为不对称结。图 2.9 示出了 P$^+$N 结的形成过程。

1. PN 结形成的物理过程

当 P 型半导体和 N 型半导体相接触时,由于 P 区一侧的空穴多,而 N 区一侧的电子多,所以在其交界面处存在载流子的浓度差,由此将引起载流子的扩散运动,使 P 区的空穴向

N区扩散,N区的电子向P区扩散,从而形成了由P区流向N区的扩散电流I_D,如图2.9(a)所示(为了简化,图中未画出少数载流子)。由P区扩散到N区的空穴遇N区的电子被复合,而由N区扩散到P区的电子遇P区的空穴被复合,这样,在交界面附近的P区和N区分别留下了不能移动的等量的受主负离子和施主正离子,通常把充满正、负离子的这个区域称为**空间电荷区**,如图2.9(b)所示。

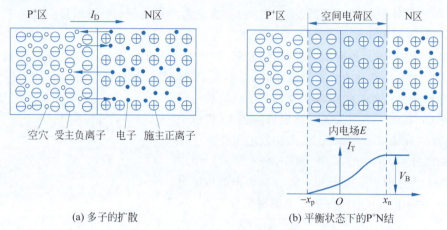

(a) 多子的扩散　　　　　　　　(b) 平衡状态下的P$^+$N结

图2.9　P$^+$N结的形成

由于空间电荷区的出现,在交界面处产生了势垒电压V_B,形成了一个由N区指向P区的内电场E。该电场将阻碍上述的多子扩散运动,但它却有利于少子的漂移运动,使P区的电子向N区漂移,N区的空穴向P区漂移,从而形成了由N区流向P区的漂移电流I_T。可见,在交界面处发生着多子的扩散和少子的漂移两种相对对立的运动。

开始时,多子的扩散运动占优势,随着扩散运动的不断进行,交界面两侧留下的正、负离子逐渐增多,空间电荷区展宽,使内电场不断增强,结果使多子的扩散运动减弱,少子的漂移运动却逐渐增强。少子的漂移会使交界面两侧的正、负离子成对减少,空间电荷区变窄。当扩散运动和漂移运动达到动态平衡($I_D=I_T$)时,通过空间电荷区的净载流子数为零,因而流过PN结的净电流为零。平衡状态下,空间电荷区的宽度一定,V_B值也保持一定,如图2.9(b)所示。

由于空间电荷区内没有载流子,所以也称为**耗尽区**(Depletion Region)。又因为空间电荷区形成的内电场对多子的扩散有阻挡作用,好像壁垒一样,所以又称它为**阻挡层**或**势垒区**(Barrier Region)。

2. 势垒电压

动态平衡时,势垒电压V_B的近似表达式为

$$V_B \approx V_T \ln \frac{N_a N_d}{n_i^2} \tag{2-8}$$

式中,

$$V_T = \frac{kT}{q} \tag{2-9}$$

称为**热电压**(Thermal Voltage),单位为伏。在室温($T=300K$)下,热电压为

$$V_T \approx 26\text{mV} \tag{2-10}$$

这是一个后面会经常用到的数值,应予以特别的注意。

式(2-8)表明，PN 结两边的掺杂浓度 N_a、N_d 越大，n_i 越小，V_B 就越大。硅的 n_i 小于锗，所以硅的 V_B 大于锗。室温下，硅的 V_B 值为 0.5～0.7V，锗的 V_B 值为 0.2～0.3V。温度升高时，由于 n_i 增大的影响比 V_T 大，所以 V_B 将相应减小。通常温度每升高 1℃，V_B 值约减小 2.5mV。

3. 阻挡层宽度

在图 2.9(b)中，若设 PN 结的截面积为 S，则阻挡层在 P 区一侧积累的负电荷量为 $Q_- = -qSx_pN_a$，在 N 区一侧积累的正电荷量为 $Q_+ = qSx_nN_d$，由于它们的绝对值相同，所以有

$$\frac{x_n}{x_p} = \frac{N_a}{N_d} \tag{2-11}$$

式(2-11)表明，阻挡层任一侧的宽度与该侧的掺杂浓度成反比。或者说，阻挡层主要向低掺杂一侧扩展。

动态平衡时，PN 结阻挡层的宽度为

$$l_0 = x_n + x_p \tag{2-12}$$

式中，l_0 一般为 μm 数量级。

2.2.2　PN 结的伏安特性

伏安特性(Volt Ampere Characteristic)是 PN 结的主要特性，它表示通过 PN 结的电流与加在其上电压之间的依存关系。下面将分别讨论其正向特性和反向特性。

1. 正向特性

当 PN 结的 P 型区接电源的正极，N 型区接电源的负极时，称 PN 结外加正向电压或正向偏置(简称**正偏**)，如图 2.10 所示。此时，P 区的电位高于 N 区的电位，若忽略引线电阻和 P 区、N 区体电阻上的压降，外加电压 V_D 大部分加在阻挡层上，其方向与势垒电压 V_B 相反，因此阻挡层两端的电位差由 V_B 减小到 $V_B - V_D$，阻挡层宽度减小($l < l_0$)，内电场被外电场削弱，打破了原来扩散运动与漂移运动的动态平衡，使扩散运动增强，P 区的多子空穴将源源不断地通过阻挡层扩散到 N 区，而 N 区的多子电子也将源源不断地

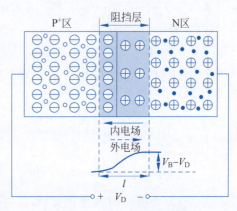

图 2.10　正向偏置的 PN 结

通过阻挡层扩散到 P 区，从而形成了自 P 区流向 N 区的正向电流。由于 V_B 较小，所以不大的正向电压就可使内电场明显被削弱，产生很大的正向电流，并且当正向电压有微小变化时，将会引起正向电流较大的变化。

2. 反向特性

当 PN 结的 P 型区接电源的负极，N 型区接电源的正极时，称 PN 结外加反向电压或反向偏置(简称**反偏**)，如图 2.11 所示。此时，P 区的电位低于 N 区的电位，外加电压 V_D 与势垒电压 V_B 极性一致，因而阻挡层两端的电位差由 V_B 增大到 $V_B + V_D$，阻挡层宽度增大($l > l_0$)，内电场被外电场增强，结果使多子的扩散很难进行，少子的漂移运动加剧，P 区的少子

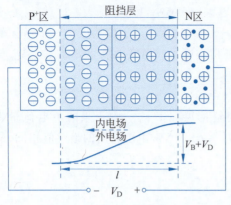

图 2.11 反向偏置的 PN 结

电子通过阻挡层漂移到 N 区,同时 N 区的少子空穴也通过阻挡层漂移到 P 区,从而形成了自 N 区流向 P 区的反向电流。由于少子浓度很低,所以反向电流很小。因为少子是由本征激发产生的,其值取决于温度,几乎与外加电压无关,所以,在一定温度时,当反向电压增大时,反向电流趋于恒定,故反向电流又称为**反向饱和电流**(Reverse Saturation Current),用 I_S 表示。

如上所述,I_S 是由少子通过阻挡层漂移形成的,因而其值与 PN 结两侧的掺杂浓度有关。两边掺杂浓度越大,相应的热平衡少子浓度就越小,I_S 值也就越小。硅 PN 结的 I_S 值为 $10^{-16} \sim 10^{-9}$ A,锗 PN 结的 I_S 值为 $10^{-8} \sim 10^{-6}$ A。

3. 伏安特性

理论分析证明,PN 结所加端电压 v_D 与流过它的电流 i_D 的关系,即**伏安特性**可表示为

$$i_D = I_S(e^{v_D/nV_T} - 1) \tag{2-13}$$

式中,n 为发射系数,与电子和空穴在空间电荷区的再复合有关,其值为 $1 \sim 2$。电流很低时,再复合的影响比较明显,n 值趋于 2;电流较大时,再复合的影响可忽略,n 值为 1。若无特别说明,以后均假设 $n=1$,即

$$i_D = I_S(e^{v_D/V_T} - 1) \tag{2-14}$$

式(2-14)可用来统一描述 PN 结的正向特性和反向特性,如图 2.12 所示。

当 PN 结正偏,且 v_D 大于 V_T 几倍以上时,式(2-14)中的 e^{v_D/V_T} 远大于 1,其中的 1 可以忽略,则式(2-14)可近似为

$$i_D \approx I_S e^{v_D/V_T} \tag{2-15}$$

或

$$v_D \approx V_T \ln \frac{i_D}{I_S} = 2.3 V_T \lg \frac{i_D}{I_S} \tag{2-16}$$

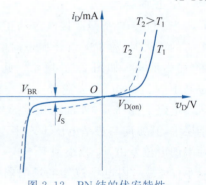

图 2.12 PN 结的伏安特性

式(2-15)表明,当 PN 结正偏时,流过 PN 结的电流与加在其上的电压成指数关系。实际上,当 v_D 较小时,由于 I_S 值很小,所以 i_D 的数值很小。例如,取 $I_S=10^{-15}$ A,当 $v_D<0.54$ V 时,i_D 仅在 1μA 以下,此时,可认为 PN 结几乎不导通。只有当 v_D 较大时,i_D 才会有明显的数值,由式(2-16)可得

$$v_{D2} - v_{D1} = 2.3 V_T \lg \frac{i_{D2}}{I_S} - 2.3 V_T \lg \frac{i_{D1}}{I_S} = 2.3 V_T \lg \frac{i_{D2}}{i_{D1}}$$

当 $i_{D2}=10 i_{D1}$ 时,$v_{D2}-v_{D1}=2.3 V_T=2.3 \times 26 \text{mV} \approx 60 \text{mV}$;当 $i_{D2}=100 i_{D1}$ 时,$v_{D2}-v_{D1}=4.6 V_T \approx 120 \text{mV}$。可见,$v_D$ 每增加 60 mV,i_D 将按 10 的幂次方迅速增大。

工程上,常定义一导通电压 $V_{D(\text{on})}$ (Turn-on Voltage),用以表征 PN 结正向导通时所需的最小电压。对硅 PN 结,$V_{D(\text{on})}$ 为 $0.6 \sim 0.8$ V;对锗 PN 结,$V_{D(\text{on})}$ 为 $0.1 \sim 0.3$ V。

当 PN 结反偏时，v_D 为负值，若 $|v_D|$ 大于 V_T 几倍以上，则式(2-14)中的 e^{v_D/V_T} 趋于零，此时 $i_D \approx -I_S$，即为反向饱和电流。当反偏电压大到一定值时，反向电流会突然增大。下面就来讨论这种现象。

2.2.3　PN 结的击穿特性

由图 2.12 可以看到，当加在 PN 结上的反向电压超过 V_{BR} 时，反向电流会急剧增大，这种现象称为**击穿**（Breakdown），并定义 V_{BR} 为 PN 结的**击穿电压**。PN 结发生反向击穿的机理可以分为两种：雪崩击穿和齐纳击穿。

1. 雪崩击穿

雪崩击穿（Avalanche Multiplication）发生在轻掺杂的 PN 结中。如图 2.13 所示，当 PN 结外加反向电压增大时，阻挡层内部的电场增强，少子漂移通过阻挡层时被加速，致使其动能增大，与晶体原子发生碰撞，从而把束缚在共价键中的价电子碰撞出来，产生电子-空穴对，这种现象称为**碰撞电离**。新产生的电子和空穴在强电场作用下，再去碰撞其他中性原子，又产生新的电子-空穴对，这就是载流子的**倍增效应**。如此连锁反应使得阻挡层中载流子的数量急剧增大，就像在陡峭的积雪山坡上发生雪崩一样，因此称为雪崩击穿。

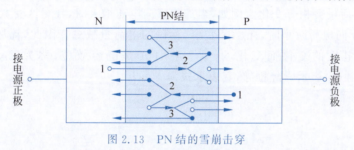

图 2.13　PN 结的雪崩击穿

第 5 集
微课视频

雪崩击穿的击穿电压较高，其值随掺杂浓度的降低而增大，且具有正的温度系数。

2. 齐纳击穿

齐纳击穿发生在重掺杂的 PN 结中。重掺杂的 PN 结阻挡层很薄，其中载流子与中性原子相碰撞的机会极小，因而不容易发生雪崩击穿。但是，在这种阻挡层内，加上不大的反向电压，就能建立很强的电场（例如，加上 1V 反向电压时，阻挡层内的电场可达 2.5×10^5 V/cm），足以把阻挡层内中性原子的价电子直接从共价键中拉出来，产生电子-空穴对，这个过程称为**场致激发**。场致激发能够产生大量的载流子，使 PN 结的反向电流剧增。齐纳击穿的击穿电压较低，其值随掺杂浓度的增大而减小，且具有负的温度系数。

一般而言，对硅材料的 PN 结，$V_{BR} > 7$V 时为雪崩击穿；$V_{BR} < 5$V 时为齐纳击穿；V_{BR} 介于 5～7V 时，两种击穿都有。

当 PN 结击穿后，若降低反偏压，PN 结仍可恢复，这种击穿称为**电击穿**。电击穿是可以利用的，稳压二极管便是根据这一原理制成的。当 PN 结击穿后，若继续增大反偏压，会使 PN 结因过热而损坏，这种击穿称为**热击穿**。热击穿是要力求避免的。

2.2.4　PN 结的温度特性

PN 结的特性对温度变化很敏感，反映在伏安特性曲线上为：当温度升高时，正向特性

左移,反向特性下移,如图 2.12 中虚线所示。实验结果表明:

温度每升高 1℃,$V_{D(on)}$ 减小 2~2.5mV,即

$$\Delta V_{D(on)}/\Delta T = -(2 \sim 2.5)\text{mV}/℃ \tag{2-17}$$

温度每升高 10℃,I_S 约增大一倍。若设温度为 T_1 时,$I_S=I_{S1}$;温度为 T_2 时,$I_S=I_{S2}$,则

$$I_{S2} = I_{S1} \times 2^{(T_2-T_1)/10} \tag{2-18}$$

当温度升高到一定程度时,由本征激发产生的少子浓度有可能超过掺杂浓度,使杂质半导体变得与本征半导体一样(如例 2.2),这时 PN 结就不存在了。因此,为了保证 PN 结正常工作,其最高温度有一个限制,对硅材料为 150~200℃,对锗材料为 75~100℃。

2.2.5 PN 结的电容特性

PN 结除了上述电流随电压变化(伏安特性)的非线性电阻特性外,还具有电荷量随电压变化(伏库特性)的非线性电容特性,PN 结有两种电容效应:势垒电容和扩散电容。

1. 势垒电容

从 PN 结的结构看,在导电性能较好的 P 区和 N 区之间,夹着一层高阻的耗尽区,在交界面两侧存储着数值相等、极性相反的离子电荷,这与平板电容器相似。当改变外加反向电压时,存储的电荷量会相应变化。例如,当外加反向电压增大时,耗尽区变宽,存储的电荷量增加;当外加反向电压减小时,耗尽区变窄,存储的电荷量减少。因此,耗尽区中存储的电荷量是随外加电压的变化而变化的,这一特性正是电容效应,称为**势垒电容**(Barrier Capacitance),用 C_B 表示。经推导,其表示式为

$$C_B = \frac{dQ}{dv_D} = \frac{C_{B0}}{\left(1-\dfrac{v_D}{V_B}\right)^n} \tag{2-19}$$

式中,C_{B0} 为外加电压 $v_D=0$ 时的 C_B 值,它与 PN 结的结构、掺杂浓度等有关;V_B 为势垒电压;n 为变容指数,与 PN 结的制作工艺有关,一般为 1/3~6。

2. 扩散电容

正向偏置的 PN 结,由于多子扩散,会产生一种特殊的电容效应。下面利用 P 区和 N 区少子的浓度分布曲线来说明这一电容效应。

PN 结处于平衡状态时的少子常称为**平衡少子**。当 PN 结正向偏置时,PN 结两侧的多子向对方扩散,多子扩散到对方就变成了少子,称为**非平衡少子**。新扩散过来的非平衡少子不能立即与多子复合,而是一边向对方纵深扩散一边与多子复合,因此,在 P 区和 N 区形成了非平衡少子的浓度分布曲线,如图 2.14 所示。图中,p_{n0} 和 n_{p0} 分别表示 PN 结处于平衡状态(零偏)时 N 区和 P 区的平衡少子浓度。

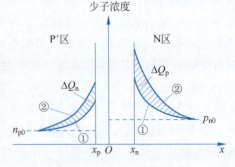

图 2.14 扩散电容的成因

当外加正向电压增大 Δv_D 时,非平衡少子的浓度分布由曲线①变化到曲线②,这两条曲线所覆盖的面积正是外偏压增大 Δv_D 时非平衡少子的电荷增量 ΔQ(ΔQ_p 和 ΔQ_n)。这种外加电压改变引起电荷量变化的特性,就是电容

效应,称为**扩散电容**(Diffusion Capacitance),用 C_D 表示。经推导,其表示式为

$$C_D = k_D(I_D + I_S) \tag{2-20}$$

式中,k_D 是与掺杂浓度有关的一个常数;I_D 是流过 PN 结的电流;I_S 是反向饱和电流。显然,当外加电压使流过 PN 结的电流 I_D 与反向饱和电流 I_S 相等时,扩散电容为零。

由式(2-19)、式(2-20)可知,C_B、C_D 都随外加电压的变化而变化,所以势垒电容和扩散电容都是非线性电容。

3. PN 结电容

由于 C_B 和 C_D 均等效地并接在 PN 结上,所以 PN 结的总电容 C_j 为两者之和,即

$$C_j = C_B + C_D \tag{2-21}$$

正偏时,$C_D \gg C_B$,结电容以扩散电容为主,$C_j \approx C_D$,其值较大,通常为几十皮法(pF)至几百皮法;反偏时,结电容以势垒电容为主,$C_j \approx C_B$,其值较小,通常为几皮法至几十皮法。由于 C_B 和 C_D 都不大,所以 PN 结的结电容对于低频信号呈现出很大的容抗,其作用可忽略不计,只有在高频工作时,才考虑它们的作用。

2.3 晶体二极管

晶体二极管,简称**二极管**,是由一个 PN 结再加上电极、引线封装而成的。图 2.15 为几种常见二极管的外形。

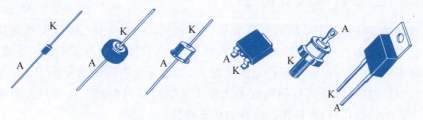

第 6 集
微课视频

图 2.15 几种常见二极管的外形

2.3.1 二极管的结构、符号

二极管按其结构的不同可分为点接触型、面接触型和平面型。

点接触型二极管是由一根很细的金属触丝(如三价元素铝)和一块半导体(如锗)的表面接触,然后在正方向通过很大的瞬时电流,使触丝和半导体牢固地熔接在一起,并做出相应的电极引线,外加管壳密封而成,如图 2.16(a)所示。由于点接触型二极管金属丝很细,形成的 PN 结面积很小,所以结电容很小,一般在 1μF 以下。同时,也不能承受高的反向电压和大的电流。这种类型的管子适于做高频检波和脉冲数字电路的开关元件,也可用来做小电流整流。如 2AP1 是点接触型锗二极管,最大整流电流为 16mA,最高工作频率为 150MHz。

面接触型二极管是采用合金法制成的,其结构如图 2.16(b)所示。这种二极管 PN 结面积大,可承受较大的电流,但结电容也大,一般仅作为整流管,不适宜用于高频电路中。如 2CP1 为面接触型硅二极管,最大整流电流为 400mA,最高工作频率仅为 3kHz。

平面型二极管是采用扩散法制成的,PN 结面积的大小可调。图 2.16(c)所示为硅工艺平面型二极管的结构图,是集成电路中常见的一种形式。

图 2.16(d)是二极管的电路符号。

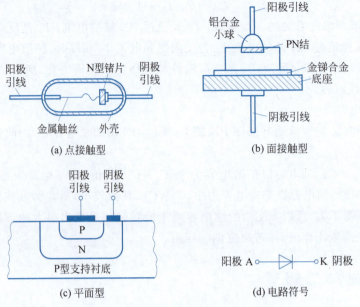

图 2.16　晶体二极管的结构及符号

2.3.2　二极管的伏安特性

二极管的伏安特性与 PN 结的伏安特性基本相同,不过由于二极管引线的接触电阻、P 区和 N 区的体电阻以及表面漏电流等因素的影响,其伏安特性与 PN 结的伏安特性略有差异。具体来讲,在外加正向电压相同的情况下,二极管的正向电流要小于 PN 结的电流;当外加反向电压时,二极管的反向电流要大于 PN 结的反向电流。在近似分析时,仍然用 PN 结的伏安关系式(2-14)来描述二极管的伏安特性。

图 2.17 示出了两种实际二极管的伏安特性。由图可以看出,实际二极管的伏安特性有如下特性。

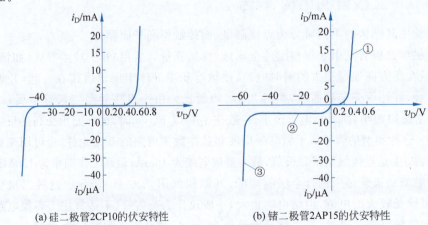

图 2.17　二极管的伏安特性

1. 正向特性

当正向电压较小时,外电场不足以克服 PN 结的内电场,正向电流几乎为零,此工作区域称为死区。只有当正向电压大于某一数值时,才有明显的正向电流,这一电压称为开启电压或门坎电压,用 V_{th} 表示。室温下,硅管的 V_{th} 约为 0.5V,锗管的 V_{th} 约为 0.1V。

正向特性在小电流时,呈现出指数变化规律,电流较大以后近似按直线上升。这是因为大电流时,P 区、N 区体电阻和引线接触电阻的作用明显了,使电流、电压近似呈线性关系。

2. 反向特性

由于表面漏电流的影响,二极管的反向电流要比理想 PN 结的 I_S 大得多,而且反向电压加大时,反向电流也略有增大。尽管如此,对于小功率二极管,其反向电流仍然很小,硅管一般小于 $0.1\mu A$,锗管一般小于几十微安(μA)。

3. 反向击穿特性与温度特性

二极管的反向击穿特性和温度特性均与 PN 结相同。

2.3.3 二极管的主要参数

器件参数是定量描述器件性能质量和安全工作范围的重要数据,是合理选择和正确使用器件的依据。下面分类介绍二极管的主要参数及其意义。

1. 直流参数

1)最大整流电流 I_F

I_F 是指二极管长期运行时允许通过的最大正向平均电流,其值与 PN 结的结面积及外部散热条件等有关。在规定散热条件下,二极管正向平均电流若超过此值,会因 PN 结温度升高被烧坏。例如,2AP1 的最大整流电流为 16mA。

2)反向击穿电压 V_{BR} 和最大反向工作电压 V_{RM}

V_{BR} 是指二极管反向击穿时的电压值。击穿时,反向电流剧增,二极管的单向导电性被破坏,甚至会因过热而烧坏。

V_{RM} 是指二极管工作时允许外加的最大反向电压,为安全考虑,在实际工作时,V_{RM} 一般只按 V_{BR} 的 1/2 计算。

3)反向电流 I_R

I_R 是指二极管未击穿时的反向电流。I_R 越小,表明二极管的单向导电性越好,I_R 对温度非常敏感。

4)直流电阻 R_D

R_D 是指二极管两端所加直流电压 V_D 与流过它的直流电流 I_D 之比,即

$$R_D = \frac{V_D}{I_D} \tag{2-22}$$

二极管是非线性元件,其 R_D 不是恒定值,正向的 R_D 随工作电流的增大而减小,反向的 R_D 随反向电压的增大而增大。R_D 的几何意义见图 2.18(a),是指静态工作点 Q(直流工作点)到原点间直线斜率的倒数。显然,图中 Q_2 点处的 R_D 小于 Q_1 点处的 R_D。

2. 交流参数

1)交流电阻 r_d

r_d 是指在 Q 点附近电压变化量 Δv_D 与电流变化量 Δi_D 的比,即

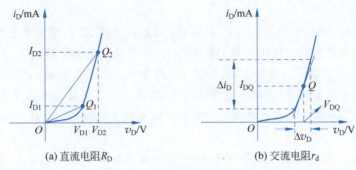

(a) 直流电阻 R_D (b) 交流电阻 r_d

图 2.18　二极管电阻的几何意义

$$r_d = \left.\frac{\Delta v_D}{\Delta i_D}\right|_Q \tag{2-23}$$

r_d 的几何意义见图 2.18(b)，是指静态工作点 $Q(V_{DQ}、I_{DQ})$ 处切线斜率的倒数。r_d 可以通过对式(2-14)求导得出，即

$$\frac{1}{r_d} = \left.\frac{\partial i_D}{\partial v_D}\right|_Q = \left.\frac{\partial}{\partial v_D}\left[I_S(e^{v_D/V_T}-1)\right]\right|_{V_D=V_{DQ}} = \frac{I_{DQ}+I_S}{V_T} \approx \frac{I_{DQ}}{V_T} \tag{2-24}$$

可见，r_d 与静态工作电流成反比，并与温度有关。室温($T=300K$)条件下，有

$$r_d \approx \frac{26(\text{mV})}{I_{DQ}(\text{mA})} \tag{2-25}$$

2) 结电容 C_j

C_j 包括势垒电容和扩散电容的总效果，其大小除了与本身结构和工艺有关外，还与外加电压有关。

3) 最高工作频率 f_M

f_M 是指二极管工作的上限频率。若超过此值，由于结电容的影响，二极管的单向导电性能恶化。

应当指出，由于制造工艺所限，半导体器件参数具有分散性，同一型号管子的参数值会有相当大的差距。使用过程中，若有必要，应通过实际测量得到准确值。另外，应注意参数的测试条件，当使用条件和测试条件不同时，参数也会发生变化。

2.3.4　几种特殊的二极管

前面重点讨论了普通二极管的特性，此外，还有若干种特殊二极管，如稳压二极管、变容二极管、肖特基二极管、发光二极管、光电二极管等，下面分别予以简单介绍。

1. 稳压二极管

稳压二极管是利用 PN 结反向击穿后具有稳压特性制作的二极管，它除了可以构成限幅电路以外，主要用于稳压电路。

1) 电路符号、伏安特性

稳压二极管(Zener Diode)的电路符号及伏安特性曲线如图 2.19 所示。由图可见，其正、反向特

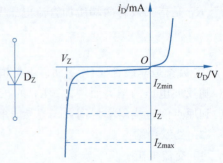

图 2.19　稳压二极管的符号及伏安特性

性均与普通二极管基本相同。区别仅在于击穿后，伏安特性曲线更加陡峭，即电流在很大范围内（$I_{Zmin}<I<I_{Zmax}$）变化时，其两端电压几乎不变，这表明，稳压二极管击穿后，能通过调整自身电流实现稳压。

稳压二极管击穿后，电流急剧增大，使管耗相应增大。因此必须对击穿后的电流加以限制，以保证稳压二极管的安全。

2) 主要参数

(1) 稳定电压 V_Z：V_Z 是指击穿后电流在规定范围内管子两端的电压值。由于制作工艺的原因，即使同一型号的稳压管，V_Z 的分散性也较大。使用时可通过测量确定其准确值。

(2) 稳定电流 I_Z：I_Z 是指稳压管正常工作时的参考电流。工作电流小于此值时，稳压效果差，大于此值时，稳压效果好。稳定电流允许的最大值为 I_{Zmax}，若工作电流超过此值，将会烧坏管子；稳定电流允许的最小值为 I_{Zmin}，若工作电流小于此值，管子将会失去稳压作用。

(3) 额定功率 P_Z：P_Z 是由管子结温限制所限定的参数。P_Z 与 PN 结所用的材料、结构及工艺有关，使用时不允许超过此值。

(4) 动态电阻 r_Z：r_Z 是指稳压管工作在稳压区时，其端电压变化量与电流变化量的比值，即

$$r_Z = \frac{\Delta V_Z}{\Delta I_Z} \tag{2-26}$$

r_Z 越小，表明稳压管的稳压性能越好。

(5) 温度系数 α：α 表示温度每变化 1℃时稳压值的变化量，即

$$\alpha = \frac{\Delta V_Z}{\Delta T} \tag{2-27}$$

通常，$V_Z<5V$ 时，管子具有负温度系数（属于齐纳击穿）；$V_Z>7V$ 时，管子具有正温度系数（属于雪崩击穿）；V_Z 为 5～7V 时，管子的温度系数最小，近似为零（齐纳和雪崩击穿均有）。

2. 变容二极管

如前所述，PN 结加反向电压时，结上呈现势垒电容，该电容随反向电压增大而减小，如图 2.20 所示。利用这一特性制作的二极管，称为**变容二极管**（Varactor Diode），其电路符号如图 2.21 所示。

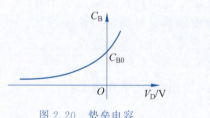
图 2.20 势垒电容

图 2.21 变容二极管的符号

变容二极管在高频电子电路中应用十分广泛，如用于谐振回路的电调谐、压控振荡器、频率调制、参量电路等。

3. 肖特基二极管

当金属与 N 型半导体接触时，在其交界面处会形成势垒区，利用该势垒制作的二极管，称为**肖特基二极管**（Schottky Barrier Diode，SBD）或表面势垒二极管。其结构示意图和电

路符号如图 2.22 所示。

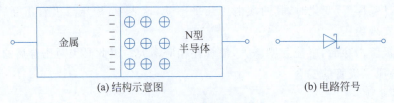

(a) 结构示意图　　　　　　　　　　(b) 电路符号

图 2.22　肖特基二极管

由半导体物理知识可知,当金属与 N 型半导体接触时,电子会从半导体中逸出并向金属一侧注入,注入的电子将分布在金属表面的薄层内。N 区一侧由于失去电子,留下了一个较宽的施主正离子区,从而形成如图 2.22(a)所示的电荷分布。随着该偶电层的建立,交界面处产生了一个由 N 区指向金属的内电场。该电场一方面阻止 N 区电子进一步向金属注入,另一方面有利于金属中的少数逸出电子向 N 区一侧漂移。随着内电场的增强,电子的正向注入和反向漂移最终达到动态平衡,从而形成一个稳定的势垒区,称为肖特基表面势垒。

当外加正向电压(即金属一侧的电位高于 N 区一侧的电位)时,内电场被减弱,N 区将有更多的电子向金属注入,形成较大的正向电流,且该电流会随外加正向电压的增大而增大。当外加反向电压(即金属一侧的电位低于 N 区一侧的电位)时,内电场被增强,有利于金属中少数逸出电子向 N 区漂移,形成很小的反向电流,且该电流几乎与外加反向电压的大小无关。由此可见,肖特基势垒具有和 PN 结类似的单向导电性。

与 PN 结二极管相比,肖特基二极管是依靠多数载流子导电的,由于消除了少数载流子的存储效应,因而具有良好的高频特性。此外,肖特基二极管的导通电压和反向击穿电压均比 PN 结二极管低。

需要指出的是,只有金属和轻掺杂半导体接触才会形成肖特基二极管。若 N 型区为重掺杂时,将失去单向导电性。这种接触通常称为欧姆接触。

4. 发光二极管

发光二极管(Light Emitting Diode,LED)是将电能转换为光能的一种半导体器件。它通常是用元素周期表中 Ⅲ、Ⅴ 族元素的化合物,如砷化镓、磷化镓等制成的。其常见外形及符号如图 2.23 所示。当这种管子通过电流时将发出光来,这是由于电子和空穴直接复合而释放出能量的结果。光谱范围是比较窄的,其波长由所使用的材料而定。发光的颜色通常有红、黄、蓝、紫等。发光的亮度与正向工作电流成正比,其工作电流一般为几毫安至十几毫安。

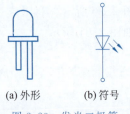

(a) 外形　(b) 符号

图 2.23　发光二极管

发光二极管常用来作为显示器件,除单个使用外,还常作为七段式或矩阵式器件。

通过特殊设计,发光二极管可制成产生单色光的激光二极管(Laser)。

5. 光电二极管

光电二极管(Photodiode)是将光能转换为电能的一种半导体器件。其结构与普通二极管相似,只是管壳上留有一个能入射光线的玻璃窗口,其常见外形及符号如图 2.24 所示。其中,受光照区的电极称为前极,不受光照区的电极称为后极。

在光照下,耗尽区内将激发出大量的电子-空穴对。当施加反偏压时,这些激发的载流子通过外回路形成反向电流,称为**光生电流**,其数值会随光照的增强而增大,此外还与入射光的波长有关。

6. 光电耦合器

光电耦合器(Optical Coupler)是由发光器件和光敏器件组成的一种器件。其中,发光器件一般都是发光二极管,而光敏器件的种类较多,除光敏二极管外,还有光敏三极管、光敏电阻等。图 2.25 所示是采用光敏二极管的光电耦合器的内部电路。

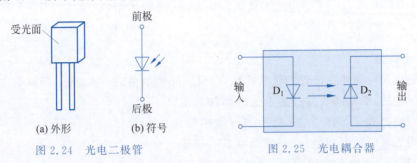

图 2.24　光电二极管　　　　　图 2.25　光电耦合器

将电信号加到器件的输入端,使发光二极管 D_1 发光,光照射到光敏二极管 D_2 上,使其输出光电流。这样,通过电→光和光→电的两次变换,将电信号从输入端传送到输出端。由图 2.25 可见,两个二极管之间是电隔离的,因此,光电耦合器是用光传输信号的电隔离器件,应用十分广泛。

2.3.5　二极管的模型

对电子电路进行定量分析时,其中的实际器件必须采用相应的电路模型来等效,根据分析手段及要求的不同,器件模型将有所不同。例如,借助计算机辅助分析时,允许采用复杂的模型,以获取更精确的结果。而在工程分析中,则力求模型简单、实用,以突出器件的主要物理特性。

二极管是一种非线性器件,在大信号工作时,其非线性主要表现为单向导电性,而导通后所呈现的非线性往往是次要的。因此,在工程分析时,可按大信号和小信号两种工作条件对二极管进行建模。

1. 理想模型

在实际电路中,当电源电压远大于二极管的导通电压时,可采用理想模型分析电路。图 2.26(a)所示为理想二极管的伏安特性,其中的虚线表示实际二极管的伏安特性。由图可见,理想二极管正向偏置时,管压降为 0V。反向偏置时,认为其电阻为无穷大,电流为零。此时,二极管可看作一个理想的开关。图 2.26(b)所示为理想二极管的电路符号。

2. 恒压降模型

当电源电压与二极管的导通电压相比拟时,采用理想模型分析得到的结果将会产生较大的误差。因此,可采用图 2.27 所示的恒压降模型。其基本思想是认为二极管导通后管压降恒定(硅管约为 0.7V,锗管约为 0.3V),且不随电流而变(即忽略了二极管的导通电阻)。该模型提供了合理的近似,在工程上应用非常广泛。

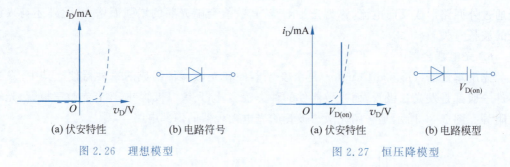

图 2.26　理想模型　　　　　图 2.27　恒压降模型

3. 折线模型

为了更真实地描述二极管的伏安特性，对恒压降模型做进一步修正，即认为二极管的管压降不是恒定的，而是随着流过的电流的增加而增加的，这样，便得到了如图 2.28 所示的折线模型。其中，V_{th} 为二极管的开启电压（硅管取 0.5V，锗管取 0.1V），R_D 可按如下方法确定，对硅二极管，设其导通电流为 1mA 时，管压降为 0.7V，则

$$R_D = \frac{0.7\text{V} - 0.5\text{V}}{1\text{mA}} = 200\Omega \qquad (2\text{-}28)$$

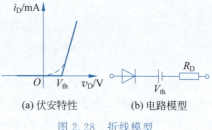

图 2.28　折线模型

由于二极管特性的分散性，V_{th} 和 R_D 的值不是固定不变的。

不难看出，折线模型最为逼近实际二极管的伏安特性。但用此模型带来的分析复杂度也相应增加。

4. 小信号模型

二极管小信号应用时，不能采用上述模型，必须对其进行小信号建模。

如果二极管在其伏安特性的某一小范围内工作，例如，在静态工作点 Q 附近工作，如图 2.29(a) 所示。这时，可把二极管的伏安特性近似看作一条直线，因此，二极管可用一线性电阻 r_d 进行建模，如图 2.29(b) 所示，r_d 的值就是过 Q 点处切线斜率的倒数。显而易见，r_d 的值与 Q 点有关，其数值可由式 (2-25) 求得。

若信号频率较高，在模型中还需计入 PN 结的结电容 C_j，如图 2.29(c) 所示。

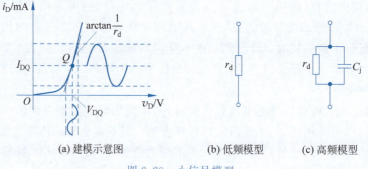

(a) 建模示意图　　　(b) 低频模型　　　(c) 高频模型

图 2.29　小信号模型

2.4 二极管的基本应用电路

利用二极管的单向导电性和反向击穿特性,可以实现整流、稳压、限幅、开关等各种功能电路。

2.4.1 整流电路

整流电路(Rectifier)是直流电源设备不可缺少的组成部分,其任务是将正、负交替变化的交流电变换成单向脉动的直流电。完成该任务主要依靠二极管的单向导电性。常见的整流电路有单相半波、全波、桥式和倍压整流电路。

1. 单相半波整流电路

图 2.30(a)为最简单的单相半波整流电路。图中,T_r 为电源变压器,其作用是将交流电网电压变成整流电路要求的交流电压 v_2,R_L 是要求直流供电的负载电阻。当 v_2 的幅值远大于 $V_{D(on)}$ 时,可将二极管看作理想二极管。

v_2 正半周(A 端为正,B 端为负)时,二极管因正偏而导通,$v_O = v_2$;v_2 负半周(A 端为负,B 端为正)时,二极管因反偏而截止,$v_O = 0$。输入、输出波形如图 2.30(b)所示。由于输出电压中只包含半个信号周期,所以称为半波整流。

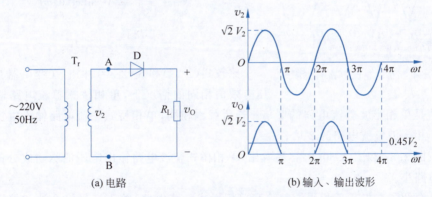

第 7 集
微课视频

(a) 电路　　　　　　　(b) 输入、输出波形

图 2.30　单相半波整流电路及其波形

设 $v_2 = \sqrt{2} V_2 \sin\omega t$,则输出电压的平均值为

$$V_O = \frac{1}{2\pi}\int_0^\pi \sqrt{2} V_2 \sin\omega t \, d(\omega t) = \frac{\sqrt{2} V_2}{\pi} \approx 0.45 V_2 \tag{2-29}$$

单相半波整流电路简单,所需二极管的数量少,但它输出电压低,交流分量大(脉动大),效率低,因此这种电路仅适用于输出电流较小,对脉动要求不高的场合。在实际工程中,最常用的是单相桥式整流电路。

2. 单相桥式整流电路

图 2.31(a)为单相桥式整流电路,它由四只二极管组成,其构成原则是保证在变压器副边电压 v_2 的整个周期内,负载上的电压和电流方向始终不变。图 2.31(b)为其简化画法。

设变压器二次侧电压 $v_2 = \sqrt{2} V_2 \sin\omega t$,$V_2$ 为其有效值。二极管均为理想的。

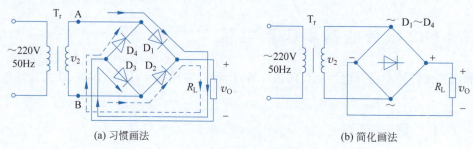

(a) 习惯画法　　　　　　　　(b) 简化画法

图 2.31　单相桥式整流电路

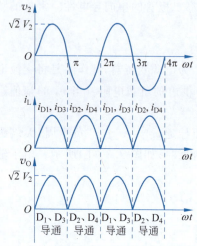

图 2.32　单相桥式整流电路的波形图

当 v_2 为正半周时，二极管 D_1、D_3 导通，D_2、D_4 截止，电流流通的路径如图 2.31(a)中实线所示；当 v_2 为负半周时，二极管 D_2、D_4 导通，D_1、D_3 截止，电流流通的路径如图 2.31(a)中虚线所示。这样，由于 D_1、D_3 和 D_2、D_4 两对二极管交替导通，使负载电阻 R_L 在 v_2 的整个周期内都有电流通过，且方向不变。图 2.32 所示为单相桥式整流电路各部分电压和电流的波形。由图可求出输出电压的平均值为

$$V_O = \frac{1}{\pi}\int_0^\pi \sqrt{2}V_2 \sin\omega t\, d(\omega t)$$

$$= \frac{2\sqrt{2}V_2}{\pi} \approx 0.9V_2 \quad (2\text{-}30)$$

比较式(2-29)和式(2-30)可知，在变压器二次侧电压有效值相同的情况下，单相桥式整流电路输出电压的平均值是单相半波整流电路的 2 倍；若负载也相同，单相桥式整流电路输出电流的平均值也是单相半波整流电路的 2 倍。

比较图 2.32 和图 2.30(b)容易看出，单相桥式整流电路输出电压的脉动成分比单相半波整流电路小。

以上介绍了二极管单相半波整流和单相桥式整流电路，关于二极管全波和倍压整流电路，希望读者通过习题 2-9 和习题 2-12 加以学习。

2.4.2　稳压电路

稳压电路有多种实现方法，本节仅介绍用稳压二极管(稳压管)实现稳压的基本原理。

用稳压管实现稳压的电路如图 2.33 所示。其中，V_I 为需要稳定的电压，输出电压 V_O 就是稳压管的稳定电压 V_Z，R 为限流电阻，其作用是使电路有一个合适的工作状态，并限定电路的工作电流，负载电阻 R_L 与稳压管 D_Z 并联。

由图 2.33 可得到以下两个基本关系式：

$$V_I = V_R + V_O \quad (2\text{-}31)$$

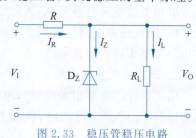

图 2.33　稳压管稳压电路

$$I_R = I_Z + I_L \tag{2-32}$$

图 2.33 所示的电路之所以能够稳定输出电压,是因为当流过 D_Z 的稳定电流 I_Z 有较大幅度的变化时,其稳定电压几乎不变(见图 2.19)。这样,当 V_I 或 R_L 变化时,电路能自动调节 I_Z 的大小,以改变限流电阻 R 上的压降 V_R,从而达到维持输出电压 V_O 基本恒定的目的。

例如,当 R_L 不变,V_I 变化时,将产生如下的自动调整过程。

$$V_I \uparrow \longrightarrow V_O(V_Z) \uparrow \longrightarrow I_Z \uparrow \longrightarrow I_R \uparrow \longrightarrow V_R \uparrow$$
$$V_O \downarrow \longleftarrow$$

类似地,当 V_I 不变,R_L 变化时,将产生如下的自动调整过程。

$$R_L \downarrow \longrightarrow I_L \uparrow \longrightarrow I_R \uparrow \longrightarrow V_R \uparrow \longrightarrow V_O(V_Z) \downarrow \longrightarrow I_Z \downarrow \longrightarrow I_R \downarrow \longrightarrow V_R \downarrow$$
$$V_O \uparrow \longleftarrow$$

由以上分析可以看出,在稳压二极管组成的稳压电路中,为达到稳压的目的,限流电阻 R 是必不可少的元件。下面具体说明其选择方法。

由图 2.33 可知,当 V_I、R_L 变化时,为了实现正常稳压,I_Z 应始终满足

$$I_{Zmin} < I_Z < I_{Zmax}$$

设 V_I 的最小值为 V_{Imin},最大值为 V_{Imax};R_L 的最小值为 R_{Lmin},最大值为 R_{Lmax}。

由于 $I_Z = I_R - I_L$,$I_R = (V_I - V_Z)/R$,$I_L = V_Z/R_L$,所以当 $V_I = V_{Imin}$、$R_L = R_{Lmin}$ 时,I_Z 最小。这时应满足

$$\frac{V_{Imin} - V_Z}{R} - \frac{V_Z}{R_{Lmin}} > I_{Zmin}$$

第 9 集
微课视频

即

$$R < \frac{V_{Imin} - V_Z}{R_{Lmin} \cdot I_{Zmin} + V_Z} \cdot R_{Lmin} = R_{max} \tag{2-33}$$

当 $V_I = V_{Imax}$、$R_L = R_{Lmax}$ 时,I_Z 最大。这时应满足

$$\frac{V_{Imax} - V_Z}{R} - \frac{V_Z}{R_{Lmax}} < I_{Zmax}$$

即

$$R > \frac{V_{Imax} - V_Z}{R_{Lmax} \cdot I_{Zmax} + V_Z} \cdot R_{Lmax} = R_{min} \tag{2-34}$$

由式(2-33)和式(2-34)可求得限流电阻的取值范围为

$$R_{min} < R < R_{max} \tag{2-35}$$

计算时若出现 $R_{min} > R_{max}$ 的结果,则说明在给定条件下,已超出了稳压管的稳压工作范围。这时,需要改变使用条件或重新选择大容量稳压二极管,以满足 $R_{min} < R_{max}$。

2.4.3 限幅电路

限幅电路(Limiting Circuit)又称为削波电路,它是一种能限制输入电压变化范围的电路,常用于波形变换和整形。限幅电路可分为单向限幅(Single Limiting)和双向限幅(Double Limiting)两大类,其电压传输特性分别如图 2.34 和图 2.35 所示。

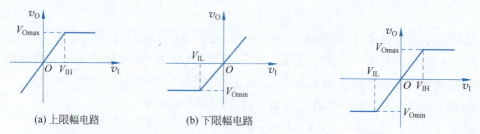

(a) 上限幅电路 (b) 下限幅电路

图 2.34 单向限幅电路的电压传输特性   图 2.35 双向限幅电路的电压传输特性

图中,V_{IH}、V_{IL} 分别称为上门限(Upper Threshold)电压和下门限(Lower Threshold)电压。利用二极管的单向导电性和反向击穿特性可构成上述各类限幅电路。

图 2.36(a)是利用两只二极管组成的双向限幅电路。其中,直流电压 V_1、V_2 用来控制它的上、下限门限值。若用恒压降模型分析该电路,则可得其上、下限门限值分别为

$$V_{IH}=V_1+V_{D(on)}, \quad V_{IL}=-(V_2+V_{D(on)})$$

当 $v_I>V_{IH}$ 时,二极管 D_1 导通,D_2 截止,输出电压 $v_O=V_{Omax}=V_{IH}$;当 $v_I<V_{IL}$ 时,D_2 导通,D_1 截止,输出电压 $v_O=V_{Omin}=V_{IL}$;当 $V_{IL}<v_I<V_{IH}$ 时,D_1、D_2 均截止,输出电压 $v_O=v_I$。若输入为正弦信号,则电路的输入、输出电压波形如图 2.36(b)所示。其电压传输特性如图 2.35 所示。

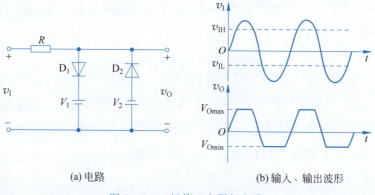

(a) 电路 (b) 输入、输出波形

图 2.36 二极管双向限幅电路

图 2.37 是利用两只稳压管组成的双向限幅电路。若设 D_{Z1}、D_{Z2} 的稳定电压分别为 V_{Z1}、V_{Z2},正向导通压降均为 $V_{D(on)}$,则由图可知:

当 v_I 为正值,且大于 $(V_{Z1}+V_{D(on)})$ 时,D_{Z1} 反向击穿,D_{Z2} 正向导通,$v_O=V_{Omax}=V_{Z1}+V_{D(on)}$,其上限门限电压 $V_{IH}=V_{Z1}+V_{D(on)}$。

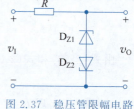

图 2.37 稳压管限幅电路

当 v_I 为负值,且小于 $-(V_{Z2}+V_{D(on)})$ 时,D_{Z2} 反向击穿,D_{Z1} 正向导通,$v_O=V_{Omin}=-(V_{Z2}+V_{D(on)})$,其下限门限电压 $V_{IL}=-(V_{Z2}+V_{D(on)})$。

当 $V_{IL}<v_I<V_{IH}$ 时,D_{Z1}、D_{Z2} 均截止,$v_O=v_I$。

其电压传输特性也如图 2.35 所示。

2.4.4 开关电路

在**开关电路**(Switching Circuit)中,利用二极管的单向导电性以接通或断开电路,这在

早期的数字电路中得到广泛的应用。图 2.38 所示为一个简单的二极管开关电路,表 2.1 给出了电路输出与输入之间的电位关系(分析时采用二极管的恒压降模型)。由表可以看出,在输入电压 v_{I1} 和 v_{I2} 中,只要有一个为 0(低电平),则输出为 0.7V(低电平);只有当两个输入电压均为 3V(高电平)时,输出为 3.7V(高电平),这种关系在数字电路中称为与逻辑。

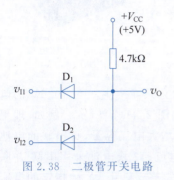

图 2.38 二极管开关电路

表 2.1 电路输出与输入之间的电位关系

v_{I1}/V	v_{I2}/V	二极管的工作状态		v_O/V
		D_1	D_2	
0	0	导通	导通	0.7
0	3	导通	截止	0.7
3	0	截止	导通	0.7
3	3	导通	导通	3.7

※2.5 PN 结的应用实例——太阳能系统

PN 结是各种二极管的关键部分,包括用在太阳能系统中的光伏(PV)电池(也称为太阳电池)。光伏电池通过光电效应把光转换为电能,光辐射足以在 N 区和 P 区产生电子-空穴对,在 N 区积累电子,在 P 区积累空穴,从而引起电势差(电压),当连接外部负载时,电子流过半导体材料并向外部负载提供电流。

1. 光伏电池的结构

尽管有其他类型的光伏电池,并且持续的研究工作表明在将来还会有新的产品研发出来,但是到目前为止,晶体硅光伏电池是使用最为广泛的。硅光伏电池由一块极薄的硅基材料构成,通过掺杂后形成 PN 结,在掺杂过程中可以精确地控制杂质原子的掺杂深度和分布。从极纯的硅上切下极薄的圆形晶片,然后进行抛光并修剪成面积最大的八角形、六边形或矩形形状以形成一个阵列。在硅晶片中掺杂,使得 N 区比 P 区薄很多,能使光线透过,如图 2.39(a)所示。之后,在晶片上采用光致腐蚀剂或丝网等方法沉积出一个网状的、非常薄的导电接触片,如图 2.39(b)所示。为了收集尽可能多的光能,接触网格必须使暴露在阳光下的硅晶片的表面积尽可能大。每个单元顶部的导电网格是必不可少的,当连接外部负载

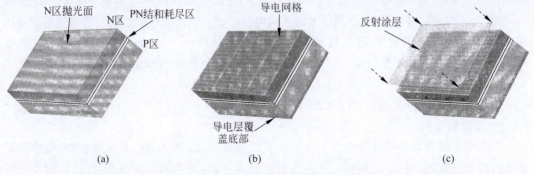

图 2.39 光伏太阳电池的基本结构

时,电子就能移动较短的距离穿过硅。然后,在硅片底部覆盖导电层(为了便于说明,光伏电池的厚度与表面积的比例在图中被夸大了)。当包含了导电网格后,在导电网格和N区顶部放置一个反射涂层,如图2.39(c)所示。通过减少电池表面反射的光能,光伏电池能吸收尽可能多的太阳能。最后,用透明胶将一个玻璃的或者透明的塑料层粘在电池顶部,以防止电池受到天气影响。图2.40所示为一块完整的光伏电池。

图 2.40 光伏电池

2. 光伏电池板

在很多应用中,只使用一块光伏电池是不切实际的,因为它只能产生 0.5~0.6V 的电压。为了产生更高的电压,可将许多块光伏电池串联起来,如图 2.41(a) 所示。例如,理想情况下,6 块电池串联将会产生 6×0.5V=3V 的电压。为了增大电流容量,将串联的电池并联起来,如图 2.41(b) 所示。假设一块电池泵产生 2A 的电流,12 块电池采用串联-并联连接方式将产生在 3V 电压下的 4A 电流。将多块光伏电池连接起来用于产生指定的电能输出称为光伏电池板或太阳模块。

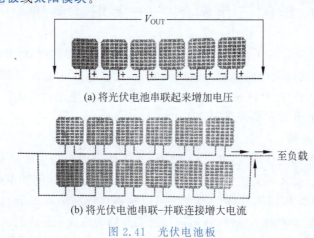

(a) 将光伏电池串联起来增加电压

(b) 将光伏电池串联-并联连接增大电流

图 2.41 光伏电池板

光伏电池板通常有 12V、24V、36V 和 48V 几种型号。对于特定的应用,也有更高输出的光伏电池板。实际上,为了向一个 12V 的电池板充电并且补偿串联引起的电压降和其他损耗,一块 12V 的光伏电池板产生的电压要高于 12V(15~20V)。理想情况下,假设一块光伏电池产生 0.5V 的输出,一块由 24 块光伏电池组成的光伏电池板即可产生 12V 的输出。实际上,一块 12V 的光伏电池板由 30 块以上的光伏电池组成。制造商通常指定光伏电池板的输出为一定太阳能辐射下的能量,称为辐射峰值,单位是 $1000W/m^2$。例如,一块 12V 的光伏电池板具有 17V 的额定电压,在峰值太阳辐射下可以提供 3.5A 的电流给负载,额定输出功率为

$$P = VI = 17 \times 3.5W = 59.5W$$

为了获得更高的功率输出,许多光伏电池板可以互连起来构成很大的阵列,如图 2.42 所示。

3. 太阳能系统

可以给交流负载提供电能的基本太阳能系统通常由光伏电池板、充电控制器、电池和逆变器四部分组成,如图 2.43 所示。如果仅供应直流负载,如太阳能仪表和直流灯,则不需要逆变器。若太阳能系统仅用于有阳光时提供补充的电能,则不包含备用电池和充电控制器。

图 2.42 光伏电池板构成的大阵列

图 2.43 具有备用电池的基本太阳能系统

效率是太阳能系统的重要特征。因为压降、光伏过程和其他因素引起的能量损失是不可避免的,所以在太阳能系统中考虑如何减小损失是至关重要的。

本章小结

(1) 半导体是依靠自由电子和空穴两种载流子导电的物质。本征半导体在室温下的导电能力很弱,但它受光照、辐射或进行掺杂后,导电能力显著提高。

(2) 在本征半导体中分别掺入五价元素和三价元素后,便形成了 N 型半导体和 P 型半导体。在 N 型半导体中,多子是自由电子,少子是空穴,还有不能移动的施主杂质正离子;在 P 型半导体中,多子是空穴,少子是自由电子,还有不能移动的受主杂质负离子。

(3) P 型和 N 型半导体相结合,在交界面处形成 PN 结。PN 结是构成半导体器件的基本单元,它具有单向导电性、反向击穿特性和电容特性。

(4) 晶体二极管是由 PN 结构成的。常用伏安特性描述其性能,伏安特性的数学表达式近似为

$$i_D = I_S(e^{v_D/V_T} - 1)$$

(5) 二极管的参数分直流参数和交流参数,选用时一定要注意参数的限制。另外,二极管具有温敏特性,许多参数值会随温度的变化而变化。

(6) 稳压二极管是一种特殊的二极管,利用它在反向击穿状态下的恒压特性,可构成简单的稳压电路,其正向特性与普通二极管相同。除此之外,还有变容二极管、肖特基二极管、发光二极管、光敏二极管等特殊二极管。

(7) 二极管电路的分析,主要采用模型分析法。在大信号运用时,可视输入信号的大小选用理想模型、恒压降模型和折线模型;当输入信号很微小时,需要使用小信号模型。

(8) 利用二极管的单向导电性和反向击穿特性,可构成整流、稳压、限幅、开关等各种应用电路。

本章习题

【2-1】 在本征硅半导体中,掺入浓度为 $5\times10^{15}\text{cm}^{-3}$ 的受主杂质,试指出 $T=300\text{K}$ 时所形成的杂质半导体类型。若再掺入浓度为 10^{16}cm^{-3} 的施主杂质,则将变为何种类型的杂质半导体?若将该半导体温度分别上升至 $T=500\text{K}$、600K 时,又为何种类型半导体?

【2-2】 已知硅 PN 结两侧的杂质浓度分别为 $N_a=10^{16}\text{cm}^{-3}$,$N_d=1.5\times10^{17}\text{cm}^{-3}$,试求温度在 27℃ 和 100℃ 时的内建电位差 V_B,并进行比较。

【2-3】 已知锗 PN 结的反向饱和电流为 10^{-8}A,当外加电压为 0.2V、0.36V 及 0.4V 时,求室温下流过 PN 结的电流分别为多大?由计算结果说明 PN 结伏安特性的特点。

【2-4】 两个硅二极管在室温时的反向饱和电流分别为 $2\times10^{-12}\text{A}$ 和 $2\times10^{-15}\text{A}$,若定义二极管电流 $I=0.1\text{mA}$ 时所需施加的电压为导通电压,试求两管的 $V_{D(on)}$。若 I 增加 10 倍,试问 $V_{D(on)}$ 增加多少?

【2-5】 已知 $I_S(27℃)=10^{-9}\text{A}$,试求温度为 -10℃、47℃ 和 60℃ 时的 I_S 值。

【2-6】 二极管是非线性元件,它的直流电阻和交流电阻有何区别?用万用表欧姆挡测量的二极管电阻属于哪一种?为什么用万用表欧姆挡的不同量程测出的二极管阻值也不同?

【2-7】 已知两只硅稳压管 D_{Z1}、D_{Z2},其稳定电压分别为 $V_{Z1}=6\text{V}$,$V_{Z2}=10\text{V}$,若将它们串联使用,能获得几种不同的稳定电压值?若将其并联,又能获得几种不同的稳定电压值?

【2-8】 电路如题图 2.1 所示,设二极管为理想二极管,试判断图中各二极管是否导通,并求各电路的 V_{AO} 值。

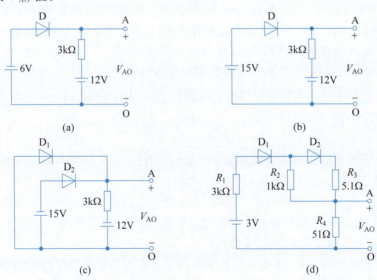

题图 2.1

【2-9】 在如题图 2.2 所示电路中,已知 $v_I = 200\sin\omega t(V)$,试画出 v_O 的波形。

【2-10】 题图 2.3 是由二极管组成的桥式整流电路,设 $v_I = 10\sin\omega t(V)$,且二极管均为理想二极管。
(1) 试画出 v_O 的波形;
(2) 若 D_2 开路,试画出 v_O 的波形;
(3) 若 D_2 被短路,会出现什么现象?

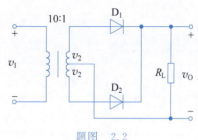

题图 2.2

【2-11】 双极性电压输出整流电路如题图 2.4 所示。
(1) 分别标出 v_{O1}、v_{O2} 对地的极性;
(2) 说明 v_{O1}、v_{O2} 是半波整流还是全波整流;
(3) 如果 $V_{21} = V_{22} = 20V$,求输出电压的平均值 V_{O1} 和 V_{O2};
(4) 如果 $V_{21} = 22V$,$V_{22} = 18V$,试画出 v_{O1} 和 v_{O2} 的波形,并计算 V_{O1} 和 V_{O2} 的值。

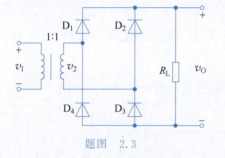

题图 2.3

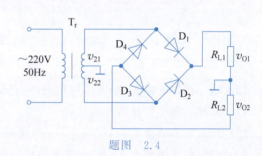

题图 2.4

【2-12】 试在题图 2.5 所示的电路中,标出各电容两端电压的极性和数值,并分析负载电阻上能够获得几倍压的输出。

【2-13】 在题图 2.6 所示的稳压电路中,要求输出稳定电压为 7.5V。已知输入电压 V_I 在 15~25V 变化,负载电流 I_L 在 0~15mA 变化,稳压管参数为 $I_{Zmax} = 50mA$,$I_{Zmin} = 5mA$,$V_Z = 7.5V$,$r_Z = 10\Omega$。试求:
(1) 为实现正常稳压所需 R 的值;
(2) 分别计算 V_I 和 I_L 在规定范围内变化时,输出电压的变化值 ΔV_{O1} 和 ΔV_{O2}。

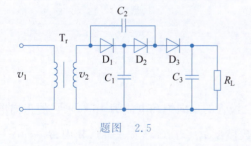

题图 2.5

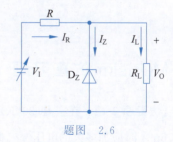

题图 2.6

【2-14】 电路如题图 2.7 所示,已知稳压管 D_Z 的稳定电压 $V_Z = 8V$,正向导通压降 $V_{D(on)} = 0.7V$,设 $v_I = 15\sin\omega t(V)$,试画出 v_O 的波形。

【2-15】 电路如题图 2.8 所示,设 $V_{Z1} = 5V$,$V_{Z2} = 10V$,$V_{D(on)1} = V_{D(on)2} = 0.6V$,试画出其电压传输特性曲线。

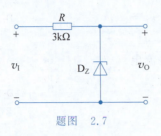
题图 2.7

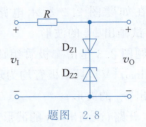
题图 2.8

【2-16】 如题图 2.9 所示电路中的二极管为理想二极管,设 $v_i = 6\sin\omega t$ (V),试画出输出电压 v_O 的波形。

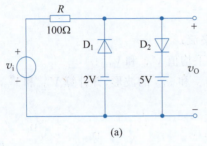
(a)

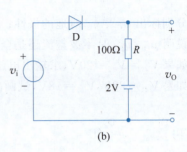
(b)

题图 2.9

【2-17】 在如题图 2.10 所示的电路中,已知二极管的参数为 $V_{th} = 0.7\text{V}, R_D = 100\Omega$。
(1) 试画出电压传输特性曲线;
(2) 若 $v_i = 5\sin\omega t$ (V),试画出 v_O 的波形。

【2-18】 在如题图 2.11 所示的电路中,已知二极管的参数为 $V_{th} = 0.25\text{V}, R_D = 7\Omega$。电源参数为 $V_{DD} = 1\text{V}, v_s = 20\sin\omega t$ (mV), $r_s = 2\Omega$,试求通过二极管的电流($i_D = I_{DQ} + i_d$)。

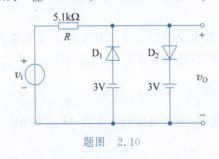
题图 2.10

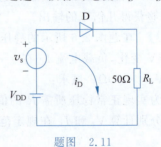
题图 2.11

Multisim 仿真习题

【仿真题 2-1】 在室温(300K)情况下,若二极管的反向饱和电流为 1nA,求它的正向电流为 0.5mA 时应加多大的电压?二极管采用指数模型 $i_D = I_S(e^{v_D/nV_T} - 1)$,其中,$I_S = 10^{-9}\text{A}$,$n = 1, V_T = 26\text{mV}$。

【仿真题 2-2】 电路如题图 2.12 所示,二极管选用 1N4148,且 $I_S = 10\text{nA}, n = 2$。在 $V_{DD} = 10\text{V}$ 和 $V_{DD} = 1\text{V}$ 两种情况下,求 I_D 和 V_D 的值,并与使用理想模型、恒压降模型和折线模型的手算结果进行比较。

【仿真题 2-3】 模型参数完全相同的两个稳压管组成的电路如题图 2.13 所示，稳压管选用 1N750，用 Multisim 仿真出它的电压传输特性曲线 $v_O = f(v_I)$。

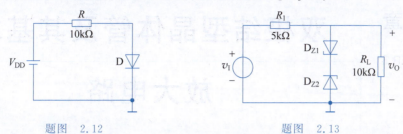

题图 2.12　　　　　　　　题图 2.13

【仿真题 2-4】 电路如题图 2.14 所示，二极管模型使用 1N914，输入信号源为正弦波信号源（幅度为 50V，频率为 50Hz），用 Multisim 仿真，观察交流电源信号波形和 R_L 两端电压的波形。

【仿真题 2-5】 电路如题图 2.5 所示，v_2 取峰值为 10V，频率为 50Hz 的正弦交流信号，二极管采用 1N4449，电容采用 $0.05\mu F$，用 Multisim 仿真，观察 v_2 及电容 C_1、C_2、C_3 两端的电压波形。

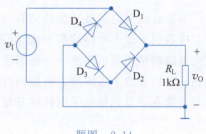

题图 2.14

【仿真题 2-6】 电路如题图 2.10 所示，二极管及参数与仿真题 2-2 相同。

(1) 用 Multisim 仿真出它的电压传输特性曲线 $v_O = f(v_I)$；

(2) 当 $v_I = 5\sin\omega t(V)$，试画出 v_O 的波形，并与使用折线模型（习题 2-17）分析的结果进行比较。

第 3 章 双极结型晶体管及其基本放大电路

CHAPTER 3

本章首先讨论双极结型晶体管(BJT)的结构、工作原理、特性曲线、主要参数及电路模型。接着引入放大电路的基本概念,包括放大电路的组成原则,主要性能指标等。随后讨论放大电路的常用分析方法——图解法和等效电路法,重点讨论了 BJT 放大电路的三种基本组态。最后介绍了多级放大电路的有关问题。由于本章所涉及的问题具有普遍性,所以,是学习后续各章及其他电子电路的基础。

3.1 双极结型晶体管

第 10 集
微课视频

双极结型晶体管(Bipolar Junction Transistor,BJT)是通过一定的工艺,将两个 PN 结结合在一起的器件。由于 PN 结之间的相互作用,它表现出不同于单个 PN 结的特性,从而使 PN 结的应用发生了质的飞跃。本节将围绕 BJT 具有电流放大作用这一核心问题,讨论其结构、各极电流的形成、特性曲线及参数等问题。

3.1.1 BJT 的分类、结构及符号

BJT 的种类很多。按频率分,有高频管、低频管;按功率分,有大功率管、中功率管及小功率管;按材料分,有硅管、锗管;按导电类型分,有 NPN 管、PNP 管等。无论何种类型的 BJT,从外形来看都有三个电极,常见的几种 BJT 外形如图 3.1 所示。

图 3.1 几种 BJT 的外形

BJT 的结构示意图和电路符号如图 3.2 所示。由图可见,BJT 是由三层半导体制成的。NPN 型 BJT 由两个 N 区和中间很薄的一个 P 区组成。相反地,PNP 型 BJT 由两个 P 区和中间很薄的一个 N 区组成。从三块半导体上各自接出一根引线就是 BJT 的三个电极,它们分别叫作**发射极** E(Emitter)、**基极** B(Base)和**集电极** C(Collector),对应的三块半导体分别称为**发射区**、**基区**和**集电区**。三块半导体的交界面形成了两个 PN 结:发射区与基区交界处的 PN 结称为**发射结**(J_e),集电区与基区交界处的 PN 结称为**集电结**(J_c)。

特别值得注意的是,虽然发射区和集电区都是同种类型的半导体,但器件不是电对称

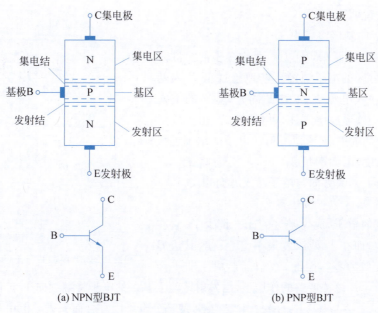

(a) NPN型BJT (b) PNP型BJT

图 3.2　BJT 的结构示意图及电路符号

的,这种不对称是因为三个区域的掺杂浓度明显不同,其中,发射区的掺杂浓度高于集电区,基区的掺杂浓度最低。例如,发射区、集电区、基区的掺杂浓度分别为 $10^{19}\,\mathrm{cm}^{-3}$、$10^{17}\,\mathrm{cm}^{-3}$、$10^{15}\,\mathrm{cm}^{-3}$。此外,在几何尺寸上,基区很薄,集电区的面积比发射区大。正是这种结构特点,构成了 BJT 具有电流放大作用的物质基础。

NPN 型 BJT 和 PNP 型 BJT 电路符号的区别在于发射极所标箭头的指向,发射极箭头的指向表明了 BJT 导通时发射极电流的实际流向。

第 11 集
微课视频

实际 BJT 的结构要比图 3.2 复杂得多,图 3.3 是集成电路中典型的 NPN 型 BJT 的结构剖面图。图中,衬底若用硅材料,则为硅管;若用锗材料,则为锗管。

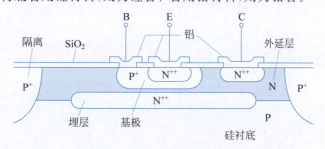

图 3.3　常用集成电路中 NPN 型 BJT 的结构剖面图

3.1.2　BJT 的电流分配与放大作用

BJT 的电流放大作用是由内、外两种因素决定的,其内因就是 3.1.1 节中所述的结构特点,而外因是必须给 BJT 加合适的偏置电压,即给发射结加正向偏置电压,集电结加反向偏置电压。

1. BJT 内部载流子的传输过程

以 NPN 型 BJT 为例,在**发射结正偏,集电结反偏**的条件下,BJT 内部载流子的运动情况可用图 3.4 说明。

1) 发射区向基区注入电子

由于发射结 J_e 正偏,所以 J_e 两侧多子的扩散占优势,因而发射区的电子源源不断地越过 J_e 注入基区,形成电子注入电流 I_{EN};与此同时,基区的空穴也向发射区注入,形成空穴注入电流 I_{EP}。由于发射区相对于基区是重掺杂,所以发射区电子的浓度远大于基区空穴浓度,因而满足 $I_{EN} \gg I_{EP}$,若忽略 I_{EP},发射极电流 $I_E \approx I_{EN}$,其方向与电子注入方向相反。

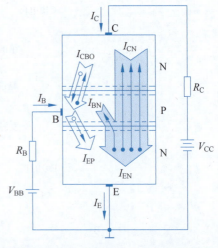

图 3.4 BJT 内部载流子的传输示意图

2) 电子在基区边扩散边复合

注入基区的电子,成为基区的非平衡少子,它在 J_e 处浓度最大,而在 J_c 处浓度最小(J_c 反偏,其边界处电子浓度近似为零),因此,在基区形成了非平衡电子的浓度差。在该浓度差的作用下,由发射区注入基区的电子将继续向 J_c 扩散。在扩散过程中,非平衡电子会与基区中的多子空穴相遇,使部分电子因复合而失去。但由于基区很薄且掺杂浓度又低,所以在基区被复合掉的电子数极少,绝大部分电子都能扩散到 J_c 边沿。基区中与电子复合的空穴由基极电源提供,形成基区复合电流 I_{BN},它是基极电流 I_B 的主要部分。

3) 扩散到集电结的电子被集电区收集

由于集电结 J_c 反偏,形成了较强的电场,所以,扩散到 J_c 边沿的电子在该电场作用下漂移到集电区,形成集电区的收集电流 I_{CN}。该电流是构成集电极电流 I_C 的主要部分。此外,集电区和基区的少子在 J_c 反偏压的作用下,向对方漂移形成 J_c 的反向饱和电流 I_{CBO},并流过集电极和基极支路,构成 I_B 和 I_C 的另一部分电流。

通过以上讨论可以看出,在 BJT 中,薄的基区将发射结和集电结紧密地联系在一起。它能把发射结的大部分正向电流传输到反偏的集电结回路中去。这正是 BJT 实现放大作用的关键所在。

2. BJT 的电流分配关系

由以上分析可知,BJT 三个电极的电流与内部载流子的传输形成的电流之间有如下关系:

$$\begin{cases} I_E = I_{EN} + I_{EP} = I_{BN} + I_{CN} + I_{EP} \approx I_{BN} + I_{CN} & (3\text{-}1a) \\ I_B = I_{EP} + I_{BN} - I_{CBO} \approx I_{BN} - I_{CBO} & (3\text{-}1b) \\ I_C = I_{CN} + I_{CBO} & (3\text{-}1c) \end{cases}$$

式(3-1)表明:在 J_e 正偏、J_c 反偏的条件下,BJT 三个电极上的电流不是孤立的,它们能反映非平衡少子在基区扩散与复合的比例关系。这一比例关系主要由基区宽度、掺杂浓度等因素决定,BJT 做好后就基本确定了。一旦知道了这个比例关系,就不难确定三个电极电流之间的关系,从而为定量分析 BJT 电路提供了方便。

为了反映扩散到集电区的电流 I_{CN} 与基区复合电流 I_{BN} 之间的比例关系,定义**共发射极直流电流放大系数**

$$\bar{\beta} = \frac{I_{CN}}{I_{BN}} = \frac{I_C - I_{CBO}}{I_B + I_{CBO}} \tag{3-2}$$

其含义是:基区每复合一个电子,则有 $\bar{\beta}$ 个电子扩散到集电区去。$\bar{\beta}$ 值一般为 20~200。

确定了 $\bar{\beta}$ 值后,由式(3-1)和式(3-2)可得 BJT 三个电极电流的表达式如下:

$$\begin{cases} I_E = I_B + I_C & \text{(3-3a)} \\ I_C = \bar{\beta} I_B + (1+\bar{\beta}) I_{CBO} = \bar{\beta} I_B + I_{CEO} & \text{(3-3b)} \\ I_E = (1+\bar{\beta}) I_B + (1+\bar{\beta}) I_{CBO} = (1+\bar{\beta}) I_B + I_{CEO} & \text{(3-3c)} \end{cases}$$

式中,

$$I_{CEO} = (1+\bar{\beta}) I_{CBO} \tag{3-4}$$

称为**穿透电流**。由于 I_{CBO} 很小,常忽略其影响,所以有

$$\begin{cases} I_C \approx \bar{\beta} I_B & \text{(3-5a)} \\ I_E \approx (1+\bar{\beta}) I_B & \text{(3-5b)} \end{cases}$$

式(3-5)是以后电路分析中常用的关系式。

为了反映扩散到集电区的电流 I_{CN} 与发射极电流 I_E 之间的比例关系,定义**共基极直流电流放大系数**

$$\bar{\alpha} = \frac{I_{CN}}{I_E} = \frac{I_C - I_{CBO}}{I_E} \tag{3-6}$$

它表征了发射极电流 I_E 转化为集电极电流 I_C 的能力。显然,$\bar{\alpha} < 1$,一般为 $0.97 \sim 0.99$。

引入 $\bar{\alpha}$ 后,由式(3-1)和式(3-6)可得 BJT 三个电极电流的表达式如下:

$$\begin{cases} I_E = I_B + I_C & \text{(3-7a)} \\ I_C = \bar{\alpha} I_E + I_{CBO} \approx \bar{\alpha} I_E & \text{(3-7b)} \\ I_B = (1-\bar{\alpha}) I_E - I_{CBO} \approx (1-\bar{\alpha}) I_E & \text{(3-7c)} \end{cases}$$

由于 $\bar{\beta}$ 和 $\bar{\alpha}$ 都是反映 BJT 基区中电子扩散与复合的比例关系,只是选取的参考量不同,所以两者之间必然有内在的联系。由 $\bar{\beta}$ 和 $\bar{\alpha}$ 的定义可得

$$\bar{\beta} = \frac{I_{CN}}{I_{BN}} \approx \frac{I_{CN}}{I_E - I_{CN}} = \frac{\bar{\alpha} I_E}{I_E - \bar{\alpha} I_E} = \frac{\bar{\alpha}}{1 - \bar{\alpha}} \tag{3-8}$$

$$\bar{\alpha} = \frac{I_{CN}}{I_E} \approx \frac{I_{CN}}{I_{EN}} = \frac{I_{CN}}{I_{BN} + I_{CN}} = \frac{\bar{\beta} I_{BN}}{I_{BN} + \bar{\beta} I_{BN}} = \frac{\bar{\beta}}{1+\bar{\beta}} \tag{3-9}$$

3. BJT 的放大作用

BJT 的放大作用可用图 3.4 来说明,假设在图中 V_{BB} 上叠加一幅度为 100mV 的正弦电压 Δv_I,则引起 BJT 发射结电压产生相应的变化,因而发射极会产生一个较大的注入电流 Δi_E,例如为 1mA。若 $\bar{\beta} = 99$,则基极复合电流 Δi_B 约为 10μA,集电极收集的电流 Δi_C 约为 0.99mA。若取 $R_C = 2$kΩ,则 R_C 上得到的信号电压 $\Delta v_O = \Delta i_C \cdot R_C = 0.99 \times 2\text{V} = 1.98\text{V}$,相比之下,信号电压放大了约 20 倍。另外,$R_C$ 得到的信号功率为

$$P_o = \frac{1}{2} \cdot \Delta i_C \cdot \Delta v_O = \frac{1}{2} \times 0.99 \times 10^{-3} \times 1.98 \text{W} \approx 1\text{mW}$$

约为信号源的输入功率

$$P_i = \frac{1}{2} \cdot \Delta i_B \cdot \Delta v_I = \frac{1}{2} \times 10 \times 10^{-6} \times 100 \times 10^{-3} \text{W} = 0.5\mu\text{W}$$

的 2000 倍。信号功率的放大,体现了 BJT 的放大作用,也是它区别无源元件的电流和电压变化(如变压器)的主要特征。

3.1.3 BJT 的伏安特性曲线

BJT 的伏安特性曲线是描述其各电极电压与电流之间关系的曲线,它是 BJT 内部载流子运动的外部表现。从使用角度来看,了解 BJT 的伏安特性曲线比了解其内部载流子的运动过程显得更为重要。

由于 BJT 有三个电极,所以它的伏安特性比二极管要复杂得多。作为三端器件,通常用其中的两个端子分别作为输入和输出端,第三个端子作为公共端,这样可以构成输入和输出两个回路。图 3.5 示出了 BJT 的三种基本接法,也称为组态,分别称为共发射极(Common Emitter,CE)、共集电极(Common Collector,CC)和共基极(Common Base,CB)。其中,共发射极接法更具代表性,所以下面主要讨论 BJT 的共发射极伏安特性曲线。

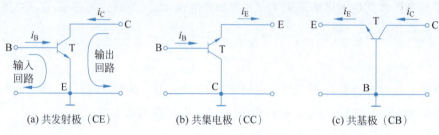

(a) 共发射极(CE)   (b) 共集电极(CC)   (c) 共基极(CB)

图 3.5   BJT 的三种基本接法

第 12 集
微课视频

1. 共发射极输入特性曲线

输入特性曲线描述了在集电极-发射极(集-射)压降 v_{CE} 一定的情况下,基极电流 i_B 与基极-发射极(基-射)压降 v_{BE} 之间的函数关系,即

$$i_B = f(v_{BE})\big|_{v_{CE}=\text{常数}}$$

图 3.6 是 NPN 型硅 BJT 的输入特性曲线。由图可见,它与二极管的正向特性曲线相似。图中示出了 v_{CE} 分别为 0、1V、10V 三种情况下的输入特性曲线,可以看出,当 v_{CE} 增大时,曲线逐渐右移。或者说,当 v_{BE} 一定时,随着 v_{CE} 的增大,i_B 将减小。

当 $v_{CE}=0$ 时,相当于集电极与发射极短路,即发射结与集电结并联,这时,BJT 相当于两个并联的 PN 结,其输入特性曲线与 PN 结的伏安特性相似,呈指数关系。

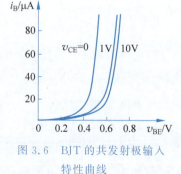

图 3.6   BJT 的共发射极输入特性曲线

当 v_{CE} 较小(如 $v_{CE} < 0.7V$)时,集电结处于正偏或反偏压很小的状态,收集电子的能力很弱,而基区的复合作用较强,所以在 v_{BE} 相同的情况下,i_B 较大。当 v_{CE} 增至 1V 左右时,集电结上的反偏电压加大,内电场增强,收集电子的能力增强,电子在基区复合的机会减小,从而使 i_B 减小。由图 3.6 可以看出,$v_{CE}=10V$ 时的输入特性曲线,与 $v_{CE}=1V$ 时的输入特性曲线非常接近。这是因为只要保持 v_{BE} 不变,则从发射区扩散到基区的电子数目不变,而 v_{CE} 增大到 1V 以后,集电结的电场已足够强,能够把发射到基区的绝大部分电子收集到集电结,以至于再增加 v_{CE},i_B 也不再明显减小。因此,

可近似认为在 $v_{CE}>1V$ 后的所有输入特性曲线基本上是重合的。对于小功率 BJT,可以用 v_{CE} 大于 1V 的任何一条输入特性曲线来代表 v_{CE} 大于 1V 的所有输入特性曲线。

2. 共发射极输出特性曲线

输出特性曲线描述了在基极电流 i_B 一定的情况下,集电极电流 i_C 与集-射压降 v_{CE} 之间的函数关系,即

$$i_C = f(v_{CE})|_{i_B=常数}$$

图 3.7 是 NPN 型硅 BJT 的共发射极输出特性曲线。由图可见,对于每一个确定的 i_B,都有一条曲线,所以输出特性是一簇曲线,各条特性曲线的形状基本相同。整个曲线族可划分为四个区域。

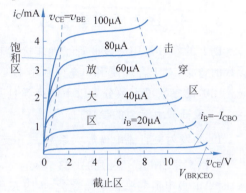

图 3.7 BJT 的共发射极输出特性曲线

(1) 放大区　BJT 工作在<u>放大区的条件是 J_e 正偏、J_c 反偏</u>。在放大区,BJT 具有以下两个特点。

① 集电极电流 i_C 主要受基极电流 i_B 的控制,即 i_B 有很小的变化量 Δi_B 时,i_C 就会有很大的变化量 Δi_C。为此,用<u>共发射极交流电流放大系数</u> β 表示这种控制能力。β 定义为

$$\beta = \frac{\Delta i_C}{\Delta i_B}\bigg|_{v_{CE}=常数} \tag{3-10}$$

反映在特性曲线上,为两条不同 i_B 曲线之间的间隔。

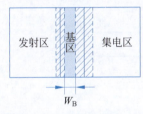

图 3.8 基区宽度调制效应

② 集电极电流 i_C 受集-射压降 v_{CE} 的影响较小。在特性曲线上表现为,i_B 一定而 v_{CE} 增大时,曲线略有上翘(i_C 略有增大)。这是因为,当 v_{CE} 增大时,集电结的反向电压增大,导致集电结阻挡层展宽,从而使基区的实际宽度 W_B 减小,如图 3.8 所示。这样,基区中电子与空穴复合的机会减少,从而使 i_B 减少,而要保持 i_B 不变,i_C 将略有增大。通常将 v_{CE} 引起基区实际宽度变化而导致电流变化的效应称为<u>基区宽度调制效应</u>(Base-Width Modulation Effect)。由于基区宽度调制效应很微弱,所以 v_{CE} 在很大范围内变化时,i_C 基本不变。因此,当 i_B 一定时,集电极电流具有恒流特性。

(2) 饱和区　BJT 工作在<u>饱和区的条件是 J_e、J_c 均正偏</u>。通常把 $v_{CE}=v_{BE}$(即集电结零偏压)的情况称为<u>临界饱和</u>,对应点的轨迹为临界饱和线。当 $v_{CE}<v_{BE}$ 时,管子进入饱和区。此时,由于 J_c 正偏,不利于集电区收集电子,造成基区复合电流增大。这样,一方面,当 i_B 一定时,i_C 的数值比放大时要小;另一方面,当 v_{CE} 一定而 i_B 增大时,i_C 基本不变。因此,在饱和区,i_C 不受 i_B 的控制。在特性曲线上表现为,不同 i_B 的曲线在饱和区汇集。BJT 饱和时,C、E 之间的电压称为<u>饱和压降</u>,记作 $V_{CE(sat)}$。深度饱和时,$V_{CE(sat)}$ 很小,对于小功率硅管约为 0.3V,小功率锗管约为 0.1V。管子饱和后,三个电极间的电压很小,这时,各极电流主要由外电路决定。

(3) 截止区　BJT 工作在<u>截止区的条件是 J_e、J_c 均反偏</u>。此时 $i_B \approx 0$(严格来说,$i_B = -I_{CBO}$),$i_C \approx 0$(严格来说,$i_C = I_{CBO}$)。BJT 截止时,相当于各电极之间开路,这时各极电位

将主要由外电路决定。

(4) 击穿区　随着 v_{CE} 增大，J_c 的反偏压增大。当 v_{CE} 增大到一定值时，J_c 发生反向击穿，造成集电极电流 i_C 剧增。由于集电结是轻掺杂的，所以击穿类型主要是雪崩击穿，击穿电压较大。由图 3.7 可见，反向击穿电压随 i_B 的增大而减小，原因是：i_B 增大，i_C 相应增大，通过集电结的载流子增多，碰撞机会增大，因而产生雪崩击穿的电压减小。当 $i_E=0$，即 $i_C=I_{CBO}$，$i_B=-I_{CBO}$ 时，击穿电压最大，记为 $V_{(BR)CEO}$。

3.1.4　BJT 的主要参数

BJT 的参数是用来表征管子性能优劣和适应范围的，它是选用 BJT 的依据。了解这些参数的意义，对于合理使用和充分利用 BJT 以达到设计电路的经济性和可靠性是十分必要的。BJT 的参数可大致分为以下四大类且其值具有明显的温敏性。

1. 表征放大能力的参数

1) 共发射极直流电流放大系数 $\bar{\beta}$ 和交流电流放大系数 β

$\bar{\beta}$ 和 β 分别由式(3-2)和式(3-10)定义，显然其含义是不同的。$\bar{\beta}$ 反映静态(直流工作状态)时集电极电流与基极电流之比，而 β 反映动态(交流工作状态)时的电流放大特性。它们的数值可以从输出特性曲线上求出。

例如，在图 3.9 中，静态点 Q 处的 $I_C=1.5$mA，$I_B=40\mu A$，所以

$$\bar{\beta}=\frac{I_C}{I_B}=\frac{1.5}{0.04}=37.5$$

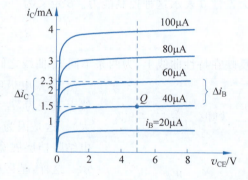

图 3.9　BJT $\bar{\beta}$ 和 β 的含义

过 Q 点作一条垂线，当 i_B 从 $40\mu A$ 增加到 $60\mu A$ 时，相应的 i_C 从 1.5mA 增加到 2.3mA，所以

$$\beta=\frac{\Delta i_C}{\Delta i_B}=\frac{2.3-1.5}{0.06-0.04}=40$$

一般地，在小信号工作情况下，可以认为 $\bar{\beta}\approx\beta$，故本书以后不再加以区分。

应当指出，β 值与测量条件有关。一般来说，在 i_C 过小或过大时，β 值较小。只有当 i_C 在中间值时，β 值才比较大，且基本不随 i_C 而变化。因此，在查手册时应注意 β 值的测试条件，尤其是大功率管更应强调这一点。

2) 共基极直流电流放大系数 $\bar{\alpha}$ 和交流电流放大系数 α

$\bar{\alpha}$ 由式(3-6)定义。而 α 定义为，v_{CB} 为常数时，集电极电流变化量与发射极电流变化量之比，即

$$\alpha=\frac{\Delta i_C}{\Delta i_E}\bigg|_{v_{CB}=常数} \tag{3-11}$$

2. 表征稳定性能的参数——极间反向电流

1) 集电极-基极反向饱和电流 I_{CBO}

I_{CBO} 指发射极开路，流过集电结的反向饱和电流。测量 I_{CBO} 的电路如图 3.10 所示，它实际上和单个 PN 结的反向饱和电流是一样的，因此，其值取决于温度和少数载流子的浓

度。在一定温度下,其数值基本上是一个常数。

I_{CBO} 的值一般很小,小功率硅管的 I_{CBO} 小于 $1\mu A$,小功率锗管的 I_{CBO} 约为 $10\mu A$。因为 I_{CBO} 随温度的增加而增加,因此在温度变化范围大的工作环境应选用硅管。

2) 集电极-发射极反向饱和电流 I_{CEO}

I_{CEO} 指基极开路,由集电区穿过基区流向发射区的反向饱和电流,又叫**穿透电流**。测量 I_{CEO} 的电路如图 3.11(a)所示。由于 I_{CEO} 从集电区穿过基区流至发射区,所以它不是单纯的 PN 结的反向饱和电流。

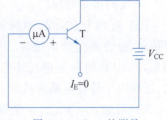

图 3.10 I_{CBO} 的测量

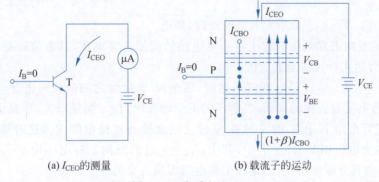

(a) I_{CEO} 的测量　　(b) 载流子的运动

图 3.11 穿透电流 I_{CEO}

当基极开路,加在集电极和发射极之间的正值电压 V_{CE} 被分配到两个结上,即 $V_{CE}=V_{CB}+V_{BE}$,如图 3.11(b)所示。此时,J_e 处于正向偏置,J_c 处于反向偏置,BJT 仍工作在放大状态,具有电流控制作用。这时被控制的电流为 I_{CBO},其值被放大了 β 倍,加上集电结本身的 I_{CBO},则有

$$I_{CEO}=I_{CBO}+\beta I_{CBO}=(1+\beta)I_{CBO}$$

I_{CEO} 和 I_{CBO} 都是衡量 BJT 质量的重要参数,由于 I_{CEO} 比 I_{CBO} 大得多,测量起来比较容易,所以平时测量 BJT 时,常常把测量 I_{CEO} 作为判断管子质量的重要依据。小功率硅管的 I_{CEO} 在几微安以下,而小功率锗管的 I_{CEO} 则大得多,为几十微安以上。I_{CEO} 和 I_{CBO} 一样,也随温度的增加而增加。

3. 表征安全工作区域的参数——极限参数

1) 集电极最大允许电流 I_{CM}

BJT 的 β 与 I_C 有关,随着 I_C 的增大,β 值会减小。I_{CM} 一般指 β 值下降到正常值的 2/3 时所对应的集电极电流。当 $I_C>I_{CM}$ 时,管子性能将显著下降,甚至有烧坏管子的可能。BJT 线性应用时,I_C 不应超过 I_{CM}。

2) 集电极最大允许耗散功率 P_{CM}

BJT 工作在放大状态时,J_c 承受着较高的反向电压,同时流过较大的电流。因此在 J_c 上要消耗一定的功率,从而导致 J_c 发热,结温升高。当结温过高时,管子的性能下降,甚至会烧坏管子,因此需要规定一个功耗限额。P_{CM} 就是 J_c 上允许损耗功率的最大值。由 $P_{CM}=V_{CE}I_C$ 可知,P_{CM} 在输出特性曲线上为一条 V_{CE} 与 I_C 乘积为定值的双曲线,称为 P_{CM} **功耗线**,如图 3.12 所示。

3) 反向击穿电压

BJT 有两个 PN 结，当所加的反向电压超过规定值时，也会发生反向击穿，其击穿机理与二极管相似，但 BJT 的击穿电压不仅与管子本身特性有关，还取决于外部电路的接法，常用的有以下几种。

(1) $V_{(BR)EBO}$：$V_{(BR)EBO}$ 是指集电极开路时，发射极-基极之间的反向击穿电压。它是发射结本身的击穿电压。普通 BJT 的 $V_{(BR)EBO}$ 值比较小，一般只有几伏。

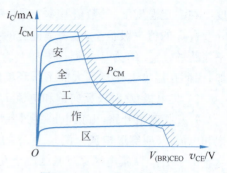

图 3.12 BJT 的安全工作区

(2) $V_{(BR)CBO}$：$V_{(BR)CBO}$ 是指发射极开路时，集电极-基极之间的反向击穿电压。它决定于集电结的雪崩击穿电压，其数值较高，通常为几十伏，有些管子可达几百伏甚至上千伏。

(3) $V_{(BR)CEO}$：$V_{(BR)CEO}$ 是指基极开路时，集电极-发射极之间的反向击穿电压。其大小与 BJT 的穿透电流有直接的关系，当管子的 V_{CE} 增加时，I_{CEO} 明显增大，导致集电结发生雪崩击穿。在实际电路中，BJT 的发射极-基极之间常接有基极电阻 R_B，这时集电极-发射极之间的反向击穿电压用 $V_{(BR)CER}$ 表示，其中，$R_B=0$ 时的反向击穿电压用 $V_{(BR)CES}$ 表示。由于 R_B 对发射结有分流作用，所以延缓了集电结雪崩击穿的产生。

上述几种击穿电压之间的关系为

$$V_{(BR)EBO}<V_{(BR)CEO}<V_{(BR)CER}<V_{(BR)CES}<V_{(BR)CBO}$$

通常将 I_{CM}、P_{CM}、$V_{(BR)CEO}$ 三个参数所限定的区域称为 BJT 的安全工作区（Safe Operation Area），如图 3.12 所示。为了确保管子正常、安全工作，使用时不应超出这个区域。

第 13 集
微课视频

4. 表征频率特性的参数——结电容

当 BJT 在高频应用时，应考虑其结电容效应。BJT 的结电容包括发射结电容 $C_{b'e}$ 和集电结电容 $C_{b'c}$。关于其详细讨论可参见第 5 章。

5. 温度对 BJT 参数的影响

严格来讲，温度对 BJT 的大部分参数有影响，但受影响最大的是 β、I_{CBO} 和 $V_{BE(on)}$。

温度每升高 1℃，β 值增大 0.5%～1%；

温度每升高 1℃，$V_{BE(on)}$ 值减小 2～2.5mV；

温度每升高 10℃，I_{CBO} 值约增大一倍，即 $I_{CBO}(T_2)=I_{CBO}(T_1)\times 2^{(T_2-T_1)/10}$。

3.1.5 BJT 的模型

由 BJT 的伏安特性曲线可知，BJT 是一种复杂的非线性器件。其非线性主要表现为三种截然不同的工作状态：放大、截止和饱和。在实际应用中，根据电路所实现功能的不同，通常要通过外电路将 BJT 偏置在某一特定状态。因此，在 BJT 应用电路的分析中，关键问题就是如何根据实际情况建立 BJT 的电路模型，下面将详细讨论 BJT 的建模问题。

1. 放大状态下 BJT 的模型

1) 数学模型

当 BJT 被偏置在放大状态时，其集电极电流 i_C 与基极电流 i_B 之间的关系是线性的，所以有人称 BJT 是电流控制器件。实际上，从 BJT 内部载流子的传输过程来看，i_E 是受发射

结电压 v_{BE} 控制的,且作为 PN 结,它们之间服从以下指数关系:

$$i_E = I_{EBS}(e^{v_{BE}/V_T} - 1) \approx I_{EBS} e^{v_{BE}/V_T} \tag{3-12}$$

式中,I_{EBS} 为发射结的反向饱和电流。相应的集电极电流 i_C 可近似表示为

$$i_C = \alpha i_E \approx \alpha I_{EBS} e^{v_{BE}/V_T} = I_S e^{v_{BE}/V_T} \tag{3-13}$$

式中,

$$I_S = \alpha I_{EBS} \tag{3-14}$$

为发射结的反向饱和电流 I_{EBS} 转化到集电极上的电流值。当 BJT 各区的掺杂浓度和基区宽度一定时,其值与发射结面积成正比。

2) 直流简化电路模型

当外电路将 BJT 偏置在放大状态时,$V_{BE} = V_{BE(on)}$,并有基极电流 I_B 流入基极,由图 3.7 可知,若忽略基区宽度调制效应,集电极电流 I_C 具有恒流特性,且受控于基极电流 I_B。此时,C、E 间相当于接有一个大小为 $\bar{\beta} I_B$ 的受控电流源,相应的电路模型如图 3.13 所示。图中,$V_{BE(on)}$ 称为**发射结导通电压**。对于硅管,其值为 $0.6 \sim 0.7V$;对于锗管,其值为 $0.2 \sim 0.3V$。

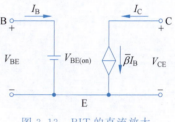

图 3.13 BJT 的直流放大电路模型

3) 交流小信号电路模型

当 BJT 被偏置在放大状态并输入交流信号时,将会引起 BJT 各电极电流和极间电压的变化。认识这些变化量的大小及其相互关系,是分析 BJT 电路交流性能的基础。其实质就是确定在 Q 点处因交流输入引起的电流和电压的偏移量,若交流输入信号很小,信号的偏移量不大,在 Q 点附近便可用直线关系近似 BJT 的伏安特性曲线,从而把非线性的 BJT 等效成线性元件来处理,这就是 BJT 小信号建模的基本思想。这种把非线性问题线性化的处理方法,在第 2 章对二极管进行建模时曾经使用过。下面将对 BJT 进行小信号建模,读者会看到,其过程比二极管要复杂得多。

关于 BJT 的小信号建模,通常有两种方法:一种是已知网络的特性方程,按此方程画出小信号模型;另一种则是从网络所代表的 BJT 的物理结构出发加以分析,用电阻、电容、电感等电路元件来模拟其物理过程,从而得出模型。以下从 BJT 的特性方程出发,结合特性曲线建立其小信号电路模型。

BJT 是一个有源双口网络,有输入端和输出端两个端口,如图 3.14(a)所示。通常可以通过端口电压 v_{BE}、v_{CE} 及端口电流 i_B、i_C 来研究其特性,选择其中的两个参数作为自变量,其余两个作为应变量,可得到不同的网络参数,如 Z 参数(开路阻抗参数)、Y 参数(短路导纳参数)和 H 参数(混合参数)等。其中,H 参数的物理意义明确,测量的条件容易实现,加上它在低频范围内为实数,所以得到了广泛的使用。H 参数模型是选取 i_B 和 v_{CE} 为自变量的,因此有

$$v_{BE} = f_1(i_B, v_{CE}) \tag{3-15a}$$

$$i_C = f_2(i_B, v_{CE}) \tag{3-15b}$$

式中,v_{BE}、i_B、v_{CE}、i_C 代表各电量的瞬时总量。为了研究低频小信号作用下各变化量之间的关系,在 Q 点处,对式(3-15)取全微分,得

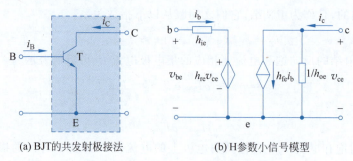

(a) BJT的共发射极接法　　　　(b) H参数小信号模型

图 3.14　BJT 的 H 参数小信号电路模型

$$\mathrm{d}v_{BE} = \left.\frac{\partial v_{BE}}{\partial i_B}\right|_{V_{CEQ}} \mathrm{d}i_B + \left.\frac{\partial v_{BE}}{\partial v_{CE}}\right|_{I_{BQ}} \mathrm{d}v_{CE} \tag{3-16a}$$

$$\mathrm{d}i_C = \left.\frac{\partial i_C}{\partial i_B}\right|_{V_{CEQ}} \mathrm{d}i_B + \left.\frac{\partial i_C}{\partial v_{CE}}\right|_{I_{BQ}} \mathrm{d}v_{CE} \tag{3-16b}$$

式中,$\mathrm{d}v_{BE}$、$\mathrm{d}i_B$、$\mathrm{d}v_{CE}$、$\mathrm{d}i_C$ 代表各电量的变化量,即 v_{be}、i_b、v_{ce}、i_c,这样,式(3-16)可写成

$$\begin{cases} v_{be} = h_{ie}i_b + h_{re}v_{ce} & (3\text{-}17a) \\ i_c = h_{fe}i_b + h_{oe}v_{ce} & (3\text{-}17b) \end{cases}$$

或

$$\begin{bmatrix} v_{be} \\ i_c \end{bmatrix} = \begin{bmatrix} h_{ie} & h_{re} \\ h_{fe} & h_{oe} \end{bmatrix} \begin{bmatrix} i_b \\ v_{ce} \end{bmatrix} \tag{3-18}$$

式中,下标 e 表示共发射极接法,h_{ie}、h_{re}、h_{fe}、h_{oe} 的含义如下。

$h_{ie} = \left.\dfrac{\partial v_{BE}}{\partial i_B}\right|_{V_{CEQ}}$　表示输出端交流短路时的输入电阻,单位为欧姆(Ω)。

$h_{re} = \left.\dfrac{\partial v_{BE}}{\partial v_{CE}}\right|_{I_{BQ}}$　表示输入端交流开路时的反向电压传输比,无量纲。

$h_{fe} = \left.\dfrac{\partial i_C}{\partial i_B}\right|_{V_{CEQ}}$　表示输出端交流短路时的正向电流传输比或电流放大系数,无量纲。

$h_{oe} = \left.\dfrac{\partial i_C}{\partial v_{CE}}\right|_{I_{BQ}}$　表示输入端交流开路时的输出电导,单位为西门子(S)。

式(3-17a)表明:输入电压 v_{be} 由两部分组成,第一项表示输入电流 i_b 在 h_{ie} 上的电压降;第二项表示输出电压 v_{ce} 对输入回路的反作用,可用一个受控的电压源来代表。式(3-17b)表明:输出电流 i_c 也由两部分组成,第一项表示输入电流 i_b 引起的 i_c,可用一个受控的电流源来代表;第二项表示输出电压 v_{ce} 加在输出电阻 $1/h_{oe}$ 上引起的 i_c。由此得到包含四个 H 参数的 BJT 的小信号电路模型,如图 3.14(b)所示。

图 3.15 所示为四个 H 参数与 BJT 特性曲线的关系,可以帮助读者进一步理解其物理意义。

值得注意的是:BJT 的小信号电路模型虽然没有直接反映直流量,但小信号参数是基于 Q 点求出的,所以它们实际上是和管子的静态值有关系的,各小信号参数反映了 Q 点附近的工作情况。

对于共发射极接法的 BJT 小信号电路模型,其 H 参数的数量级一般为

$$[h]_e = \begin{bmatrix} h_{ie} & h_{re} \\ h_{fe} & h_{oe} \end{bmatrix} = \begin{bmatrix} 10^3\,\Omega & 10^{-3} \sim 10^{-4} \\ 10^2 & 10^{-5}\,\mathrm{S} \end{bmatrix}$$

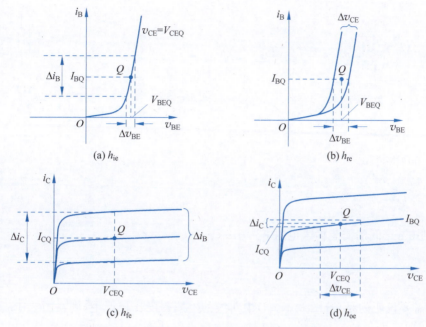

图 3.15　BJT H 参数的物理意义及求解方法

可见，h_{re} 和 h_{oe} 相对而言是很小的，所以，在模型中常常忽略 h_{re} 和 h_{oe}，这在工程计算上不会带来显著的误差。同时采用习惯符号，用 r_{be} 代替 h_{ie}，用 β 代替 h_{fe}，便可得到如图 3.16 所示的简化 H 参数电路模型。在低频段，利用这个简化模型来表示 BJT，将使 BJT 放大电路的分析大为化简。

在图 3.16 中，可以通过实测得到 BJT 工作在 Q 点处的 β 值，而 r_{be} 的计算则可通过以下分析得到。

如图 3.17 所示，BJT 基-射之间的**交流输入电阻 r_{be}** 由基区体电阻 $r_{bb'}$、发射结电阻 $r_{b'e'}$ 和发射区体电阻 r_e 三部分组成。其中，$r_{bb'}$ 和 r_e 仅与杂质浓度及制造工艺有关，由于基区很薄且轻掺杂（多数载流子浓度较低），所以 $r_{bb'}$ 数值较大，对于小功率管，多在几十欧到几百欧，其具体数值可通过查阅手册得到。由于发射区为重掺杂，多数载流子浓度很高，所以 r_e 数值很小，一般只有几欧，故可忽略。因此，可列出 BJT 输入回路的 KVL 方程为

$$\dot{V}_{be} \approx \dot{I}_b r_{bb'} + \dot{I}_e r_{b'e'}$$

其中，

$$\frac{1}{r_{b'e'}} = \left.\frac{di_E}{dv_{BE}}\right|_Q = \left.\frac{d}{dv_{BE}}[I_{EBS}(e^{v_{BE}/V_T} - 1)]\right|_Q$$

$$= \left.\frac{1}{V_T}[I_{EBS}e^{v_{BE}/V_T}]\right|_Q \approx \frac{I_{EQ}}{V_T}$$

即

$$r_{b'e'} \approx \frac{V_T}{I_{EQ}}$$

所以，输入回路的 KVL 方程可表示为

$$\dot{V}_{be} \approx \dot{I}_b r_{bb'} + (1+\beta)\dot{I}_b \frac{V_T}{I_{EQ}}$$

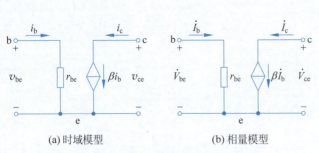
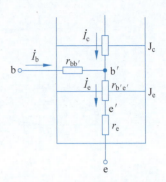

图 3.16　BJT 的低频简化 H 参数电路模型　　图 3.17　BJT 交流输入电阻 r_{be} 的分析

因此，得到 b-e 之间的交流输入电阻 r_{be} 为

$$r_{be} = \frac{\dot{V}_{be}}{\dot{I}_b} \approx r_{bb'} + (1+\beta)\frac{V_T}{I_{EQ}} \tag{3-19}$$

最后需要说明的是，若图 3.15(d) 中曲线的上翘程度比较严重，则在图 3.16 所示的模型中应考虑 h_{oe} 的影响。对于 h_{oe}，常用下述方法进行估算。

由于基区宽度调制效应，当 i_B 一定时，i_C 随 v_{CE} 的增大略有上翘，若将每条共射极输出特性曲线向左方延长，它们将与 v_{CE} 负轴近似相交于一点，该点对应的电压称为**厄尔利电压**（Early Voltage），用 V_A 表示，如图 3.18 所示。显然，V_A 为负值，$|V_A|$ 越大，曲线上翘程度就越小，表明基区调宽效应越弱。对于小功率 BJT，$|V_A|$ 值一般大于 100V。由图 3.18 不难求出在 Q 点处的 h_{oe}，即

$$h_{oe} = \frac{\Delta i_C}{\Delta v_{CE}}\bigg|_Q = \frac{I_{CQ}}{V_{CEQ}+|V_A|}\bigg|_{I_{BQ}} \approx \frac{I_{CQ}}{|V_A|} \tag{3-20}$$

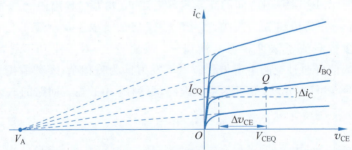

图 3.18　利用厄尔利电压求 h_{oe}

由于 h_{oe} 表示 BJT 的交流输出电导，所以 $1/h_{oe}$ 即为 BJT 的**交流输出电阻**，习惯上常用 r_{ce} 表示。由式 (3-20) 可得

$$r_{ce} = \frac{1}{h_{oe}} \approx \frac{|V_A|}{I_{CQ}} \tag{3-21}$$

当考虑 h_{oe} 的影响时，常采用图 3.19 所示的电路模型。

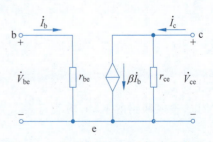

图 3.19　实用的低频 H 参数电路模型

若考虑基区宽度调制效应，式(3-13)可修正为

$$i_C = I_S e^{v_{BE}/V_T}\left(1 - \frac{v_{CE}}{V_A}\right) \tag{3-22}$$

2. 饱和状态下 BJT 的电路模型

当外电路将 BJT 偏置在饱和状态时，$V_{BE} = V_{BE(on)}$，$V_{CE} = V_{CE(sat)}$，此时，相当于 C、E 极间接了一个大小为 $V_{CE(sat)}$ 的恒压源，其电路模型如图 3.20 所示。若忽略 $V_{CE(sat)}$，可认为 C、E 极间近似短路。

3. 截止状态下 BJT 的电路模型

当外电路将 BJT 偏置在截止状态时，$I_B \approx 0$，$I_C \approx 0$。此时，相当于 B、E 极间和 C、E 极间均开路，其电路模型如图 3.21 所示。

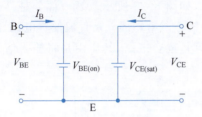

图 3.20　BJT 饱和状态下的电路模型

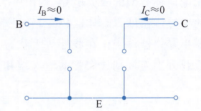

图 3.21　BJT 截止状态下的电路模型

3.2　放大电路概述

第 14 集
微课视频

放大电路(Amplifier)是应用最为广泛的一类电子电路，其功能是将输入信号进行不失真地放大。它是现代通信、自动控制、电子测量、生物电子等设备中不可缺少的组成部分。放大电路的类型很多，所涉及的问题也很多，这些问题将在后续章节中陆续进行讨论。本节首先讨论有关放大电路的一些基本概念。

3.2.1　放大电路的基本概念

来自特定信源的微弱信号在被"利用"之前往往需要放大，例如，细胞电生理实验中所检测到的细胞膜离子单通道电流只有皮安(pA，$1pA = 10^{-12} A$)量级，它既无法直接显示，一般也很难进一步作分析处理。通常必须把它放大到数百毫安量级，才能用传统的指针式仪表显示出来。若需要对信号进行数字化处理，则必须把信号放大到数伏量级才能被一般的模/数转换器所接受。某些电子系统需要输出较大的功率，如家用音响系统往往需要把音频信号功率提高到数瓦或数十瓦。下面通过一个简单的放大电路来认识电子学中"放大"的实质。

1. 放大电路的实质

图 3.22 所示为扩音机的原理框图。话筒(传感器)将微弱的声音信号转换成电信号，经过放大电路放大成足够强的电信号后，驱动扬声器(执行机构)，使其发出较原来强得多的声音。扬声器所获得的能量(或输出功率)远大于话筒送出的能量(输入功率)，可见，**电子电路放大的基本特征是功率放大，其实质是能量的控制和转换**。具体来讲，放大电路是利用半导体有源器件，如双极结型晶体管(BJT)或场效应晶体管(FET)的放大和控制作用，将直流电源的能量转换成负载所获得的能量。

图 3.22　扩音机示意图

放大的前提是不失真,即只有在不失真的情况下放大才有意义。因此,要求放大器件必须工作在合适的区域(如 BJT 应工作在放大区),以保证放大电路的输出量与输入量始终保持线性关系,防止输出信号产生失真。

2. 放大电路的组成原理

无论何种类型的放大电路,均由三大部分组成,如图 3.23 所示。第一部分是具有放大作用的半导体器件,如 BJT、FET,它是整个电路的核心。第二部分是直流偏置电路,其作用是保证半导体器件工作在线性放大状态。第三部分是耦合电路,其作用是将输入信号源和输出负载分别连接到放大管的输入端和输出端。

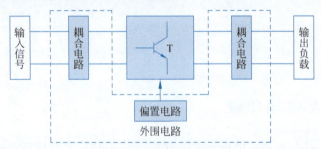

图 3.23　放大电路的组成框图

下面简述偏置电路和耦合电路的特点。

1) 偏置电路

(1) 在分立元件电路中,常用的偏置方式有分压偏置、自偏置等。其中,分压偏置电路适用于任何类型的放大器件;而自偏置电路只适合于耗尽型场效应晶体管(如结型场效应管及耗尽型 MOS 管)。

(2) 在集成电路中,广泛采用电流源偏置方式。

偏置电路除了为放大管提供合适的静态点(Q 点)外,还应具有稳定 Q 点的作用。

2) 耦合方式

为了保证信号不失真地放大,放大电路与信号源、放大电路与负载以及放大电路的级与级之间的耦合方式必须保证交流信号正常传输,且尽量减小有用信号在传输过程中的损失。实际电路有两种耦合方式。

(1) 电容耦合、变压器耦合:这种耦合方式具有隔直流的作用,故各级 Q 点相互独立,互不影响,但不易集成,因此常用于分立元件放大电路中。

(2) 直接耦合:这是集成电路中广泛采用的一种耦合方式。这种耦合方式存在的两个主要问题是**电平配置**问题和**零点漂移**问题。解决电平配置问题的主要方法是加电平位移电路;解决零点漂移问题的主要措施是采用低温漂的差分放大电路。

3.2.2 放大电路的主要性能指标

放大电路的性能指标是衡量其品质优劣的标准,并决定其适用范围。

任何一个放大电路都可以看成一个二端口网络,图 3.24 所示为放大电路的示意图。其中,左边为输入端口,当内阻为 R_s 的正弦波信号源 $\dot{V}_s$ 作用时,放大电路得到输入电压 $\dot{V}_i$,同时产生输入电流 $\dot{I}_i$;右边为输出端口,输出电压为 $\dot{V}_o$,输出电流为 $\dot{I}_o$,R_L 为负载电阻。

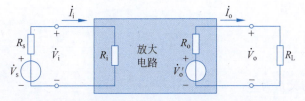

图 3.24 放大电路示意图

不同放大电路在信号源和负载相同的条件下,$\dot{I}_i$、$\dot{V}_o$、$\dot{I}_o$ 将不同,说明不同放大电路对同样信号源的放大能力不同;同一放大电路在幅值相同、频率不同的信号源作用下,输出也将不同,即对不同频率的信号,放大电路的放大能力也存在差异。为了反映放大电路各方面的性能,本节主要讨论放大电路的增益、输入电阻、输出电阻、通频带、非线性失真系数等几项主要指标。

1. 增益

增益(Gain)是用来衡量放大电路放大能力的重要指标,也称为放大倍数。它定义为输出量 $\dot{X}_o$($\dot{V}_o$ 或 $\dot{I}_o$)与输入量 $\dot{X}_i$($\dot{V}_i$ 或 $\dot{I}_i$)之比,根据需要处理的输入和输出电量的不同,有四种不同的增益,分别是

(1) 电压增益

$$\dot{A}_v = \frac{\dot{V}_o}{\dot{V}_i} \quad \text{(无量纲)} \tag{3-23}$$

(2) 电流增益

$$\dot{A}_i = \frac{\dot{I}_o}{\dot{I}_i} \quad \text{(无量纲)} \tag{3-24}$$

(3) 互阻增益

$$\dot{A}_r = \frac{\dot{V}_o}{\dot{I}_i} \quad \text{(量纲为电阻)} \tag{3-25}$$

(4) 互导增益

$$\dot{A}_g = \frac{\dot{I}_o}{\dot{V}_i} \quad \text{(量纲为电导)} \tag{3-26}$$

为了表征输入信号源对放大电路激励的大小,常常引入源增益的概念。其中,源电压增益定义为

$$\dot{A}_{vs} = \frac{\dot{V}_o}{\dot{V}_s} \tag{3-27}$$

它与电压增益 $\dot{A}_v$ 的关系为

$$\dot{A}_{vs} = \dot{A}_v \frac{R_i}{R_i + R_s} \tag{3-28}$$

式中,R_i 为放大电路的输入电阻,稍后将作介绍。

源电流增益定义为

$$\dot{A}_{is} = \frac{\dot{I}_o}{\dot{I}_s} \tag{3-29}$$

它与电流增益 $\dot{A}_i$ 的关系为

$$\dot{A}_{is} = \dot{A}_i \frac{R_s}{R_i + R_s} \tag{3-30}$$

为了表征负载对增益的影响,通常还引入负载 R_L 开路和短路时的增益。其中,负载**开路电压增益**定义为

$$\dot{A}_{vo} = \frac{\dot{V}_o'}{\dot{V}_i} = \dot{A}_v \Big|_{R_L = \infty} \tag{3-31}$$

式中,$\dot{V}_o'$ 为负载 R_L 开路时的输出电压。$\dot{A}_{vo}$ 与 $\dot{A}_v$ 的关系为

$$\dot{A}_v = \dot{A}_{vo} \frac{R_L}{R_L + R_o} \tag{3-32}$$

式中,R_o 为放大电路的输出电阻,稍后将作介绍。

负载**短路电流增益**定义为

$$\dot{A}_{in} = \frac{\dot{I}_o'}{\dot{I}_i} = \dot{A}_i \Big|_{R_L = 0} \tag{3-33}$$

式中,$\dot{I}_o'$ 为负载 R_L 短路时的输出电流。$\dot{A}_{in}$ 与 $\dot{A}_i$ 的关系为

$$\dot{A}_i = \dot{A}_{in} \frac{R_o}{R_L + R_o} \tag{3-34}$$

除上述四种增益外,还常用到**功率增益**,其定义为

$$A_p = \frac{|\dot{V}_o \dot{I}_o|}{|\dot{V}_i \dot{I}_i|} = |\dot{A}_v \dot{A}_i| \tag{3-35}$$

以上讨论的各种增益中,电压增益、电流增益和功率增益都没有量纲,在工程上常用分贝(dB)表示,定义为

$$电压增益 = 20 \lg |\dot{A}_v| \text{ (dB)} \tag{3-36}$$

$$电流增益 = 20 \lg |\dot{A}_i| \text{ (dB)} \tag{3-37}$$

$$功率增益 = 10 \lg |A_p| \text{ (dB)} \tag{3-38}$$

2. 输入电阻

输入电阻 R_i 是从放大电路输入端口看进去的等效电阻,它定义为放大电路输入电压

$\dot{V}_i$ 和输入电流 $\dot{I}_i$ 的比值,即

$$R_i = \frac{\dot{V}_i}{\dot{I}_i} \tag{3-39}$$

R_i 表征了放大电路对信号源的负载特性,其值与电路参数、负载电阻 R_L 有关。对输入为电压信号的放大电路,R_i 越大,放大电路对信号源的影响越小;而对输入为电流信号的放大电路,R_i 越小,放大电路对信号源的影响越小。因此,放大电路输入电阻的大小应视需要而定。

3. 输出电阻

输出电阻 R_o 是表征放大电路带负载能力的一个重要参数。它定义为输入信号电压源短路或电流源开路(但保留其内阻),并断开负载时,从放大电路输出端口看进去的等效电阻,即

$$R_o = \left. \frac{\dot{V}_T}{\dot{I}_T} \right|_{\dot{V}_s=0} \tag{3-40}$$

式中,$\dot{V}_T$ 为负载断开处加入的电压;$\dot{I}_T$ 表示由 $\dot{V}_T$ 引起的流入放大电路输出端口的电流。R_o 不仅与电路参数有关,还与信号源内阻 R_s 有关。对输出为电压信号的放大电路,R_o 越小,放大电路的带载能力越强;而对输出为电流信号的放大电路,R_o 越大,放大电路的带载能力越强。

如上所述,放大电路有四种增益表达式,可参见式(3-23)~式(3-26),因此,相应有四种类型的放大电路,它们的区别集中表现在对 R_i 和 R_o 的要求上,如表 3.1 所示。

表 3.1 放大电路的类型

类型	模型	增益,源增益	对 R_i 的要求	对 R_o 的要求
电压放大器		$\dot{A}_v, \dot{A}_{vs}$	$R_i \gg R_s$ ($R_i \to \infty$)	$R_o \ll R_L$ ($R_o \to 0$)
电流放大器		$\dot{A}_i, \dot{A}_{is}$	$R_i \ll R_s$ ($R_i \to 0$)	$R_o \gg R_L$ ($R_o \to \infty$)
互阻放大器		$\dot{A}_r, \dot{A}_{rs}$	$R_i \ll R_s$ ($R_i \to 0$)	$R_o \ll R_L$ ($R_o \to 0$)
互导放大器		$\dot{A}_g, \dot{A}_{gs}$	$R_i \gg R_s$ ($R_i \to \infty$)	$R_o \gg R_L$ ($R_o \to \infty$)

4. 通频带

通频带用于衡量放大电路对不同频率信号的放大能力。由于放大电路中电容、电感及半导体器件结电容等电抗元件的存在,使得放大电路的性能必然和信号的频率有关。图 3.25 所示为某放大电路增益的幅值与信号频率的关系曲线,称为**幅频特性曲线**。

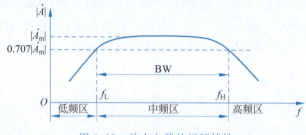

图 3.25 放大电路的幅频特性

由图可见,在幅频特性的中间部分,放大电路增益的幅值保持为常数,$\dot{A}_m$ 称为中频增益。当信号频率上升或下降到一定程度时,增益的幅值明显下降,使增益幅值下降为 $0.707|\dot{A}_m|$ 所对应的两个频率点分别称为**上限截止频率** f_H(Upper Cutoff Frequency)和**下限截止频率** f_L(Lower Cutoff Frequency)。一般定义 f_H 与 f_L 之差为通频带,即

$$BW = f_H - f_L \tag{3-41}$$

f 小于 f_L 的部分称为放大电路的低频区,f 大于 f_H 的部分称为放大电路的高频区。通频带越宽,表明放大电路对不同频率信号的适应能力越强。

5. 非线性失真系数

由于放大器件的非线性实质,使得它们的线性放大范围有一定的限度,当输入信号的幅值超过一定值后,输出波形将会产生非线性失真(Nonlinear Distortion)。放大电路非线性失真的大小用**非线性失真系数 THD**(Total Harmonic Distortion)来衡量。

$$\text{THD} = \frac{\sqrt{\sum_{n=2}^{\infty} V_{on}^2}}{V_{o1}} \tag{3-42}$$

式中,V_{o1} 为输出电压信号基波分量的有效值;V_{on} 为高次谐波分量的有效值;n 为正整数。非线性失真对某些放大电路的性能指标显得比较重要,例如,高保真度的音响系统和广播电视系统即是常见的例子。随着电子技术的进步,目前即使增益较高,输出功率较大的放大电路,其非线性失真系数也可做到不超过 0.01%。

除了上述五种主要性能指标外,针对不同用途的放大电路,还常会提出一些其他指标,如最大不失真输出电压、最大输出功率、效率、信噪比等。

3.3 基本放大电路的工作原理

基本的 BJT 放大电路有**三种组态——共发射极**、**共集电极**和**共基极**。本节以共发射极放大电路为例,讨论基本放大电路的组成及其工作原理。

3.3.1 基本共发射极放大电路的组成

1. 电路结构

图 3.26(a)是基本的共发射极放大电路,它由 NPN 型硅管和若干电阻、电容等组成。整个电路分为输入回路和输出回路两部分。AO 端为放大电路的输入端,用于接收待放大的信号;BO 端为放大电路的输出端,用于输出放大后的信号;图中"⊥"表示公共端,也称为"地"(注意,实际上这一点并不真正接大地),是整个电路的零电位点(参考电位点)。

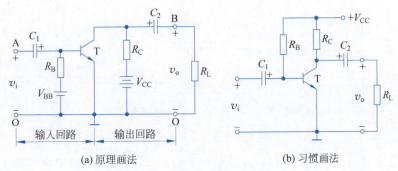

图 3.26 基本共发射极放大电路

2. 各元件的作用

(1) BJT:它是整个放大电路的核心元件,用来实现放大作用。

(2) 基极直流电源 V_{BB}:其正极通过 R_B 接 BJT 的基极,负极接 BJT 的发射极,从而保证发射结处于正向偏置,为基极提供偏置电流。

(3) 基极偏置电阻 R_B:其作用是为 BJT 的基极提供合适的偏置电流,并使发射结获得必需的正向偏置电压。改变 R_B 的大小可使 BJT 获得合适的静态工作点,R_B 的阻值一般为几十千欧至几百千欧。

第15集
微课视频

(4) 集电极直流电源 V_{CC}:其正极通过 R_C 接 BJT 的集电极,负极接 BJT 的发射极,从而保证集电结处于反向偏置,以确保 BJT 工作在放大状态。其值一般为几伏到几十伏。

(5) 集电极负载电阻 R_C:其作用是将集电极电流的变化转换成集-射电压的变换,以实现电压放大。同时,电源 V_{CC} 通过 R_C 加到 BJT 上,使 BJT 获得合适的工作电压,所以 R_C 也起直流负载的作用。R_C 的阻值一般为几千欧至几十千欧。

(6) 耦合电容 C_1 和 C_2:其作用是"隔离直流,传送交流"。C_1 和 C_2 的电容量一般较大,通常为几微法到几十微法,一般用电解电容,连接时电容的正极接高电位,负极接低电位。

(7) 负载电阻 R_L:它是放大电路的外接负载,可以是耳机、扬声器或其他执行机构,也可以是后级放大电路的输入电阻。

3. 电路的习惯画法

在实际电路中,基极回路不必使用单独的电源,而是通过 R_B 直接取自 V_{CC} 来获得基极直流电压。另外,画电路时往往省略直流电源的图形符号,而仅用其电位的极性和数值来表示,这样就得到了如图 3.26(b)所示的习惯画法。

3.3.2 放大电路的直流通路和交流通路

由以上的讨论知道,在放大电路中,交、直流信号并存,**放大电路是以直流为基础进行交流放大的。为了研究问题的方便,常把直流电源对电路的作用和交流输入信号对电路的作用区分开来,分成直流通路和交流通路。直流通路是在直流电源作用下直流信号流经的通路,用于研究放大电路的静态工作情况;交流通路是在交流输入信号作用下交流信号流经的通路,用于研究放大电路的动态性能。

(1) 画直流通路的方法:将放大电路中所有电容开路,电感短路,保留直流电源。由此可画出图 3.26(b) 的直流通路如图 3.27(a) 所示。

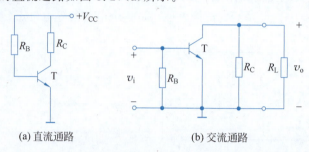

(a) 直流通路   (b) 交流通路

图 3.27 基本共发射极放大电路的直流通路和交流通路

(2) 画交流通路的方法:根据输入信号频率的高低,将放大电路中电抗极小的大电容、小电感短路,电抗极大的小电容、大电感开路,而电抗不能忽略的电容、电感要保留,直流电源短路(因为其内阻极小)。若假设图 3.26(b) 中耦合电容的容量足够大,则可画出其交流通路如图 3.27(b) 所示。

为了便于清楚地描述放大电路中的各种信号分量,对电流、电压的符号作统一规定,如表 3.2 所示。

表 3.2 放大电路中电压、电流符号的规定

名 称	总电流或总电压	直流量(静态值)	交流量			基本关系式
			瞬时值	振幅值	有效值	
基极电流	i_B	I_B	i_b	I_{bm}	I_b	$i_B = I_B + i_b$
集电极电流	i_C	I_C	i_c	I_{cm}	I_c	$i_C = I_C + i_c$
基-射电压	v_{BE}	V_{BE}	v_{be}	V_{bem}	V_{be}	$v_{BE} = V_{BE} + v_{be}$
集-射电压	v_{CE}	V_{CE}	v_{ce}	V_{cem}	V_{ce}	$v_{CE} = V_{CE} + v_{ce}$

3.3.3 基本共发射极放大电路的工作原理

重画基本共发射极放大电路如图 3.28 所示,图 3.29 为电路中各部分的电压、电流波形,以帮助读者直观地理解放大电路的工作情况。

在图 3.28 中,当无交流信号输入时,电路中只存在直流电流和直流电压,此时,放大电路的工作状态称为**静态**。静态时的电压、电流波形如图 3.29 中虚线所示。

当交流信号通过耦合电容 C_1 加到 BJT 的基极和发射极之间时,便在基极直流电压 V_{BEQ} 的基础上叠加了一个交变电压 v_i,因而使得基-射之间的总电压 $v_{BE} = V_{BEQ} + v_i$,如图 3.29(b) 所示。

BJT 在交变电压 v_i 的作用下,产生交变的基极电流 i_b,因而基极总电流 $i_B = I_{BQ} + i_b$,如图 3.29(c) 所示。

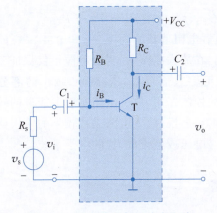

图 3.28 基本共发射极放大电路

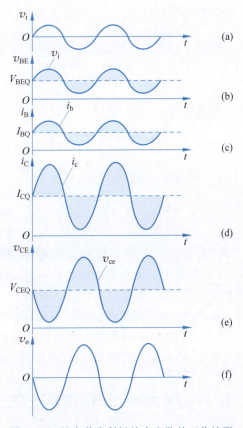

图 3.29 基本共发射极放大电路的工作波形

由于 BJT 具有电流控制作用,所以集电极交变电流 i_c 随基极交变电流 i_b 变化,且 $i_c = \beta i_b$。因此,集电极电流在直流分量的基础上产生一个放大了的交变电流 i_c。集电极总电流 $i_C = I_{CQ} + i_c$,如图 3.29(d)所示。

集电极交变电流 i_c 在电阻 R_C 上产生一个与 i_c 波形相同的交变电压。由 $v_{CE} = V_{CC} - i_C R_C$ 可知,当 i_C 增大时,v_{CE} 减小;当 i_C 减小时,v_{CE} 增大。所以,v_{CE} 的波形是在直流分量 V_{CEQ} 的基础上叠加了一个与 i_c 变化方向相反的交变电压 v_{ce},如图 3.29(e)所示。

BJT 的集-射电压 v_{CE} 通过耦合电容 C_2 后,直流分量 V_{CEQ} 被去掉,这样,就得到一个与输入电压 v_i 相位相反且放大了的交变电压 v_o,如图 3.29(f)所示。

由以上分析可知,在放大电路中,交流信号是"骑"在直流分量之上的。直流是放大的基础,交流是放大的目的。基本共发射极放大电路的电压放大作用是利用 BJT 的电流放大作用,并依靠 R_C 将电流的变化转化成电压的变化来实现的。

※3.3.4 基本共发射极放大电路的功率分析

为了进一步了解放大电路放大信号的实质,下面对放大电路各部分的功率作简要分析。其中,直流电源 V_{CC} 提供的功率为

$$P_D = \frac{1}{2\pi}\int_0^{2\pi} V_{CC} i_C \mathrm{d}\omega t = \frac{1}{2\pi}\int_0^{2\pi} V_{CC}(I_{CQ} + I_{cm}\sin\omega t)\mathrm{d}\omega t = V_{CC} I_{CQ} \tag{3-43}$$

加到集电极负载电阻 R_C 上的功率为

$$P_L = \frac{1}{2\pi}\int_0^{2\pi} i_C^2 R_C \mathrm{d}\omega t = \frac{1}{2\pi}\int_0^{2\pi}(I_{CQ}+I_{cm}\sin\omega t)^2 R_C \mathrm{d}\omega t$$

$$= I_{CQ}^2 R_C + \frac{1}{2}I_{cm}^2 R_C \tag{3-44}$$

加到 BJT 上的功率为

$$P_C = \frac{1}{2\pi}\int_0^{2\pi} v_{CE} i_C \mathrm{d}\omega t = \frac{1}{2\pi}\int_0^{2\pi}(V_{CEQ}-I_{cm}R_C\sin\omega t)(I_{CQ}+I_{cm}\sin\omega t)\mathrm{d}\omega t$$

$$= V_{CEQ}I_{CQ} - \frac{1}{2}I_{cm}^2 R_C \tag{3-45}$$

由于 $V_{CC} = V_{CEQ} + I_{CQ}R_C$，所以

$$P_D = V_{CC}I_{CQ} = (V_{CEQ}+I_{CQ}R_C)I_{CQ} = V_{CEQ}I_{CQ} + I_{CQ}^2 R_C = P_L + P_C \tag{3-46}$$

上述分析结果表明，**不论有无交流输入信号，负载电阻消耗的功率 P_L 和 BJT 消耗的功率 P_C 之和恒等于直流电源提供的功率 P_D**。这说明，在放大电路中，直流电源不仅保证 BJT 工作在放大区，而且也是提供能量的能源。外加交流输入信号后，P_C 减小，减小的部分恰好等于从 R_C 上取出的信号功率。可见，由于 BJT 的控制作用，放大电路实现了能量的转换作用，将直流功率部分地转换为输出信号功率。从本质上说，放大电路是在较小的输入信号功率控制下，输出较大的信号功率，是实现功率放大(电压或电流放大)的电子系统。

3.4 放大电路的图解分析方法

第 16 集
微课视频

放大电路的分析方法通常有三种：一是**图解分析方法**；二是**等效电路分析方法**；三是**计算机仿真分析方法**。图解分析方法是在 BJT 的特性曲线上通过作图方法确定电路的 Q 点及其交流信号作用下的电路特性，该方法形象、直观，对初学者理解放大原理、电路波形关系及非线性失真等很有帮助。等效电路分析方法是一种利用器件模型进行电路分析的方法，它具有运算简便、误差小等优点，是放大电路的主要分析方法。随着 CAD 技术的发展，涌现出了大量的电子电路仿真软件，利用这些仿真软件，可对电路进行全面、细致、精确的分析，如利用 Multisim 仿真软件可对电路进行直流分析、交流小信号分析、瞬态分析、蒙特卡洛(Monte Carlo)分析和最坏情况(Worst Case)分析。但是必须清楚，计算机仿真分析方法是分析和设计电路的辅助手段，需要在熟练掌握电路的基本原理和特性之后使用。

3.4.1 静态分析方法

静态图解分析的目的是利用放大器件的特性曲线，确定放大电路的静态(直流)工作点 Q，即确定 V_{BEQ}、I_{BQ}、V_{CEQ}、I_{CQ} 的值。其分析对象是放大电路的直流通路。下面以基本共发射极放大电路为例说明具体的分析过程，为此，重画其直流通路如图 3.30(a) 所示。

放大电路的静态工作点 Q 既应在 BJT 的特性曲线上，又应满足外电路的回路方程。对于输入回路，Q 点应满足下列一组方程的约束。

$$\begin{cases} I_B = f(V_{BE})|_{V_{CE}=\text{常数}} & \text{——特性曲线方程} \quad (3\text{-}47\text{a}) \\ V_{BE} = V_{CC} - I_B R_B & \text{——直流负载线方程} \quad (3\text{-}47\text{b}) \end{cases}$$

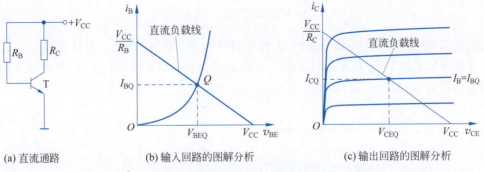

(a) 直流通路　　(b) 输入回路的图解分析　　(c) 输出回路的图解分析

图 3.30　基本共发射极放大电路的静态图解分析

其中,特性曲线方程是由 BJT 的内部特性决定的,如 3.1.3 节所述,由于 BJT 的非线性特性,它反映在输入特性上是一条曲线。而直流负载线方程是受外电路约束的关系式,由于基极偏置电阻 R_B 和直流电源 V_{CC} 均为线性元件,所以,该方程反映在输入特性上是一条直线,称为**直流负载线**,它与横轴的交点为 $(V_{CC},0)$,与纵轴的交点为 $(0,V_{CC}/R_B)$,斜率为 $-1/R_B$。直流负载线与特性曲线的交点就是静态工作点 Q,其横坐标值即为 V_{BEQ},纵坐标值即为 I_{BQ},如图 3.30(b)所示。

需要指出的是,由于输入特性不易准确测得,所以 V_{BEQ} 和 I_{BQ} 一般不用图解法确定。

对于输出回路,Q 点应满足下列一组方程的约束。

$$\begin{cases} I_C = f(V_{CE})\big|_{I_B=I_{BQ}} \quad \text{——特性曲线方程} & (3\text{-}48\text{a}) \\ V_{CE} = V_{CC} - I_C R_C \quad \text{——直流负载线方程} & (3\text{-}48\text{b}) \end{cases}$$

其中,特性曲线方程是由 BJT 的内部特性决定的,如 3.1.3 节所述,它反映在输出特性上是一条 $I_B=I_{BQ}$ 的曲线。而直流负载线方程是受外电路约束的关系式,反映在输出特性上是一条直线,称为**直流负载线**,它与横轴的交点为 $(V_{CC},0)$,与纵轴的交点为 $(0,V_{CC}/R_C)$,斜率为 $-1/R_C$。直流负载线与特性曲线的交点就是静态工作点 Q,其横坐标值即为 V_{CEQ},纵坐标值即为 I_{CQ},如图 3.30(c)所示。

需要说明一点,如果输出特性曲线中没有 $I_B=I_{BQ}$ 的曲线,则应当补测该曲线。

3.4.2　动态分析方法

动态图解分析的目的是在交流输入信号作用下,通过作图的方法确定放大电路各处电压及电流的变化量,从而对增益、输出波形幅度及非线性失真进行分析。其分析对象是放大电路的交流通路。仍以基本共发射极放大电路为例说明,为此,重画其交流通路如图 3.31(a)所示。

当交流输入信号 v_i 作用于放大电路时,它将同 V_{BEQ} 一起直接加在 BJT 的发射结上,因此,放大电路的瞬时工作点将围绕 Q 点沿输入特性上下移动,从而产生基极电流 i_B 的变化范围,如图 3.31(b)所示。

为了确定因 i_B 引起的 i_C 和 v_{CE} 的变化范围,必须在输出特性上画出 i_B 变化时瞬时工作点移动的轨迹,即**交流负载线**。交流负载线应满足两方面的约束:一方面,当输入电压过零时它必然过静态工作点 Q;另一方面,由图 3.31(a)可知,集电极输出回路电压和电流的约束关系为 $\Delta v_{CE} = -\Delta i_C R_L'$,其中,$R_L' = R_C // R_L$。因此,交流负载线的斜率为

$$k = \frac{\Delta i_C}{\Delta v_{CE}} = -\frac{1}{R_L'} \tag{3-49}$$

由此可见,交流负载线是一条过 Q 点且斜率为 $-1/R_L'$ 的直线。具体做法:令 $\Delta i_C = I_{CQ}$,在横坐标上从 V_{CEQ} 点处向右量取一段数值为 $I_{CQ}R_L'$ 的电压,得 A 点,连接 A、Q 两点即得交流负载线,如图 3.31(c)所示。

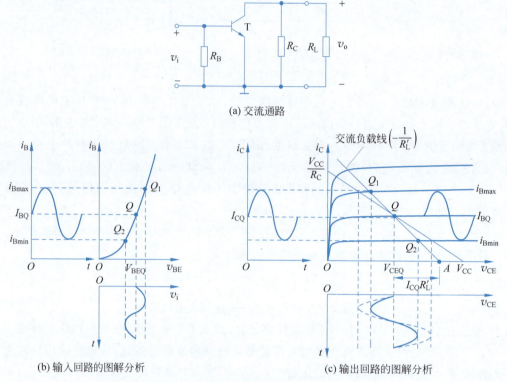

图 3.31 基本共发射极放大电路的动态图解分析

画出交流负载线后,根据基极电流 i_B 的变化规律,可画出对应的 i_C 和 v_{CE} 的波形。在图 3.31(c)中,当输入电压 v_i 使 i_B 按图 3.31(b)所示的正弦规律变化时,在一个周期内,放大电路的瞬时工作点将沿交流负载线在 Q_1 到 Q_2 之间移动,从而引起 i_C 和 v_{CE} 分别围绕 I_{CQ} 和 V_{CEQ} 作相应的正弦变化。由图可以看出,两者的变化方向正好相反,当 i_C 增大时,v_{CE} 减小;当 i_C 减小时,v_{CE} 增大。

比较图 3.31(b)和图 3.31(c)可知,该放大电路交流输入电压与输出电压波形相位相反,所以,共发射极放大电路是反相放大器。

由图 3.31(b)及图 3.31(c)分别读取 Δv_{BE}(即 v_i)及 Δv_{CE}(即 v_o)的电压值,即可得电压增益的大小

$$A_v = \frac{\Delta v_{CE}}{\Delta v_{BE}} = \frac{v_o}{v_i} \tag{3-50}$$

需要指出的是,若放大电路空载(即 $R_L = \infty$),则交流负载线与直流负载线重合,放大电路的输出电压增大,波形如图 3.31(c)中虚线所示,相应的增益大小为 A_{vo}。

3.4.3 静态工作点与放大电路非线性失真的关系

由于放大器件的非线性特性,若要实现良好的线性放大,必须给放大电路设置合适的 Q 点,如果 Q 点的位置设置不当,会使放大电路的输出波形产生明显的非线性失真。

如图 3.32(a)所示,Q 点设置过低,这时,在交流输入信号负半周靠近峰值的某段时间内,BJT 基-射电压总量 Δv_{BE} 将小于发射结的开启电压 $V_{BE(on)}$,BJT 截止,因此,基极电流 i_b 将产生底部失真,从而使集电极电流 i_c 和集-射电压 v_{ce} 也产生相应的失真。由于共发射极放大电路为反相放大,所以输出电压 $v_o(v_{ce})$ 的波形为顶部失真。因 BJT 的截止特性引起的失真称为**截止失真**。

如图 3.32(b)所示,Q 点设置过高,这时,虽然基极交变电流 i_b 为不失真的正弦波,但是由于在交流输入信号正半周靠近峰值的某段时间内,BJT 进入了饱和区,因而导致集电极交变电流 i_c 产生了顶部失真,输出交变电压 $v_o(v_{ce})$ 产生了底部失真。因 BJT 的饱和特性而产生的失真称为**饱和失真**。

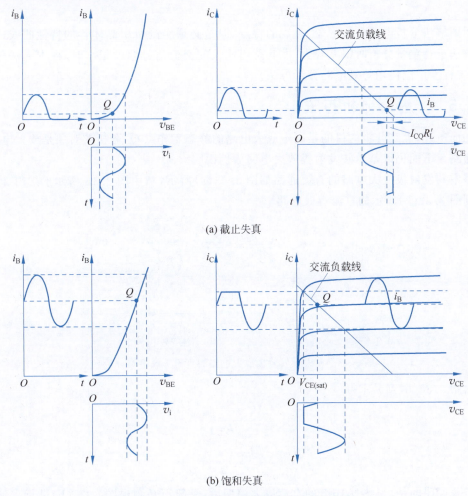

图 3.32 Q 点与放大电路非线性失真的关系

通过以上分析可知,由于受 BJT 截止和饱和特性的限制,放大电路的不失真输出电压有一个范围,称为**输出动态范围**。

由图 3.32(a)可知,因受截止失真的限制,最大不失真输出电压的幅度为

$$V_{om} = I_{CQ} R'_L \tag{3-51a}$$

由图 3.32(b)可知,因受饱和失真的限制,最大不失真输出电压的幅度为

$$V_{om} = V_{CEQ} - V_{CE(sat)} \tag{3-51b}$$

比较以上二式所确定的数值,其中较小者即为放大电路的最大不失真输出电压的幅度,输出动态范围 V_{opp} 则为该幅度的 2 倍,即

$$V_{opp} = 2V_{om} \tag{3-52}$$

显然,为了充分利用 BJT 的放大区,使输出动态范围最大,Q 点应尽量设置在交流负载线的中心。

3.5 放大电路的等效电路分析方法

用图解法分析电路具有形象、直观的特点,但是必须实测所用晶体管的特性曲线,而且用图解法进行定量分析时误差较大,尤其是当输入的交流信号幅度很小时,根本无法作图。因此,工程上广泛使用等效电路分析方法。

3.5.1 静态分析方法

第 17 集
微课视频

如前所述,静态分析的目的是确定放大电路的静态工作点 Q,分析的对象是放大电路的直流通路。下面仍以基本共发射极放大电路为例说明。

基本共发射极放大电路的直流通路如图 3.33(a)所示,利用图 3.13 所示的 BJT 模型,可得到图 3.33(b)所示的直流等效电路。

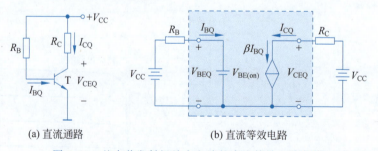

(a) 直流通路 (b) 直流等效电路

图 3.33 基本共发射极放大电路的直流等效电路分析

由图 3.33(b)容易求得

$$I_{BQ} = \frac{V_{CC} - V_{BE(on)}}{R_B} \tag{3-53}$$

$$I_{CQ} = \beta I_{BQ} \tag{3-54}$$

$$V_{CEQ} = V_{CC} - I_{CQ} R_C \tag{3-55}$$

需要说明的是,当熟悉 BJT 的直流放大模型后,一般不必画出图 3.33(b)进行求解,而直接由图 3.33(a)进行分析即可。

3.5.2 动态分析方法

用等效电路法分析放大电路的动态(交流)性能时要用 BJT 的小信号模型,其分析步骤如下。

第一步,画出放大电路的交流通路;

第二步,用 BJT 的小信号模型(图 3.16)代替 BJT,得放大电路的交流等效电路;

第三步,根据交流等效电路分析放大电路的各项交流指标,如增益、输入电阻和输出电阻等。

下面仍以基本共发射极放大电路为例进行讨论。

基本共发射极放大电路的交流通路如图 3.34(a)所示,利用图 3.16 所示的 BJT 小信号模型,可得到图 3.34(b)所示的交流等效电路。由此可进行如下交流指标的分析。

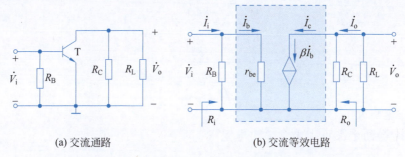

(a) 交流通路　　　　　　　　(b) 交流等效电路

图 3.34　基本共发射极放大电路的交流等效电路分析

1. 电压增益 $\dot{A}_v$

由图 3.34(b)可知,交流输入电压为

$$\dot{V}_i = \dot{I}_b r_{be}$$

交流输出电压为

$$\dot{V}_o = -\dot{I}_c (R_C /\!/ R_L) = -\beta \dot{I}_b R'_L$$

因此可得电压增益为

$$\dot{A}_v = \frac{\dot{V}_o}{\dot{V}_i} = -\frac{\beta R'_L}{r_{be}} \tag{3-56}$$

式中,$r_{be} = r_{bb'} + (1+\beta)\dfrac{V_T(\mathrm{mV})}{I_{EQ}(\mathrm{mA})}$,$R'_L = R_C /\!/ R_L$。

式(3-56)中的负号表明共发射极放大电路的输出电压与输入电压反相,这与图解法分析的结果相一致。

2. 电流增益 $\dot{A}_i$

由图 3.34(b)可知,流过负载 R_L 的电流为

$$\dot{I}_o = \dot{I}_c \frac{R_C}{R_C + R_L} = \beta \dot{I}_b \frac{R_C}{R_C + R_L}$$

而

$$\dot{I}_b = \dot{I}_i \frac{R_B}{R_B + r_{be}}$$

因此可得

$$\dot{A}_i = \frac{\dot{I}_o}{\dot{I}_i} = \beta \frac{R_B}{R_B + r_{be}} \cdot \frac{R_C}{R_C + R_L} \tag{3-57}$$

若满足 $R_B \gg r_{be}$, $R_C \gg R_L$ 的条件,则有

$$\dot{A}_i \approx \beta \tag{3-58}$$

可见,共发射极放大电路既有电压放大作用,又有电流放大作用,因而具有较大的功率增益。

3. 输入电阻 R_i

由图 3.34(b)容易求得

$$R_i = \frac{\dot{V}_i}{\dot{I}_i} = R_B \mathbin{\!/\mkern-5mu/\!} r_{be} \tag{3-59}$$

若 $R_B \gg r_{be}$,则有

$$R_i \approx r_{be} \tag{3-60}$$

4. 输出电阻 R_o

第 18 集
微课视频

由式(3-40)的定义可画出求输出电阻 R_o 的等效电路如图 3.35 所示。由图分析可知,当 $\dot{V}_s = 0$ 时,$\dot{I}_b = 0$,因此 $\dot{I}_c = 0$ 时,故有

$$R_o = \frac{\dot{V}_T}{\dot{I}_T}\bigg|_{\dot{V}_s = 0} = R_C \tag{3-61}$$

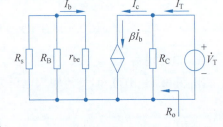

图 3.35 共发射极放大电路 R_o 的求法

3.4 节和 3.5 节分别讨论了放大电路的图解分析法和等效电路分析法,它们是分析放大电路的两种基本方法。熟练地掌握这两种方法,就为今后分析各种放大电路打下了基础。这两种方法虽然在形式上是两种独立的分析方法,但实质上是互相联系、互相补充、各具特点的,在实际情况中应根据具体问题灵活应用。

3.6 放大电路静态工作点的稳定

由前面的分析可知,静态工作点 Q 在放大电路中的作用非常重要,它不仅决定了输出波形是否会产生失真,而且还影响着电压增益、输入电阻等交流指标,所以在设计或调试放大电路时,为获得良好的性能,必须首先设置一个合适的 Q 点。在图 3.26 所示的基本共发射极放大电路中,当电源电压 V_{CC} 和集电极电阻 R_C 确定后,其 Q 点就由基极电流 I_{BQ}($I_{BQ} \approx V_{CC}/R_B$)确定,由于该值是固定的,所以图 3.26 的偏置电路称为**固定偏置电路**,这种电路结构简单,调试方便。但是,当更换管子或环境温度变化时,其 Q 点往往会移动,甚至移到不合适的位置,而使放大电路无法正常工作,为此,必须设计能够自动调整 Q 点位置的偏置电路,以使 Q 点能稳定在合适的位置上。

3.6.1 温度对静态工作点的影响

引起 Q 点不稳定的因素很多,例如电源电压变化、电路参数变化、管子老化等,但主要是由于 BJT 的特性参数(I_{CBO}、$V_{BE(on)}$、β 等)随温度变化造成的。

前面已经讨论过,当温度升高时,BJT 的 I_{CBO}、β 值将增大,而 $V_{BE(on)}$ 值将减小,其结果将导致集电极静态电流 I_{CQ} 增大,Q 点将沿直流负载线向饱和区方向变化,如图 3.36 所示。图中,实线为 BJT 在 20℃时的输出特性曲线,虚线为 BJT 在 40℃时的输出特性曲线,可见,当温度升高时,静态工作点由 Q 移至 Q'。反之,当温度降低时,Q 点将沿直流负载线向截止区方向变化。

通过上述分析可知,稳定 Q 点的关键是,当温度变化时,必须设法维持 I_{CQ} 近似恒定。而 I_{CQ} 的变化又是受基极电流 I_{BQ} 约束的,因此,可以通过 I_{BQ} 的变化来抵消 I_{CQ} 的变化。基于上述思想,产生了如下的电路形式。

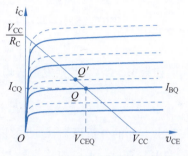

图 3.36 BJT 在不同温度下的输出特性

3.6.2 分压式偏置 Q 点稳定电路

图 3.37 所示为实现上述 Q 点稳定思想的电路,称为**分压式偏置 Q 点稳定电路**。图 3.37 所示电路的直流通路如图 3.38 所示,该电路具有如下特点。

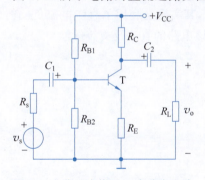

图 3.37 分压式偏置 Q 点稳定电路

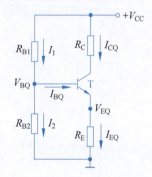

图 3.38 分压式偏置 Q 点稳定电路的直流通路

第一,利用基极上偏置电阻 R_{B1} 和下偏置电阻 R_{B2} 的分压稳定基极电位 V_{BQ}。

设流过电阻 R_{B1} 和 R_{B2} 的电流分别为 I_1 和 I_2,那么,BJT 基极的 KCL 方程为 $I_1 = I_2 + I_{BQ}$,一般情况下,I_{BQ} 很小,所以可近似认为 $I_1 \approx I_2$。这样,基极电位 V_{BQ} 就完全取决于电阻 R_{B2} 上的分压,即

$$V_{BQ} \approx \frac{R_{B2}}{R_{B1}+R_{B2}} \cdot V_{CC} \tag{3-62}$$

可见,在 $I_1 \gg I_{BQ}$ 的条件下,V_{BQ} 由电源 V_{CC} 经 R_{B1} 和 R_{B2} 的分压所决定,其值不受温度的影响,且与 BJT 的参数无关。

第二,利用发射极电阻 R_E 来获得反映输出电流 $I_{CQ}(I_{EQ})$ 变化的信号,并由此反馈到输入端,自动调节 I_{BQ} 的大小,实现 Q 点的稳定。

例如，当温度升高时，集电极电流 I_{CQ} 增大，发射极电流 I_{EQ} 必然相应增大，因而发射极电阻 R_E 上的压降，即发射极电位 V_{EQ} 随之增大，因为 V_{BQ} 基本不变，所以 V_{BEQ}（$V_{BEQ}=V_{BQ}-V_{EQ}$）势必减小，从而导致基极电流 I_{BQ} 减小，I_{CQ} 随之相应减小。结果，I_{CQ} 随温度升高而增大的部分几乎被由于 I_{BQ} 减小而减小的部分相抵消，I_{CQ} 将基本不变，从而实现了 Q 点的稳定。上述过程可简述如下：

$$T(℃)\uparrow \longrightarrow I_{CQ}(I_{EQ})\uparrow \longrightarrow V_{EQ}\uparrow \xrightarrow{V_{BEQ}=V_{BQ}-V_{EQ}} V_{BEQ}\downarrow \longrightarrow I_{BQ}\downarrow$$
$$I_{CQ}\downarrow \longleftarrow$$

如果 $V_{BQ} \gg V_{BEQ}$，则发射极电流为

$$I_{EQ}=\frac{V_{EQ}}{R_E}=\frac{V_{BQ}-V_{BEQ}}{R_E} \approx \frac{V_{BQ}}{R_E} \tag{3-63}$$

由上面的分析可知，Q 点的稳定是在满足 $I_1 \gg I_{BQ}$ 和 $V_{BQ} \gg V_{BEQ}$ 两式的条件下获得的。I_1 和 V_{BQ} 越大，Q 点的稳定性越好。但是 I_1 也不能太大，一方面，I_1 太大使电阻 R_{B1} 和 R_{B2} 上的能量消耗太大；另一方面，I_1 太大势必要求 R_{B1} 和 R_{B2} 很小，这样，放大电路对信号源的分流作用加大了，从而会降低放大电路的源电压增益。同样 V_{BQ} 也不能太大，如果 V_{BQ} 太大，必然 V_{EQ} 太大，从而导致 V_{CEQ} 太小，甚至使放大电路不能正常工作。在工程上，为了既稳定 Q 点，又兼顾其他指标，通常做如下考虑：

对于硅管：$I_1=(5\sim10)I_{BQ}$，$V_{BQ}=(3\sim5)\text{V}$

对于锗管：$I_1=(10\sim20)I_{BQ}$，$V_{BQ}=(1\sim3)\text{V}$

以上讨论了如图 3.37 所示电路稳定 Q 点的过程，其实质是利用了直流电流负反馈（关于负反馈将在第 8 章讨论）的原理。下面将详细讨论该电路的直流及交流性能。

1. 直流分析

由图 3.38 可得：

$$V_{BQ} \approx \frac{R_{B2}}{R_{B1}+R_{B2}} \cdot V_{CC}$$

$$I_{CQ} \approx I_{EQ}=\frac{V_{EQ}}{R_E}=\frac{V_{BQ}-V_{BEQ}}{R_E} \tag{3-64}$$

$$I_{BQ} \approx \frac{I_{CQ}}{\beta} \tag{3-65}$$

$$V_{CEQ}=V_{CC}-I_{CQ}R_C-I_{EQ}R_E \approx V_{CC}-I_{CQ}(R_C+R_E) \tag{3-66}$$

2. 交流分析

画出图 3.37 所示电路的交流等效电路如图 3.39 所示。

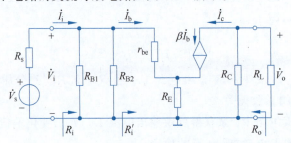

图 3.39　分压式偏置 Q 点稳定电路的交流等效电路

由图 3.39 可以得到

$$\dot{V}_o = -\beta \dot{I}_b R'_L \text{(其中,} R'_L = R_C /\!/ R_L \text{)}$$

$$\dot{V}_i = \dot{I}_b r_{be} + \dot{I}_e R_E = \dot{I}_b [r_{be} + (1+\beta) R_E]$$

所以有

$$\dot{A}_v = \frac{\dot{V}_o}{\dot{V}_i} = -\frac{\beta R'_L}{r_{be} + (1+\beta) R_E} \tag{3-67}$$

由式(3-67)可知,由于 R_E 的接入,虽然稳定了 Q 点,但却使增益明显下降,而且 R_E 越大,增益下降越多。为了解决这个问题,通常在 R_E 两端并联一个大容量的电容 C_E(大约是几十到几百微法),C_E 的接入可看成发射极交流直接接地,故称 C_E 为<u>射极交流旁路电容</u>。接入 C_E 后,电压增益的表达式就和式(3-56)完全相同了。这样,既稳定了 Q 点,又保证了相当的增益。

电路的输入电阻为

$$R_i = R_{B1} /\!/ R_{B2} /\!/ R'_i = R_{B1} /\!/ R_{B2} /\!/ [r_{be} + (1+\beta) R_E] \tag{3-68}$$

其中,

$$R'_i = \frac{\dot{V}_i}{\dot{I}_b} = r_{be} + (1+\beta) R_E$$

式(3-68)表明,接入 R_E 后,输入电阻提高了,这是因为流过 R_E 的电流是 $\dot{I}_b$ 的 $(1+\beta)$ 倍,把 R_E 折合到输入回路后,等效于一个 $(1+\beta) R_E$ 的电阻。如果电路中接入了旁路电容 C_E,则 R_i 的表达式就和式(3-59)没有区别了。

类似于基本共发射极放大电路输出电阻 R_o 的求法,可得到该电路的输出电阻为

$$R_o \approx R_C \tag{3-69}$$

【例 3.1】 在如图 3.40(a)所示电路中,已知 BJT 的参数为 $\beta=100, V_{BE(on)}=0.7\text{V}$,$r_{bb'}=200\Omega$。电路其他参数如图 3.40(a)中所示。

(1) 确定电路的静态工作点 Q;

(2) 计算电路的电压增益 $\dot{A}_v$、输入电阻 R_i 和输出电阻 R_o;

(3) 当 BJT 的 β 值下降为 50 或上升至 150 时,比较 Q 点及 $\dot{A}_v$ 的变化情况。

【解】 (1) 画出图 3.40(a)电路的直流通路如图 3.40(b)所示。为了仔细研究 BJT 参数对 Q 点的影响,不采用上述的工程估算法,而采用等效电路法。画出图 3.40(b)的直流等效电路如图 3.40(c)所示。其中,V_{BB} 和 R_B 分别为基极回路的戴维南等效电源和等效电阻,它们分别是

$$V_{BB} = \frac{R_{B2}}{R_{B1} + R_{B2}} \cdot V_{CC}, \quad R_B = R_{B1} /\!/ R_{B2}$$

由图 3.40(c)可得

$$I_{BQ} = \frac{V_{BB} - V_{BE(on)}}{R_B + (1+\beta)(R_{E1} + R_{E2})}$$

代入数据计算得

$$I_{BQ} \approx 11.44 \mu\text{A}$$

$$I_{CQ} = \beta I_{BQ} = 100 \times 11.44 \mu\text{A} \approx 1.14 \text{mA}$$

$$I_{EQ} = (1+\beta)I_{BQ} = (1+100) \times 11.44\mu A \approx 1.16 mA$$
$$V_{CEQ} = V_{CC} - I_{CQ}R_C - I_{EQ}(R_{E1} + R_{E2})$$
$$= [15 - 1.14 \times 8.2 - 1.16 \times (0.02 + 2)]V \approx 3.31V$$

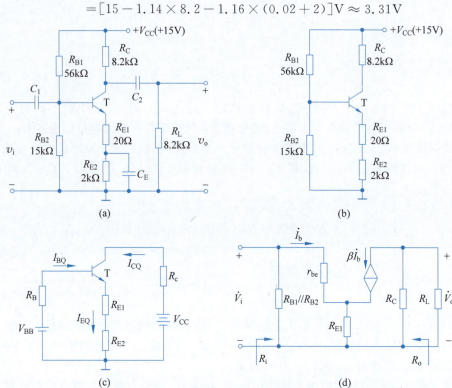

图 3.40 例 3.1 图

(2) 画出图 3.40(a)电路的交流等效电路如图 3.40(d)所示。由图易得

$$\dot{A}_v = -\frac{\beta R_L'}{r_{be} + (1+\beta)R_{E1}} = -\frac{100 \times (8.2 // 8.2)}{2.46 + (1+100) \times 0.02} = -91.5$$

其中，$r_{be} = r_{bb'} + (1+\beta)\frac{V_T(mV)}{I_{EQ}(mA)} = \left[200 + (1+100) \times \frac{26}{1.16}\right]\Omega \approx 2.46 k\Omega$

$$R_i = R_{B1} // R_{B2} // [r_{be} + (1+\beta)R_{E1}]$$
$$= 56 // 15 // [2.46 + (1+100) \times 0.02] k\Omega = 3.25 k\Omega$$
$$R_o \approx R_C = 8.2 k\Omega$$

(3) 当 BJT 的 β 值下降为 50 或上升至 150 时，Q 值与 $\beta = 100$ 时相比，见表 3.3。由表中数据可知，当 β 变化率为 3∶1 时，I_{CQ} 和 V_{CEQ} 的变化率只有 1.1∶1，这说明，分压式偏置 Q 点稳定电路能在 β 变化时稳定静态工作点。

表 3.3　β 值为 50、100、150 时的数据比较

β	$I_{BQ}/\mu A$	I_{CQ}/mA	I_{EQ}/mA	V_{CEQ}/V
50	21.5	1.08	1.10	6.14
100	11.44	1.14	1.16	5.65
150	7.8	1.17	1.18	5.41

当 BJT 的 β 值下降为 50 或上升至 150 时, $\dot{A}_v$ 与 β=100 时相比, 如表 3.4 所示。

由表中数据可知, 当 β 变化率为 3∶1 时, $\dot{A}_v$ 的变化率只有 1.1∶1, 这说明, 分压偏置 Q 点稳定电路能在 β 变化时稳定增益。

表 3.4 $\dot{A}_v$ 的数据比较

β	$\dot{A}_v$
50	−84.4
100	−91.5
150	−93.9

【例 3.2】 实验室有 NPN 型硅 BJT, 已知其参数为: $β=100, V_{BE(on)}=0.6V$。试设计一分压式偏置电路, 要求在电源电压 $V_{CC}=9V$ 时, BJT 的 $I_{CQ}=1mA$, $V_{CEQ}=4.5V$, 确定电路元件参数 R_{B1}, R_{B2}, R_C 及 R_E。

【解】 在图 3.38 所示的分压式偏置电路中, 如果仅仅为了稳定 Q 点, I_1 越大于 I_{BQ} 及 V_{BQ} 越大于 $V_{BE(on)}$ 越好, 但为了兼顾其他指标, 对于硅管, 一般可选取

$$\begin{cases} I_1 = (5 \sim 10) I_{BQ} \\ V_{BQ} = (3 \sim 5) V \end{cases}$$

(1) 确定 R_E。由于本设计中, 电源电压的数值不是很高, 所以, 取 $V_{BQ}=3V$, 因此有

$$V_{EQ} = V_{BQ} - V_{BE(on)} = (3-0.6)V = 2.4V$$

那么

$$R_E = \frac{V_{EQ}}{I_{EQ}} \approx \frac{V_{EQ}}{I_{CQ}} = \frac{2.4}{1} k\Omega = 2.4 k\Omega$$

(2) 确定 R_{B1}, R_{B2}。取

$$I_1 = 10 I_{BQ} = 10 \times \frac{I_{CQ}}{\beta} = 10 \times \frac{1}{100} mA = 0.1 mA$$

则

$$R_{B1} + R_{B2} \approx \frac{V_{CC}}{I_1} = \frac{9}{0.1} k\Omega = 90 k\Omega$$

而 $V_{BQ} = \frac{R_{B2}}{R_{B1}+R_{B2}} \cdot V_{CC}$, 代入数据得 $\frac{R_{B2}}{R_{B1}+R_{B2}} = \frac{1}{3}$。

由此可解出 $R_{B1}=60k\Omega, R_{B2}=30k\Omega$。

(3) 确定 R_C。由于 $V_{CEQ} \approx V_{CC} - I_{CQ}(R_C + R_E)$, 所以有

$$R_C \approx \frac{V_{CC} - V_{CEQ}}{I_{CQ}} - R_E = \left(\frac{9-4.5}{1} - 2.4\right) k\Omega = 2.1 k\Omega$$

第 19 集
微课视频

3.7 BJT 放大电路的三种基本组态

前已述及, 根据输入和输出回路公共端的不同, BJT 有三种基本接法(组态)——共发射极、共集电极和共基极, 由此形成了三种基本的 BJT 放大电路, 前面以共发射极放大电路为例详细讨论了放大电路的基本概念及分析方法。本节将分别讨论共集电极和共基极放大电路。

3.7.1 共集电极放大电路——射极输出器

1. 电路结构

共集电极放大电路如图 3.41(a)所示, 图 3.41(b)是它的交流通路。由交流通路可见,

它是由基极输入信号,发射极输出信号,而集电极是输入和输出回路的公共端,故称**共集电极放大电路**。又因为是从发射极输出信号,所以又称为**射极输出器**。

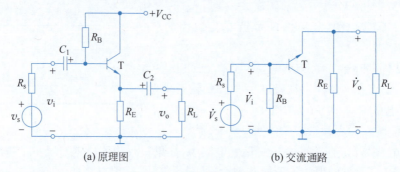

图 3.41 共集电极放大电路

2. 电路特点

1) Q 点比较稳定

射极输出器的直流通路如图 3.42 所示。由图可列出输入回路的 KVL 方程如下。

$$V_{CC} = I_{BQ}R_B + V_{BEQ} + I_{EQ}R_E$$

而

$$I_{EQ} = (1+\beta)I_{BQ}$$

故有

$$I_{BQ} = \frac{V_{CC} - V_{BE(on)}}{R_B + (1+\beta)R_E} \tag{3-70}$$

$$I_{CQ} = \beta I_{BQ} \tag{3-71}$$

$$V_{CEQ} \approx V_{CC} - I_{CQ}R_E \tag{3-72}$$

射极输出器中的电阻 R_E,同样是利用直流负反馈的原理稳定了 Q 点。其稳定过程与分压式偏置电路类似,请读者自己分析。

2) 电压增益小于 1(近似为 1)

由图 3.41(b)可画出射极输出器的交流等效电路如图 3.43 所示。

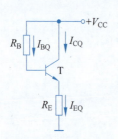

图 3.42 射极输出器的直流通路

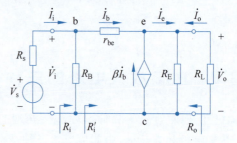

图 3.43 射极输出器的交流等效电路

由图可得

$$\dot{V}_o = \dot{I}_e(R_E /\!/ R_L) = (1+\beta)\dot{I}_b R'_L \text{(其中, } R'_L = R_E /\!/ R_L)$$

$$\dot{V}_i = \dot{I}_b r_{be} + \dot{V}_o = \dot{I}_b[r_{be} + (1+\beta)R'_L]$$

于是可得电压增益为

$$\dot{A}_v = \frac{\dot{V}_o}{\dot{V}_i} = \frac{(1+\beta)R'_L}{r_{be}+(1+\beta)R'_L} \tag{3-73}$$

在式(3-73)中,一般有$(1+\beta)R'_L \gg r_{be}$,所以,射极输出器的电压增益小于1但接近于1。同时由式(3-73)还可看到,其输出电压与输入电压同相,因此,射极输出器通常又称为**电压跟随器**。

应当指出,虽然射极输出器没有电压放大作用,但却有电流放大作用,在图 3.43 中,若忽略 R_B 的分流影响,则 $\dot{I}_i \approx \dot{I}_b$,因此,可得负载 R_L 短路时的电流增益为

$$\dot{A}_{in} = \frac{\dot{I}'_o}{\dot{I}_i} \approx \frac{-\dot{I}_e}{\dot{I}_b} = -(1+\beta) \tag{3-74}$$

3) 输入电阻高

由图 3.43 可知,射极输出器的输入电阻为

$$R_i = R_B \mathbin{/\mkern-6mu/} R'_i = R_B \mathbin{/\mkern-6mu/} [r_{be}+(1+\beta)R'_L] \tag{3-75}$$

其中,$R'_i = \dfrac{\dot{V}_i}{\dot{I}_b} = r_{be}+(1+\beta)R'_L, R'_L = R_E \mathbin{/\mkern-6mu/} R_L$。

式(3-75)表明,射极输出器的输入电阻 R_i 由基极偏置电阻 R_B 和基极输入回路电阻 $[r_{be}+(1+\beta)R'_L]$ 并联而成。因为流过 R'_L 的电流为发射极电流 $\dot{I}_e$,它比基极电流 $\dot{I}_b$ 大 $(1+\beta)$ 倍,所以将 R'_L 折算到基极输入回路时,其阻值应扩大 $(1+\beta)$ 倍。通常 R_B 的值较大(几十千欧至几百千欧),同时 $[r_{be}+(1+\beta)R'_L]$ 也比 r_{be} 大许多,因此,射极输出器的输入电阻比基本共发射极电路的高许多,一般可高达几十千欧到几百千欧。

4) 输出电阻低

求射极输出器输出电阻 R_o 的等效电路如图 3.44 所示。

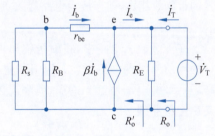

图 3.44 射极输出器输出电阻 R_o 的求法

由图可得

$$R_o = R_E \mathbin{/\mkern-6mu/} R'_o$$

其中,R'_o 可按如下方法求出。

$$\left. \begin{aligned} R'_o &= \frac{\dot{V}_T}{-\dot{I}_e} = \frac{\dot{V}_T}{-(1+\beta)\dot{I}_b} \\ \dot{V}_T &= -\dot{I}_b(r_{be}+R'_s) \end{aligned} \right\} \longrightarrow R'_o = \frac{r_{be}+R'_s}{1+\beta} \quad (\text{式中}, R'_s = R_s \mathbin{/\mkern-6mu/} R_B)$$

于是得到射极输出器的输出电阻为

$$R_o = R_E \mathbin{/\mkern-6mu/} \frac{r_{be}+R'_s}{1+\beta} \tag{3-76}$$

式(3-76)表明,射极输出器的输出电阻 R_o 由射极电阻 R_E 和电阻 $\dfrac{r_{be}+R'_s}{1+\beta}$ 并联而成,$r_{be}+R'_s$ 是基极回路的总电阻。因为输出电阻 R_o 是从发射极看进去的,而发射极电流是基

极电流的$(1+\beta)$倍,所以将$r_{be}+R'_s$折算到发射极回路时,其阻值应除以$(1+\beta)$。通常有

$$R_E \gg \frac{r_{be}+R'_s}{1+\beta}$$

所以

$$R_o \approx \frac{r_{be}+R'_s}{1+\beta}$$

一般R_s的值较小,所以R'_s的值也较小,r_{be}也多在几百欧到几千欧,而β至少为几十,因此,射极输出器的输出电阻R_o可小到几欧姆。

3. 射极输出器的主要用途

虽然射极输出器没有电压放大作用,但由于其高输入电阻及低输出电阻的特点,使它在电子电路中获得了广泛的应用,它常用作多级放大电路的输入级、输出级和中间隔离级。

1) 用作高输入电阻的输入级

在要求输入电阻较高的放大电路中,经常采用射极输出器作为输入级。利用其输入电阻高的特点,可减小放大电路对信号源所索取的信号电流,从而使信号源内阻上的压降减小,使大部分信号电压能传送到放大电路的输入端。对测量仪表中的放大电路而言,其输入电阻越高,对被测电路的影响越小,测量精度也就越高。

2) 用作低输出电阻的输出级

由于射极输出器输出电阻低,所以,当负载电流变动较大时,其输出电压变化较小,具有较强的带负载能力,即当放大电路接入负载或负载变化时,对放大电路电压增益的影响较小。

3) 用作中间隔离级

在多级放大电路中,将射极输出器插在两级放大电路之间,利用其输入电阻高的特点,可提高前一级的电压增益;利用其输出电阻低的特点,可减小后一级的信号源内阻,从而提高了后级的电压增益。这样,就隔离了两级耦合所带来的不良影响,这种插在中间的隔离级又称为**缓冲级**。

第 20 集
微课视频

3.7.2 共基极放大电路

共基极放大电路如图 3.45(a)所示,图 3.45(b)是它的交流通路。由交流通路可以看出,它是由发射极输入信号,集电极输出信号,而基极是输入和输出回路的公共端,所以称为共基极放大电路。

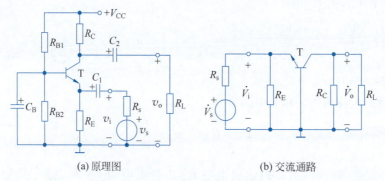

(a) 原理图　　　　　　　　　　(b) 交流通路

图 3.45　共基极放大电路

1. 直流分析

图 3.45(a)所示电路的直流通路(请读者自己画出)与图 3.38 完全相同,其静态工作点的估算方法也完全一样,此处不再赘述。

2. 交流分析

由图 3.45(b)可画出共基极放大电路的交流等效电路如图 3.46 所示。

由图可得

$$\dot{V}_o = -\beta \dot{I}_b R'_L \text{(其中,} R'_L = R_C /\!/ R_L)$$

$$\dot{V}_i = -\dot{I}_b r_{be}$$

于是可得

$$\dot{A}_v = \frac{\dot{V}_o}{\dot{V}_i} = \frac{\beta R'_L}{r_{be}} \tag{3-77}$$

将式(3-77)与式(3-56)比较可知,共基极与共发射极放大电路的电压增益在数值上相同,只差一个负号。共基极放大电路的输出电压与输入电压同相。

共基极放大电路的输入电阻为

$$R_i = R_E /\!/ R'_i = R_E /\!/ \frac{r_{be}}{1+\beta} \tag{3-78}$$

其中,

$$R'_i = \frac{\dot{V}_i}{-\dot{I}_e} = \frac{-\dot{I}_b r_{be}}{-(1+\beta)\dot{I}_b} = \frac{r_{be}}{1+\beta}$$

式(3-78)表明,共基极放大电路的输入电阻很低,一般为几欧至几十欧。

分析共基极放大电路输出电阻 R_o 的等效电路如图 3.47 所示。由图可以看出,当 $\dot{V}_s = 0$ 时,$\dot{I}_b = 0$,受控源 $\beta\dot{I}_b = 0$,因此,输出电阻为

$$R_o = R_C \tag{3-79}$$

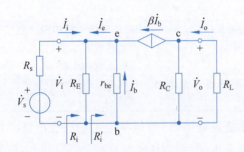
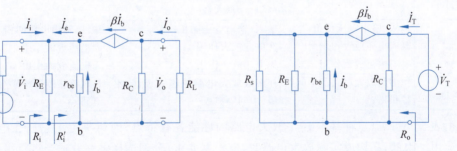

图 3.46 共基极放大电路的交流等效电路   图 3.47 共基极放大电路输出电阻 R_o 的求法

在图 3.46 中,若忽略 R_E 的分流影响,则 $\dot{I}_i \approx -\dot{I}_e$,因此,可得负载短路时的电流增益为

$$\dot{A}_{is} = \frac{\dot{I}'_o}{\dot{I}_i} \approx \frac{\beta \dot{I}_b}{-\dot{I}_e} = -\frac{\dot{I}_c}{\dot{I}_e} = -\alpha \tag{3-80}$$

由于电流增益小于 1 但接近于 1,所以共基极放大电路又称为**电流跟随器**。

3.7.3 三种基本 BJT 放大电路的比较

以上讨论了三种基本 BJT 放大电路的结构及性能特点,现将其列于表 3.5 中以作比较。

表 3.5 三种基本 BJT 放大电路的比较

三种基本 BJT 放大电路	共发射极放大电路	共集电极放大电路	共基极放大电路
电路结构	(电路图)	(电路图)	(电路图)
静态工作点	$I_{BQ} = \dfrac{V_{CC} - V_{BE(on)}}{R_B}$ $I_{CQ} = \beta I_{BQ}$ $V_{CEQ} = V_{CC} - I_{CQ} R_C$	$I_{BQ} = \dfrac{V_{CC} - V_{BE(on)}}{R_B + (1+\beta)R_E}$ $I_{CQ} = \beta I_{BQ}$ $V_{CEQ} \approx V_{CC} - I_{CQ} R_E$	$V_{BQ} \approx \dfrac{R_{B2}}{R_{B1}+R_{B2}} \cdot V_{CC}$ $I_{CQ} \approx I_{EQ} = \dfrac{V_{BQ} - V_{BE(on)}}{R_E}$ $I_{BQ} = \dfrac{I_{CQ}}{\beta}$ $V_{CEQ} \approx V_{CC} - I_{CQ}(R_C + R_E)$
$\dot{A}_v$	$-\dfrac{\beta R'_L}{r_{be}}$(大),$R'_L = R_C // R_L$	$\dfrac{(1+\beta)R'_L}{r_{be}+(1+\beta)R'_L} \approx 1$,$R'_L = R_E // R_L$	$\dfrac{\beta R'_L}{r_{be}}$(大),$R'_L = R_C // R_L$
R_i	$R_B // r_{be}$(中)	$R_B //[r_{be}+(1+\beta)R'_L]$(大)	$R_E // \dfrac{r_{be}}{1+\beta}$(小)
R_o	R_C(中)	$R_E // \dfrac{r_{be}+R'_s}{1+\beta}$(小),$R'_s = R_s // R_B$	R_C(中)
$\dot{A}_{in}$	β(大)	$-(1+\beta)$(大)	$-\alpha \approx -1$
特点	输入、输出电压反相 既有电压放大作用 又有电流放大作用	输入、输出电压同相 有电流放大作用 无电压放大作用	输入、输出电压同相 有电压放大作用 无电流放大作用
应用	作多级放大电路的中间级提供增益	作多级放大电路的输入级、输出级、中间隔离级	作电流接续器构成组合放大电路

第 21 集 微课视频

由表 3.5 可见,三种基本 BJT 放大电路的性能各有特点,因而决定了它们在电路中的不同应用。因此,在构成实际放大电路时,应根据要求,合理选择电路并适当进行组合,取长补短,以使放大电路的综合性能达到最佳。

3.8 多级放大电路

在实际应用中,常常对放大电路的性能提出多方面的要求。例如,要求某放大电路的输入电阻大于 2MΩ,电压增益大于 2000,输出电阻小于 100Ω 等,仅靠前面所讲的任何一种放大电路都不可能同时满足上述要求。这时,就可以选择多个基本放大电路,并将它们合理连接,从而构成多级放大电路。

3.8.1 多级放大电路的级间耦合方式

组成多级放大电路的每一个基本放大电路称为一级,级与级之间的连接称为**级间耦合**。多级放大电路常见的耦合方式有:阻容耦合、变压器耦合、光电耦合和直接耦合。下面分别讨论每一种耦合方式的特点。

1. 阻容耦合

将放大电路前级的输出端通过电容接到后级的输入端,称为阻容耦合。图 3.48 所示为两级阻容耦合放大电路,其中,第一级为共发射极放大电路,第二级为射极输出器。两级之间通过电容 C_2 耦合。

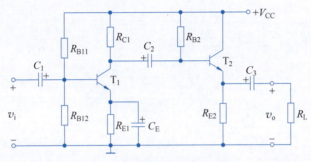

图 3.48 两级阻容耦合放大电路

由于电容对直流量的电抗为无穷大,所以阻容耦合放大电路各级之间的直流通路互不相连,各级的静态工作点相互独立,在求解或实际调试 Q 点时可按单级处理,因此电路的分析、设计和调试简单易行。而且,只要输入信号频率较高或耦合电容容量较大,前级的输出信号就可以几乎没有衰减地传送到后级的输入端,因此,在分立元件电路中,阻容耦合方式得到了非常广泛的应用。

阻容耦合放大电路的低频特性差,不能放大缓慢变化的信号。这是因为电容对这类信号呈现出很大的容抗,信号的一部分甚至全部都衰减在耦合电容上,而根本不向后级传递。另外,在集成电路中制造大容量的电容很困难,甚至不可能,所以这种耦合方式不便于集成化。

2. 变压器耦合

将放大电路前级的输出端通过变压器接到后级的输入端或负载电阻上,称为变压器耦合。图 3.49 所示为变压器耦合共发射极放大电路,其中,R_L 既可以是实际的负载电阻,也可以代表后级放大电路。

由于变压器耦合电路的前、后级靠磁路耦合,所以其各级放大电路的静态工作点相互独立,便于分析、设计和调试。除此之外,其最大的特点是可以实现阻抗变换,在集成功率放大器产生之前,几乎所有的功率放大电路都采用变压器耦合的方式。

在图 3.49 中,当认为变压器为理想变压器时,其副边所接的负载电阻 R_L 折合到原边的等效电阻 R'_L 为

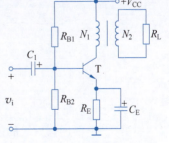

图 3.49 变压器耦合共发射极放大电路

$$R'_L = \left(\frac{N_1}{N_2}\right)^2 R_L \tag{3-81}$$

可见，只要改变变压器的变压比 N_1/N_2，即可将负载电阻 R_L 变成所需的数值，以达到阻抗匹配，从而实现最大功率传输。

由于变压器耦合电路的低频特性差，且非常笨重，更不易集成化，所以，目前已很少在低频时应用，但在高频电路中仍有广泛应用。

3. 光电耦合

光电耦合是以光信号为媒介来实现电信号的耦合和传递的，因其抗干扰能力强而得到越来越广泛的应用。

图 3.50 为光电耦合放大电路，信号源部分可以是真实的信号源，也可以是前级放大电路。

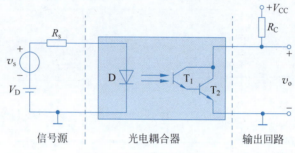

图 3.50　光电耦合放大电路

在如图 3.50 所示的电路中，若信号源部分与输出回路部分采用独立电源且分别接不同的"地"，则即使是远距离传输信号，也可以避免受到各种电干扰。

4. 直接耦合

将放大电路前级的输出端直接接到后级的输入端，称为直接耦合，如图 3.51 所示。由图可见，在这种耦合方式中，信号直接从前级传送到后级，它既可以放大交流信号，也可以放大直流和缓慢变化的信号，是集成电路中广泛采用的一种耦合方式。但这种耦合方式存在两个需要解决的问题：一是级间电平的配置问题；二是零点漂移问题。

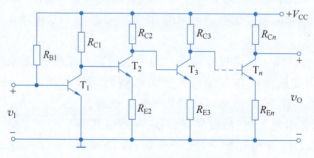

图 3.51　直接耦合放大电路

1）级间电平配置

在图 3.51 中，前、后级的静态工作点是相互牵制的，例如，第一级 T_1 管的集电极静态电位 V_{CQ1} 就是第二级 T_2 管的基极静态电位 V_{BQ2}。如果 R_{E2} 短接，则 $V_{CEQ1}=V_{CQ1}=V_{BQ2}\approx V_{BE(on)}\approx 0.7V$，$T_1$ 管的静态工作点就十分靠近饱和区，显然，这是不合适的。

为了解决前、后级之间的电平配置，可以采用多种措施。图 3.51 中，在 T_2 管的发射极

接入电阻 R_{E2},以抬高它的基极静态电位,达到 T_1 管正常放大所需要的集电极静态电位。然而,R_{E2} 的接入会使第二级的电压增益大大下降,从而影响整个放大电路的放大能力。通常可用稳压管 D_Z(或二极管 D)代替图 3.51 中的各射极电阻,稳压管(或二极管)对直流量和交流量呈现不同的特性,对直流量,它们相当于一个电压源;而对交流量,它们均可等效成一个小电阻。这样,既可以设置合适的静态工作点,又对放大电路的放大能力影响不大。

图 3.51 所示电路中,为了使各级 BJT 都工作在放大区,要求各管的集电极静态电位高于其基极电位,而后级管的基极电位又是前级管的集电极电位,因此有

$$V_{CQn} > \cdots > V_{CQ2} > V_{CQ1}$$

可以设想,如果级数增多,且均为 NPN 管构成的共发射极电路,那么由于集电极电位逐级升高,以至于接近电源电压,势必使后级的静态工作点不合适。因此,直接耦合多级放大电路常采用 NPN 型和 PNP 型管混合使用的方法解决上述问题,如图 3.52 所示。

2)零点漂移

在放大电路中,任何参数的变化,如电源电压的波动、元件的老化、BJT 参数随温度变化而产生的变化,都将使其静态工作点产生波动,这种现象称为**零点漂移**。在阻容耦合放大电路中,这种缓慢变化的漂移电压都将

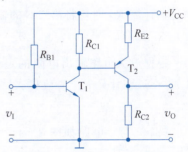

图 3.52 NPN 和 PNP 型管混合使用实现电平配置

降落在耦合电容之上,而不会传递到下一级电路进一步放大。但在直接耦合放大电路中,由于前后级直接相连,前一级的漂移电压会和有用信号一起被传送到下一级,而且被逐级放大,级数越多,放大倍数越大,零点漂移现象越严重,以至有时候在输出端很难区分什么是有用信号,什么是漂移电压,即信号被"淹没"在"干扰"中。因此,如何稳定前级的静态工作点,克服其漂移电压,成为直接耦合放大电路设计中必须解决的首要问题。

由于采用高质量的稳压电源和使用经过老化处理的元件可以大大减小因其而产生的漂移量,所以由温度变化引起的 BJT 参数的变化就成为产生零点漂移的主要原因,因此零点漂移通常又称为**温度漂移**,简称**温漂**。抑制温漂的常见措施有如下几点。

(1)在电路中引入直流负反馈,如图 3.38 中 R_E 所起的作用。

(2)采用温度补偿的方法,利用热敏元件来抵消放大管的老化。

(3)构成"差分放大电路"形式,利用电路结构对称,元器件参数对称的特性来抵消温漂(这将在 7.3 节详细讨论)。

3.8.2 多级放大电路的分析

多级放大电路的性能指标一般可通过计算每一单级的指标来获得。一个 n 级电压放大电路的交流等效电路可用图 3.53 所示的方框图表示。

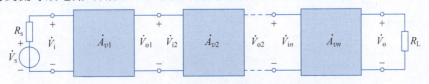

图 3.53 多级放大电路方框图

由图可知,多级放大电路中前级的输出电压就是后级的输入电压,即 $\dot{V}_{o1}=\dot{V}_{i2}$、$\dot{V}_{o2}=\dot{V}_{i3}$、$\cdots$、$\dot{V}_{o(n-1)}=\dot{V}_{in}$,所以,总的电压增益为

$$\dot{A}_v = \frac{\dot{V}_o}{\dot{V}_i} = \frac{\dot{V}_{o1}}{\dot{V}_i} \cdot \frac{\dot{V}_{o2}}{\dot{V}_{i2}} \cdots \frac{\dot{V}_o}{\dot{V}_{in}} = \dot{A}_{v1} \cdot \dot{A}_{v2} \cdots \dot{A}_{vn} \tag{3-82}$$

可见,总的电压增益为各级电压增益的乘积。需要强调的是,在计算每一级电压增益时,应注意级间的相互影响,即应把后级的输入电阻作为前级的负载来考虑。

根据放大电路输入电阻的定义,多级放大电路的输入电阻就是第一级的输入电阻 R_{i1}。不过在计算 R_{i1} 时应将第二级的输入电阻作为第一级的负载,即

$$R_i = R_{i1} \big|_{R_{L1}=R_{i2}} \tag{3-83}$$

根据放大电路输出电阻的定义,多级放大电路的输出电阻就是最后一级的输出电阻 R_{on}。不过在计算 R_{on} 时应将次后级的输出电阻作为最后一级的信号源内阻,即

$$R_o = R_{on} \big|_{R_{sn}=R_{o(n-1)}} \tag{3-84}$$

【**例 3.3**】 电路如图 3.54(a)所示,已知 T_1、T_2 等的参数为:$\beta_1=\beta_2=100$,$V_{BE(on)1}=V_{BE(on)2}=0.7V$,$r_{bb'1}=r_{bb'2}=0$。$T_2$ 管的静态基极电位 $V_{BQ2}=5V$,电路其他参数如图中所示。试确定 V_{CEQ1}、V_{CEQ2} 和 $\dot{A}_v$、$\dot{A}_{vs}$。

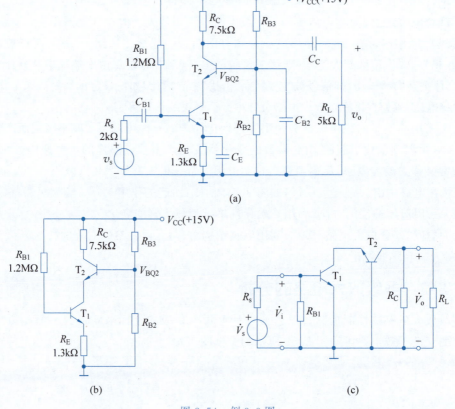

图 3.54 例 3.3 图

【解】 如图 3.54(a)所示电路为直接耦合的两级放大电路,其中第一级为共发射极电路,第二级为共基极电路。其直流通路和交流通路分别如图 3.54(b)、(c)所示。

(1) 直流分析。由图 3.54(b)可得

$$I_{BQ1} = \frac{V_{CC} - V_{BE(on)1}}{R_{B1} + (1+\beta_1)R_E} = \frac{15 - 0.7}{1.2 \times 10^3 + (1+100) \times 1.3} \text{mA} \approx 10.74 \mu\text{A}$$

$$I_{EQ1} = (1+\beta_1)I_{BQ1} \approx 1.085 \text{mA}, \quad I_{CQ2} \approx I_{EQ2} = I_{CQ1} = \beta_1 I_{BQ1} \approx 1.074 \text{mA}$$

则

$$V_{CEQ1} = V_{CQ1} - V_{EQ1} = (V_{BQ2} - V_{BE(on)2}) - I_{EQ1}R_E \approx 2.89 \text{V}$$

$$V_{CEQ2} = V_{CQ2} - V_{EQ2} = (V_{CC} - I_{CQ2}R_C) - (V_{BQ2} - V_{BE(on)2}) \approx 2.65 \text{V}$$

(2) 交流分析。由图 3.54(c)可得

$$\dot{A}_v = \dot{A}_{v1} \cdot \dot{A}_{v2} = \left(-\frac{\beta_1 R_{i2}}{r_{be1}}\right) \cdot \frac{\beta_2 R'_{L2}}{r_{be2}} \approx (-1) \times 122.4 = -122.4$$

其中,

$$r_{be1} = r_{bb'1} + (1+\beta_1)\frac{V_T(\text{mV})}{I_{EQ1}(\text{mA})} = \left[0 + (1+100) \times \frac{26}{1.085}\right]\Omega \approx 2.42 \text{k}\Omega$$

$$r_{be2} = r_{bb'2} + (1+\beta_2)\frac{V_T(\text{mV})}{I_{EQ2}(\text{mA})} = \left[0 + (1+100) \times \frac{26}{1.074}\right]\Omega \approx 2.45 \text{k}\Omega$$

$$R_{i2} = \frac{r_{be2}}{1+\beta_2} \approx 24.3 \Omega, \quad R'_{L2} = R_C // R_L = 3 \text{k}\Omega$$

根据源电压增益的定义,可得

$$\dot{A}_{vs} = \dot{A}_v \cdot \frac{R_i}{R_i + R_s} = (-122.4) \times \frac{2.42}{2.42 + 2} \approx -67$$

其中,$R_i = R_{i1} = R_{B1} // r_{be1} \approx 2.42 \text{k}\Omega$。

由于本题电路的输入级为共射组态,其输入电阻不高,所以电路的源电压增益 $\dot{A}_{vs}$ 相比电压增益 $\dot{A}_v$ 下降很多。

3.8.3 常用组合放大电路

组合放大电路是由三种基本放大电路相互取长补短构成的一种电路结构,实际上是一种最简单的多级放大电路。常见的 BJT 组合主要是共集-共射(CC-CE)组合、共射-共集(CE-CC)组合及共射-共基(CE-CB)组合。下面简要介绍几种常用 BJT 组合电路的特点。

1. 共集-共射(CC-CE)和共射-共集(CE-CC)组合放大电路

CC-CE 和 CE-CC 组合放大电路的交流通路分别如图 3.55(a)、(b)所示。

在 CC-CE 组合放大电路中,由于共集电极放大电路具有输入电阻大而输出电阻小的特点,因此,放大电路具有很高的输入电阻,这时大部分信号源电压输送到共发射极电路的输入端。因此,这种组合放大电路的源电压增益近似为后级共发射极放大电路的电压增益。

在 CE-CC 组合放大电路中,由于共集电极放大电路作为输出级,所以电路具有很低的输出电阻。这样,在实现电压放大时,增强了放大电路的带载特别是电容性负载的能力,其效果相当于将负载与前级共发射极电路隔离开来。因此,这种组合电路的电压增益近似为共发射极电路在负载开路时的电压增益。

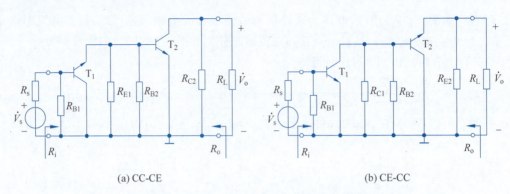

图 3.55 CC-CE 和 CE-CC 组合放大电路

2. 共射-共基(CE-CB)组合放大电路

CE-CB 组合放大电路如图 3.54 所示。由于共基极放大电路的输入电阻很小,将它作为负载接在共发射极电路之后,致使共发射极放大电路只有电流增益而没有电压增益。而共基极电路只是将共发射极电路的输出电流接续到负载上。因此,这种组合放大电路的电压增益相当于单级放大电路的增益(参见例 3.3)。

接入低阻共基极电路使得共发射极电路电压增益减小的同时,也大大减弱了共发射极三极管内部的反向传输效应。其结果,一方面提高了电路高频时的稳定性,另一方面明显改善了放大电路的频率特性。正是这一特点,使得 CE-CB 组合放大电路在宽带放大电路设计中得到广泛应用。

【例 3.4】 电路如图 3.56 所示,已知 T_1、T_2、T_3 的参数为:$\beta_1=\beta_2=\beta_3=100$,$r_{be1}=3\text{k}\Omega$,$r_{be2}=2\text{k}\Omega$,$r_{be3}=1.5\text{k}\Omega$,试确定该放大电路的输入电阻 R_i、输出电阻 R_o 及源电压增益 $\dot{A}_{vs}$。

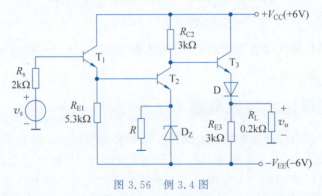

图 3.56 例 3.4 图

【解】 该电路为 CC-CE-CC 三级直接耦合放大电路(请读者自己画出该电路的交流通路)。为了保证输入和输出端的直流电位为零,电路采用了正、负电源,并且用稳压管 D_Z 和二极管 D 分别垫高了 T_2、T_3 管的发射极电位。在进行交流分析时,由于 D_Z 和 D 的动态电阻很小,因而可视为交流短路。

根据多级放大电路的分析原则,可得该电路的输入电阻为

$$R_i = R_{i1}|_{R_{L1}=R_{i2}} = r_{be1} + (1+\beta_1)(R_{E1} /\!/ R_{i2})$$
$$= [3 + (1+100) \times (5.3 /\!/ 2)]\text{k}\Omega \approx 150\text{k}\Omega$$

其中,$R_{i2} = r_{be2} = 2\text{k}\Omega$。

电路的输出电阻为

$$R_\text{o} = R_\text{o3}\big|_{R_\text{s3}=R_\text{o2}} = R_\text{E3} \text{ // } \frac{r_\text{be3}+R_\text{C2}}{1+\beta_3} = \left(3 \text{ // } \frac{1.5+3}{1+100}\right)\text{k}\Omega \approx 45\Omega$$

其中,$R_\text{o2} = R_\text{C2} = 3\text{k}\Omega$。

电路的源电压增益为

$$\dot{A}_{vs} = \frac{\dot{V}_\text{o}}{\dot{V}_\text{s}} = \dot{A}_v \cdot \frac{R_\text{i}}{R_\text{i}+R_\text{s}} = \dot{A}_{v1} \cdot \dot{A}_{v2} \cdot \dot{A}_{v3} \cdot \frac{R_\text{i}}{R_\text{i}+R_\text{s}}$$

$$= 0.98 \times (-130) \times 0.95 \times \frac{150}{150+2} \approx -119$$

其中,

$$\dot{A}_{v1} = \frac{\dot{V}_\text{o1}}{\dot{V}_\text{i}} = \frac{(1+\beta_1)(R_\text{E1} \text{ // } R_\text{i2})}{r_\text{be1}+(1+\beta_1)(R_\text{E1} \text{ // } R_\text{i2})}$$

$$= \frac{101 \times (5.3 \text{ // } 2)}{3+101 \times (5.3 \text{ // } 2)} \approx 0.98$$

$$\dot{A}_{v2} = \frac{\dot{V}_\text{o2}}{\dot{V}_\text{i2}} = -\frac{\beta_2(R_\text{C2} \text{ // } R_\text{i3})}{r_\text{be2}} = -\frac{100 \times (3 \text{ // } 20)}{2} \approx -130$$

$$R_\text{i3} = r_\text{be3} + (1+\beta_3)(R_\text{E3} \text{ // } R_\text{L}) = [1.5 + 101 \times (3 \text{ // } 0.2)]\text{k}\Omega \approx 20\text{k}\Omega$$

$$\dot{A}_{v3} = \frac{\dot{V}_\text{o}}{\dot{V}_\text{i3}} = \frac{(1+\beta_3)(R_\text{E3} \text{ // } R_\text{L})}{r_\text{be3}+(1+\beta_3)(R_\text{E3} \text{ // } R_\text{L})} = \frac{101 \times (3 \text{ // } 0.2)}{1.5+101 \times (3 \text{ // } 0.2)} \approx 0.95$$

由于本题电路的输入级为共集电极电路,其输入电阻较高,所以电路的源电压增益 $\dot{A}_{vs}$ 与电压增益 $\dot{A}_v$ 相当。

※3.9　BJT 放大电路的应用实例

如图 3.57 所示为一实际的温度控制系统,其作用是保持容器中液体的温度为特定值。容器中液体的温度由一个热敏电阻进行监测,该传感器的阻值随温度变化。热敏电阻的阻值最终转化为与该阻值成比例的电压值。然后,将该电压加到一个阀门接口电路中,该电路可以通过调节阀门控制流入燃烧器的燃料。如果容器中液体的温度超过了规定值,则减少进入燃烧器的燃料,从而使温度降低;如果容器中液体的温度低于规定值,则增加进入燃烧器的燃料,从而使温度上升。

图 3.57 中的温度到电压的转换电路可采用分压式偏置放大电路实现,如图 3.58 所示,其中,热敏电阻 R_T 作为分压式偏置电路中的下偏置电阻。R_T 具有正温度系数,其阻值与容器中液体的温度成正比。BJT 2N3904 的基极电压 V_B 随 R_T 阻值的变化而变化,集电极电压 V_C(即电路的输出电压 V_OUT)随 V_B 的变化而变化。例如,当容器中液体的温度降低时,R_T 的阻值减小,V_B 亦减小(参阅式(3-62)),而 V_OUT 增大(参阅式(3-63)、式(3-64)、式(3-66)),此时,通过调节阀门增加流入燃烧器的燃料,进而使容器中液体的温度上升。

为了进一步熟悉该电路,假设温度要保持在(70 ± 5)℃,表 3.6 给出了在给定温度范围内 R_T 阻值的变化情况,请读者通过手算或仿真分析计算在不同温度下电路输出电压 V_OUT 的值。

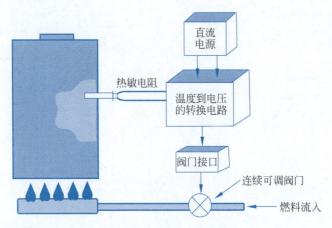

图 3.57 温度控制系统

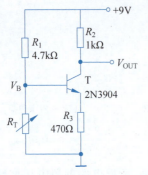

图 3.58 温度-电压转换电路

表 3.6 在给定范围内热敏电阻 R_T 的温度特性

温度值/℃	R_T 的阻值/kΩ
60	1.256
65	1.481
70	1.753
75	2.084
80	2.490

本章小结

(1) 双极结型晶体管(BJT)是由两个 PN 结组成的三端有源器件,分为 NPN 和 PNP 两种类型。其常用的工作区域是放大区、截止区和饱和区。利用放大时的特点可构成线性放大电路,利用其截止和饱和时的特点可构成电子开关。

(2) BJT 是非线性器件,可用数学方程、等效电路和特性曲线来表征其性能。

(3) BJT 的参数大致可分为四类:表征放大能力的参数——β、α;表征稳定性的参数——I_{CBO}、I_{CEO};表征安全工作区域的参数——I_{CM}、P_{CM}、$V_{(BR)CEO}$ 等;表征频率特性的参数——$C_{b'e}$、$C_{b'c}$。由于 BJT 既靠多子导电,同时少子也参与导电,所以,几乎所有的参数都受温度的影响,其中,影响最突出的是 β、I_{CBO} 和 $V_{BE(on)}$。

(4) 放大电路是最基本、最常用的模拟单元电路。构成放大电路应满足如下原则:①必须设置合适的 Q 点,以保证晶体管处于良好的线性放大区;②保证输入信号加在晶体管的输入端口;③保证输出信号能高效率地输送给负载。

(5) 放大电路的分析包括直流(静态)分析和交流(动态)分析。直流分析的目的是确定晶体管的静态工作点 Q;交流分析的目的是确定放大电路的交流指标,如增益、输入电阻、输出电阻等。分析时,应先直流后交流。

(6) 放大电路常用的分析方法有图解分析法、等效电路分析法和计算机仿真分析法。

其中,图解分析法形象、直观,适合于初学者定性地理解放大的原理;等效电路分析法是最基本的分析方法,利用晶体管放大时的直流等效模型及小信号等效模型,可将晶体管放大电路的分析转化为在特定条件下的一个线性电路的分析;计算机仿真分析法能快速、全面地对电路进行较为精确的分析,但必须清楚,它仅能提供分析的结果,而不能揭示电路的概念。

(7) 共发射极、共集电极和共基极放大电路是由 BJT 组成的三种基本电路,其电路结构、特点及应用见表 3.5。

(8) BJT 基本放大电路的常用偏置方式有固定偏置和分压式偏置两种形式。其中分压式偏置电路通过发射极电阻 R_E 引入了直流负反馈,从而稳定了静态工作点。

(9) 将基本放大电路级联或适当组合可以构成各具特点的多级放大电路。多级放大电路的级间耦合方式有阻容耦合、变压器耦合、光电耦合和直接耦合等,其中,直接耦合方式广泛用于集成电路设计。分析多级放大电路时,应特别注意级间的相互影响。

本章习题

【3-1】 某放大电路中 BJT 三个电极①、②、③的电流如题图 3.1 所示,现测得 $I_1=-2\text{mA}$, $I_2=-0.04\text{mA}$, $I_3=+2.04\text{mA}$,试判断该管的基极 B、发射极 E 和集电极 C,并说明该管是 NPN 管还是 PNP 管,它的 $\bar{\beta}$ 为多少?

【3-2】 有两个 BJT,其中一个管子的 $\beta=80$, $I_{CEO}=200\mu\text{A}$,另一个管子的 $\beta=50$, $I_{CEO}=10\mu\text{A}$,应该选择哪一个管子?为什么?

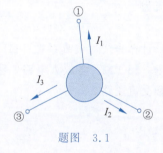

题图 3.1

【3-3】 两个 BJT 的 $\bar{\alpha}$ 值分别为 0.99、0.985,试求各管的 $\bar{\beta}$ 值。若两管的集电极电流均为 10mA, I_{CBO} 忽略不计,试求各管的 I_B 值。

【3-4】 测得电路中四个 NPN 硅管各极电位分别如下,试判断每个管子的工作状态。
(1) $V_B=-3\text{V}$, $V_C=5\text{V}$, $V_E=-3.7\text{V}$;
(2) $V_B=6\text{V}$, $V_C=5.5\text{V}$, $V_E=5.3\text{V}$;
(3) $V_B=-1\text{V}$, $V_C=8\text{V}$, $V_E=-0.3\text{V}$;
(4) $V_B=3\text{V}$, $V_C=2.3\text{V}$, $V_E=6\text{V}$。

【3-5】 测得放大电路中四只 BJT 各极电位分别如题图 3.2 所示,试判断它们各是 NPN 管还是 PNP 管?是硅管还是锗管?并确定每管的 B、E、C 极。

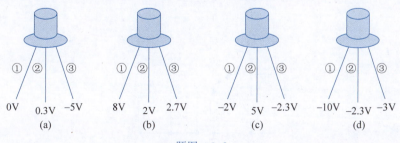

题图 3.2

【3-6】 某BJT的极限参数 $I_{CM}=100\text{mA}, P_{CM}=150\text{mW}, V_{(BR)CEO}=30\text{V}$,若它的工作电压 $V_{CE}=10\text{V}$,则工作电流 I_C 不得超过多大?若工作电流 $I_C=1\text{mA}$,则工作电压的极限值应为多少?

【3-7】 已知某BJT在室温(27℃)下的 $\bar{\beta}=50, V_{BE(on)}=0.2\text{V}, I_{CBO}=10^{-8}\text{A}$,当温度升高至60℃时,试求 $\bar{\beta}', V'_{BE(on)}$ 和 I'_{CBO}。

【3-8】 已知某NPN型硅BJT的发射结正偏,集电结反偏, $I_S \approx 4.5\times 10^{-15}\text{A}, \bar{\alpha}=0.98$, I_{CBO} 忽略不计。试求室温下,当 $V_{BE}=0.65\text{V}, 0.7\text{V}, 0.75\text{V}$ 时的 I_B, I_C、和 I_E 值,并分析比较。

【3-9】 在某放大电路输入端测量到输入信号电流和电压的峰-峰值分别为 $5\mu\text{A}$ 和 5mV,输出端接 $2\text{k}\Omega$ 的电阻负载,测量到正弦电压信号的峰-峰值为 1V,试计算该放大电路的电压增益 A_v、电流增益 A_i、功率增益 A_p,并分别换算成dB数。

【3-10】 某电压放大电路当接入 $1\text{k}\Omega$ 负载电阻时,其输出电压比负载开路 $(R_L=\infty)$ 时减少20%,试求该放大电路的输出电阻 R_o。

【3-11】 某放大电路输入正弦波信号 $v_i = V_{im}\sin\omega t(\text{mV})$,由于器件的非线性使输出电流为

$$i_O = 3 + \sin\omega t + 0.01\sin 2\omega t + 0.005\sin 3\omega t + 0.001\sin 4\omega t (\text{mA})$$

试计算非线性失真系数THD。

【3-12】 各放大电路如题图3.3所示,图中各电容对交流信号呈短路,试画出直流通路和交流通路。

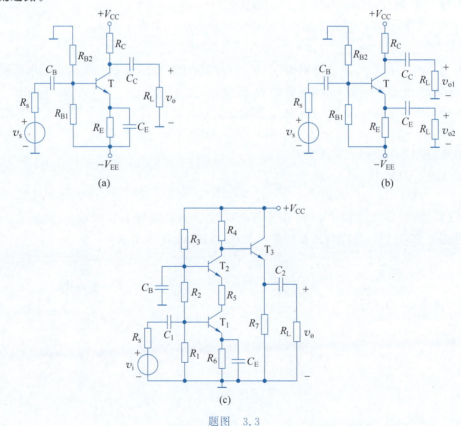

题图 3.3

【3-13】 试判断如题图 3.4 所示的各电路能否正常放大,若不能,应如何改正?图中各电容对交流信号呈短路。

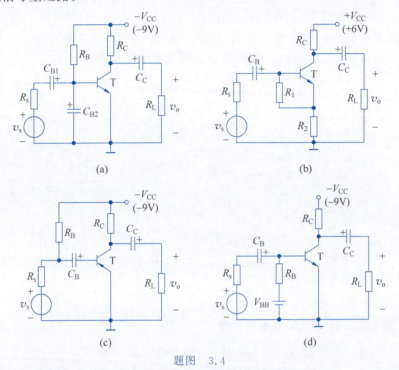

题图 3.4

【3-14】 试用图解分析法确定题图 3.5(a)所示电路的工作点 I_{BQ}、I_{CQ}、V_{CEQ}。已知 BJT 的输入和输出特性曲线如题图 3.5(b)、(c)所示。

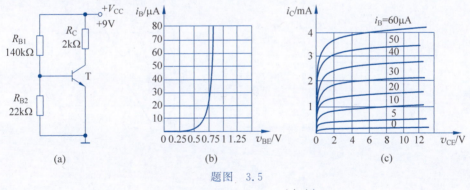

题图 3.5

【3-15】 在图 3.26(b)所示电路中,BJT 的输出特性及交、直流负载线如题图 3.6 所示。试求:

(1) 电源电压 V_{CC},静态电流 I_{BQ}、I_{CQ} 及静态管压降 V_{CEQ} 的值;

(2) 电阻 R_B、R_C 的值;

(3) 输出电压的最大不失真幅度;

(4) 要使电路能不失真地放大,基极正弦电流的最大幅值是多少?

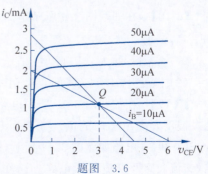

题图 3.6

【3-16】 放大电路如题图 3.7(a)所示,已知 $V_{CC}=V_{EE}$,要求交、直流负载线如题图 3.7(b)所示,试回答如下问题:

(1) 求 V_{CC}、R_E、V_{CEQ}、R_{B1}、R_{B2}、R_L 的值。

(2) 如果交流输入信号 v_i 幅度较大,将会首先出现什么失真?输出动态范围 V_{opp} 为多少?若要减小失真,增大输出动态范围,则应如何调节电路元件值?

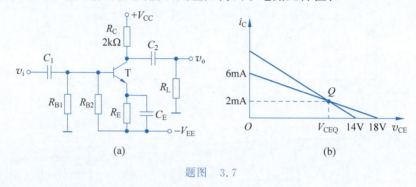

题图 3.7

【3-17】 在如题图 3.8(a)所示的电路中,已知 BJT 的 $\beta=100$,$V_{BE(on)}=-0.7V$,$r_{bb'}=200\Omega$。

(1) 试估算电路的 Q 点;

(2) 画出化简的 H 参数等效电路模型;

(3) 求电路的电压增益 $\dot{A}_v$、输入电阻 R_i、输出电阻 R_o;

(4) 若输出电压的波形如题图 3.8(b)所示,该电路产生了什么性质的失真?为消除此失真,应调整电路中的哪个元件?如何调整?

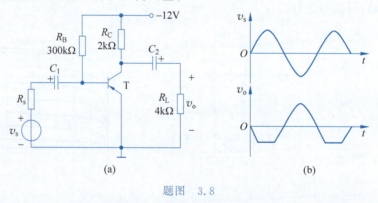

题图 3.8

【3-18】 在如题图 3.9 所示电路中,已知室温下硅管的 $\beta=100$,$V_{BE(on)}=0.7V$,$I_{CBO}=10^{-15}A$,试求:

(1) 室温下的 I_{CQ}、V_{CEQ} 值;

(2) 温度升高 40℃、降低 60℃两种情况下的 I_{CQ}、V_{CEQ} 值,并由此分析 BJT 的工作状态。

【3-19】 在如题图 3.10 所示电路中,已知室温下硅管的参数与习题 3-18 相同,试求室温及温度升高 40℃时的 I_{CQ} 与 V_{CEQ} 值,并与习题 3-18 的结果作比较。

【3-20】 电路如题图 3.11 所示,图中各电容对交流信号呈短路。试画出电路的直流通路、交流通路及交流等效电路。已知 BJT 的 $\beta=200$,$V_{BE(on)}=0.7V$,$r_{bb'}=200\Omega$,$|V_A|=$

150V,试求 R_i、R_o、$\dot{A}_v$ 及 $\dot{A}_{vs}$。

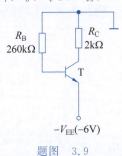

题图 3.9

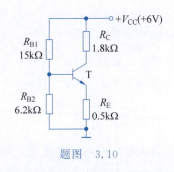

题图 3.10

【3-21】 发射极接电阻的共发射极放大电路的交流通路如题图 3.12 所示,若计及 r_{ce} 且满足 $R_C /\!/ R_L \ll \beta r_{ce}$,$R_E \ll r_{ce}$,试证:

$$R_i = R_{B1} /\!/ R_{B2} /\!/ \left[r_{be} + (1+\beta) R_E \frac{r_{ce}}{r_{ce} + R_C /\!/ R_L} \right]$$

$$R_o = R_C /\!/ \left[r_{ce} \left(1 + \frac{\beta R_E}{R_E + r_{be} + R'_s} \right) \right] \quad (\text{其中}, R'_s = R_{B1} /\!/ R_{B2} /\!/ R_s)$$

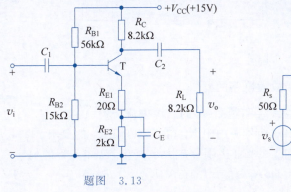

题图 3.11 题图 3.12

【3-22】 在如题图 3.13 所示的电路中,各电容对交流信号呈短路。已知 BJT 的 $\beta = 150$,$V_{BE(on)} = 0.7\text{V}$,$r_{bb'} = 200\Omega$,$|V_A| = 100\text{V}$,试求电路的输入电阻 R_i、输出电阻 R_o 及电压增益 $\dot{A}_v$。

【3-23】 电路如题图 3.14 所示,已知 BJT 的 $\beta = 50$,$r_{be} = 1\text{k}\Omega$,r_{ce} 很大。画出其交流等效电路,并计算电压增益 $\dot{A}_v$、输入电阻 R_i、输出电阻 R_o 及源电压增益 $\dot{A}_{vs}$。

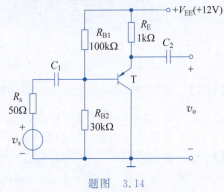

题图 3.13 题图 3.14

【3-24】 如题图 3.15 所示电路能够输出一对幅度大致相等、相位相反的电压。已知 BJT 的 $\beta=80, r_{be}=2.2\text{k}\Omega, r_{ce}$ 很大。信号源为理想电压源(即认为其内阻为零)。

(1) 求电路的输入电阻 R_i；

(2) 分别求从发射极输出的 $\dot{A}_{v2}$ 和 R_{o2} 及从集电极输出的 $\dot{A}_{v1}$ 和 R_{o1}。

【3-25】 在如题图 3.16 所示的电路中，各电容对交流信号呈短路。已知 3DG6 的 $\beta=50$，$V_{BE(on)}=0.7\text{V}, r_{bb'}=50\Omega, V_A=\infty$。

(1) 求电路的静态工作点；

(2) 试求放大电路的电压增益 $\dot{A}_v$、输入电阻 R_i、输出电阻 R_o。

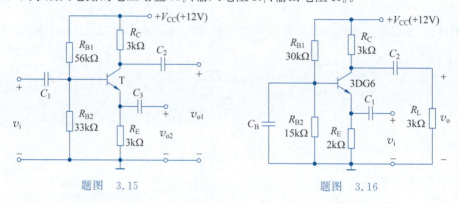

题图 3.15　　　　　　题图 3.16

【3-26】 已知题图 3.17(a) 所示单级电压放大电路的输入电阻 $R_i=2\text{k}\Omega$，输出电阻 $R_o=50\text{k}\Omega$，开路电压增益 $\dot{A}_{vo}=200$，当输入信号源内阻 $R_s=1\text{k}\Omega$，输出负载电阻 $R_L=10\text{k}\Omega$ 时，试求该电压放大电路的源电压增益 $\dot{A}_{vs}$。现将两级上述电压放大电路级联，R_s、R_L 不变，如题图 3.17(b) 所示，试求总的源电压增益 $\dot{A}_{vs\Sigma}$，并对两种结果进行比较。

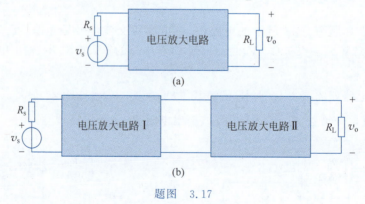

题图 3.17

【3-27】 如题图 3.18 所示为多级放大电路的框图。

(1) 写出题图(a)的总源电压增益 $\dot{A}_{vs\Sigma}$ 和题图(b)的总源电流增益 $\dot{A}_{is\Sigma}$；

(2) 若要求源电压增益大，试提出对信号源内阻 R_s 和负载电阻 R_L 的要求。

【3-28】 在如题图 3.19(a) 所示的三级直接耦合放大电路中，已知各管的 $|V_{BE(on)}|=0.7\text{V}, \beta=100, I_{BQ}$ 可忽略，要求 $I_{CQ1}=1\text{mA}, I_{CQ2}=1.4\text{mA}, I_{CQ3}=1.6\text{mA}, |V_{CEQ}|=2\text{V}$。试完成下列各题：

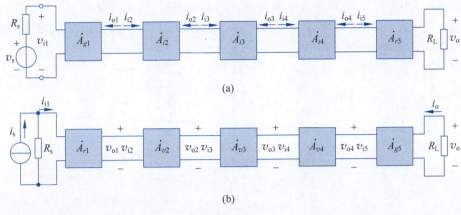

题图 3.18

(1) 计算各电阻阻值和各管的 V_{CQ} 值；

(2) 将 T_2 改为 NPN 管，如题图 3.19(b)所示，调整 R_{C2}、R_{E2}，保证 I_{CQ2} 不变，电路能否正常工作？

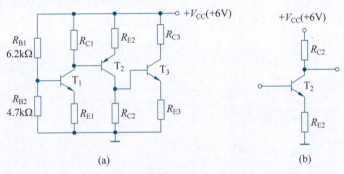

题图 3.19

【3-29】 在如题图 3.20 所示的多级直接耦合放大电路中，第二级为电平位移电路。已知各管的 $\beta=100$，$V_{BE(on)}=0.7V$，I_{BQ} 可忽略不计，$I_0=2mA$，各管的 $V_{CEQ}=3V$，$V_{CQ1}=2.3V$。试完成下列各题：

(1) 为使 $V_{OQ}=0$，求 R_{E2} 值；

(2) 若 $R_{E2}=0$，电路能否正常工作？

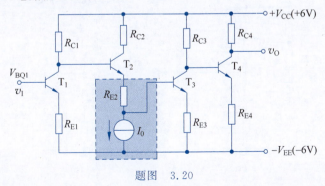

题图 3.20

【3-30】 题图 3.21 为某集成电路的部分内部原理图,已知各管的 β 很高, $|V_{BE(on)}|=0.7\text{V}$,输入端 $V_{BQ1}=0$,输出端 $V_{OQ}=0$, $I_{CQ4}=550\mu\text{A}$, $V_{CQ1}=14.3\text{V}$。试求 I_{CQ3} 及各管的 V_{CEQ} 值。

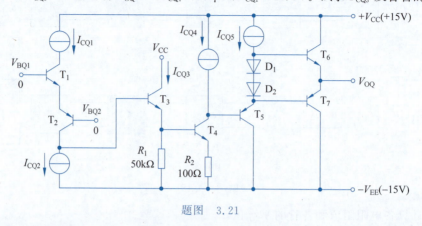

题图 3.21

【3-31】 在如题图 3.22 所示的电路中,已知 BJT 的 $\beta_1=\beta_2=150$, $r_{bb'1}=r_{bb'2}=50\Omega$, $V_{BE(on)}=0.7\text{V}$, r_{ce} 忽略不计, $I_{CQ1}=1\text{mA}$, $I_{CQ2}=1.5\text{mA}$, $R_s=1\text{k}\Omega$,试求 R_i、$\dot{A}_v$、$\dot{A}_{vs}$。

【3-32】 画出题图 3.23 所示电路的交流通路,若两只 BJT 特性相同,且已知 $r_{bb'1}=r_{bb'2}\approx 0$, $\beta_1=\beta_2=100$, $I_{CQ1}=I_{CQ2}=0.5\text{mA}$, r_{ce} 忽略不计,试求 $\dot{A}_v$。

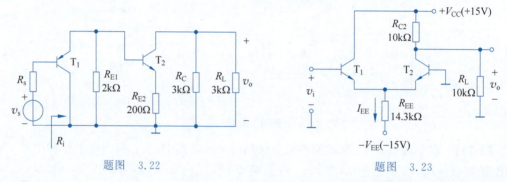

题图 3.22　　　　　　题图 3.23

【3-33】 如题图 3.24 所示为有源负载共发射极放大电路的原理电路,题图中 C_E 对交流信号呈短路,试推导输出电阻 R_o 的表达式。

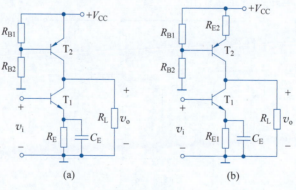

题图 3.24

【3-34】 如题图 3.25 所示为两级放大电路的交流等效电路,试画出其交流通路,并写出电路的输入电阻 R_i 及电压增益 $\dot{A}_v$ 的表达式。设两管小信号参数相同。

【3-35】 共集电极-共发射极组合放大电路如题图 3.26 所示,题图中 T_1 管接成共集电极组态,T_2 管接成共发射极组态,T_3 管为 T_2 管的集电极有源负载。已知各管参数为 $\beta_1 = \beta_2 = 200, \beta_3 = 50, I_{CQ1} = 16.2\mu A, I_{CQ2} = I_{CQ3} = 550\mu A, |V_{A1}| = |V_{A2}| = 125V, |V_{A3}| = 50V, r_{bb'1} = r_{bb'2} = r_{bb'3} = 0$,试完成下列各题:

(1) 求该放大电路的输入电阻 R_i;

(2) 求该放大电路输出短路时的互导增益 $\dot{A}_{gn}$;

(3) 求该放大电路的输出电阻 R_o;

(4) 求该放大电路输出开路时的电压增益 $\dot{A}_{vo}$;

(5) 试讨论这种组合放大电路的特点。

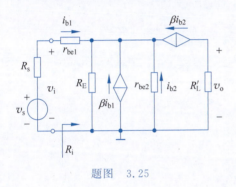

题图 3.25

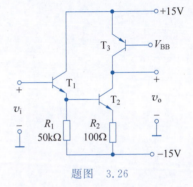

题图 3.26

Multisim 仿真习题

【仿真题 3-1】 描述 BJT 基区宽度调制效应的主要参数是厄尔利电压 V_A,通过改变其值,用 Multisim 研究基区宽度调制效应对 BJT 输入、输出特性的影响。BJT 使用 2N2222,V_A 可分别取值为 50 和 100。

【仿真题 3-2】 电路如题图 3.27 所示,设 BJT 的型号为 2N3904,$\beta = 50, V_{BE(on)} = 0.7V, r_{bb'} = 100\Omega$。用 Multisim 作如下分析:

(1) 求电路的 Q 点,并作温度特性分析,观察温度在 $-70 \sim -30$℃ 的范围内变化时 BJT 集电极电流 I_C 的变化范围;

(2) 当输入 v_i 取频率为 1kHz 的正弦交流电压时,求最大不失真输出电压幅度和相应的输入电压幅度;

(3) 求电路的输入电阻 R_i 和输出电阻 R_o;

(4) 去掉发射极旁路电容 C_E,重复题(2)和题(3)。

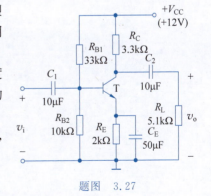

题图 3.27

【仿真题 3-3】 两级放大电路如题图 3.28 所示,输入信号 $v_s = 10\sin(2\pi 1000t)\text{mV}$,BJT 使用 2N2222。

(1) 用 Multisim 仿真每级电路的电压输出波形及增益；
(2) 用 Multisim 仿真两级电路的电压输出波形及增益。

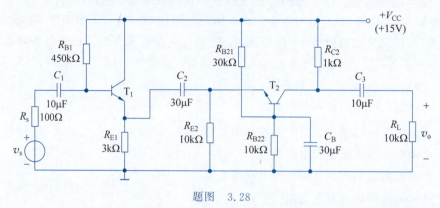

题图 3.28

第 4 章 场效应晶体管及其基本放大电路

CHAPTER 4

本章主要介绍场效应晶体管的分类、结构、工作原理、特性曲线和主要参数,以及由场效应晶体管组成的基本放大电路。由于场效应晶体管与双极结型晶体管有许多可以互补的特性,因此,它们是当今最重要的两类半导体器件。本章的学习方法可与第 3 章相类比。

4.1 场效应晶体管

场效应晶体管(Field Effect Transistor,FET)又称为**单极型晶体管**,简称 FET,是一种利用电场效应来控制其电流大小的半导体器件。它依靠多数载流子的漂移运动形成电流,具有输入阻抗高、噪声低、热稳定性好、抗辐射能力强、制造工艺简单、集成度高等优点,已经成为当今集成电路的主流器件。

根据结构的不同,场效应晶体管可分为两大类:结型场效应管(JFET)和金属-氧化物-半导体场效应管(MOSFET)。

第 22 集
微课视频

4.1.1 结型场效应管

结型场效应管(Junction Field Effect Transistor,JFET)是利用半导体内的电场效应进行工作的,所以又称为**体内场效应器件**。

1. 分类、结构和符号

结型场效应管有 N 沟道和 P 沟道两种类型。图 4.1 所示为其结构示意图和电路表示符号。

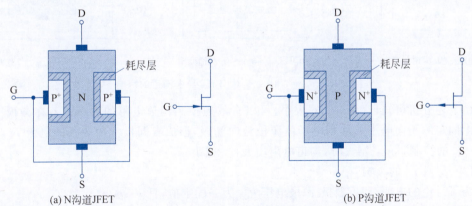

(a) N沟道JFET (b) P沟道JFET

图 4.1 JFET 的结构示意图及其电路符号

如图 4.1(a)所示，**N 沟道结型场效应管**(N channel JFET)，是在一块 N 型半导体材料两边通过高浓度扩散制造两个重掺杂的 P^+ 型区，形成两个 PN 结(由于 N 区掺杂浓度小于 P^+ 区，所以 P^+ 区的耗尽层宽度较小，因此，图中只画出了 N 区的耗尽层)。将两个 P^+ 型区接在一起引出一个电极，称为**栅极 G**(Gate)，两个 PN 结之间的 N 型半导体构成导电沟道，在 N 型半导体的两端各引出一个欧姆接触电极，分别称为**源极 S**(Source)和**漏极 D**(Drain)，由于 N 型区结构对称，所以其源极和漏极可以互换使用。符号中箭头的方向表示栅结正偏时，栅极电流的方向是由 P 指向 N。

P 沟道结型场效应管(P channel JFET)的组成原理及符号见图 4.1(b)，不再赘述。

2. 工作原理

下面以 N 沟道结型场效应管为例，说明结型场效应管的工作原理。

N 沟道结型场效应管工作时，为了保证其高输入电阻的特性，在栅极与源极之间需加一负电压，使栅极与沟道之间形成的 PN 结反偏。此时，在栅极、源极之间仅存在微弱的反向饱和电流，其栅极电流 $i_G \approx 0$，输入电阻可高达 $10^7 \Omega$ 以上。在漏极与源极之间加一正电压，N 沟道中的多数载流子(电子)将源源不断地由源极向漏极运动，从而形成漏极电流 i_D。栅极-源极电压 v_{GS} 和漏极-源极电压 v_{DS} 直接影响着导电沟道的变化，因而影响了漏极电流的变化。讨论结型场效应管的工作原理实质上是讨论 v_{GS} 对 i_D 的控制作用和 v_{DS} 对 i_D 的影响。

1) v_{GS} 对 i_D 的控制作用

为了讨论的方便，首先假设 $v_{DS}=0$，如图 4.2 所示。当 v_{GS} 由零向负值增大时，在反偏电压 v_{GS} 的作用下，两个 PN 结的耗尽层将加宽，使导电沟道变窄，沟道电阻增大，如图 4.2(a)、(b)所示。当 $|v_{GS}|$ 进一步增大到某一定值时，两侧的耗尽层将在中间合拢，沟道被全部"夹断"，如图 4.2(c)所示。此时，漏极-源极间的电阻将趋于无穷大，相应的栅极-源极电压称为"**夹断电压**"，记为 $V_{GS(off)}$。

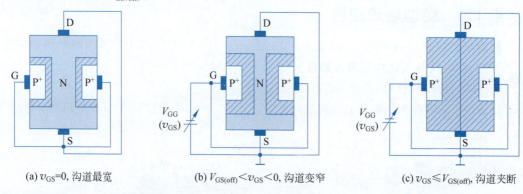

(a) $v_{GS}=0$,沟道最宽　　(b) $V_{GS(off)}<v_{GS}<0$,沟道变窄　　(c) $v_{GS} \leqslant V_{GS(off)}$,沟道夹断

图 4.2　$v_{DS}=0$ 时，v_{GS} 对 JFET 导电沟道的影响

由上述分析可知，改变 v_{GS} 的大小，可以有效地控制沟道电阻的大小。若在漏极-源极间加上固定的正向电压 v_{DS}，则电子由源极流向漏极，形成自漏极流向源极的电流 i_D，其值将受 v_{GS} 的控制，$|v_{GS}|$ 增大时，沟道电阻增大，i_D 减小。

2) v_{DS} 对 i_D 的影响

为了讨论的方便，假设栅极-源极电压 v_{GS} 为一固定值，且 $V_{GS(off)}<v_{GS}<0$。

当 $v_{DS}=0$ 时，沟道如图 4.2(b)所示，由漏极到源极呈等宽性，漏极电流 $i_D=0$。当 $v_{DS}>0$ 时，有电流 i_D 由漏极流向源极，同时产生了沿沟道的电位梯度，从而使栅极与沟道各点之间的反偏电压不再相等,而是沿沟道从源极到漏极逐渐增大,结果使耗尽层呈不等宽性,沟道呈"楔形",如图 4.3(a)所示。随着 v_{DS} 逐渐增大,一方面沟道电场强度加大,有利于漏极电流 i_D 的增加;另一方面,沟道呈楔形变窄,又产生了阻碍 i_D 增加的因素。但在 v_{DS} 较小时,靠近漏极端的导电沟道仍较宽,阻碍因素是次要的,沟道电阻基本上仍决定于栅极-源极电压 v_{GS},因此,i_D 随 v_{DS} 的增大而线性增大,漏极-源极间呈现电阻特性。

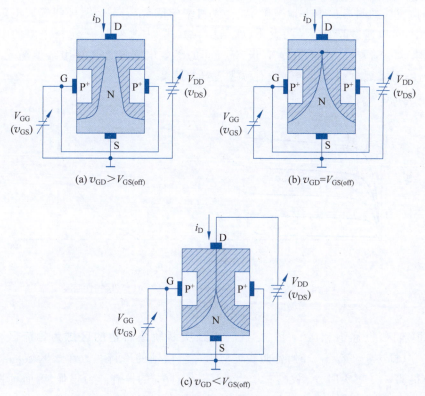

图 4.3 $V_{GS(off)} < v_{GS} < 0$ 时,v_{DS} 对 JFET 导电沟道的影响

当 v_{DS} 继续增加时,栅极-漏极间的反偏电压 v_{GD}($v_{GD} = v_{GS} - v_{DS}$)随之继续增大,靠近漏极端的耗尽层继续加宽,沟道继续变窄。当 v_{DS} 增大到使 $v_{GD} = V_{GS(off)}$,即 $v_{DS} = v_{GS} - V_{GS(off)}$ 时,导电沟道将首先在靠近漏极处被夹断,如图 4.3(b)所示,称 $v_{GD} = V_{GS(off)}$ 为"预夹断"。

当沟道被预夹断后,随着 v_{DS} 的上升,$v_{GD} < V_{GS(off)}$,沟道被夹断的长度会略有增加,即由漏极向源极方向延伸,如图 4.3(c)所示。这时,一方面电子从源极到漏极定向移动所受的阻力加大,从而导致 i_D 减小;另一方面,v_{DS} 的增大使漏极-源极间的纵向电场增强,又将导致 i_D 增大。实际上,上述 i_D 的两种变化趋势相抵消,v_{DS} 的增大区大部分降落在夹断区,用于克服夹断区对 i_D 形成的阻力。因此,从外部看,在 $v_{GD} < V_{GS(off)}$,即 $v_{DS} > v_{GS} - V_{GS(off)}$ 的情况下,i_D 基本上不随 v_{DS} 的增加而上升,漏极电流趋于饱和。

3. 特性曲线

1)输出特性曲线

输出特性曲线描述了当栅极-源极电压 v_{GS} 一定时,漏极电流 i_D 与漏极-源极电压 v_{DS} 之间的关系。即

$$i_D = f(v_{DS}) \Big|_{v_{GS}=\text{常数}} \tag{4-1}$$

对应于一个 v_{GS},就有一条曲线,因此,输出特性为一簇曲线,如图 4.4(a)所示。根据特性曲线各部分的特征,结型场效应管可分为四个工作区域。

(1) 可变电阻区(也称非饱和区):图 4.4(a)中的虚线 I 为**预夹断轨迹**,它是各条曲线上使 $v_{DS}=v_{GS}-V_{GS(off)}$(即 $v_{GD}=V_{GS(off)}$)的点连接而成的。v_{GS} 越大,预夹断时的 v_{DS} 值也越大。**预夹断轨迹左边的区域称为可变电阻区**,该区域中曲线近似为不同斜率的直线。当 v_{GS} 确定时,直线的斜率也唯一地被确定,直线斜率的倒数为漏极-源极间等效电阻。因此,在此区域中,可以通过改变 v_{GS} 的大小(即压控的方式)来改变漏极-源极电阻的阻值,故称为可变电阻区。随着 $|v_{GS}|$ 的增大,漏极-源极间的等效电阻变大。利用结型场效应管的可变电阻特性,可实现自动增益控制或有源滤波器的调谐。

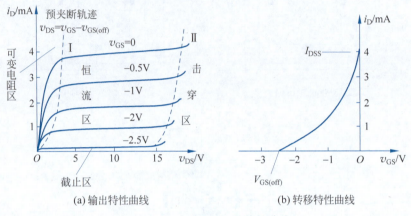

(a) 输出特性曲线　　　　(b) 转移特性曲线

图 4.4　N 沟道 JFET 的特性曲线

(2) 恒流区(也称饱和区):图 4.4(a)中**预夹断轨迹右边的区域为恒流区**,当 $v_{DS} > v_{GS}-V_{GS(off)}$(即 $v_{GD}<V_{GS(off)}$)时,各曲线近似为一组横轴的平行线。在该区域,v_{DS} 对 i_D 的控制能力很弱,v_{DS} 增大时,i_D 仅略有增大;而 v_{GS} 对 i_D 的控制能力很强,因而可将 i_D 近似为栅极-源极电压 v_{GS} 控制的电流源,故称为恒流区。利用结型场效应管作放大器件时,应使其工作在该区域,因此恒流区也称为放大区。

(3) 截止区:当 $v_{GS}<V_{GS(off)}$ 时,导电沟道被全部夹断,$i_D \approx 0$,即图 4.4(a)中靠近横轴的部分。若利用结型场效应管作为开关,则应工作在截止区,此时,相当于开关断开。

(4) 击穿区:随着 v_{DS} 的增大,靠近漏区的 PN 结反偏电压 v_{GD} 随之增大,当 v_{GD} 增大到某一定值 $V_{(BR)DSO}$ 时,靠近漏区的 PN 结首先被击穿,漏极电流急剧增大,结型场效应管进入了击穿区。需要说明的是,v_{GS} 越负向增大,达到击穿所需要的 v_{DS} 越小,即随着 v_{GS} 负向增大,击穿点将左移,如图 4.4(a)中虚线 II 所示。

2) 转移特性曲线

转移特性曲线描述了在漏极-源极电压 v_{DS} 一定时,栅极-源极电压 v_{GS} 对漏极电流 i_D 的控制作用,即

$$i_D = f(v_{GS}) \Big|_{v_{DS}=\text{常数}} \tag{4-2}$$

当管子工作在恒流区时,由于输出特性曲线可近似为横轴的一组平行线,所以,可以用一条转移特性曲线代替恒流区的所有曲线,如图 4.4(b)所示。

理论分析和实验结果表明,在恒流区内,i_D 与 v_{GS} 之间符合平方律关系,即

$$i_D = I_{DSS}\left(1 - \frac{v_{GS}}{V_{GS(off)}}\right)^2 \tag{4-3}$$

式中，I_{DSS} 为**饱和漏极电流**，表示 $v_{GS}=0$ 情况下产生预夹断时的 i_D 值。

最后，需要指出的是，为了保证结型场效应管的高输入电阻特性，应使栅极与沟道之间的 PN 结反偏，对于 N 沟道 JFET，$v_{GS} \leqslant 0$；而对于 P 沟道 JFET，$v_{GS} \geqslant 0$。

4.1.2 金属-氧化物-半导体场效应管

结型场效应管的直流输入电阻虽然一般可达 $10^7 \sim 10^9 \Omega$，但由于这个电阻从本质上来说是 PN 结的反向电阻，而 PN 结反偏时总会有一些反向电流存在，所以，这就限制了输入电阻的进一步提高。**金属-氧化物-半导体场效应管**（Metal-Oxide-Semiconductor Field Effect Transistor，MOSFET）是利用半导体表面的电场效应进行工作的，也称为**表面场效应管**。由于它的栅极处于绝缘状态，所以输入电阻可高达 $10^{15} \Omega$。而且其功耗低、集成度高，因而在大规模集成电路中得到了广泛应用。

MOSFET 简称 **MOS 管**，它也可以分为 N 沟道和 P 沟道两大类，其中每一类根据导电沟道的存在状态又可分为**增强型**（Enhancement）和**耗尽型**（Depletion）两种，所谓增强型是指当 $v_{GS}=0$ 时，没有导电沟道；所谓耗尽型是指当 $v_{GS}=0$ 时，存在导电沟道。N 沟道和 P 沟道 MOS 管的工作原理相似，所以，下面主要以 N 沟道 MOS 管为例说明增强型和耗尽型管的特点。

1. 增强型 MOSFET

1）结构、符号

N 沟道增强型 MOSFET 的结构示意图和电路符号如图 4.5 所示。由图 4.5(a)可见，它以 P 型硅片作为衬底，其上扩散两个重掺杂的 N^+ 区，分别作为源区和漏区，它们各自与 P 型衬底之间形成 PN^+ 结，由源区和漏区分别引出源极 S 和漏极 D。衬底表面生长着一层很薄（约 $0.1\mu m$）的二氧化硅（SiO_2）绝缘层，并在 N^+ 区之间的绝缘层上覆盖一层金属（目前多用晶硅代替金属），其上引出栅极 G。此外，还由衬底引出衬底极 B。从垂直衬底的角度看，这种场效应管由**金属**、**氧化物**和**半导体**构成，故称为 MOSFET。

图 4.5(b)是它的电路符号。由于栅极与源极、漏极、衬底之间均无电接触，所以符号中各电极间断开，衬底极箭头方向表示由 P（衬底）指向 N（沟道）。对于 P 沟道 MOSFET，其箭头方向与此相反。

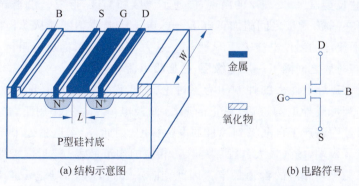

(a) 结构示意图　　　　　　(b) 电路符号

图 4.5　N 沟道增强型 MOSFET 的结构示意图及电路符号

2) 工作原理

在通常情况下,源极一般都与衬底极相连,即 $v_{BS}=0$。正常工作时,作为源区和漏区的两个 N^+ 区与衬底之间形成的 PN^+ 结必须处于反向偏置,为此,漏极-源极电压 v_{DS} 必须为正值。

增强型 N 沟道 MOS 管的工作机理可概括如下:在栅极-源极电压 v_{GS} 的作用下,漏区与源区之间形成导电沟道。这样,在漏极-源极电压 v_{DS} 的作用下,源区电子沿沟道源源不断向漏区运动,产生自漏极流向源极的电流。改变 v_{GS} 的大小,可控制导电沟道的导电能力,从而使漏极电流发生变化。其详细情况如下所述。

(1) 导电沟道的形成。为了讨论方便,首先假设 $v_{DS}=0$。当施加正的 v_{GS} 时,将开启漏区与源区之间的 N 型导电沟道,如图 4.6 所示。

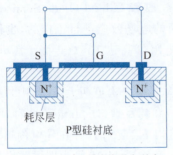 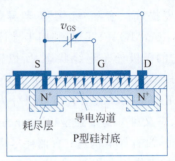

(a) 当 $v_{GS}=0$ 时,导电沟道未形成　　(b) 当 $v_{GS} \geq V_{GS(th)}$ 时,导电沟道形成

图 4.6　N 沟道增强型 MOSFET 导电沟道的形成

当 $v_{GS}=0$ 时,如图 4.6(a)所示,N^+ 源区和漏区之间被 P 型衬底所隔开,形成了两个背靠背的 PN 结,不论 v_{DS} 的极性如何,其中总有一个 PN 结是反偏的,此时漏极-源极之间的电阻很大,不存在导电沟道,基本上没有电流流过,$i_D=0$。

当栅极-源极之间施加正电压,即 $v_{GS}>0$ 时,如图 4.6(b)所示,将在栅极与衬底之间产生垂直于半导体表面的电场,该电场的方向是由栅极指向衬底,且有很大的强度(由于绝缘层很薄,即使只有几伏的栅极-源极电压 v_{GS},也可产生高达 $10^3 \sim 10^6$ V/cm 数量级的强电场),它将排斥 P 型衬底中的空穴,而吸引电子,结果在靠近栅极的 P 型硅表面留下不能移动的受主负离子,形成耗尽层,同时将 P 型衬底中的少子电子吸附到衬底表面。当栅极-源极电压 v_{GS} 增大到一定值,即**开启电压 $V_{GS(th)}$** 时,在栅极附近的 P 型硅表面便形成了一个电子薄层,使 P 型硅表面由原来空穴占绝对多数的 P 型表面层转变为电子占绝对多数的 N 型表面层,称之为"**反型层**"。反型层的出现,沟通了源区和漏区,形成了沿半导体表面的**导电沟道**。此时,若在漏极-源极之间施加正电压 v_{DS},电子将源源不断地从源极向漏极运动,形成沿半导体表面流动的漏极电流 i_D。显然,v_{GS} 越大,沟道越宽,沟道电阻越小,漏极电流越大。由于栅极与衬底之间隔了一层绝缘层,故栅极电流 $i_G=0$。

(2) v_{DS} 对沟道导电能力的控制。为了讨论方便,设 v_{GS} 为大于开启电压的某一固定值。如前所述,当形成导电沟道后,在正的漏极-源极电压 v_{DS} 的作用下,形成了漏极电流 i_D。由于 i_D 通过沟道产生自漏极到源极的电位梯度,因此,沿沟道各处半导体表面的垂直场强不同,靠近源极端,场强最大(电压为 v_{GS}),相应的沟道最宽;靠近漏极端,场强最弱(电压为 $v_{GD}=v_{GS}-v_{DS}$),相应的沟道最窄。因此,在 v_{DS} 的作用下,导电沟道是不均匀的,呈"锥形",如图 4.7(a)所示。

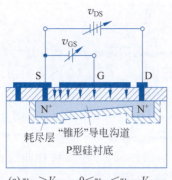
(a) $v_{GS} > V_{GS(th)}$, $0 < v_{DS} < v_{GS} - V_{GS(th)}$

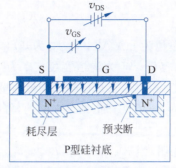
(b) $v_{GS} > V_{GS(th)}$, $v_{DS} = v_{GS} - V_{GS(th)}$

图 4.7 v_{DS} 对 MOSFET 导电沟道的影响

当 v_{DS} 较小时,它对沟道的影响可以忽略,沟道呈现的电阻几乎与 v_{DS} 无关,i_D 随 v_{DS} 线性增大。随着 v_{DS} 的增大,v_{GD} 减小,靠近漏极端的沟道变窄,相应的沟道电阻增大,因而 i_D 的增大趋于缓慢。当 v_{DS} 增大到使 $v_{GD} = V_{GS(th)}$,即 $v_{DS} = v_{GS} - V_{GS(th)}$ 时,靠近漏极端的沟道被夹断,称为"**预夹断**",如图 4.7(b) 所示。预夹断后,i_D 趋于饱和。实际上,预夹断后,若继续增大 v_{DS},夹断点会略向源极方向移动。导致夹断点到源极的沟道长度略有减小,相应的沟道电阻也就略有减小,结果是 i_D 略有增大。通常将这种效应称为**沟道长度调制效应**(Channel-length Modulation Effect)。显然,这种效应与 BJT 中的基区宽度调制效应类似。

3) 特性曲线

N 沟道增强型 MOSFET 的特性曲线如图 4.8 所示,图 4.8(a) 为其输出特性曲线,图 4.8(b) 为其转移特性曲线。与结型场效应管类似,它也分为可变电阻区、恒流区、截止区和击穿区,各区域的特点如下。

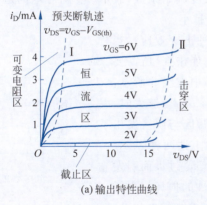
(a) 输出特性曲线

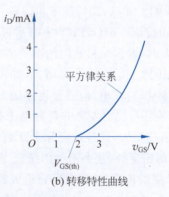
(b) 转移特性曲线

图 4.8 N 沟道增强型 MOSFET 的特性曲线

(1) 截止区 $v_{GS} \leq V_{GS(th)}$,导电沟道尚未形成,$i_D = 0$。

(2) 可变电阻区 $v_{GS} > V_{GS(th)}$,$v_{DS} < v_{GS} - V_{GS(th)}$,该区域内,$i_D$ 同时受到 v_{GS}、v_{DS} 的控制。理论和实验证明,它们之间的关系式为

$$i_D = \frac{\mu_n C_{ox}}{2} \cdot \frac{W}{L} [2(v_{GS} - V_{GS(th)})v_{DS} - v_{DS}^2]$$
$$= K_n [2(v_{GS} - V_{GS(th)})v_{DS} - v_{DS}^2] \tag{4-4}$$

其中,

$$K_n = \frac{\mu_n C_{ox}}{2} \cdot \frac{W}{L} \tag{4-5}$$

为电导常数,单位为 mA/V^2;$V_{GS(th)}$ 为开启电压;μ_n 为沟道电子运动的迁移率;C_{ox} 为单位面积的栅极电容量;W 为沟道宽度;L 为沟道长度;W/L 为 MOS 管的沟道宽长比。在 MOS 集成电路设计中,宽长比是一个极为重要的参数。

当 $v_{DS} \ll v_{GS} - V_{GS(th)}$ 时,即预夹断前,忽略式(4-4)中 v_{DS} 的二次方项,则有

$$i_D \approx 2K_n(v_{GS} - V_{GS(th)})v_{DS} \tag{4-6}$$

式(4-6)表明,当 v_{DS} 很小时,i_D 与 v_{DS} 之间呈线性关系,输出特性曲线近似为一簇直线,MOS 管可看成为阻值受 v_{GS} 控制的线性电阻器,其阻值为

$$R_{on} = \frac{1}{2K_n(v_{GS} - V_{GS(th)})} \tag{4-7}$$

式(4-7)表明,v_{GS} 越大,R_{on} 越小,体现了可变电阻区的压控电阻特性。

(3) 恒流区 $v_{GS} > V_{GS(th)}$,$v_{DS} \geq v_{GS} - V_{GS(th)}$,在此区域内,$i_D$ 受 v_{GS} 的控制,而几乎不受 v_{DS} 的控制,所以又称为饱和区,该区域类似于 BJT 的放大区。若忽略沟道长度调制效应,将 $v_{DS} = v_{GS} - V_{GS(th)}$ 代入式(4-4),得到恒流区的电流表达式为

$$i_D = K_n(v_{GS} - V_{GS(th)})^2 \tag{4-8}$$

可见,在恒流区,i_D 与 v_{GS} 之间的关系是平方律关系,而在 BJT 中,i_C 与 v_{BE} 之间的关系是指数律的。

若进一步计及沟道长度调制效应(曲线略微上翘),则可将式(4-8)修正为

$$i_D = K_n(v_{GS} - V_{GS(th)})^2 \left(1 - \frac{v_{DS}}{V_A}\right) = K_n(v_{GS} - V_{GS(th)})^2(1 + \lambda v_{DS}) \tag{4-9}$$

式中,V_A 为厄尔利电压;$\lambda = -1/V_A$,即沟道长度调制系数,表示 v_{DS} 对导电沟道及漏极电流 i_D 的影响。显然,曲线越平坦,$|V_A|$ 越大,λ 越小。

(4) 击穿区 MOSFET 中有可能发生几种击穿效应。当 v_{DS} 足够大时,漏区与衬底间的 PN 结会发生雪崩击穿,所需要的击穿电压随 v_{GS} 的增大而增大,如图 4.8(a)中虚线 Ⅱ 所示;随着器件体积的减小,沟道长度亦随之减小,当 v_{DS} 足够大时,漏区周围的耗尽层将变宽并延伸至源区,这时漏区与源区发生穿通,i_D 迅速增大,这种效应称为**穿通击穿**;除上述两种因 v_{DS} 过大产生的击穿外,还会产生因栅极-源极电压 v_{GS} 过大而引发 SiO_2 绝缘层的击穿,这种击穿将造成器件永久性的损坏。为了

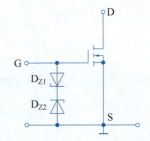

图 4.9 MOS 管的栅极保护

防止这种破坏性击穿,分立的 MOS 管在平时保存时应将各极引线短接,焊接时应采用外壳接地的电烙铁;用作 MOS 集成电路输入级的器件常常在其栅极-源极之间接入两只背靠背的稳压二极管,如图 4.9 所示。利用稳压管的击穿特性,限制由感应电荷产生的 v_{GS} 值。

2. 耗尽型 MOSFET

N 沟道耗尽型 MOSFET 的结构示意图和电路符号如图 4.10 所示。由图 4.10(a)可见,在这种器件的制造过程中,在栅极下面的 SiO_2 绝缘层中掺入了大量的碱金属正离子(如 Na^+ 或 K^+),那么,即使在 $v_{GS} = 0$ 时,由于正离子的作用,P 型衬底表面也存在反型层,源区和漏区之间存在导电沟道,称为**原始导电沟道**。只要在漏极-源极之间加正向电压,就会有

漏极电流 i_D。当 v_{GS} 为正时，反型层变宽，沟道电阻减小，i_D 增大；当 v_{GS} 为负时，反型层变窄，沟道电阻增大，i_D 减小。当 v_{GS} 负向增大到一定值时，反型层消失，漏极-源极之间的导电沟道消失，$i_D=0$。此时的 v_{GS} 值称为**夹断电压** $V_{GS(off)}$。与 N 沟道结型场效应管相同，N 沟道耗尽型 MOS 管的夹断电压也为负值，不过，前者只能在 $v_{GS}<0$ 的情况下工作，而后者的 v_{GS} 可正、可负、可为零。

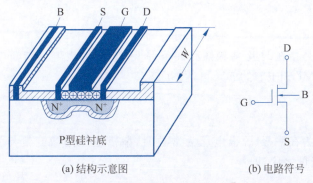

图 4.10 N 沟道耗尽型 MOSFET 的结构示意图及电路符号

图 4.10(b) 是 N 沟道耗尽型 MOSFET 的电路符号。由于源极、漏极与衬底表面之间存在原始导电沟道，所以符号中 D、S、B 之间是连通的；由于栅极依然是绝缘的，所以符号中 G 与 D、B、S 之间依然是断开的。衬底极箭头方向仍然表示由 P(衬底)指向 N(沟道)。

3. 互补型 MOSFET

在集成 MOS 电路中，常采用 N 沟道 MOS 管和 P 沟道 MOS 管组成的互补型 MOS 器件，简称 CMOS 管。图 4.11 是用 P 型阱技术制造的 CMOS 晶体管的截面图。

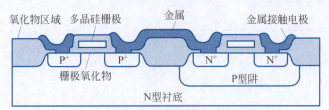

图 4.11 用 P 型阱技术制造的 CMOS 晶体管的截面图

要在一块 N 型衬底上制造电特性相同的 N 沟道和 P 沟道器件，必须保证它们的门限电压(即开启电压或夹断电压)相等，由于一般情况下 μ_n 和 μ_p 并不相等，所以设计 CMOS 管时要调节 N 沟道管和 P 沟道管的沟道宽长比，这比在一块 N 型衬底上单独制作 NMOS 管或 PMOS 管的情况要复杂得多。

4.1.3 FET 的主要参数

FET 的参数大致分为直流参数、交流参数和极限参数三大类，下面将分别予以介绍。

1. 直流参数

1) 夹断电压 $V_{GS(off)}$

夹断电压是 JFET 和耗尽型 MOSFET 的参数，是指在 v_{DS} 一定的条件下，使 i_D 为一微小电流(如 5μA)时，栅极-源极之间所加的电压。从物理意义(以 JFET 为例)上讲，这时相当于图 4.3 中的夹断点延伸到靠近源极，导电沟道被全夹断。当 $v_{GS}=V_{GS(off)}$ 时，$i_D=0$。

2) 开启电压 $V_{GS(th)}$

开启电压是增强型 MOSFET 的参数,是指在 v_{DS} 一定的条件下,产生导电沟道所需要的 v_{GS} 的最小值。

3) 饱和漏极电流 I_{DSS}

饱和漏极电流是 JFET 和耗尽型 MOSFET 的参数,是指在 $v_{GS}=0$ 的情况下产生预夹断时的漏极电流。

4) 直流输入电阻 R_{GS}

直流输入电阻是指在漏极-源极短路的条件下,栅极-源极电压与栅极电流之比。JFET 的 R_{GS} 大于 $10^7\ \Omega$,MOSFET 的 R_{GS} 可达 $10^9\ \Omega$ 以上。

2. 交流参数

1) 低频跨导 g_m

低频跨导定义为在漏极-源极电压为常数时,漏极电流的微变量与引起这个变化的栅极-源极电压的微变量之比,即

$$g_m = \left.\frac{\Delta i_D}{\Delta v_{GS}}\right|_{v_{DS}=\text{常数}} \tag{4-10}$$

g_m 反映了栅极-源极电压对漏极电流的控制能力,是表征 FET 放大能力的一个重要参数。g_m 可以从转移特性或输出特性中求得,也可以用下面的方法求得。

对于 JFET 和耗尽型 MOSFET,电流方程为

$$i_D = I_{DSS}\left(1 - \frac{v_{GS}}{V_{GS(off)}}\right)^2$$

对应于工作点 Q 处的 g_m 为

$$g_m = \left.\frac{d i_D}{d v_{GS}}\right|_Q = -\frac{2 I_{DSS}}{V_{GS(off)}}\left.\left(1 - \frac{v_{GS}}{V_{GS(off)}}\right)\right|_Q = -\frac{2}{V_{GS(off)}}\sqrt{I_{DSS} I_{DQ}} \tag{4-11}$$

式中,I_{DQ} 为静态工作点电流。可见,g_m 与 $\sqrt{I_{DQ}}$ 成正比。

对于增强型 MOSFET,电流方程为

$$i_D = K(v_{GS} - V_{GS(th)})^2 \tag{4-12}$$

式中,K 为电导常数。对于 N 沟道管,K 为 K_n,由式(4-5)确定;对于 P 沟道管,K 为 K_p,由式(4-13)确定。

$$K_p = \frac{\mu_p C_{ox}}{2} \cdot \frac{W}{L} \tag{4-13}$$

式中,μ_p 为沟道空穴运动的迁移率。

增强型 MOSFET 对应于工作点 Q 处的 g_m 为

$$g_m = \left.\frac{d i_D}{d v_{GS}}\right|_Q = 2K(v_{GS} - V_{GS(th)})\big|_Q = 2\sqrt{K I_{DQ}} \tag{4-14}$$

式(4-14)表明,增大增强型 MOS 管的沟道宽长比 W/L(即增大 K)和静态工作电流 I_{DQ},可以提高 g_m。

2) 输出电阻 r_{ds}

输出电阻定义为在栅极-源极电压为常数时,漏极-源极电压的微变量与漏极电流的微变量之比,即

$$r_{ds} = \frac{\Delta v_{DS}}{\Delta i_D}\bigg|_{v_{GS}=常数} \tag{4-15}$$

FET 工作在恒流区的 r_{ds} 可以用下式计算

$$r_{ds} = \frac{|V_A|}{I_{DQ}} \tag{4-16}$$

式中，V_A 为厄尔利电压；I_{DQ} 为静态工作点电流。由于 V_A 很大（可达 100V 以上），所以 r_{ds} 很大（几十千欧至几兆欧）。

3) 极间电容 C_{gs}、C_{gd} 和 C_{ds}

FET 的三个电极之间均存在极间电容。通常栅极-源极电容 C_{gs} 和栅极-漏极电容 C_{gd} 为 $1\sim3$pF，而漏极-源极电容 C_{ds} 为 $0.1\sim1$pF。在高频应用时，应考虑极间电容的影响。

3. 极限参数

FET 也有一定的使用极限，若超过这些极限值，管子有可能损坏。FET 的极限参数有以下几个。

1) 栅源击穿电压 $V_{(BR)GSO}$

栅源击穿电压是指漏极开路，栅极-源极之间所允许加的最大电压。对于 JFET，使栅极与沟道之间的 PN 结反向击穿的 v_{GS} 值即为 $V_{(BR)GSO}$；对于 MOSFET，使 SiO_2 绝缘层击穿的 v_{GS} 值即为 $V_{(BR)GSO}$。

2) 漏源击穿电压 $V_{(BR)DSO}$

漏源击穿电压是指栅极-源极电压一定，漏源之间所允许加的最大电压。

3) 最大耗散功率 P_{DM}

P_{DM} 决定于管子允许的温升。为了限制管子的温度不要过高，就要限制它的耗散功率不能超过最大值 P_{DM}。

第 24 集 微课视频

4.1.4 各种类型 FET 的符号及特性比较

各种类型 FET 的符号如图 4.12 所示，请注意不同管子的符号区别。

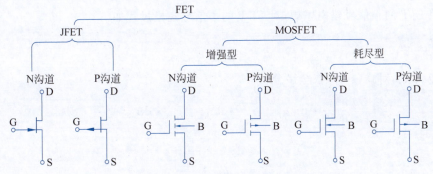

图 4.12 各种类型 FET 的符号

各种类型 FET 的特性曲线如图 4.13 所示。

由图 4.13 可见，各种管子的特性曲线的形状是一样的，只是控制电压 V_{GS} 不同；P 沟道 FET 的特性与 N 沟道相同，但所有电压和电流是反向的。

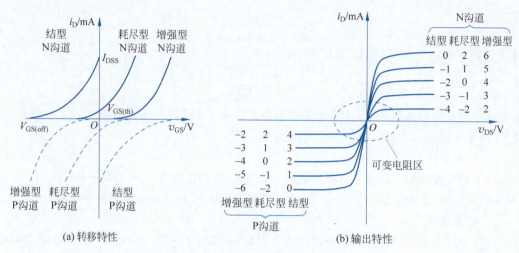

图 4.13 各种类型 FET 的特性曲线

4.1.5 放大状态下 FET 的模型

与 BJT 类似,可对处于恒流区(放大区)的 FET 进行线性建模,以便于电路分析。FET 常用的模型如下。

1. 数学模型

对 JFET 和耗尽型 MOSFET,其数学模型为式(4-3);对增强型 MOSFET,其数学模型为式(4-12)。

2. 直流简化电路模型

如图 4.14 所示,I_D 与 V_{GS} 之间满足平方律关系,对 JFET 和耗尽型 MOSFET,该关系由式(4-3)确定;对增强型 MOSFET,该关系由式(4-12)确定。请注意比较图 4.14 与图 3.13 (BJT 的直流电路模型)之间的区别。

3. 交流小信号电路模型

仿照 BJT 的小信号建模思想,对 FET 的小信号建模过程如下。
因为

$$i_D = f(v_{GS}, v_{DS}) \tag{4-17}$$

在 Q 点处,对式(4-17)取全微分,得

$$di_D = \frac{\partial i_D}{\partial v_{GS}} \cdot dv_{GS} + \frac{\partial i_D}{\partial v_{DS}} \cdot dv_{DS} = g_m \cdot dv_{GS} + \frac{1}{r_{ds}} \cdot dv_{DS} \tag{4-18}$$

即

$$i_d = g_m v_{gs} + \frac{1}{r_{ds}} v_{ds} \tag{4-19}$$

式(4-19)为输出回路电流方程。
又因为

$$i_G \approx 0$$

所以,栅极-源极之间是断开的。

由上述推导可得到 FET 的低频小信号电路模型如图 4.15 所示。通常 r_{ds} 较大,其影响可

忽略不计,所以常略去。请注意比较图 4.15 与图 3.16(BJT 的简化 H 参数模型)之间的区别。

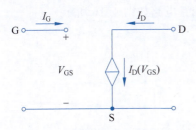

图 4.14 FET 的直流电路模型

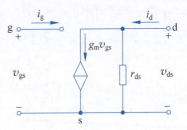

图 4.15 FET 的低频小信号电路模型

4.1.6 FET 与 BJT 的比较

以上各节详细讨论了 FET 的结构及其性能特点,可以看到,与 BJT 类似,FET 也可用于放大电路和开关电路,其性能与 BJT 有许多方面的互补,现将 FET 与 BJT 的主要特点列于表 4.1 中以作比较。

表 4.1 FET 与 BJT 的比较

比较项目	BJT	FET
载流子	两种不同极性的载流子(多子和少子)同时参与导电,故称为双极结型晶体管	只有一种极性的载流子(多子)参与导电,故称为单极型晶体管
控制方式	电流控制	电压控制
类型	NPN 型和 PNP 型两种	N 沟道和 P 沟道两种
放大参数	$\beta = 20 \sim 100$	$g_m = 1 \sim 5 \text{mA/V}$
输入电阻	$10^2 \sim 10^4 \Omega$	$10^7 \sim 10^{14} \Omega$
输出电阻	r_{ce} 很高	r_{ds} 很高
热稳定性	差	好
制造工艺	较复杂	简单且成本低
对应电极	基极-栅极,发射极-源极,集电极-漏极	

第 25 集
微课视频

4.2 FET 放大电路

由于 FET 具有高输入电阻的特点,所以它适用于作为多级放大电路的输入级,尤其对高内阻的信号源,采用 FET 才能有效地进行电压放大。

与 BJT 放大电路类似,FET 放大电路也有三种基本组态,即共源极(Common Source,CS)、共漏极(Common Drain,CD)和共栅极(Common Gate,CG)放大电路,它们分别与 BJT 的共发射极(CE)、共集电极(CC)和共基极(CB)放大电路相对应。

FET 放大电路的组成原理与 BJT 放大电路一样,分析方法也一样,二者的电路结构也类似。在设计 FET 放大电路时,首要的任务依然是设置合适的静态工作点。

4.2.1 FET 的直流偏置电路

由于 FET 是电压控制器件,因此它需要有合适的栅极电压,根据各类 FET 不同的工作特点,通常有以下两种偏置方式。

1. 自偏压方式

这种偏置方式适用于 JFET 和耗尽型 MOSFET,偏置电路如图 4.16 所示。

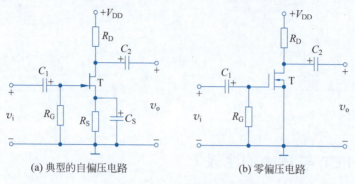

(a) 典型的自偏压电路　　　　　(b) 零偏压电路

图 4.16　FET 的自偏压方式

图 4.16(a)是典型的自偏压电路。在静态时,由于 JFET 的栅极电流为零,因此电阻 R_G 上的电流为零,栅极电位 V_{GQ} 也就为零;而漏极电流 I_{DQ} 流过 R_S 必然产生压降,使源极电位 $V_{SQ} = I_{DQ} R_S$,因此,栅极-源极之间的静态电压为

$$V_{GSQ} = V_{GQ} - V_{SQ} = -I_{DQ} R_S$$

由于它是靠源极电阻上的电压为栅极-源极提供一个负的偏压,所以称为**自偏压方式**。

图 4.16(b)是自偏压电路的一种特例。由于图中耗尽型 MOS 管的 $V_{GSQ} = 0$,所以又称为**零偏压方式**。

FET 放大电路 Q 点的计算可用图解法和公式法。图解法的原理和 BJT 放大电路类似,此处不再赘述。下面以图 4.16(a)为例,讨论如何用公式法计算 Q 点。由

$$\begin{cases} I_{DQ} = I_{DSS} \left(1 - \dfrac{V_{GSQ}}{V_{GS(off)}}\right)^2 & (4\text{-}20) \\ V_{GSQ} = -I_{DQ} R_S & (4\text{-}21) \\ V_{DSQ} = V_{DD} - I_{DQ}(R_D + R_S) & (4\text{-}22) \end{cases}$$

联立求解可得 I_{DQ}、V_{GSQ} 和 V_{DSQ}。

2. 分压式偏置方式

对于增强型 MOSFET,不能采用自偏压方式,必须采用分压式偏置方式。分压式偏置电路如图 4.17 所示。

静态时,由于 FET 的栅极电流为零,因此电阻 R_{G3} 上的电流为零,栅极电位为

$$V_{GQ} = \dfrac{R_{G2}}{R_{G1} + R_{G2}} V_{DD}$$

假设 FET 导通,则源极电位为

$$V_{SQ} = I_{DQ} R_S$$

因此,栅极-源极之间的静态电压为

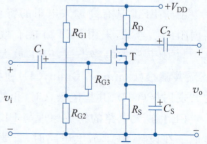

图 4.17　FET 的分压式偏置电路

$$\begin{aligned} V_{GSQ} &= V_{GQ} - V_{SQ} \\ &= \dfrac{R_{G2}}{R_{G1} + R_{G2}} V_{DD} - I_{DQ} R_S \end{aligned} \quad (4\text{-}23)$$

若 FET 工作在恒流区，则有

$$I_{DQ}=K_n(V_{GSQ}-V_{GS(th)})^2 \tag{4-24}$$

联立式(4-22)~式(4-24)可解得 I_{DQ}、V_{GSQ} 和 V_{DSQ}。

需要说明的是，分压式偏置方式不仅仅适用于增强型 MOSFET，同样也适用于其他类型的 FET。

【例 4.1】 电路如图 4.18 所示，已知 JFET 的 $V_{GS(off)}=-1V$，$I_{DSS}=0.5mA$，其他电路参数如图中所示，试确定 Q 点，并判断该电路是否工作在放大区。

图 4.18　例 4.1 图

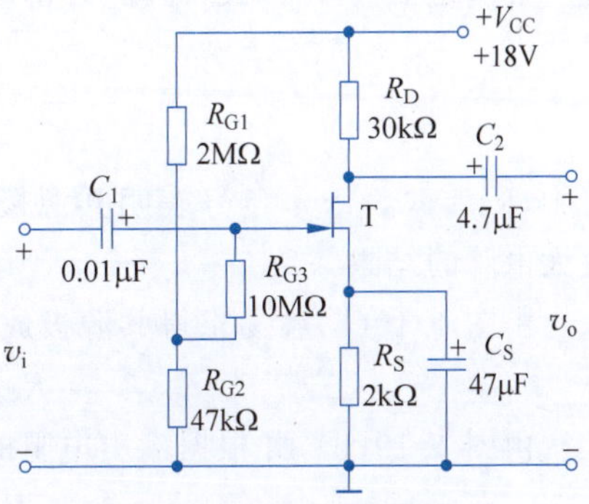

【解】 假设 JFET 工作在放大区(恒流区)，将已知条件代入以下两式：

$$\begin{cases} I_{DQ}=I_{DSS}\left(1-\dfrac{V_{GSQ}}{V_{GS(off)}}\right)^2 \\ V_{GSQ}=\dfrac{R_{G2}}{R_{G1}+R_{G2}}V_{DD}-I_{DQ}R_S \end{cases}$$

可得

$$\begin{cases} I_{DQ}=0.5(1+V_{GSQ})^2\ \text{mA} \\ V_{GSQ}=\left(\dfrac{47}{2000+47}\times 18-2I_{DQ}\right)\text{V} \end{cases}$$

将 V_{GSQ} 代入 I_{DQ} 的表达式，可解得

$$I_{DQ}\approx(0.95\pm0.64)\text{mA}$$

而 $I_{DSS}=0.5mA$，I_{DQ} 不应大于 I_{DSS}，所以 $I_{DQ}=(0.95-0.64)mA=0.31mA$。

将 I_{DQ} 代入 V_{GSQ} 的表达式，可解得 $V_{GSQ}\approx-0.22V$。

由于 $V_{DSQ}=V_{DD}-I_{DQ}(R_D+R_S)$，代入已知数据可解得 $V_{DSQ}\approx8.1V$。

由上述计算结果可知：$V_{DSQ}>V_{GSQ}-V_{GS(off)}$，所以该电路工作在放大区。

第 26 集
微课视频

第 27 集
微课视频

第 28 集
微课视频

4.2.2　三种基本的 FET 放大电路

1. 共源极放大电路

共源极放大电路如图 4.19(a)所示，与 BJT 放大电路一样，可用小信号模型分析其交流性能，其低频小信号等效电路如图 4.19(b)所示。

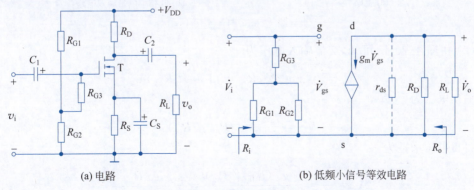

(a) 电路　　(b) 低频小信号等效电路

图 4.19　共源极放大电路及其低频小信号等效电路

由图 4.19(b)可知，交流输入电压为

$$\dot{V}_i = \dot{V}_{gs}$$

交流输出电压为

$$\dot{V}_o = -g_m \dot{V}_{gs} (r_{ds} /\!/ R_D /\!/ R_L)$$

且一般满足 $r_{ds} \gg R_D /\!/ R_L$，因此可得电压增益为

$$\dot{A}_v = \frac{\dot{V}_o}{\dot{V}_i} \approx -g_m (R_D /\!/ R_L) = -g_m R'_L \tag{4-25}$$

式中，$R'_L = R_D /\!/ R_L$，负号表明共源极放大电路的输出电压与输入电压反相，这与共发射极放大电路的结果一致。

由图 4.19(b)容易求得共源极放大电路的输入电阻为

$$R_i \approx R_{G3} + R_{G1} /\!/ R_{G2} \tag{4-26}$$

由图 4.19(b)，并根据输出电阻的定义，可求得共源极放大电路的输出电阻为

$$R_o = R_D /\!/ r_{ds} \approx R_D \tag{4-27}$$

【例 4.2】 FET 放大电路如图 4.20(a)所示。

(1) 试画出其低频小信号等效电路(忽略 r_{ds})；

(2) 推导电压增益 $\dot{A}_v$ 的表达式；

(3) 若已知 Q 点处 FET 的 $g_m = 5\text{mA/V}$，电路其他参数如图中所示，试计算 $\dot{A}_v$ 的值。

【解】 (1) 图 4.20(a)的低频小信号等效电路如图 4.20(b)所示。

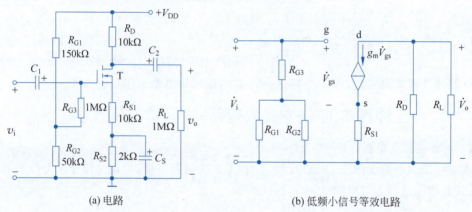

(a) 电路　　　　　　　　　　　(b) 低频小信号等效电路

图 4.20　例 4.2 图

(2) 由图 4.20(b)可知，交流输入电压为

$$\dot{V}_i = \dot{V}_{gs} + g_m \dot{V}_{gs} R_{S1} = (1 + g_m R_{S1}) \dot{V}_{gs}$$

交流输出电压为

$$\dot{V}_o = -g_m \dot{V}_{gs} (R_D /\!/ R_L)$$

因此可得电压增益为

$$\dot{A}_v = \frac{\dot{V}_o}{\dot{V}_i} = -\frac{g_m (R_D /\!/ R_L)}{1 + g_m R_{S1}} = -\frac{g_m R'_L}{1 + g_m R_{S1}} \tag{4-28}$$

式中,$R'_L = R_D // R_L$。

将图 4.20(a)与图 4.19(a),式(4-28)与式(4-25)进行比较,可以看到,源极电阻 R_{S1} 的存在,使电压增益减小。而导致这种结果的原因是因为由 R_{S1} 引入了电流串联负反馈(关于负反馈,将在第 8 章讨论),其原理与图 3.40(a)中的 R_{E1} 相同。

(3) 将电路给定的参数代入式(4-28)可得

$$\dot{A}_v = -\frac{g_m R'_L}{1 + g_m R_{S1}} = -\frac{5 \times (10 // 10)}{1 + 5 \times 1} \approx -8.25$$

2. 共漏极放大电路

共漏极放大电路如图 4.21(a)所示,其低频小信号等效电路如图 4.21(b)所示。

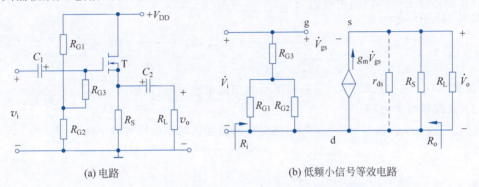

(a) 电路   (b) 低频小信号等效电路

图 4.21 共漏极放大电路及其低频小信号等效电路

由图 4.21(b)可知,交流输入电压为

$$\dot{V}_i = \dot{V}_{gs} + \dot{V}_o$$

交流输出电压为

$$\dot{V}_o = g_m \dot{V}_{gs} (r_{ds} // R_S // R_L) \approx g_m \dot{V}_{gs} (R_S // R_L) = g_m \dot{V}_{gs} R'_L$$

式中,$R'_L = R_S // R_L$。因此可得电压增益为

$$\dot{A}_v = \frac{g_m R'_L}{1 + g_m R'_L} \tag{4-29}$$

式(4-29)表明,当 $g_m R'_L \gg 1$ 时,$\dot{A}_v \approx 1$,所以,共漏极放大电路又称为**漏极输出器**。将式(4-29)与式(3-73)(射极输出器的增益表达式)比较可知,FET 的 g_m 相当于 BJT 的 $\frac{1+\beta}{r_{be}} \approx \frac{\beta}{r_{be}}$。

由图 4.21(b)不难看出,共漏极放大电路的输入电阻为

$$R_i \approx R_{G3} + R_{G1} // R_{G2} \tag{4-30}$$

根据输出电阻的定义,可画出求共漏极放大电路 R_o 的等效电路如图 4.22 所示。图中,R_s 为信号源的内阻。

因为 FET 栅极无电流,所以在图 4.22 中,有

$$\dot{V}_T = \dot{V}_{sd} = \dot{V}_{sg} = -\dot{V}_{gs}$$

由图 4.22 可知

$$\dot{I}_T = \frac{\dot{V}_T}{r_{ds}} + \frac{\dot{V}_T}{R_S} - g_m \dot{V}_{gs}$$

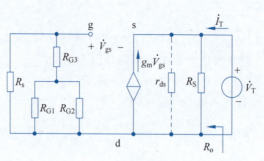

图 4.22 共漏极放大电路输出电阻的求法

因此,共漏极放大电路的输出电阻为

$$R_o = \frac{\dot{V}_T}{\dot{I}_T} = \frac{1}{\dfrac{1}{r_{ds}} + \dfrac{1}{R_S} + g_m} = r_{ds} \mathbin{/\mkern-6mu/} R_S \mathbin{/\mkern-6mu/} \frac{1}{g_m} \approx R_S \mathbin{/\mkern-6mu/} \frac{1}{g_m} \tag{4-31}$$

请将式(4-31)与式(3-76)(射极输出器的输出电阻)作一比较。

3. 共栅极放大电路

共栅极放大电路如图 4.23(a)所示,其交流通路和低频小信号等效电路分别如图 4.23(b)、(c)所示。

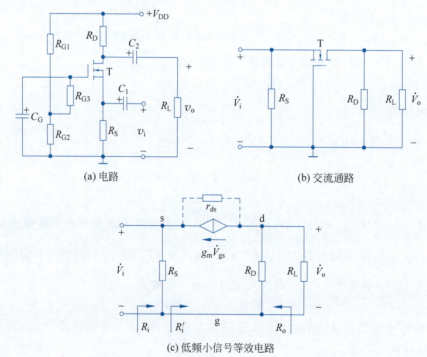

图 4.23 共栅极放大电路及其交流通路和低频小信号等效电路

由图 4.23(c)可知,交流输入电压为

$$\dot{V}_i = \dot{V}_{sg} = -\dot{V}_{gs}$$

当忽略 r_{ds} 的作用时,交流输出电压为

$$\dot{V}_o = -g_m \dot{V}_{gs}(R_D \mathbin{/\mkern-6mu/} R_L) = -g_m \dot{V}_{gs} R_L'$$

式中，$R'_L = R_D // R_L$。因此可得电压增益为

$$\dot{A}_v = \frac{\dot{V}_o}{\dot{V}_i} = g_m R'_L \tag{4-32}$$

请注意比较式(4-32)与式(3-77)(共基极放大电路的增益表达式)。

由图 4.23(c)可以得到，共栅极放大电路的输入电阻为

$$R_i = R_S // R'_i = R_S // \frac{1}{g_m} \tag{4-33}$$

其中，$R'_i = \dfrac{\dot{V}_i}{-g_m \dot{V}_{gs}} = \dfrac{-\dot{V}_{gs}}{-g_m \dot{V}_{gs}} = \dfrac{1}{g_m}$ (忽略 r_{ds} 的作用)。

不难看到，式(4-33)与式(3-78)(共基极放大电路的输入电阻)非常类似。

根据输出电阻的定义，当忽略 r_{ds} 的作用时，由图 4.23(c)容易得到，共栅极放大电路的输出电阻为

$$R_o = R_D \tag{4-34}$$

以上讨论了三种基本的 FET 放大电路，可以看到，它们与相对应的三种基本的 BJT 放大电路有着类似的特性，当然，FET 放大电路与 BJT 放大电路也存在着明显的不同。

4.2.3 FET 放大电路与 BJT 放大电路的比较

1. FET 放大电路与 BJT 放大电路类似的性能特点

共源极(CS)、共漏极(CD)和共栅极(CG)放大电路的电压增益、输入电阻、输出电阻特性与相对应的共发射极(CE)、共集电极(CC)和共基极(CB)放大电路类似，如表 4.2 所示。

表 4.2 FET 放大电路与 BJT 放大电路的比较

性能指标	电路形式		
	CE、CS	CC、CD	CB、CG
电压增益	$\dot{A}_v = -\dfrac{\beta R'_L}{r_{be}}$(CE) $\dot{A}_v = -g_m R'_L$(CS)	$\dot{A}_v = \dfrac{(1+\beta)R'_L}{r_{be}+(1+\beta)R'_L}$(CC) $\dot{A}_v = \dfrac{g_m R'_L}{1+g_m R'_L}$(CD)	$\dot{A}_v = \dfrac{\beta R'_L}{r_{be}}$(CB) $\dot{A}_v = g_m R'_L$(CG)
输入电阻	$R_i = R_B // r_{be}$(CE) $R_i = R_{G3} + R_{G1} // R_{G2}$(CS)	$R_i = R_B //[r_{be}+(1+\beta)R'_L]$(CC) $R_i = R_{G3} + R_{G1} // R_{G2}$(CD)	$R_i = R_E // \dfrac{r_{be}}{1+\beta}$(CB) $R_i = R_S // \dfrac{1}{g_m}$(CG)
输出电阻	$R_o = R_C$(CE) $R_o = R_D$(CS)	$R_o = R_E // \dfrac{r_{be}+R'_s}{1+\beta}$(CC) $R_o = R_S // \dfrac{1}{g_m}$(CD)	$R_o = R_C$(CB) $R_o = R_D$(CG)

2. FET 放大电路与 BJT 放大电路的不同点

(1) CS 和 CD 放大电路的电流增益远大于相应的 CE 和 CC 放大电路。

由于 FET 无栅极电流，所以 CS 和 CD 放大电路的电流增益趋于无穷大；而 BJT 有基极电流，所以 CE 和 CC 放大电路的短路电流增益分别为 β 和 $(1+\beta)$。

(2) CS 和 CG 放大电路的电压增益远小于相应的 CE 和 CB 放大电路。

BJT 的集电极电流 i_C 与发射结电压 v_{BE} 成指数关系，而 FET 的漏极电流 i_D 与栅极-源极电压 v_{GS} 成平方律关系。跨导 g_m 表示转移特性的斜率，不难理解，BJT 的 g_m 要远大于 FET 的 g_m。

对于 BJT，由 $i_C = I_S(e^{\frac{v_{BE}}{V_T}} - 1)$ 可得

$$g_m = \frac{di_C}{dv_{BE}}\bigg|_Q = \frac{1}{r_e} \approx \frac{I_{CQ}}{V_T} \tag{4-35}$$

对于 FET，由式(4-11)和式(4-14)可知

$$g_m = -\frac{2}{V_{GS(off)}}\sqrt{I_{DSS}I_{DQ}} \quad (\text{JFET 和耗尽型 MOSFET}),$$

$$g_m = 2\sqrt{KI_{DQ}} \quad (\text{增强型 MOSFET})$$

可见，BJT 的 g_m 与静态电流成正比，而 FET 的 g_m 与静态电流的平方根成正比。若 $I_{CQ} = I_{DQ} = 2\text{mA}$，$V_T = 26\text{mV}$，$I_{DSS} = 4\text{mA}$，$V_{GS(off)} = -4\text{V}$，则 BJT 的 $g_m \approx 76.9\text{mA/V}$，而 FET 的 $g_m \approx 0.7\text{mA/V}$。

因此，BJT 放大电路的电压增益一般比 FET 放大电路要大，其中，CE 和 CB 放大电路的电压增益远比相应的 CS 和 CG 放大电路大；CC 电路的电压增益接近 1，而 CD 放大电路的电压增益一般仅为 0.6~0.8。

3. 衬底效应对 MOS 场效应管放大电路的影响

前面讨论 MOS 场效应管放大电路时，所有的结论都是基于衬底与源极短路的前提下得出的。但是在集成电路中，在同一硅片衬底上要做许多管子。为保证正常工作，一般衬底要接到全电路的最低电位(N 沟道)或最高电位(P 沟道)，以保证沟道与衬底之间用反偏的 PN 结相隔离，因此不可能所有管子的源极都与自身的衬底连接，这样，在源极与衬底之间会存在电位差 v_{BS}。在 v_{BS} 的作用下，沟道与衬底之间的耗尽层加厚，沟道变窄，沟道电阻增大，漏极 i_D 减小，这种效应称为"衬底效应(也称体效应或背栅效应)"。为了表示衬底电压对漏极电流的影响，引入衬底跨导 g_{mb}，其定义为

$$g_{mb} = \frac{\Delta i_D}{\Delta v_{BS}}\bigg|_Q \tag{4-36}$$

通常用跨导比 η 表示 g_{mb} 的大小。

$$\eta = \frac{g_{mb}}{g_m} < 1 \tag{4-37}$$

式中，η 为常数，一般为 0.1~0.2。

若考虑衬底效应，MOS 场效应管的低频小信号等效电路如图 4.24 所示。由此构成的 MOS 场效应管放大电路的性能指标也应作相应的修正。

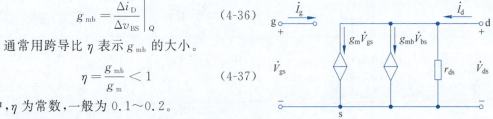

图 4.24 计入衬底跨导的 MOS 场效应管的低频小信号等效电路

※4.2.4 FET 放大电路的应用实例——前置放大器

图 4.25 为典型的电阻式温度测量系统框图，由热敏电阻 R_T 获得的输入通常是非常小的一个电压，系统的输出是一个表示温度的电流。在此，主要关注其中前置放大器的设计。

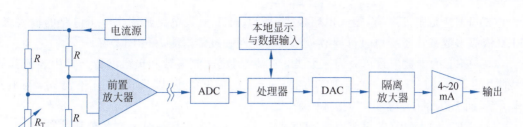

图 4.25 温度测量系统

前置放大器用于许多不同的电子系统中,其主要作用是放大微弱的电信号,通常位于尽可能靠近信号源的位置,以使信号被噪声污染之前被有效放大。图 4.26 为图 4.25 中所使用的高输入电阻、低噪声直接耦合前置放大器,它同时使用了 FET 与 BJT,以充分利用两者的最优特性,该放大器可放大 1mV 或者更小的输入信号。输入信号被加到电流源偏置的共漏极放大电路上,场效应管 T_1、T_2 应该互相匹配,以使双极结型晶体管 T_3 的基极直流电压为 0,这意味着不需要耦合电容。在 T_3 的集电极和 T_4 的基极之间也没有偏置电阻或耦合电容,整个电路为直接耦合。T_4 基极的直流电压通过 T_3 的发射极电流来进行设置,并可以通过 R_5 进行调整。T_3 组成共发射极放大电路,该级的目的是提供额外增益,并使输出的直流电平回到 0。

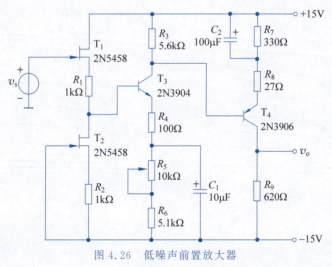

图 4.26 低噪声前置放大器

本章小结

(1) 场效应管(FET)的类型很多,主要分为结型场效应管(JFET)和 MOS 场效应管(MOSFET)两大类,其中,MOSFET 又分为增强型和耗尽型两类,其区别是耗尽型 MOSFET 有原始沟道,正常工作时,栅极-源极电压 v_{GS} 可正、可负,也可为零;而增强型 MOSFET 没有原始沟道,栅极-源极电压 v_{GS} 必须超过某一阈值电压 $V_{GS(th)}$ 后才能形成漏极电流 i_D。每类场效应管根据导电沟道载流子的不同,又分为 N 沟道和 P 沟道两种。MOSFET 由于其工艺简单,集成度高,在数字和模拟集成电路中的应用比 JFET 广泛得多。

(2) FET 无栅极电流，输入电阻极大，所以 FET 放大电路常用作电子电路的输入级；FET 依靠多数载流子导电，所以噪声小，热稳定性和抗辐射能力比 BJT 好。

(3) FET 的参数大致可分为三大类：直流参数、交流参数和极限参数。其中表征其放大能力的参数是跨导 g_m。通常 FET 的跨导 g_m 比 BJT 的小，因为 FET 的 i_D 与 v_{GS} 为平方律关系，而 BJT 的 i_C 与 v_{BE} 为指数关系。

(4) FET 放大电路的直流偏置有两种方式：一是自偏压方式；二是分压式偏置方式。分压式偏置电路适用于各种类型的 FET，而自偏压电路只适用于耗尽型管子(JFET 和耗尽型 MOSFET)。

(5) FET 放大电路与 BJT 放大电路有一一对应关系，即共源极对应共发射极(CS-CE)、共漏极对应共集电极(CD-CC)、共栅极对应共基极(CG-CB)，它们各有特点，优势互补，可根据实际需要灵活选用。

(6) 在漏极-源极电压 v_{DS} 较小的范围内，FET 的特性曲线呈现压控电阻特性。

(7) 由于 FET 结构对称，原则上漏极和源极可以互换，故 FET 可作为双向开关。

本章习题

【4-1】 各种类型 FET 的输出特性曲线如题图 4.1(a)、(b)、(c)所示，试分别指出各管的类型，画出相应的电路符号，确定 $V_{GS(th)}$ 或 $V_{GS(off)}$ 的值，并画出 $|V_{DS}|=5V$ 时相应的转移特性曲线。

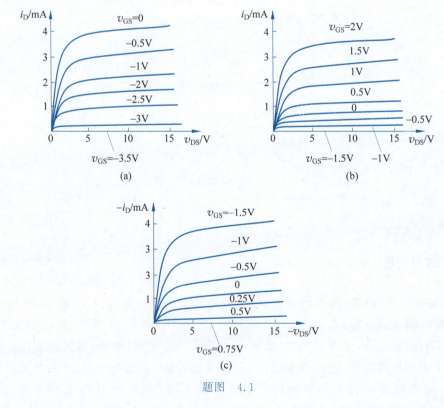

题图 4.1

【4-2】 FET 的输出特性曲线分别如题图 4.2(a)、(b)所示,试判断各管的类型,画出相应的电路符号,确定 $V_{GS(th)}$ 或 $V_{GS(off)}$ 的值,并在图上画出饱和区和非饱和区的分界线,写出相应的表示式。

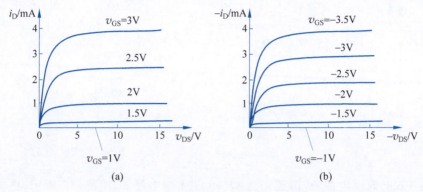

题图 4.2

【4-3】 有四个 FET 的转移特性曲线分别如题图 4.3(a)、(b)、(c)和(d)所示,说明它们各是哪种类型的 FET? 在图上标出夹断电压 $V_{GS(off)}$ 或开启电压 $V_{GS(th)}$。

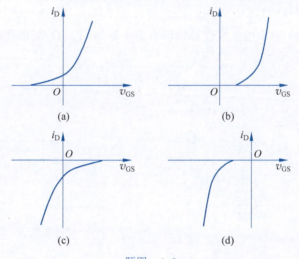

题图 4.3

【4-4】 已知某 JFET 的 $I_{DSS}=10\text{mA}$,$V_{GS(off)}=-4\text{V}$,试定性画出它的转移特性曲线,并用平方律电流方程求出 $v_{GS}=-2\text{V}$ 时的跨导 g_m。

【4-5】 在如题图 4.4 所示电路中,已知 P 沟道增强型 MOSFET 的 $V_{GS(th)}=-1\text{V}$,$K_p=\mu_p C_{ox}W/(2L)=40\mu\text{A}/\text{V}^2$,若忽略沟道长度调制效应。
(1) 试证:对于任意的 R_S 值,场效应管都工作在饱和区;
(2) 当 R_S 为 12.5kΩ 时,试求电压 V_O 的值。

【4-6】 在如题图 4.5 所示电路中,已知各管的 $I_{DQ}=0.1\text{mA}$,$V_{GS(th)}=2\text{V}$,$\mu_n C_{ox}=20\mu\text{A}/\text{V}^2$,$L=10\mu\text{m}$,设沟道长度调制效应忽略不计。试分别求出沟道宽度 W_1、W_2、W_3。

【4-7】 在如题图 4.6 所示电路中,已知 P 沟道增强型 MOSFET 的 $V_{GS(th)}=-1.5\text{V}$,$K_p=\mu_p C_{ox}W/(2L)=80\mu\text{A}/\text{V}^2$,沟道长度调制效应忽略不计。试求出 I_{DQ}、V_{GSQ}、g_m、r_{ds} 的值。

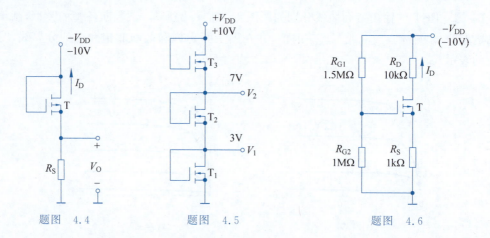

题图 4.4　　　　　题图 4.5　　　　　题图 4.6

【4-8】 双电源供电的 N 沟道增强型 MOSFET 电路如题图 4.7 所示,已知管子的 $\mu_n C_{ox}=200\mu A/V^2$, $V_{GS(th)}=2V$, $W=40\mu m$, $L=10\mu m$, 设 $\lambda=0$, 要求器件工作在饱和区,且 $I_D=0.4$ mA, $V_D=1V$, 试确定 R_D 和 R_S 的值。

【4-9】 试确定题图 4.8 所示电路中的 R_S 和 R_D 的值。要求器件工作在饱和区,且 $I_D=0.5mA$, $V_G=2V$, $V_{DS}=-1.5V$。已知 $\mu_p C_{ox} W/(2L)=0.5mA/V^2$, $V_{GS(th)}=-1V$, $\lambda=0$。

【4-10】 题图 4.9 为采用非线性补偿的有源电阻器, T_1、T_2 工作在可变电阻区,试证明

$$R=\frac{V_{DD}}{I_{DQ}}=\frac{1}{K_n\left[4(V_G-V_{GS(th)})\right]}$$

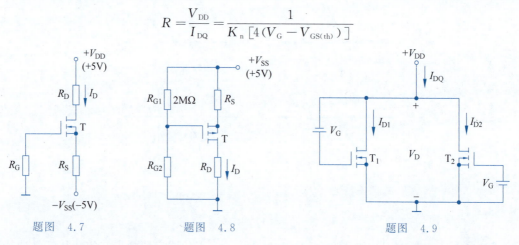

题图 4.7　　　　　题图 4.8　　　　　题图 4.9

【4-11】 试用图解法确定题图 4.10(a)所示电路的 I_{DQ}、V_{DSQ}。已知 FET 的输出特性曲线如题图 4.10(b)所示。

【4-12】 由有源电阻构成的分压器如题图 4.11 所示,设各管的 $\mu C_{ox} W/(2L)$ 相同, $|V_{GS(th)}|=1V$, $\lambda=0$。试指出各管的工作区并确定各电路的 V_O 值。

【4-13】 在如题图 4.12 所示的四个 FET 电路中,哪个电路中的 FET 工作在饱和区？哪个工作在可变电阻区？哪个工作在截止区？

【4-14】 用 FET 组成的放大电路如题图 4.13 所示,试判断各电路能否正常放大交流信号,若不能,应如何改正？

【4-15】 共源极放大电路如题图 4.14 所示,已知 FET 的 $g_m=1mS$, $r_{ds}=200k\Omega$, 各电容对交流信号呈短路。试完成下列各题：

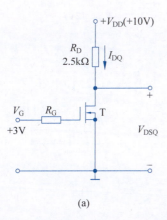 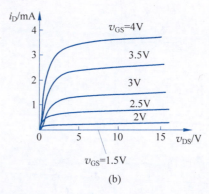

题图 4.10

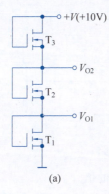 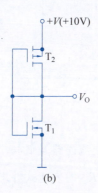

题图 4.11

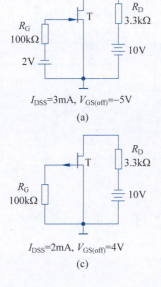 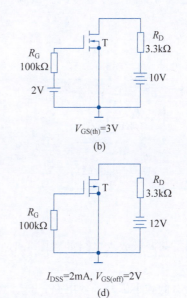

题图 4.12

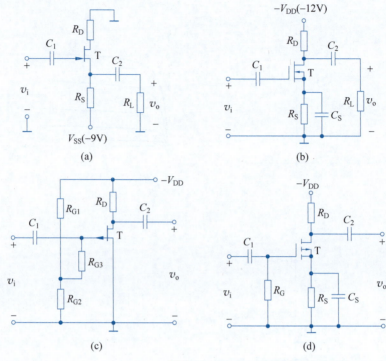

题图 4.13

(1) 画出电路的交流通路及低频小信号等效电路;

(2) 推导 $\dot{A}_v$、R_i、R_o 的表达式并求 $\dot{A}_v$、R_i、R_o 的值。

【4-16】 在如题图 4.15 所示的共栅极放大电路中,已知 FET 的 $g_m = 1.5\text{mS}$,$r_{ds} = 100\text{k}\Omega$,各电容对交流信号呈短路。试画出低频小信号等效电路,并求当 $v_s = 5\text{mV}$ 时的输出电压 v_o。

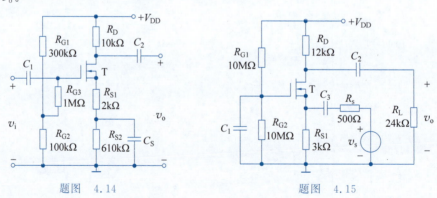

题图 4.14　　　　　　　　题图 4.15

【4-17】 共漏极放大电路如题图 4.16 所示,设 r_{ds} 和 R_L 的作用忽略不计,试完成下列各题:

(1) 画出低频小信号等效电路;

(2) 推导 $\dot{A}_{vs}$、R_i、R_o 的表达式。

【4-18】 FET 放大电路如题图 4.17 所示,已知管子的参数为:$I_{DSS} = 8\text{mA}$,$V_{GS(\text{off})} =$

$-4\text{V}, r_{ds} = \infty$。试完成下列各题：

(1) 画出直流通路,求静态工作点 I_{DQ}、V_{GSQ}、V_{DSQ}；

(2) 画出放大电路的低频小信号等效电路；

(3) 求 $\dot{A}_v$、R_i、R_o 的值。

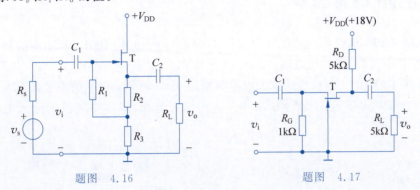

题图 4.16　　　　　　　　题图 4.17

【4-19】 有源负载 MOSFET 放大电路如题图 4.18 所示。已知各管参数为：$g_{m1} = 600\mu\text{S}$, $g_{m2} = 200\mu\text{S}$, $r_{ds1} = r_{ds2} = 1\text{M}\Omega$, $\eta_1 = \eta_2 = 0.1$。试画出各电路的交流通路及交流等效电路,计算各电路的 $\dot{A}_v$ 值。

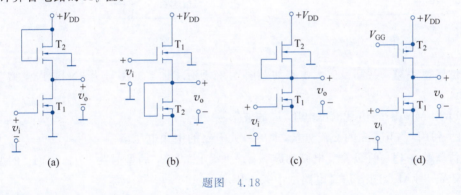

题图 4.18

【4-20】 共源-共栅放大电路如题图 4.19 所示,设各管衬底均与源极相连,r_{ds2} 可忽略不计。

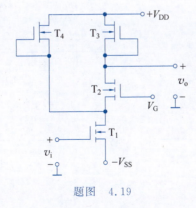

题图 4.19

(1) 试推导电压增益 $\dot{A}_v$ 的表达式，并说明 T_4 管的作用；

(2) 若没有 T_2 管，$\dot{A}_v$ 将如何变化？

Multisim 仿真习题

【仿真题 4-1】 电路如题图 4.20 所示，用 Multisim 仿真 JFET 2N5486 的转移特性曲线及输出特性曲线(参考电压范围：V_{DS} 为 $0\sim15V$，V_{GS} 为 $-10\sim0V$)。

【仿真题 4-2】 JFET 组成的放大电路如题图 4.21 所示，设 T 的型号为 2N4393，已知输入信号 $v_i = 10\sin\omega t$ mV，试利用 Multisim 的瞬态分析，求出中频段的输入电阻和输出电阻。

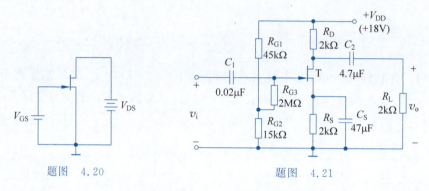

题图 4.20   题图 4.21

【仿真题 4-3】 共漏极放大电路如题图 4.22 所示，设 T 的型号为 2N3821，模型参数按默认值。

(1) 用 Multisim 仿真输出电压 v_o 的波形；

(2) 利用 Multisim 的交流分析，求出放大电路的中频电压增益。

【仿真题 4-4】 两级放大电路如题图 4.23 所示，设 T_1 的型号为 2N4393，T_2 的型号为 2N2907A。用 Multisim 仿真电路的中频电压增益。

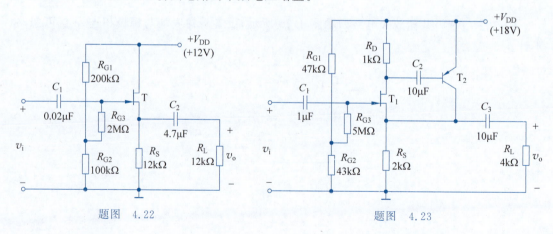

题图 4.22   题图 4.23

第 5 章 放大电路的频率响应

CHAPTER 5

本章主要介绍频率响应、振幅频率失真、相位频率失真以及瞬态响应等重要概念,讨论放大电路的频率响应与放大器件以及电路结构的关系,进而引入宽带放大电路的设计思路以及展宽频带的思想。

5.1 频率响应概述

待放大的信号,如语音信号、电视信号、生物信号等,都不是简单的单频信号,它们都是由许多不同相位、不同频率分量组成的复杂信号,即占有一定的频谱。由于实际的放大电路中存在电抗元件(如耦合电容、旁路电容、晶体管的极间电容、电路的负载电容、分布电容、引线电感等),所以当输入信号的频率过高或过低时,不仅放大电路增益的大小会变化,而且还将产生超前或滞后的相移。这说明放大电路的增益是信号频率的函数,这种函数关系称为**频率响应**(Frequency Response)。

第 29 集
微课视频

在第 3 章中所介绍的"**通频带**"就是用来描述电路对不同频率信号适应能力的动态参数。任何一个具体的放大电路都有一个确定的通频带。因此在设计电路时,必须首先了解信号的频率范围,以便使所设计的电路具有适应于该信号频率范围的通频带。而在使用电路前,应首先查阅手册、资料,或实测其通频带,以便确定电路的适用范围。

5.1.1 频率响应的基本概念

1. 放大电路的频率响应

如前所述,放大电路的增益是频率的函数,可以表示为

$$\dot{A} = A(j\omega) = A(\omega) e^{j\varphi(\omega)} \tag{5-1}$$

式中,$\omega = 2\pi f$ 为信号的角频率;$A(\omega)$ 和 $\varphi(\omega)$ 分别为放大电路增益(电压增益、电流增益、互导增益、互阻增益)的幅值和相角,它们都是频率的函数。图 5.1 所示是某放大电路某增益的频响特性曲线。

图 5.1(a)称为幅频响应(Magnitude Response)特性,图 5.1(b)称为相频响应(Phase Response)特性,分别简称为**幅频特性**和**相频特性**。

由图 5.1 可见,在中频区,增益的大小和相角基本不随频率的变化而变化;而在低频区和高频区,增益和相角都将随频率的变化而变化。若要使放大电路不失真地放大信号,应保证被放大信号的频率范围处在中频区,否则,将会产生**频率失真**(Frequency Distortion)。

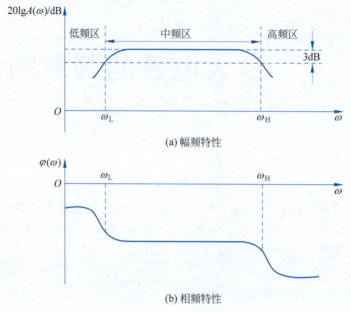

(a) 幅频特性

(b) 相频特性

图 5.1 放大电路的频率响应

2. 频率失真

下面用图 5.2 说明频率失真的概念。

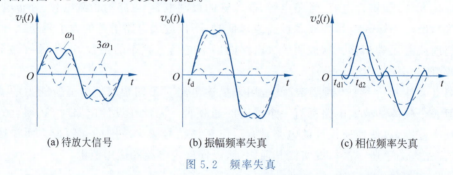

(a) 待放大信号   (b) 振幅频率失真   (c) 相位频率失真

图 5.2 频率失真

设某待放大的信号由基波(ω_1)和三次谐波($3\omega_1$)所组成,如图 5.2(a)所示。由于电抗元件的存在,如果放大电路对三次谐波的放大倍数小于对基波的放大倍数,那么,放大后的信号各频率分量的大小比例将不同于待放大的信号,如图 5.2(b)所示。这种由于放大倍数随频率变化而引起的失真称为**振幅频率失真**。如果放大电路对待放大信号各频率分量信号的放大倍数虽然相同,但延迟时间不同(分别为 t_{d1} 和 t_{d2}),那么,放大后的合成信号也将产生失真,如图 5.2(c)所示。由于相位 $\varphi(\omega) = \omega t_d$,延迟时间不同,意味着相角与 ω 不成正比,由此产生的失真称为**相位频率失真**。

3. 不失真条件——理想频率响应

由上述讨论可知,若放大电路对待放大信号所有频率分量信号的放大倍数相同,延迟时间也相同,那么就不可能产生频率失真,所以不产生频率失真的条件为

$$A(\omega) = K \tag{5-2a}$$

$$\varphi(\omega) = \omega t_d \tag{5-2b}$$

其中，K、t_d 为常数。

图 5.3 示出了不产生频率失真的振幅频率响应和相位频率响应，称为**理想频率响应**。

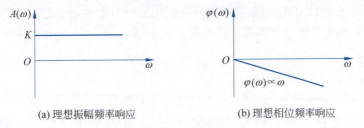

(a) 理想振幅频率响应 　　(b) 理想相位频率响应

图 5.3　理想频率响应

4. 线性失真和非线性失真的区别

由于频率失真是由电路的线性电抗元件（电阻、电容、电感）引起的，所以频率失真又称为**线性失真**。在第 3 章讨论过由于器件的非线性引起的输出信号的失真（截止失真和饱和失真）。线性失真和非线性失真都会使输出信号产生畸变，但两者有截然不同之处，其不同主要体现在以下两点。

1) 起因不同

线性失真是由电路中的线性电抗元件引起的，而非线性失真是由电路中的非线性元件（如 BJT 或 FET）引起的。

2) 结果不同

线性失真只会使各被放大信号各频率分量的比例关系和时间关系发生变化，或滤掉其中的某些频率分量，决不会产生被放大信号中所没有的新的频率分量；而非线性失真却不同，其主要特征是输出信号中会产生输入信号中所没有的新的频率分量。如果输入信号为单一频率的正弦波信号，产生非线性失真时，输出变为非正弦波，它不仅包含输入信号的频率成分（基波 ω_1），而且还产生许多新的谐波成分（$2\omega_1$，$3\omega_1$，…）。

5.1.2　频率响应的分析

频率响应的分析是以系统的传递函数与相应的拉普拉斯变换为基础的。从放大电路的交流等效电路出发，将其中的电容 C 用 $1/sC$ 表示，电感 L 用 sL 表示，求出电路的传递函数表达式，确定其极点与零点，并由此确定有关放大电路的频率特性参数；也可将 $j\omega$ 取代传递函数中的复变量 s，获得电路的频率特性表达式，然后根据定义求得频率响应的有关参数。下面讨论频响分析中的有关问题。

1. 等效电路

由图 5.1 可知，放大电路的频率响应可分为三个频段：中频段、低频段、高频段。由于电路中的每个电容只对频谱某一端的影响大，所以，为了避免对一个完整电路求解复杂的传递函数，可对不同频段内的放大电路建立不同的等效电路。

1) 中频段：通频带 BW 以内的区域

由于耦合电容及旁路电容的容量较大，在中频区呈现的容抗（$1/\omega C$）较小，故可视为短路；而 BJT 或 FET 的极间电容的容量较小，在中频区呈现的容抗较大，故可视为开路。因此，在中频段范围内，电路中所有电抗的影响均可忽略不计，如第 3 章、第 4 章所述。在中频段，放大电路增益的幅值和相角均为常数，不随频率而变化。

2) 低频段：$f < f_L$ 的区域

在低频段，随着频率的减小，耦合电容及旁路电容的容抗增大，分压作用明显，不可再视为短路；而 BJT 或 FET 的极间电容呈现的容抗比中频时更大，仍可视为开路。因此，**影响低频响应的主要因素是耦合电容及旁路电容**。在低频段，放大电路增益的幅值比中频时减小并产生附加相移。

3) 高频段：$f > f_H$ 的区域

在高频段，随着频率的增大，耦合电容及旁路电容的容抗比中频时更小，仍可视为短路；而 BJT 或 FET 的极间电容呈现的容抗比中频时减小，分流作用加大，不可再视为开路。因此，**影响高频响应的主要因素是放大管的极间电容**。在高频段，放大电路增益的幅值比中频时减小并产生附加相移。

2. 伯德图

伯德图是用来描绘放大电路频率响应的一种重要方法，它是在半对数坐标(横轴用对数坐标，纵轴用等分坐标)系中，在已知系统的极点和零点的情况下，用**渐近线**(Asymptote)代替实际频响曲线进行作图的方法。由于这种作图方法是由 H. W. Bode 首先提出来的，因此这种图称为**伯德图**。从伯德图上不仅可以确定放大电路频率响应的主要参数，而且在研究负反馈放大电路的稳定性问题时也常用伯德图解决(将在第 8 章详细讨论)。因此，由传递函数写出 $A(\omega)$ 和 $\varphi(\omega)$ 的表达式，并作出相应的伯德图的方法是必须掌握的。

小信号放大电路是线性时不变系统，传递函数(Transfer Function)的表达式可以写成

$$A(s) = \frac{b_m s^m + b_{m-1} s^{m-1} + \cdots + b_0}{a_n s^n + a_{n-1} s^{n-1} + \cdots + a_0} \tag{5-3a}$$

将上式中的分子、分母多项式进行因式分解可得

$$A(s) = H_0 \frac{(s - z_1)(s - z_2) \cdots (s - z_m)}{(s - p_1)(s - p_2) \cdots (s - p_n)} \tag{5-3b}$$

式中，$H_0 = \dfrac{b_m}{a_n}$ 为常数，$z_1, z_2, \cdots, z_m$ 称为传递函数的**零点**(Zeros)，$p_1, p_2, \cdots, p_n$ 称为传递函数的**极点**(Poles)。

一个稳定的有源线性系统的极点、零点有以下特点。

(1) 系统的零点个数小于或等于极点个数。

(2) 系统的极点在左半平面，即极点若为实数必为负实数，若为复数则必为共轭复数。

(3) 系统极点的个数等于电路中独立电抗元件的个数。

将式(5-3b)中的 s 用 $j\omega$ 代替，就得到系统的频率特性表达式，即

$$A(j\omega) = H_0 \frac{(j\omega - z_1)(j\omega - z_2) \cdots (j\omega - z_m)}{(j\omega - p_1)(j\omega - p_2) \cdots (j\omega - p_n)} \tag{5-4}$$

由式(5-4)可写出幅频特性和相频特性的表达式。

对数幅频特性为

$$\begin{aligned} 20\lg A(\omega) = & 20\lg H_0 + 20\lg \sqrt{\omega^2 + z_1^2} + 20\lg \sqrt{\omega^2 + z_2^2} + \cdots + 20\lg \sqrt{\omega^2 + z_m^2} \\ & - 20\lg \sqrt{\omega^2 + p_1^2} - 20\lg \sqrt{\omega^2 + p_2^2} - \cdots - 20\lg \sqrt{\omega^2 + p_n^2} \end{aligned} \tag{5-5a}$$

相频特性为

$$\varphi(\omega) = \arctan\left(-\frac{\omega}{z_1}\right) + \arctan\left(-\frac{\omega}{z_2}\right) + \cdots + \arctan\left(-\frac{\omega}{z_m}\right) -$$
$$\arctan\left(-\frac{\omega}{p_1}\right) - \arctan\left(-\frac{\omega}{p_2}\right) - \cdots - \arctan\left(-\frac{\omega}{p_n}\right) \quad (5\text{-}5\text{b})$$

由式(5-5a)和式(5-5b)可以看出，无论是幅频特性还是相频特性，都可以看成各因子的代数和。由此得到启示，即作伯德图时，可以在图上分别作出各因子的伯德图，然后通过叠加，便可得到整个系统的伯德图。

下面分别讨论式(5-4)中可能出现因子的伯德图。

1) 常数因子

$$A(\mathrm{j}\omega) = K \quad (5\text{-}6)$$

式中，K 为常数，其对数幅频特性和相频特性的表达式为

$$\begin{cases} 20\lg A(\omega) = 20\lg K \\ \varphi(\omega) = 0° \end{cases} \quad (5\text{-}7)$$

由式(5-7)可作出常数因子的伯德图，如图 5.4 所示。

2) $\mathrm{j}\omega$ 因子

$$A(\mathrm{j}\omega) = \mathrm{j}\omega \quad (5\text{-}8)$$

其对数幅频特性和相频特性的表达式为

$$\begin{cases} 20\lg A(\omega) = 20\lg \omega \\ \varphi(\omega) = \arctan\dfrac{\omega}{0} = 90° \end{cases} \quad (5\text{-}9)$$

由式(5-9)可作出其幅频特性和相频特性的伯德图如图 5.5 所示。由图 5.5 可见，$\mathrm{j}\omega$ 因子的幅频特性是一条通过横轴上 $\omega=1$ 点、斜率为 20dB/十倍频程的一条直线，相移是 90°。

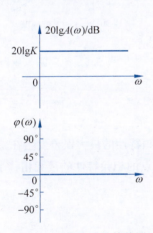

图 5.4　常数因子的伯德图

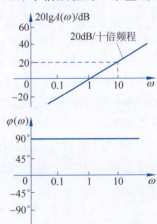

图 5.5　$\mathrm{j}\omega$ 因子的伯德图

3) 一阶极点因子

$$A(\mathrm{j}\omega) = \frac{1}{\mathrm{j}\omega + \omega_p} \quad (5\text{-}10)$$

将式(5-10)改写为

$$A(j\omega) = \frac{1}{\omega_p \left(1 + j\dfrac{\omega}{\omega_p}\right)} \tag{5-11}$$

式(5-11)中的 ω_p 可以归并到常数因子中去，因此，只需讨论如下因子

$$A'(j\omega) = \frac{1}{1 + j\dfrac{\omega}{\omega_p}} \tag{5-12}$$

式(5-12)的对数幅频特性和相频特性的表达式为

$$\begin{cases} 20\lg A'(\omega) = -20\lg\sqrt{1 + \left(\dfrac{\omega}{\omega_p}\right)^2} \\ \varphi'(\omega) = -\arctan\dfrac{\omega}{\omega_p} \end{cases} \tag{5-13}$$

由式(5-13)可作出伯德图如图 5.6 所示。

由图 5.6 可见，幅频特性由两条渐近线组成：当 $\omega \ll \omega_p$ 时，$20\lg A'(\omega)$ 表达式平方根中的 $\left(\dfrac{\omega}{\omega_p}\right)^2$ 可以忽略，因此 $20\lg A'(\omega) = 0$，是一条与横轴重合的直线；当 $\omega \gg \omega_p$ 时，$20\lg A'(\omega)$ 表达式平方根中的 1 可以忽略，因此 $20\lg A'(\omega) = -20\lg\dfrac{\omega}{\omega_p}$，是一条斜率为（−20dB/十倍频程）的直线。以上两条直线相交于 $\omega = \omega_p$ 处，称 ω_p 为**转折点（Breakpoint）角频率**或 **−3dB 角频率**。实际的幅频特性如图 5.6 中虚线所示，用折线近似幅频特性的最大误差就发生在 $\omega = \omega_p$ 处，它的误差为 −3dB。

由图 5.6 可见，相频特性由三条渐近线组成：当 $\omega \ll 0.1\omega_p$ 时，$\varphi'(\omega) \approx 0°$，是一条与横轴重合的直线；当 $\omega \gg 10\omega_p$ 时，$\varphi'(\omega) \approx -90°$，是一条与横轴平行的直线；当 $\omega = \omega_p$ 时，$\varphi'(\omega) \approx -45°$，在 $0.1\omega_p < \omega < 10\omega_p$ 的范围内，相频特性是一条斜率为 −45°/十倍频程的一条直线。实

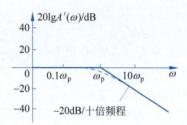

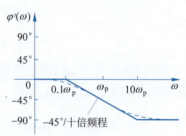

图 5.6　一阶极点因子 $\dfrac{1}{1 + j\dfrac{\omega}{\omega_p}}$ 的伯德图

际的相频特性如图 5.6 中虚线所示，用折线近似实际相频特性的最大误差发生在 $\omega = 0.1\omega_p$ 和 $\omega = 10\omega_p$ 处，误差分别为 ±5.7°。由图 5.6 可知，一个极点的相频特性的最大相移是 −90°。

4）一阶零点因子

$$A(j\omega) = j\omega + \omega_z \tag{5-14}$$

将式(5-14)改写为

$$A(j\omega) = \omega_z\left(1 + j\dfrac{\omega}{\omega_z}\right) \tag{5-15}$$

同理，式(5-15)中的 ω_z 也可以归并到常数因子中去，因此，只需讨论如下因子

$$A'(j\omega) = 1 + j\dfrac{\omega}{\omega_z} \tag{5-16}$$

式(5-16)的对数幅频特性和相频特性的表达式为

$$\begin{cases} 20\lg A'(\omega) = 20\lg\sqrt{1+\left(\dfrac{\omega}{\omega_z}\right)^2} \\ \varphi'(\omega) = \arctan\dfrac{\omega}{\omega_z} \end{cases} \quad (5\text{-}17)$$

由式(5-17)可作出伯德图如图 5.7 所示。一阶零点因子伯德图的做法和一阶极点因子类似,此处不再赘述。由图 5.7 可见,它和一阶极点因子正好相反,当 $\omega \gg \omega_z$ 时,幅频特性的斜率是 20dB/十倍频程,一个零点的相频特性的最大相移是 $+90°$。

【例 5.1】 已知某放大电路的传递函数为

$$A(s) = \dfrac{10^8 s}{(s+10^2)(s+10^5)}$$

试画出相应的幅频特性和相频特性的伯德图,并指出该放大电路的上限截止频率 f_H,下限截止频率 f_L 及中频增益 A_m 各为多少?

【解】 该题用来熟悉:由传递函数画伯德图的方法;由伯德图确定放大电路频率响应参数的方法。具体做法如下。

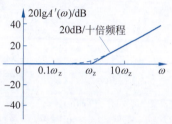

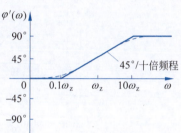

图 5.7 一阶零点因子 $1+\mathrm{j}\dfrac{\omega}{\omega_z}$ 的伯德图

(1) 将 $A(s)$ 变换成以下标准形式

$$A(s) = \dfrac{10s}{\left(1+\dfrac{s}{10^2}\right)\left(1+\dfrac{s}{10^5}\right)}$$

(2) 将 $s=\mathrm{j}\omega$ 代入上式得放大电路的频率特性表达式为

$$A(\mathrm{j}\omega) = \dfrac{10\mathrm{j}\omega}{\left(1+\mathrm{j}\dfrac{\omega}{10^2}\right)\left(1+\mathrm{j}\dfrac{\omega}{10^5}\right)}$$

(3) 从 $A(\mathrm{j}\omega)$ 的表达式中可以看出,它包括一个常数因子,一个 $\mathrm{j}\omega$ 因子和两个极点因子。因此,可以在半对数坐标系中分别作出这四个因子的伯德图,然后进行叠加,便可得到整个系统的伯德图,如图 5.8 所示。

(4) 由图 5.8(a)可得,该放大电路的中频增益 $A_m=60\text{dB}$;上限截止频率 $f_H=\dfrac{10^5}{2\pi}\text{Hz}\approx 15.9\text{kHz}$;下限截止频率 $f_L=\dfrac{10^2}{2\pi}\text{Hz}\approx 15.9\text{Hz}$。

【例 5.2】 求图 5.9 所示 RC 低通电路频率特性的表达式,并画出伯德图。

【解】 利用电路的 s 域模型,容易得到电路的传递函数为

$$A(s) = \dfrac{V_o(s)}{V_i(s)} = \dfrac{\dfrac{1}{sC}}{R+\dfrac{1}{sC}} = \dfrac{1}{1+sRC} = \dfrac{1}{1+s\tau}$$

式中,$\tau=RC$,是电路的时间常数。

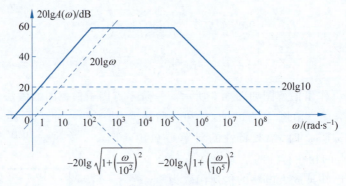

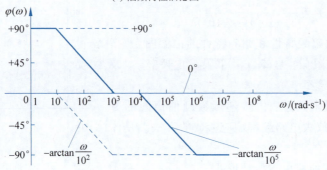

(b) 相频特性伯德图

图 5.8　例 5.1 图解

将 $s = j\omega$ 代入上式得到电路频率特性的表达式为

$$A(j\omega) = \frac{1}{1+j\omega\tau} = \frac{1}{1+j\dfrac{\omega}{\omega_p}}$$

可见,该电路为一单极点系统,其中 $\omega_p = \dfrac{1}{\tau} = \dfrac{1}{RC}$,是一阶极

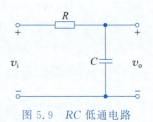

图 5.9　RC 低通电路

点因子的转折角频率。由 $A(j\omega)$ 的表达式容易画出电路频率特性的伯德图如图 5.6 所示。

在放大电路的高频区,影响频率响应的主要因素是晶体管的极间电容和接线电容等,它们在电路中与其他支路是并联的,因此,这些电容对电路高频特性的影响可用图 5.9(RC 低通电路)模拟,在 5.2 节以及 5.4.2 节研究放大电路高频响应时可利用例 5.2 的结果。

【例 5.3】　求图 5.10(a)所示 RC 高通电路频率特性的表达式,并画出伯德图。

【解】　利用电路的 s 域模型,容易得到电路的传递函数为

$$A(s) = \frac{V_o(s)}{V_i(s)} = \frac{R}{R + \dfrac{1}{sC}} = \frac{sRC}{1+sRC} = \frac{s\tau}{1+s\tau}$$

式中,$\tau = RC$,是电路的时间常数。

将 $s = j\omega$ 代入上式得到电路频率特性的表达式为

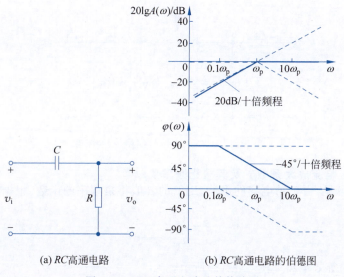

(a) RC 高通电路　　(b) RC 高通电路的伯德图

图 5.10　RC 高通电路及其伯德图

$$A(j\omega) = \frac{j\omega\tau}{1+j\omega\tau} = \frac{j\dfrac{\omega}{\omega_p}}{1+j\dfrac{\omega}{\omega_p}}$$

式中，$\omega_p = \dfrac{1}{\tau} = \dfrac{1}{RC}$。由上式可知，图 5.10(a) 所示电路的频率特性由两个因子组成：$j\dfrac{\omega}{\omega_p}$ 因子和一阶极点因子，将这两个因子的伯德图进行叠加，便可得到其伯德图，如图 5.10(b) 中实线所示。

在放大电路的低频区，耦合电容和射极旁路电容对电路频率特性的影响可用图 5.10(a)（RC 高通电路）模拟，在 5.3 节以及 5.4.3 节研究放大电路低频响应时可利用例 5.3 的结果。

第 30 集
微课视频

5.2　BJT 放大电路的高频响应

在第 3 章讨论 BJT 放大电路时，一般认为 BJT 的结电容对交流信号是开路的。实际上，这种处理只适合于一定的频率范围，当放大电路的工作频率很高时，BJT 结电容的容抗很小，这时就不能再认为是开路了。

BJT 在高频工作区，其参数和频率有关。因此，讨论放大电路的高频响应，首先应该讨论 BJT 的频率参数。

5.2.1　BJT 的频率参数

考虑了结电容的 BJT 的高频小信号模型如图 5.11 所示，常称其为 BJT 的**混合 π 模型**。其中，$C_{b'e}$ 为发射结电容；$C_{b'c}$ 为集电结电容。由于 $r_{b'c}$ 远大于 $C_{b'c}$ 的容抗，r_{ce} 远大于 c-e 间所接的负载电阻，因而通常可认为它们是开路的。由图 5.11 可推导出 BJT 几个很重要的高频参数。

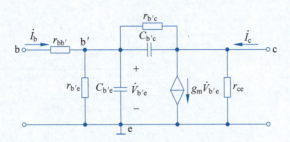

图 5.11　BJT 的高频小信号模型(混合 π 模型)

1. 共发射极电流放大系数 $\dot{\beta}$ 及其截止频率 f_β

由图 5.11 可见，由于结电容的影响，BJT 的 β 值将是频率的函数，根据 β 的定义有

$$\dot{\beta} = \left.\frac{\dot{I}_c}{\dot{I}_b}\right|_{\text{c-e间短路}} \tag{5-18}$$

可得到推导 $\dot{\beta}$ 的等效电路如图 5.12(a) 所示。

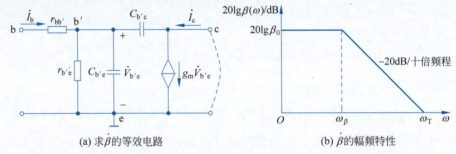

(a) 求 $\dot{\beta}$ 的等效电路　　　　(b) $\dot{\beta}$ 的幅频特性

图 5.12　BJT 的高频参数

由图 5.12(a) 可知，

$$\dot{I}_c = g_m \dot{V}_{b'e} - j\omega C_{b'c} \dot{V}_{b'e}$$

$$\dot{V}_{b'e} = \dot{I}_b \left(r_{b'e} \mathbin{/\mkern-5mu/} \frac{1}{j\omega C_{b'e}} \mathbin{/\mkern-5mu/} \frac{1}{j\omega C_{b'c}}\right)$$

因此有

$$\dot{\beta} = \frac{\dot{I}_c}{\dot{I}_b} = \frac{(g_m - j\omega C_{b'c}) r_{b'e}}{1 + j\omega r_{b'e}(C_{b'e} + C_{b'c})} \tag{5-19}$$

通常 $C_{b'c}$ 很小，最大为几皮法，因此，$\omega C_{b'c} \ll g_m$，故式(5-19)可以近似写为

$$\dot{\beta} \approx \frac{g_m r_{b'e}}{1 + j\omega r_{b'e}(C_{b'e} + C_{b'c})} = \frac{\beta_0}{1 + j\dfrac{\omega}{\omega_\beta}} \tag{5-20}$$

式中

$$\beta_0 = g_m r_{b'e} \tag{5-21}$$

是 BJT 在中频时的 β 值。

$$\omega_\beta = \frac{1}{r_{b'e}(C_{b'e} + C_{b'c})} \tag{5-22}$$

称为 $\dot{\beta}$ 的截止角频率(Cutoff Angle Frequency)。$\dot{\beta}$ 的截止频率 f_β 为

$$f_\beta = \frac{1}{2\pi r_{b'e}(C_{b'e} + C_{b'c})} \quad (5\text{-}23)$$

由式(5-20)可以作出 $\dot{\beta}$ 的幅频特性如图 5.12(b)所示。由图可见,当 $\omega \gg \omega_\beta$ 时,BJT 的 β 值随频率的升高以 $-20\mathrm{dB}/$十倍频程的速率下降。使用 BJT 作放大器件时,工作频率不能大于截止频率,否则放大电路会产生频率失真。

2. 特征频率 f_T

当 $\beta(\omega)$ 下降到 1(0dB)时对应的角频率称为**特征角频率**(Character Angle Frequency),记为 ω_T。当 $\omega = \omega_T$ 时,BJT 失去了电流放大能力。

根据定义有

$$\beta(\omega_T) = \frac{\beta_0}{\sqrt{1+\left(\dfrac{\omega_T}{\omega_\beta}\right)^2}} = 1$$

于是

$$\omega_T \approx \beta_0 \omega_\beta \quad (5\text{-}24)$$

由式(5-21)、式(5-22)、式(5-24)和 $C_{b'e} \gg C_{b'c}$ 的条件,可得

$$\omega_T = \frac{g_m}{C_{b'e}+C_{b'c}} \approx \frac{g_m}{C_{b'e}} \quad (5\text{-}25)$$

即 BJT 的**特征频率** f_T 为

$$f_T \approx \frac{g_m}{2\pi C_{b'e}} \quad (5\text{-}26)$$

3. 共基极电流放大系数 α 及其截止频率 f_α

第 31 集
微课视频

由 α 和 β 的关系,可推导出 $\dot{\alpha}$ 的频率响应表达式如下

$$\dot{\alpha} = \frac{\dot{\beta}}{1+\dot{\beta}} = \frac{\alpha_0}{1+j\dfrac{\omega}{\omega_\alpha}} \quad (5\text{-}27)$$

其中,$\alpha_0 = \dfrac{\beta_0}{1+\beta_0}$,为中频时的共基极电流放大系数。$\omega_\alpha$ 为 $\dot{\alpha}$ 的截止角频率。

ω_α 与 ω_β 的关系如式(5-28)所示。

$$\omega_\alpha = (1+\beta_0)\omega_\beta \quad (5\text{-}28)$$

由式(5-28)可见,$\dot{\alpha}$ 的截止角频率比 $\dot{\beta}$ 的截止角频率高 $(1+\beta_0)$ 倍,因此,同一个 BJT 组成的共基极放大电路,比共发射极放大电路允许的工作频率高。

在 BJT 的频率参数中,特征频率 f_T 是一个最有用的参数,一般器件手册中都会给出 f_T 的数据。

5.2.2 共发射极放大电路的高频响应

1. 共发射极放大电路的高频等效电路

共发射极放大电路如图 5.13(a)所示,利用 BJT 的高频小信号模型,可画出其高频等效电路如图 5.13(b)所示。在图 5.13(b)中,$R_B = R_{B1} // R_{B2}$ 很大,为了化简分析,可近似看成开路。$R'_L = R_C // R_L$。集电结电容 $C_{b'c}$ 跨接在输入回路和输出回路之间,因而使电路的分析

复杂化,下面首先应用密勒定理将 $C_{b'c}$ 作单向化近似。

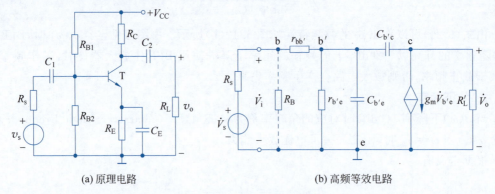

(a) 原理电路 (b) 高频等效电路

图 5.13 共发射极放大电路

2. 密勒定理及高频等效电路的化简

密勒定理给出了网络的一种等效变换关系,它可以将跨接在网络输入端和输出端之间的阻抗分别等效为并接在输入端和输出端的阻抗,如图 5.14 所示。

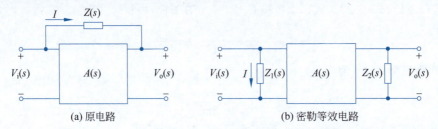

(a) 原电路 (b) 密勒等效电路

图 5.14 密勒定理

图 5.14(a)所示的网络中,阻抗 $Z(s)$ 跨接在其输入端和输出端之间,它可以等效为图 5.14(b)所示网络中的 $Z_1(s)$ 和 $Z_2(s)$,具体推导过程如下。

图 5.14(a)中的 I 与图 5.14(b)中的 I 应该相等,即

$$\frac{V_i(s) - V_o(s)}{Z(s)} = \frac{V_i(s)}{Z_1(s)}$$

因此有

$$Z_1(s) = \frac{Z(s)}{1 - \dfrac{V_o(s)}{V_i(s)}} = \frac{Z(s)}{1 - A(s)} \tag{5-29}$$

式中,$A(s) = \dfrac{V_o(s)}{V_i(s)}$ 为系统的传递函数。

同理,可以求出图 5.14(b)中的 $Z_2(s)$ 为

$$Z_2(s) = \frac{Z(s)}{1 - \dfrac{1}{A(s)}} \tag{5-30}$$

应用密勒定理,可以将图 5.13(b)中的电容 $C_{b'c}$ 等效成两个电容 C_{M1} 和 C_{M2},如图 5.15 所示。

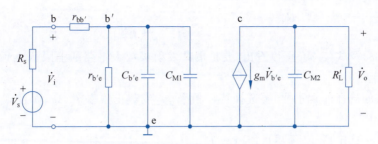

图 5.15　共发射极放大电路高频区的密勒近似等效电路

图 5.15 中的 C_{M1} 和 C_{M2} 可以由式(5-29)和式(5-30)求出，其中的 $Z(s)$ 为 $1/sC_{b'c}$。若忽略 $C_{b'c}$ 上的分流作用，$A(s)$ 应为

$$A(s) = \frac{V_o(s)}{V_{b'e}(s)} \approx -g_m R_L' \tag{5-31}$$

于是得到

$$C_{M1} = C_{b'c}(1 + g_m R_L') \approx g_m R_L' C_{b'c} \tag{5-32}$$

$$C_{M2} = C_{b'c}\left(1 + \frac{1}{g_m R_L'}\right) \approx C_{b'c} \tag{5-33}$$

可见，等效到输入端的电容 C_{M1} 比 $C_{b'e}$ 本身增大了许多倍，称为**密勒倍增效应**。而等效到输出端的电容 C_{M2} 约为 $C_{b'c}$ 本身，仍然很小，其影响可以忽略不计，所以图 5.15 可进一步化简为如图 5.16 所示的电路。

在图 5.16 中，有

$$C_i = C_{b'e} + C_{M1} = C_{b'e} + g_m R_L' C_{b'c}$$
$$= C_{b'e}\left(1 + \frac{C_{b'c}}{C_{b'e}} g_m R_L'\right) = D C_{b'e} \tag{5-34}$$

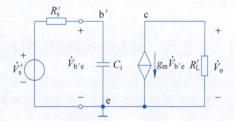

图 5.16　图 5.15 的化简等效电路

可见，计入 C_{M1} 后，接在输入端的总电容 C_i 为 $C_{b'e}$ 的 D 倍，故称 D 为**密勒倍增因子**。

$$R_s' = r_{b'e} // (R_s + r_{bb'}) \tag{5-35}$$

$$\dot{V}_s' = \frac{r_{b'e}}{R_s + r_{bb'} + r_{b'e}} \dot{V}_s \tag{5-36}$$

3. 高频增益表达式及上限截止频率

由图 5.16 并参考例 5.2，可得到共发射极放大电路在高频区的源电压增益表达式为

$$\dot{A}_{vs} = \frac{\dot{V}_o}{\dot{V}_s} = \frac{\dot{V}_o}{\dot{V}_{b'e}} \cdot \frac{\dot{V}_{b'e}}{\dot{V}_s'} \cdot \frac{\dot{V}_s'}{\dot{V}_s} = -g_m R_L' \frac{r_{b'e}}{R_s + r_{bb'} + r_{b'e}} \cdot \frac{1}{1 + j\frac{\omega}{\omega_H}} \tag{5-37}$$

式中，ω_H 为放大电路的上限截止角频率，其大小取决于输入回路的时间常数 τ，即

$$\omega_H = \frac{1}{\tau} = \frac{1}{R_s' C_i} = \frac{R_s + r_{bb'} + r_{b'e}}{r_{b'e}(R_s + r_{bb'})(C_{b'e} + g_m R_L' C_{b'c})} \tag{5-38}$$

考虑到式(5-34)、式(5-22)及式(5-24)并注意到 $C_{b'e} \gg C_{b'c}$ 的条件，式(5-38)可写成如下形式

$$\omega_H \approx \frac{R_s + r_{bb'} + r_{b'e}}{R_s + r_{bb'}} \cdot \frac{\omega_\beta}{D} = \frac{R_s + r_{bb'} + r_{b'e}}{\beta_0 (R_s + r_{bb'})} \cdot \frac{\omega_T}{D} \tag{5-39}$$

由式(5-38)及式(5-39)可以看出，要扩展共发射极放大电路的上限截止频率，可以遵循以下 3 条原则。

(1) BJT 的选择非常重要，要选择特征频率 f_T 或截止频率 f_β 高，而且 $C_{b'e}$、$C_{b'c}$ 和 $r_{bb'}$ 尽可能小的 BJT。

(2) 当管子选定后，必须尽可能减小 R_s。

(3) 减小 R'_L。但应注意到 R'_L 的减小会影响到放大电路的增益，因此 R'_L 的选择应兼顾上限截止频率和增益的要求。

总之，要扩展共发射极放大电路的上限截止频率，应使其输入和输出节点均为低阻节点（即减小 R_s 和 R'_L），但上限截止频率 f_H 的扩展最终受到管子特征频率 f_T 的限制。

4. 增益带宽积

增益带宽积(Gain Bandwidth Product)是评价放大电路高频性能的另一重要指标，用 GBW 表示，它定义为中频区增益与上限截止频率乘积的绝对值。对于共发射极放大电路，增益带宽积为

$$\text{GBW} = |A_{vsm} \cdot f_H| = \frac{\omega_T}{2\pi D} \cdot \frac{R'_L}{R_s + r_{bb'}} \tag{5-40}$$

5.2.3 共集电极放大电路的高频响应

共集电极放大电路如图 5.17(a)所示，其高频等效电路如图 5.17(b)所示。为了简化分析，等效电路中忽略了 BJT 的基区体电阻 $r_{bb'}$，并且考虑到 R_B 很大，故作开路处理。

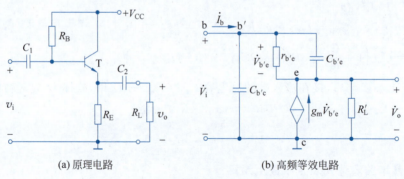

(a) 原理电路　　　　　　　　　(b) 高频等效电路

图 5.17　共集电极放大电路

图 5.17(b)中，由于 $C_{b'c}$ 很小，它所呈现的容抗很大，所以可近似认为开路，故可得

$$\begin{cases} \dot{V}_o = (\dot{I}_b + g_m \dot{V}_{b'e}) R'_L \\ \dot{V}_i = \dot{V}_{b'e} + \dot{V}_o \\ \dot{V}_{b'e} = \dot{I}_b \left(r_{b'e} \ // \ \frac{1}{j\omega C_{b'e}} \right) \end{cases}$$

联立上述方程，并注意到 $\beta = g_m r_{b'e}$，可解得共集电极放大电路电压增益的高频响应表达式为

$$\dot{A}_v = \frac{\dot{V}_o}{\dot{V}_i} = \frac{(1+\beta)R'_L + j\omega r_{b'e}C_{b'e}R'_L}{r_{b'e} + (1+\beta)R'_L + j\omega r_{b'e}C_{b'e}R'_L}$$

$$= \frac{(1+\beta)R'_L}{r_{b'e} + (1+\beta)R'_L} \cdot \frac{1 + \dfrac{j\omega r_{b'e}C_{b'e}}{1+\beta}}{1 + \dfrac{j\omega r_{b'e}C_{b'e}R'_L}{r_{b'e} + (1+\beta)R'_L}} \tag{5-41}$$

由式(5-41)可以看出,共集电极放大电路的中频电压增益 A_{vm}、极点角频率 ω_p 和零点角频率 ω_z 分别如下:

$$A_{vm} = \frac{(1+\beta)R'_L}{r_{b'e} + (1+\beta)R'_L} \tag{5-42}$$

$$\omega_z = \frac{1+\beta}{r_{b'e}C_{b'e}} \approx \frac{\beta}{r_{b'e}C_{b'e}} = \frac{g_m}{C_{b'e}} \tag{5-43}$$

$$\omega_p = \frac{r_{b'e} + (1+\beta)R'_L}{r_{b'e}C_{b'e}R'_L} \approx \frac{r_{b'e} + \beta R'_L}{r_{b'e}C_{b'e}R'_L} = \frac{1 + g_m R'_L}{C_{b'e}R'_L} \approx \frac{g_m}{C_{b'e}} \tag{5-44}$$

由式(5-43)和式(5-44)可知,共集电极放大电路高频响应表达式中的零点和极点可以相互抵消,因此其通频带很宽。这种放大电路的通频带仅受 BJT 特征频率 f_T 的限制。

5.2.4 共基极放大电路的高频响应

共基极放大电路如图 5.18(a)所示,其高频等效电路如图 5.18(b)所示。为了简化分析,等效电路中忽略了 BJT 的基区体电阻 $r_{bb'}$。

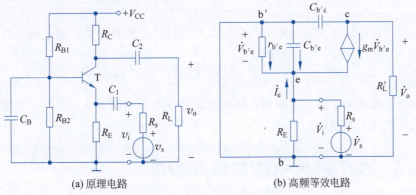

第 33 集
微课视频

(a) 原理电路　　　　　(b) 高频等效电路

图 5.18　共基极放大电路

由图 5.18(b),可列出 BJT 发射极 e 处的基尔霍夫电流方程为

$$\dot{I}_e + g_m \dot{V}_{b'e} + \frac{\dot{V}_{b'e}}{r_{b'e}} + \frac{\dot{V}_{b'e}}{\dfrac{1}{j\omega C_{b'e}}} = 0$$

由图 5.18(b)又可知

$$\dot{V}_i = -\dot{V}_{b'e}$$

因此,从电路的输入端看,由发射极看进去的导纳为

$$\frac{1}{Z_i} = \frac{\dot{I}_e}{\dot{V}_i} = g_m + \frac{1}{r_{b'e}} + j\omega C_{b'e}$$

即

$$\frac{1}{Z_i} = \frac{1+\beta}{r_{b'e}} + j\omega C_{b'e} \tag{5-45}$$

由式(5-45)可知,从发射极到地的等效阻抗是一个电阻 $\frac{r_{b'e}}{1+\beta}$ 和一个电容 $C_{b'e}$ 并联。此外,从电路的输出端看,由于 $C_{b'c}$ 很小,其容抗很大,故可近似认为开路。因此,图 5.18(b) 所示电路可以简化为图 5.19。

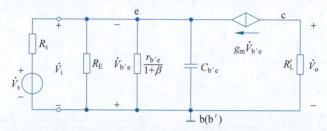

图 5.19 共基极放大电路的简化高频等效电路

由图 5.19 可以写出共基极放大电路输入端的时间常数和上限截止频率为

$$\tau = \left(R_s \mathbin{/\mkern-6mu/} R_E \mathbin{/\mkern-6mu/} \frac{r_{b'e}}{1+\beta} \right) C_{b'e} \tag{5-46}$$

$$\omega_H = \frac{1}{\tau}, f_H = \frac{\omega_H}{2\pi} = \frac{1}{2\pi \left(R_s \mathbin{/\mkern-6mu/} R_E \mathbin{/\mkern-6mu/} \frac{r_{b'e}}{1+\beta} \right) C_{b'e}} \tag{5-47}$$

式(5-47)中,通常有 $\frac{r_{b'e}}{1+\beta} \ll R_s // R_E$,所以,共基极放大电路的上限截止频率近似为

$$f_H \approx \frac{1+\beta}{2\pi r_{b'e} C_{b'e}} \approx \frac{g_m}{2\pi C_{b'e}} \approx f_T \tag{5-48}$$

可见,共基极放大电路的上限截止频率远远高于共发射极放大电路。在宽带放大电路的设计中,常采用共基极放大电路。

※5.3 BJT 放大电路的低频响应

如前所述,影响放大电路低频响应的因素主要是耦合电容和旁路电容,下面以共发射极放大电路为例讨论 BJT 放大电路的低频响应。

共发射极放大电路及其低频等效电路分别如图 5.20(a)和(b)所示。

在图 5.20(b)中,$R_B = R_{B1} // R_{B2}$,一般 R_B 和放大电路的输入电阻相比,可以看作开路;此外,C_E 的值足够大,使它呈现的阻抗足够小,与 R_E 并联后的阻抗主要由 C_E 决定,R_E 可近似为开路。这样,图 5.20(b)便可以简化为如图 5.21 所示的电路。

由图 5.21 可求得发射极旁路电容 C_E 上的电压为

$$\dot{V}_e = \frac{1}{j\omega C_E} \dot{I}_e = \frac{1}{j\omega C_E} \cdot (1+\beta) \dot{I}_b = \frac{1}{j\omega \frac{C_E}{1+\beta}} \dot{I}_b$$

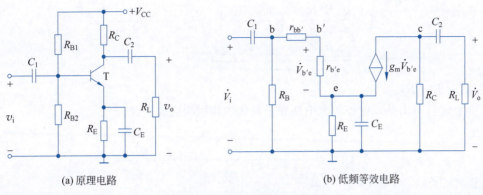

图 5.20 共发射极放大电路

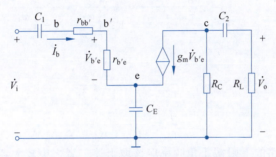

图 5.21 共发射极放大电路的简化低频等效电路

可见，C_E 折算到输入回路的电容应为 $C_E' = \dfrac{C_E}{1+\beta}$。这样输入回路的总电容 C_1' 为 C_1 与 C_E' 的串联值，即

$$C_1' = \dfrac{C_1 C_E}{(1+\beta)C_1 + C_E} \tag{5-49}$$

由于发射极旁路电容 C_E 对输出回路基本上不存在折算问题，且一般 $C_E \gg C_2$，所以，在输出回路中可忽略 C_E 的作用。因此，图 5.21 所示的电路又可以进一步简化为如图 5.22 所示的电路。注意，在图 5.22 中，将图 5.21 中的受控电流源改画成了受控电压源。

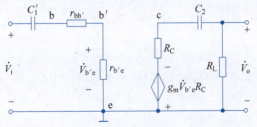

图 5.22 图 5.21 的简化电路

观察图 5.22 可知，电路的输入端和输出端都是电容、电阻串联电路，输入回路的时间常数为 $\tau_1 = (r_{bb'} + r_{b'e})C_1'$，输出回路的时间常数为 $\tau_2 = (R_C + R_L)C_2$，参考例 5.3 容易写出电路的传递函数为

$$A_v(s) = \dfrac{V_o(s)}{V_i(s)} = \dfrac{V_o(s)}{V_{b'e}(s)} \cdot \dfrac{V_{b'e}(s)}{V_i(s)}$$

$$= \left(-\frac{g_m R_C R_L}{R_C + R_L} \cdot \frac{s\tau_2}{1+s\tau_2}\right) \cdot \left(\frac{r_{b'e}}{r_{bb'} + r_{b'e}} \cdot \frac{s\tau_1}{1+s\tau_1}\right)$$

$$= -\frac{g_m r_{b'e} R'_L}{r_{bb'} + r_{b'e}} \cdot \frac{s\tau_1}{1+s\tau_1} \cdot \frac{s\tau_2}{1+s\tau_2}$$

式中,$R'_L = R_C // R_L$。

由上式可写出共发射极放大电路在低频区的频率响应表达式为

$$A_v(j\omega) = -\frac{g_m r_{b'e} R'_L}{r_{bb'} + r_{b'e}} \cdot \frac{j\dfrac{\omega}{\omega_{L1}}}{1+j\dfrac{\omega}{\omega_{L1}}} \cdot \frac{j\dfrac{\omega}{\omega_{L2}}}{1+j\dfrac{\omega}{\omega_{L2}}}$$

$$= -\frac{g_m r_{b'e} R'_L}{r_{bb'} + r_{b'e}} \cdot \frac{1}{1-j\dfrac{\omega_{L1}}{\omega}} \cdot \frac{1}{1-j\dfrac{\omega_{L2}}{\omega}} \tag{5-50}$$

其中

$$\omega_{L1} = \frac{1}{\tau_1} = \frac{1}{(r_{bb'} + r_{b'e})C'_1} \tag{5-51}$$

$$\omega_{L2} = \frac{1}{\tau_2} = \frac{1}{(R_C + R_L)C_2} \tag{5-52}$$

共发射极放大电路的下限截止角频率应该取上述二者之中较大者。

【例 5.4】 在图 5.20(a)所示电路中,已知 BJT 的 $r_{bb'}=200\Omega, r_{b'e}=800\Omega, \beta=50, R_C=R_L=4k\Omega, C_1=C_2=10\mu F, C_E=100\mu F$。试求电路的下限频率 f_L,并画出其低频响应的伯德图。

【解】 由已知条件可得

$$C'_1 = \frac{C_1 C_E}{(1+\beta)C_1 + C_E} = \frac{10 \times 100}{(1+50) \times 10 + 100}\mu F \approx 1.64\mu F$$

$$\omega_{L1} = \frac{1}{\tau_1} = \frac{1}{(r_{bb'} + r_{b'e})C'_1} = \frac{1}{(0.2+0.8) \times 10^3 \times 1.64 \times 10^{-6}} \text{rad/s} \approx 609.76 \text{rad/s}$$

$$\omega_{L2} = \frac{1}{\tau_2} = \frac{1}{(R_C + R_L)C_2} = \frac{1}{(4+4) \times 10^3 \times 10 \times 10^{-6}} \text{rad/s} = 12.5 \text{rad/s}$$

$$f_{L1} = \frac{\omega_{L1}}{2\pi} \approx 97\text{Hz}, \quad f_{L2} = \frac{\omega_{L2}}{2\pi} \approx 1.99\text{Hz}$$

比较 f_{L1} 和 f_{L2} 可知,放大电路的下限频率主要取决于 C'_1,C'_1 主要受 C_E 影响。因此可得:$f_L = f_{L1} = 97\text{Hz}$。

电路的中频电压增益为

$$A_{vm} = -\frac{g_m r_{b'e} R'_L}{r_{bb'} + r_{b'e}} = -\frac{\beta R'_L}{r_{bb'} + r_{b'e}} = -\frac{50 \times (4 // 4)}{0.2 + 0.8} = -100$$

由式(5-50)并结合上述计算结果,可画出电路低频区的伯德图如图 5.23 所示。

在集成电路中,一般都采用直接耦合方式,电路的下限截止频率 f_L 趋于零。所以,扩展通频带的关键问题是如何提高电路的上限截止频率 f_H。

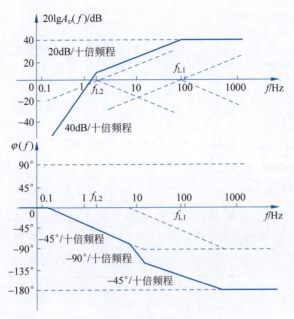

图 5.23　例 5.4 伯德图

5.4　FET 放大电路的频率响应

FET 放大电路频率响应的分析方法与 BJT 放大电路类似，其结果也相似，下面仅简单介绍 FET 放大电路的高频响应。

5.4.1　FET 的高频小信号等效模型

无论是 MOSFET 还是 JFET，其高频小信号等效电路都可以用图 5.24 所示的模型表示。

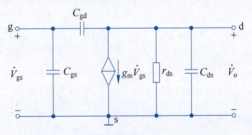

图 5.24　FET 的高频小信号等效模型

图中，C_{gs} 表示栅极-源极间电容，C_{gd} 表示栅极-漏极间电容，C_{ds} 表示漏极-源极间电容。在 MOS 管中，若衬底与源极相连，则栅极与衬底间的电容可以归纳到 C_{gs} 中，漏极与衬底间的电容可以归并到 C_{ds} 中，上述极间电容对 FET 放大电路的高频响应将产生不良影响。

5.4.2　FET 放大电路的高频响应

JFET 组成的共源极放大电路如图 5.25(a) 所示，其高频小信号等效电路如图 5.25(b) 所示。

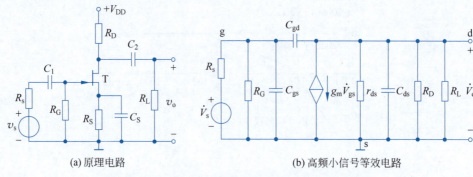

(a) 原理电路 (b) 高频小信号等效电路

图 5.25　共源极放大电路及其高频小信号等效电路

由图 5.25(b)可见，C_{gd} 是跨接在输入端和输出端之间的电容，可利用密勒定理将其分别等效到输入端(用 C_{M1} 表示)和输出端(用 C_{M2} 表示)，如图 5.26 所示。

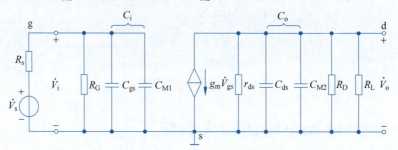

图 5.26　共源极放大电路的高频密勒等效电路

其中，
$$C_{M1} = C_{gd}(1 + g_m R'_L) \tag{5-53}$$
$$C_{M2} \approx C_{gd} \tag{5-54}$$

由图 5.26 可得共源极放大电路源电压增益的高频特性表达式为

$$\dot{A}_{vs} = \frac{\dot{V}_o}{\dot{V}_s} = \frac{R_G}{R_s + R_G} \cdot \frac{-g_m R'_L}{(1 + j\omega R_i C_i)(1 + j\omega R'_L C_o)}$$

$$= \frac{R_G}{R_s + R_G} \cdot \frac{A_{vm}}{\left(1 + j\dfrac{\omega}{\omega_{H1}}\right)\left(1 + j\dfrac{\omega}{\omega_{H2}}\right)} \tag{5-55}$$

其中，$R'_L = r_{ds} // R_D // R_L \approx R_D // R_L$。

$$A_{vm} = -g_m R'_L \tag{5-56}$$

为共源极放大电路的中频电压增益。

$$\omega_{H1} = \frac{1}{R_i C_i} = \frac{1}{(R_s // R_G)(C_{gs} + C_{M1})} \tag{5-57}$$

为输入回路时间常数引入的上限截止角频率。

$$\omega_{H2} = \frac{1}{R'_L C_o} = \frac{1}{R'_L (C_{ds} + C_{M2})} \tag{5-58}$$

为输出回路时间常数引入的上限截止角频率。

总的上限截止频率为

$$f_H = \frac{\omega_H}{2\pi} = \frac{1}{2\pi}\sqrt{\frac{1}{\frac{1}{\omega_{H1}^2}+\frac{1}{\omega_{H2}^2}}} \qquad (5\text{-}59)$$

关于式(5-59)的详细讨论参见 5.5 节内容。

上述分析结果表明：

(1) 要提高共源极放大电路的上限截止频率 f_H，必须选择 C_{gs}、C_{gd}、C_{ds} 小的场效应管。

(2) 提高上限截止频率 f_H 和增大中频增益 A_{vm} 是一对矛盾，所以在选择漏极电阻 R_D 时应兼顾 f_H 和 A_{vm} 的要求。

(3) 由于 $C_i = C_{gs} + C_{M1}$ 的存在会影响共源极放大电路的高频响应，所以希望用恒压源激励电路，即要求信号源内阻 R_s 小。

上面简要介绍了共源极放大电路的高频响应，共漏极电路、共栅极电路的高频响应分析和共集电极、共基极电路十分相似，此处不再赘述。

※5.4.3 FET 放大电路的低频响应

由增强型 MOSFET 组成的共源极放大电路如图 5.27(a)所示，在低频范围内，电路中的耦合电容和旁路电容的容抗增大，不能再视为短路，由此可画出其低频小信号等效电路如图 5.27(b)所示，图中 $R_G = R_{G3} + R_{G1} /\!/ R_{G2}$。由图 5.27(b)直接求低频区的源电压增益表达式比较麻烦，因此可作一些合理的近似。假设旁路电容 C_S 的值足够大，以致在低频范围内，其容抗 X_C 远小于源极电阻 R_S 的值，则可将 R_S 作开路处理，于是得到如图 5.27(c)所示的简化等效电路。

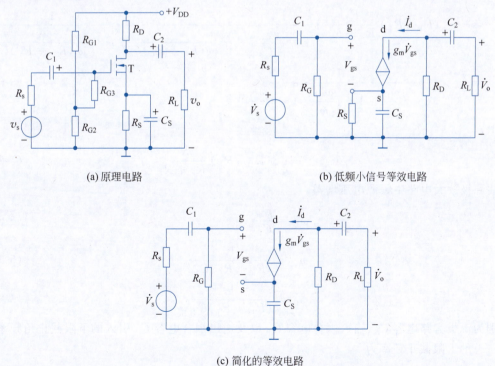

(a) 原理电路

(b) 低频小信号等效电路

(c) 简化的等效电路

图 5.27 共源极放大电路及其低频小信号等效电路

由图 5.27(c)可得

$$\dot{V}_g = \frac{R_G}{R_s + R_G + \dfrac{1}{j\omega C_1}} \dot{V}_s$$

$$\dot{V}_g = \dot{V}_{gs} + g_m \dot{V}_{gs} \cdot \frac{1}{j\omega C_S}$$

则有

$$\dot{V}_{gs} = \frac{\dot{V}_g}{1 + \dfrac{g_m}{j\omega C_S}} = \frac{1}{1 + \dfrac{g_m}{j\omega C_S}} \cdot \frac{R_G}{R_s + R_G + \dfrac{1}{j\omega C_1}} \dot{V}_s$$

而

$$\dot{V}_o = -\dot{I}_L R_L = -g_m \dot{V}_{gs} \frac{R_D}{R_D + R_L + \dfrac{1}{j\omega C_2}} R_L$$

$$= -g_m \frac{1}{1 + \dfrac{g_m}{j\omega C_S}} \cdot \frac{R_G}{R_s + R_G + \dfrac{1}{j\omega C_1}} \dot{V}_s \cdot \frac{R_D R_L}{R_D + R_L + \dfrac{1}{j\omega C_2}}$$

故得共源极放大电路源电压增益的低频特性表达式为

$$\dot{A}_{vs} = \frac{\dot{V}_o}{\dot{V}_s} = -g_m \frac{1}{1 + \dfrac{g_m}{j\omega C_S}} \cdot \frac{R_G}{R_s + R_G + \dfrac{1}{j\omega C_1}} \cdot \frac{R_D // R_L}{1 + \dfrac{1}{j\omega (R_D + R_L) C_2}}$$

$$= -g_m (R_D // R_L) \frac{R_G}{R_s + R_G} \cdot \frac{1}{1 + \dfrac{g_m}{j\omega C_S}} \cdot \frac{1}{1 + \dfrac{1}{j\omega (R_s + R_G) C_1}} \cdot \frac{1}{1 + \dfrac{1}{j\omega (R_D + R_L) C_2}}$$

$$= \dot{A}_{vsm} \cdot \frac{1}{1 - j\dfrac{\omega_{L1}}{\omega}} \cdot \frac{1}{1 - j\dfrac{\omega_{L2}}{\omega}} \cdot \frac{1}{1 - j\dfrac{\omega_{L3}}{\omega}} \tag{5-60}$$

其中，

$$\dot{A}_{vsm} = -g_m (R_D // R_L) \frac{R_G}{R_s + R_G} \tag{5-61}$$

为共源极放大电路中频源电压增益。

$$\omega_{L1} = \frac{g_m}{C_S} \tag{5-62}$$

$$\omega_{L2} = \frac{1}{(R_s + R_G) C_1} \tag{5-63}$$

$$\omega_{L3} = \frac{1}{(R_D + R_L) C_2} \tag{5-64}$$

分别为源极旁路电容 C_S、输入耦合电容 C_1 以及输出耦合电容 C_2 引入的下限截止角频率。

总的下限截止频率为

$$f_L = \frac{\omega_L}{2\pi} = \frac{1}{2\pi} \sqrt{\omega_{L1}^2 + \omega_{L2}^2 + \omega_{L3}^2} \tag{5-65}$$

关于式(5-65)的详细讨论见 5.5 节内容。

由式(5-62)~式(5-64)可以看出,由于 f_{L1} 的表达式中包含了 g_m,其值通常要大于 f_{L2} 和 f_{L3}。若 f_{L1} 与 f_{L2} 或 f_{L3} 相差 4 倍以上,则取 f_{L1} 作为共源极放大电路的下限截止频率 f_L。

5.5 多级放大电路的频率响应

以上几节详细讨论了单级放大电路的频率响应,如果放大电路由多级级联而成,那么,总的上限截止频率 f_H、下限截止频率 f_L 及通频带 BW 将如何确定?

设一个 n 级放大电路各级的电压增益分别为 $A_{v1}(j\omega), A_{v2}(j\omega), \cdots, A_{vn}(j\omega)$,则该电路的电压增益为

$$A_v(j\omega) = A_{v1}(j\omega) \cdot A_{v2}(j\omega) \cdot \cdots \cdot A_{vn}(j\omega) = \prod_{k=1}^{n} A_{vk}(j\omega) \tag{5-66}$$

其对数幅频特性为

$$20\lg A_v(\omega) = 20\lg A_{v1}(\omega) + 20\lg A_{v2}(\omega) + \cdots + 20\lg A_{vn}(\omega)$$
$$= \sum_{k=1}^{n} 20\lg A_{vk}(\omega) \tag{5-67}$$

相频特性为

$$\varphi(\omega) = \varphi_1(\omega) + \varphi_2(\omega) + \cdots + \varphi_n(\omega) = \sum_{k=1}^{n} \varphi_k(\omega) \tag{5-68}$$

可见,多级放大电路的对数幅频特性为各级对数幅频特性之和,总相移等于各级相移相加。

第 34 集
微课视频

5.5.1 多级放大电路的上限截止频率

设单级放大电路的高频电压增益表达式为

$$A_{vHk}(j\omega) = \frac{A_{vmk}}{1 + j\dfrac{\omega}{\omega_{Hk}}} \tag{5-69}$$

则 n 级放大电路的高频电压增益表达式为

$$A_{vH}(j\omega) = \frac{A_{vm1}}{1 + j\dfrac{\omega}{\omega_{H1}}} \cdot \frac{A_{vm2}}{1 + j\dfrac{\omega}{\omega_{H2}}} \cdot \cdots \cdot \frac{A_{vmn}}{1 + j\dfrac{\omega}{\omega_{Hn}}} \tag{5-70}$$

其幅频特性为

$$A_{vH}(\omega) = \frac{A_{vm}}{\sqrt{\left[1+\left(\dfrac{\omega}{\omega_{H1}}\right)^2\right]\left[1+\left(\dfrac{\omega}{\omega_{H2}}\right)^2\right]\cdots\left[1+\left(\dfrac{\omega}{\omega_{Hn}}\right)^2\right]}} \tag{5-71}$$

式中,$A_{vm} = A_{vm1} \cdot A_{vm2} \cdot \cdots \cdot A_{vmn}$ 为 n 级放大电路的中频电压增益。

根据定义,上限截止角频率 ω_H 可按下式进行计算。

$$A_{vH}(\omega_H) = \frac{A_{vm}}{\sqrt{2}} \tag{5-72}$$

比较式(5-71)和式(5-72)可得

$$\left[1+\left(\frac{\omega_H}{\omega_{H1}}\right)^2\right]\left[1+\left(\frac{\omega_H}{\omega_{H2}}\right)^2\right]\cdots\left[1+\left(\frac{\omega_H}{\omega_{Hn}}\right)^2\right]=2 \tag{5-73}$$

解该方程，并忽略高次项，可得多级放大电路上限截止角频率的近似表达式为

$$\omega_H \approx \frac{1}{\sqrt{\dfrac{1}{\omega_{H1}^2}+\dfrac{1}{\omega_{H2}^2}+\cdots+\dfrac{1}{\omega_{Hn}^2}}} \tag{5-74}$$

若各级放大电路的上限截止角频率相等，即 $\omega_{H1}=\omega_{H2}=\cdots=\omega_{Hn}$，则根据式(5-74)得

$$\omega_H = \omega_{H1}\sqrt{2^{\frac{1}{n}}-1} \tag{5-75}$$

5.5.2 多级放大电路的下限截止频率

设单级放大电路的低频电压增益表达式为

$$A_{vLk}(j\omega) = \frac{A_{vmk}}{1-j\dfrac{\omega_{Lk}}{\omega}} \tag{5-76}$$

则 n 级放大电路的低频电压增益表达式为

$$A_{vL}(j\omega) = \frac{A_{vm1}}{1-j\dfrac{\omega_{L1}}{\omega}}\cdot\frac{A_{vm2}}{1-j\dfrac{\omega_{L2}}{\omega}}\cdot\cdots\cdot\frac{A_{vmn}}{1-j\dfrac{\omega_{Ln}}{\omega}} \tag{5-77}$$

其幅频特性为

$$A_{vL}(\omega) = \frac{A_{vm}}{\sqrt{\left[1+\left(\dfrac{\omega_{L1}}{\omega}\right)^2\right]\left[1+\left(\dfrac{\omega_{L2}}{\omega}\right)^2\right]\cdots\left[1+\left(\dfrac{\omega_{Ln}}{\omega}\right)^2\right]}} \tag{5-78}$$

式中，$A_{vm}=A_{vm1}\cdot A_{vm2}\cdot\cdots\cdot A_{vmn}$ 为 n 级放大电路的中频电压增益。

类似于上限截止角频率 ω_H 的求解方法，可得下限截止角频率的近似表达式为

$$\omega_L \approx \sqrt{\omega_{L1}^2+\omega_{L2}^2+\cdots+\omega_{Ln}^2} \tag{5-79}$$

若各级放大电路的下限截止角频率相等，即 $\omega_{L1}=\omega_{L2}=\cdots=\omega_{Ln}$，则有

$$\omega_L \approx \frac{\omega_{L1}}{\sqrt{2^{\frac{1}{n}}-1}} \tag{5-80}$$

由以上分析可以得出下述结论。

(1) 多级放大电路总的上限截止频率 f_H 比任何一级的上限截止频率 f_{Hk} 都要低，而下限截止频率 f_L 比任何一级的下限截止频率 f_{Lk} 都要高，也就是说，多级放大电路总的增益增大了，但总的通频带 $BW=f_H-f_L$ 变窄了。图 5.28 示出了由两个具有相同频率特性的单级放大电路组成的两级放大电路的伯德图。

(2) 在设计多级放大电路时，必须保证每一级的通频带都比总的通频带宽。例如，一个四级放大电路的总通频带要求为 300Hz～3.4kHz（电话传输所需带宽），若每级通频带都相同，则每级放大电路的上限截止频率 f_H 为 $3.4\text{kHz}/\sqrt{2^{1/4}-1}=7.8\text{kHz}$，而下限截止频率 f_L 应为 $300\sqrt{2^{1/4}-1}=130\text{Hz}$。

(3) 如果各级放大电路的通频带不同，且各级电路的上限或下限截止频率相距较远，则

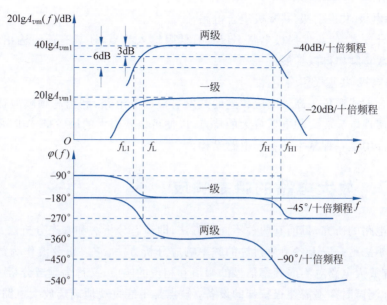

图 5.28 两级放大电路的伯德图

总的上限截止频率基本上取决于最低的一级,而总的下限截止频率取决于最高的一级。所以要增大总的上限截止频率 f_H,关键在于提高上限截止频率最低的那一级的 f_{Hi},因为它对总的 f_H 起了主导作用。

5.6 宽带放大电路的实现思想

在电子系统中,常常需要放大电路具有较宽的通频带,当 $f_H \gg f_L$ 时,$BW \approx f_H$。所以,扩展通频带的关键是扩展电路的上限截止频率 f_H,通常有以下 4 种方法。

(1) 改进集成工艺,通过提高管子的特征频率 f_T 扩展 f_H(本书不作讨论)。
(2) 在放大电路中引入负反馈扩展 f_H(将在第 8 章讨论)。
(3) 利用电流模技术扩展 f_H(将在 7.5 节简要介绍)。
(4) 利用组合电路扩展 f_H。

从原理上讲,后三种方法都是通过产生低阻节点扩展 f_H 的。

下面介绍常用于宽带放大电路设计中的组合电路形式。

1) 共发射极-共基极组合电路

由于共发射极放大电路的上限截止频率远小于共基极电路,所以这种组合电路的上限截止频率主要取决于共发射极电路,而共发射极电路的上限截止频率又随其负载电阻的减小而提高,因此可利用共基极电路的低输入电阻,作为共发射极电路的负载电阻,使共发射极电路具有低阻输出节点,从而减小了密勒效应,扩展了共发射极电路即整个电路的上限截止频率。这种组合电路一般用在负载电阻较大的场合。

2) 共集电极-共发射极组合电路

这种组合电路利用共集电极电路的低输出电阻,作为共发射极电路的信号源内阻,使共发射极电路具有低阻输入节点,扩展了电路的上限截止频率。这种组合一般用在信号源电阻较大的场合。

3) 共集电极-共发射极-共基极组合电路

这种组合方式,使共发射极电路不仅具有低阻输入节点,还具有低阻输出节点,从而使电路的上限截止频率得以扩展。

4) 共集电极-共基极组合电路

这种组合方式避免了高频响应较差的共发射极放大电路,利用高频响应优异的电路组态和分别能实现电流放大和电压放大的特点,以便可以获得大的增益带宽积,所以它在宽带放大电路设计中是一种基本的单元电路结构。

※5.7 放大电路的瞬态响应

对放大电路的研究,目前有两种不同的方法,即稳态分析法和瞬态分析法。

稳态分析法就是以上各节所讨论的频率响应分析方法,它以正弦波作为放大电路的基本信号,研究放大电路对不同频率信号的幅值和相位的响应,又称为**频域分析**。其优点是分析简单,实际测试时并不需要很特殊的设备;缺点是不能直观地确定放大电路的波形失真,因此也很难依靠这种分析方法选择使输出波形失真达到最小的电路参数。

瞬态分析法以单位阶跃信号作为放大电路的输入信号,研究放大电路的输出波形随时间变化的情况,常称为放大电路的**阶跃响应**或**时域响应**。其优点是从瞬态响应上可以很直观地判断放大电路的波形失真,并可利用脉冲示波器直接观测放大电路的瞬态响应;其缺点是分析比较复杂,尤其是在分析复杂电路和多级放大电路时显得更为突出。

在瞬态分析中,用以衡量波形失真的主要参数是**上升时间**和**平顶降落**。下面以单级放大电路为例讨论这两个参数,并将其与稳态分析中的频响参数相联系。

5.7.1 上升时间

上升时间描述了放大电路对快速变化信号的反应能力。阶跃电压上升较快的部分,与稳态分析的高频区相对应,所以可用 RC 低通电路模拟。在图 5.29(a)所示电路的输入端加一阶跃信号,如图 5.29(b)所示,可以推导出输出电压的表达式为

$$v_o(t) = (1 - e^{-\frac{t}{RC}})V_m \tag{5-81}$$

输出电压的波形如图 5.29(c)所示。

由图 5.29(c)可见,当输入信号突跳时,输出信号是不能突跳的,而是以指数规律上升至稳态值,这种现象称为前沿失真。上升时间 t_r 就是描述该电压上升快慢的一个指标,其定义为:输出电压从最终值的 10% 上升至 90% 所需要的时间。

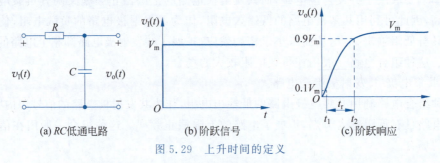

图 5.29 上升时间的定义

上升时间 t_r 的大小与 RC 的值有关。由图 5.29(c)可见,当 $t=t_1$ 时

$$\frac{v_o(t_1)}{V_m} = (1 - e^{-\frac{t_1}{RC}}) = 0.1$$

则

$$e^{-\frac{t_1}{RC}} = 0.9$$

同理,当 $t=t_2$ 时,

$$\frac{v_o(t_2)}{V_m} = (1 - e^{-\frac{t_2}{RC}}) = 0.9$$

则

$$e^{-\frac{t_2}{RC}} = 0.1$$

由此可得

$$\frac{e^{-\frac{t_1}{RC}}}{e^{-\frac{t_2}{RC}}} = \frac{0.9}{0.1} = 0.9$$

两边取对数,整理后得

$$t_r = t_2 - t_1 = (\ln 9)RC = 2.2RC \tag{5-82}$$

由例 5.2 可知,RC 低通电路的上限频率为 $f_H = \dfrac{1}{2\pi RC}$,所以有

$$t_r = \frac{0.35}{f_H} \quad \text{或} \quad t_r f_H = 0.35 \tag{5-83}$$

由式(5-83)可知,上升时间 t_r 与上限截止频率 f_H 成反比,f_H 越高,则 t_r 越小。从物理意义上讲,如果放大电路对阶跃电压的上升边沿响应很好,即输出电压的上升沿很陡直,那么,放大电路就能真实地放大变化很快的电压,因为实际上频率很高的正弦波正是一种变化很快的信号。

5.7.2 平顶降落

阶跃电压的平顶阶段与稳态分析中的低频区相对应,所以可用 RC 高通电路模拟。在图 5.30(a)所示电路的输入端加一阶跃信号,如图 5.30(b)所示,可以得到输出电压的表达式为

$$v_o(t) = V_m e^{-\frac{t}{RC}} \tag{5-84}$$

输出电压的波形如图 5.30(c)所示。

由图 5.30(c)可见,在 t_p 时间内,虽然输入电压是维持不变的,但由于电容 C 的影响,输出电压却是按指数规律下降的,下降速度取决于时间常数 RC,这种现象称为平顶降落,用 δ 表示。

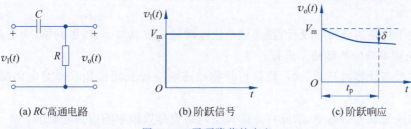

图 5.30 平顶降落的定义

下面计算某一时间间隔 t_p 内的平顶降落 δ 值。

将式(5-84)按幂级数展开,略去高次项,并满足时间常数 $RC \gg t_p$ 的条件时,可得

$$v_o(t) = V_m \left(1 - \frac{t_p}{RC}\right) \tag{5-85}$$

由例 5.3 可知,RC 高通电路的下限截止频率为 $f_L = \dfrac{1}{2\pi RC}$,所以有

$$\delta = \frac{t_p V_m}{RC} = 2\pi f_L t_p V_m \tag{5-86}$$

由式(5-86)可知,平顶降落 δ 与下限截止频率 f_L 成正比,f_L 越低,则 δ 越小。从物理意义上讲,如果放大电路对阶跃电压的平顶部分响应很好,即输出电压的波形很平,那么放大电路就能很好地放大变化很慢的电压,因为实际上频率很低的正弦波是一种变化很慢的信号。

如果输入电压是一个方波信号,则 t_p 代表方波的半个周期,V_m 代表输出方波信号的峰值,如图 5.31 所示。以 V_m 的百分数表示平顶降落,有

$$\delta = \frac{V_m - V'_m}{V_m} \times 100\% = \frac{t_p}{RC} \times 100\%$$

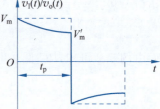

图 5.31 方波信号的平顶降落

考虑到 $t_p = \dfrac{T}{2}, f = \dfrac{1}{T}$,以及 $f_L = \dfrac{1}{2\pi RC}$,则有

$$\delta = \frac{\pi f_L}{f} \times 100\% \tag{5-87}$$

式(5-87)说明,平顶降落 δ 与下限截止频率 f_L 成正比。如果要求 50Hz 的方波信号通过电路时平顶降落 δ 不超过 10%,则电路的下限截止频率 f_L 不能高于 1.6Hz。

由以上讨论可知,瞬态分析法和稳态分析法虽然是两种不同的方法,但它们是有内在联系的。当放大电路的输入信号为阶跃电压时,在阶跃电压的上升阶段,放大电路的瞬态响应(上升时间 t_r)取决于放大电路的高频响应(f_H);而在阶跃电压的平顶阶段,放大电路的瞬态响应(平顶降落 δ)取决于放大电路的低频响应(f_L)。因此,一个频带很宽的放大电路,同时也是一个很好的方波信号放大电路。在实际应用上常用一定频率的方波信号去测试宽带放大电路的频率响应,如果它的方波响应很好,则说明它的频带较宽。根据式(5-83),如果测得某放大电路的上升时间 $t_r = 0.35\mu s$,则其通频带 $BW = 1MHz$。

但是应该清楚,稳态分析法在放大电路的分析中依然占主导地位。这是因为:

(1) 任何周期性的信号都可分解为一系列的正弦波,因此,主要讨论在正弦激励下的放大电路。

(2) 关于电路的分析和设计,在频域中比在时域中成熟得多,所以网络(含有源网络)的设计常常在频率响应的基础上进行。

(3) 在瞬态计算极其复杂时,往往可根据稳态响应研究间接地获得对电路瞬态响应的定性了解。

(4) 在反馈放大电路中,消除自激的补偿网络也是以频率响应为基础的。

本章小结

（1）由于放大电路中电抗元件的存在，会产生频率失真。为了使频率失真控制在允许的范围内，要求放大电路的通频带略宽于待放大信号所占据的频带。

（2）影响放大电路高频特性的主要因素是晶体管的极间电容，为了使电路的上限截止频率高，要求晶体管的特征频率 f_T 越高、极间电容越小越好；影响放大电路低频特性的主要因素是电路中的耦合电容和旁路电容，若要求电路的下限截止频率低，则耦合电容和旁路电容越大越好。

（3）共发射极放大电路的输入电容大，密勒倍增效应影响严重，输出电阻也比较大，所以上限截止频率比较低，通频带较窄；共集电极和共基极放大电路的高频响应较好，通频带较宽。

（4）电路一旦确定，增益带宽积基本上是一个常数。因此提高增益和扩展上限截止频率是一对矛盾，在设计电路时，应兼顾中频增益和上限截止频率的要求。

（5）若组成多级放大电路的各级的上限截止频率或下限截止频率接近，则可根据式(5-74)和式(5-79)方便地求解整个电路的上限截止频率和下限截止频率；若各级的上限截止频率或下限截止频率相距较远，则可认为各上限截止频率中最低者为整个电路的上限截止频率，各下限截止频率中最高者为整个电路的下限截止频率。

（6）可以利用改进集成工艺、提高晶体管的 f_T 以及负反馈、组合电路、电流模等技术扩展电路的上限截止频率。在宽带放大电路的设计中，CE-CB、CC-CE、CC-CE-CB、CC-CB 是常用的组合电路形式。

（7）频率响应和瞬态响应是分析放大电路的两种方法，前者是在频域中展开分析，后者在时域中展开分析，二者从不同的侧面反映了放大电路的性能，存在着内在的联系，上升时间 t_r 与上限截止频率 f_H 相关联，平顶降落 δ 和下限截止频率 f_L 相关联。工程上以频域分析为主要分析方法。

本章习题

【5-1】 已知某放大电路频率特性的表达式为

$$A(j\omega) = \frac{200 \times 10^6}{j\omega + 10^6}$$

试问该放大电路的低频增益、上限截止频率及增益带宽积各为多少？

【5-2】 已知某放大电路频率特性的表达式为

$$A(j\omega) = \frac{10^{13}(j\omega + 100)}{(j\omega + 10^6)(j\omega + 10^7)}$$

（1）试画出该放大电路的幅频特性和相频特性伯德图；
（2）确定该放大电路的中频增益及上限截止频率。

【5-3】 已知某放大电路的频率特性函数为

$$A(j\omega) = \frac{-1000}{\left(1 + j\dfrac{\omega}{10^7}\right)^3}$$

(1) 其低频电压增益 A_{vL} 为多少?
(2) 写出幅频及相频特性的表达式。
(3) 画出其幅频特性的伯德图。
(4) 其上限截止频率 f_H 为多少?

【5-4】 已知某 BJT 电流放大倍数 β 的幅频特性伯德图如题图 5.1 所示，试写出 β 的频率特性表达式,分别指出该管的 ω_β、ω_T 各为多少? 并画出其相频特性的伯德图。

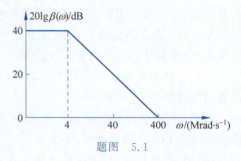

题图 5.1

【5-5】 一个放大电路的中频电压增益为 $A_{vm}=40$dB,上限截止频率 $f_H=2$MHz,下限截止频率 $f_L=100$Hz,输出不失真的动态范围为 $V_{opp}=10$V,在下列各种输入信号情况下会产生什么失真?

(1) $v_i(t)=0.1\sin(2\pi\times10^4 t)$ (V);
(2) $v_i(t)=10\sin(2\pi\times3\times10^6 t)$ (mV);
(3) $v_i(t)=10\sin(2\pi\times400 t)+10\sin(2\pi\times10^6 t)$ (mV);
(4) $v_i(t)=10\sin(2\pi\times10 t)+10\sin(2\pi\times5\times10^4 t)$ (mV);
(5) $v_i(t)=10\sin(2\pi\times10^3 t)+10\sin(2\pi\times10^7 t)$ (mV)。

【5-6】 已知一个高频 BJT,在 $I_{EQ}=2$mA 时测得 $\beta_0=80$,$h_{ie}=1.2$kΩ,$f_\beta=1.25$MHz。试计算该管的混合 π 型参数 f_T、$r_{bb'}$、$r_{b'e}$、$C_{b'e}$ 及 g_m 的值。

【5-7】 分压式偏置共发射极放大电路如题图 5.2 所示。已知 BJT 的参数为:$\beta=40$,$r_{bb'}=100$Ω,$r_{b'e}=1$kΩ,$C_{b'e}=100$pF,$C_{b'c}=3$pF,电路参数如图中所示。

(1) 画出电路的高频小信号等效电路,并确定上限截止频率 f_H 的值;
(2) 求中频源电压增益;
(3) 如果 R_L 提高 10 倍,中频源电压增益、上限截止频率、下限截止频率各为多少?

【5-8】 若两级放大电路各级的伯德图均如题图 5.3 所示,试画出整个电路的伯德图。

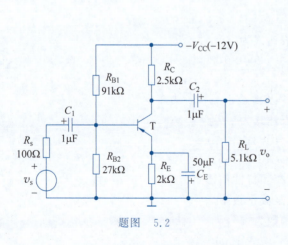

题图 5.2

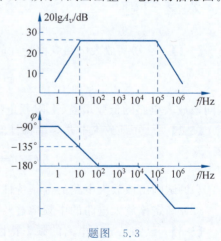

题图 5.3

【5-9】 放大电路如题图 5.4(a)所示。已知 BJT 的参数为:$\beta=100$,$r_{bb'}=100$Ω,$r_{b'e}=2.6$kΩ,$C_{b'e}=60$pF,$C_{b'c}=4$pF,电路参数如图中所示,要求电路的频率特性如题图 5.4(b)所

示。试确定：

(1) R_C 的值(首先满足中频增益的要求)；(2) C_1 的值；(3) f_H 的值。

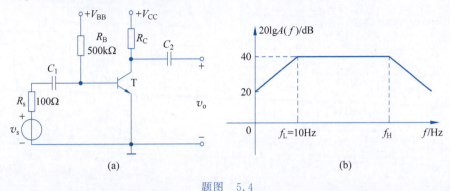

题图 5.4

【5-10】 将一阶跃电压信号加于放大电路的输入端，如题图 5.5(a)所示，用示波器观察输出信号，显示如题图 5.5(b)所示的波形，试估计该放大电路的上升时间 t_r 和上限截止频率 f_H（假设示波器本身的带宽远大于被测放大电路的带宽，且放大电路为单极点系统）。

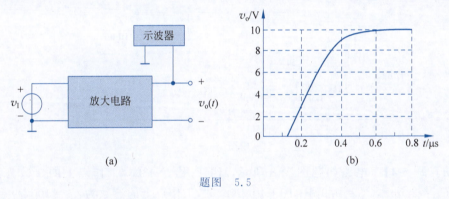

题图 5.5

Multisim 仿真习题

【仿真题 5-1】 电路如题图 3.27 所示，BJT 的型号及参数与仿真题 3-2 相同，用 Multisim 分析 C_E 在 $1\sim100\mu F$ 变化时，下限截止频率 f_L 的变化范围。

【仿真题 5-2】 研究如题图 5.6 所示的共发射极放大电路与共基极放大电路的频率特性。BJT 使用 2N2222。

(1) 对于共发射极放大电路，分别仿真 $C_{jc}=1pF$ 和 $8pF$ 时电压增益的频率特性，求出通频带；

(2) 对于共基极放大电路，分别仿真 $R_b=1\Omega$ 和 100Ω 时电压增益的频率特性，求出通频带。

【仿真题 5-3】 共射-共基组合放大电路如题图 5.7 所示，T_1、T_2 均为 NPN 型硅管 2N2222。试用 Multisim 作如下分析：

(1) 求该组合放大电路的幅频响应和相频响应；

(2) 若去掉 T_2、R_{B3}、R_{B4}、C_B，并把 R_C 与 C_2 之间的节点直接接至 T_1 的集电极，成为单级共射放大电路，求此单级共射电路的频率响应，并与原组合电路的频率响应相比较。

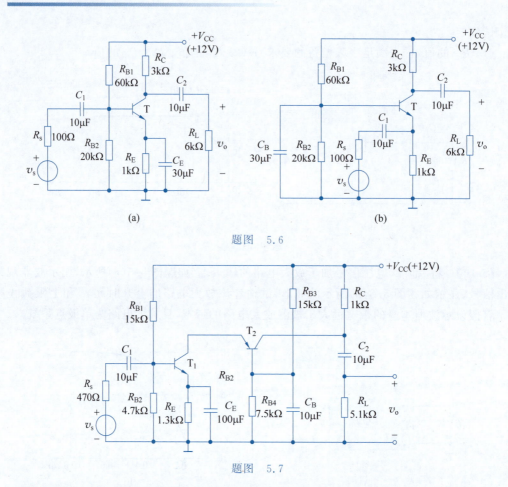

题图 5.6

题图 5.7

【仿真题 5-4】 电路如题图 5.8 所示，JFET 用 2N4393，工作点上的参数为：$g_m = 18\text{mS}, C_{gs} = 2.5\text{pF}, C_{gd} = 0.9\text{pF}$；BJT 用 2N2222，工作点上的参数为：$\beta = 100, r_{bb'} = 50\Omega, r_{b'e} = 1\text{k}\Omega, C_{b'e} = 80\text{pF}, C_{b'c} = 5\text{pF}$。试作出电路的幅频响应，求电路的上限截止频率 f_H。

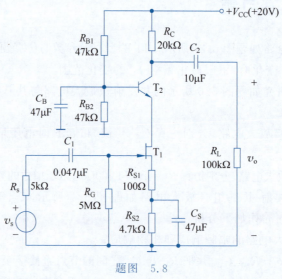

题图 5.8

第 6 章 低频功率放大电路

CHAPTER 6

本章主要介绍功率放大电路的特点,低频功率放大电路的典型电路及其功率、效率的分析与计算方法。最后扼要介绍了集成功率放大电路的特点及功率器件的有关问题。

6.1 功率放大电路概述

在实际的应用电路中,往往要求多级放大电路的最后一级(即输出级)能输出一定的功率,以驱动负载,如驱动扬声器、电机、计算机显示器和电视机扫描偏转线圈等。**能够向负载提供足够信号功率的放大电路称为功率放大电路**,简称**功放**。从能量控制和转换的角度看,功率放大电路与第 3 章、第 4 章介绍的放大电路没有本质上的区别;只是功放既不是单纯地追求高的输出电压,也不是单纯地追求大的输出电流,而是追求在电源电压确定的情况下,输出尽可能大的功率。

第 35 集
微课视频

6.1.1 功率放大电路的特点和主要研究问题

功率放大电路的主要功能是在保证信号不失真(或失真较小)的前提下获得尽可能大的信号输出功率。由于其中的放大管通常工作在大信号状态下,所以常用图解法进行分析。与前面讨论的电压放大电路不同,在功率放大电路的研究中特别需要关注以下问题。

1. 输出功率 P_o

功率放大电路的输出功率是指负载上能够得到的信号功率,对正弦信号来说可以写成

$$P_o = V_o I_o \tag{6-1}$$

式中,V_o 和 I_o 分别为负载上正弦信号电压和电流的有效值。

对于功率放大电路而言,除了讨论它的输出功率之外,更重要的是研究在功放管安全工作的情况下,它所能够输出的最大功率 P_{om}。

2. 效率 η

效率定义为放大电路的输出功率与直流电源供给的功率之比,用 η 表示,即

$$\eta = \frac{P_o}{P_D} \tag{6-2}$$

对于功率放大电路而言,更多关注的是最高效率,即

$$\eta_{max} = \frac{P_{om}}{P_D} \tag{6-3}$$

3. 非线性失真问题

功率放大电路是在大信号下工作的,所以不可避免地会产生非线性失真,而且输出功率越大,非线性失真往往越严重,这就使非线性失真和输出功率成为一对主要的矛盾。但在不同的应用场合,对非线性失真的要求不尽相同,因此,应根据不同的情况,恰当处理非线性失真和输出功率之间的矛盾。例如,在测量系统和电声设备中,对非线性失真的要求比较严格;而在工业控制系统等场合中,则以输出功率为主要目的,对非线性失真的要求就降为次要的问题。

4. 功放管的散热与保护问题

在 BJT 功率放大电路中,有相当大的功率消耗在管子的集电结上,使集电结温度和管壳温度升高。为了充分利用允许的管耗使管子输出足够大的功率,功放管的散热是一个很重要的问题。

此外,在功率放大电路中,为了输出大的信号功率,功放管往往在接近极限状态下工作,管子承受的电压要高,通过的电流要大,功放管损坏的可能性也就比较大,所以,功放管的保护问题也不容忽视。

6.1.2 功率放大电路的分类

通常在加入交流输入信号后,按照输出级晶体管的导通情况,功率放大电路可分为甲类、乙类、甲乙类和丙类几种类型。

1. 甲类(class A)功放

在交流信号的一个周期内,功放管始终导通,其导电角 $\theta = 360°$。该类电路的主要优点是输出信号的非线性失真较小。主要缺点是:直流电源在静态时的功耗较大,效率 η 较低,在理想情况下,甲类功放的最高效率只能达到 50%。

2. 乙类(class B)功放

在交流信号的一个周期内,功放管只有半个周期导通,其导电角 $\theta = 180°$。该类电路的主要优点是直流电源的静态功耗为零,效率 η 较高,在理想情况下,最高效率可达 78.5%。主要缺点是:输出信号中会产生交越失真。

3. 甲乙类(class AB)功放

在交流信号的一个周期内,功放管导通的时间略大于半个周期,其导电角 $180° < \theta < 360°$。功放管的静态电流大于零,但非常小。这类电路保留了乙类功放的优点,且克服了乙类功放的交越失真,是最常用的功率放大电路类型。

4. 丙类(class C)功放

在交流信号的一个周期内,功放管导通的时间略小于半个周期,其导电角 $\theta < 180°$。丙类功率放大电路可提供很大的功率,效率 η 高于 78.5%。这类功放主要用于射频电路中,它以 RLC 调谐回路作为负载,可用于无线电台和电视发射系统。由于这类电路属于特殊的研究领域,本书不作讨论。

6.2 甲类功率放大电路

第 3 章和第 4 章研究的小信号放大电路都偏置在甲类状态。图 6.1(a)是基本共发射极放大电路,空载情况下,其工作过程的图解分析如图 6.1(b)所示。

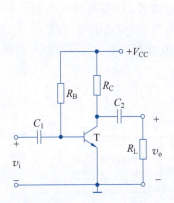 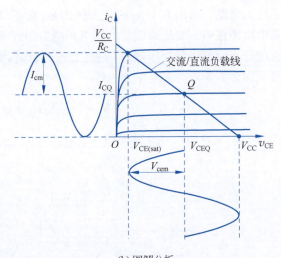

(a) 共发射极放大电路　　(b) 图解分析

图 6.1　甲类功率放大电路

由图 6.1(b)可见,空载情况下,交流负载线与直流负载线重合。若静态工作点 Q 设置合适,电路所能输出的最大电压的幅值为

$$V_{\text{cem(max)}} = \frac{1}{2}(V_{\text{CC}} - V_{\text{CE(sat)}})$$

最大输出电流的幅值为

$$I_{\text{cm(max)}} = I_{\text{CQ}}$$

当忽略 BJT 的饱和压降 $V_{\text{CE(sat)}}$ 时,电路的最大输出功率为

$$P_{\text{om}} = \frac{1}{2}V_{\text{cem(max)}}I_{\text{cm(max)}} = \frac{1}{4}V_{\text{CC}}I_{\text{CQ}} \tag{6-4}$$

下面讨论甲类功率放大电路的效率 η。为此,需要求出直流电源供给的功率。

静态时,直流电源供给的功率为

$$P_{\text{D}} = V_{\text{CC}}I_{\text{CQ}} \tag{6-5}$$

动态时,直流电源供给的平均功率为

$$P_{\text{D}} = \frac{1}{2\pi}\int_0^{2\pi}V_{\text{CC}}(I_{\text{CQ}} + I_{\text{cm}}\sin\omega t)\text{d}\omega t = V_{\text{CC}}I_{\text{CQ}} \tag{6-6}$$

由式(6-5)和式(6-6)可知,无论有没有交流信号输入,在甲类功率放大电路中,直流电源供给的功率都是相同的。当没有交流信号输入时,也就没有交流信号输出,直流电源供给的功率大部分消耗在 BJT 上;当有交流信号输入时,直流电源供给的功率一部分转化为交变的信号功率输出了,另一部分则主要消耗在 BJT 上(具体分析见 3.3.4 节)。由此可见,甲类功放中 BJT 的管耗在静态工作时达到最大值,其值等于直流电源供给的功率。

由以上讨论可以得出,图 6.1(a)所示电路的最高效率为

$$\eta_{\text{max}} = \frac{P_{\text{om}}}{P_{\text{D}}} = \frac{\frac{1}{4}V_{\text{CC}}I_{\text{CQ}}}{V_{\text{CC}}I_{\text{CQ}}} = 25\% \tag{6-7}$$

可见,电容耦合甲类功放的效率很低,最高效率仅为 25%。若电路带载,效率更低。利用电感和变压器可以将甲类功放的效率提高到 50%。图 6.2(a)为变压器耦合的甲

类功率放大电路。与图 6.1(a)的最大区别是,它不是通过电容,而是通过变压器将负载耦合到集电极回路中。变压器绕组的特点是绕组的直流电阻很小,交流电阻比较大。因此,在进行直流分析时可将其看作短路;进行交流分析时,要考虑负载电阻 R_L 通过变压器转换到变压器一次侧的等效交流电阻 R'_L,即

$$R'_L = \left(\frac{N_1}{N_2}\right)^2 R_L = n^2 R_L \tag{6-8}$$

图 6.2(a)电路的图解分析如图 6.2(b)所示。

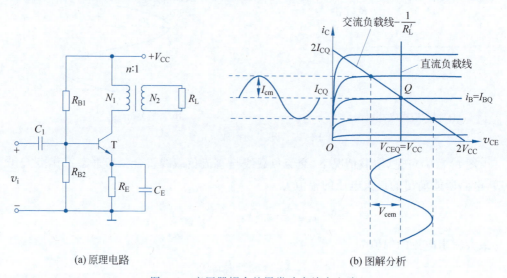

(a) 原理电路　　　　　　　　　(b) 图解分析

图 6.2　变压器耦合的甲类功率放大电路

如果忽略变压器一次绕组的直流电阻,并假设 R_E 非常小,由图 6.2(a)可得其直流负载线方程为:$V_{CEQ} = V_{CC}$。因此,直流负载线是过横轴 $V_{CEQ} = V_{CC}$ 那一点,并且与纵轴平行的一条直线,如图 6.2(b)所示。

直流负载线和 $i_B = I_{BQ}$ 那条输出特性曲线的交点就是静态工作点 Q。

过 Q 点作斜率为 $-\frac{1}{R'_L}$ 的直线即得交流负载线,如图 6.2(b)所示。R'_L 的大小决定了交流负载线斜率的大小,进而影响着功率放大电路的性能指标。当 R'_L 为最佳匹配负载时,Q 点正是交流负载线的中点,即交流负载线和横轴的交点是 $2V_{CC}$,与纵轴的交点是 $2I_{CQ}$。

由图 6.2(b),并考虑到式(6-1)可得电路的输出功率为

$$P_o = \frac{1}{2} V_{cem} I_{cm} \tag{6-9}$$

当 R'_L 为最佳匹配负载,并忽略 BJT 的饱和压降 $V_{CE(sat)}$ 时,得到最大输出功率为

$$P_{om} = \frac{1}{2} V_{CC} I_{CQ} \tag{6-10}$$

由于直流电源提供的功率 $P_D = V_{CC} I_{CQ}$,所以最大效率为

$$\eta_{max} = \frac{P_{om}}{P_D} = \frac{\frac{1}{2} V_{CC} I_{CQ}}{V_{CC} I_{CQ}} = 50\% \tag{6-11}$$

6.3 乙类功率放大电路

由 6.2 节的讨论可知,甲类功率放大电路的效率很低,其原因是:甲类功放的静态电流较大,即便是没有交流信号输入时,直流电源仍然消耗能量。要想提高功率放大电路的效率 η,可以压低静态工作点 Q,理想情况下,可以将 Q 点压至横轴上(即 $I_{CQ}=0$),这样,当没有交流信号输入时,直流电源输出的功率为零,从而提高了效率。基于上述思想,产生了乙类功率放大电路。

6.3.1 电路组成及工作原理

图 6.3 为两个射极输出器组成的乙类功率放大电路。其中,T_1 是 NPN 型 BJT,T_2 是 PNP 型 BJT,两管特性相同,因此,该电路又称为**乙类互补推挽功率放大电路**(Complementary Push-Pull Circuit)。由于功放管与负载之间无输出耦合电容,所以,该电路通常也称为 **OCL**(Output Capacitor Less)电路。

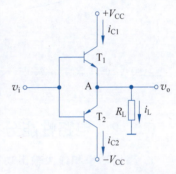

图 6.3 乙类功率放大电路

静态($v_i=0$)时,由于 T_1、T_2 对称,所以 A 点电位为零,负载上没有电流流过,输出电压 v_o 等于零;由于 A 点电位为零,因此 T_1、T_2 的发射结均无偏置电压,两管电流亦为零,故乙类功放在静态工作时,直流电源不消耗能量。

当输入正弦信号,且在信号的正半周($v_i>0$)时,T_1 管的发射结处于正向偏置,T_1 管导通;T_2 管的发射结处于反向偏置,T_2 管截止,电流由 $+V_{CC}$ 流经 T_1 管到负载电阻 R_L,再到地。负载上电流的方向是自上而下的,这样就形成了负载电流 i_L 的正半周。

在信号的负半周($v_i<0$)时,T_1 管的发射结处于反向偏置,T_1 管截止;T_2 管的发射结处于正向偏置,T_2 管导通,电流由地经负载电阻 R_L 再经 T_2 管流向 $-V_{CC}$。负载上电流的方向是自下而上的,这样就形成了负载电流 i_L 的负半周。

由以上讨论可知,在信号的正半周,T_1 管工作;在信号的负半周,T_2 管工作,两管交替工作完成了一个周期的负载电流的输出。两管一通、一断,轮流导电的工作方式通常称为"**推挽**"方式。

图 6.4 示出了乙类功率放大电路的图解分析过程。在图 6.4(b)中,为了便于分析,将 T_2 的特性曲线倒置在 T_1 的下方,并令二者在 Q 点,即 $v_{CE}=V_{CC}$ 处重合,形成 T_1、T_2 的所谓合成曲线。

由图 6.4(b)可知,因为 T_1、T_2 管特性相同,所以,当有信号输入时,两管中电流的幅值相同,即 $I_{cm1}=I_{cm2}=I_{cm}$;两管集电极-发射极间电压的幅值也相同,即 $V_{cem1}=V_{cem2}=V_{cem}$。由以上讨论可知,流过负载 R_L 的电流和流过 T_1、T_2 管的电流相同;由图 6.3 可知,负载 R_L 上电压变化的幅值与 T_1、T_2 管集电极-发射极间电压的幅值相同,相位相反。

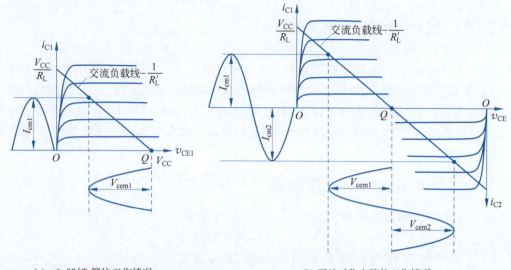

(a) $v_i>0$ 时 T_1 管的工作情况　　　　(b) 互补对称电路的工作情况

图 6.4　乙类功率放大电路的图解分析

6.3.2　电路性能分析

1. 输出功率和最大输出功率

由图 6.4(b)可以写出乙类功率放大电路的输出功率为

$$P_o = \frac{1}{2} V_{cem} I_{cm} \tag{6-12}$$

不难理解,乙类互补推挽功放的输出功率和激励信号的大小有关,激励信号越大,输出功率就越大。输出功率也可以表示为如下形式

$$P_o = \frac{1}{2} \cdot \frac{V_{cem}^2}{R_L} = \frac{1}{2} \cdot \frac{V_{CC}^2}{R_L} \xi^2 \tag{6-13}$$

式中,

$$\xi = \frac{V_{cem}}{V_{CC}} \tag{6-14}$$

ξ 表示 T_1、T_2 管 v_{ce} 变化的幅值和 V_{CC} 的比例关系,称为**电压利用系数**。显然,激励信号越大,电压利用系数就越高,输出功率就越大。若忽略 BJT 的饱和压降 $V_{CE(sat)}$,ξ 最大为 1。

乙类功率放大电路的最大输出功率为

$$P_{om} = \frac{1}{2} \cdot \frac{V_{CC}^2}{R_L} \tag{6-15}$$

2. 效率与最高效率

求效率时应首先求出直流电源供给的功率。乙类功放的静态电流为零,静态时直流电源不消耗功率。当有交流信号输入时,T_1、T_2 管轮流导通,使两个直流电源轮流提供能量,两直流电源提供的平均功率为

$$P_D = \frac{1}{\pi} \int_0^\pi V_{CC} I_{cm} \sin\omega t \, dt = \frac{2}{\pi} V_{CC} I_{cm} = \frac{2}{\pi} \cdot \frac{V_{CC}^2}{R_L} \xi \tag{6-16}$$

因此,乙类功率放大电路的效率为

$$\eta = \frac{P_\text{o}}{P_\text{D}} = \frac{\frac{1}{2} \cdot \frac{V_\text{CC}^2}{R_\text{L}} \xi^2}{\frac{2}{\pi} \cdot \frac{V_\text{CC}^2}{R_\text{L}} \xi} = \frac{\pi}{4} \xi \tag{6-17}$$

式(6-17)表明：电压利用系数 ξ 越大，效率 η 就越高。若忽略 BJT 的饱和压降 $V_\text{CE(sat)}$，乙类功放的最高效率为

$$\eta_\text{max} = \frac{\pi}{4} = 78.5\% \tag{6-18}$$

由此可见，乙类功放的效率比甲类功放的高。

6.3.3 功率 BJT 的选择

选择功率 BJT 的最基本要求是必须保证其工作在安全工作区，因此，务必清楚功放管工作时可能出现的最大集电极电流、集电极-发射极(集-射)间承受的最大电压以及最大管耗。

由图 6.4(b)可知，当电路的输出功率最大时，功放管的集电极电流最大，若忽略功放管的饱和压降，功放管的最大集电极电流为 $\dfrac{V_\text{CC}}{R_\text{L}}$。

已经知道，乙类功放中两管轮流导电，当一管导通时，另一管截止，当导通管输出最大信号电压时，处于截止状态的功放管集-射间承受最大的电压。由图 6.3 可以得出，T_1 管集-射间承受最大的电压为 $2V_\text{CC}$；T_2 管集-射间承受最大的电压为 $-2V_\text{CC}$。

下面讨论最大管耗的问题。

在功率放大电路中，直流电源提供的能量，一部分转换成信号功率输送给了负载，另一部分则以热量形式消耗在功放管上，即

$$P_\text{D} = P_\text{o} + P_\text{T} \tag{6-19}$$

式中，P_T 为功放管所消耗的功率。

由式(6-19)，并结合式(6-13)和式(6-16)可得单管的管耗为

$$\begin{aligned} P_\text{T1} = P_\text{T2} = \frac{P_\text{T}}{2} = \frac{P_\text{D} - P_\text{o}}{2} &= \frac{\frac{2}{\pi} \cdot \frac{V_\text{CC}^2}{R_\text{L}} \xi - \frac{1}{2} \cdot \frac{V_\text{CC}^2}{R_\text{L}} \xi^2}{2} \\ &= P_\text{om}\left(\frac{2}{\pi}\xi - \frac{1}{2}\xi^2\right) \end{aligned} \tag{6-20}$$

由此可见，每只功放管的管耗和电压利用系数 ξ 有关。

式(6-20)对 ξ 求导，并令导数等于零，则可以求出管耗最大时的 ξ 值。

$$\frac{\mathrm{d}P_\text{T1}}{\mathrm{d}\xi} = P_\text{om}\left(\frac{2}{\pi} - \xi\right) \tag{6-21}$$

令

$$\frac{\mathrm{d}P_\text{T1}}{\mathrm{d}\xi} = 0$$

则

$$\xi = \frac{2}{\pi} \approx 0.6 \tag{6-22}$$

由式(6-22)可知，当 $\xi \approx 0.6$，即 $V_\text{om} \approx 0.6V_\text{CC}$ 时，功放管的管耗最大。将 $\xi \approx 0.6$ 代入式(6-20)中，可得最大管耗为

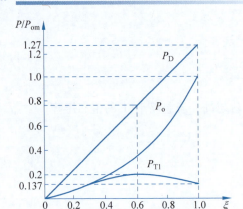

图 6.5 乙类功放中 P_D、P_o、P_{T1} 随 ξ 变化的关系曲线

$$P_{T1m} = P_{T2m}$$
$$= P_{om}\left(\frac{2}{\pi} \times 0.6 - \frac{1}{2} \times 0.6^2\right)$$
$$\approx 0.2 P_{om} \quad (6\text{-}23)$$

为了加深对乙类功放中各功率关系的理解，下面给出图 6.5。

图中的横坐标为 $\xi(V_{om}/V_{CC})$，纵坐标分别用 P_D/P_{om}，P_o/P_{om}，P_{T1}/P_{om}，即 P/P_{om} 表示。

由图 6.5 可进一步看到，乙类功放中，直流电源提供的功率 P_D 与 ξ 呈线性关系，输出功率 P_o 以及管耗 P_{T1} 与 ξ 不是线性关系，且 $P_D = P_o + 2P_{T1}$。

通过以上讨论可知，若忽略 BJT 的饱和压降 $V_{CE(sat)}$，T_1、T_2 管的选择应满足以下条件：

$$I_{CM} > \frac{V_{CC}}{R_L} \quad (6\text{-}24)$$

$$|V_{(BR)CEO}| > 2V_{CC} \quad (6\text{-}25)$$

$$P_{CM} > 0.2 P_{om} \quad (6\text{-}26)$$

6.4 甲乙类功率放大电路

在乙类功率放大电路的讨论中，忽略了 BJT 发射结的死区电压。实际上，只有当 BJT 的发射结电压大于死区电压时，BJT 才导通，因此，在如图 6.3 所示电路中，在信号的正半周，T_1 管并不能在零点附近导通，而是当信号电压大于死区电压时才导通，所以其导电角小于 $180°$；同理，T_2 管的导电角也小于 $180°$。这样就使输出电流和输出电压在零点附近产生"交越"失真，如图 6.6 所示。

产生交越失真的原因是，在乙类功放中两只功放管的静态电流为零。因此，为了克服交越失真，可以给两只功放管设置一定的静态电流，使其在静态时处于微导通状态，从而构成甲乙类功率放大电路。

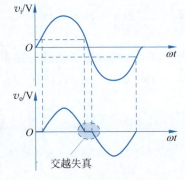

图 6.6 交越失真

6.4.1 甲乙类双电源功率放大电路

1. 基本电路

图 6.7 示出了两种常见的甲乙类功率放大电路的形式。

图 6.7(a)中，T_1 管组成共发射极放大电路(图中未画出其静态偏置电路)，作为前置推动级。T_2、T_3 管组成互补推挽功率放大电路。静态时，在二极管 D_1、D_2 上产生的压降为 T_2、T_3 管提供了一个适当的偏置电压，使功放管处于微导通状态。当有交流信号输入时，由于二极管呈现的交流电阻很小，可以忽略不计，因此，A、B 两点的交流电位近似相等，这样，功率放大级的两只管子的输入信号可近似认为相同。

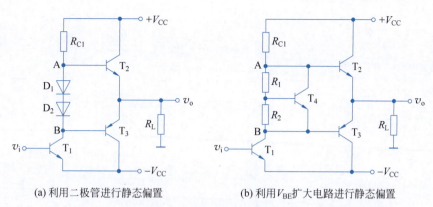

(a) 利用二极管进行静态偏置　　　　(b) 利用V_{BE}扩大电路进行静态偏置

图 6.7　甲乙类功率放大电路

图 6.7(a)所示电路的主要缺点是,其偏置电压不易调整。所以,在集成电路中,甲乙类功放常采用图 6.7(b)所示的偏置电路。图 6.7(b)与图 6.7(a)的不同之处在于,用 T_4 管和电阻 R_1、R_2 组成了 T_2、T_3 管的偏置电路。由于流入 T_4 管基极的电流远小于流过 R_1、R_2 的电流,因此,由图 6.7(b)可以得到

$$V_{AB} \approx (R_1 + R_2)\frac{V_{BE4}}{R_2} = \left(1 + \frac{R_1}{R_2}\right)V_{BE4} \tag{6-27}$$

式(6-27)表明:功放管 T_2、T_3 基极间的电位差是 V_{BE4} 的倍数关系,所以,由 T_4 管和电阻 R_1、R_2 组成的电路通常称为"**V_{BE} 扩大电路**"。要想改变功放管的静态偏置电压,只要适当调节 R_1、R_2 的比值即可。

由于 T_4 管的交流输出电阻很小(T_4、R_1、R_2 组成的电路中引入了电压并联负反馈),所以,A、B 两点的交流电位近似相等。

甲乙类功率放大电路的静态电流 I_{CQ} 虽然不为零,但是一般设计时都使 I_{CQ} 很小,因此,其各项指标均可以按乙类功率放大电路的进行计算。

2. 采用复合管的甲乙类功率放大电路

互补对称推挽功放中使用 NPN 型和 PNP 型 BJT。在集成电路设计中,PNP 型 BJT 常为横向结构,β 值的范围只有 5~10,而 NPN 型 BJT 为纵向结构,其 β 可高达 200。这意味着 NPN 型和 PNP 型 BJT 不能很好地匹配,为了解决这一问题,常采用复合管,复合管通常又称为**达林顿管**。

复合管的构成一般遵循以下原则。

(1) 复合管可用两只 BJT 复合,也可用多只 BJT 复合,FET 也能和 BJT 复合。

(2) 复合管复合时应保证前级管与后级管的电流有正常的流通通路。

(3) 若两只 BJT 复合,则前级管的 C、E 极不能和后级管的 B、E 极连接,只能与后级管的 B、C 极连接。

(4) 复合管的等效管型取决于前级管的管型。

图 6.8 示出了两种复合管的形式,它们均是由两只 BJT 构成的复合管,其中,图 6.8(a)等效为 NPN 型管,图 6.8(b)等效为 PNP 型管。

对于图 6.8(a),则有

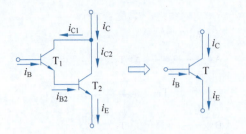 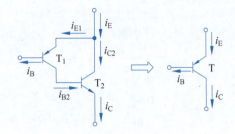

(a) 等效为NPN型管　　　　　　　　(b) 等效为PNP型管

图 6.8　复合管

$$i_C = i_{C1} + i_{C2} = \beta_1 i_B + \beta_2 i_{B2} = \beta_1 i_B + \beta_2 i_{E1}$$
$$= \beta_1 i_B + \beta_2(1+\beta_1)i_B = (\beta_1 + \beta_2 + \beta_1\beta_2)i_B$$

因此,复合管的 β 值为

$$\beta = \frac{i_C}{i_B} = \beta_1 + \beta_2 + \beta_1\beta_2 \approx \beta_1\beta_2$$

对于图 6.8(b)所示的复合管,则有

$$i_C = i_{E2} = (1+\beta_2)i_{B2} = (1+\beta_2)i_{C1} = (1+\beta_2)\beta_1 i_B = (\beta_1 + \beta_1\beta_2)i_B$$

因此,复合管的 β 值为

$$\beta = \frac{i_C}{i_B} = \beta_1 + \beta_1\beta_2 \approx \beta_1\beta_2$$

可见,两管复合后,等效的 β 值增大。

图 6.9 是采用复合管的甲乙类功率放大电路。图中,T_1 管组成射极输出器,作为前级电路与功率输出级之间的缓冲级。

T_2、T_3 管组成 NPN 型复合管,T_4、T_5、T_6 管组成 PNP 型复合管,二极管 D_1、D_2、D_3 提供输出级晶体管所需要的直流偏置。

T_2、T_3 管组成的复合管的等效 β 值约为 $\beta_2\beta_3$,T_4、T_5 和 T_6 管组成的复合管的等效 β 值约为 $\beta_4\beta_5\beta_6$,由于 T_4 管为 PNP 型管,所以 β_4 的值很小,这样,就可能使复合的 NPN 型管的等效 β 值与复合的 PNP 型管的等效 β 值近似相等,从而实现 NPN 型管与 PNP 型管的互补对称。

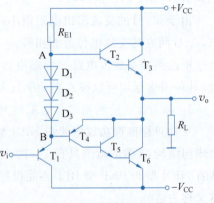

图 6.9　采用复合管的甲乙类功率放大电路

6.4.2　甲乙类单电源功率放大电路

图 6.10(a)所示电路为甲乙类单电源功率放大电路,也称为 **OTL**(Output Transformer Less)电路。图 6.10(b)为其等效电路。

比较图 6.7(a)所示电路与图 6.10(a)所示电路可以看出,前者使用双电源供电,无输出耦合电容;后者采用单电源供电,输出信号用大电容进行耦合。

在图 6.10(a)中,由于 T_2、T_3 两管对称,所以,静态时 K 点的电位为 $V_K = V_{CC}/2$。

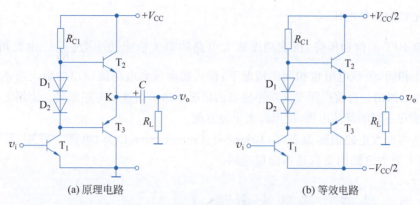

图 6.10 甲乙类单电源功率放大电路

当有交流信号输入时,T_2、T_3 两管轮流导通。在信号的负半周,T_2 管导通,电源对电容进行充电,有电流流过负载,其方向自上而下;在信号的正半周,T_3 管导通,电容通过 T_3 管和负载放电,流过负载的电流方向是自下而上的,这样,在负载上便得到了一个完整周期的信号电流。显然,当 T_3 管导通时,电容 C 上的电压起到了电源电压的作用。因此,图 6.10(a)所示的甲乙类单电源功放可等效为 6.10(b)所示的电源为 $\pm V_{CC}/2$ 的甲乙类双电源功放。

需要强调的是,图 6.10(a)所示电路中,为了使输出电压正、负半周幅度对称,电容要选得足够大,使电容的充电、放电时间常数远大于信号的工作周期,通常,电容 C 的选择应满足

$$C \geqslant (5 \sim 10) \cdot \frac{1}{2\pi R_L f_L} \tag{6-28}$$

其中,f_L 为电路的下限截止频率。

单电源供电的甲乙类功率放大电路的输出功率、效率等的计算公式和双电源供电的甲乙类功放唯一的区别是:电源电压由原公式中的 V_{CC} 替换为 $V_{CC}/2$ 即可。

若忽略功率 BJT 的饱和压降,单电源供电的甲乙类功放的最大输出功率 $P_{om} = \frac{1}{8} \cdot \frac{V_{CC}^2}{R_L}$。

6.5 桥式功率放大电路

单电源功率放大电路需要一个很大的电容,这样会使整个设备的重量和体积增大。图 6.11 所示的桥式功率放大电路使用单电源,但没有用大电容,不过整个电路包含四只特性对称的 BJT。

由于 BJT 是对称的,所以静态时负载电阻两边的电位相同,负载中不会有电流,因此也没有输出电压。

当有交流信号输入时,四只 BJT 两两轮流导通。在信号的正半周,T_1、T_4 管导通,T_2、T_3 管截止,电流如图 6.11 中实线所示,负载上获得正半周电压;在信号的负半周,T_2、T_3 管导通,T_1、T_4 管截止,电流如图 6.11 中虚线所示,负载上获得负半周电压。这样,负载上就获

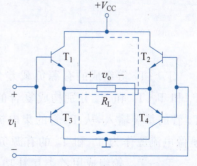

图 6.11 桥式功率放大电路

得了一个完整的信号电压。

若忽略 BJT 的饱和压降,桥式功率放大电路的最大输出功率为 $\dfrac{V_{CC}^2}{2R_L}$。由此可见,在所用电源电压相同,负载电阻也相同的情况下,桥式功率放大电路能输出的最大功率是甲乙类单电源功放的四倍。目前在需要大功率输出的情况下多采用这种电路形式。市场上也有将四只 BJT 集成在一起的器件出售,使用起来十分方便。

桥式功率放大电路简称为 **BTL**(Balanced Transformer Less)电路。另外,需要强调的是,桥式功率放大电路的负载是不能接地的。

※6.6 集成功率放大电路

随着线性集成电路的发展,集成功率放大电路的应用也日益广泛。OTL、OCL 和 BTL 电路均有各种不同输出功率和不同电压增益的多种型号的集成电路。应当注意,在使用 OTL 集成功放时,需外接输出电容。

下面简单介绍两款典型的集成功率放大电路及其应用。

6.6.1 BJT 集成功率放大电路 LM386

LM386 是一种集成的音频功率放大电路,由双极结型晶体管组成。它具有自身功耗低、电压增益可调、电源电压范围宽、频带宽、外接元件少和总谐波失真小等优点,广泛应用于录音机和收音机中。

图 6.12 示出了 LM386 的内部电路原理图。

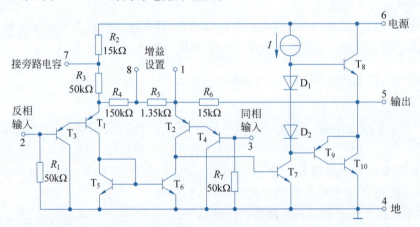

图 6.12 LM386 内部电路原理图

$T_1 \sim T_6$ 等组成的有源负载差分放大电路(将在第 7 章介绍)作为前置放大级。其中,T_1 和 T_3、T_2 和 T_4 分别构成复合的 PNP 型管,作为差分放大电路的放大管,信号从 T_3 和 T_4 管的基极输入,从 T_2 管的集电极输出,为双端输入单端输出差分电路;T_5 和 T_6 组成的镜像电流源作为 T_1 和 T_2 的有源负载。

$T_8 \sim T_{10}$ 等组成甲乙类互补功率输出级。其中,T_9、T_{10} 复合成 PNP 型管,与 NPN 型管 T_8 配对;二极管 D_1、D_2 为输出级提供合适的偏置电压,可以消除交越失真。

电阻 R_6 从输出端连接到 T_2 的发射极,与 R_4、R_5 构成反馈网络,引入了深度电压串联负反馈(关于负反馈,将在第 8 章讨论),从而使整个电路具有稳定的电压增益。

LM386 的外形和引脚的排列如图 6.13 所示。其接线图如图 6.14 所示。

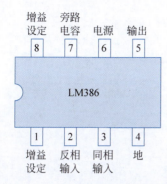

图 6.13　LM386 的外形和引脚的排列图

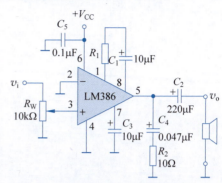

图 6.14　LM386 的接线图

在引脚 1 和 8 之间外接不同阻值的电阻(同时串联大容量电容)时,电压放大倍数的调节范围为 20～200,即电压增益的调节范围为 26～46dB。

由于 LM386 为单电源供电,所以属于 OTL 电路,故输出端"5"应外接电容后再接负载。此外,使用时在引脚 7 和地之间需接旁路电容。

C_5 为去耦电容,可防止电路自激。R_2 和 C_4 组成容性负载,抵消扬声器部分的感性负载,以防止在信号突变时,扬声器上呈现较高的瞬时电压而导致损坏,且可改善音质。

6.6.2　Bi-MOS 集成功率放大电路 SHM1150 Ⅱ

SHM1150Ⅱ集成功率放大电路(集成功放)如图 6.15(a)所示,它由双极结型晶体管和 VMOS 管(关于 VMOS 管的介绍,可参阅 6.7.2 节)组成,采用双电源供电。电路允许电源电压范围为 $-50\sim-12$V 和 $12\sim50$V,最大输出功率可达 150W。SHM1150Ⅱ集成功放使用十分方便,其外部接线如图 6.15(b)所示。

由图 6.15(a)可见,SHM1150Ⅱ集成功放由双极结型晶体管 T_1、T_2 组成差分输入级,双端输出。T_4、R_8 组成电压跟随器,与 T_5 一起实现了将 T_1、T_2 上的双端输出信号转化为单端输出信号的功能。T_5 是以电流源 I_2 作有源负载构成的高增益的中间放大级。T_7、T_8 组成互补对称电路,用于驱动 VMOS 管 T_9 和 T_{10},T_6、R_9 和 R_{10} 组成 V_{BE} 扩大电路,其作用是为输出级提供适当的直流偏置,使电路工作在甲乙类状态,以防止产生交越失真。由于输出级采用 VMOS 功率管,所以整个电路获得了较高的输出功率。

电路依靠 R_f 和 R_2 引入电压串联负反馈,用来稳定增益和静态工作点。电路中的电容 C 为相位补偿电容,用以消除自激振荡(其原理可参阅第 8 章内容)。

6.6.3　集成功率放大电路的应用实例

LM384 是美国半导体公司生产的一个典型的小功率音频放大电路,它是一个标准的 14 引脚双列直插式封装,包含一个金属散热片,如图 6.16 所示。每边中间的三个引脚(3、4、5 引脚和 10、11、12 引脚)被连接到一个铜框架上形成散热片,散热片接地。

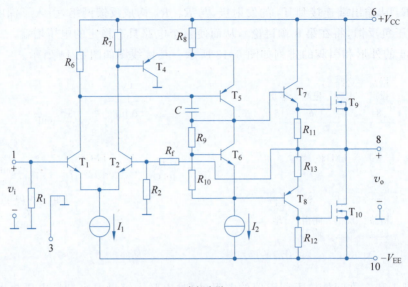

(a) 内部电路

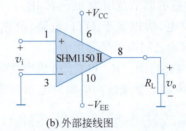

(b) 外部接线图

图 6.15 Bi-MOS 集成功放 SHM1150 Ⅱ

LM384 内部电路包括一个射极跟随器和一个差分电压放大电路(将在第 7 章介绍),之后是一个共射驱动级和一个单端推挽输出级,所有级之间都是直接耦合。内部电路固定增益为 50,以单电源供电方式工作,电压范围为 9~24V。交流输出电压以电源电压的 1/2 为中心。电源电压的选择取决于所需要

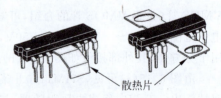

图 6.16 双列直插式封装的 LM384

的输出功率和负载。此外,与许多集成功放一样,它具有短路保护和热关机电路。在合适的散热条件下,它能提供最高 5W 的功率给负载,如果没有外部散热,其最大输出功率只有 1.5W。它有两个输入端,一个是反相输入端(标有"—"),另一个是同相输入端(标有"+")。

LM384 只需加入一些简单的外部电路,便可构成实际的音频电子系统,如图 6.17 所示为用 LM384 构成的对讲机系统。图 6.17 中,一个 1∶25 的小升压变压器将 LM384 的基本增益由 50 放大到 1250。一个扬声器作为传声器而另一个作为传统的扬声器。双刀双掷开关控制哪个扬声器是说话者,哪个扬声器是听者。在说话的位置,扬声器 1 是传声器而扬声器 2 是扬声器;而在听者的位置,情况正好相反。电容 C_3 为输出端耦合电容,电位器 R_1 用于音量控制,由 R_2 和 C_2 组成的低通滤波器用于抑制高频振荡。

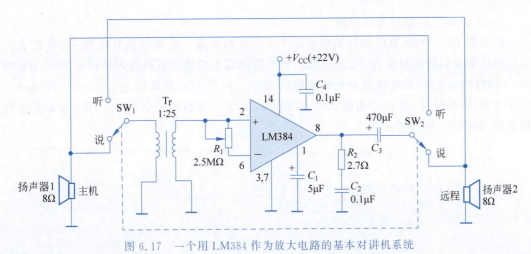

图 6.17 一个用 LM384 作为放大电路的基本对讲机系统

6.7 功率器件

6.7.1 功率 BJT

典型的功率 BJT 的外形如图 6.18 所示。通常功率 BJT 有一个大面积的集电结,为了使热传导达到理想情况,其集电极衬底与金属外壳之间保持良好的接触。

1. 功率 BJT 的散热问题

在功率放大电路中,功放管在给负载输送功率的同时,本身也要消耗一部分功率,管子消耗的功率直接表现在使管子的结温升高。当结温

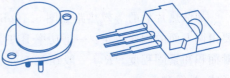

图 6.18 功率 BJT 的外形图

第 38 集
微课视频

升高到一定程度(锗管一般约为 90℃,硅管约为 150℃)以后,就会造成功放管的永久损坏,因而输出功率受到管子允许的最大集电极损耗的限制。但值得注意的是,功放管允许的功耗与其散热条件有密切的关系。如果采取适当的散热措施,就有可能充分发挥功放管的潜力,增大其输出功率。所以,功率 BJT 的散热问题是一个值得研究的问题。

1) 热阻的概念

热阻是表征功率 BJT 散热能力的重要参数,利用热阻的概念,可以帮助理解功率 BJT 的散热过程。

热的传导路径,称为热路。阻碍热传导的阻力称为热阻。真空不易传热,即热阻大;金属的传热性好,即热阻小。

在功率 BJT 中,管子上的电压绝大部分都降在集电结上,它和流过集电极的电流造成集电极的功率损耗,使管子产生热量,这个热量要散发到外部空间去,同样受到阻力,这就是热阻。功放管的热阻通常用 ℃/W(或 ℃/mW) 表示,它的物理意义是每瓦(或每毫瓦)集电极耗散功率使功放管温度升高的度数。显然,功放管的热阻越小,表明管子的散热能力越强,在相同的环境温度下,管子允许的集电极功耗 P_{CM} 就越大。

需要注意的是,通常手册中给出的集电极最大允许耗散功率 P_{CM},是指环境温度为 25℃时的数值。

2) 功率 BJT 的散热等效热路

在功率 BJT 中，集电极损耗的功率是产生热量的源泉。它使结温升高到 T_j，并沿着管壳把热量散发到环境温度为 T_a 的空间。功放管依靠本身外壳散热的效果较差，以 3AD6 为例，不加散热装置时，集电极最大允许耗散功率 P_{CM} 仅为 1W，如果加上 120mm×120mm×4mm 的铝散热板时，则 P_{CM} 可增大为 10W，所以，为了提高功放管的 P_{CM} 值，通常要加散热装置，如图 6.19(a)所示。

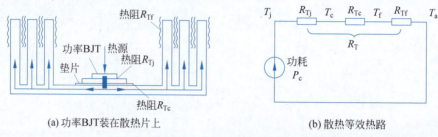

(a) 功率BJT装在散热片上　　　(b) 散热等效热路

图 6.19　功率 BJT 装在散热片上的散热情况

功率 BJT 装上散热片后，由于管壳很小，热量主要通过散热片传送。设集电结到管壳的热阻为 R_{Tj}，管壳与散热片之间的热阻为 R_{Tc}，散热片与周围空气的热阻为 R_{Tf}，则总热阻近似为

$$R_T \approx R_{Tj} + R_{Tc} + R_{Tf} \tag{6-29}$$

加散热片后的等效热路如图 6.19(b)所示。图中的 R_{Tj} 一般可由手册中查到。R_{Tc} 主要由两方面的因素决定：一是功率 BJT 和散热片之间是否垫有绝缘层；二是两者之间的接触面积和紧固程度。R_{Tc} 一般在 0.1～0.3℃/W。散热片的热阻 R_{Tf} 完全取决于散热片的形式、材料和面积。

3) 功率 BJT 的散热计算

功率 BJT 的集电极最大允许功率损耗 P_{CM}，由总的热阻 R_T、最高允许结温 T_j 和环境温度 T_a 所决定。它们之间的关系为

$$T_j - T_a = P_{CM} R_T \tag{6-30}$$

或

$$P_{CM} = \frac{T_j - T_a}{R_T} \tag{6-31}$$

式(6-31)表明，在一定的温升下，R_T 越小，即散热能力越强，功率 BJT 允许的耗散功率 P_{CM} 就越大；另外，在一定的 T_j 和 R_T 的条件下，环境温度 T_a 越低，允许的 P_{CM} 就越大。

2. 功率 BJT 的二次击穿

在实际的工作中，常常发现功率 BJT 的功耗并未超过允许的 P_{CM} 值，管身也并不烫，却突然失效或者性能显著下降。这种损坏的原因，多是由于二次击穿所造成的。

1) 二次击穿现象

由第 3 章对 BJT 的讨论可知，当集-射间电压 v_{CE} 增大到一定数值时，BJT 将产生击穿现象，如图 6.20(a)中的 AB 段所示，这种击穿就是正常的雪崩击穿，称为**一次击穿**。当发生一次击穿时，只要适当限制功率 BJT 的电流(或功耗)，且进入击穿的时间不长，管子并不会损坏。所以一次击穿具有可逆性。一次击穿出现后，如果继续增大 i_C 的值并到达一定值

时,功率 BJT 的状态将以毫秒级甚至微秒级的速度移向低电压大电流区,如图 6.20(a)中的 BC 段所示,BC 段相当于**二次击穿**,B 点是产生二次击穿的临界点。i_B 不同时二次击穿的临界点也不同,通常把这些点连起来称为**二次击穿临界曲线**,如图 6.20(b)所示。

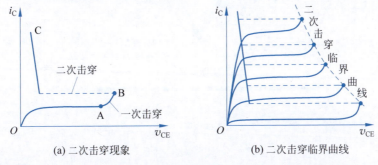

图 6.20　功率 BJT 的二次击穿

产生二次击穿的原因目前尚不完全清楚。一般说来,二次击穿是一种与电流、电压、功率和结温都有关系的效应。其物理过程多认为是由于流过功放管结面的电流不均匀,造成结面局部高温(称为**热斑**),因而产生热击穿所致。这与 BJT 的制造工艺有关。

2) 功率 BJT 的安全工作区

二次击穿对功放管在运用时性能的恶化和损坏有着重要影响。为了保证功放管的安全运行,必须考虑二次击穿的因素。因此,功率管的安全工作区,不仅受集电极最大允许电流 I_{CM}、集-射间允许的最大电压 $V_{(BR)CEO}$、集电极最大允许功耗 P_{CM} 的限制,而且还受二次击穿临界曲线的限制,其安全工作区如图 6.21 短画线内所示。显然,考虑了二次击穿以后,功率 BJT 的安全工作范围变小了。

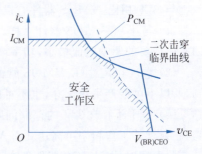

图 6.21　功率 BJT 的安全工作区

从二次击穿的产生过程可知,防止功放管的一次击穿,并限制其集电极电流,就可避免二次击穿。因此,可对功放管采取适当的保护措施,保护的方法很多,例如,在功放管集-射间加稳压二极管以吸收瞬时的过电压等。

※6.7.2　功率 MOSFET

第 4 章讨论了小功率 MOSFET,本节介绍大功率 MOSFET,其结构剖面图如图 6.22 所示。它以 N^+ 型衬底作为漏极,在其上生长一层 N^- 型外延层,然后在外延层上掺杂形成一个 P 型层和一个 N^+ 型层源极区,最后利用光刻的方法沿垂直方向刻出一个 V 形槽,并在 V 形槽表面生长一层二氧化硅和覆盖一层金属铝,形成栅极。当栅极加正向电压时,靠近栅极 V 形槽下面的 P 型半导体将形成一个 N 型反型层导电沟道(图中用虚线画出)。可见,自由电子沿导电沟道由源极到漏极的运动是纵向的,它与第 4 章所介绍的载流子是横向由源极流向漏极的小功率 MOSFET 不同,因此,这种器件被命名为 VMOS 管,其中 V 是英文 Vertical 一词的首字母。

由图 6.22 可见,VMOS 管的漏区面积大,有利于利用散热片散去器件内部耗散的功率。沟道长度(当栅极加正向电压时,在 V 形槽下面的 P 型层部分形成)可以做得很短(例

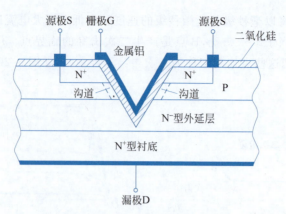

图 6.22 VMOS 管的结构剖面图

如 1.5μm),且沟道间又呈并联关系(根据需要还可并联多个),故允许流过的漏极电流 i_D 很大。此外,利用现代工艺,使它靠近栅极形成一个低浓度的 N^- 外延区,N^- 区的正离子密度低、电场强度低,因而有较高的击穿电压,这些都有利于 VMOS 制成大功率器件。目前制成的 VMOS 产品,耐压可高达 1000V 以上,最大连续电流可高达 200A。

与 BJT 相比,VMOS 器件有以下优点。

(1) 与小功率 MOS 器件一样,VMOS 器件也属于电压控制电流器件,输入电阻极高,因此所需要的驱动电流极小,功率增益高。

(2) 温度稳定性好,VMOS 管的漏源电阻为正温度系数,当温度升高时,电流受到限制,所以不可能产生热击穿,也不可能出现二次击穿。

(3) 由于不存在少子的存储问题,加之极间电容小,所以 VMOS 管的开关速度快,适合高频工作(其工作频率可高达几百 MHz)。

除上述以外,VMOS 器件还有一些其他优点,例如,其导通电阻很小($R_{DS(on)} \approx 3\Omega$)。在 VMOS 管的基础上,目前又出现了双扩散 MOS 管(简称 DMOS 管)。此类管子在承受高电压、大电流等性能方面又有不少提高,是功率器件新的发展方向之一。

※6.7.3 功率模块

功率模块是指由若干 BJT、MOSFET 或 Bi-FET 组合而成的功率器件。这种器件在近年来发展很快,成为半导体器件的一支生力军。其突出特点是:大电流、低功耗,电压、电流范围宽,电压可高达 1200V,电流可高达 400A。现已广泛应用于不间断电源(UPS)、各种类型的电机控制驱动、大功率开关、医疗设备、换能器、音频功放等电路中。

功率模块包括 BJT 达林顿模块、功率 MOSFET 模块、IGBT(绝缘栅双极结型晶体管)模块等;按速度和功耗又可分为高速型和低饱和压降型。下面以 IGBT 模块为例,简单介绍一下功率模块的结构及特点。

IGBT 的等效电路和符号如图 6.23 所示。在图 6.23(a)中,T_1 为 N 沟道增强型 MOS 管,T_2 为 PNP 型 BJT。当 T_1 管的栅极电压大于

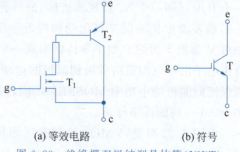

(a) 等效电路   (b) 符号

图 6.23 绝缘栅双极结型晶体管(IGBT)

其开启电压后，T_1 管形成导电沟道，产生漏极电流，该电流就是 T_2 管的基极电流，从而驱动 T_2 管导通，且趋于饱和（管压降很小，电位很高）；当 T_1 管的栅极电压减小到小于其开启电压时，T_1 管的导电沟道消失，漏极电流为零，T_2 管的基极电流被切断，IGBT 截止。

IGBT 综合了 MOS 管输入阻抗大、驱动电流小和 BJT 导通电阻小、高电压、大电流的优点。不过 IGBT 的工作频率不高，一般小于 50kHz。

功率模块将许多独立的大功率 BJT、MOSFET 等集合在一起封装在一个外壳中，其电极与散热片相隔离，型号不同，电路多样化，便于应用。

本章小结

(1) 功率放大电路研究的重点是在电源电压确定及允许的失真情况下，尽可能提高输出功率和效率。

(2) 甲类功率放大电路中功放管的导电角为 360°，其输出功率 P_o、效率 η 与激励信号有关，输入信号越大，P_o、η 越大。甲类功放的效率很低，若采用变压器耦合方式，理想情况下其最高效率只能达到 50%。

(3) 乙类功率放大电路与甲类功放相比主要优点是效率高，在理想情况下，其最大效率可达 78.5%。为了保证功率 BJT 安全工作，双电源互补对称功放工作在乙类状态时，器件的极限参数必须满足：$P_{CM} > 0.2 P_{om}$，$|V_{(BR)CEO}| > 2V_{CC}$，$I_{CM} > V_{CC}/R_L$。

(4) 由于功放管的输入特性存在死区电压，工作在乙类状态的互补对称功放将出现交越失真，克服交越失真的方法是采用甲乙类互补对称功放，通常可利用二极管或 V_{BE} 扩大电路进行偏置。

(5) 单电源互补对称功放（OTL）中，计算输出功率、效率、管耗和电源供给的功率，可借用双电源互补对称电路（OCL）的计算公式，但要用 $V_{CC}/2$ 代替原公式中的 V_{CC}。

(6) 桥式功率放大电路（BTL）实质上是使用了单电源的乙类互补功放，不过这种电路使用了四只 BJT，其负载不能接地，计算各项技术指标时，可直接使用双电源乙类功放的对应公式，公式中的电源电压就使用 V_{CC}。

(7) 随着线性集成电路的发展，集成功放也得到了日益广泛的应用。

(8) 在功率放大电路的研究中，功放管的散热及安全运行问题十分重要。为了充分发挥功放管的潜力，要有良好的散热装置；为了保证功放管的安全运行，应加保护措施，以防止二次击穿。

(9) 目前，大功率器件的发展十分迅速，主要有达林顿管、功率 VMOS 管和功率模块等。

本章习题

【6-1】 在题图 6.1 所示电路中，设 BJT 的 $\beta = 100$，$V_{BE(on)} = 0.7V$，$V_{CE(sat)} = 0.5V$，$I_{CEO} = 0$，电容 C 对交流信号可视为短路。输入信号 v_i 为正弦波。

(1) 计算电路可能达到的最大不失真输出功率 P_{om}。

(2) 此时 R_B 应调节到什么数值？

(3) 此时电路的效率 η 是多少？

【6-2】 电路如题图 6.2 所示,设 v_i 为正弦波,$R_L=8\Omega$,要求最大输出功率 $P_{om}=9\text{W}$。在功放管的饱和压降 $V_{CE(sat)}$ 可以忽略不计的条件下,试求出下列各值:

(1) 正、负电源 V_{CC} 的最小值;

(2) 根据所求的 V_{CC} 的最小值,确定功放管的 I_{CM}、$|V_{(BR)CEO}|$ 及 P_{CM} 的最小值;

(3) 当输出功率最大时,电源供给的功率 P_D;

(4) 当输出功率最大时的输入电压有效值。

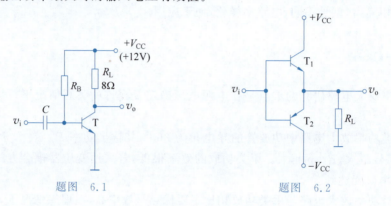

题图 6.1　　　　题图 6.2

【6-3】 电路如题图 6.2 所示,在交流输入信号 v_i 作用下,T_1 和 T_2 管在一个周期内轮流导电约 180°,电源电压 $V_{CC}=20\text{V}$,$R_L=8\Omega$,试计算:

(1) 在输入信号 $V_i=10\text{V}$(有效值)时,电路的输出功率、管耗、直流电源供给的功率和效率;

(2) 当输入信号 v_i 的幅值为 $V_{im}=20\text{V}$ 时,电路的输出功率、管耗、直流电源供给的功率和效率。

【6-4】 互补对称功放电路如题图 6.3 所示,图中 $V_{CC}=20\text{V}$,$R_L=8\Omega$,T_1 和 T_2 管的 $V_{CE(sat)}=2\text{V}$。试完成下列各题:

(1) 当 T_3 管输出信号 $V_{o3}=10\text{V}$(有效值)时,计算电路的输出功率、管耗、直流电源供给的功率和效率;

(2) 计算该电路的最大不失真输出功率、效率和所需的 V_{o3} 的有效值。

【6-5】 一个单电源互补对称功放电路如题图 6.4 所示,设 T_1 和 T_2 的特性完全对称,v_i 为正弦波,$V_{CC}=12\text{V}$,$R_L=8\Omega$。试回答下列问题:

(1) 静态时,电容 C_2 两端的电压应是多少? 调整哪个元件,可以改变 V_{C_2} 的值?

(2) 若 T_1 和 T_2 管的饱和压降 $V_{CE(sat)}$ 可以忽略不计,该电路的最大不失真输出功率 P_{om} 应为多少?

(3) 动态时,若输出波形产生交越失真,应调整哪一个电阻? 如何调?

(4) 若 $R_1=R_3=1.1\text{k}\Omega$,$T_1$ 和 T_2 管的 $\beta=40$,$|V_{BE(on)}|=0.7\text{V}$,$P_{CM}=400\text{mW}$,假设 D_1、D_2 和 R_2 中的任何一个开路,将会产生什么后果?

【6-6】 在如题图 6.5 所示电路中,哪些是复合管,哪些不是? 若是,各等效为何种类型的管子? 等效管子的引脚 1、2、3 分别对应于什么电极?

【6-7】 在如题图 6.6 所示电路中,已知 BJT 的参数为:$\beta_1=\beta_2=50$,$V_{BE(on)1}=V_{BE(on)2}=0.6\text{V}$。

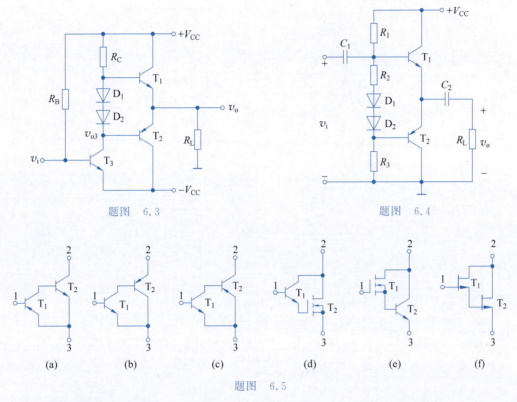

题图 6.3　　　　　　　　　题图 6.4

题图 6.5

(1) 说明题图 6.6(a)、(b)中的复合管各等效为何种类型？并求静态时各复合管的 I_B、I_C、V_{CE} 值。

(2) 题图 6.6(a)、(b)中复合管的等效 β 值各为多少？

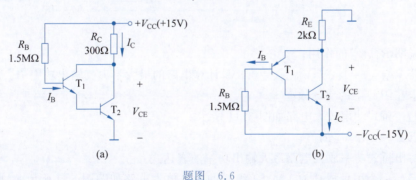

题图 6.6

【6-8】 某集成电路的输出级如题图 6.7 所示，试说明：

(1) R_1、R_2 和 T_3 组成什么电路？在电路中起何作用？

(2) 恒流源 I 在电路中起何作用？

(3) 电路中引入 D_1、D_2 作为过载保护，说明理由。

【6-9】 电路如题图 6.8 所示，当 $v_i=0$ 时，由 V_{BB} 将甲乙类互补对称功放的静态值设置为：$I_{C1}=I_1=2\text{mA}$，$I_{C2}=I_{C3}=I_{CQ2}=3\text{mA}$，$I_{C4}=I_{C5}=I_{CQ4}=10\text{mA}$，O 点电位为零，并设 $\beta_1=\beta_2=\beta_3=200$，$\beta_4=\beta_5=50$。

(1) 说明 D_1、D_2、R_W 和 C 的作用；

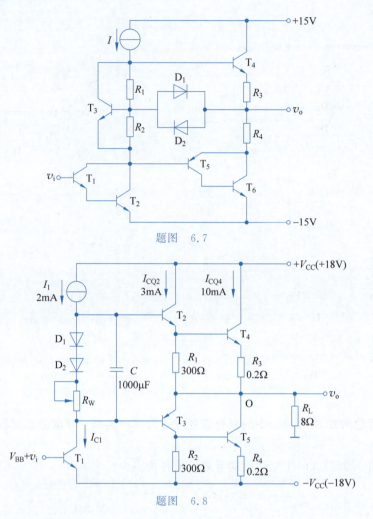

题图 6.7

题图 6.8

(2) 说明 R_1、R_2 的作用;

(3) 若 $V_{CE(sat)2}=1.2V$,$V_{BE(on)4}=0.8V$,计算电路的最大不失真输出功率 P_{om};

(4) 求在 P_{om} 下的实际效率 η。

【6-10】 桥式功率放大电路如图 6.11 所示。

(1) 求 $v_i=0$ 时,v_o 的值;

(2) 写出桥式功率放大电路最大输出功率的表达式。

【6-11】 一个用集成功放 LM384 组成的功率放大电路如题图 6.9 所示。已知电路在通带内的电压增益为 40dB,在 $R_L=8\Omega$ 时的最大输出电压(峰-峰值)可达 18V,当 v_i 为正弦信号时,求:

(1) 最大不失真输出功率 P_{om};

(2) 输出功率最大时的输入电压有效值。

【6-12】 集成功率放大器 2030 的一种应用电路如题图 6.10 所示,假定其输出级功率管的饱和压降 $V_{CE(sat)}$ 可以忽略不计,v_i 为正弦电压。

(1) 指出该电路属于 OTL 还是 OCL 电路;

(2) 求理想情况下最大输出功率 P_{om};

(3) 求电路输出级的效率 η。

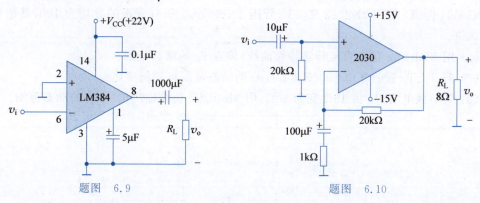

题图 6.9　　　　　　　题图 6.10

【6-13】 已知型号为 TDA1521、LM1877 和 TDA1556 的集成功放的电路形式和电源电压范围如表 6.1 所示,它们的功放管的最小管压降 $|V_{CEmin}|$ 均为 3V。

表 6.1　TDA1521、LM1877 和 TDA1556 的集成功放的电路形式和电源电压

型号	电路形式	电源电压/V
TDA1521	OCL	$-20 \sim -7.5$ 和 $7.5 \sim 20$
LM1877	OTL	$6.0 \sim 24$
TDA1556	BTL	$6.0 \sim 18$

(1) 设在负载电阻均相同的情况下,三种器件的最大输出功率均相同,已知 OCL 电路的电源电压 $\pm V_{CC} = \pm 10V$,试问 OTL 电路和 BTL 电路的电源电压分别应取多少伏?

(2) 设仅有一种电源,其值为 15V,负载电阻为 32Ω。问三种器件的最大输出功率各为多少?

Multisim 仿真习题

【仿真题 6-1】 乙类互补对称功放电路如题图 6.11(a)所示,设输入信号 v_i 为 1kHz、幅值为 5V 的正弦电压。

(1) 用 Multisim 仿真输出电压波形,观察交越失真,并画出电压传输特性曲线;

(2) 为了减小和克服交越失真,在 T_1、T_2 两基极间加上两只二极管 D_1、D_2 及相应的电路,构成甲乙类互补对称功放电路,如题图 6.11(b)所示,试观察输出波形的交越失真是否消除,并求最大输出电压范围。

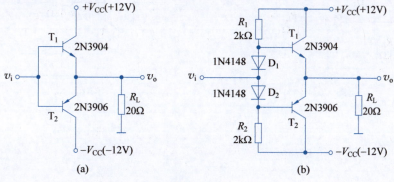

题图 6.11

【仿真题 6-2】 双电源互补对称功放电路如题图 6.12 所示，T_1、T_2 管分别用 2N3904 和 2N3906，T_3、T_4 管用 2N2222，T_5、T_6 管用 2N2907A。所有管子的 β 均为 100，其他参数为默认值。

(1) 用 Multisim 仿真直流传输特性曲线，确定 v_o 的动态范围。

(2) 若 T_1、T_2 管的 β 由 100 变为 50，v_o 的动态范围将如何变化？

(3) 若负载电阻 R_L 由 16Ω 变为 50Ω，用 Multisim 仿真输出电压 v_o 的动态范围。

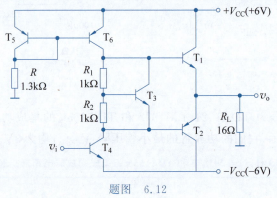

题图 6.12

【仿真题 6-3】 单电源互补对称功放电路如题图 6.13 所示，D_1、D_2 管用 1N4002，T_1、T_2 管分别用 2N3904 和 2N3906，电容 $C=1000\mu F$。

(1) 静态时，电容两端的电压应为多少？用 Multisim 观察电阻 R_1 对该电压的影响。

(2) 用 Multisim 仿真最大的不失真输出电压。

(3) 用 Multisim 仿真输出最大不失真电压时，负载上所能得到的功率 P_o。

【仿真题 6-4】 桥式功率放大电路如题图 6.14 所示，T_1、T_2 管用 2N3904，T_3、T_4 管用 2N3906，试用 Multisim 分析：

(1) 静态时负载电阻两边的电位。

(2) 负载上所能获得的最大功率 P_{om}。

(3) 直流电源供给的功率 P_D 和效率 η。

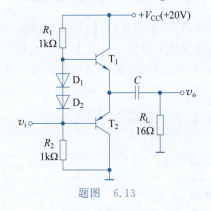

题图 6.13

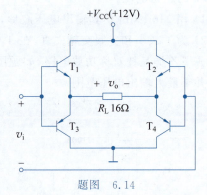

题图 6.14

第 7 章 集成运算放大器

CHAPTER 7

本章主要讨论集成运算放大器的组成原理、结构特点及性能参数。对构成集成运算放大器(集成运放)的基本单元电路——差分放大电路和电流源电路作详细讨论,最后介绍典型的集成运放实例并引入了电流模运算放大器。

7.1 集成运放概述

集成电路是 20 世纪 50 年代末发展起来的一种新型器件,它采用半导体集成工艺,把众多晶体管、电阻、电容及连线制作在一块硅片上,做成具有特定功能的独立电子线路。与分立元件电路相比,集成电路具有性能好、可靠性高、体积小、耗电少、成本低等优点,因此,自它诞生起便得到了飞速的发展并获得了广泛的应用。

集成运算放大器(Operational Amplifier)简称集成运放,是一种模拟集成电路。由于它最初被用于模拟计算机,实现各种数学运算而得名,该名称一直沿用至今。目前,集成运放的应用已远远超出了模拟运算的范畴,它作为一种通用集成器件被广泛用于各种电子系统及设备中。

第 39 集
微课视频

图 7.1 是集成运放的电路符号。有两个输入端和一个输出端。同相输入端(Noninverting Input of Terminal) v_P 的含义是,如果信号从同相输入端输入,则输出信号电压与输入信号电压相位相同;反相输入端(Inverting Input of Terminal) v_N 的含义是,如果信号从反相输入端输入,则输出信号电压与输入信号电压相位相反。

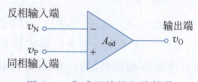

图 7.1 集成运放的电路符号

7.1.1 集成运放的组成

集成运放实质上是一种高增益的多级直接耦合放大电路。集成运放的类型很多,电路也不一样,但结构具有共同之处,通常由输入级、中间级、输出级和偏置电路四部分组成,图 7.2 示出了其内部电路组成原理框图。

图 7.2 集成运放的组成框图

对电压模(电压型)集成运放而言,对输入级的要求是输入电阻大、噪声低、零漂小;中间级的主要作用是提供电压增益,它可由一级或多级放大电路组成;输出级一般由电压跟随器或互补电压跟随器组成,以降低输出电阻,提高带负载能力;偏置电路为各级提供合适的偏置电流。此外,还有一些辅助环节,如单端化电路、相位补偿环节、电平移位电路、输出保护电路等。

7.1.2 集成运放的结构特点

由于受到集成工艺条件的严格制约,与分立元件放大电路相比,集成运放在电路设计上有许多特点。

(1) 级间采用直接耦合方式。目前,采用集成电路工艺还不能制作大电容和大电感。因此,集成运放电路中各级之间的耦合只能采用直接耦合方式。

(2) 尽可能用有源器件代替无源元件。集成电路中制作的电阻、电容,其数值和精度与它所占用的芯片面积成比例,数值越大,精度越高,则占用芯片面积就越大。相反,制作晶体管不仅方便,而且占用芯片面积也小。所以在集成运放电路中,一方面应避免使用大电阻和大电容,另一方面应尽可能用晶体管代替电阻、电容。

(3) 由于制作晶体管比制作电阻更为方便,所以常用由 BJT 或 FET 组成的恒流源为各级电路提供偏置电流,或者用作有源负载。

(4) 集成运放电路中常采用一些特殊结构,如横向 PNP 管(β 低、耐压高、f_T 小)、双集电极 BJT 等。

(5) 利用对称结构改善电路性能。由集成工艺制造的元器件,其参数误差较大,但同类元器件都经历相同的工艺流程,所以它们的参数一致性好。另外,元器件都做在基本等温的同一芯片上,所以温度的匹配性也好。因此,在集成运放电路设计中,应尽可能使电路性能取决于元器件参数的比值,而不依赖于元器件参数本身,以保证电路参数的准确及性能稳定。

第 40 集
微课视频

7.2 电流源电路

电流源(Current Source)电路是广泛应用于集成电路中的一种单元电路。在集成电路中,电流源除了作为偏置电路提供恒定的静态偏置电流外,还可利用其输出电阻大的特点,作有源电阻使用,以提高单级放大电路的增益。本节将介绍集成电路中常用的电流源电路。

7.2.1 BJT 电流源电路

1. 镜像电流源

如图 7.3 所示为基本镜像电流源电路。它由两只特性完全相同的 BJT T_1、T_2 构成。两管的基极连接在一起,发射极也连接在一起,因此两管的基-射极间电压相等,即 $V_{BE1}=V_{BE2}$。而 BJT 的发射极电流

$$I_E = I_{EBS}\left(e^{\frac{V_{BE}}{V_T}} - 1\right)$$

由于两管特性完全相同,所以有 $I_{EBS1}=I_{EBS2}$。因此,两管的发射极电流相等,即 $I_{E1}=I_{E2}$。

同样,由于两管特性完全相同,有 $\beta_1=\beta_2$。所以同时有

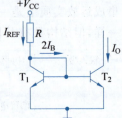

图 7.3 基本镜像电流源电路

$I_{B1}=I_{B2}$,$I_{C1}=I_{C2}$。

由图 7.3 可知,$I_{REF}=I_{C1}+I_{B1}+I_{B2}$。

因为 I_{B1} 和 I_{B2} 相等,所以可以将它们写成 I_B,而由图 7.3 又可知,$I_O=I_{C2}$,故得

$$I_{REF}=I_O+2I_B$$

注意到 I_O 与 I_B 的关系,整理上式可得

$$I_O=\frac{I_{REF}}{1+\dfrac{2}{\beta}} \tag{7-1}$$

若 BJT 的 β 值很大,满足 $\beta \gg 2$ 的条件,则式(7-1)可以写成

$$I_O \approx I_{REF} \tag{7-2}$$

可见,只要 I_{REF} 一定,I_O 也就恒定;改变 I_{REF},I_O 也跟着改变。两者的关系就好像"物"与其在镜中的"像"一样,故称为 镜像电流源。其中 I_{REF} 称为 参考电流,I_O 称为 镜像电流。由图 7.3 可知,参考电流 I_{REF} 由下式确定。

$$I_{REF}=\frac{V_{CC}-V_{BE(on)}}{R} \approx \frac{V_{CC}}{R} \tag{7-3}$$

由式(7-1)可知,I_O 与 I_{REF} 之间并不是严格的镜像关系,它们之间的误差与 BJT 的 β 值有关,为了减小 β 对镜像精度的影响,可采用图 7.4 所示的改进型电路。在这个电路中,将 T_1 管的集电极与基极之间的短路线用 T_3 管取代,利用 T_3 管的电流放大作用,减小 $(I_{B1}+I_{B2})$ 对 I_{REF} 的分流,使 I_{C1} 更接近 I_{REF},从而有效地减小了 I_{REF} 转换为 I_O 过程中由 β 而引入的误差。

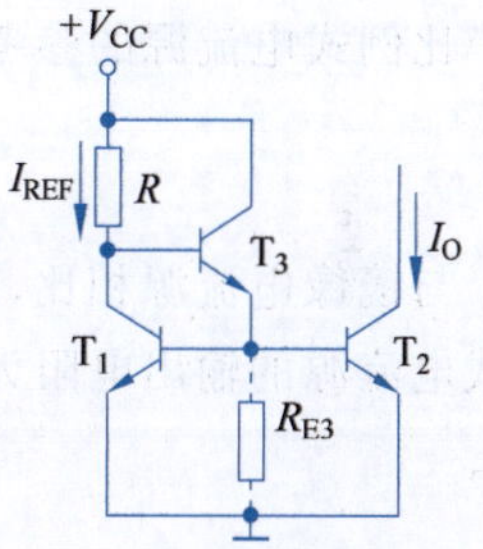

由图 7.4 可见,$I_{REF}=I_{C1}+I_{B3}$,其中,

$$I_{B3}=\frac{I_{E3}}{1+\beta_3}, \quad I_{E3}=I_{B1}+I_{B2}$$

若各管的 β 值相同,则经推导可求得

$$I_O=\frac{I_{REF}}{1+\dfrac{2}{\beta(\beta+1)}} \tag{7-4}$$

图 7.4 改进型镜像电流源

由式(7-4)可见,改进型镜像电流源与基本镜像电流源相比,由 β 而引起的 I_O 与 I_{REF} 之间的误差减小了,从而提高了 I_O 与 I_{REF} 互成镜像的精度。

由图 7.4 可求出参考电流 I_{REF} 为

$$I_{REF}=\frac{V_{CC}-2V_{BE(on)}}{R} \tag{7-5}$$

实际电路中,为了避免 T_3 管因工作电流过小而引起的 β 值减小,进而使 I_{B3} 增大的情况,通常在 T_3 管的发射极接一个适当的电阻 R_{E3},如图 7.4 中虚线所示。这样,可使 I_{E3} 适当增大,以保证 T_3 管维持合适的 β 值。

2. 比例式电流源

在实际应用中,经常需要 I_O 与 I_{REF} 成特定比例关系的电流源电路。实现这种比例关系有两条途径:一是改变两管的发射结面积;二是在保证两管特性完全相同的前提下,在两管发射结上串接不同阻值的电阻,如图 7.5 所示。

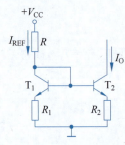

图 7.5 比例式电流源

由图 7.5 可知

$$\begin{cases} V_{BE1} + I_{E1}R_1 = V_{BE2} + I_{E2}R_2 \\ V_{BE1} = V_T \ln \dfrac{I_{E1}}{I_{EBS1}}, V_{BE2} = V_T \ln \dfrac{I_{E2}}{I_{EBS2}} \\ I_{EBS1} = I_{EBS2} \\ I_{REF} \approx I_{C1} \approx I_{E1}, I_O = I_{C2} \approx I_{E2} \end{cases}$$

联立上述各式可求得

$$I_O = \frac{R_1}{R_2} I_{REF} + \frac{V_T}{R_2} \ln \frac{I_{REF}}{I_O} \tag{7-6}$$

式(7-6)中,第二项的数值相比第一项很小(若 $I_{REF}/I_O = 10$,则 $V_T \ln(I_{REF}/I_O) \approx 60\text{mV}$),当电路中的电阻均为千欧数量级时,第二项的数值仅为微安数量级,而第一项的数值则为毫安数量级,所以,式(7-6)可近似为

$$I_O \approx \frac{R_1}{R_2} I_{REF} \tag{7-7}$$

可见,设计比例式电流源时,比例系数可以由 R_1 和 R_2 的比值确定,十分方便。

比例式电流源的参考电流由下式确定。

$$I_{REF} = \frac{V_{CC} - V_{BE(on)}}{R + R_1} \approx \frac{V_{CC}}{R + R_1} \tag{7-8}$$

与镜像电流源相比,**比例式电流源**的动态输出电阻较大,因而呈现更好的恒流特性。比例式电流源的输出电阻为

$$R_o \approx \left(1 + \frac{\beta R_2}{R_2 + r_{be2} + R_1 /\!/ R}\right) r_{ce2} \tag{7-9}$$

显然,它比镜像电流源的动态输出电阻 r_{ce2} 大。关于式(7-9)的推导,请读者自己完成,此处不再赘述。

3. 微电流源

在以上所讲的电路中,如果需要输出微安数量级的电流,则在电源电压 V_{CC} 一定的情况下,R 就要选得很大,这在集成电路中是不现实的。这时,可令图 7.5 中的 $R_1 = 0$,得到图 7.6 所示的**微电流源**电路(Widlar Current Source)。

由式(7-6)可知,当 $R_1 = 0$ 时,有

$$I_O = \frac{V_T}{R_2} \ln \frac{I_{REF}}{I_O} \tag{7-10}$$

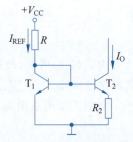

图 7.6 微电流源电路

由式(7-10)可得

$$R_2 \approx \frac{V_T}{I_O} \ln \frac{I_{REF}}{I_O} \tag{7-11}$$

式(7-11)表明,当参考电流 I_{REF} 和所需要输出的电流 I_O 确定时,可计算出所需要的电阻 R_2。例如,已知 $I_{REF} = 1\text{mA}$,要求 $I_O = 10\mu\text{A}$ 时,所需要的 R_2 为

$$R_2 = \frac{26 \times 10^{-3}}{10 \times 10^{-6}} \ln \frac{1 \times 10^{-3}}{10 \times 10^{-6}} \Omega \approx 12\text{k}\Omega$$

如果电源电压 $V_{CC} = 15\text{V}$,要使 $I_{REF} = 1\text{mA}$,则 $R \approx 15\text{k}\Omega$。

由上述计算可见,要得到 $10\mu A$ 的电流,在 $V_{CC}=15V$ 时,采用微电流源电路,所需的各电阻均在千欧数量级。如果采用镜像电流源,则电阻 R 要高达 $1.5M\Omega$。

由于 $I_{REF} \approx V_{CC}/R$,所以,式(7-10)又可写为

$$I_O \approx \frac{V_T}{R_2} \ln \frac{V_{CC}}{RI_O} \tag{7-12}$$

式(7-12)表明,输出电流 I_O 与电源电压 V_{CC} 近似呈对数关系,因此,微电流源电路具有输出电流对电源电压变化不敏感的优点。除此之外,微电流源的动态输出电阻也较大,具有良好的恒流特性,这使得微电流源广泛用作集成电路中的偏置电流源。

4. 威尔逊电流源

以上介绍的几种电流源,虽然电路简单,但有两个共同的缺点:一是动态输出电阻不够大,二是输出电流受 β 变化的影响较大。解决的办法是在电路中引入电流负反馈(关于负反馈理论,将在第 8 章讨论)。图 7.7 是一种常用的负反馈型电流源,称为**威尔逊电流源**(Wilson Current Source)。它是通过在恒流管 T_3 的射极和基极之间接入一个镜像电流源起负反馈作用,T_1、T_2 管构成的镜像电流源的输出电阻串联在 T_3 管的发射极,其作用与典型工作点稳定电路中的 R_E(如图 3.37)相同,可使输出电流 I_O 高度稳定。例如,由于某种原因使 $I_O(I_{C3})$ 增大时,由图可见,I_{E3}、I_{C2} 要增大,因镜像关系 I_{C1} 也相应地增大,在 I_{REF}[I_{REF} 可按式(7-5)确定]固定的条件下,I_{B3} 要减小,从而阻止了 I_{C3} 的增大,稳定了输出电流。

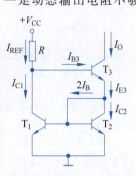

图 7.7 威尔逊电流源

由图 7.7 可知

$$\begin{cases} I_{REF} = I_{C1} + I_{B3} = I_{C1} + \dfrac{I_O}{\beta_3} \\ I_{C1} = I_{C2}, I_O = \dfrac{\beta_3}{1+\beta_3} I_{E3} \\ I_{E3} = I_{C2} + \dfrac{I_{C1}}{\beta_1} + \dfrac{I_{C2}}{\beta_2} \end{cases}$$

若三管特性相同,则 $\beta_1=\beta_2=\beta_3$,联立以上各式可求得

$$I_O = \frac{\beta^2+2\beta}{\beta^2+2\beta+2} I_{REF} \approx I_{REF} \tag{7-13}$$

式(7-13)表明,威尔逊电流源的输出电流受 β 的影响大大减小。例如,当 $\beta=10$ 时,$I_O \approx 0.984 I_{REF}$,可见,在 β 很小时,也可近似认为 $I_O \approx I_{REF}$。

利用交流等效电路可求出图 7-7 的动态输出电阻为

$$R_o \approx \frac{\beta}{2} r_{ce} \tag{7-14}$$

可见,威尔逊电流源具有较大的动态输出电阻。

5. 多路电流源

在前面所讲的电流源电路中,都是以一个参考电流对应一个输出电流。实际电路设计中,常以一个参考电流对应多个输出电流,如图 7.8 所示。

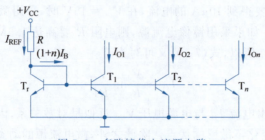

图 7.8 多路镜像电流源电路

在图 7.8 中,若所有 BJT 的特性参数都相同,则有

$$I_{O1} = I_{O2} = \cdots = I_{On} = \frac{I_{REF}}{1 + \dfrac{1+n}{\beta}} \tag{7-15}$$

式中,n 是多路镜像电流源电路中输出 BJT 的个数。

在集成电路中,多路镜像电流源电路是由多集电极 BJT 实现的。

7.2.2 FET 电流源电路

由 FET 组成的电流源和由 BJT 组成的电流源相似,在 FET 组成的电流源电路中,FET 要工作在饱和区。

1. 镜像电流源

如图 7.9 所示是 FET 镜像电流源电路,它由三个 N 沟道增强型 MOS 管组成,其中 T_3 管作有源电阻用。

由图 7.9 可见,$V_{DS1}=V_{GS1}$,$V_{DS3}=V_{GS3}$,所以,T_1、T_3 管均工作在饱和区。

由于 $V_{GS1}=V_{GS2}$,所以,当 T_1、T_2 两管各种参数都相同时,有 $I_O=I_{REF}$。因为场效应管没有栅极电流,因此,这种电路是更为严格意义上的镜像电流源。其输出电流由下式确定。

$$I_O = \frac{\mu_n C_{ox}}{2} \cdot \frac{W}{L}(V_{GS} - V_{GS(th)})^2 \tag{7-16}$$

2. 比例式电流源

在图 7.9 中,若 T_1、T_2 两管的导电沟道的几何尺寸不同时,就构成了比例式电流源。

设 T_1 管的沟道宽长比为 $(W/L)_1$,T_2 管的沟道宽长比为 $(W/L)_2$,两管的其他参数相同,则有

$$\frac{I_O}{I_{REF}} = \frac{(W/L)_2}{(W/L)_1}$$

即

$$I_O = \frac{(W/L)_2}{(W/L)_1} I_{REF} \tag{7-17}$$

式(7-17)表明,当 T_1、T_2 两管的沟道宽长比的比值不同时,就可以使输出电流与参考电流成不同的比例关系。

3. 多路 FET 电流源

多路 FET 电流源电路如图 7.10 所示。

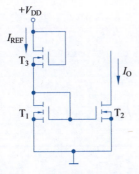

图 7.9　FET 镜像电流源电路

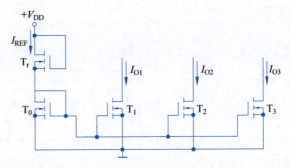

图 7.10　多路 FET 电流源电路

图 7.10 中，I_{O1}、I_{O2}、I_{O3} 可以是相同的，也可以是不同的，只要改变对应 FET 的沟道宽长比，就可以得到不同数值的电流源。

7.2.3　电流源电路用作有源负载

由于电流源电路具有直流电阻小而交流（动态）电阻大的特点，所以，在模拟集成电路中广泛地把它作为负载使用，称为**有源负载**。

在如图 7.11 所示电路中，由 T_2、T_3 管组成的镜像电流源作为 T_1 管（共发射极放大电路）的集电极有源负载。因为电流源电路的交流电阻很大，所以它可使单级共发射极放大电路的电压增益达 10^3 甚至更高。电流源电路也常用作射极负载。

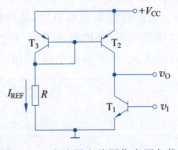

图 7.11　电流源电路用作有源负载

第 41 集
微课视频

7.3　差分放大电路

差分放大电路（Differential Amplifiers）就其功能来说，是放大两个输入端的信号之差。由于它在电路结构和性能方面有许多优点，因而成为一种非常优秀的基本单元电路，被广泛用作直接耦合放大电路和集成电路的输入级。

7.3.1　差分放大电路的组成

1. 一般结构

差分放大电路的一般结构如图 7.12 所示，由两个结构相同且元器件参数也相同的单元电路（如基本的 BJT 或 FET 放大电路）组成，具有两个输入端 I_1 和 I_2，两个输出端 O_1 和 O_2。I_1 和 I_2 分别接输入信号电压 v_{i1} 和 v_{i2}，O_1 和 O_2 接两只等值电阻 R_1 和 R_2。差分对管 T_1 和 T_2 采用双电源供电，由公共耦合支路（通常为电流源电路）提供静态偏置电流，因而省去了基本放大电路中的直流偏置电阻以及输入/输出耦合电容，特别适合集成，同时也能放大直流信号。

2. 典型的 BJT 差分放大电路

典型的 BJT 差分放大电路由两个完全相同的共发射极放大电路经公共射极电阻 R_{EE}

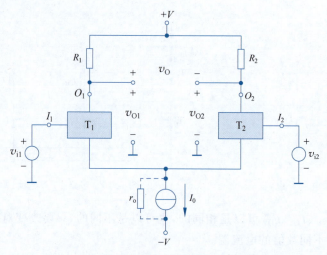

图 7.12 差分放大电路的一般结构

耦合而成,如图 7.13 所示。图中,输入信号 v_{i1} 和 v_{i2} 分别由 T_1、T_2 管的基极输入,输出信号 v_o 由两管的集电极引出,这种输入、输出端的连接方式称为**双端输入、双端输出**。

如果图 7.13 的输出端由 T_1 管的集电极到地或由 T_2 管的集电极到地之间引出,则称为**双端输入、单端输出**电路,如图 7.14 所示。

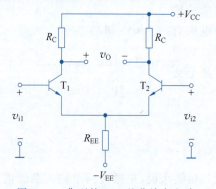

图 7.13 典型的 BJT 差分放大电路

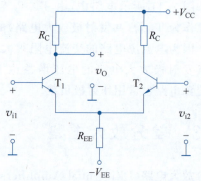

图 7.14 双端输入、单端输出电路

除此之外,差分放大电路也可以只用一个输入端,组成**单端输入、双端输出**和**单端输入、单端输出**电路,分别如图 7.15 和图 7.16 所示。

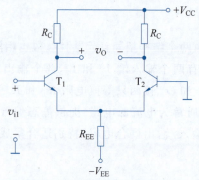

图 7.15 单端输入、双端输出电路

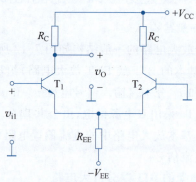

图 7.16 单端输入、单端输出电路

综上所述,差分放大电路输入、输出端有如下四种连接方式:双端输入、双端输出;双端输入、单端输出;单端输入、双端输出以及单端输入、单端输出。由以下的讨论将看到,**差分放大电路的性能仅与其输出端的连接方式有关**。

7.3.2 差分放大电路的工作原理

为了讨论差分放大电路的工作原理,首先引入以下几个基本概念。

1) 差模信号和共模信号

图 7.17 是双端输入、双端输出差分放大电路的方框图。其中 v_{i1} 和 v_{i2} 是任意的两个输入信号。将这两个输入信号重新写成如下形式:

$$v_{i1} = \frac{v_{i1} + v_{i2}}{2} + \frac{v_{i1} - v_{i2}}{2} \quad (7\text{-}18a)$$

$$v_{i2} = \frac{v_{i1} + v_{i2}}{2} - \frac{v_{i1} - v_{i2}}{2} \quad (7\text{-}18b)$$

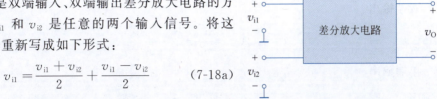

图 7.17 双端输入、双端输出差分放大电路的方框图

式(7-18a)和式(7-18b)右边的第一项是大小和极性完全相同的信号,称为**共模信号**(Common Mode Signal),用 v_{ic} 表示,即

$$v_{ic} = \frac{v_{i1} + v_{i2}}{2} \quad (7\text{-}19)$$

式(7-18a)和式(7-18b)右边的第二项是大小相等,但极性相反的两个信号,称为**差模信号**(Differential Mode Signal),分别用 v_{id1} 和 v_{id2} 表示为

$$v_{id1} = \frac{v_{i1} - v_{i2}}{2}, v_{id2} = -\frac{v_{i1} - v_{i2}}{2} \quad (7\text{-}20)$$

差分放大电路的差模信号定义为

$$v_{id} = v_{id1} - v_{id2} \quad (7\text{-}21)$$

将式(7-20)代入式(7-21)可得

$$v_{id} = v_{i1} - v_{i2} \quad (7\text{-}22)$$

考虑式(7-19)~式(7-22),式(7-18a)及式(7-18b)可写为

$$v_{i1} = v_{ic} + v_{id1} = v_{ic} + \frac{v_{id}}{2} \quad (7\text{-}23a)$$

$$v_{i2} = v_{ic} + v_{id2} = v_{ic} - \frac{v_{id}}{2} \quad (7\text{-}23b)$$

由式(7-23a)和式(7-23b)可知,在任意输入信号 v_{i1} 和 v_{i2} 作用下,对差分放大电路的分析,可以分别讨论其在共模信号 v_{ic} 和差模信号 v_{id} 作用下的放大情况。

差分放大电路施加共模信号时的方框图如图 7.18(a)所示,由图可见,两个输入端上的共模电压相等,均为 v_{ic}。差分放大电路施加差模信号时的方框图如图 7.18(b)所示,v_{id} 加在两个输入端之间,因此,对于单管而言,两管的差模输入电压分别为 $v_{id}/2$ 和 $-v_{id}/2$。

2) 差模电压增益和共模电压增益

差分放大电路的**差模电压增益**(Differential Mode Voltage Gain)定义为差模输出电压与差模输入电压的比值。由于差分放大电路有两种输出方式,因此有双端输出差模电压增益和单端输出差模电压增益之分,分别为

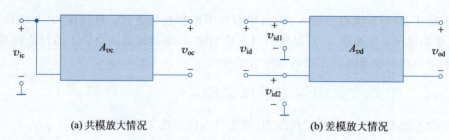

(a) 共模放大情况　　　　　　　　　(b) 差模放大情况

图 7.18　差分放大电路的工作情况

双端输出

$$A_{vd} = \frac{v_{od}}{v_{id}} = \frac{v_{od1} - v_{od2}}{v_{id}} \quad (7\text{-}24\text{a})$$

单端输出

$$A_{vd1} = \frac{v_{od1}}{v_{id}}, \quad A_{vd2} = \frac{v_{od2}}{v_{id}} \quad (7\text{-}24\text{b})$$

差分放大电路的<u>共模电压增益</u>(Common Mode Voltage Gain)定义为共模输出电压与共模输入电压的比值。同样也有双端输出共模电压增益和单端输出共模电压增益之分，分别为

双端输出

$$A_{vc} = \frac{v_{oc}}{v_{ic}} = \frac{v_{oc1} - v_{oc2}}{v_{ic}} \quad (7\text{-}25\text{a})$$

单端输出

$$A_{vc1} = \frac{v_{oc1}}{v_{ic}}, \quad A_{vc2} = \frac{v_{oc2}}{v_{ic}} \quad (7\text{-}25\text{b})$$

3) 共模抑制比

差分放大电路的<u>共模抑制比 K_{CMR}</u>(Common Mode Rejection Ratio)定义为差模电压增益与共模电压增益之比的绝对值，也有双端输出共模抑制比和单端输出共模抑制比之分，分别为

双端输出

$$K_{\text{CMR}} = \left| \frac{A_{vd}}{A_{vc}} \right| \quad (7\text{-}26\text{a})$$

单端输出

$$K_{\text{CMR}} = \left| \frac{A_{vd1}}{A_{vc1}} \right|, \quad K_{\text{CMR}} = \left| \frac{A_{vd2}}{A_{vc2}} \right| \quad (7\text{-}26\text{b})$$

共模抑制比有时也用分贝(dB)数表示。

$$K_{\text{CMR}} = 20 \lg \left| \frac{A_{vd}}{A_{vc}} \right| \text{dB} \quad (7\text{-}26\text{c})$$

下面以图 7.13 为例讨论差分放大电路的工作原理。

与其他放大电路一样，差分放大电路的分析也分为静态分析和动态分析两个方面。

1. 静态分析

静态分析的任务是在输入信号为零的情况下确定差分放大电路的直流工作点，它是动态分析的基础。静态分析应在电路的直流通路上进行，图 7.13 电路的直流通路如图 7.19 所示。

由于 T_1、T_2 两管特性相同,而且电路元件参数对称,所以两管电流相等,即

$$I_{CQ1} = I_{CQ2}, \quad I_{BQ1} = I_{BQ2}$$

同时,两管的集电极电位也相同,即

$$V_{CQ1} = V_{CQ2}$$

因此,静态时差分放大电路的输出电压为零,即

$$V_O = V_{CQ1} - V_{CQ2} = 0$$

差分放大电路静态工作点的计算应首先从公共射极支路入手,即先求出 I_{EEQ},由图 7.19 可得

$$I_{EEQ} = \frac{V_{EE} - V_{BEQ}}{R_{EE}} \tag{7-27}$$

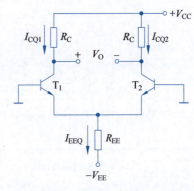

图 7.19 图 7.13 的直流通路

因此,两管的集电极电流为

$$I_{CQ} = \frac{I_{EEQ}}{2} \tag{7-28}$$

两管的基极电流为

$$I_{BQ} = \frac{I_{CQ}}{\beta} \tag{7-29}$$

两管集-射间的电压为

$$V_{CEQ} \approx V_{CC} - I_{CQ}R_C + V_{BEQ} \tag{7-30}$$

2. 动态分析

由以上讨论可知,当差分放大电路两输入端加上任意信号 v_{i1} 和 v_{i2} 时,可以分解成差模信号和共模信号。下面详细讨论差分放大电路在差模和共模信号作用下的工作情况。

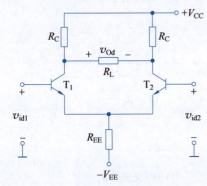

图 7.20 双端输入、双端输出差分放大电路的差模分析

1) 差模分析

为了便于讨论,在如图 7.13 所示电路的输出端接上负载电阻 R_L,输入端加入差模信号 v_{id1} 和 v_{id2},如图 7.20 所示。

要进行差模分析,首先应画出如图 7.20 所示电路的差模交流通路。

由于 $v_{id1} = -v_{id2}$,因此,若 T_1 管的集电极电流增加 Δi_C,则 T_2 管的集电极电流便减少 Δi_C,即在差模输入电压作用下,$i_{C1} = I_{CQ1} + \Delta i_C$,$i_{C2} = I_{CQ2} - \Delta i_C$,那么,流过公共射极电阻 R_{EE} 的差模交流电流为零,R_{EE} 上的差模交流电压也等于零,因此,R_{EE} 对差模交流信号相当于短路。

在差模输入电压作用下,负载电阻 R_L 上的交流电位一边升高,一边降低,而且升高和降低的幅度一样,因此,R_L 的中点是交流接地电位。

由以上分析可画出图 7.20 的差模交流通路如图 7.21 所示。

由图 7.21(b)可以看出,图 7.20 所示差分放大电路的差模交流通路由两个完全对称的共发射极放大电路组成,因此,差模放大电路的性能分析可采用所谓的"半电路分析法"。

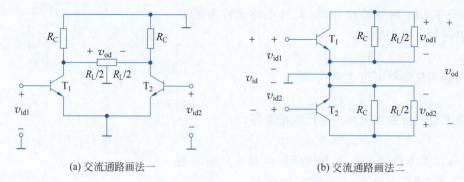

(a) 交流通路画法一　　　　　　　　　　　(b) 交流通路画法二

图 7.21　图 7.20 的差模交流通路

(1) **差模电压增益**　在图 7.21(b)中,由于 $v_{id1}=-v_{id2}$,所以有 $v_{od1}=-v_{od2}$。因此,可得其双端输出时的差模电压增益为

$$A_{vd}=\frac{v_{od}}{v_{id}}=\frac{v_{od1}-v_{od2}}{v_{id1}-v_{id2}}=\frac{2v_{od1}}{2v_{id1}}=\frac{v_{od1}}{v_{id1}}=A_{v1} \tag{7-31}$$

式(7-31)表明,差分放大电路双端输出时的差模电压增益等于其差模交流通路中单边放大电路的电压增益,即

$$A_{vd}=A_{v1}=-\frac{\beta R'_L}{r_{be}} \tag{7-32}$$

其中,$R'_L=R_C /\!/ \dfrac{R_L}{2}$。

若电路为单端输出(以负载电阻 R_L 接在 T_1 管的集电极到地之间为例),如图 7.22(a)所示,则其差模交流通路如图 7.22(b)所示。

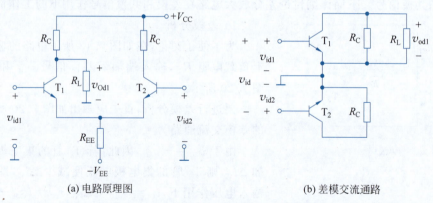

(a) 电路原理图　　　　　　　　　　　(b) 差模交流通路

图 7.22　双端输入、单端输出差分放大电路

由图 7.22(b)可以得到,单端输出时的差模电压增益为

$$A_{vd1}=\frac{v_{od1}}{v_{id}}=\frac{v_{od1}}{v_{id1}-v_{id2}}=\frac{v_{od1}}{2v_{id1}}=\frac{1}{2}A_{v1} \tag{7-33a}$$

同理可得

$$A_{vd2}=\frac{v_{od2}}{v_{id}}=\frac{v_{od2}}{v_{id1}-v_{id2}}=\frac{v_{od2}}{-2v_{id2}}=-\frac{1}{2}A_{v2} \tag{7-33b}$$

式(7-33a)、式(7-33b)表明,差分放大电路单端输出时的差模电压增益等于其交流通路

中单边放大电路电压增益的一半,且从不同端口输出时,输出信号相位相反,即

$$A_{vd1} = -A_{vd2} = \frac{1}{2}A_{v1} = -\frac{1}{2} \cdot \frac{\beta R_L'}{r_{be}} \tag{7-34}$$

其中,$R_L' = R_C // R_L$。

请注意,式(7-34)与式(7-32)中 R_L' 的不同。

(2) 差模输入电阻　由图 7.21(b)和图 7.22(b)可以看出,无论是双端输出还是单端输出,双端输入差分放大电路的差模输入电阻是相同的,都等于单边放大电路输入电阻之和,即

$$R_{id} = 2R_{i1} = 2r_{be} \tag{7-35}$$

(3) 差模输出电阻　由图 7.21(b)可知,双端输出时,差分放大电路的差模输出电阻为

$$R_{od} \approx 2R_C \tag{7-36a}$$

由图 7.22(b)可知,单端输出时,差分放大电路的差模输出电阻为

$$R_{od1} = R_{od2} \approx R_C \tag{7-36b}$$

2) 共模分析

图 7.23(a)是双端输入、双端输出差分放大电路加共模信号时的电路图。

由于 $v_{ic1} = v_{ic2} = v_{ic}$,因此,$T_1$、$T_2$ 管集电极电流的变化是完全相同的,流过公共射极电阻 R_{EE} 的电流变化量是每个管子电流变化量的 2 倍,R_{EE} 上的电压变化量为 $\Delta v_E = \Delta i_{EE} R_{EE} = 2\Delta i_{E1} R_{EE}$,即**对每管而言,相当于发射极接了 $2R_{EE}$ 的电阻**。由此得到图 7.23(a)所示电路的共模交流通路如图 7.23(b)所示。

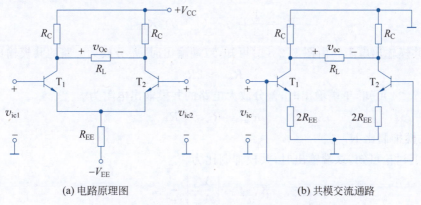

(a) 电路原理图　　　　　　　　　(b) 共模交流通路

图 7.23　双端输入、双端输出差分放大电路的共模输入情况

(1) 共模电压增益　由图 7.23(b)可知,在共模输入电压作用下,T_1、T_2 管的集电极电压的变化完全相同,因此,共模输出电压为

$$v_{oc} = v_{c1} - v_{c2} = 0$$

故得差分放大电路双端输出时的共模电压增益为

$$A_{vc} = \frac{v_{oc}}{v_{ic}} = 0 \tag{7-37}$$

式(7-37)表明,双端输出时,差分放大电路对共模信号无放大能力。而共模信号实质上是加在差分对管上的同向信号,如温漂信号或者伴随输入信号一起混入的干扰信号。因此,差分放大电路在双端输出时有很强的抑制共模信号的能力。这种抑制能力是依靠电路的对称性获得的。

由以上讨论可知,差分放大电路在双端输出时的差模电压增益等于单边电路的电压增益,共模电压增益等于零,即**双端输出时,差分电路"有差则动,无差不动"**,它以双倍的元器件代价换取了抑制零点漂移的能力。

若为单端输出(以 T_1 管集电极输出为例),共模交流通路如图 7.24 所示。

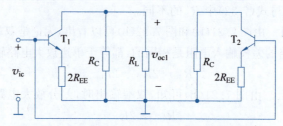

图 7.24 单端输出差分放大电路的共模交流通路

由图 7.24 可知,差分放大电路单端输出时的共模电压增益为

$$A_{vc1} = -\frac{\beta R'_L}{r_{be} + (1+\beta)2R_{EE}} \approx -\frac{R'_L}{2R_{EE}} \qquad (7\text{-}38)$$

式(7-38)表明,单端输出时差分放大电路的共模电压增益比双端输出时增大,抑制共模信号的能力下降。要想提高单端输出时的共模抑制能力,应使 R_{EE} 越大越好。

(2) 共模输入电阻 由图 7.23(b)和图 7.24 可以看出,无论是双端输出还是单端输出,从输入端看进去的共模输入电阻均为

$$R_{ic} = \frac{1}{2}[r_{be} + (1+\beta)2R_{EE}] \qquad (7\text{-}39)$$

(3) 共模输出电阻 由图 7.23(b)可知,双端输出时,差分放大电路的共模输出电阻为

$$R_{oc} \approx 2R_C \qquad (7\text{-}40a)$$

由图 7.24 可知,单端输出时,差分放大电路的共模输出电阻为

$$R_{oc1} = R_{oc2} \approx R_C \qquad (7\text{-}40b)$$

3) 共模抑制比 K_{CMR}

由以上讨论可知,双端输出时,共模抑制比为

$$K_{CMR} = \left|\frac{A_{vd}}{A_{vc}}\right| \to \infty \qquad (7\text{-}41a)$$

单端输出时,共模抑制比为

$$K_{CMR} = \left|\frac{A_{vd1}}{A_{vc1}}\right| \approx \frac{\beta R_{EE}}{r_{be}} \qquad (7\text{-}41b)$$

3. 恒流源差分放大电路

由以上讨论可知,R_{EE} 越大,差分放大电路单端输出时的共模抑制能力越强。但 R_{EE} 增大后,为了使电路有正常的静态工作点,电源电压就要提高。此外,在集成电路中不允许制作太大的电阻,因此,通常用恒流源代替公共射极电阻 R_{EE},如图 7.25(a)所示,其简化画法如图 7.25(b)所示。

在图 7.25(a)中,当 T_3 工作在放大区时,其集电极电流几乎仅决定于基极电流而与其管压降无关,若基极电流是一个不变的直流电流时,集电极电流就是一个恒定的电流。因此,利用 T_3 管组成的恒流源电路可以为差分对管 T_1、T_2 提供稳定的静态工作点。若忽略

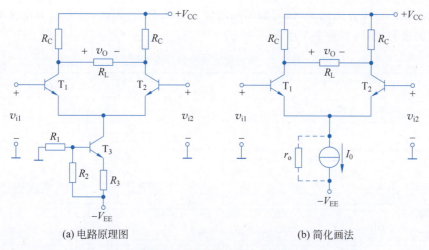

(a) 电路原理图　　　　　　　(b) 简化画法

图 7.25　恒流源差分放大电路

T_3 管的基极电流,电阻 R_2 的电压为

$$V_{R_2} \approx \frac{R_2}{R_1+R_2} \cdot V_{EE} \qquad (7\text{-}42)$$

T_3 管的集电极电流为

$$I_{C3} \approx I_{E3} = \frac{V_{R_2} - V_{BE(on)3}}{R_3} \qquad (7\text{-}43)$$

T_1、T_2 管的集电极静态电流为

$$I_{CQ1} = I_{CQ2} \approx \frac{I_{C3}}{2} \qquad (7\text{-}44)$$

当 T_3 管的输出特性为理想特性(放大区的输出特性曲线与横轴平行)时,恒流源的动态输出电阻为无穷大,这相当于在 T_1、T_2 管的发射极接了一个阻值为无穷大的电阻,因此,差分放大电路即使在单端输出时共模电压增益也趋于零,共模抑制比趋于无穷大。

4. 单端输入差分放大电路的分析

以上讨论的是双端输入差分放大电路的性能,实际上单端输入可以看成是双端输入的一个特例($v_{i1}=0$ 或 $v_{i2}=0$)。若信号从 T_1 管的基极输入,即 $v_{i2}=0$,那么式(7-18a)、式(7-18b)可以写成

$$v_{i1} = \frac{v_{i1}}{2} + \frac{v_{i1}}{2} \qquad (7\text{-}45a)$$

$$v_{i2} = \frac{v_{i1}}{2} - \frac{v_{i1}}{2} \qquad (7\text{-}45b)$$

由式(7-45a)、式(7-45b)可知,差分放大电路在单端输入时,依然可以分解为两个输入端的共模信号和差模信号讨论,因此双端输入差分放大电路的所有公式均适用于单端输入差分放大电路,即差分放大电路的性能仅取决于其输出端的连接方式,而与输入端的连接方式无关。

5. 差分放大电路的性能比较

如前所述,根据输入、输出端的不同连接方式,差分放大电路有四种典型电路,但其性能

特点与输入端的连接方式无关,仅与输出端的连接方式有关,因此,差分放大电路的性能可分为两大类进行比较,如表 7.1 所示。

表 7.1 差分放大电路的性能比较

双端输出差分放大电路		单端输出差分放大电路	
差模性能	共模性能	差模性能	共模性能
$R_{id}=2R_{i1}=2r_{be}$	$R_{ic}=\dfrac{1}{2}[r_{be}+2(1+\beta)r_o]$	$R_{id}=2R_{i1}=2r_{be}$	$R_{ic}=\dfrac{1}{2}[r_{be}+2(1+\beta)r_o]$
$R_{od}=2R_{o1}\approx 2R_C$	$R_{oc}=2R_{o1}\approx 2R_C$	$R_{od1}=R_{o1}\approx R_C$	$R_{oc}=R_{o1}\approx R_C$
$A_{vd}=A_{v1}=-\dfrac{\beta\left(R_C\mathbin{/\mkern-6mu/}\dfrac{R_L}{2}\right)}{r_{be}}$	$A_{vc}\to 0$	$A_{vd1}=-A_{vd2}=\dfrac{1}{2}A_{v1}$ $=-\dfrac{1}{2}\cdot\dfrac{\beta(R_C\mathbin{/\mkern-6mu/}R_L)}{r_{be}}$	$A_{vc1}=A_{vc2}=A_{v1}$ $\approx -\dfrac{R_C\mathbin{/\mkern-6mu/}R_L}{2r_o}$
$K_{CMR}=\left\|\dfrac{A_{vd}}{A_{vc}}\right\|\to\infty$		$K_{CMR}=\left\|\dfrac{A_{vd1}}{A_{vc1}}\right\|\approx\dfrac{\beta r_o}{r_{be}}$	
$v_o=v_{o1}-v_{o2}=A_{vd}v_{id}$ 其中,$v_{id}=v_{i1}-v_{i2}$		$v_{o1}=v_{oc1}+v_{od1}=A_{vc1}v_{ic}+A_{vd1}v_{id}$ $v_{o2}=v_{oc2}+v_{od2}=A_{vc2}v_{ic}+A_{vd2}v_{id}$ 其中,$v_{id}=v_{i1}-v_{i2}$, $v_{ic}=\dfrac{v_{i1}+v_{i2}}{2}$	
抑制零漂的原理: (1)利用电路的对称性 (2)利用 r_o 的共模负反馈作用		抑制零漂的原理:利用 r_o 的共模负反馈作用	

第 42 集 微课视频

7.3.3 有源负载差分放大电路

差分放大电路可采用各种改进型电路。例如如前所述,为提高其共模抑制能力,可用电流源电路取代电阻 R_{EE};除此之外,为改变其输入、输出电阻的性能,差分放大电路的每一边电路均可采用组合电路的形式;为提高其差模电压增益,可用有源负载代替集电极负载电阻 R_C 等。

有源负载差分放大电路常用于集成电路中,尤其是单端输出时,更显示出其优越性。

图 7.26 为有源负载差分放大电路。

图中，T_1、T_2 管为差分对管，T_3、T_4 管组成的镜像电流源作为其有源负载。由于电路对称，因此静态时，

$$I_{CQ1} = I_{CQ2} \approx I_{CQ3} = I_{CQ4} = \frac{I_0}{2}$$

当加入差模信号后，因为

$$v_{id1} = -v_{id2}$$

所以，T_1、T_2 管集电极电流变化的大小相同，方向却是相反的，即

$$\begin{cases} i_{C1} = I_{CQ1} + \Delta i_{C1} = I_{CQ} + \Delta i_C \\ i_{C2} = I_{CQ2} - \Delta i_{C2} = I_{CQ} - \Delta i_C \end{cases}$$

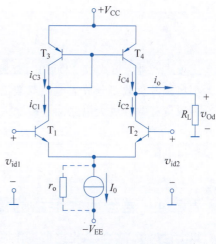

图 7.26 有源负载差分放大电路

其中，

$$\begin{cases} I_{CQ1} = I_{CQ2} = I_{CQ} \\ \Delta i_{C1} = \Delta i_{C2} = \Delta i_C \end{cases}$$

因为 T_3 与 T_1 管串联，所以，镜像电流源参考电流的变化与 T_1 管集电极电流的变化相同，即

$$i_{C3} = i_{C1}$$

则得到镜像电流源的输出电流为

$$i_{C4} = i_{C3} = i_{C1}$$

由图 7.26 可见，负载上的电流为

$$i_o = i_{C4} - i_{C2} = i_{C1} - i_{C2} = 2\Delta i_C \tag{7-46}$$

式(7-46)表明，负载上电流的变化是每个管子电流变化的两倍，即**有源负载差分放大电路在单端输出时具有双端输出的特性**，这是有源负载差分放大电路的一个优点。

下面进一步分析该电路的差模性能。

画出图 7.26 的差模交流等效通路如图 7.27 所示。

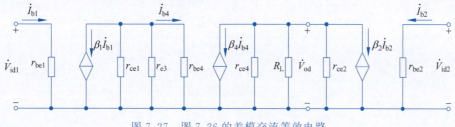

图 7.27 图 7.26 的差模交流等效电路

由图 7.27 可知

$$\dot{V}_{od} = -(\beta_4 \dot{I}_{b4} + \beta_2 \dot{I}_{b2})(r_{ce4} \parallel r_{ce2} \parallel R_L)$$

$$\dot{V}_{id} = 2\dot{V}_{id1} = 2\dot{I}_{b1} r_{be1}$$

在图 7.26 中，若各管参数一致，则有 $\beta_2 = \beta_4 = \beta$，$\dot{I}_{b4} = \dot{I}_{b2}$，$\dot{I}_{b1} = -\dot{I}_{b2}$，因此可得差模

电压增益为

$$A_{vd} = \frac{\beta(r_{ce4} \parallel r_{ce2} \parallel R_L)}{r_{be1}} \quad (7\text{-}47)$$

比较式(7-47)与式(7-32)可知,有源负载差分放大电路在单端输出时,其差模电压增益的大小与无源负载差分放大电路双端输出时的相同。

有源负载差分放大电路的差模输入电阻为

$$R_{id} = r_{be1} + r_{be2} = 2r_{be} \quad (7\text{-}48)$$

差模输出电阻为

$$R_{od} = r_{ce2} \parallel r_{ce4} \quad (7\text{-}49)$$

7.3.4 差分放大电路的传输特性

以上讨论了差分放大电路的工作原理和小信号放大时的性能指标,下面来讨论它的传输特性。所谓传输特性,通常是指差分放大电路的输出电流或输出电压与差模输入电压之间的函数关系。研究它,对于了解差分放大电路的小信号线性工作范围以及大信号运用特性都是极为重要的。现以图 7.28 为例进行讨论。

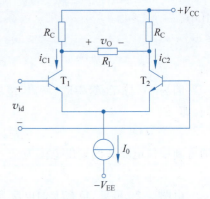

图 7.28 差分放大电路

在图 7.28 中,若 T_1、T_2 管完全对称,其集电极电流可分别写为

$$i_{C1} \approx i_{E1} \approx I_{EBS} e^{v_{BE1}/V_T} \quad (7\text{-}50a)$$

$$i_{C2} \approx i_{E2} \approx I_{EBS} e^{v_{BE2}/V_T} \quad (7\text{-}50b)$$

由图 7.28 可知

$$I_0 = i_{E1} + i_{E2}$$
$$\approx I_{EBS}(e^{v_{BE1}/V_T} + e^{v_{BE2}/V_T}) \quad (7\text{-}51)$$

由式(7-50a)、式(7-50b)及式(7-51)可得

$$\frac{i_{C1}}{I_0} = \frac{1}{1 + e^{(v_{BE2}-v_{BE1})/V_T}} \quad (7\text{-}52a)$$

$$\frac{i_{C2}}{I_0} = \frac{1}{1 + e^{(v_{BE1}-v_{BE2})/V_T}} \quad (7\text{-}52b)$$

由图 7.28 可知

$$v_{id} = v_{BE1} - v_{BE2} \quad (7\text{-}53)$$

将式(7-53)代入式(7-52a)、式(7-52b)得

$$\frac{i_{C1}}{I_0} = \frac{1}{1 + e^{-v_{id}/V_T}} \quad (7\text{-}54a)$$

$$\frac{i_{C2}}{I_0} = \frac{1}{1 + e^{v_{id}/V_T}} \quad (7\text{-}54b)$$

由式(7-54a)和式(7-54b)可画出电路的传输特性如图 7.29 所示。由图可得出如下结论:

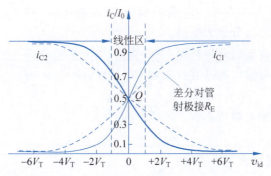

图 7.29 差分放大电路的差模传输特性

1. 差分对管集电极电流之和恒等于 I_0

当 $v_{id}=0$ 时,差分放大电路处于静态,这时 $i_{C1}=i_{C2}=I_{CQ}=I_0/2$;当输入差模电压时,差分对管中一管电流增大,另一管电流减小,且增大量等于减小量,两管电流之和恒等于 I_0。

2. 传输特性具有非线性特性

(1) 当 $|v_{id}|\leqslant V_T$(小信号工作范围)时,差模传输特性可以近似看成直线,表明 i_{C1}、i_{C2} 与 v_{id} 呈线性关系,线性放大的公式都能使用。

(2) 当 $|v_{id}|\geqslant 4V_T$ 时,差模传输特性趋于水平,说明差分对管中一管饱和,另一管截止,恒流源电流 I_0 全部流入导通的管子,此后若继续增大 $|v_{id}|$,i_{C1}、i_{C2} 将保持不变,这表明差分放大电路在大信号输入时,具有良好的限幅特性或电流开关特性。这时,由于差分对管中一管截止,所以,要注意差模输入电压不能超过管子发射结的反向击穿电压 $V_{(BR)EBO}$,否则将会损坏管子。

(3) 为了扩展传输特性的线性区范围,可在每个差分管的射极串接电阻 R_E(或在基极串接电阻 R_B),扩展后的传输特性如图 7.29 中虚线所示。显然,$R_E(R_B)$ 越大,扩展后线性区的范围将越大,不过,随着线性区范围的扩大,曲线的斜率减小,说明差分放大电路的增益将随之降低。

7.3.5 FET 差分放大电路

FET 差分放大电路的结构形式、工作原理和分析方法均与 BJT 差分放大电路基本相同,不过二者在性能参数上有较大的区别。其主要区别是:FET 差分放大电路的输入电阻比 BJT 差分放大电路的大得多,可高达 $10^{12}\sim 10^{15}\Omega$,而其输入偏置电流又比 BJT 差分放大电路小得多,MOSFET 差分放大电路的输入偏置电流可低于 10pA 以下。

图 7.30 是有源负载 FET 差分放大电路,不难看到,它与图 7.26 的电路结构完全相同。

在图 7.30 中,T_1、T_2 管为 N 沟道耗尽型 MOSFET,作为差分放大对管,T_3、T_4 管为 P 沟道耗尽型 MOSFET,组成镜像电流源,作为 T_1、T_2

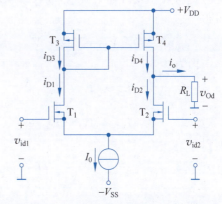

图 7.30 有源负载场效应管差分放大电路

管的有源负载。输入信号加在 T_1、T_2 管的栅极,输出端由 T_4 和 T_2 管的漏极引出,因此电路是双端输入、单端输出差分放大电路。

图 7.30 所示电路性能的分析与图 7.26 类似,结论也相似。

图 7.30 电路在单端输出时具有双端输出的特性,即

$$i_o = 2\Delta i_D \tag{7-55}$$

图 7.30 电路单端输出时的差模电压增益为

$$A_{vd} = g_m (r_{ds2} \mathbin{/\mkern-5mu/} r_{ds4} \mathbin{/\mkern-5mu/} R_L) \tag{7-56}$$

具体的分析过程请读者自己完成。

7.3.6 差分放大电路的失调及其温漂

1. 差分放大电路的失调

双端输出或具有双端输出特性的理想差分放大电路,静态工作时输出电压为零,即**零输入时零输出**。但是,在实际的差分放大电路中,由于差分对管两边电路不可能完全对称,总会出现一些不平衡,因而导致零输入时输出电压并不为零,这种现象称为差分放大电路的**失调**(Offset)。差分放大电路的失调可用输入失调电压和输入失调电流两个参数来表征。

1) 输入失调电压

为了使实际的差分放大电路在零输入时双端输出电压为零,需要人为地在输入端加补偿信号,所加的补偿电压称为**输入失调电压**(Input Offset Voltage),用 V_{IO} 表示。失调电压的极性可能是正值,也可能是负值,其值定义为

$$V_{IO} = \left| \frac{V_O}{A_{vd}} \right| \tag{7-57}$$

式中,V_O 为输入端为零时,双端输出或具有双端输出特性的差分放大电路的输出电压,A_{vd} 为差分放大电路的差模电压增益。

式(7-57)表明,输入失调电压是将输出端的失调电压折合到输入端来研究的,这样可以更全面地反映差分放大电路的性能。例如,有两个差分放大电路,其输出端失调电压相同,但差模电压增益不同,显然,对应差模电压增益大的差分电路的性能要好,因为其输入失调电压要小一些。

下面具体分析影响输入失调电压的因素。根据输入失调电压的定义,如图 7.31 所示,可得

$$V_{IO} = V_{BE1} - V_{BE2} \tag{7-58}$$

因为

$$\begin{cases} I_{C1} \approx I_{E1} = I_{EBS1} e^{V_{BE1}/V_T} \\ I_{C2} \approx I_{E2} = I_{EBS2} e^{V_{BE2}/V_T} \end{cases}$$

所以

$$V_{BE1} - V_{BE2} = V_T \ln \left(\frac{I_{C1}}{I_{C2}} \cdot \frac{I_{EBS2}}{I_{EBS1}} \right) \tag{7-59}$$

由 V_{IO} 的定义,此时 $V_O = 0$,所以两集电极电阻上的压降必然相等,即

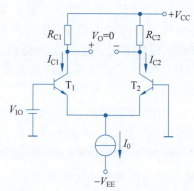

图 7.31 输入失调电压的定义

$$I_{C1}R_{C1} = I_{C2}R_{C2}$$

若两集电极电阻相差 ΔR_C（例如，可设 $R_{C1} = R_C$，$R_{C2} = R_C + \Delta R_C$），则有

$$I_{C1}R_C = I_{C2}(R_C + \Delta R_C)$$

因此得

$$\frac{I_{C1}}{I_{C2}} = \frac{R_C + \Delta R_C}{R_C} \tag{7-60}$$

若 T_1、T_2 两管发射结反向饱和电流值相差 ΔI_{EBS}（例如，可设 $I_{EBS1} = I_{EBS}$，$I_{EBS2} = I_{EBS} + \Delta I_{EBS}$），则有

$$\frac{I_{EBS2}}{I_{EBS1}} = \frac{I_{EBS} + \Delta I_{EBS}}{I_{EBS}} \tag{7-61}$$

将式(7-60)、式(7-61)代入式(7-59)，并且利用近似关系

$$\ln\left(\frac{X + \Delta X}{X}\right) \approx \frac{\Delta X}{X} \quad (\text{当 } \Delta X \ll X \text{ 时})$$

可得输入失调电压 V_{IO} 的表示式为

$$V_{IO} \approx V_T\left(\frac{\Delta R_C}{R_C} + \frac{\Delta I_{EBS}}{I_{EBS}}\right) \tag{7-62}$$

式(7-62)表明，失调电压主要由集电极电阻和发射结的失配引起，并与温度成正比。在集成电路中，失配的程度主要由工艺水平和电路的版图设计决定。按目前的工艺水平，在一个较宽的温度范围内，电阻 R_C 的失配约为 1%，发射结反向饱和电流 I_{EBS} 的失配约为 5%，即

$$\left|\frac{\Delta R_C}{R_C}\right| \approx 0.01, \quad \left|\frac{\Delta I_{EBS}}{I_{EBS}}\right| \approx 0.05$$

按上述典型值并考虑最坏的情况，则在室温下，由式(7-62)求得 V_{IO} 的典型值为

$$V_{IO} = 26 \times (0.01 + 0.05)\,\text{mV} \approx 1.5\,\text{mV}$$

2) 输入失调电流

对 BJT 组成的差分放大电路，输出端的失调还可以用输入端的电流来进行补偿，从而使双端输出或具有双端输出特性的差分放大电路的输出端电压为零，这个补偿电流称为**输入失调电流**(Input Offset Current)，用 I_{IO} 表示。

$$I_{IO} = I_{B1} - I_{B2} \tag{7-63}$$

式中，I_{B1} 和 I_{B2} 分别为两个差分对管的基极电流。

图 7.32 可以帮助读者理解输入失调电流的意义。图中，

$$I_{IB} = \frac{I_{B1} + I_{B2}}{2} \tag{7-64}$$

称为差分放大电路的**输入偏置电流**。

下面简要分析影响 I_{IO} 的因素。

$$I_{IO} = I_{B1} - I_{B2} = \frac{I_{C1}}{\beta_1} - \frac{I_{C2}}{\beta_2}$$

如果不考虑集电极电阻 R_C 的失配，则有 $I_{C1} = I_{C2} = I_C$，上式可写成

$$I_{IO} = I_C\left(\frac{1}{\beta_1} - \frac{1}{\beta_2}\right)$$

设 T_1、T_2 两管电流放大系数相差 $\Delta\beta$(例如,可设 $\beta_1=\beta$,$\beta_2=\beta+\Delta\beta$),可得

$$I_{IO} \approx I_{IB}\left(\frac{\Delta\beta}{\beta}\right) \tag{7-65}$$

式(7-65)表明,失调电流主要是由差分对管 β 值的失配引起的,并与基极偏置电流成正比。减小差分放大电路的基极偏置电流 I_{IB},可以有效地减小输入失调电流 I_{IO}。

3) 失调模型

失调电压和失调电流对差分放大电路的影响可用失调模型来表示,如图 7.33 所示。图中,R_s 为信号源的内阻,R_i 为差分放大电路的输入电阻。

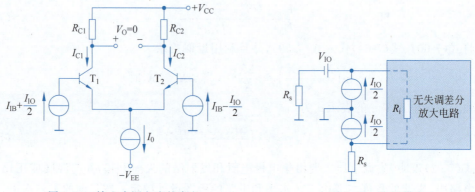

图 7.32　输入失调电流的意义　　　　图 7.33　失调模型

利用叠加定理,可求得输入差分放大电路输入端总的失调电压 $V_{IO\Sigma}$。由图 7.33 可得

$$V_{IO\Sigma} = V_{IO}\frac{R_i}{R_i+2R_s} + I_{IO}\frac{R_s R_i}{2R_s+R_i}$$

上式可写成如下形式:

$$V_{IO\Sigma} = V_{IO}\frac{1}{1+2R_s/R_i} + I_{IO}\frac{R_s}{1+2R_s/R_i} \tag{7-66}$$

式(7-66)表明,V_{IO} 和 I_{IO} 对差分放大电路的影响是不同的。如果差分放大电路接低阻信号源,则 V_{IO} 的影响是主要的;若接高阻信号源,则 I_{IO} 的影响是主要的。

当 $R_i \gg R_s$(集成电路中一般满足这个条件)时,式(7-66)可简化为

$$V_{IO\Sigma} = V_{IO} + I_{IO}R_s \tag{7-67}$$

2. 差分放大电路的调零

由于差分放大电路存在失调,因而实际电路中应设法进行补偿。具体的方法是在电路中加入调零措施。一种方法是在集成电路的制造过程中,采用电阻版图激光处理技术,调整集电极电阻,使零输入时零输出。这种方法效果好,但成本高。另一种方法是在外电路中设置阻值很小的调零电位器,通过实地调整,做到零输入时零输出。图 7.34 示出了两种常用的调零电路,分别称为**发射极调零**和**集电极调零**电路。

顺便指出,由于调零电位器的设置,会影响到差分放大电路的性能指标。例如,对图 7.34(a)所示的电路,无论电位器 R_W 的动臂移到何处,其差模电压增益约为

$$A_{vd} = -\frac{\beta R_C}{r_{be}+(1+\beta)\frac{R_W}{2}} \tag{7-68}$$

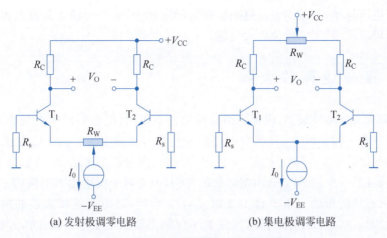

(a) 发射极调零电路　　　　　(b) 集电极调零电路

图 7.34　差分放大电路的调零电路

差模输入电阻约为

$$R_{id} = 2\left[r_{be} + (1+\beta)\frac{R_W}{2}\right] \tag{7-69}$$

3. 差分放大电路的温漂

差分放大电路虽然可以通过调零措施在某一温度下补偿失调,做到零输入时零输出。但是当温度变化后,失调会随之改变,从而导致差分放大电路的输出端不是零输出,这种由于温度变化而使零点漂移的现象称为**温漂**(Temperature Drift)。实际上差分放大电路的温漂主要是由于输入失调电压和输入失调电流的温漂引起的。

1) 输入失调电压的温漂

输入失调电压温漂是指在规定的温度范围内,输入失调电压随温度变化的变化率,也称为输入失调电压温度系数(Temperature Coefficient of Offset Voltage),用 dV_{IO}/dT 表示。它可以通过式(7-62)对温度 T 求导得出,由于 $\Delta R_C/R_C$、$\Delta I_{EBS}/I_{EBS}$ 在很宽的温度范围内基本恒定,因此有

$$\frac{dV_{IO}}{dT} = \left(\frac{\Delta R_C}{R_C} + \frac{\Delta I_{EBS}}{I_{EBS}}\right)\frac{dV_T}{dT} = \left(\frac{\Delta R_C}{R_C} + \frac{\Delta I_{EBS}}{I_{EBS}}\right)\frac{V_T}{T} = \frac{V_{IO}}{T} \tag{7-70}$$

式(7-70)表明,失调电压的温漂与该温度下失调电压本身的大小成正比。因此,要减小失调电压的温漂,必须设法减小失调电压本身。由于失调电压的温漂是无法用调零电路矫正的。所以,在要求比较高的场合,为了减小温漂,将差分放大电路的两个对管放在恒温槽中,使其环境温度保持一致。

2) 输入失调电流的温漂

当温度变化时,输入失调电流的变化称为输入失调电流的温漂,或输入失调电流温度系数(Input Offset Current Temperature Coefficient),用 dI_{IO}/dT 表示。同理,将式(7-65)对温度 T 求导,可求得失调电流的温漂为

$$\frac{dI_{IO}}{dT} \approx -I_{IB}\frac{\Delta\beta}{\beta}\frac{1}{\beta}\frac{d\beta}{dT} \approx -\frac{1}{\beta}\frac{d\beta}{dT}I_{IO} = -CI_{IO} \tag{7-71}$$

式中,$C = \frac{1}{\beta}\frac{d\beta}{dT}$ 为 β 的温度系数。可见,失调电流的温漂主要取决于 β 的温度系数和失调电

流本身，失调电流越小，其温漂也就越小。在实际应用中，如果对输入失调电流这一指标有特别的要求，可以采用 FET 差分放大电路。

7.4 集成运算放大器

集成运算放大器品种繁多，内部电路结构也各不相同，但它们的基本组成部分、结构形式、组成原则基本一致。因此，对典型电路的分析具有普遍意义。μA741 是美国仙童半导体公司（Fairchild Semiconductor）在 20 世纪 60 年代末研制出来的，虽然它是一个相当"古老"的设计，而且是一个纯 BJT 通用型运放的实例，但它对于描述运放电路的一般结构和分析仍然能提供有用的帮助。本节将主要以 μA741 为例，讨论运算放大器的内部结构和特点。希望通过对 μA741 的详细讨论，使读者不仅熟悉复杂电子电路的读图方法，而且对电子电路系统有一个初步的了解。本节最后简要介绍了单极型和混和型集成运算放大器。

7.4.1 BJT 集成运放——μA741

μA741 的内部电路如图 7.35 所示。与大多数运算放大器一样，它包括差分输入级、中间放大级、功率输出级和偏置电路四部分。μA741 属于双电源运放，这消除了对输入耦合电容的需要，同时也意味着它可以是直流放大器。下面分别讨论 μA741 电路各部分的组成及特点。

第 43 集
微课视频

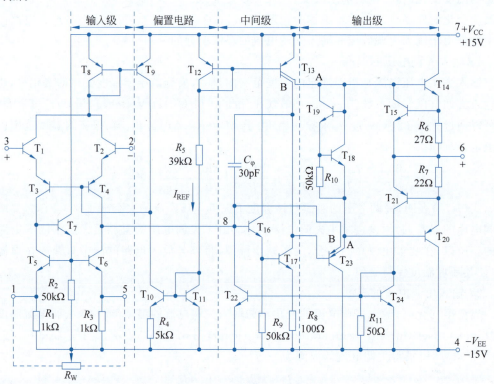

图 7.35　μA741 的内部电路

1. 偏置电路

集成运放采用电流源偏置技术，电流源电路包含在各级电路中，它不仅为各级电路提供稳定的恒流偏置，而且也作为放大级的有源负载。其中 T_{10}、T_{11}、T_{12} 管和 R_4、R_5 组成的微电流源，作为整个集成运放的主偏置级，主偏置级电路中的参考电流为

$$I_{\text{REF}} = \frac{V_{\text{CC}} - (-V_{\text{EE}}) - V_{\text{BE(on)}11} - V_{\text{BE(on)}12}}{R_5}$$

$$= \frac{15 - (-15) - 0.7 - 0.7}{39}\text{mA} \approx 733\mu\text{A} \tag{7-72}$$

主偏置级的输出电流 I_{C10} 由式

$$I_{\text{C10}} = \frac{V_T}{R_4}\ln\left(\frac{I_{\text{REF}}}{I_{\text{C10}}}\right) \tag{7-73}$$

确定，约为 $20\mu\text{A}$。由 I_{C10} 供给输入级 T_3、T_4 的基极偏置电流以及 T_1、T_2 的集电极偏置电流。T_8、T_9 为一对横向 PNP 型管，它们组成镜像电流源，为输入级 T_1、T_2 管提供集电极偏置电流。若忽略各管的基极电流，有 $I_{\text{C8}} = I_{\text{C9}} = I_{\text{C10}}$。从而得到输入级 $T_1 \sim T_4$ 管的静态集电极电流为

$$I_{\text{C1}} = I_{\text{C2}} = I_{\text{C3}} = I_{\text{C4}} = \frac{I_{\text{C10}}}{2} \tag{7-74}$$

应当指出的是，输入级的偏置电路本身构成了反馈环，可以稳定静态工作点。例如，当温度升高，引起 I_{C3}、I_{C4} 增大时，电路会产生如下的自动调整过程。

$T(℃) \uparrow \longrightarrow (I_{\text{C3}}+I_{\text{C4}}) \uparrow \longrightarrow I_{\text{C8}} \uparrow \longrightarrow I_{\text{C9}} \uparrow \xrightarrow{I_{\text{C9}}+I_{\text{B3}}+I_{\text{B4}}=I_{\text{C10}} \approx 常数} (I_{\text{B3}}+I_{\text{B4}}) \downarrow$

$(I_{\text{C3}}+I_{\text{C4}}) \downarrow \longleftarrow$

T_{12}、T_{13} 管组成双输出的镜像电流源，其中 T_{13} 管为双集电极的横向 PNP 型管，可以看作两个 BJT。一路输出为 T_{13B} 的集电极，主要为中间放大级提供直流偏置并作为其有源负载；另一路输出为 T_{13A} 的集电极，供给输出级的偏置电流，使 T_{14}、T_{20} 工作在甲乙类放大状态，同时也作为 T_{23A} 的有源负载。

T_{13} 管的版图如图 7.36 所示。由于 A、B 两个集电区面向发射区的边界总长度分别为总长度的 1/4 和 3/4，因此，通过集电极 A 的电流为总电流的 1/4，通过集电极 B 的电流为总电流的 3/4，即

$$I_{\text{C13A}} = \frac{1}{4}I_{\text{REF}} = \frac{1}{4} \times 733\mu\text{A} \approx 183\mu\text{A}$$

$$\tag{7-75a}$$

$$I_{\text{C13B}} = \frac{3}{4}I_{\text{REF}} = \frac{3}{4} \times 733\mu\text{A} \approx 550\mu\text{A}$$

$$\tag{7-75b}$$

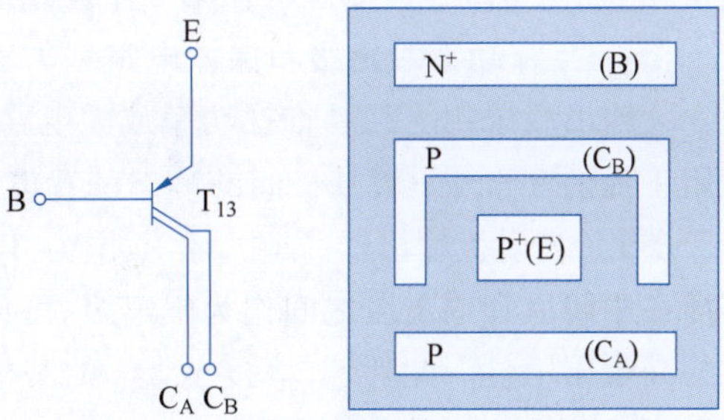

图 7.36 T_{13} 管的版图

2. 差分输入级

输入级是由 $T_1 \sim T_7$ 管组成的差分放大电路，其中，T_1、T_3 和 T_2、T_4 组成共集-共基组合差分放大电路，T_5、T_6、T_7 组成的改进型镜像电流源作为其有源负载。输入级为双端输

入、单端输出,其中,T_1 管的基极为同相输入端,T_2 管的基极为反相输入端;引自 T_4、T_6 公共集电极的单端输出是中间放大级的输入信号。

输入级电路在设计思想上有许多独到之处,主要有以下几点。

(1) 差分对管采用共集-共基组合电路,且偏置在微电流上,并采用有源负载,因而使输入级不仅具有高的输入电阻和输出电阻,而且还具有大的电压增益和电流增益,μA741 输入级的差模电压增益可达 50dB。此外,微电流的偏置减小了输入基极偏置电流和输入失调电流。

(2) 差分对管和恒流偏置构成了闭合反馈环路,实现了共模负反馈,有效地提高了共模抑制比。其工作机理在偏置电路中已讨论,此处不再赘述。

(3) 具有高的差模输入电压。最大差模输入电压范围受到 T_1 和 T_3(或 T_2 和 T_4)管发射结反向击穿电压的限制。由于 T_3(或 T_4)管为横向 PNP 型管,其发射结是轻掺杂的,相应的发射结的反向击穿电压远比 NPN 型管(为 3~6V)大,可高达 30V 左右,因此,使输入级的差模输入电压范围大为扩大。

(4) 具有高的共模输入电压。运算放大器所允许的最大共模输入电压范围,是要保证差分对管工作在线性放大区,即保证 T_1、T_2 管的集电结反偏,而 T_1、T_2 管的集电极电位为 $+V_{CC}$ 减去 T_8 管的发射结电压,大约为 14.3V。因此,μA741 所允许的最大共模输入电压可高达 14V。

(5) 具有调零措施。μA741 是需要外调零的,外接调零电位器 R_W 以保证零输入时产生零输出。

3. 中间增益级

中间增益级由 T_{16}、T_{17} 管组成。其中,T_{16} 管构成射极输出器,因此,中间级的输入电阻很高,这样,就可大大降低中间级对输入级的负载效应,从而保证了输入级的高电压增益。从这个意义上讲,T_{16} 管是用作输入级和中间级的隔离级。中间级的增益主要是由 T_{17} 管组成的共发射极放大电路提供,T_{13B} 和 T_{12} 组成的电流源为其集电极有源负载,本级的电压增益可达 55dB。

此外,为了消除运放在深度负反馈时的自激振荡,在中间级采用了频率补偿技术,C_φ 为密勒补偿电容,补偿原理将在第 8 章介绍。

4. 互补功率输出级和保护电路

输出级采用了互补推挽功率放大电路,由 T_{14}、T_{20} 管组成。T_{18}、T_{19} 和 R_{10} 组成的电路用于提供 T_{14}、T_{20} 管基极间的静态偏置电压,使其工作在甲乙类状态,以克服交越失真。

T_{23} 为射极输出器,其中,T_{13A} 作为 T_{23A} 的射极有源负载,因此其输入电阻很大,将它插在中间级和输出级之间作为隔离级,可以减小输出级对中间级的负载效应,以保证中间级的高电压增益。此外,T_{23B} 接至 T_{16} 的基极,相当于由 T_{16} 的基极到 T_{17} 的集电极接了一个 PN 结,而由 T_{16} 的基极到 T_{17} 的基极也是一个 PN 结(T_{16} 管的发射结),这样,使 T_{17} 管的基极和集电极直流电位相等,其集电结不会处于正向偏置,从而确保 T_{17} 管工作在放大状态,进而保证了中间级的电压增益。

为了防止因输入级信号过大或输出负载过小甚至短路而造成的功放管损坏,在输出级设置了过流保护元件。其中 T_{15}、R_6 为 T_{14} 提供过流保护,T_{21}、R_7、T_{24} 和 T_{22} 为 T_{20} 提供过流保护。当电路输出正常时,各保护管均不导通。

当正向输出电流过大,即流过 T_{14}、R_6 的电流过大时,R_6 上的电压增大,使 T_{15} 管由截止变为导通,T_{15} 管的导通分流了 T_{14} 管的基极电流,从而使 T_{14} 管的集电极电流也减小,起到了保护 T_{14} 管的作用。

当负向输出电流过大,即流过 T_{20}、R_7 的电流过大时,R_7 上的电压增大,使 T_{21} 管由截止变为导通,同时 T_{24}、T_{22} 也导通,T_{22} 管的导通分流了 T_{16} 管的基极电流,使 T_{16}、T_{17} 管的基极电位降低,导致 T_{17} 管的集电极电位升高,T_{23} 管的发射极电位,也即 T_{20} 管的基极电位升高,T_{20} 管趋于截止,因而限制了流过 T_{20} 管的电流,起到了保护作用。

综上所述,μA741 是一种较理想的电压放大器件,它具有高电压增益、高输入电阻、低输出电阻、高共模抑制比、低失调等优点。虽然它的诞生已经历了近半个世纪,直到今天,其经典的设计思想依然能给予人们很好的启迪。

7.4.2　FET 集成运放——MC14573

FET 集成运放与 BJT 集成运放相比,具有输入电阻高、功耗低、集成度高等优点。

MC14573 是一种通用型 CMOS 集成运放,它包含四个相同的运放单元。由于四个运放按相同的工艺流程做在一块芯片上,因而具有良好的匹配及温度特性,为多运放的应用场合提供了方便。如图 7.37 所示为 MC14573 的简化电路图。由图可以看到,它全部由增强型 MOSFET 组成,其中有 N 沟道的 MOS 管,也有 P 沟道的 MOS 管,因此称其为 CMOS (Complementary MOS),即互补的 MOS 电路结构。

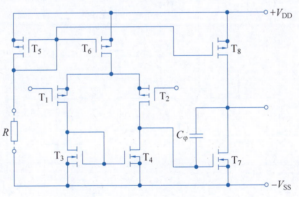

图 7.37　MC14573 的内部电路图

第 44 集
微课视频

与 μA741 类似,MC14573 也采用电流源偏置技术,T_5、T_6、T_8 管组成多路电流源,为其两级放大电路提供静态偏置。其中,T_5、T_6 管组成的电流源为差分输入级提供静态偏置,其参考电流可通过外接电阻 R 确定;T_5、T_8 管组成的电流源除了为输出级提供静态偏置外,同时也作为输出级的有源负载。

MC14573 的第一级是由 $T_1 \sim T_4$ 管组成的共源极放大电路,其中 T_1、T_2 管作为差分对管,T_3、T_4 管组成的电流源为其有源负载,这样,不但可以提高差分放大电路的增益,也可以使单端输出的差分放大电路具有双端输出的特性。

MC14573 的第二级也是共源极放大电路,其中 T_7 为放大管,T_8 管为其有源负载,因此,第二级也有很强的电压放大能力。不过由于输出级为共源组态,所以,MC14573 的输出电阻很大,因而带负载能力较差,它是为高阻抗负载而设计的,适合于以场效应管为负载的电路。

电容 C_φ 用作频率补偿,以保证系统的稳定性。

在使用时,工作电源电压 V_{DD} 与 V_{SS} 之间的差值应满足 $5V \leqslant (V_{DD}-V_{SS}) \leqslant 15V$;可以单电源供电(正、负均可);也可以双电源供电,并允许正、负电源不对称。使用者可根据输出电压动态范围的要求选择电源电压的数值。

除了上述讨论的 BJT 集成运放和 FET 集成运放之外,利用 FET 的高输入阻抗、低偏流的特点和 BJT 的高电压增益、低输出电阻及通频带宽的特点相结合制造的 Bi-FET 集成运放,性能更加优良。

7.4.3 混合型集成运放——LF356

为了提高集成运放的性能,常采用 BJT 和 FET 混合方式(Bi-FET)构成内部电路,包括 Bi-MOS 型、Bi-CMOS 型和 Bi-JFET 型等,下面以 Bi-JFET 型 LF356 为例说明混合型集成运放的电路结构及性能特点。

LF356 的化简原理电路如图 7.38 所示,需要说明的是,图中理想电流源的动态电阻趋于无穷大,而实际上应该为有限值。

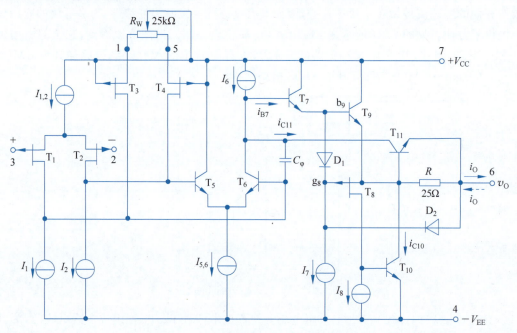

图 7.38 LF356 型运放的化简原理电路

T_1 和 T_2 是 P 沟道 JFET,构成了双端输入、双端输出且带电流源负载(I_1、I_2)的差分输入级,本级提供了约 30pA 的低输入偏置电流和约 $10^{12}\Omega$ 的高输入电阻,T_1、T_2 的工作电流 I_1、I_2 由多集电极的 BJT 管提供(图中略);中间电压放大级由 BJT T_5、T_6 组成的双端输入、单端输出且带电流负载(I_6)的差分放大电路和 T_7 组成的电压跟随器组成,其中,电流源 $I_{5,6}$ 为 T_5、T_6 提供偏置电流,电流源 I_7 作为 T_7 的射极有源负载电阻;BJT T_9 和复合管(由 P 沟道 JFET T_8 与 NPN 型 BJT T_{10} 构成)组成互补对称输出级,为了使其工作在甲乙类状态,将二极管 D_1 接于 T_9 的基极和 T_8 的栅极之间,给 T_9、T_8 提供初始偏置电压。

P 沟道 JFET T_3、T_4 和外接电位器 R_W 构成电流源电路,R_W 可调节 T_3、T_4 管漏极电流的相对比例,实现对输出失调电压的调零,从而改变送入中间电压放大级的输入电流,进而补偿差分对管静态电流的不平衡。电容 C_φ 为电路内部的密勒补偿电容,实现频率响应校正,以增大运放的单位增益带宽(具体原理可参阅第 8 章)。

T_{11}、R 和 D_2 构成输出电流过载保护环节,R 为过载电流取样电阻,把双向输出电流限制在 20mA 以内。当输出端正向电流(如 i_O 实线所示)大于 20mA 时,$i_O R$ 的值增大(左"+"右"−"),即 T_{11} 的基-射间电压增大,致使 T_{11} 导通,i_{C11} 分流 I_6,使 T_7 的基极电流 i_{B7} 减小,i_{E9} 亦减小,从而抑制了 i_O 的增大。同样,当输出端负向电流(如 i_O 虚线所示)大于 20mA 时,$i_O R$ 的值也增大(左"−"右"+"),此时,D_2 导通,以分流流过 T_{10} 的集电极电流 i_{C10},进而抑制了 i_O 的负向增大。

与 LF356 性能类似的有 LF355、LF347(四运放)等,更高输入电阻的运放有 Bi-CMOS 型,例如 CA-34210。

采用 FET 作输入级,不仅输入电阻高、输入偏置电流低,而且具有高速、宽带和低噪声等优点,但失调电压较大。

目前 Bi-FET 高输入阻抗型运放广泛用于生物医学电信号测量的精密放大电路、有源滤波器、取样保持放大器、对数和反对数放大器和模数、数模转换器等。

7.4.4 集成运放的主要参数

为了正确地选择和使用运放,必须了解运放参数的含义。一般可以将运放的参数分为直流参数和交流参数两大类。下面分别予以介绍。

1. 直流参数

1) 输入失调电压 V_{IO}

一个理想的运算放大器,当输入电压为零时,输出电压应该为零。但是实际上它的差分输入级很难做到完全对称,所以在输入电压为零时,运放的输出端总存在一定的输出电压,将这一电压折合到输入端,称为运放的输入失调电压,即

$$V_{IO} = \left| \frac{V_O|_{V_I=0}}{A_{od}} \right| \tag{7-76}$$

式中,A_{od} 是运放的开环差模电压增益。

V_{IO} 的大小反映了运放制造中电路的对称程度和电位的配合情况,V_{IO} 的值越大,说明电路的对称程度越差,V_{IO} 的值一般为 1~10mV,超低失调运放为 1~20μV。

2) 输入失调电流 I_{IO}

在 BJT 集成运放中,输入失调电流是指当输入电压为零时流入运放两个输入端的静态基极电流之差,即

$$I_{IO} = |I_{B1} - I_{B2}|_{V_I=0} \tag{7-77}$$

I_{IO} 的大小反映了输入级差分对管的不对称程度,其值一般为 1nA~0.1μA。

3) 输入偏置电流 I_{IB}

BJT 集成运放的两个输入端是差分对管的基极,因此两个输入端总需要一定的输入电流 I_{B1}、I_{B2}。输入偏置电流是指集成运放输出电压为零时,两个输入端静态电流的平均值,参见式(7-64)。

当电路外接电阻确定之后,输入偏置电流大小主要取决于运放输入级差分对管的性能,当它的 β 值太小时,将引起偏置电流的增加,进而使输出电压的变化增大,因此它是一项重要的技术指标,一般为 10nA~1μA。

4) 温度漂移

集成运放的失调可以靠调零电路来加以补偿,但这种补偿仅限于特定的温度范围。当温度变化以后,运放输出端的电压又可能不为零了,即产生了零点漂移。而由温度变化引起的零点漂移是无法用调零电路来进行补偿的,由此可见,运放零点漂移的主要来源是温度漂移(Thermal Drift)。温度漂移常用输入失调电压温漂 dV_{IO}/dT 和输入失调电流温漂 dI_{IO}/dT 表示。

输入失调电压的温漂 dV_{IO}/dT 指输入失调电压随温度的变化率。高质量的运放常采用低漂移的器件组成,其值一般约为 $\pm(10\sim20)\mu V/℃$。

输入失调电流的温漂 dI_{IO}/dT 指输入失调电流随温度的变化率。高质量的运放,其值一般约为每摄氏度几皮安(pA)。

2. 交流参数

1) 开环差模电压增益 A_{od}

开环差模电压增益(Open Loop Differential Mode Voltage Gain)是指在规定负载的情况下,运放开环(不加任何反馈元件)时的差模电压增益,常用分贝(dB)表示,其分贝数为 $20\lg|A_{od}|$。通用型运放的 A_{od} 通常在 100dB 左右。

2) 差模输入电阻 R_{id} 和输出电阻 R_o

差模输入电阻是指当运放加差模信号时,由运放两输入端看进去的输入电阻。以 BJT 为输入级的运放,R_{id} 一般在几百千欧到数兆欧;以 MOSFET 为输入级的运放,$R_{id} > 10^{12}\Omega$,高阻型运放(如 AD549)的 $R_{id} > 10^{13}\Omega$。

一般运放的 $R_o < 200\Omega$,超高速型运放 AD9610 的 $R_o = 0.05\Omega$。

3) 共模抑制比 K_{CMR} 和共模输入电阻 R_{ic}

共模抑制比指运放的开环差模增益与共模增益之比,即

$$K_{CMR} = \left|\frac{A_{od}}{A_{oc}}\right| \tag{7-78}$$

它也常用分贝表示,其分贝数为 $20\lg K_{CMR}$。

一般通用型运放的 K_{CMR} 为 80~120dB,高精度运放可达 140dB。

共模输入电阻是指当运放加共模信号时,由运放两输入端看进去的输入电阻。通常情况下,$R_{ic} > 100M\Omega$。

4) 最大差模输入电压 V_{Idmax}

当运放所加的差模信号大到一定程度时,输入级某一侧的晶体管将产生反向击穿而不能工作,V_{Idmax} 是指保证运放输入级晶体管不被击穿所允许的最大差模输入电压值。

5) 最大共模输入电压 V_{Icmax}

当运放所加的共模信号大到一定程度时,输入级的晶体管将不可能正常放大。V_{Icmax} 是指保证运放能正常工作时所允许的最大共模电压值。当共模输入电压高于此值时,运放便不能对差模信号进行放大,因此,实际使用中,要特别注意输入信号中共模信号分量的大小。

6) 开环带宽 BW(f_H)

开环带宽又称为 $-3\mathrm{dB}$ 带宽,是指运放的开环差模增益 A_{od} 下降到 3dB(即放大倍数下降为 0.707 倍)时对应的频率 f_H。图 7.39 为 μA741 开环差模电压增益 A_{od} 的频响曲线,由图可以看出,μA741 的开环带宽约为 7Hz。

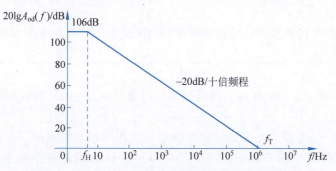

图 7.39 μA741 开环差模电压增益 A_{od} 的频响曲线

7) 单位增益带宽 $BW_G(f_T)$

单位增益带宽(Unity Gain Bandwidth)是指运放的开环差模增益 A_{od} 下降到 0(即 $A_{od}=1$)时对应的频率 f_T。它是集成运放的重要参数,当 μA741 的开环差模电压增益 $A_{od}=2\times10^5$ 时,其单位增益带宽 $f_T\approx A_{od}\cdot f_H=2\times10^5\times7=1.4\mathrm{MHz}$。

8) 转换速率(压摆率)S_R

转换速率(Slew Rate)定义为运放处在闭环状态下,输入大阶跃信号时,输出电压对时间的最大变化率,即

$$S_R=\left|\frac{\mathrm{d}v_o}{\mathrm{d}t}\right|_{\max} \tag{7-79}$$

转换速率的大小与许多因素有关,其中主要是与运放所加的补偿电容,运放本身各级晶体管的极间电容、杂散电容,以及放大电路提供的充电电流等因素有关。在输入大信号的瞬变过程中,由于上述因素的影响,将使运放的输出电压不能即时地跟随阶跃输入电压的变化,如图 7.40 所示。如果要求输出电压随输入电压作线性变化,通常要求运放的 S_R 大于信号变化斜率的绝对值。

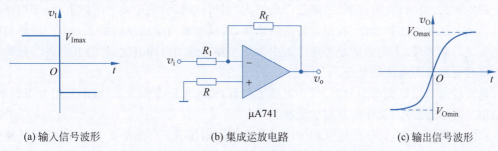

(a) 输入信号波形   (b) 集成运放电路   (c) 输出信号波形

图 7.40 输出电压波形受转换速率限制的情况

实际上运放在正弦信号下工作时也要考虑其转换速率,如果超过转换速率的限制,运放的输出波形会产生失真。

设在图 7.40(b)所示运放电路的输入端加一正弦电压 $v_i=V_{im}\sin\omega t$,则输出电压 $v_o=$

$-V_{om}\sin\omega t$，输出电压的最大变化率为

$$\left|\frac{\mathrm{d}v_o}{\mathrm{d}t}\right|_{\max}=\omega V_{om}\cos\omega t\bigg|_{t=0}=2\pi f V_{om} \tag{7-80}$$

为了使输出电压波形不因 S_R 的限制而产生失真，必须使运放的 S_R 满足如下条件

$$S_R \geqslant 2\pi f V_{om} \tag{7-81}$$

由式(7-81)也可得到由运放转换速率限制的运放最大不失真工作频率为

$$f_{\max}=\frac{S_R}{2\pi V_{om}} \tag{7-82}$$

例如，μA741 的 $S_R=0.5\mathrm{V}/\mu\mathrm{s}$，当输出电压的幅值 $V_{om}=10\mathrm{V}$ 时，其最大不失真频率应为 8kHz。

$BW_G(f_T)$ 和 S_R 是运放在大信号和高频信号工作时的重要指标。一般通用运放的 S_R 在 $1\mathrm{V}/\mu\mathrm{s}$ 以下，高速运放要求 $S_R>30\mathrm{V}/\mu\mathrm{s}$ 以上。目前超高速的运放，如 OPA2694 的 $S_R \geqslant 17000\mathrm{V}/\mu\mathrm{s}$，$f_T=800\mathrm{MHz}$。

※7.5 电流模运算放大器

电流模运算放大器是采用电流模技术设计和制造的模拟集成电路，在工作速度、带宽、线性度和精度等方面均获得了很高的性能。由于其优越的宽带特性，在视频处理系统、同轴电缆驱动放大器等领域得到了广泛应用。

7.5.1 电流模电路基础

传统的模拟集成电路，人们习惯以电压作为分析、设计电路的参量，输入量和输出量均用电压表示，其增益用电压增益表示，所以称为**电压模（电压型）运放**。一般而言，电压模运放都在追求尽可能大的电压增益，电压信号被逐级放大，放大器内部各点的信号电压较大。由于晶体管的结电容和分布电容的客观存在，这类运放的工作速度不可能很高，工作电压及功耗不可能很低。

1. 电流模电路的一般概念

简单地说，电流模（电流型）电路是以电流为参量传递信号的电路。实际上，由于电路的特性总是电压和电流相互作用、相互转换的结果，所以很难给电流模电路下一个严格而精确的定义。一般来说，人们把信号传递过程中除了与晶体管结电压有关以外，其余各参量均为电流量的电路称为电流模电路。

电流模运放以电流作为分析、设计电路的参量，输入量用电流表示，输出量用电压表示，增益用互阻增益表示，也称为**互阻放大器**。

在电流模运放中，信号传递过程中除了晶体管结电压 v_{BE} 有微小变化以外，别无其他电压参量，因此它的工作速度很高（$S_R>2000\mathrm{V}/\mu\mathrm{s}$），电源电压很低（可低至 3.3V 或 1.5V），其显著的特点是：**在一定范围内，具有与闭环增益无关的近似恒定带宽**，并且具有动态范围宽、非线性失真小、温度稳定性好、抗干扰能力强等优点。

2. 跨导线性的基本概念

工作在放大区的双极结型晶体管，当 $v_{BE}>100\mathrm{mV}$，基区电阻上的压降远小于发射结电

压时，集电极电流 i_C 和发射结电压 v_{BE} 之间的关系为

$$i_C = I_s e^{v_{BE}/V_T}, \quad v_{BE} = V_T \ln \frac{i_C}{I_s}$$

其跨导 g_m 为

$$g_m = \frac{di_C}{dv_{BE}} = \frac{I_s e^{v_{BE}/V_T}}{V_T} = \frac{i_C}{V_T}$$

可见，晶体管的跨导 g_m 与集电极电流 i_C 呈线性关系。利用这一关系构成的电路称为跨导线性电路。

3. 跨导线性环原理

图 7.41 是由四只 BJT 发射结构成的闭合回路，称为**跨导线性环**。

绕闭合回路一周，T_2 和 T_4 的发射结正向电压取为顺时针方向（Clockwise Facing,CW），T_1 和 T_3 的发射结正向电压取为逆时针方向（Countclockwise Facing,CCW）。

根据基尔霍夫电压定律，有

$$v_{BE1} + v_{BE3} = v_{BE2} + v_{BE4}$$

考虑到 $v_{BE} \approx V_T \ln \frac{i_C}{I_s}$，并假设各管发射结的热电压 V_T 相等，则有

$$\ln \frac{i_{C1} i_{C3}}{I_{S1} I_{S3}} = \ln \frac{i_{C2} i_{C4}}{I_{S2} I_{S4}}$$

即

$$\frac{i_{C1} i_{C3}}{I_{S1} I_{S3}} = \frac{i_{C2} i_{C4}}{I_{S2} I_{S4}} \tag{7-83}$$

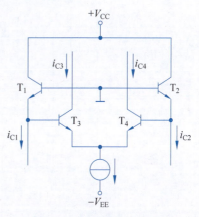

图 7.41　四个发射结构成的跨导线性环

式(7-83)表明，四只 BJT 发射结构成的闭合回路中，逆时针方向的两个管子的集电极电流乘积与反向饱和电流乘积之比，等于顺时针方向的两个管子的集电极电流乘积与反向饱和电流乘积之比。

式(7-83)表示的关系可推广到任意偶数 n 个发射结（也可以是二极管），如下式。

$$\left(\prod_{j}^{n/2} \frac{i_{Cj}}{I_{Sj}} \right)_{CCW} = \left(\prod_{j}^{n/2} \frac{i_{Cj}}{I_{Sj}} \right)_{CW} \tag{7-84}$$

在相同的工艺条件下，I_{Sj} 与发射区面积 A_j 成正比，式(7-84)可改写为

$$\left(\prod_{j}^{n/2} \frac{i_{Cj}}{A_j} \right)_{CCW} = \left(\prod_{j}^{n/2} \frac{i_{Cj}}{A_j} \right)_{CW} \tag{7-85}$$

式(7-85)就是跨导线性环原理的数学表达式。

在跨导线性环中，当所有 BJT 的发射区面积相等时，逆时针方向的各个管子的集电极电流之积，等于顺时针方向的各个管子的集电极电流之积。

实际上，本章前面介绍的电流源电路、有源负载差分放大电路以及第 6 章所介绍的互补推挽功率放大电路都可以利用跨导线性环原理进行分析，它们都是典型的电流模电路。

7.5.2 电流模运算放大器

1. 电流模运放的工作原理

电流模运放的简化电路如图 7.42 所示。图中,恒流源 I_1 和 I_2 用简化符号表示,它们分别为输入级和输出级电路提供直流偏置,X 和 Y 分别是运放的反相输入端和同相输入端。

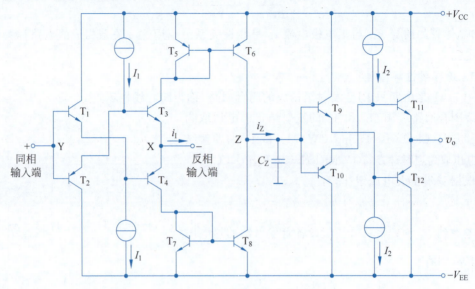

图 7.42 电流模运放的化简电路

$T_1 \sim T_4$ 四只 BJT 构成跨导线性环,是甲乙类推挽电流模单元电路,组成差分输入缓冲级。反相输入端的电位跟随同相输入端电位的变化,称为单位增益缓冲级。从 Y 端到 X 端,信号经历了两级互补对称的射极跟随器,亦即经历了两级电流放大,同时,由于 T_1 和 T_2 的发射极接有源负载,故 Y 端是高输入阻抗同相端,而 X 端是低输入阻抗同相端(也是输入缓冲级的低输出阻抗端)。因而,电流模运放的两个输入端具有不同的输入阻抗,而传统的电压模运放的两个输入端都具有相同的高输入阻抗。

$T_5 \sim T_8$ 分别组成两个电流镜,将差分输入缓冲级的电流(T_3 和 T_4 的集电极电流)传送到输出级,T_6 和 T_8 管的集电极为电流镜的输出端,输出阻抗很大,基本上呈恒流特性,且输出电流 $i_1 = i_Z$。因而 $T_5 \sim T_8$ 组成的电路具有电流控制电流源的功能。

$T_9 \sim T_{12}$ 组成的输出级电路与 $T_1 \sim T_4$ 组成的输入级电路结构相同,也是甲乙类推挽电流模单元电路,它对电流有放大作用,电压增益等于 1,具有输入阻抗高、输出阻抗低的特点。

由图 7.42 可见,信号从 Y 端传递到 X 端,经历了一个 NPN 型 BJT 和一个 PNP 型 BJT 的发射结串接的通路。在两管特性相同的情况下,两端具有相同的直流电平。从 Z 点到输出端的情况与 Y 端到 X 端的情况相同。静态时,电路的工作状态是零电压输入、零电压输出,即 X 和 Y 输入端以及 Z 点和输出端电压均为零。Z 点与 X 端有近似相等的电流。

2. 电流模运放的基本特性

由上述分析可得电流模运放的简化等效电路如图 7.43 所示。

同相输入端经一单位增益缓冲级到反相输入端 X,其中 R_i 表示反相输入端的输入电阻,也是单位增益缓冲级的输出电阻,R_i 的阻值为 $10 \sim 60\Omega$,同相输入端的电阻可视为无穷大。Z点与X端有近似相等的电流,用电流源$\dot{I}_i$表示。C_Z为Z点对地的等效电容,一般为1～5pF。等效电阻R_Z是前级的输出电阻和输出级的输入电阻的并联值,R_Z的阻值为几兆欧。Z点与输出端之间也接有一个单位增益缓冲级,所以输出阻抗很小。

电流模运放可以看成一个电流控制的电压源,其互阻增益的表达式为

$$\dot{A}_r = \frac{\dot{V}_o}{\dot{I}_i} = \frac{R_Z}{1+j\omega R_Z C_Z} \quad (7\text{-}86)$$

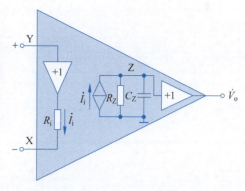

图 7.43　电流模运放的等效电路图

※7.6　集成运算放大器的应用实例

双向无线电设备中的通信系统通常工作在 10MHz 以上频率,此频率对大多数通用运放而言过高。专用高频电压运放能用于射频与中频(RF 和 IF),但在 10MHz 频率以上会开始失效。在诸如 FM 接收机等系统中,会将无线电频率降频到更低的中频以便处理。一个 FM 接收机用于 88～108MHz 的频率,传统上使用 10.7MHz 为第一级中频频率,该频率可以由高频运放处理(也可使用频率更低的第二级中频)。目前大多数系统使用数字处理技术,但即使在这些情况下,中频频率仍由模拟放大器产生并放大。传统 FM 接收机的前端如图 7.44 所示的框图所示,这里,主要关注中频放大器的实现。

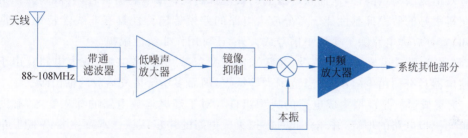

图 7.44　FM 接收机前端

图 7.45 所示为一典型的模拟中频放大器,使用诸如 THS4001 的高频运放。从放大器看,以及从负载往回看,阻抗必须与源匹配,本设计为 50Ω。在高频放大器中,信号需要匹配整个系统的特征阻抗以避免反射,否则反射有可能会抵消信号。为实现这一点,可以在传统的同相放大器(将在第 9 章介绍)的基础上,添加输入与输出电阻(R_i 和 R_o),使得这些阻抗为 50Ω。与其他同相放大器一样,增益由 R_f 和 R_1 决定。

设计者与技术人员在处理高频电路时,一定要做好特别预防措施,以防出现问题。针对高频电路的预防措施之一是使元器件引线与电线长度尽可能短,以减小杂散电容与电感效应。在高频时,即使 PCB 走线也具有电感,会衰减 RF 信号。如果要替换高频电路中的元器件,需要使用专门的元器件,以避免自谐振效应。电路中使用的电容通常是特种陶瓷芯片电容,它没有引线。RF 电路(包括电源在内)用外壳屏蔽,以防止辐射和噪声问题。替换外壳或屏蔽罩,包括所有的螺钉,使用探针时注意负载效应,所用探针应为低电容型。

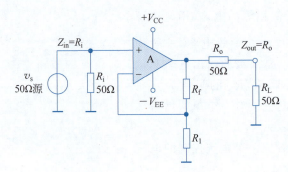

图 7.45 IC 中频放大器

本章小结

（1）集成运算放大器是一种高增益的直接耦合多级放大电路。电压模运放通常由差分输入级、中间增益级、互补对称输出级及电流源电路组成。由于它具有体积小、性能好、价格便宜等优点，在模拟电路中获得了极为广泛的应用。

（2）电流源电路是模拟集成电路的基本单元电路，其特点是直流电阻小，交流电阻很大，且具有温度补偿作用。在集成电路中，除提供静态偏置外，还常用作有源负载。

（3）差分放大电路是模拟集成电路中重要的单元电路，它既能放大直流信号，又能放大交流信号。差分放大电路对差模信号能进行有效地放大，而对共模信号却具有很强的抑制能力。由于输入、输出方式的不同，共有四种典型电路。在双端输出时，它依靠电路的对称性能有效地克服零点漂移，从而获得极高的共模抑制比；在单端输出时，它依赖共模负反馈也可获得很好的共模抑制性能。差分放大电路的差模传输特性具有非线性特性，依据该特性可知，差分放大电路除了实现小信号放大外，还可用作非线性限幅。

（4）作为集成运放的主增益级，通常采用有源负载共射（或共源）放大电路。由于互补射极输出器具有输出电阻小、动态范围大等特点，因而多用于集成运放的输出级。

（5）集成运放是模拟集成电路的典型组件。对于经典运放电路的深入学习，有助于深化对单元模拟电路的理解，并建立起对模拟集成电路的初步认识。本章主要以 BJT 集成运放 μA741 为例讨论了集成运放的组成及特点。FET 集成运放在电路组成及性能上与 BJT 运放相似，具有集成度高、功耗低及温度特性好等优点。混合型（Bi-FET）集成运放结合了FET 的高输入阻抗、低偏流的特点和 BJT 的高电压增益、低输出电阻及通频带宽的特点，性能更加优良。

（6）作为一个基本的信号处理器件，集成运放的外特性是由它的性能指标来表征的。因此，只有深刻地理解各项指标的含义，在实际应用中才能合理地选择和使用集成运放。

本章习题

【7-1】 电流源电路如题图 7.1 所示，设各管特性一致，$|V_{BE(on)}| = 0.7V$。

（1）若 T_3、T_4 管的 $\beta = 2$，试求 I_{C4}。

（2）若要求 $I_{C1} = 26\mu A$，则 R_1 为多少？

【7-2】 由电流源组成的电流放大器如题图 7.2 所示，试估算电流放大倍数 $A_i = I_o/I_i$ 为多少？

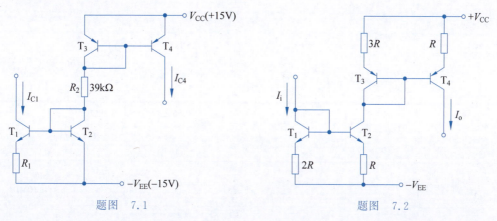

题图 7.1　　　　　　　　题图 7.2

【7-3】 在题图 7.3 所示电路中，设各管的 β 值相同，T_1 和 T_2 管的发射结面积分别为 T_3 管发射结面积的 n_1 和 n_2 倍。

(1) 证明 T_1 管中的电流 $I_{O1} = \dfrac{n_1 \beta I_{REF}}{1+\beta+n_1+n_2}$；

(2) 在什么条件下 $I_{O1} \approx n_1 I_{REF}$？

【7-4】 比例式电流源电路如题图 7.4 所示，已知各管特性一致，$V_{BE(on)} = 0.7\text{V}$，$\beta = 100$，$|V_A| = 120\text{V}$，试求 I_{C1}、I_{C3} 和 T_3 侧的交流输出电阻 R_o。

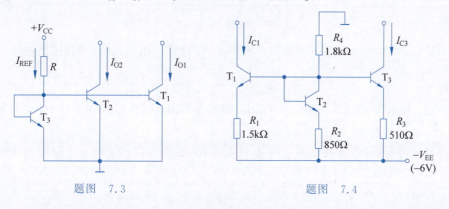

题图 7.3　　　　　　　　题图 7.4

【7-5】 电流源电路如题图 7.5 所示，已知两只 BJT 的特性一致，$\beta = 100$，$V_{BE(on)} = 0.7\text{V}$，$|V_A| = 100\text{V}$，若要求 $I_O = 10\mu\text{A}$，试确定 R_2，并求交流输出电阻 R_o。

【7-6】 题图 7.6 是用 BJT 比例式电流源作为有源负载的射极输出器电路，它可以使输入电阻提高，电压增益更接近于 1，若 T_2 和 T_3 管的特性相同，且 $V_{BE(on)} = 0.7\text{V}$，试求电路中 I_{C2} 的值。

【7-7】 题图 7.7 所示电路中，各管特性相同，已知 $\beta = 200$，$|V_{BE(on)}| = 0.7\text{V}$，试求流过各管的电流及各电阻上电压。

【7-8】 威尔逊电流源电路如题图 7.7 所示，各管参数相同，试推导输出电阻 R_o 的表达式。

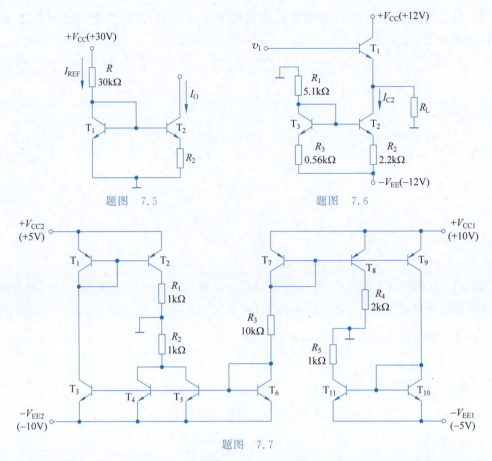

题图 7.5　　　　题图 7.6

题图 7.7

【7-9】 级联型电流源电路如题图 7.8 所示，各管特性相同，试证明其输出电流 I_O 为

$$I_O = \frac{\beta^2}{\beta^2 + 4\beta + 2} I_{REF} \approx \left(1 - \frac{4}{\beta}\right) I_{REF}$$

【7-10】 电路如题图 7.9 所示，T_2、T_3 管的参数相同，且已知 $V_{BE(on)} = -0.7\text{V}$，$r_{ce} = 100\text{k}\Omega$；$T_1$ 管的参数为：$r_{bb'} = 300\Omega$，$\beta = 80$，求 $\dot{A}_v$。

【7-11】 MOS 管组成的基本镜像电流源电路如题图 7.10 所示，已知输出电流 $I_O = 3\mu\text{A}$，三个 MOS 管的参数相同，为 $V_{GS(th)} = 1.5\text{V}$，$\mu_n C_{ox}/2 = 0.05\mu\text{A}/\text{V}^2$，求 MOS 管导电沟道的宽长比。

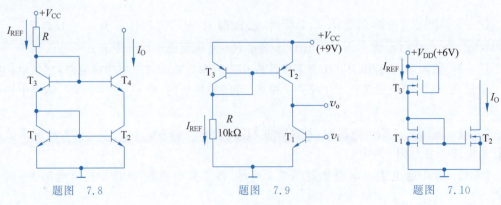

题图 7.8　　　　题图 7.9　　　　题图 7.10

【7-12】 电路如题图 7.11 所示，已知参考电流 $I_{REF}=1\text{mA}$，NMOS 管的参数为：$V_{GS(th)}=1\text{V}$，$\mu_n C_{ox}/2=50\mu\text{A}/\text{V}^2$。PMOS 管的参数为：$V_{GS(th)}=-1\text{V}$，$\mu_p C_{ox}/2=25\mu\text{A}/\text{V}^2$。设全部管子均运行于饱和区，且忽略沟道长度调制效应，各管的 W/L 值如图所示，试求 R、I_3 和 I_4 的值。

【7-13】 电路如题图 7.12 所示，NMOS 管 T_1 构成共源放大电路，PMOS 管 T_2、T_3 组成的镜像电流源作为其有源负载。当 $r_{ds1}=r_{ds2}=2\text{M}\Omega$，$K_n=100\mu\text{A}/\text{V}^2$，$I_R=100\mu\text{A}$ 时，求 $\dot A_v$。

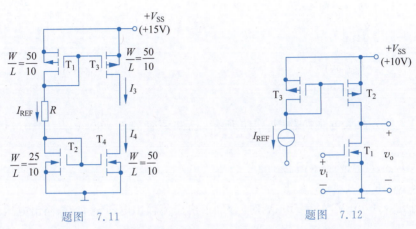

题图 7.11   题图 7.12

【7-14】 题图 7.13 所示电路中，已知 $(W/L)_{10}=1.5/0.3$，$I_{D9}=2I_{D5}$，$I_{D5}=I_{D6}=360\mu\text{A}$，$I_{D10}=90\mu\text{A}$。试求 T_5、T_6、T_9 各管的沟道宽长比。设器件的 $\mu_n C_{ox}=2\mu_p C_{ox}$，$|V_{GS(th)}|$ 均相同，忽略沟道长度调制效应。

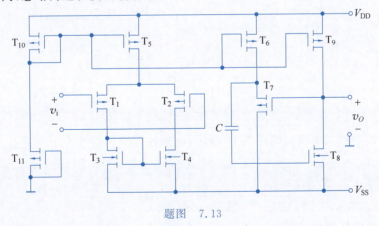

题图 7.13

【7-15】 差分放大电路如题图 7.14 所示，已知 BJT 的参数为：$\beta=100$，$V_{BE(on)}=0.7\text{V}$；$r_{bb'}$ 可忽略。$R_L=10\text{k}\Omega$。

(1) 试画出差模、共模半电路交流通路；

(2) 求双端输出时的 R_{id}，R_{od}，A_{vd}；

(3) 求单端输出时的 R_{ic}，R_{oc}，A_{vc1} 及 K_{CMR}。

【7-16】 差分放大电路如题图 7.15 所示，BJT 的参数与习题 7-15 相同，且已知 $r_{ce}=50\text{k}\Omega$。若 $I_{EE}=1.04\text{mA}$，$R_L=10\text{k}\Omega$。重新计算习题 7-15 的(2)、(3)问，并与习题 7-15 的

结果进行比较。

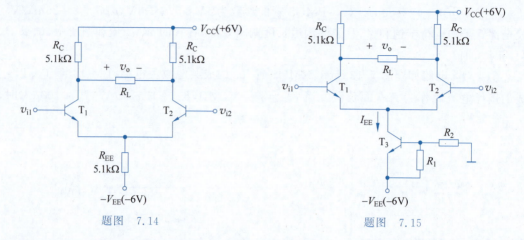

题图 7.14 题图 7.15

【7-17】 差分放大电路如题图 7.16 所示,已知两管的 $\beta=60, V_{BE(on)}=0.7V, r_{bb'}$ 忽略不计。

(1) 求 I_{CQ1}、I_{CQ2}、V_{CEQ1}、V_{CEQ2};

(2) 求 R_{id}、R_{od}、A_{vd2}、A_{vc2}、K_{CMR};

(3) 当 $v_{i1}=100mV, v_{i2}=50mV$ 时,分别求出交流输出电压 v_o 与总输出电压 v_O 的值。

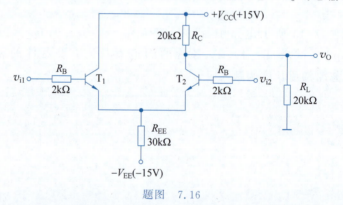

题图 7.16

【7-18】 差分放大电路如题图 7.17 所示,已知各管的 β 值都为 $100, V_{BE(on)}$ 都为 $0.7V$,$r_{bb'}$ 忽略不计。

(1) 说明 T_3、T_4 管的作用;

(2) 求 I_{CQ1}、I_{CQ2};

(3) 求差模电压增益 A_{vd1}。

【7-19】 差分放大电路如题图 7.18 所示,已知各 BJT 的 β 值都为 $100, V_{BE(on)}$ 都为 $0.7V$,饱和压降 $V_{CE(sat)}$ 都为 $0.3V$。二极管的导通压降 $V_{D(on)}$ 为 $0.7V$,试求共模输入电压允许的最大变化范围。

【7-20】 电路如题图 7.19 所示,已知各管的 β 值都为 $50, V_{BE(on)}$ 都为 $0.7V, r_{bb'}$ 都为 200Ω。

(1) 若 $v_{i1}=0, v_{i2}=10\sin\omega t(mV)$,试求交流输出电压 v_o 为多少?

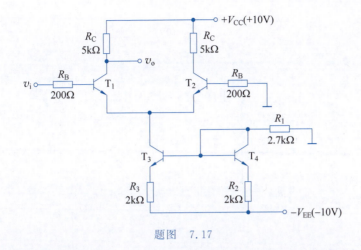

题图 7.17

(2) 若 $v_{i1}=10\sin\omega t(\text{mV})$，$v_{i2}=5\text{mV}$，试画出总输出电压 v_O 的波形图；

(3) 试求共模输入电压允许的最大变化范围；

(4) 当 R_1 增大时，A_{vd}、R_{id} 将如何变化？

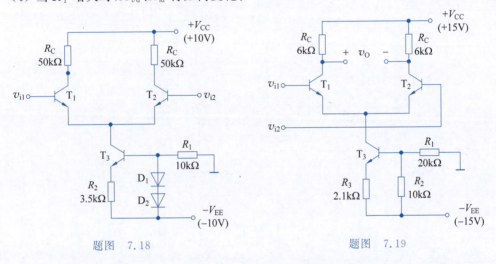

题图 7.18　　　　　　　　　题图 7.19

【7-21】 题图 7.20 所示为单电源供电的差分放大电路，已知各管的 $\beta=100$，$V_{BE(on)}=0.7\text{V}$，$r_{bb'}$ 忽略不计。

(1) 试求 I_{CQ1}、I_{CQ2}、A_{vd}；

(2) 若 R_{B1} 开路，试问差分放大电路能否正常工作？

【7-22】 在题图 7.21 所示的共射-共基组合式差分放大电路中，V_{B1} 为共基极放大管 T_3、T_4 提供偏置。设 T_1、T_2 为超 β 管，其 β 值为 5000，T_3、T_4 的 β 值为 200，T_3、T_4 的 $|V_A| \rightarrow +\infty$。试求差模输入电阻 R_{id}，双端输出时的差模电压增益 A_{vd}。

【7-23】 在题图 7.22 所示电路中，已知 $\beta_1=\beta_2=100$，$r_{be1}=r_{be2}=5\text{k}\Omega$，$R_W=0.5\text{k}\Omega$。

(1) 静态时，若 $V_O<0$，试问电位器的动臂应向哪个方向调整才能使 $V_O=0$？

(2) 若在 T_1 管的输入端加输入信号 v_i，试求差模电压增益 A_{vd} 和差模输入电阻 R_{id}。

【7-24】 在题图 7.23 所示电路中，已知 FET 的 $V_{GS(off)}=-1\text{V}$，$I_{DSS}=1\text{mA}$，若电容 C_D 对交流信号呈短路，$v_i=10\text{mV}$，试求 I_{SS}、A_{vd2}、A_{vc2}、K_{CMR}、v_o 值。

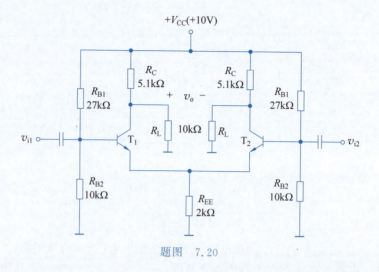

题图 7.20

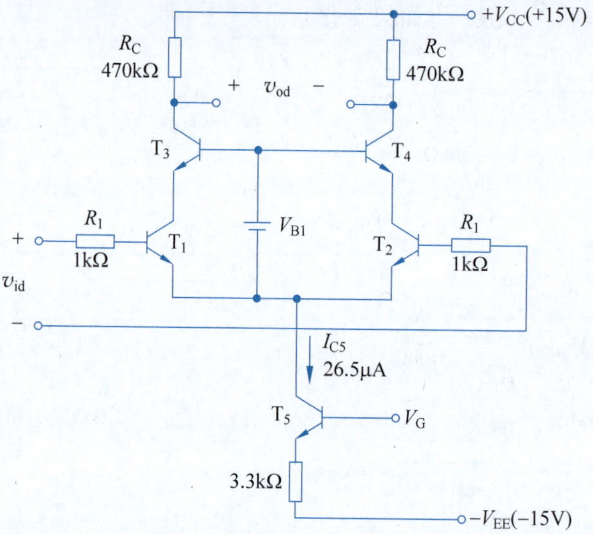

题图 7.21

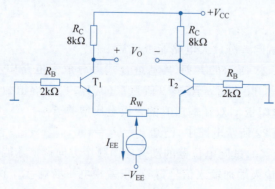

题图 7.22

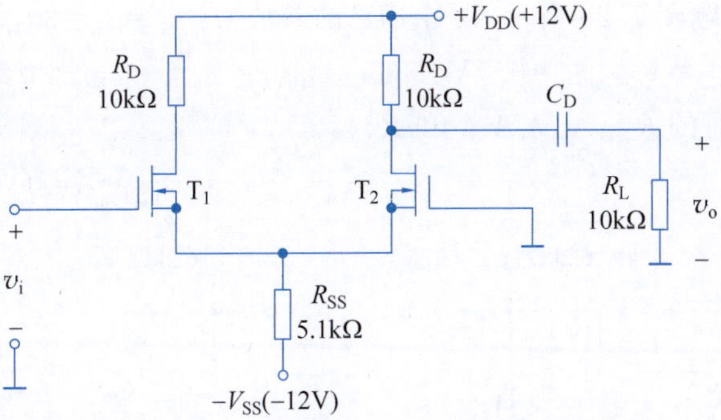

题图 7.23

【7-25】 FET 差分放大电路如题图 7.24 所示,设 $T_1 \sim T_4$ 管的衬底与地相连,沟道长度调制效应可忽略不计,试导出双端输出时差模电压增益 A_{vd} 的表达式。

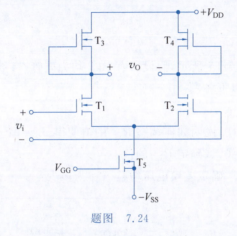

题图 7.24

【7-26】 电路如题图 7.25 所示,已知各管的 β 均为 50,$r_{bb'}$ 均为 200Ω,r_{ce} 均为 200kΩ,$V_{BE(on)}$ 均为 0.7V,其他参数如图所示,试求单端输出的差模电压增益 A_{vd2}、共模抑制比 K_{CMR}、差模输入电阻 R_{id} 和差模输出电阻 R_{od}。

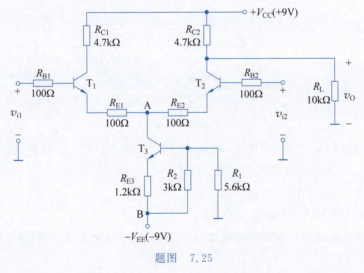

题图 7.25

【7-27】 电路如题图 7.26 所示，设各 BJT 的参数为：$\beta_1=\beta_2=30, \beta_3=\beta_4=100, V_{BE(on)1}=V_{BE(on)2}=0.6V, V_{BE(on)3}=V_{BE(on)4}=0.7V$。$r_{bb'1}=r_{bb'2}=r_{bb'3}=r_{bb'4}=200\Omega, r_{ce}$ 很大，试计算双端输入、单端输出时的 R_{id}、A_{vd1}、A_{vc1} 和 K_{CMR}。

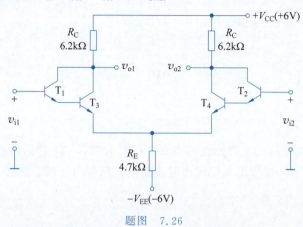

题图 7.26

【7-28】 电路如题图 7.27 所示，假设所有 BJT 均为硅管，参数为：$\beta=200, r_{bb'}=200\Omega$，$|V_{BE(on)}|=0.7V$，试完成以下各题。

(1) 计算 I_{EQ1} 和 I_{EQ2}；
(2) 若 $v_i=0$ 时，$v_O>0$，说明如何调整 R_{C2} 的值使得 $v_O=0$；
(3) 若 $v_i=0$ 时，$v_O=0$，试确定 R_{C2} 的值；
(4) 在题(3)的情况下，确定差模电压增益 A_{vd} 为多少？

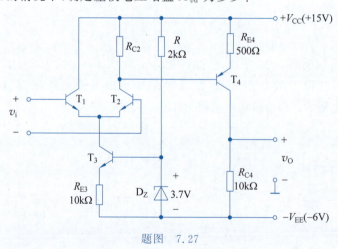

题图 7.27

【7-29】 电路如题图 7.28 所示，设所有 BJT 管的 $\beta=20, r_{be}=2.5k\Omega, r_{ce}=200k\Omega$，FET 的 $g_m=4mS$，其他参数如图中所示。试求：

(1) 两级放大电路的电压增益 A_v；
(2) 差模输入电阻 R_{id} 和输出电阻 R_{od}；
(3) 第一级单端输出时的差模电压增益 A_{vd1}、共模电压增益 A_{vc1} 和共模抑制比 K_{CMR}。

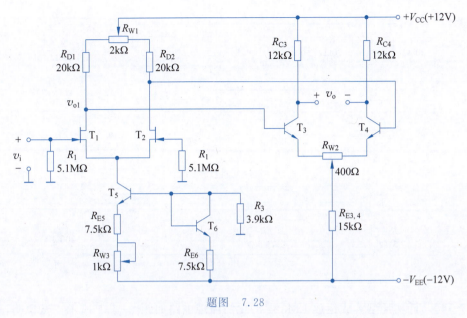

题图 7.28

【7-30】 题图 7.29 所示为集成互导型放大器电路,试说明该电路的工作原理,并导出互导增益 $A_g = i_o / v_i$ 与 I_A 的关系式。

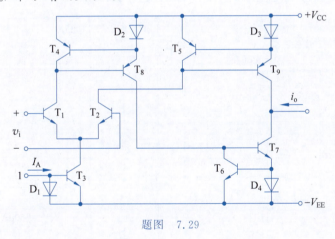

题图 7.29

【7-31】 集成运放 5G23 的电路原理图如题图 7.30 所示。
(1) 简要叙述电路的组成原理;
(2) 说明二极管 D_1 的作用;
(3) 判断 2、3 端哪个是同相输入端,哪个是反相输入端。

【7-32】 在图 7.35 所示的 μA741 集成运放内部电路中,若设各 NPN 型管的 $\beta = 250$,PNP 型管的 $\beta = 50$,两种类型 BJT 的 $|V_A|$ 均为 100V,$|V_{BE(on)}| = 0.7V$,并设 T_{23} 的输入电阻为 9.1MΩ,$I_{C17} = 550\mu A$,试求 T_{16}、T_{17} 组成的中间增益级的输入电阻 R_i 和电压增益 A_v。

【7-33】 利用习题 7-32 提供的管子参数,试求 μA741 集成运放内部电路中输入差分级的输入电阻 R_{id} 和互导增益 A_g。设各管子的 r_{ce} 忽略不计,已知差分输入级的偏置电流为 20μA。

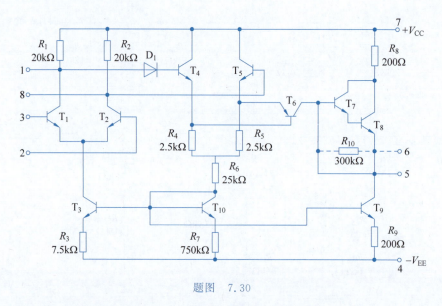

题图 7.30

【7-34】 低功耗型集成运放 LM324 的化简原理电路如题图 7.31 所示。试说明：

(1) 输入级、中间级和输出级的电路形式和特点；

(2) 电路中 T_8、T_9 和电流源 I_{O1}、I_{O2}、I_{O3} 各起什么作用？

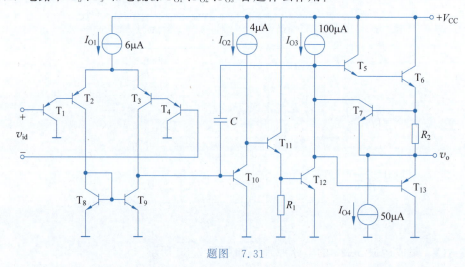

题图 7.31

【7-35】 CMOS-TCL2274 型集成运放的原理电路如题图 7.32 所示。试分析：

(1) 该电路由哪几部分组成？

(2) T_7、T_8 和 T_{10} 构成的电平移动电路的原理和作用；

(3) 当输入端 3、2 之间接入输入信号电压时，电路输入级和 T_{13} 的放大作用，同时说明通过电平移动电路对信号电压的放大作用，用瞬时极性法标出在信号电压作用下，图中各点电位的变化，并说明哪个是同相输入端，哪个是反相输入端。

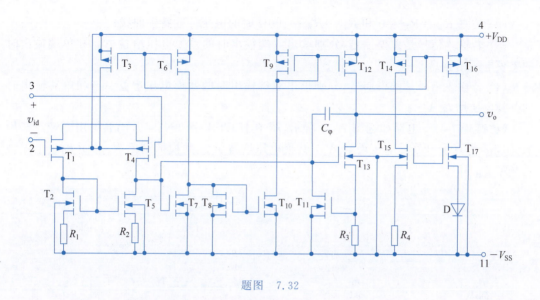

题图 7.32

Multisim 仿真习题

【仿真题 7-1】 改进型镜像电流源电路如题图 7.33 所示,T_1、T_2 管用 2N2222,且 $\beta_1 = \beta_2 = 100$,T_3 管用 2N3904,参数按默认值,用 Multisim 仿真其输出电流与基准电流的值。

【仿真题 7-2】 恒流源作有源负载的放大电路如题图 7.34 所示,已知 $\beta_1 = \beta_2 = \beta_3 = 100$,$T_1$、$T_2$ 管的参数完全相同。

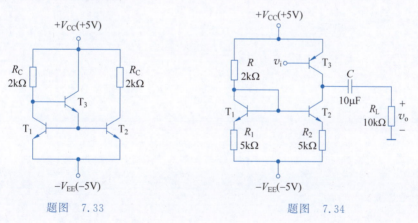

题图 7.33   题图 7.34

(1) 用 Multisim 仿真 T_3 管的直流传输特性曲线,确定输入电压,使放大电路处于放大区。

(2) 若输入信号是频率 $f = 1\text{kHz}$,幅值为 $10\mu\text{V}$ 的正弦波,用 Multisim 仿真观察输出信号的波形,并求出该放大电路的电压增益。

【仿真题 7-3】 差分放大电路如题图 7.35 所示,T_1、T_2 管均用 2N2222,$\beta_1 = \beta_2 = 50$,其他参数按默认值。试用 Multisim 分析该电路:

(1) 求静态工作点;

(2) 仿真 $R_{E1}=R_{E2}=0$ 和 $R_{E1}=R_{E2}=300\Omega$ 时的电压传输特性曲线；

(3) 若输入信号是差模信号，分别求出双端输出时的差模电压增益 A_{vd} 和单端输出时的差模电压增益 A_{vd1}；

(4) 若输入信号是共模信号，分别求出双端输出时的共模电压增益 A_{vc} 和单端输出时的共模电压增益 A_{vc1}。

【仿真题 7-4】 电路如题图 7.36 所示，图中 JFET 均用 2N3819，BJT 均用 2N2222，用 Multisim 仿真求出差模电压增益 A_{vd}、共模电压增益 A_{vc}、共模抑制比 K_{CMR} 并确定上限截止频率 f_H。

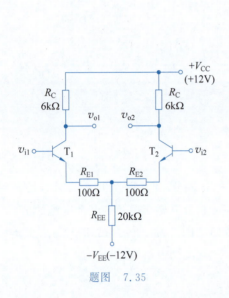

题图 7.35

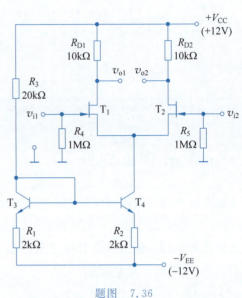

题图 7.36

第 8 章 反馈及其稳定性

CHAPTER 8

反馈理论及反馈技术在自动控制、信号处理、电子电路及电子设备中有着十分重要的作用。在放大电路中,负反馈作为改善其性能的重要手段而备受重视。

本章从反馈的基本概念出发,讨论了反馈的分类方法,推导出负反馈放大电路增益的基本方程式,给出了四种基本的负反馈结构,研究了负反馈对放大电路性能的影响,并对深度负反馈放大电路的增益指标进行了定量计算,最后引入了负反馈系统的稳定性问题及相位补偿技术。

8.1 反馈的基本概念及反馈放大电路的一般框图

8.1.1 反馈的基本概念

第 45 集
微课视频

反馈(Feedback)理论首先诞生在电子学领域,1927 年,美国西部电子公司的电子工程师 Harold Black 在研究中继放大器增益稳定方法的过程中,发明了反馈放大电路。到今天为止,反馈的概念及理论不仅超越了电子学领域,而且也超越了工程领域,渗透到各个科学领域。在电子电路中,反馈现象是普遍存在的。下面以放大电路为例介绍反馈的概念。

所谓反馈,就是指将放大电路输出量(电压或电流)的一部分或全部,通过一定网络(称为反馈网络),以一定方式(与输入信号串联或并联)送回输入回路,影响电路性能的技术。

虽然在前面的章节并没有系统研究反馈现象,但已经接触到了反馈的例子。例如,在第 3 章和第 4 章介绍了位于共发射极电路的射极电阻 R_E 和共源极电路的源极电阻 R_S,当晶体管的参数随温度变化时,它们可用来稳定 Q 点。这种稳定机理,恰恰利用了负反馈的理论。重新回顾一下分压式偏置 Q 点稳定电路,如图 8.1 所示。

放大电路的输出电流 I_{CQ} 受控于基极电流 I_{BQ},而 I_{BQ} 的大小取决于基-射电压 V_{BEQ} 的大小。$V_{BEQ}=V_{BQ}-V_{EQ}$,式中

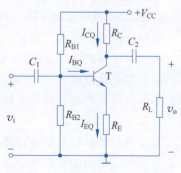

图 8.1 负反馈稳定 Q 点电路

$$V_{BQ} \approx \frac{R_{B2}}{R_{B1}+R_{B2}}V_{CC}$$

基本不变。但 V_{EQ} 则不同,$V_{EQ}=I_{EQ}R_E \approx I_{CQ}R_E$,它携带着放大电路输出电流 I_{CQ} 的变化信息。如果因为某种因素(例如温度升高)使 I_{CQ} 增大时,V_{EQ} 也相应增大,导致 V_{BEQ} 反而减

小,从而使 I_{BQ} 减小,进而牵制了 I_{CQ} 的增大,结果使 I_{CQ} 趋于稳定。这里,发射极电阻 R_E 将输出电流 I_{CQ} 的变化反馈到输入回路,引入了一种自动调节的机制,这种技术称为反馈。

8.1.2　反馈放大电路的一般框图

为了使问题的讨论更具普遍性,将反馈放大电路抽象为图 8.2 所示的方框图。由图可见,反馈放大电路由基本放大电路、反馈网络和比较环节组成。其中,$\dot{X}_i$、$\dot{X}'_i$、$\dot{X}_o$、$\dot{X}_f$ 分别表示反馈放大电路的输入信号、净输入信号、输出信号和反馈信号;$\dot{A}$ 表示基本放大电路的增益,又称为**开环增益**;$\dot{F}$ 表示反馈网络的传输系数,称为**反馈系数**。放大电路和反馈网络中信号的传递方向如图中箭头所示。对输出量取样得到的信号经过反馈网络后成为反馈信号。符号⊗表示比较(叠加)环节,反馈信号和外加输入信号经过比较环节后得到净输入信号 $\dot{X}'_i$,然后送至基本放大电路。符号⊗下的"+"表示将 $\dot{X}_i$ 与 $\dot{X}_f$ 同相相加,即 $\dot{X}'_i > \dot{X}_i$,称为**正反馈**;符号⊗下的"-"表示将 $\dot{X}_i$ 与 $\dot{X}_f$ 反相相加(即相减),即 $\dot{X}'_i < \dot{X}_i$,称为**负反馈**。反馈信号的极性不同,对放大电路性能的影响不同,本章主要讨论负反馈。

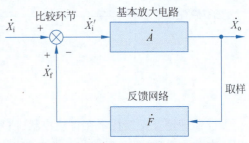

图 8.2　反馈放大电路的基本框图

在图 8.2 所示的方框图中,$\dot{X}_i$、$\dot{X}'_i$、$\dot{X}_f$、$\dot{X}_o$ 可以是电压量,也可以是电流量。$\dot{A}$ 和 $\dot{F}$ 是广义的增益和反馈系数,由于其物理含义不同,形成了不同的反馈类型。

第 46 集
微课视频

8.2　反馈的分类及判别方法

在实际的放大电路中,可以根据不同的要求引入不同类型的反馈,按照考虑问题的不同角度,反馈有各种不同的分类方法。

1. 直流反馈和交流反馈

根据反馈信号中包含的交、直流成分来分,可以分为**直流反馈**和**交流反馈**。

在放大电路的输出量(输出电压和输出电流)中通常是交、直流信号并存的。如果反馈回来的信号是直流成分,称为直流反馈;如果反馈回来的信号是交流成分,则称为交流反馈。当然也可以将输出信号中的直流成分和交流成分都反馈回去,同时得到交、直流两种性质的反馈。

直流负反馈的作用是稳定静态工作点,对放大电路的动态性能没有影响;**交流负反馈用于改善放大电路的动态性能**。

判别交、直流反馈的方法是,首先画出放大电路的交流通路和直流通路,若反馈网络存在于直流通路中,则为直流反馈;若反馈网络存在于交流通路中,则为交流反馈;若反馈既存在于直流通路又存在于交流通路中,则为交、直流反馈。

如图 8.3 所示电路中,R_{E1}、R_{E2}、C_E 构成了反馈网络,在直流通路中,C_E 开路,R_{E1}、R_{E2} 构成了直流反馈;在交流通路中,由于 C_E 交流短路,反馈元件只剩下 R_{E1},它构成了交流反馈。

2. 电压反馈和电流反馈

根据反馈信号从输出端的取样对象(取自放大电路的哪一种输出电量)来分类,可以分为**电压反馈**(Voltage Feedback)和**电流反馈**(Current Feedback)。

如果反馈信号取自输出电压,即反馈信号与输出电压成正比,称为电压反馈;如果反馈信号取自输出电流,即反馈信号与输出电流成正比,称为电流反馈。

判别反馈属于电压反馈还是电流反馈,可采用以下方法。

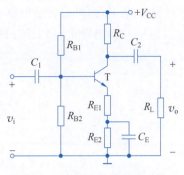

图 8.3 直流反馈和交流反馈

1) 负载短路法

将负载短路,若反馈消失,则为电压反馈;若反馈依然存在,则为电流反馈。

2) 结构判断法

在输出回路,除公共地线外,若反馈线与输出线接在同一点上,则为电压反馈;若反馈线与输出线接在不同点上,则为电流反馈。

例如,在图 8.4(a)所示电路中,用上述两种方法判断可知,R_E 构成了电流反馈;在图 8.4(b)所示电路中,用上述方法两种方法判断可知,R_E 构成了电压反馈。

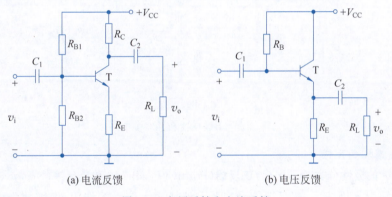

图 8.4 电压反馈和电流反馈

3. 串联反馈和并联反馈

根据反馈信号与外加输入信号在放大电路输入回路的连接方式来分类,可以分为**串联反馈**(Series Feedback)和**并联反馈**(Shunt Feedback)。

在放大电路的输入回路中,如果反馈信号与外加输入信号以电压的形式相比较(叠加),也就是说反馈信号与外加输入信号二者相互串联,则称为串联反馈;如果反馈信号与外加输入信号以电流的形式相比较(叠加),也就是说两种信号在输入回路并联,则称为并联反馈。

判别反馈属于串联反馈还是并联反馈,可采用以下方法。

1) 反馈节点对地短路法

将输入回路的反馈节点对地短路,若输入信号仍能送入到放大电路中去,则为串联反馈;若信号源被短路,输入信号不能送入放大电路中,则为并联反馈。

2) 结构判断法

在输入回路,除公共地线外,若反馈线与输入信号线接在同一点上,则为并联反馈;若反馈线与输入线接在不同点上,则为串联反馈。

例如,在图 8.5(a)所示电路中,用上述方法两种方法判断可知,R_f 构成了并联反馈;在图 8.5(b)所示电路中,用上述方法两种方法判断可知,R_f 构成了串联反馈。

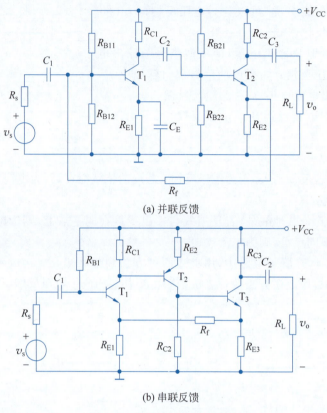

图 8.5　串联反馈和并联反馈

4. 正反馈和负反馈

根据反馈的极性分类,可以分为<u>正反馈</u>(Positive Feedback)和<u>负反馈</u>(Negative Feedback)。

放大电路引入反馈后,若反馈信号削弱了外加输入信号的作用,使增益降低,称为负反馈;若反馈信号增强了外加输入信号的作用,使增益提高,称为正反馈。

引入负反馈可以改善放大电路的性能指标,因此在放大电路中被广泛采用;正反馈多用于振荡和脉冲电路中。

判别正、负反馈常用的方法是瞬时极性法。即假设输入信号的变化处于某一瞬时极性(用符号⊕或⊖表示),沿闭环系统,逐一标出放大电路各级输入和输出的瞬时极性(这种标示要符合放大电路的基本原理)。最后将反馈信号的瞬时极性和输入信号的极性相比较。若反馈量的引入使净输入量增大,则为正反馈;反之,则为负反馈。

由于串联反馈和并联反馈在输入回路所比较的电量不同,因此又可以得到以下具体的判别法则。

对串联反馈,若反馈信号和输入信号的极性相同,则为负反馈;若相反,则为正反馈。

对并联反馈,若反馈信号和输入信号的极性相反,则为负反馈;若相同,则为正反馈。

需要注意的是:分析各级电路输入和输出之间的相位关系时,只考虑通带内的情况,即对电路中各种耦合、旁路电容的影响暂不考虑,将它们作短路处理。

例如，在图 8.6(a)所示的两级放大电路中，假设输入电压 v_i 的瞬时极性为正(用符号⊕表示)，因为 v_i 加在差分对管 T_1 的基极，差分放大电路由 T_2 管的集电极单端输出，其瞬时极性为正。差分放大电路的输出直接驱动 T_3 管的基极，所以 T_3 管基极的瞬时极性也为正，BJT 的基极与发射极同相位，故 T_3 管发射极的瞬时极性亦为正。反馈信号由 T_3 管的发射极引回，因此，反馈电压 v_f 的瞬时极性为正。反馈信号与输入信号在输入回路以电压形式相比较，二者极性相同，故为负反馈。若加在 T_3 管基极上的输入电压取自 T_1 管的集电极(如图中虚线所示)，则电路变为正反馈。

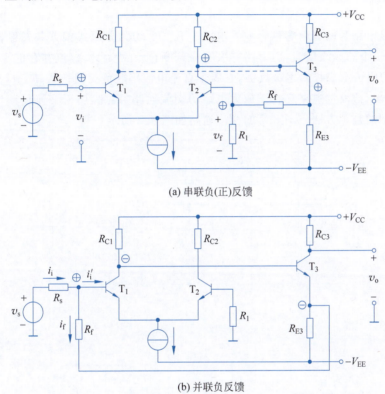

(a) 串联负(正)反馈

(b) 并联负反馈

图 8.6 正反馈和负反馈

在图 8.6(b)所示的两级放大电路中，同样假设输入电压 v_i 的瞬时极性为正(用符号⊕表示)，v_i 加在差分对管 T_1 的基极，差分放大电路由 T_1 管的集电极单端输出，所以 T_1 管集电极的瞬时极性为负，T_1 管的集电极输出驱动 T_3 管的基极，所以 T_3 管基极的瞬时极性也为负，BJT 的基极与发射极同相位，故 T_3 管发射极的瞬时极性亦为负。反馈信号与输入信号在输入回路以电流形式相比较，二者极性相反，故为负反馈。图 8.6(b)中标出了 T_1 管基极处的各电流流向，根据所标出的各点的瞬时极性，可以判断流过 R_f 的电流 i_f 的流向，如图中所示，该电流削弱了外加输入电流 i_i，使放大电路的净输入电流 i_i' 减小，因此，R_f 构成了负反馈。

除了上述分类方法之外，反馈还可以分为本级反馈和级间反馈。本级反馈表示反馈信号从某一级放大电路的输出端取样，只引回到本级放大电路的输入回路，本级反馈只能改善一个放大电路内部的性能；级间反馈表示反馈信号从多级放大电路某一级的输出端取样，引回到前面另一个放大电路的输入回路中去，级间反馈可以改善整个反馈环路内放大电路的性能。

反馈电路类型的判断是一个难点,只有多分析、多练习、多总结才能熟练掌握。判断放大电路反馈类型的基本步骤如下:首先判断是本级反馈还是级间反馈,是直流反馈还是交流反馈;然后判断反馈在放大电路输出端的取样方式,是电压反馈还是电流反馈;接着判断反馈在放大电路输入端的连接方式,是串联反馈还是并联反馈;最后确定反馈的极性,是正反馈还是负反馈。下面举几个例子具体说明。

【例 8.1】 一个反馈放大电路如图 8.7 所示,试说明电路中存在哪些反馈,并判断各反馈的类型。

【解】 该电路为两级阻容耦合放大电路。T_1、T_2 均为分压式偏置共发射极电路,其中 R_4 构成了第一级的本级反馈,由上述方法容易判断该反馈为交、直流并存的电流串联负反馈;R_8、C_5 构成了第二级的本级反馈,它属于直流电流串联负反馈;R_4、R_9、C_4 构成了级间反馈,容易看出,该反馈通路存在于放大电路的交流通路,因此,属于交流反馈,下面详细说明其反馈类型的判别方法。图 8.7 的交流通路如图 8.8 所示。

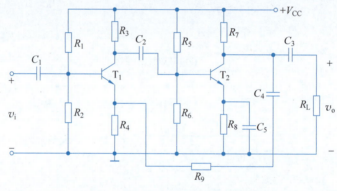

图 8.7 例 8.1 图

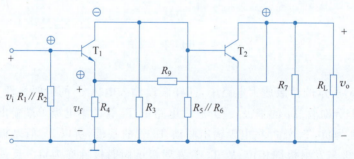

图 8.8 图 8.7 的交流通路

由图 8.8 可见,在输出回路,将负载 R_L 短路后,R_9 的一端也接地了,这时 R_4 和 R_9 并联,使放大电路的输入端和输出端无关联,无法将放大电路的输出量反送回输入端,反馈消失,因此,该反馈在输出端的取样方式为电压取样(请用结构法判断,看是否能得到同样的结论)。

将输入回路的反馈节点对地短路,则 T_1 管的发射极接地,不影响外加输入信号由 T_1 管的基极送入,所以,该反馈在输入端的连接方式为串联(同样请读者用结构法判断,看结论是否一致)。

用瞬时极性法判断反馈的极性。

假设输入信号 v_i 的瞬时极性为正,用符号 ⊕ 表示,由于两级放大电路均为共发射极放大电路,而共发射极放大电路的输出电压与输入电压的相位相反,所以,T_1 管的集电极的极性为负,T_2 管的基极的极性也为负,T_2 管的集电极的极性为正,因而反馈电压 v_f 的瞬时极性为正。对串联反馈,输入信号与反馈信号同极性,所以为负反馈。

综上所述,R_4、R_9、C_4 构成了级间交流电压串联负反馈。

【例 8.2】 某反馈放大电路的交流通路如图 8.9 所示,试判断级间反馈的类型。

【解】 该电路为场效应管组成的两级放大电路,两级均为共源极放大电路。R_1、R_f 和 R_3 构成级间反馈。在输出回路,将负载 R_L 短路,反馈依然存在,所以为电流反馈;在输入回路,将反馈节点对地短路,输入信号仍能送入放大电路,所以为串联反馈;假设输入信号

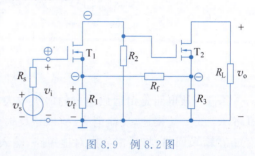

图 8.9 例 8.2 图

的瞬时极性为正,由于共源极放大电路的输出电压与输入电压反相,因此,放大电路中各点的瞬时极性如图 8.9 所示,可以看出,反馈信号与输入信号极性相反,由于是串联反馈,所以为正反馈。综上所述,R_1、R_f 和 R_3 构成了级间电流串联正反馈。

【例 8.3】 反馈放大电路如图 8.10 所示,试判断级间反馈的类型。

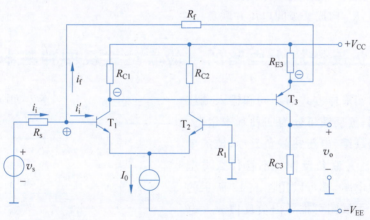

图 8.10 例 8.3 图

【解】 该电路为两级放大电路,第一级为 T_1、T_2 组成的差分放大电路,第二级为 T_3 组成的共发射极放大电路,R_{E3} 和 R_f 构成了级间反馈。由图可以看出,输出信号由 T_3 管的集电极引出,而反馈信号由 T_3 管的发射极引回,二者不在同一点,所以,该反馈为电流反馈;输入信号送至 T_1 管的基极,反馈也引回至 T_1 管的基极,二者在同一点上,所以,该反馈为并联反馈;假设输入信号的瞬时极性为正,由于差分放大电路从 T_1 管的集电极单端输出,所以 T_1 管集电极的瞬时极性为负,也即 T_3 管基极的瞬时极性为负,反馈由 T_3 管的发射极引回,其瞬时极性也为负,流过 R_f 的电流 i_f 的流向如图 8.10 所示,可见。该电流削弱了外加输入电流 i_i,使净输入电流 i_i' 减小,因此,R_{E3} 和 R_f 构成了负反馈。

综上所述,R_{E3} 和 R_f 构成了级间电流并联负反馈。

【**例 8.4**】 试判断图 8.11 所示反馈放大电路中级间反馈的类型。

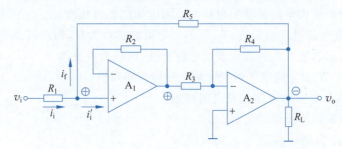

图 8.11 例 8.4 图

【**解**】 该电路是由运放组成的两级放大电路，R_5 构成了级间反馈。在输出回路，将 R_L 短路，R_5 的一端接地，反馈消失，所以该反馈为电压反馈（用结构判断法也可得到同样的结论）；在输入回路，将反馈节点对地短路，输入信号不能送入 A_1 的同相端，所以该反馈为并联反馈（用结构判断法也可得到同样的结论）；假设输入信号的瞬时极性为正，由于输入信号送至运放 A_1 的同相输入端，所以 A_1 输出端的瞬时极性为正，也即 A_2 反相输入端的瞬时极性为正，输出信号取自 A_2 的输出端，其瞬时极性为负，电路中各点的瞬时极性如图 8.11 所示。流过 R_5 的电流 i_f 的流向如图 8.11 所示，该电流削弱了外加输入电流 i_i，使净输入电流 i_i' 减小，因此，R_5 构成了负反馈。

综上所述，R_5 构成了级间电压并联负反馈。

第 47 集
微课视频

8.3 负反馈放大电路的一般表达式及四种基本组态

根据输出端采样方式的不同和输入端连接方式的不同，负反馈可分为四种基本组态，即**电压串联负反馈**、**电压并联负反馈**、**电流串联负反馈**、**电流并联负反馈**。不管什么类型的负反馈放大电路，都可以用图 8.12 所示的方框图表示。由该图可推导出负反馈放大电路的一般表达式。

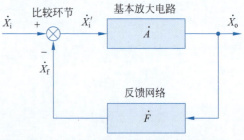

图 8.12 负反馈放大电路的基本框图

8.3.1 负反馈放大电路的一般表达式

由图 8.12 可得**开环增益**（Open Loop Gain）为

$$\dot{A} = \frac{\dot{X}_o}{\dot{X}_i'} \tag{8-1}$$

反馈系数（Feedback Factor）为

$$\dot{F} = \frac{\dot{X}_f}{\dot{X}_o} \tag{8-2}$$

净输入信号为

$$\dot{X}'_i = \dot{X}_i - \dot{X}_f \tag{8-3}$$

由式(8-1)～式(8-3)可得

$$\dot{X}_o = \dot{A}\dot{X}'_i = \dot{A}(\dot{X}_i - \dot{X}_f) = \dot{A}(\dot{X}_i - \dot{F}\dot{X}_o)$$

整理可得

$$\dot{A}_f = \frac{\dot{X}_o}{\dot{X}_i} = \frac{\dot{A}}{1 + \dot{A}\dot{F}} \tag{8-4}$$

式中,$\dot{A}_f$ 称为**闭环增益**(Closed Loop Gain);$\dot{A}\dot{F}$ 称为**环路增益**(Loop Gain),常用 $\dot{T}$ 表示;$1+\dot{A}\dot{F}$ 称为**反馈深度**,是一个反映反馈强弱的物理量,也是对负反馈放大电路进行定量分析的基础。

当环路增益 $\dot{A}\dot{F} \gg 1$ 时,式(8-4)可近似写为

$$\dot{A}_f \approx \frac{1}{\dot{F}} \tag{8-5}$$

由式(8-5)可以看出,当 $\dot{A}\dot{F} \gg 1$ 时,反馈放大电路的闭环增益与基本放大电路无关,只与反馈网络有关,这种反馈称为**深度负反馈**。

8.3.2 负反馈放大电路的四种组态

图 8.12 给出了负反馈放大电路的一般框图。但不同类型的负反馈,在输出端的取样方式不同,在输入端的连接方式也不同。因此,不同类型的负反馈放大电路,其结构框图有所不同,图 8.13 示出了四种基本反馈组态的结构框图。

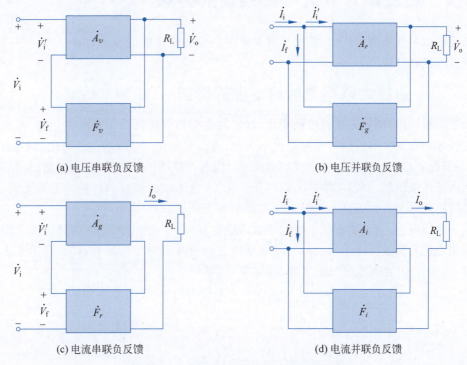

图 8.13 负反馈放大电路的四种基本组态

对于负反馈放大电路,放大的概念是广义的,引入不同类型的负反馈,放大电路增益的物理意义不同,反馈网络反馈系数的物理意义也不同。四种负反馈放大电路中各参数的定义及名称如表 8.1 所示。

表 8.1 四种负反馈放大电路中各参数的定义及名称

参数		组态			
		电压串联负反馈	电压并联负反馈	电流串联负反馈	电流并联负反馈
$\dot{A}=\dfrac{\dot{X}_o}{\dot{X}_i'}$	名称	开环电压增益	开环互阻增益	开环互导增益	开环电流增益
	定义	$\dot{A}_v=\dfrac{\dot{V}_o}{\dot{V}_i'}$	$\dot{A}_r=\dfrac{\dot{V}_o}{\dot{I}_i'}(\Omega)$	$\dot{A}_g=\dfrac{\dot{I}_o}{\dot{V}_i'}(S)$	$\dot{A}_i=\dfrac{\dot{I}_o}{\dot{I}_i'}$
$\dot{F}=\dfrac{\dot{X}_f}{\dot{X}_o}$	名称	电压反馈系数	互导反馈系数	互阻反馈系数	电流反馈系数
	定义	$\dot{F}_v=\dfrac{\dot{V}_f}{\dot{V}_o}$	$\dot{F}_g=\dfrac{\dot{I}_f}{\dot{V}_o}(S)$	$\dot{F}_r=\dfrac{\dot{V}_f}{\dot{I}_o}(\Omega)$	$\dot{F}_i=\dfrac{\dot{I}_f}{\dot{I}_o}$
$\dot{A}_f=\dfrac{\dot{A}}{1+\dot{A}\dot{F}}$	名称	闭环电压增益	闭环互阻增益	闭环互导增益	闭环电流增益
	定义	$\dot{A}_{vf}=\dfrac{\dot{V}_o}{\dot{V}_i}$	$\dot{A}_{rf}=\dfrac{\dot{V}_o}{\dot{I}_i}(\Omega)$	$\dot{A}_{gf}=\dfrac{\dot{I}_o}{\dot{V}_i}(S)$	$\dot{A}_{if}=\dfrac{\dot{I}_o}{\dot{I}_i}$

第 48 集
微课视频

可见,在运用式(8-4)时,对于不同的反馈类型,$\dot{A}$、$\dot{F}$、$\dot{A}_f$ 必须采用相应的表示形式,切不可混淆。

8.4 负反馈对放大电路性能的影响

负反馈以牺牲增益为代价,换来了放大电路许多方面性能的改善。本节将详细讨论负反馈对放大电路性能的影响。

8.4.1 对放大电路增益稳定性的影响

由于多种原因,例如环境温度的变化,器件的老化和更换以及负载的变化等,都能导致电路元件参数和放大器件的特性参数发生变化,因而引起放大电路增益的变化,引入负反馈后,能显著提高增益的稳定性。由式(8-5)可知,当引入深度负反馈后,放大电路的闭环增益仅仅取决于反馈网络,而与基本放大电路几乎无关,当然也就和放大器件的参数无关了,所以增益的稳定性会大大提高。

在一般情况下,为了从数量上表示增益的稳定程度,常用有、无反馈两种情况下增益的相对变化之比来衡量。由于增益的稳定性是用它的绝对值的变化来表示的,在不考虑相位关系时,式(8-4)中的各量均用正实数表示,即

$$A_f=\frac{A}{1+AF} \tag{8-6}$$

对 A 求导得

$$\frac{\mathrm{d}A_f}{\mathrm{d}A}=\frac{(1+AF)-AF}{(1+AF)^2}=\frac{1}{(1+AF)^2}$$

即
$$dA_f = \frac{dA}{(1+AF)^2}$$

用式(8-6)来除上式,得

$$\frac{dA_f}{A_f} = \frac{1}{1+AF} \cdot \frac{dA}{A} \tag{8-7}$$

式(8-7)表明,引入负反馈后,闭环增益的相对变化是开环增益相对变化的 $\frac{1}{1+AF}$。

【例 8.5】 已知反馈系统的开环增益 $A=10^6$,闭环增益 $A_f=100$,如果 A 下降 20%,试问 A_f 下降多少?

【解】 由于 $A_f = \frac{A}{1+AF}$,所以,$1+AF = \frac{A}{A_f} = \frac{10^6}{100} = 10^4$,由式(8-7)可得

$$\frac{dA_f}{A_f} = \frac{1}{1+AF} \cdot \frac{dA}{A} = \frac{1}{10^4} \times 20\% = 0.002\%$$

可见,与开环增益相比,闭环增益变化的百分比要小得多。引入负反馈后,增益减小了,但极大地提高了增益的稳定度。

应当指出的是,这里的 A_f 是广义的增益,引入不同类型的负反馈,只能稳定相应的增益。例如,电压串联负反馈只能稳定电压增益;电流串联负反馈只能稳定互导增益等。

8.4.2 对放大电路非线性失真的改善

放大电路的非线性失真是由于放大器件(如 BJT 或 FET)的非线性特性引起的。当放大电路存在非线性失真时,若输入为正弦信号,输出将是非正弦信号。

负反馈改善放大电路非线性失真的机理可用图 8.14 说明。

(a) 无反馈时放大电路的失真现象

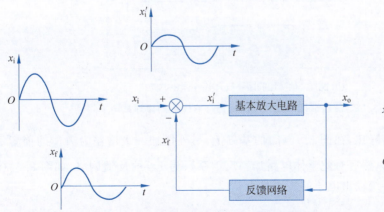

(b) 加负反馈使非线性失真得到改善

图 8.14 负反馈对放大电路非线性失真的改善

基本放大电路存在非线性失真时，其信号传输波形如图 8.14(a)所示。由图可见，由于放大器件的非线性特性，当基本放大电路输入正弦波时，输出信号产生了非线性失真，使正半周放大的幅度大于负半周放大的幅度，其形状为"上大下小"。引入负反馈后，如图 8.14(b)所示，反馈信号 x_f 正比于输出信号 x_o，其波形也是"上大下小"。反馈信号 x_f 与输入正弦信号 x_i 相减（负反馈）后，使净输入信号 x_i' 的波形为"上小下大"，即产生了"预失真"。预失真的净输入信号与放大器件非线性特性的作用正好相反，其结果使输出信号的非线性失真减小了。

应当注意的是，**负反馈只能改善由放大电路本身所引起的非线性失真**，对外加输入信号本身所固有的非线性失真，负反馈将无能为力。

8.4.3 对放大电路内部噪声与干扰的抑制

对放大电路而言，噪声或干扰是有害的。电子噪声可以在放大电路内部产生，或者随输入信号进入放大电路。负反馈可以抑制反馈环内的噪声，准确地说，它可以提高信噪比。下面以图 8.15 来说明负反馈抑制噪声的原理。

设在图 8.15(a)中，增益为 $\dot{A}_{v1}$ 的放大电路的输入端，存在输入信号 $\dot{V}_s$ 和噪声或干扰电压 $\dot{V}_n$。此时，电路的信噪比为

$$\frac{S}{N} = \frac{|\dot{V}_s|}{|\dot{V}_n|} \tag{8-8}$$

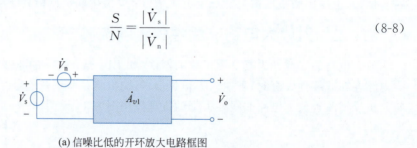

(a) 信噪比低的开环放大电路框图

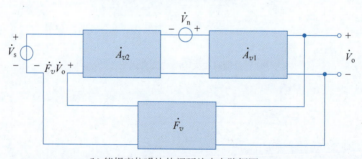

(b) 能提高信噪比的闭环放大电路框图

图 8.15　负反馈抑制放大电路反馈环内噪声的原理框图

为了提高电路的信噪比，在图 8.15(a)的基础上，另外增加一级增益为 $\dot{A}_{v2}$ 的前置级，并认为该级为无噪声的，然后对此整体电路加一反馈系数为 $\dot{F}_v$ 的反馈网络，如图 8.15(b)所示。由此可得反馈系统输出电压的表达式为

$$\dot{V}_o = \frac{\dot{A}_{v1}\dot{A}_{v2}}{1+\dot{A}_{v1}\dot{A}_{v2}\dot{F}_v}\dot{V}_s + \frac{\dot{A}_{v1}}{1+\dot{A}_{v1}\dot{A}_{v2}\dot{F}_v}\dot{V}_n$$

于是可得到新的信噪比为

$$\frac{S}{N} = \frac{|\dot{V}_s|}{|\dot{V}_n|} |\dot{A}_{v2}| \tag{8-9}$$

它比原有的信噪比提高了$|\dot{A}_{v2}|$倍。必须明确的是,无噪声放大电路$\dot{A}_{v2}$在实践中是很难做到的,但可使它的噪声尽可能小,如精选器件、调整参数,改进工艺等。

应该说明的是,<u>负反馈只能抑制反馈环内的噪声</u>,对于反馈环外,以及与输入信号一起混入放大电路的噪声无能为力。

8.4.4 对放大电路通频带的影响

频率响应是放大电路的重要特性之一,而通频带是它的重要技术指标。在有些场合,往往需要放大电路有较宽的通频带。引入负反馈是展宽通频带的有效措施之一,下面介绍负反馈展宽通频带的原理。

假设基本放大电路是一个单极点的低通系统,其频率特性表达式为

$$A_H(j\omega) = \frac{A_m}{1 + j\dfrac{\omega}{\omega_H}} \tag{8-10}$$

式中,A_m是基本放大电路的中频增益,ω_H是它的上限截止角频率。当引入负反馈并假设反馈网络为纯电阻网络(即反馈系数F与频率无关)时,反馈放大电路闭环增益的频率特性表达式为

$$A_{Hf}(j\omega) = \frac{A_H(j\omega)}{1 + A_H(j\omega)F} = \frac{\dfrac{A_m}{1 + j\dfrac{\omega}{\omega_H}}}{1 + \dfrac{A_m F}{1 + j\dfrac{\omega}{\omega_H}}} = \frac{\dfrac{A_m}{1 + A_m F}}{1 + j\dfrac{\omega}{\omega_H(1 + A_m F)}}$$

上式可写成

$$A_{Hf}(j\omega) = \frac{A_{mf}}{1 + j\dfrac{\omega}{\omega_{Hf}}} \tag{8-11}$$

其中,

$$\begin{cases} A_{mf} = \dfrac{A_m}{1 + A_m F} & (8\text{-}12a) \\ \omega_{Hf} = (1 + A_m F)\omega_H & (8\text{-}12b) \end{cases}$$

式(8-12b)表明,负反馈放大电路闭环增益的上限截止角频率是开环增益上限截止角频率的$(1 + A_m F)$倍。

同理可推导出负反馈放大电路下限角频率的表达式为

$$\omega_{Lf} = \frac{\omega_L}{1 + A_m F} \tag{8-13}$$

可见,闭环增益的下限截止角频率是开环增益下限截止角频率的$\dfrac{1}{1 + A_m F}$倍。

一般情况下，由于 $f_H \gg f_L, f_{Hf} \gg f_{Lf}$，因此，基本放大电路及负反馈放大电路的通频带可分别近似表示为

$$BW = f_H - f_L \approx f_H$$
$$BW_f = f_{Hf} - f_{Lf} \approx f_{Hf}$$

由此可得

$$BW_f \approx (1 + A_m F)BW \tag{8-14}$$

即**负反馈可以使通频带展宽为基本放大电路的$(1+A_m F)$倍**。

当放大电路为多极点系统，且反馈网络不是纯电阻网络时，问题将比较复杂，但是通频带展宽的趋势不变。

8.4.5 对放大电路输入、输出电阻的影响

负反馈可以改变放大电路的输入电阻和输出电阻，不同类型的负反馈对放大电路输入、输出电阻的影响不同。

1. 对输入电阻的影响

由于输入电阻和放大电路的输出端无关，只与反馈放大电路输入端的连接方式有关，因此，讨论输入电阻时，可以不考虑放大电路在输出端的取样方式。

1) 串联负反馈

串联负反馈放大电路的框图如图 8.16 所示。图中，$\dot{X}_o$ 可能是电压也可能是电流，R_i 是基本放大电路的输入电阻，即

$$R_i = \frac{\dot{V}_i'}{\dot{I}_i} \tag{8-15}$$

反馈放大电路的输入电阻为

$$R_{if} = \frac{\dot{V}_i}{\dot{I}_i} = \frac{\dot{V}_i' + \dot{V}_f}{\dot{I}_i} = \frac{\dot{V}_i'}{\dot{I}_i}\left(1 + \frac{\dot{V}_f}{\dot{V}_i'}\right) = R_i(1 + \dot{A}\dot{F}) \tag{8-16}$$

式(8-16)表明，**串联负反馈使输入电阻增大为基本放大电路的$(1+\dot{A}\dot{F})$倍**。

2) 并联负反馈

并联负反馈放大电路的框图如图 8.17 所示。图中，基本放大电路的输入电阻为

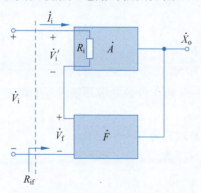

图 8.16 串联负反馈放大电路的框图

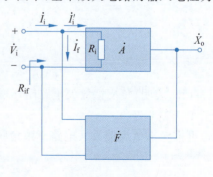

图 8.17 并联负反馈放大电路的框图

$$R_i = \frac{\dot{V}_i}{\dot{I}'_i} \tag{8-17}$$

反馈放大电路的输入电阻为

$$R_{if} = \frac{\dot{V}_i}{\dot{I}_i} = \frac{\dot{V}_i}{\dot{I}'_i + \dot{I}_f} = \frac{\dot{V}_i}{\dot{I}'_i\left(1+\dfrac{\dot{I}_f}{\dot{I}'_i}\right)} = \frac{R_i}{1+\dot{A}\dot{F}} \tag{8-18}$$

式(8-18)表明,引入并联负反馈后,输入电阻仅为基本放大电路的 $\dfrac{1}{1+\dot{A}\dot{F}}$ 倍。

由以上讨论可知,在设计放大电路时,若要求输入电阻大,可引入串联负反馈;若要求输入电阻小,可引入并联负反馈。

2. 对输出电阻的影响

输出电阻是从放大电路输出端看进去的等效内阻,所以负反馈对输出电阻的影响取决于基本放大电路与反馈网络在输出端的连接方式,即取决于电路引入的是电压反馈还是电流反馈。

1) 电压负反馈

电压负反馈放大电路的框图如图 8.18 所示。其中,图 8.18(a)为电压串联负反馈的方框图,图 8.18(b)为电压并联负反馈的方框图。

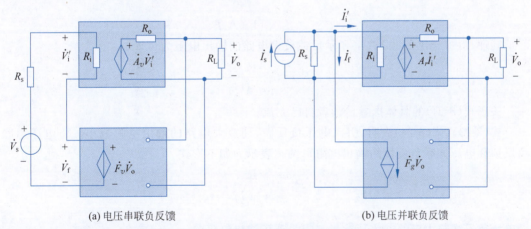

(a) 电压串联负反馈　　　　　　　　(b) 电压并联负反馈

图 8.18　电压负反馈放大电路的框图

求反馈放大电路的输出电阻时,要将信号源短路并且将负载去掉,在输出端加信号电压 $\dot{V}_T$,因此,求图 8.18 所示电路输出电阻的框图如图 8.19 所示。

在图 8.19(a)中,反馈放大电路的输出电阻为

$$R_{of} = \frac{\dot{V}_T}{\dot{I}_T} \tag{8-19}$$

由图 8.19(a)可得

$$\dot{I}_T = \frac{\dot{V}_T - \dot{A}_v \dot{V}'_i}{R_o} \tag{8-20}$$

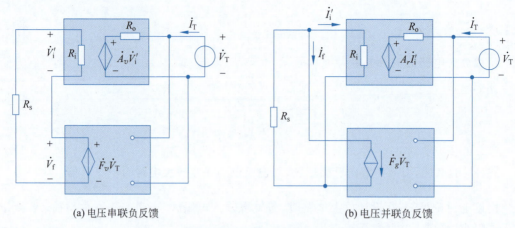

(a) 电压串联负反馈　　　　　　(b) 电压并联负反馈

图 8.19　求电压负反馈放大电路输出电阻的框图

由于电压串联负反馈放大电路用的信号源是电压源，R_s 很小，可以忽略，因此有

$$\dot{V}_i' \approx -\dot{V}_f \tag{8-21}$$

而

$$\dot{V}_f = \dot{F}_v \dot{V}_T \tag{8-22}$$

将式(8-21)、式(8-22)代入式(8-20)并整理可得

$$R_{of} = \frac{\dot{V}_T}{\dot{I}_T} = \frac{R_o}{1 + \dot{A}_v \dot{F}_v} \tag{8-23}$$

同理，可推导出图 8.19(b)所示反馈放大电路的输出电阻为

$$R_{of} = \frac{R_o}{1 + \dot{A}_r \dot{F}_g} \tag{8-24}$$

关于式(8-24)的具体推导请读者自己完成。

式(8-23)、式(8-24)表明，引入电压负反馈，使放大电路的输出电阻减小。将电压串联负反馈和电压并联负反馈的输出电阻可统一表示为如下形式

$$R_{of} = \frac{R_o}{1 + \dot{A}\dot{F}} \tag{8-25}$$

即电压负反馈放大电路的闭环输出电阻为开环输出电阻的 $\dfrac{1}{1+\dot{A}\dot{F}}$ 倍。

2) 电流负反馈

电流负反馈放大电路的框图如图 8.20 所示。其中，图 8.20(a)为电流串联负反馈的方框图，图 8.20(b)为电流并联负反馈的方框图。

求电流负反馈放大电路输出电阻的框图如图 8.21 所示。

类似于电压负反馈放大电路输出电阻的推导方法，可求得图 8.21(a)和图 8.21(b)反馈放大电路的输出电阻分别为

$$R_{of} = R_o(1 + \dot{A}_g \dot{F}_r) \tag{8-26}$$

$$R_{of} = R_o(1 + \dot{A}_i \dot{F}_i) \tag{8-27}$$

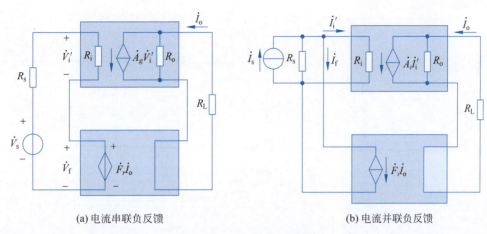

(a) 电流串联负反馈　　　　　　　　(b) 电流并联负反馈

图 8.20　电流负反馈的框图

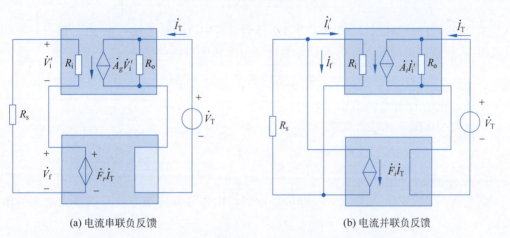

(a) 电流串联负反馈　　　　　　　　(b) 电流并联负反馈

图 8.21　求电流负反馈放大电路输出电阻的框图

式(8-26)、式(8-27)可统一表示为如下形式

$$R_{of} = R_o(1 + \dot{A}\dot{F}) \tag{8-28}$$

式(8-28)表明，**电流负反馈放大电路的闭环输出电阻为开环输出电阻的$(1+\dot{A}\dot{F})$倍**。

由以上讨论可知，在设计放大电路时，若要求输出电阻大，可引入电流负反馈；若要求输出电阻小，可引入电压负反馈。

8.5　深度负反馈放大电路的近似估算

放大电路引入负反馈后，信号的传输不仅有正向传输(在基本放大电路中从输入到输出)，也有反向传输(在反馈回路中从输出到输入)，这就给电路的分析计算带来了困难。但在深度负反馈条件下，可对电路进行近似估算，从而使问题大为化简。由于实用的放大电路中多引入深度负反馈，因此，本节重点讨论深度负反馈放大电路的近似估算方法。

1. 深度负反馈的实质

前面曾经提到，在满足深度负反馈的条件($\dot{A}\dot{F} \gg 1$)时

$$\dot{A}_f \approx \frac{1}{\dot{F}}$$

$\dot{A}_f$ 和 $\dot{F}$ 的定义为

$$\dot{A}_f = \frac{\dot{X}_o}{\dot{X}_i}, \quad \dot{F} = \frac{\dot{X}_f}{\dot{X}_o}$$

由 $\dot{F}$ 的定义式可得

$$\dot{A}_f \approx \frac{1}{\dot{F}} = \frac{\dot{X}_o}{\dot{X}_f}$$

将上式与 $\dot{A}_f$ 的定义式相比较可得

$$\dot{X}_i \approx \dot{X}_f \tag{8-29}$$

式(8-29)表明,深度负反馈的实质是在近似分析中可忽略净输入量 $\dot{X}'_i$。但引入不同的反馈组态,所忽略的净输入量将不同。当电路引入深度串联负反馈时

$$\dot{V}_i \approx \dot{V}_f \tag{8-30}$$

认为净输入电压 $\dot{V}'_i$ 可忽略不计。

当电路引入深度并联负反馈时

$$\dot{I}_i \approx \dot{I}_f \tag{8-31}$$

认为净输入电流 $\dot{I}'_i$ 可忽略不计。

利用式(8-5)、式(8-30)、式(8-31)可以近似求出四种不同组态负反馈放大电路的闭环增益。

2. 深度负反馈放大电路的近似计算

下面举例说明深度负反馈放大电路的近似估算方法。

【**例 8.6**】 分压式偏置 Q 点稳定电路(见图 3.37)的交流通路如图 8.22 所示(图中略去了直流偏置电阻),假设满足深度负反馈条件,试估算其电压增益 $\dot{A}_{vf}$。

【**解**】 电路中由 R_E 引入了电流串联负反馈。

由于是串联负反馈,所以,在满足深度负反馈的条件下,有

$$\dot{V}_i \approx \dot{V}_f$$

由图 8.22 可得

$$\dot{V}_o = -\dot{I}_c R'_L, \quad \dot{V}_f = \dot{I}_e R_E$$

而

$$\dot{I}_c \approx \dot{I}_e$$

所以有

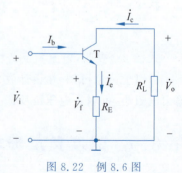

图 8.22 例 8.6 图

$$\dot{A}_{vf} = \frac{\dot{V}_o}{\dot{V}_i} \approx \frac{\dot{V}_o}{\dot{V}_f} \approx -\frac{R'_L}{R_E} \tag{8-32}$$

将式(8-32)与式(3-67)作一比较可知,当电路处于深度负反馈(例如 β 值很大)时,式(3-67)即可化简为式(8-32)。当负载开路时

$$\dot{A}_{vf} \approx -\frac{R_C}{R_E} \tag{8-33}$$

式(8-33)表明,电路的增益几乎与 BJT 的参数无关,而仅仅取决于两电阻的比值。这个性能特点恰好适应集成工艺中电阻绝对误差大、相对误差小、β 离散性大的特点,可以制成增益稳定的集成放大电路。

【例 8.7】 反馈放大电路如图 8.23(a)所示。
(1) 试判断电路中引入的级间反馈的类型;
(2) 求在深度负反馈条件下的 $\dot{A}_f$ 和 $\dot{A}_{vsf}$。

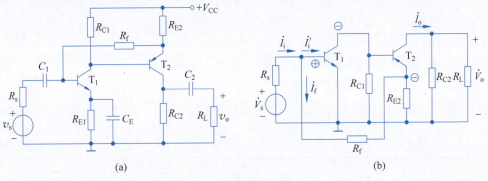

图 8.23 例 8.7 图

【解】 (1) 画出图 8.23(a)电路的交流通路如图 8.23(b)所示。由图可以判断由 R_{E2} 和 R_f 引入了电流并联负反馈。

(2) 由于电路引入的是电流并联负反馈,所以闭环增益 $\dot{A}_f$ 的具体形式应为闭环电流增益 $\dot{A}_{if}$。在深度负反馈条件下

$$\dot{A}_{if} \approx \frac{1}{\dot{F}_i}$$

而

$$\dot{F}_i = \frac{\dot{I}_f}{\dot{I}_o}$$

由图 8.23 可得

$$\dot{I}_f = \frac{R_{E2}}{R_{E2} + R_f} \dot{I}_{e2} \approx \frac{R_{E2}}{R_{E2} + R_f} \dot{I}_{c2} = \frac{R_{E2}}{R_{E2} + R_f} \dot{I}_o$$

所以有

$$\dot{A}_{if} \approx \frac{1}{\dot{F}_i} = 1 + \frac{R_f}{R_{E2}}$$

闭环源电压增益为

$$\dot{A}_{vsf} = \frac{\dot{V}_o}{\dot{V}_s}$$

由图可知

$$\dot{V}_o = \dot{I}_o (R_{C2} \mathbin{/\mkern-6mu/} R_L)$$

下面考虑 $\dot{V}_s$ 的求法。由于引入了深度并联负反馈,所以有 $\dot{I}_i \approx \dot{I}_f, \dot{I}_i' \approx 0$。因为流入 T_1 管基极的净输入电流约为零,因此,T_1 管基极的交流电位约为零。故得

$$\dot{V}_s \approx \dot{I}_i R_s \approx \dot{I}_f R_s$$

因此求得

$$\dot{A}_{vsf} = \frac{\dot{V}_o}{\dot{V}_s} = \frac{\dot{I}_o (R_{C2} \mathbin{/\mkern-6mu/} R_L)}{R_s \dot{I}_f} = \left(1 + \frac{R_f}{R_{E2}}\right) \cdot \frac{R_{C2} \mathbin{/\mkern-6mu/} R_L}{R_s}$$

【例 8.8】 反馈放大电路如图 8.24 所示,已知 $R_1 = 10\text{k}\Omega, R_2 = 100\text{k}\Omega, R_3 = 2\text{k}\Omega, R_L = 5\text{k}\Omega$。试求在深度负反馈条件下的 $\dot{A}_{vf}$。

【解】 由图 8.24 可知,电路由 R_1、R_2、R_3 引入了电流串联负反馈。对于深度串联负反馈,有

$$\dot{V}_i \approx \dot{V}_f$$

所以

$$\dot{A}_{vf} = \frac{\dot{V}_o}{\dot{V}_i} \approx \frac{\dot{V}_o}{\dot{V}_f}$$

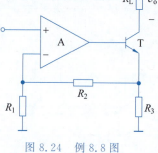

图 8.24 例 8.8 图

由图可得

$$\dot{V}_o = \dot{I}_c R_L, \quad \dot{V}_f = \dot{I}_{R_1} R_1$$

而

$$\dot{I}_{R_1} = \frac{R_3}{R_1 + R_2 + R_3} \dot{I}_e \approx \frac{R_3}{R_1 + R_2 + R_3} \dot{I}_c$$

所以可得

$$\dot{A}_{vf} = \frac{R_1 + R_2 + R_3}{R_1 R_3} R_L = \frac{10 + 100 + 2}{10 \times 2} \times 5 = 28$$

【例 8.9】 估算图 8.25 所示深度负反馈放大电路的电压增益 $\dot{A}_{vf}$,已知 $R_1 = 100\text{k}\Omega$,$R_2 = 100\text{k}\Omega, R_3 = 50\text{k}\Omega$。

【解】 该电路由运放组成了两级放大电路,级间由 R_2、R_3 引入了电压串联负反馈。若满足深度负反馈条件,则有 $\dot{V}_i \approx \dot{V}_f$。由图 8.25 可得

$$\dot{V}_f = \frac{R_2}{R_2 + R_3} \dot{V}_o$$

所以有

$$\dot{A}_{vf} = \frac{\dot{V}_o}{\dot{V}_i} \approx \frac{\dot{V}_o}{\dot{V}_f} = 1 + \frac{R_3}{R_2} = 1 + \frac{50}{100} = 1.5$$

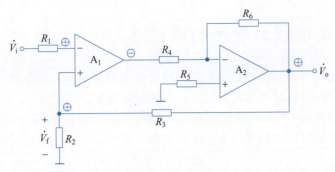

图 8.25　例 8.9 图

【例 8.10】　电路如图 8.26 所示。

(1) 试判断级间反馈的类型；

(2) 假设满足深度负反馈条件，试求 $\dot{A}_f$ 和 $\dot{A}_{vf}$。

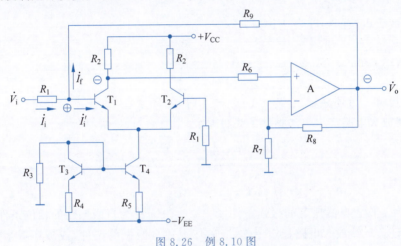

图 8.26　例 8.10 图

【解】　(1) 该电路由两级放大电路组成，第一级是由 $T_1 \sim T_4$ 组成的恒流源差分放大电路，其中，T_1、T_2 管为差分放大管，T_3、T_4 管组成的比例式电流源为其提供恒流偏置；第二级是由运放组成的放大电路。级间通过 R_9、R_1 引入了电压并联负反馈。图中标出了电路各点的瞬时极性。

(2) 由于引入的是电压并联负反馈。所以闭环增益 $\dot{A}_f$ 的具体形式应为闭环互阻增益 $\dot{A}_{rf}$。在深度负反馈条件下，有

$$\dot{A}_{rf} \approx \frac{1}{\dot{F}_g} = \frac{1}{\dfrac{\dot{I}_f}{\dot{V}_o}} = \frac{\dot{V}_o}{\dot{I}_f} = \frac{-R_9 \dot{I}_f}{\dot{I}_f} = -R_9$$

注意，式中 $\dot{V}_o = -R_9 \dot{I}_f$，这是因为，对于深度并联负反馈，$\dot{I}'_i \approx 0$。流入 T_1 管基极的净输入电流约为零，因此，T_1 管基极的交流电位约为零。

$$\dot{A}_{vf} = \frac{\dot{V}_o}{\dot{V}_i} = \frac{-R_9 \dot{I}_f}{R_1 \dot{I}_i} \approx \frac{-R_9 \dot{I}_f}{R_1 \dot{I}_f} = -\frac{R_9}{R_1}$$

8.6 负反馈放大电路的稳定性

由 8.4 节的讨论可知,反馈越深,负反馈对放大电路性能的影响越强。然而,事物总是具有两面性,若反馈过深,负反馈放大电路会产生自激振荡。其原因是,施加负反馈后,展宽了通频带,由于电路中各种电抗元件的存在(如耦合电容、旁路电容及晶体管的极间电容等),放大电路会在低频段和高频段产生附加相移。在中频区施加的负反馈,有可能在高频区和低频区变成了正反馈。当产生正反馈时,即使外加输入信号为零,由于某种电扰动(如合闸通电),输出端也会产生一定频率和一定幅度的信号。而电路一旦产生自激振荡将无法正常放大。自激使负反馈放大电路处于不稳定状态。本节主要讨论负反馈放大电路稳定工作的条件以及保证负反馈放大电路稳定工作的技术手段。

8.6.1 稳定工作条件

负反馈放大电路的一般表达式为

$$\dot{A}_\mathrm{f} = \frac{\dot{A}}{1+\dot{A}\dot{F}}$$

第 50 集
微课视频

由上式可知:当环路增益 $\dot{T} = \dot{A}\dot{F} = -1$ 时,闭环增益 $\dot{A}_\mathrm{f} \to \infty$。电路产生自激振荡。因此,负反馈放大电路产生自激振荡的条件是

$$\dot{T} = \dot{A}\dot{F} = -1 \tag{8-34}$$

或同时满足

$$T(\omega) = 1, \quad \varphi_\mathrm{T}(\omega) = \pm\pi \tag{8-35}$$

其中,$T(\omega)=1$ 称为自激振荡的振幅条件,$\varphi_\mathrm{T}(\omega)=\pm\pi$ 称为自激振荡的相位条件。

为了保证负反馈放大电路稳定工作,应破坏上述自激振荡条件,或破坏振幅条件,或破坏相位条件。因此,负反馈放大电路稳定工作的条件可表述如下:

$$\begin{cases} 当\ \varphi_\mathrm{T}(\omega)=\pm\pi\ 时,\quad T(\omega)<1\ 或\ 20\lg T(\omega)<0 & (8\text{-}36\mathrm{a}) \\ 当\ T(\omega)=1\ 或\ 20\lg T(\omega)=0\ 时,|\varphi_\mathrm{T}(\omega)|<\pi & (8\text{-}36\mathrm{b}) \end{cases}$$

上述两式所表示的稳定条件是等价的。

式(8-36)表明,可以用环路增益的伯德图来判断负反馈系统是否稳定,如图 8.27 所示。在图 8.27(a)中,当 $20\lg T(\omega)=0$ 时,$|\varphi_\mathrm{T}(\omega)|<180°$;当 $\varphi_\mathrm{T}(\omega)=-180°$ 时,$20\lg T(\omega)<0$,所以图 8.27(a)所示的负反馈放大电路是稳定的。在图 8.27(b)中,当 $20\lg T(\omega)=0$ 时,$|\varphi_\mathrm{T}(\omega)|>180°$;当 $\varphi_\mathrm{T}(\omega)=-180°$时,$20\lg T(\omega)>0\mathrm{dB}$,所以图 8.27(b)所示的负反馈放大电路是不稳定的。

8.6.2 稳定裕量

事实上,为了保证负反馈放大电路稳定工作,仅仅满足上述稳定条件是不充分的。因为,一旦放大电路接近自激,其性能将严重恶化。这时,若电源电压、温度等外界因素发生变化时,将导致环路增益变化,放大电路就有可能满足自激条件。因此,要保证负反馈放大电路稳定工作,必须使它远离自激状态,远离自激状态的程度可用稳定裕量来表示。稳定裕量有

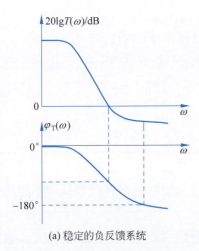
(a) 稳定的负反馈系统

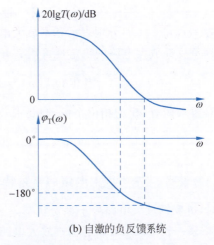
(b) 自激的负反馈系统

图 8.27　负反馈放大电路的稳定性

增益裕量(Gain Margin)和**相位裕量**(Phase Margin)之分。它们的定义如图 8.28 所示。

如前所述，当 $\varphi_T(\omega)=\pm\pi$ 时，对应环路增益 $T(\omega)=1$ 或 $20\lg T(\omega)=0$ 是负反馈放大电路稳定和不稳定的界限，若 $T(\omega)<1$ 或 $20\lg T(\omega)<0$，负反馈放大电路稳定。在稳定的负反馈放大电路环路增益的伯德图中，$\varphi_T(\omega)=\pm\pi$ 时所对应的 $20\lg T(\omega)$ 值与 0dB 之间的差称为增益裕量，用 G_m 表示。即

$$G_m = 20\lg T(\omega)\big|_{\varphi_T(\omega)=\pm\pi} \quad (8\text{-}37)$$

稳定的负反馈放大电路 $G_m<0$，而且 $|G_m|$ 越大，电路越稳定。

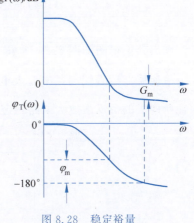

图 8.28　稳定裕量

当 $T(\omega)=1$ 或 $20\lg T(\omega)=0$ 时，$\varphi_T(\omega)=\pm\pi$ 是负反馈放大电路稳定和不稳定的界限，若 $|\varphi_T(\omega)|<\pi$，负反馈放大电路是稳定的。在稳定的负反馈放大电路环路增益的伯德图中，180°与环路增益为 0dB 时所对应的 $\varphi_T(\omega)$ 绝对值之间的差值称为相位裕量，用 φ_m 表示。即

$$\varphi_m = 180°-|\varphi_T(\omega)|\big|_{20\lg T(\omega)=0} \quad (8\text{-}38)$$

稳定的负反馈放大电路 $\varphi_m>0$，而且 φ_m 越大，电路越稳定。

在工程实践中，通常要求 $G_m \leqslant -10\text{dB}$，$\varphi_m > 45°$。按此要求设计的负反馈放大电路，不仅可以在预定的工作情况下满足稳定条件，而且当环境温度、电路参数及电源电压等因素发生变化时，也能稳定工作。

8.6.3　稳定性分析

在分析负反馈放大电路的稳定性时，若假设反馈网络是纯电阻性的，不需要对环路增益的伯德图进行分析，而只需要从基本放大电路的伯德图入手进行分析。

若反馈网络是纯电阻性的，式(8-36b)可写为

当 $A(\omega)F = 1$ 或 $20\lg A(\omega)F = 0$ 时，$|\varphi_A(\omega)| < \pi$

其中，$A(\omega)$ 和 $\varphi_A(\omega)$ 分别表示基本放大电路的幅频特性和相频特性。

即负反馈放大电路的稳定性可用其开环增益的频率特性表示如下

$$当\ 20\lg A(\omega) = 20\lg \frac{1}{F}\ 时，|\varphi_A(\omega)| < \pi \tag{8-39}$$

若要求留有 45°的相位裕量，则要求

$$当\ 20\lg A(\omega) = 20\lg \frac{1}{F}\ 时，|\varphi_A(\omega)| < 135° \tag{8-40}$$

式(8-40)表明，当基本放大电路的幅频特性值为 $20\lg \frac{1}{F}$ dB 时，对应的相移的绝对值小于 135°时，负反馈放大电路处于稳定状态。

考虑一个无零三极点的基本放大电路，其三个极点角频率分别为 ω_{p1}、ω_{p2}、ω_{p3}，且满足 $\omega_{p2} = 10\omega_{p1}$，$\omega_{p3} = 10\omega_{p2}$ 的条件；中频增益为 A_m，则该放大电路的增益表达式为

$$A(j\omega) = \frac{A_m}{\left(1 + j\dfrac{\omega}{\omega_{p1}}\right)\left(1 + j\dfrac{\omega}{\omega_{p2}}\right)\left(1 + j\dfrac{\omega}{\omega_{p3}}\right)} \tag{8-41}$$

画出其伯德图如图 8.29 所示。由图可知，当施加电阻性负反馈时，限制反馈系数 F，使 $20\lg \frac{1}{F}$ 所确定的直线与基本放大电路幅频特性伯德图相交于 -20dB/十倍频程段内，就能保证所构成的负反馈放大电路稳定工作。

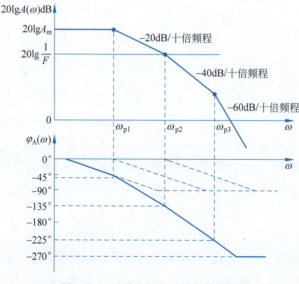

图 8.29　无零三极点系统的伯德图

集成运放是电子系统中最常用的单元电路，它是由大量元器件构成的复杂电路。从系统观点来看，它是含有众多零极点的高阶系统。不过，它的前三个极点角频率一般都满足 $\omega_{p3} \geqslant 10\omega_{p2}$，$\omega_{p2} \geqslant 10\omega_{p1}$ 的条件，而其他零极点频率都离得较远。因此，作为工程分析，在集成运放应用电路中，当施加电阻性负反馈时，可根据图 8.29 方便地判断其稳定性。

8.6.4 相位补偿技术

如前所述,在负反馈放大电路中,反馈深度受到稳定性的限制。而要改善放大电路的性能,往往需要加深度负反馈。这是一对矛盾,为了解决这对矛盾,需要用到**相位补偿**(Phase Compensation)技术。相位补偿的实质就是在基本放大电路或反馈网络中添加适当的电阻、电容等元器件,修改环路增益的伯德图,使在一定要求的反馈深度下能保证负反馈放大电路稳定工作。相位补偿有时也称为**频率补偿**(Frequency Compensation)。

在电阻性负反馈系统中,相位补偿的基本出发点是在保持基本放大电路中频增益不变的前提下,增大其幅频特性伯德图上第一个极点角频率与第二个极点角频率之间的距离,或者说拉长$-20\text{dB}/$十倍频程的线段距离。常用的补偿方法如下。

1. 滞后补偿

1) 简单滞后补偿

这种方法就是在基本放大电路产生最低极点频率的电路节点处并接一只补偿电容C,以压低第一个极点频率,如图 8.30(a)所示。其高频等效电路如图 8.30(b)所示,其中R_{o1}为前级输出电阻,R_{i2}为后级输入电阻,C_{i2}为后级输入电容。

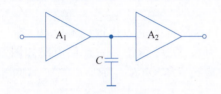

(a) 简单滞后补偿电路   (b) 高频等效电路

图 8.30 简单滞后补偿

未补偿前基本放大电路的第一个极点角频率为

$$\omega_{p1} = \frac{1}{(R_{o1} /\!/ R_{i2})C_{i2}} \tag{8-42}$$

加补偿电容C之后,第一个极点角频率降到ω'_{p1}。

$$\omega'_{p1} = \frac{1}{(R_{o1} /\!/ R_{i2})(C + C_{i2})} \tag{8-43}$$

补偿前、后放大电路的幅频特性分别如图 8.31 中的虚线和实线所示。

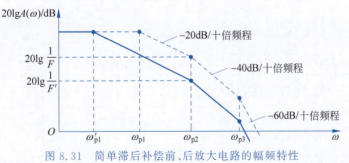

图 8.31 简单滞后补偿前、后放大电路的幅频特性

由图可见,补偿后放大电路幅频特性伯德图中$-20\text{dB}/$十倍频程的特性范围增大,$20\lg\frac{1}{F'} < 20\lg\frac{1}{F}$,这样,保证电路在施加较深反馈时仍能稳定工作。但由图也看到,这种补

偿的缺点是使基本放大电路的通频带变窄[$BW'(\approx \omega'_{p1}/2\pi) < BW(\approx \omega_{p1}/2\pi)$]。

如果要求 $F=1$（即百分之百反馈）时，电路仍能稳定工作，则基本放大电路的第一个极点角频率 ω_{p1} 将压到很低，用 ω_{pf} 表示，如图 8.32 所示。这种补偿称为**全补偿**。

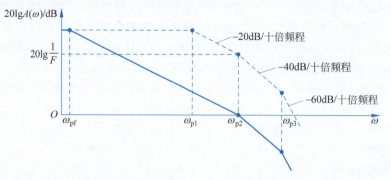

图 8.32 全补偿时基本放大电路的幅频特性

当实现全补偿时，不论施加多深的负反馈，电路始终能保证稳定工作。不过，这时所需要的补偿电容 C 的数值将很大，不宜于集成制造，因此，可采用密勒补偿技术。

2) RC 滞后补偿

简单滞后补偿虽然可以消除自激振荡，但以频带变窄为代价。采用 RC 滞后补偿不仅可以消除自激振荡，而且可以使带宽的损失有所改善。RC 滞后补偿电路如图 8.33(a) 所示，其高频等效电路如图 8.33(b) 所示，通常应选择 $R \ll (R_{o1} /\!/ R_{i2})$，$C \gg C_{i2}$，则等效电路可简化为图 8.33(c) 所示，其中，

$$\dot{V}'_{o1} = \frac{R_{i2}}{R_{o1}+R_{i2}} \cdot \dot{V}_{o1}, \quad R' = R_{o1} /\!/ R_{i2}$$

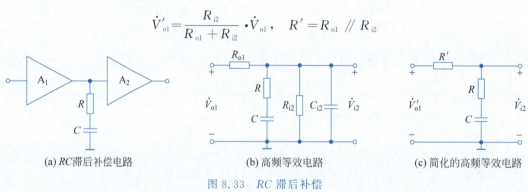

(a) RC 滞后补偿电路　　(b) 高频等效电路　　(c) 简化的高频等效电路

图 8.33 RC 滞后补偿

由图 8.33(c) 可得

$$\frac{\dot{V}_{i2}}{\dot{V}'_{o1}} = \frac{R+\dfrac{1}{j\omega C}}{R'+R+\dfrac{1}{j\omega C}} = \frac{1+j\omega RC}{1+j\omega(R'+R)C} = \frac{1+j\dfrac{\omega}{\omega_z}}{1+j\dfrac{\omega}{\omega'_{p1}}} \tag{8-44}$$

式中，$\omega'_{p1} = \dfrac{1}{(R'+R)C}$，$\omega_z = \dfrac{1}{RC}$。

若补偿前基本放大电路为三极点系统，其增益表达式如式(8-41)，由式(8-44)知，补偿后原来的第一个极点角频率由 ω_{p1} 压低到 ω'_{p1}，并且引进了一个零点角频率 ω_z。选择 R、C 的值，使 $\omega_z = \omega_{p2}$，即零点与第二个极点相消，则补偿后放大电路只有两个极点，其增益表达式为

$$A(\mathrm{j}\omega) = \frac{A_\mathrm{m}}{\left(1+\mathrm{j}\dfrac{\omega}{\omega'_\mathrm{p1}}\right)\left(1+\mathrm{j}\dfrac{\omega}{\omega_\mathrm{p3}}\right)} \tag{8-45}$$

RC 滞后补偿前、后放大电路的幅频特性分别如图 8.34 中的右边的虚线和实线所示，图中左边的虚线为简单电容补偿后的幅频特性，显然 RC 滞后补偿比简单电容补偿的带宽有所改善。

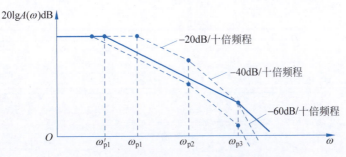

图 8.34　RC 滞后补偿前、后放大电路的幅频特性

3）密勒补偿

这种方法的基本思想是将补偿电容接在产生最低极点频率那一级放大电路的反馈回路中，利用密勒倍增效应用较小的电容压低最低的极点频率，下面以集成运放 $\mu A741$ 为例来介绍密勒补偿的基本原理。

图 8.35 是集成运放 $\mu A741$ 的内部简化电路。它包括三级放大电路，通常每一级对应一个极点，由于中间增益级（由 T_{16}、T_{17} 管组成）的输入、输出节点均为高阻抗节点，所以 $\mu A741$ 的最低极点角频率 ω_p1 是由第二级产生的。因此，将补偿电容 $C_\varphi(=30\mathrm{pF})$ 接在中间级的输入和输出端之间。由于中间级为共发射极放大电路，C_φ 的密勒电容效应使其输入端的电容增加了，增加的部分为

$$C_\mathrm{M} = C_\varphi(1 + g_\mathrm{m} R'_\mathrm{L}) \tag{8-46}$$

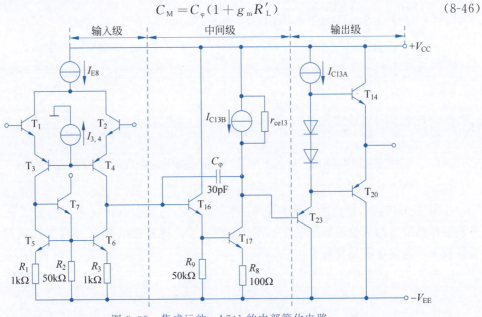

图 8.35　集成运放 $\mu A741$ 的内部简化电路

这样使 ω_{p1} 降低。补偿前、后 μA741 的幅频及相频特性伯德图如图 8.36 中虚线和实线所示。

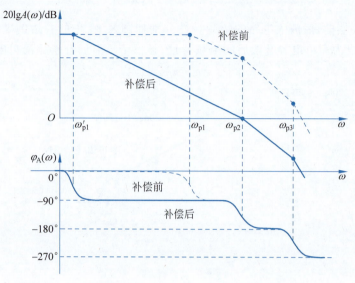

图 8.36 加入补偿电容前、后 μA741 的幅频及相频特性伯德图

密勒补偿的实质依然是压低基本放大电路的主极点角频率或频率,因此属于滞后补偿。

2. 超前补偿

上述滞后补偿技术是以牺牲基本放大电路的通频带为代价的。如果要求补偿后仍能保证基本放大电路的通频带,则可采用超前相位补偿技术。这种补偿技术的思想是在电路中引入一个超前相移的零点,以抵消原来的滞后相移,从而达到消振的目的。

超前补偿的原理电路如图 8.37(a)所示。补偿前、后环路增益的伯德图如图 8.37(b)所示。

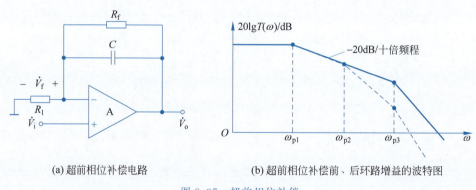

(a) 超前相位补偿电路 (b) 超前相位补偿前、后环路增益的波特图

图 8.37 超前相位补偿

在图 8.37(a)中,设集成运放为无零三极点系统,三个极点角频率分别为 ω_{p1}、ω_{p2}、ω_{p3},补偿前环路增益的伯德图如图 8.37(b)中虚线所示。将补偿电容 C 加在反馈网络中,则反馈系数不再是实数而是复数了。

由图 8.37(a)可得

$$\dot{F}_v = \frac{\dot{V}_f}{\dot{V}_o} = \frac{R_1}{R_1 + R_f \mathbin{/\mkern-6mu/} \dfrac{1}{\mathrm{j}\omega C}} = \frac{R_1}{R_1 + \dfrac{R_f}{1+\mathrm{j}\omega R_f C}} = \frac{R_1(1+\mathrm{j}\omega R_f C)}{(R_1+R_f)\left(1+\dfrac{\mathrm{j}\omega R_1 R_f C}{R_1+R_f}\right)}$$

上式可以写成

$$\dot{F}_v = \frac{R_1}{R_1+R_f} \cdot \frac{1+\mathrm{j}\dfrac{\omega}{\omega_z}}{1+\mathrm{j}\dfrac{\omega}{\omega_p}} \tag{8-47}$$

式中,$\omega_z = \dfrac{1}{R_f C}$,$\omega_p = \dfrac{1}{(R_1 \mathbin{/\mkern-6mu/} R_f)C}$。

由式(8-47)可知,加补偿电容 C 之后,反馈网络中引入了一个零点和一个极点。若选择合适的补偿电容值,使新增零点 $\omega_z = \omega_{p2}$,新增极点 $\omega_p \gg \omega_{p3}$,这样,就可在不降低 ω_{p1} 的前提下,加长 $-20\mathrm{dB}/$十倍频程的特性范围,补偿后环路增益的伯德图如图 8.37(b)中实线所示。可见,补偿后,第二个极点角频率 ω_{p2} 被新增零点 ω_z 抵消,第三个极点角频率 ω_{p3} 变成了补偿后的第二个极点角频率,第一个极点角频率 ω_{p1} 不变,从而保证了系统的通频带基本不变。

※8.7 负反馈放大电路的应用实例——25W 四通道混频器/放大器

几乎每个扩音系统都使用了一种称作混频器的装置。混频器从不同的信源采集信号,如乐器或歌手,并将这些信号混合。由于每个输入电平差别非常大,因此每个输入必须有它自己的音量控制,与系统的其他部分无关。这样调音师就可以平衡各种声音,使得乐器和歌手的声音能非常清晰地听到。同时,需要控制主音量来调节整体音量的增加或减小,基本四通道混频器的前控制面板如图 8.38 所示。注意,输入是 XLR 连接器(阴口)。XLR 连接器通常用于专业音频,有时也用于微控制和其他应用。XLR 连接器由 James Cannon 发明,有时也称为 Cannon 连接器。图中所示的 3 芯连接器是最常用的类型(XLR 连接器的引脚能够达到 7 芯,这取决于应用场合),中心引脚是接地引脚,它稍比其他引脚长些,使得在其他引脚之前能先接触到。

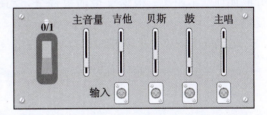

图 8.38 混频器前控制面板

如图 8.39 所示为 25W 四通道混频器/放大器的原理电路,其中,运算放大器 LM4562 不仅用作求和放大器,还用作前置放大器。每路输入都设置了电位器和固定电阻,电位器控制来自传声器的输入信号的增益,当电位器的电阻值减小时,输入信号增益增大。固定电阻的作用是如果电位器的值调至 0,不论主音量控制的设置是多少,都能防止运算放大器进入饱和。

10kΩ 的电位器构成了运算放大器 LM4562 的负反馈支路,用于主音量控制,当反馈电位器的值增大时,求和放大器的增益增大。反馈支路中不需要固定值的反馈电阻,当反馈电位器达到 0 时,不会产生声音。

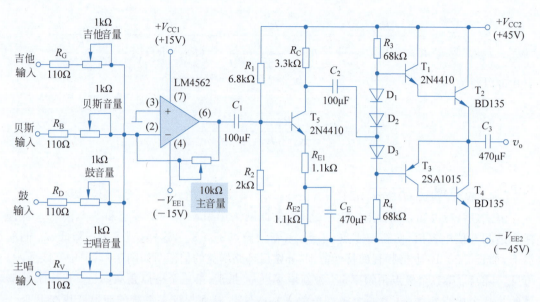

图 8.39　25W 四通道混频器/放大器的原理图

需要说明的是,该混频器电路选择了超低失真的运算放大器 LM4562,为了高保真应用,它是经过优化处理的。

本章小结

(1) 所谓反馈,是指将放大电路的输出信号通过一定方式返送回输入端,进而影响放大电路性能的技术手段。根据信号的交、直流性质分,反馈可分为直流反馈和交流反馈;根据输出端的取样对象和输入端的连接方式分,反馈可分为电压串联、电压并联、电流串联、电流并联四种基本组态;根据反馈的极性分,反馈可分为正反馈和负反馈。本章重点讨论负反馈。

(2) 负反馈放大电路开环增益与闭环增益的关系式为

$$\dot{A}_f = \frac{\dot{A}}{1+\dot{A}\dot{F}}$$

其中,$\dot{A}\dot{F}$ 称为环路增益,$1+\dot{A}\dot{F}$ 称为反馈深度,在满足深度负反馈条件下,有

$$\dot{A}_f \approx \frac{1}{\dot{F}}$$

(3) 负反馈以牺牲增益为代价,换来了放大电路许多方面性能的改善。负反馈可以稳定增益,但应注意不同类型的负反馈稳定的是不同的增益(例如,电压串联负反馈稳定电压增益,电流串联负反馈稳定互导增益等);负反馈可以展宽通频带;负反馈可以改善非线性失真,抑制环路内的干扰和噪声;负反馈可以改变输入、输出电阻。负反馈对放大电路性能的影响程度与反馈深度 $1+\dot{A}\dot{F}$ 密切相关。

(4) 深度负反馈放大电路的近似估算依据 $\dot{A}_f \approx \frac{1}{\dot{F}}$ 和 $\dot{X}_i \approx \dot{X}_f$ 两个关系式。

(5) 反馈越深,负反馈对放大电路性能的改善效果越显著,但反馈过深,产生自激振荡的可能性越大。负反馈放大电路产生自激振荡的条件是:$\dot{A}\dot{F}=-1$。为了保证负反馈放大电路的稳定工作,必须使它远离自激状态,远离自激状态的程度可用增益裕量 G_m 和相位裕量 φ_m 来表示。在工程上,设计稳定的负反馈放大电路通常要求 $G_m < -10\text{dB}$, $\varphi_m > 45°$。

(6) 相位补偿的方法有两种:一种是滞后补偿;另一种是超前补偿。滞后补偿的实质是压低基本放大电路的主极点频率,从而拉长其幅频特性中 $-20\text{dB}/$ 十倍频程的直线段,但它是以牺牲通频带为代价的;超前补偿的实质是零点极点抵消,这种补偿方法可保证电路的通频带基本不变。

本章习题

【8-1】 试判断题图 8.1 所示电路中级间反馈的类型和极性。设图中各电容对交流信号均视作短路。

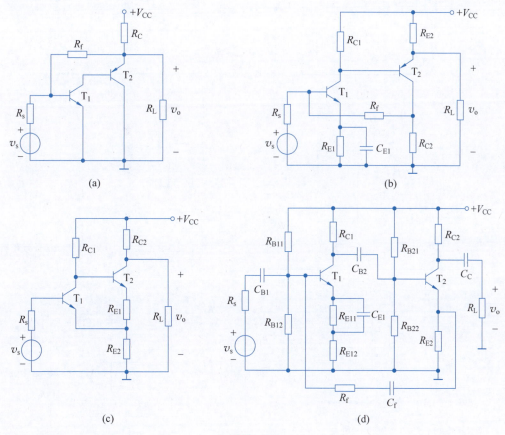

题图 8.1

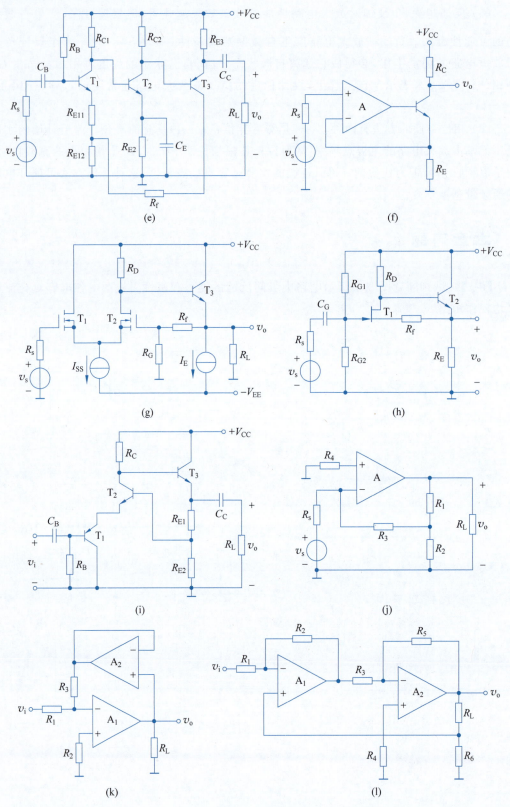

题图 8.1 （续）

【8-2】 某反馈放大电路的方框图如题图 8.2 所示，已知其开环电压增益 $A_v=2000$，反馈系数 $F_v=0.0495$。若输出电压 $V_o=2V$，求反馈电压 V_f、输入电压 V_i 及净输入电压 V_i'。

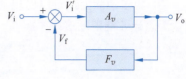

题图 8.2

【8-3】 试求如题图 8.3 所示框图的增益 $\dot{A}_f=\dot{X}_o/\dot{X}_i$。

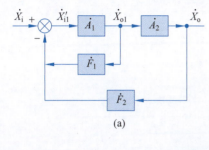
(a)

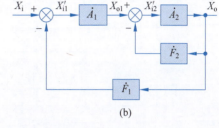
(b)

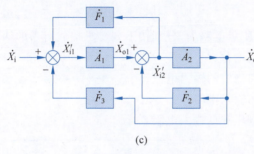
(c)

题图 8.3

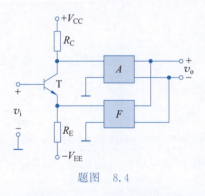

题图 8.4

【8-4】 某负反馈电路中的基本放大电路由三级放大电路组成，每级增益为 A_1，增益稳定度为 $dA_1/A_1=B_1$，施加负反馈后，若要求反馈放大电路的增益稳定度为 $dA_f/A_f=B_2(B_2<B_1)$，试写出该反馈放大电路的反馈深度与 B_1、B_2 之间的关系。

【8-5】 在如题图 8.4 所示电路中，假设 $A=-10^3$，$F=10^{-2}$，BJT 的参数为 $g_m=154mS$，集电极电阻 $R_C=2k\Omega$。如果基本放大器 A 的输入电阻为无限大，试求电压增益 A_{vf}。

【8-6】 一个无反馈放大电路，当输入电压等于 0.028V，并允许有 7% 的二次谐波失真时，基波输出为 36V，试问：

（1）若把 1.2% 的输出按负反馈接到输入端，并保持此时的输入不变，输出基波电压等于多少？

（2）如果保证基波输出电压仍为 36V，但求二次谐波失真下降到 1%，此时输入电压应等于多少？

【8-7】 电路如题图 8.5 所示。

（1）分别说明由 R_{f1}、R_{f2} 引入的两路反馈的类型及各自的主要作用；

（2）指出这两路反馈在影响该放大电路性能方面可能出现的矛盾是什么？

(3) 为了消除上述可能出现的矛盾,有人提出将 R_{f2} 断开,此办法是否可行?为什么?你认为怎样才能消除这个矛盾?

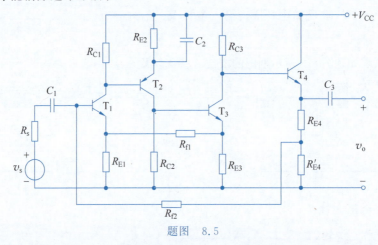

题图 8.5

【8-8】 在如题图 8.6 所示电路中,分别按下列要求接成所需的两级放大电路。
(1) 具有稳定的源电压增益;
(2) 具有低输入电阻和稳定的输出电流;
(3) 具有高输出电阻和输入电阻;
(4) 具有稳定的输出电压和低输入电阻。

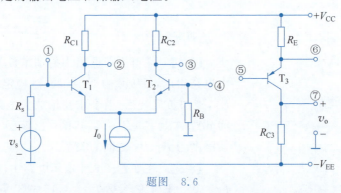

题图 8.6

【8-9】 在如题图 8.7 所示的两个电路中,各 BJT 特性和相应的电阻均相同。试问:
(1) 两个电路哪个输入电阻高?哪个输出电阻高?
(2) 当信号源内阻 R_s 变化时,哪个输出电压稳定性好?哪个的源电压增益稳定能力强?
(3) 当负载 R_L 变化时,哪个输出电压稳定性好?哪个的源电压增益稳定能力强?

【8-10】 反馈放大电路如题图 8.8 所示,设 $\dot{V}_1$ 为输入端引入的噪声,$\dot{V}_2$ 为基本放大电路内引入的干扰(例如电源干扰),$\dot{V}_3$ 为放大电路输出端引入的干扰。放大电路的开环电压增益为 $\dot{A}_v = \dot{A}_{v1} \cdot \dot{A}_{v2}$。证明

$$\dot{V}_o = \frac{\dot{A}_v[(\dot{V}_i + \dot{V}_1) - \dot{V}_2/\dot{A}_{v1} - \dot{V}_3/\dot{A}_v]}{1 + \dot{A}_v \dot{F}_v}$$

并说明负反馈抑制干扰的能力。

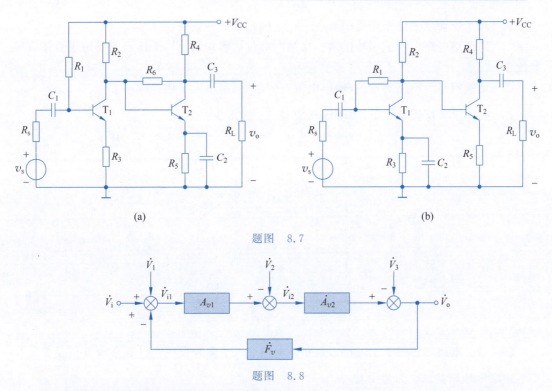

题图 8.7

题图 8.8

【8-11】 电路如题图 8.9 所示，试指出电路中级间反馈的类型，并分别计算开环电压增益 $\dot{A}_v$ 及深度负反馈条件下的闭环电压增益 $\dot{A}_{vf}$。已知 g_m、β、r_{be} 等，且 $R_f \gg R_S$，$R_f \gg R_L$。

【8-12】 电路如题图 8.10 所示。试问：

(1) 图(a)、图(b)电路中各引入了什么类型的级间反馈？

(2) 所引入的反馈各稳定了什么增益？对输入电阻和输出电阻各有什么影响？

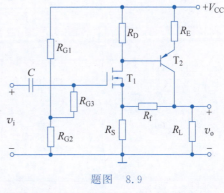

题图 8.9

(3) 估算深度负反馈条件下的闭环电压增益 $\dot{A}_{vfa}$ 及 $\dot{A}_{vfb}$。

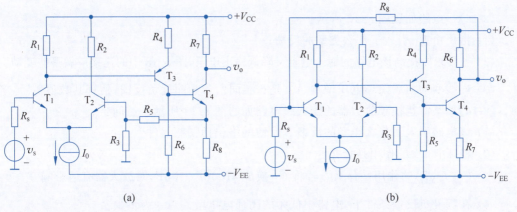

题图 8.10

【8-13】 反馈放大电路如题图 8.11 所示，试完成下列各题：

(1) 判断该电路引入了何种反馈？反馈网络包括哪些元件？工作点的稳定主要依靠哪些反馈？

(2) 反馈网络对电路的输入、输出电阻有何影响，是增大了还是减小了？

(3) 在深度负反馈条件下，闭环电压增益 $\dot{A}_{vf}$ 为多少？

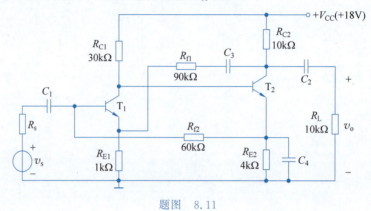

题图 8.11

【8-14】 电路如题图 8.12 所示，判断该电路引入了何种反馈？计算在深度负反馈条件下的闭环电压增益 $\dot{A}_{vf}$ 为多少？

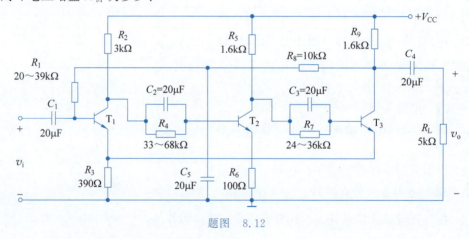

题图 8.12

【8-15】 电路如题图 8.13 所示。

(1) 指出由 R_f 引入了什么类型的反馈；

(2) 若要求既提高该电路的输入电阻又降低输出电阻，图 8.13 中的连接应做哪些变动？

(3) 连线变动前后闭环电压增益 $\dot{A}_{vf}$ 是否相同？若为深度负反馈，估算其数值。

【8-16】 某雷达视频放大器的输入级电路如题图 8.14 所示。试问：

(1) 该电路引入了什么类型的反馈？反馈网络包括哪些元件？

(2) 稳压管 D_Z 的作用是什么？

(3) $C_3(75\mu F)$ 的作用是什么？若将 C_3 换成 $4700pF // 10\mu F$，对放大器有何影响？

(4) 在深度负反馈条件下，电路中低频的闭环电压增益 $\dot{A}_{vf}$ 为多少？

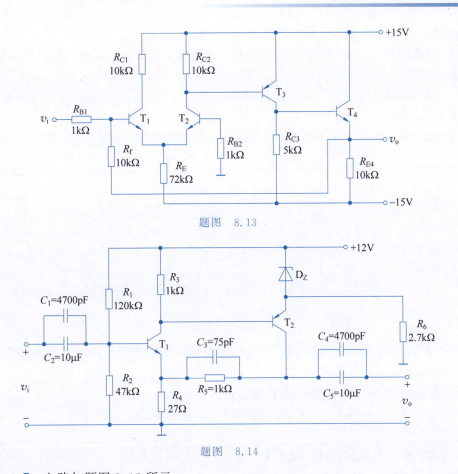

题图 8.13

题图 8.14

【8-17】 电路如题图 8.15 所示。

(1) 试通过电阻引入合适的交流负反馈,将输入电压 v_i 转换为稳定的输出电流 i_L;

(2) 若要求 $v_i = 0 \sim 5\text{V}$ 时,相应的 $i_L = 0 \sim 10\text{mA}$,则反馈电阻 R_f 为多少?(假设满足深度负反馈条件)

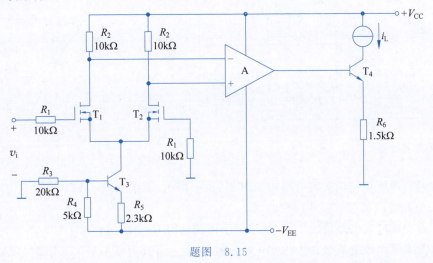

题图 8.15

【8-18】 某放大电路的开环幅频响应如题图 8.16 所示。

(1) 当施加 $F=0.001$ 的负反馈时，反馈放大电路是否能稳定工作？若稳定，相位裕量等于多少？

(2) 若要求闭环增益为 40dB，为保证相位裕量大于 $45°$，试画出密勒补偿后的开环幅频特性曲线。

(3) 指出补偿后的开环带宽 BW 为多少？闭环带宽 BW_f 为多少？

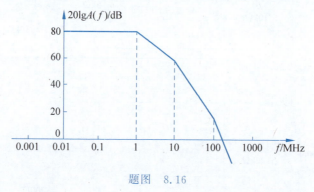

题图 8.16

【8-19】 反馈电路如题图 8.17(a)所示，其开环增益的幅频伯德图如题图 8.17(b)所示，试回答如下问题：

(1) 判断该电路是否会产生自激振荡？

(2) 若电路产生自激振荡，应采取什么措施消除自激振荡？请在题图 8.17(a)中画出消振电路。

(3) 若仅有一个 50pF 电容，分别接在三个 BJT 的基极和地之间均未能消振，则将其接在何处有可能消振？为什么？

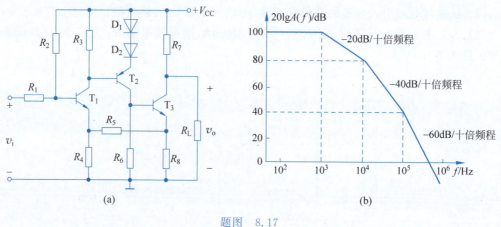

题图 8.17

【8-20】 深度负反馈放大电路如题图 8.18(a)所示，图中 $R_{E4}=1\text{k}\Omega$，题图 8.18(b)为其基本放大电路电流增益的幅频特性曲线。

(1) 若要求放大电路稳定工作，试求最小反馈电阻 R_{fmin} 的值；

(2) 若要求闭环电流增益为 40dB，则必须在 R_f 上并接补偿电容 C_f 才能保证放大电路稳定工作，试求 R_f 和 C_f 的值，并指出为何种补偿。

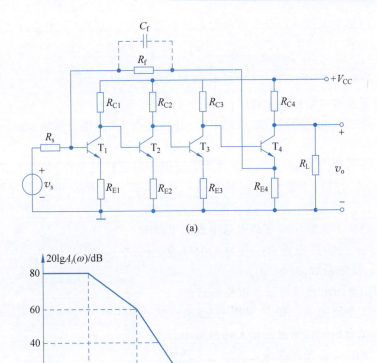

题图 8.18

【8-21】 设某运放的开环频率响应如题图 8.19 所示。若将它接成一个电压串联负反馈电路。为保证该电路具有 $45°$ 的相位裕量,试问 F_v 的变化范围为多少？环路增益的范围为多少？

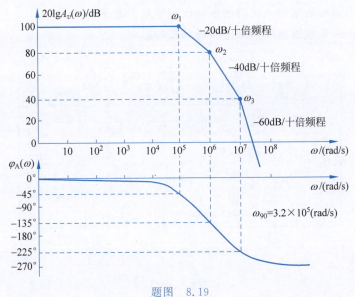

题图 8.19

【8-22】 已知某电压串联负反馈放大电路中基本放大电路电压增益的表达式为

$$A_v(j\omega) = \frac{10^6}{\left(1+j\dfrac{\omega}{10^4}\right)\left(1+j\dfrac{\omega}{10^5}\right)\left(1+j\dfrac{\omega}{10^6}\right)}$$

(1) 画出基本放大电路的伯德图;

(2) 为了使放大电路闭环后能稳定工作,并且具有 45°的相位裕量,求反馈系数的最大允许值;

(3) 当反馈系数为 0.001 时,要使放大电路闭环后能稳定工作,并且具有 45°的相位裕量,采用简单电容补偿,求补偿电容的容量(设产生第一个极点角频率的等效电阻值为 150kΩ)。

【8-23】 已知多级负反馈电路中基本放大电路的中频增益 $A_m = 10^3$,极点频率 $f_{p1} = 1\text{MHz}$,$f_{p2} = f_{p3} = 100\text{MHz}$,反馈系数 $F = 0.01$。

(1) 试用伯德图求相位裕量和增益裕量;

(2) 若放大电路的 A_m 和 F 保持不变,极点频率 f_{p2}、f_{p3} 减小,试分析相位裕量是增大还是减小。

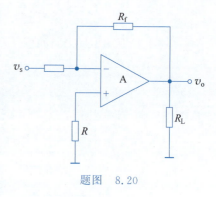

题图 8.20

【8-24】 题图 8.20 所示集成运放的三个开环极点角频率值分别为 $\omega_{p1} = 0.8 \times 10^6 \text{rad/s}$,$\omega_{p2} = 10^7 \text{rad/s}$,$\omega_{p3} = 10^8 \text{rad/s}$,低频开环差模增益 $A_{od} = 80\text{dB}$,反馈放大电路的闭环电压增益 $A_{vf} = 40\text{dB}$,试用伯德图分析该电路能否稳定工作?

Multisim 仿真习题

【仿真题 8-1】 电压串联负反馈电路如题图 8.21 所示,T_1、T_2 管用 2N2222,其他参数按默认值。

(1) 用 Multisim 观察加入反馈前后输出端波形的变化;

(2) 用 Multisim 观察负反馈对电路通频带的影响。

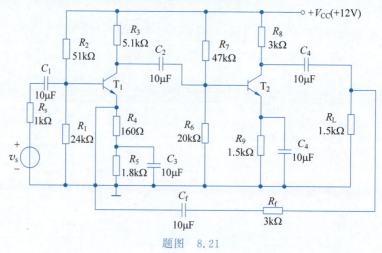

题图 8.21

【仿真题 8-2】 电流并联负反馈电路如题图 8.22 所示，T_1、T_2 管用 2N2222，其他参数按默认值。输入信号频率＝1kHz，幅值为 12mV 的正弦信号。

（1）用 Multisim 观察加入反馈前后输出端波形的变化；

（2）用 Multisim 仿真加入反馈前后电路的增益。

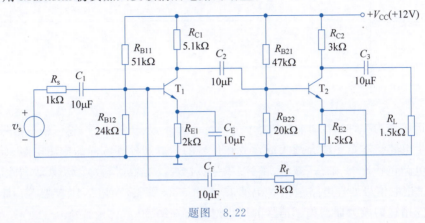

题图 8.22

【仿真题 8-3】 电压串联负反馈电路如题图 8.23 所示，试用 Multisim 分析：

（1）反馈深度对输出信号的影响；

（2）用伯德图法研究反馈深度对闭环增益频率特性的影响。观察当反馈过深时，电路产生自激振荡的波形。

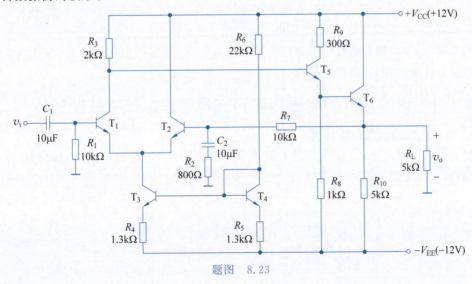

题图 8.23

【仿真题 8-4】 设某运放的传递函数有三个极点，$f_{p1}=1\text{MHz}$，$f_{p2}=8\text{MHz}$，$f_{p3}=20\text{MHz}$，$A_{od}=10^4$（80dB），差模输入电阻为 $1\text{M}\Omega$，输出电阻为 20Ω，试用 Multisim 作如下分析：

（1）求运放的幅频响应和相频响应，判断引入电压串联负反馈，电路能稳定工作（有 45°相位裕度）时，反馈系数最大为多少？

（2）添加一极点进行主极点补偿，设新增极点的 RC 电路参数为：$R=100\Omega$，$C=1.65\mu\text{F}$，求出该运放的幅频响应和相频响应，并判断引入 $F_v=0.1$ 的电压串联负反馈时，环路的附加相移为多少？此时电路能否稳定工作（反馈网络为纯电阻网络）？

第 9 章 信号的运算和处理电路

CHAPTER 9

集成运放作为一种通用器件,有着十分广泛的用途,从功能来看,它可构成信号的运算、处理和产生电路。本章主要介绍集成运放在信号的运算和处理方面的应用电路。所讨论的信号运算电路包括比例、加法、减法、微分、积分、对数、反对数(指数)以及乘法和除法运算电路等;所讨论的信号处理电路包括有源滤波、精密二极管整流、电压比较器等;最后,讨论了几种特殊用途的放大器。关于信号的产生电路将在第 10 章讨论。

9.1 集成运放应用电路的分析方法

第 52 集
微课视频

利用集成运放可以构成不同功能的实用电路,不同功能的电路有不同的特点及分析的出发点。但就运放本身而言,它只有两个工作区域:线性区和非线性区。因此,各种应用电路的分析方法,视运放工作区域的不同可分为两大类:线性应用电路的分析及非线性应用电路的分析。同时,随着运放各项指标的不断改进,在分析运放应用电路时,常把实际运放作为理想器件来处理,从而简化分析过程。

9.1.1 集成运放的电压传输特性及理想运放的性能指标

1. 集成运放的电压传输特性

集成运放的输出电压 v_O 与其输入电压 $v_{Id}(=v_P-v_N)$ 之间的关系曲线称为电压传输特性,如图 9.1 所示。

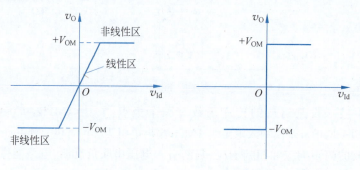

(a) 实际运放的电压传输特性　　(b) 理想运放的电压传输特性

图 9.1 集成运放的电压传输特性

实际运放的电压传输特性如图 9.1(a)所示,由图可见,运放在 v_{Id} 很小的范围内处于线性工作区,$v_O = A_{od} v_{Id}$,输出电压的最大值为 $\pm V_{OM}$;当输入电压 $|v_{Id}| > \dfrac{|V_{OM}|}{A_{od}}$ 时,输出电压 v_O 不再跟随输入电压 v_{Id} 线性变化,此时输出电压不是 $+V_{OM}$ 就是 $-V_{OM}$,其饱和值 $\pm V_{OM}$ 接近正、负电源电压值,运放的这个工作区域称为非线性区。

由于集成运放的开环差模电压增益 A_{od} 非常高,一般为 $10^4 \sim 10^7$(即 80～140dB),所以它的线性区非常窄。例如,若 $\pm V_{OM} = \pm 13\text{V}$,$A_{od} = 5 \times 10^5$,则只有当 $|v_{Id}| < 26\mu\text{V}$ 时,运放才可能工作在线性区。为了使运放工作在线性区,通常要引入深度负反馈。若运放处在开环状态或引入正反馈,则表明集成运放工作在非线性区。

2. 理想运放的性能指标

理想运放的电压传输特性如图 9.1(b)所示,其参数如下。

(1) 开环差模电压增益 $A_{od} \to \infty$。

(2) 差模输入电阻 $R_{id} \to \infty$。

(3) 差模输出电阻 $R_{od} \to 0$。

(4) 共模抑制比 $K_{CMR} \to \infty$。

(5) 开环带宽 BW $\to \infty$。

(6) 失调电压 $V_{IO} \to 0$,失调电压的温漂 $dV_{IO}/dT \to 0$;失调电流 $I_{IO} \to 0$,失调电流的温漂 $dI_{IO}/dT \to 0$。

将集成运放作理想化处理,可简化其应用电路的分析。实际上,集成运放的性能指标均为有限值,理想化后必然带来分析误差。但是,在一般的工程计算中,这些误差都是允许的。而且,随着新型运放的不断出现,其性能指标越来越接近理想,误差也越来越小。因此,只有在进行误差分析时,才考虑实际运放有限的增益、带宽、共模抑制比、输入电阻和失调等因素所带来的影响。

9.1.2 集成运放应用电路的一般分析方法

集成运放工作在线性区和非线性区时,有不同的特点,这些特点通常是分析运放应用电路的重要依据。因此,在分析运放应用电路的工作原理时,应首先搞清楚运放工作在什么区域,然后根据各自的特点对电路进行分析。

1. 运放线性应用电路的分析方法

理想运放工作在线性区时,有以下两个重要特点。

1)"虚短"

当运放工作在线性区时,其输出电压与输入电压之间的关系为

$$v_O = A_{od} v_{Id}$$

即

$$v_{Id} = \dfrac{v_O}{A_{od}}$$

对于理想运放,由于 $A_{od} \to \infty$,v_O 为有限值,所以有 $v_{Id} \approx 0$。而 $v_{Id} = v_P - v_N$,因此有

$$v_P \approx v_N \tag{9-1}$$

式(9-1)表明,当理想运放工作在线性区时,其同相输入端电位和反相输入端电位相等,如同两点短路了一样,这一特点称为"虚短"。之所以称为"虚短",实际上是指理想运放两个

输入端的电位无限接近,但并非真正短路。

2)"虚断"

对于理想运放,由于 $R_{id} \to \infty$,所以两个输入端的输入电流均为零,即

$$i_P = i_N \approx 0 \qquad (9\text{-}2)$$

式(9-2)表明,从理想运放输入端看进去相当于断路,称这一现象为"**虚断**"。之所以称为"虚断",是指理想运放两个输入端的电流趋于零,但并非真正断路。

应当特别指出,"虚短"和"虚断"是两个非常重要的概念。分析运放的线性应用电路时,就是从"虚短"和"虚断"的特点出发,然后根据外围电路,借助线性电路的基本定律,列写和求解电路方程,最后确定输入、输出关系。

2. 运放非线性应用电路的分析方法

由于运放的输出电压 $v_O = A_{od} v_{Id} = A_{od}(v_P - v_N)$,对于理想运放,$A_{od} \to \infty$,所以只要在运放的输入端加一很小的电压,输出电压 v_O 就会超出线性范围,达到正的最大值 $+V_{OM}$ 或负的最大值 $-V_{OM}$,输出电压与输入电压之间不再是线性关系,如图 9.1(b)所示。因此,理想运放工作在非线性区的两个重要特点是:

(1) 当 $v_P > v_N$ 时,有

$$v_O = +V_{OM} \qquad (9\text{-}3a)$$

当 $v_P < v_N$ 时,有

$$v_O = -V_{OM} \qquad (9\text{-}3b)$$

(2) "虚断"的概念依然成立,即 $i_P = i_N \approx 0$。

第 53 集
微课视频

与运放线性应用电路的分析方法类似,在分析运放的非线性应用电路时,以上述两个特点为基本出发点,然后根据电路结构确定输出与输入之间的关系。需要特别强调的是,运放工作在非线性区时,$v_P \neq v_N$,其净输入电压($v_P - v_N$)的大小取决于电路的实际输入电压及外接电路的参数。

9.2 基本运算电路

集成运放的应用首先表现在它能构成各种运算电路上,并因此而得名。本节将介绍比例、加、减、积分、微分、对数、指数、乘、除等基本运算电路。

9.2.1 比例运算电路

1. 反相比例运算电路

反相比例运算电路如图 9.2 所示。输入电压 v_I 通过电阻 R_1 作用于运放的反相输入端,故输出电压 v_O 与 v_I 反相。电阻 R_f 跨接在运放的输出端和反相输入端,引入了电压并联负反馈,故运放工作在线性区。同相输入端通过电阻 R' 接地,R' 为补偿电阻,以保证运放输入级差分放大电路的对称性,其值为 $v_I = 0$ 时反相输入端总的等效电阻,即

$$R' = R_1 /\!/ R_f$$

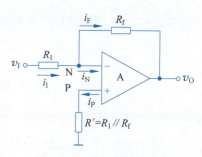

图 9.2 反相比例运算电路

由于运放工作在线性区,所以有

$$v_P \approx v_N, \quad i_P = i_N \approx 0$$

由图可得:$v_P = R' i_P = 0$,因此有

$$v_P \approx v_N = 0 \tag{9-4}$$

式(9-4)表明,运放两个输入端的电位均为零,但它们并没有真正接地,故称为"**虚地**"。"虚地"是"虚短"的一种特例。

列出节点 N 的电流方程为

$$i_1 = i_N + i_F$$

而

$$i_N \approx 0$$

所以有

$$i_1 = i_F$$

即

$$\frac{v_I - v_N}{R_1} = \frac{v_N - v_O}{R_f}$$

上式中 $v_N = 0$,整理得到

$$v_O = -\frac{R_f}{R_1} v_I \tag{9-5}$$

可见,v_O 与 v_I 成比例关系,比例系数为 $-R_f/R_1$,负号表示 v_O 与 v_I 反相。比例系数的数值可以是大于、等于或小于1的任何值。

因为电路引入了深度电压负反馈,所以输出电阻 $R_o = 0$,电路带负载后运算关系不变。

因为从电路输入端到地看进去的等效电阻等于从输入端到虚地之间看进去的等效电阻,所以电路的输入电阻为

$$R_i = R_1 \tag{9-6}$$

可见,虽然理想运放的输入电阻为无穷大,但是由于电路引入的是并联负反馈,反相比例运算电路的输入电阻却不大。

2. 同相比例运算电路

同相比例运算电路如图 9.3 所示。由图可见,将反相比例运算电路中的输入端和接地端互换,便得到了同相比例运算电路。电路引入了电压串联负反馈,运放工作在线性区。

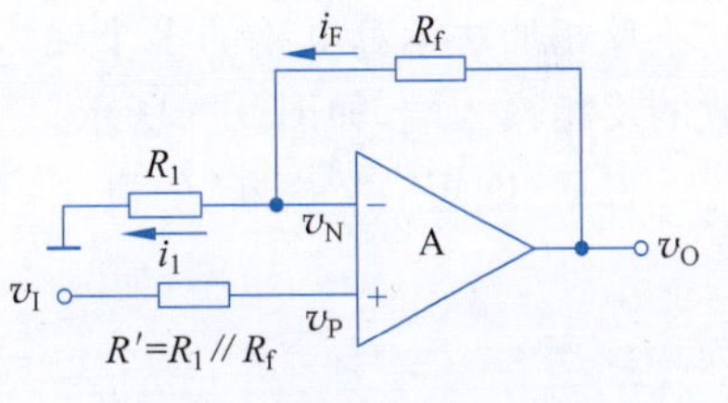

根据"虚短"和"虚断"的概念,可得

$$v_N = v_P = v_I$$

$$i_1 = i_F$$

由图可得

$$i_1 = \frac{v_N - 0}{R_1}, i_F = \frac{v_O - v_N}{R_f}$$

所以有

$$\frac{v_N - 0}{R_1} = \frac{v_O - v_N}{R_f}$$

整理上式,并考虑到 $v_N = v_I$,可得

图 9.3 同相比例运算电路

$$v_O = \left(1 + \frac{R_f}{R_1}\right) v_I \tag{9-7}$$

式(9-7)表明,v_O 与 v_I 同相且 v_O 大于 v_I。

由于电路引入了电压串联负反馈,所以可认为同相比例运算电路的输入电阻为无穷大,输出电阻为零,这是它的优点。但应当指出,由于 $v_N \approx v_P = v_I$,所以运放有共模输入,为了提高运算精度,要选用高共模抑制比的运放。

在如图 9.3 所示的电路中,若将输出电压全部反馈到反相输入端,就得到了如图 9.4 所示的电压跟随器。

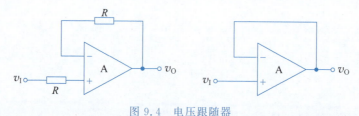

图 9.4　电压跟随器

电路引入了电压串联负反馈,反馈系数为 1,所以 $v_N = v_O$。根据"虚短"和"虚断"的概念,可得 $v_N \approx v_P = v_I$。因此,电压跟随器输出电压与输入电压之间的关系为

$$v_O = v_I \tag{9-8}$$

由于理想运放的开环差模增益为无穷大,所以**电压跟随器具有比射极输出器好得多的跟随特性**。

9.2.2　加、减运算电路

实现多个输入信号按各自不同的比例求和或求差的电路统称为加、减运算电路。若所有输入信号均作用于运放的同一个输入端,则可实现加法运算;若输入信号分别作用于运放的同相和反相输入端,则可实现减法运算。

1. 加法运算电路

1) 反相加法运算电路

反相加法运算电路的多个输入信号均作用于运放的反相输入端,如图 9.5 所示。

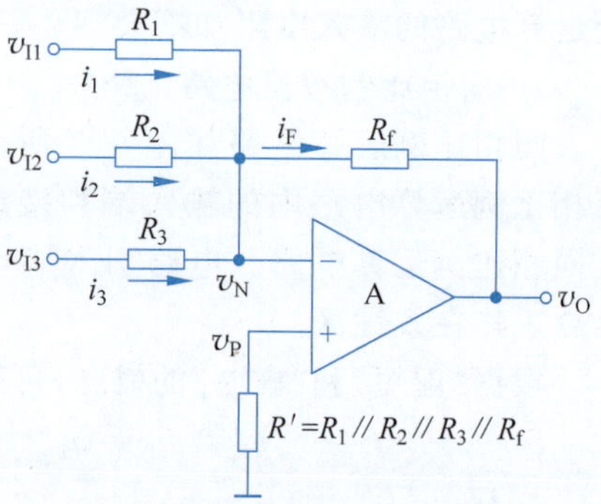

根据"虚短"和"虚断"的概念,有

$$v_N \approx v_P = 0$$

$$i_1 + i_2 + i_3 = i_F$$

上述电流方程又可写为

$$\frac{v_{I1}}{R_1} + \frac{v_{I2}}{R_2} + \frac{v_{I3}}{R_3} = -\frac{v_O}{R_f}$$

图 9.5　反相加法运算电路

整理上式可得

$$v_O = -R_f \left(\frac{v_{I1}}{R_1} + \frac{v_{I2}}{R_2} + \frac{v_{I3}}{R_3}\right) \tag{9-9}$$

式(9-9)表明,电路实现了反相加法的运算功能。该电路中,各信号源互不影响,这是它的优点。

对于运放的线性应用电路,若为多输入信号,还可利用叠加原理进行分析。例如,对图 9.5 所示电路,设 v_{I1} 单独作用,此时将 v_{I2}、v_{I3} 接地,如图 9.6 所示。由于电阻 R_2、R_3 的一端接"地",另一端是"虚地",所以

$$i_2 = 0, \quad i_3 = 0$$

电路实现的是反相比例运算,输出电压为

$$v_{O1} = -\frac{R_f}{R_1} v_{I1}$$

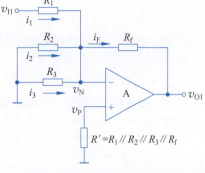

图 9.6 利用叠加原理分析图 9.5

利用同样的方法,可分别求出 v_{I2} 和 v_{I3} 单独作用时的输出电压 v_{O2} 和 v_{O3} 为

$$v_{O2} = -\frac{R_f}{R_2} v_{I2}, \quad v_{O3} = -\frac{R_f}{R_3} v_{I3}$$

当 v_{I1}、v_{I2} 和 v_{I3} 同时作用时,则有

$$v_O = v_{O1} + v_{O2} + v_{O3} = -R_f \left(\frac{v_{I1}}{R_1} + \frac{v_{I2}}{R_2} + \frac{v_{I3}}{R_3} \right)$$

上式与式(9-9)相同。若 $R_1 = R_2 = R_3 = R_f$,则有

$$v_O = -(v_{I1} + v_{I2} + v_{I3}) \tag{9-10}$$

2)同相加法运算电路

同相加法运算电路的多个输入信号均作用于运放的同相输入端,如图 9.7 所示。

利用同相比例运算电路的分析结果可得

$$v_O = \left(1 + \frac{R_f}{R}\right) v_P \tag{9-11}$$

根据"虚断"的概念,可列出同相端的电流方程为

$$i_1 + i_2 + i_3 = i_4$$

上式又可写为

$$\frac{v_{I1} - v_P}{R_1} + \frac{v_{I2} - v_P}{R_2} + \frac{v_{I3} - v_P}{R_3} = \frac{v_P}{R_4}$$

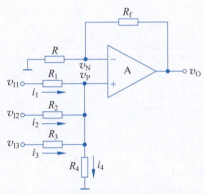

图 9.7 同相加法运算电路

整理上式可得到同相输入端电位 v_P 为

$$v_P = R_P \left(\frac{v_{I1}}{R_1} + \frac{v_{I2}}{R_2} + \frac{v_{I3}}{R_3} \right) \tag{9-12}$$

式中,$R_P = R_1 // R_2 // R_3 // R_4$。

将式(9-12)代入式(9-11),并整理得到

$$v_O = \left(1 + \frac{R_f}{R}\right) R_P \left(\frac{v_{I1}}{R_1} + \frac{v_{I2}}{R_2} + \frac{v_{I3}}{R_3} \right) = \left(1 + \frac{R_f}{R}\right) \cdot \frac{R_f}{R_f} \cdot R_P \left(\frac{v_{I1}}{R_1} + \frac{v_{I2}}{R_2} + \frac{v_{I3}}{R_3} \right)$$

$$= R_f \cdot \frac{R + R_f}{R R_f} \cdot R_P \left(\frac{v_{I1}}{R_1} + \frac{v_{I2}}{R_2} + \frac{v_{I3}}{R_3} \right) = R_f \cdot \frac{R_P}{R_N} \cdot \left(\frac{v_{I1}}{R_1} + \frac{v_{I2}}{R_2} + \frac{v_{I3}}{R_3} \right) \tag{9-13}$$

式中,$R_N = R // R_f$。

若 $R_N = R_P$,则有

$$v_O = R_f\left(\frac{v_{I1}}{R_1} + \frac{v_{I2}}{R_2} + \frac{v_{I3}}{R_3}\right) \qquad (9\text{-}14)$$

式(9-14)与式(9-9)相比,仅差符号。应当说明,式(9-14)只有在 $R_N = R_P$ 的条件下才成立。否则,应按式(9-13)求解。

在图 9.7 中,若 $R_1 // R_2 // R_3 = R // R_f$,则可省去 R_4。

式(9-12)表明,同相加法运算电路中同相端的电位与各信号源的串联电阻(可理解为信号源内阻)有关,各信号源互不独立,这是人们所不希望的。

2. 减法运算电路

减法运算电路在许多场合得到应用。要实现信号的相减,必须将信号分别送入运放的同相端和反相端,如图 9.8 所示。图中,v_{I1}、v_{I2} 加到了运放的反相输入端,v_{I3}、v_{I4} 加到了运放的同相输入端,可利用叠加原理分析减法运算电路。

表示反相输入端各信号作用和同相输入端各信号作用的电路分别如图 9.9(a)、(b)所示。

图 9.9(a)为反相加法运算电路,若 $R_1 // R_2 // R_f = R_3 // R_4 // R_5$,则有

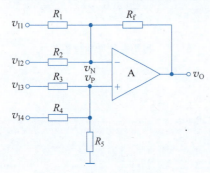

图 9.8 减法运算电路

$$v_O = -R_f\left(\frac{v_{I1}}{R_1} + \frac{v_{I2}}{R_2}\right)$$

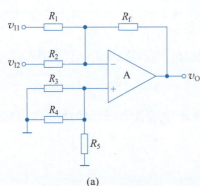

(a)

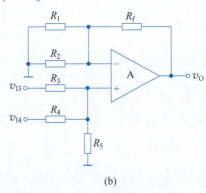

(b)

图 9.9 利用叠加原理分析图 9.8

图 9.9(b)为同相加法运算电路,若 $R_1 // R_2 // R_f = R_3 // R_4 // R_5$,则有

$$v_O = R_f\left(\frac{v_{I3}}{R_3} + \frac{v_{I4}}{R_4}\right)$$

因此,当所有输入信号同时作用时的输出电压为

$$v_O = R_f\left(\frac{v_{I3}}{R_3} + \frac{v_{I4}}{R_4} - \frac{v_{I1}}{R_1} - \frac{v_{I2}}{R_2}\right) \qquad (9\text{-}15)$$

若电路只有两个输入信号,且参数对称,如图 9.10 所示,则

$$v_O = \frac{R_f}{R_1}(v_{I2} - v_{I1}) \qquad (9\text{-}16)$$

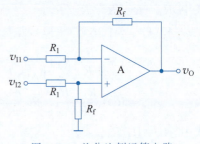

图 9.10 差分比例运算电路

电路实现了对差模输入信号的比例运算。

在使用单个运放构成减法运算电路时存在两个缺点：一是电阻的选取和调整不方便；二是对于每个信号源而言，输入电阻均很小。因此，可采用如图 9.11 所示的两级电路。

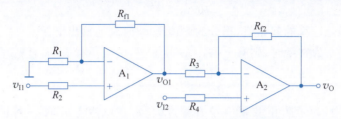

图 9.11　高输入电阻的差分比例运算电路

在图 9.11 中，第一级为同相比例运算电路，因此有

$$v_{O1} = \left(1 + \frac{R_{f1}}{R_1}\right)v_{I1}$$

利用叠加原理，可得到第二级电路的输出电压为

$$v_O = -\frac{R_{f2}}{R_3}v_{O1} + \left(1 + \frac{R_{f2}}{R_3}\right)v_{I2}$$

若 $R_1 = R_{f2}$，$R_3 = R_{f1}$，则得到

$$v_O = \left(1 + \frac{R_{f2}}{R_3}\right)(v_{I2} - v_{I1}) \tag{9-17}$$

从电路的组成可以看出，无论对于 v_{I1}，还是对于 v_{I2}，均可认为输入电阻为无穷大。

9.2.3　积分和微分运算电路

积分和微分运算电路互为逆运算，其应用非常广泛。在自动控制系统中，常用积分和微分电路作为调节环节，除此之外，它们还广泛应用于波形的产生和变换以及仪器仪表之中。以集成运放作为放大电路，利用电阻和电容作为反馈网络，可以实现这两种运算电路。

1. 积分运算电路

图 9.12 为积分运算电路。根据"虚短"和"虚断"的概念，可得

$$v_N \approx v_P = 0$$
$$i_C = i_R$$

电路中，输出电压与电容上电压的关系为

$$v_O = -v_C$$

而电容上电压等于其电流的积分，即

$$v_O = -\frac{1}{C}\int i_C \mathrm{d}t$$

由图可得 $i_C = i_R = \dfrac{v_I}{R}$，将此式代入上式得到

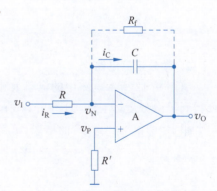

图 9.12　积分运算电路

$$v_O = -\frac{1}{RC}\int v_I \mathrm{d}t \tag{9-18}$$

式(9-18)表明，输出电压 v_O 是输入电压 v_I 对时间的积分，负号表示输入和输出电压在

相位上是相反的。

在求解 t_1 到 t_2 时间段的积分值时，有

$$v_O = -\frac{1}{RC}\int_{t_1}^{t_2} v_1 dt + v_O(t_1) \tag{9-19}$$

式中，$v_O(t_1)$ 是积分运算的起始值，积分的终值是 t_2 时刻的输出电压。

若输入信号 v_1 为常量时，则有

$$v_O = -\frac{1}{RC} v_1(t_2 - t_1) + v_O(t_1) \tag{9-20}$$

在实用电路中，为了防止低频信号增益过大，常在电容上并联一个电阻加以限制，如图 9.12 中虚线所示。

由于运放输入失调电压、输入失调电流及输入偏置电流的影响，常常出现积分误差，因此作积分运算时，要选用 V_{IO}、I_{IO}、I_{IB} 较小和低漂移的运放，并在同相输入端接入可调平衡电阻；或选用输入级为场效应管组成的 Bi-FET 运放。除此之外，积分电容器 C 存在的漏电流也是产生积分误差的来源之一，选用泄漏电阻大的电容器，如薄膜电容、聚苯乙烯电容器可减少这种误差。

下面给出了几种典型输入信号作用下积分输出电压的波形。当输入为阶跃信号且假设电容上无初始电压时，输出电压波形如图 9.13(a) 所示。当输入信号为方波和正弦波时，输出波形分别如图 9.13(b)、(c) 所示。

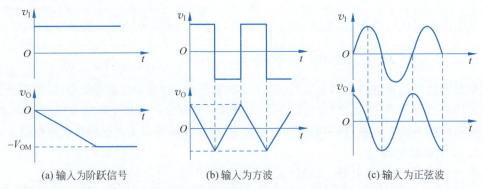

图 9.13　积分运算电路在不同输入下的波形

2. 微分运算电路

将图 9.12 所示电路中的电阻 R 和电容 C 的位置互换，并选取比较小的时间常数 RC，便得到了微分运算电路，如图 9.14 所示。

根据"虚短"和"虚断"的概念，可得

$$v_N \approx v_P = 0$$

$$i_C = i_R$$

由图可得电容 C 两端电压的 $v_C = v_1$，因而有

$$i_C = C \frac{dv_1}{dt}$$

电路的输出电压 $v_O = -i_R R = -i_C R$，将 i_C 的表达式代入 v_O 的表达式得到

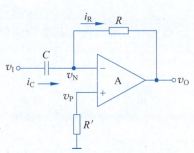

图 9.14　微分运算电路

$$v_O = -RC\frac{dv_1}{dt} \tag{9-21}$$

式(9-21)表明,输出电压 v_O 正比于输入电压 v_1 对时间的微分,负号表示输入和输出电压在相位上是相反的。

若输入电压为方波,且 $RC \ll T/2$(T 为方波的周期),则输出变换为尖顶脉冲波,如图 9.15 所示。

若输入信号是正弦函数 $v_1 = \sin\omega t$,则输出信号 $v_O = -RC\omega\cos\omega t$,该式表明,输出电压的幅度将随频率的增加而线性增加。因此,微分电路对高频噪声特别敏感,以致有可能使输出噪声完全淹没微分信号。一种改进的实用微分电路见习题 9-15。

【**例 9.1**】 在自动控制系统中,常采用如图 9.16 所示的 PID(Proportional Integral Differential)调节器,试分析该电路输出电压与输入电压的运算关系式。

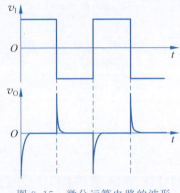

图 9.15 微分运算电路的波形变换作用

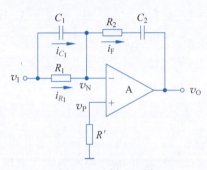

图 9.16 例 9.1 图

【**解**】 根据"虚短"和"虚断"的概念,可得
$$v_N \approx v_P = 0$$
$$i_F = i_{C_1} + i_{R_1}$$

由图 9.16 可得
$$v_O = -(v_{R_2} + v_{C_2})$$

而
$$v_{R_2} = i_F R_2 = (i_{C_1} + i_{R_1})R_2 = \left(C_1\frac{dv_1}{dt} + \frac{v_1}{R_1}\right)R_2 = R_2 C_1 \frac{dv_1}{dt} + \frac{R_2}{R_1}v_1$$

$$v_{C_2} = \frac{1}{C_2}\int i_F dt = \frac{1}{C_2}\int (i_{C_1} + i_{R_1})dt = \frac{1}{C_2}\int\left(C_1\frac{dv_1}{dt} + \frac{v_1}{R_1}\right)dt = \frac{C_1}{C_2}v_1 + \frac{1}{R_1 C_2}\int v_1 dt$$

所以
$$v_O = -\left(\frac{R_2}{R_1} + \frac{C_1}{C_2}\right)v_1 - R_2 C_1 \frac{dv_1}{dt} - \frac{1}{R_1 C_2}\int v_1 dt$$

因为电路中含有比例、积分和微分运算,故称之为 PID 调节器。

当 $R_2 = 0$ 时,电路中只有比例和积分运算部分,称为 PI 调节器;当 $C_2 = 0$ 时,电路中只有比例和微分运算部分,称为 PD 调节器;根据控制中的不同需要,可采用不同的调节器。

9.2.4 对数和指数运算电路

利用 PN 结伏安特性所具有的指数规律,将二极管或者 BJT 分别接入运放的反馈回路和输入回路,可以实现对数和指数运算电路。

1. 对数运算电路

图 9.17 是由 BJT 组成的对数运算电路。

根据"虚短"和"虚断"的概念,可得

$$v_N \approx v_P = 0$$
$$i_C = i_R$$

由图 9.17 可得

$$v_O = -v_{BE}$$

而 BJT 的 $i_C \sim v_{BE}$ 的关系[见式(3-13)]为

$$i_C \approx I_S e^{v_{BE}/V_T} \quad 或 \quad v_{BE} \approx V_T \ln \frac{i_C}{I_S}$$

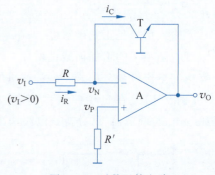

图 9.17 对数运算电路

由图 9.17 又可得

$$i_C = i_R = \frac{v_I}{R}$$

故

$$v_O \approx -V_T \ln \frac{v_I}{I_S R} \tag{9-22}$$

式(9-22)表明,输出电压与输入电压成对数关系。同时,也看到,输出电压 v_O 中包含对温度敏感的因子 V_T 和 I_S,因此输出电压的温漂是严重的。所以,实际的对数运算电路都必须采用有温度补偿的电路。

图 9.18 是集成对数运算电路 ICL8048 的内部电路,它根据差分电路的基本原理,利用特性相同的两只 BJT 进行温度补偿。图中,虚线框内为集成电路,框外为外接电阻。

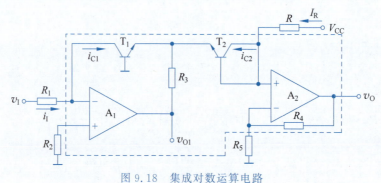

图 9.18 集成对数运算电路

根据"虚短"和"虚断"的概念,并由图 9.18 可得

$$i_{C1} = i_I = \frac{v_I}{R_1} \approx I_S e^{v_{BE1}/V_T}, \quad i_{C2} \approx I_R \approx I_S e^{v_{BE2}/V_T}$$

因而有

$$v_{BE1} \approx V_T \ln \frac{v_I}{I_S R_1}, \quad v_{BE2} \approx V_T \ln \frac{I_R}{I_S}$$

集成运放 A_2 同相端的电位为

$$v_{P2}=v_{BE2}-v_{BE1}\approx -V_T\ln\frac{v_I}{I_R R_1}$$

输出电压为

$$v_O=\left(1+\frac{R_4}{R_5}\right)v_{P2}\approx -V_T\left(1+\frac{R_4}{R_5}\right)\ln\frac{v_I}{I_R R_1} \tag{9-23}$$

由式(9-23)可见，利用 T_1、T_2 的对称性，在输出电压表达式中消除了温敏因子 I_S；若外接电阻 R_5 为正温度系数的热敏电阻，则可补偿 V_T 的温度特性。当环境温度升高时，R_5 的阻值增大，使得运放 A_2 的电压增益 $(1+R_4/R_5)$ 减小，以补偿 V_T 的增大，从而保证输出电压基本不随温度的变化而变化。

2. 指数运算电路

将图 9.17 所示对数运算电路中的电阻和 BJT 的位置互换，便得到了指数运算电路，如图 9.19 所示。

根据“虚短”和“虚断”的概念，可得

$$v_N\approx v_P=0$$

$$i_R=i_E$$

由图 9.19 可得

$$v_O=-i_R R=-i_E R$$

而

$$i_E\approx I_S e^{v_{BE}/V_T}\approx I_S e^{v_I/V_T}$$

故得

$$v_O\approx -RI_S e^{v_I/V_T} \tag{9-24}$$

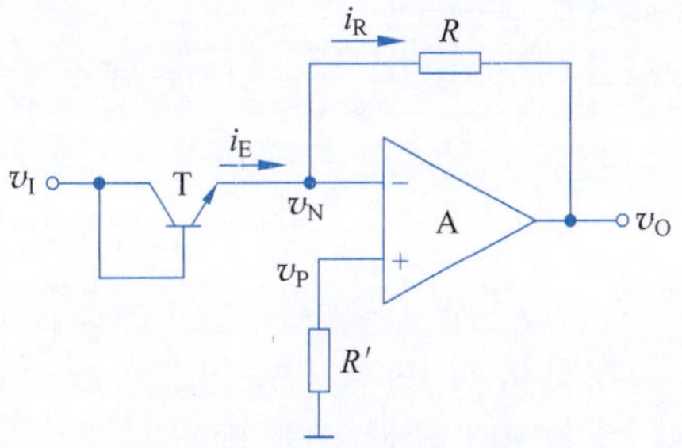

图 9.19　指数运算电路

式(9-24)表明，输出电压与输入电压成指数关系。为了使 BJT 导通，v_I 应大于零，且只能在发射结导通电压范围内，故其变化范围很小。同时，从式(9-24)可以看出，运算结果与温度敏感的因子 V_T 和 I_S 有关，所以指数运算的精度也与温度有关。实用的指数运算电路同样需要采用温度补偿电路，见习题 9-16。

9.2.5　乘法和除法运算电路

利用对数和指数运算电路，可以实现乘法和除法运算电路。图 9.20 是利用对数和指数

(a) 实现乘法运算的框图

(b) 实现除法运算的框图

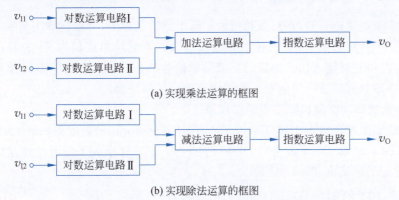

图 9.20　利用对数和指数运算电路实现乘、除法运算

运算电路实现乘法运算和除法运算的电路框图。

图 9.21 是一个可实现乘法运算的实际电路。

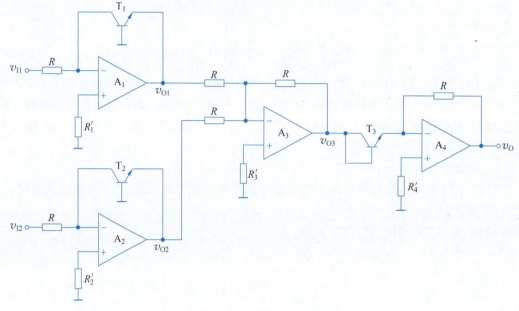

图 9.21 乘法运算电路

在图 9.21 中,A_1、A_2 组成对数运算电路,A_3 组成反相加法电路,A_4 组成指数运算电路。若各 BJT 特性相同,则有

$$v_{O1} \approx -V_T \ln \frac{v_{I1}}{I_S R}, \quad v_{O2} \approx -V_T \ln \frac{v_{I2}}{I_S R}$$

$$v_{O3} = -(v_{O1} + v_{O2}) \approx V_T \ln \frac{v_{I1} v_{I2}}{(I_S R)^2}$$

$$v_O \approx -I_S R e^{v_{O3}/V_T} \approx -\frac{v_{I1} v_{I2}}{I_S R}$$

可见,电路实现了乘法运算。若将图 9.21 中的加法运算电路换为减法运算电路,则可得到除法运算电路,此处不再赘述。

※9.2.6 模拟乘法器

由 9.2.5 节的讨论可知,在对数和指数运算电路的基础上,可以把乘法和除法运算简化为对数的加法和减法运算,目前已有由对数和指数运算电路组成的乘、除法器,如 RC4200 对数式乘法器,但它对输入信号电压的要求是单极性的,是一象限乘法器,因此有一定的局限性。下面介绍目前广泛应用的双平衡式四象限模拟乘法器。

1. 双平衡式四象限模拟乘法器的工作原理

双平衡式四象限模拟乘法器(Integrated Analog Multiplier)的电路如图 9.22 所示。图中用了六只 BJT,组成了三个差分对,其中 T_1、T_2、T_3、T_4 管组成了集电极相互交叉连接的双差分对,它们的电流由 T_5、T_6 管提供。

若图中各 BJT 的 $I_S(=\alpha I_{EBS})$ 均相同,由于 $i_C \approx I_S e^{v_{BE}/V_T}$,因此有

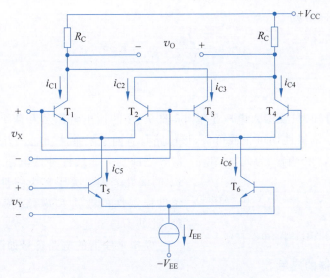

图 9.22 双平衡式四象限模拟乘法器

$$\frac{i_{C1}}{i_{C2}} = e^{(v_{BE1}-v_{BE2})/V_T} = e^{v_X/V_T} \tag{9-25}$$

由图 9.22 可知

$$i_{C1} + i_{C2} = i_{C5} \tag{9-26}$$

由式(9-25)和式(9-26)可得

$$i_{C1} = \frac{e^{v_X/V_T}}{e^{v_X/V_T}+1}i_{C5}; \quad i_{C2} = \frac{1}{e^{v_X/V_T}+1}i_{C5} \tag{9-27}$$

因此有

$$i_{C1} - i_{C2} = \frac{e^{v_X/V_T}-1}{e^{v_X/V_T}+1}i_{C5} = i_{C5}\text{th}\frac{v_X}{2V_T} \tag{9-28}$$

同理可得

$$i_{C4} - i_{C3} = i_{C6}\text{th}\frac{v_X}{2V_T} \tag{9-29}$$

$$i_{C5} - i_{C6} = I_{EE}\text{th}\frac{v_Y}{2V_T} \tag{9-30}$$

输出电压为

$$v_O = (i_{C1}+i_{C3})R_C - (i_{C2}+i_{C4})R_C = [(i_{C1}-i_{C2})-(i_{C4}-i_{C3})]R_C \tag{9-31}$$

将式(9-28)、式(9-29)代入式(9-31)并整理得

$$v_O = (i_{C5}-i_{C6})R_C\text{th}\frac{v_X}{2V_T} \tag{9-32}$$

将式(9-30)代入式(9-32)可得

$$v_O = R_C I_{EE}\text{th}\frac{v_X}{2V_T}\text{th}\frac{v_Y}{2V_T} \tag{9-33}$$

当 v_X、v_Y 均远小于 $2V_T$(52mV)时,上式中的双曲正切函数可近似,即

$$\text{th}\frac{v_X}{2V_T} \approx \frac{v_X}{2V_T}, \quad \text{th}\frac{v_Y}{2V_T} \approx \frac{v_Y}{2V_T} \tag{9-34}$$

因此,式(9-33)可以写成

$$v_O = \frac{R_C I_{EE}}{4V_T^2} v_X v_Y = K v_X v_Y \tag{9-35}$$

式中,$K = \dfrac{R_C I_{EE}}{4V_T^2}$。

由式(9-35)可知,只要输入电压足够小,图 9.22 的输出电压就和两个输入电压的乘积成正比。v_X 和 v_Y 的极性均可正或可负,该电路具有四象限乘法功能。当输入电压较大时,会带来严重的非线性影响。为此,可在 v_X 信号之前加一非线性补偿电路,以扩大输入信号 v_X 的线性范围。关于扩大线性工作范围和提高温度稳定性的改进型电路,读者可参阅有关文献,此处不再赘述。

图 9.23　模拟乘法器的电路符号

模拟乘法器的电路符号如图 9.23 所示。

2. 模拟乘法器的应用

利用模拟乘法器可方便地实现乘、除、乘方、开方等运算,还可组成各种函数发生器、调制解调和锁相环电路等。下面介绍几种基本的应用电路。

1) 乘方运算电路

用模拟乘法器组成乘方运算电路非常方便,如果进行 n 次方的运算,就用 $n-1$ 个模拟乘法器,如图 9.24 所示。

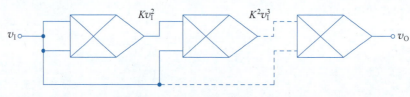

图 9.24　n 次方运算电路

输出电压与输入电压的关系为

$$v_O = K^{n-1} v_I^n \tag{9-36}$$

2) 除法运算电路

由模拟乘法器构成的除法运算电路如图 9.25 所示。为了保证电路正常工作,必须使运放引入负反馈,即要求模拟乘法器的输出电压 v_O' 与输入电压 v_{I1} 的极性相反,否则,运放会因为正反馈而自激。当 v_{I1} 为正时,v_O 为负,为了保证 v_O' 与 v_{I1} 的极性相反,v_O' 应为负,因此要求 v_{I2} 的极性必须为正;当 v_{I1} 为负时,v_O 为正,为了保证 v_O' 与 v_{I1} 的极性相反,v_O' 应为正,因此要求 v_{I2} 的极性也必须为正。由以上分析可知,在如图 9.25 所示的电路中,v_{I1} 的极性可正可负,v_{I2} 的极性必须为正,因此该电路属于二象限除法运算电路。

根据"虚短"和"虚断"的概念,可得:$v_N \approx v_P = 0$,$i_1 = i_2$。

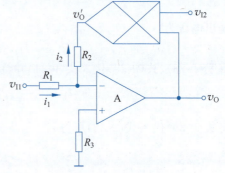

图 9.25　除法运算电路

由图 9.25 可得

$$i_1 = \frac{v_{I1} - v_N}{R_1} = \frac{v_{I1}}{R_1}$$

$$i_2 = \frac{v_N - v_O'}{R_2} = -\frac{v_O'}{R_2} = -\frac{Kv_{I2}v_O}{R_2}$$

所以有

$$\frac{v_{I1}}{R_1} = -\frac{Kv_{I2}v_O}{R_2}$$

即

$$v_O = -\frac{R_2}{KR_1} \cdot \frac{v_{I1}}{v_{I2}} \tag{9-37}$$

3) 开平方运算电路

由模拟乘法器构成的开平方运算电路如图 9.26 所示。

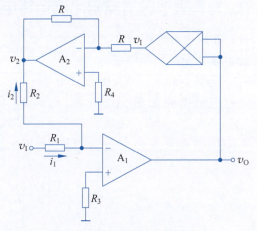

图 9.26 开平方运算电路

在图 9.26 中,模拟乘法器的输出电压为

$$v_1 = Kv_O^2 \tag{9-38}$$

A_2 组成了反相比例运算电路,比例系数为 -1,所以有

$$v_2 = -v_1 = -Kv_O^2 \tag{9-39}$$

对于运放 A_1,根据"虚短"和"虚断"的概念,可得:$v_{N1} \approx v_{P1} = 0, i_1 = i_2$。

由图 9.26 可得

$$i_1 = \frac{v_I - v_{N1}}{R_1} = \frac{v_I}{R_1}$$

$$i_2 = \frac{v_{N1} - v_2}{R_2} = -\frac{v_2}{R_2}$$

因此有

$$\frac{v_I}{R_1} = -\frac{v_2}{R_2} \tag{9-40}$$

将式(9-39)代入式(9-40)并整理得

$$v_O = \sqrt{\frac{R_2 v_I}{KR_1}} \qquad (9\text{-}41)$$

式(9-41)说明,图9.26的输出电压和输入电压的关系是开平方运算关系。

目前,模拟乘法器的品种不断增多,应用也极其广泛,随着其成本的不断降低和精度的不断提高,已成为模拟集成电路的重要分支之一。

9.3 实际运算放大器运算电路的误差分析

在9.2节讨论的基本运算电路中,认为运放是理想的,实际的运放并非如此,由于开环差模电压增益 A_{od}、差模输入电阻 R_{id} 和共模抑制比 K_{CMR} 为有限值,且输入失调电压 V_{IO}、失调电流 I_{IO} 及其温漂 dV_{IO}/dT、dI_{IO}/dT 均不为零,所以,必然存在运算误差。本节将讨论实际运放的几种主要非理想参数对运算电路运算误差的影响。

9.3.1 A_{od} 和 R_{id} 为有限值时对反相比例运算电路运算误差的影响

对不同的运算电路,各种非理想参数对运算误差的影响也不同。对于反相比例运算电路,影响其运算误差的参数主要是开环差模电压增益 A_{od} 及差模输入电阻 R_{id}。当 A_{od} 和 R_{id} 为有限值时,反相比例运算电路的等效电路如图9.27所示。

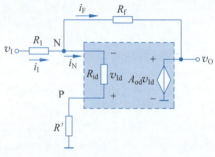

图9.27 当 A_{od} 和 R_{id} 为有限值时,反相比例运算电路的等效电路

第55集
微课视频

由图可列出节点N的KCL方程为

$$i_1 = i_N + i_F$$

即

$$\frac{v_I - v_N}{R_1} = \frac{v_N - v_O}{R_f} + \frac{v_N}{R_{id} + R'}$$

由于一般有 $R_{id} \gg R'$,所以得

$$v_N \approx -v_{Id} = -\frac{v_O}{A_{od}}$$

将该式代入上式并整理得

$$v_O = -\frac{R_f}{R_1} \cdot \frac{A_{od} R_N}{R_f + A_{od} R_N} v_I \qquad (9\text{-}42)$$

式中,$R_N = R_1 // R_f // (R_{id} + R')$。

将式(9-42)与式(9-5)相比,可得到输出电压的相对误差为

$$\delta = -\frac{R_f}{R_f + A_{od} R_N} \times 100\% \qquad (9\text{-}43)$$

式(9-43)表明,A_{od} 和 R_{id} 越大,相对误差的数值越小。

9.3.2 A_{od} 和 K_{CMR} 为有限值时对同相比例运算电路运算误差的影响

对于同相比例运算电路,由于在输入差模信号的同时伴随着共模信号输入,因此,除了

A_{od} 以外，还应考虑共模抑制比 K_{CMR} 对运算误差的影响。当 A_{od} 和 K_{CMR} 为有限值时，同相比例运算电路的等效电路如图 9.28 所示。

由图 9.28 可知

$$v_P = v_I, \quad v_N = \frac{R_1}{R_1 + R_f} v_O$$

所以电路的差模输入电压为

$$v_{Id} = v_P - v_N = v_I - \frac{R_1}{R_1 + R_f} v_O \quad (9\text{-}44)$$

共模输入电压为

$$v_{Ic} = \frac{v_P + v_N}{2}$$

$$\approx v_I \quad (v_P \text{ 和 } v_N \text{ 十分接近}) \quad (9\text{-}45)$$

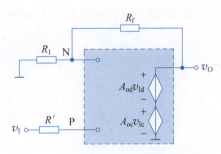

图 9.28 当 A_{od} 和 K_{CMR} 为有限值时，同相比例运算电路的等效电路

电路总的输出电压为

$$v_O = A_{od} v_{Id} + A_{oc} v_{Ic} \quad (9\text{-}46)$$

将式(9-44)、式(9-45)代入式(9-46)并整理得

$$v_O = \left(1 + \frac{R_f}{R_1}\right) \cdot \frac{1 + \dfrac{1}{K_{CMR}}}{1 + \dfrac{1 + R_f/R_1}{A_{od}}} v_I \quad (9\text{-}47)$$

将式(9-47)与式(9-7)相比，可得到输出电压的相对误差为

$$\delta = \left(\frac{1 + \dfrac{1}{K_{CMR}}}{1 + \dfrac{1 + R_f/R_1}{A_{od}}} - 1\right) \times 100\% \quad (9\text{-}48)$$

式(9-48)表明，A_{od} 和 K_{CMR} 越大，相对误差的数值越小。

9.3.3 失调参数及其温漂对比例运算电路运算误差的影响

当输入失调电压 V_{IO}、输入失调电流 I_{IO} 不为零时，运算电路的输出端将产生误差电压。为了分析的方便，假设运放的其他参数为理想值。考虑 V_{IO}、I_{IO} 的影响时，比例运算电路的等效电路如图 9.29 所示。

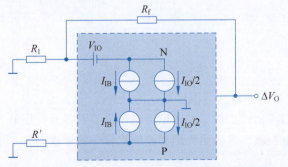

图 9.29 考虑 V_{IO}、I_{IO} 的影响时，比例运算电路的等效电路

利用戴维南定理可将图 9.29 等效成图 9.30 所示电路。

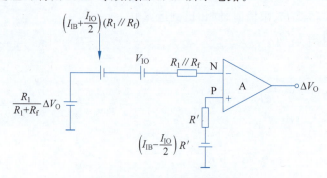

图 9.30　图 9.29 的等效电路

由图 9.30 可得运放同相输入端的电压为

$$V_P = -\left(I_{IB} - \frac{I_{IO}}{2}\right)R' \tag{9-49}$$

反相输入端的电压为

$$V_N = \frac{R_1}{R_1 + R_f}\Delta V_O - \left(I_{IB} + \frac{I_{IO}}{2}\right)(R_1 /\!/ R_f) - V_{IO} \tag{9-50}$$

由于运放的其他参数为理想值,即有 $R_{id} \to \infty$,因此,$V_N \approx V_P$,联立式(9-49)、式(9-50)可得

$$\Delta V_O = \left(1 + \frac{R_f}{R_1}\right)\left(V_{IO} + I_{IB}(R_1 /\!/ R_f - R') + \frac{I_{IO}}{2}(R_1 /\!/ R_f + R')\right) \tag{9-51}$$

由式(9-51)可见,当 $R' = R_1 /\!/ R_f$ 时,由输入偏置电流 I_{IB} 引起的误差输出电压可以消除,此时,式(9-51)可以化简为

$$\Delta V_O = \left(1 + \frac{R_f}{R_1}\right)(V_{IO} + I_{IO}R') \tag{9-52}$$

式(9-52)表明,$\left(1 + \frac{R_f}{R_1}\right)$ 和 R' 越大,由 V_{IO} 和 I_{IO} 引起的误差输出电压越大。

除 V_{IO} 和 I_{IO} 会引起误差输出电压外,其温漂 dV_{IO}/dT 和 dI_{IO}/dT 同样会引起输出的误差电压。当 $R' = R_1 /\!/ R_f$ 且仅考虑失调温漂所产生的输出电压的变化时,有

$$\Delta V_O = \left(1 + \frac{R_f}{R_1}\right)(\Delta V_{IO} + \Delta I_{IO}R') \tag{9-53}$$

其中,

$$\Delta V_{IO} = \frac{dV_{IO}}{dT} \cdot \Delta T_{max} \tag{9-54a}$$

$$\Delta I_{IO} = \frac{dI_{IO}}{dT} \cdot \Delta T_{max} \tag{9-54b}$$

式(9-54a)、式(9-54b)中的 ΔT_{max} 为温度变化的最大范围。

应当指出,失调温漂所产生的误差输出难以用人工调零或补偿的方法来抵消。因此,在对运算精度要求较高的场合,常选用失调和温漂比较小的运放。

9.4 精密整流电路

在第 2 章介绍了二极管整流电路,但是由于二极管死区电压的影响,第 2 章所讨论的电路不适合弱信号整流。**精密整流**电路的功能是将微弱的交流电压转换成直流电压。利用集成运放的高差模电压增益,可有效克服二极管死区电压的影响,实现对微弱信号电压的整流。

9.4.1 精密半波整流电路

一种精密半波整流电路如图 9.31(a)所示。

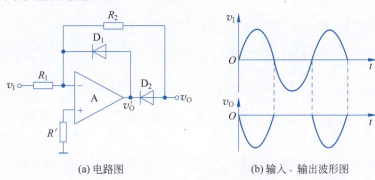

(a) 电路图 (b) 输入、输出波形图

图 9.31 精密半波整流电路

第 56 集
微课视频

当 $v_I>0$ 时,运放的输出电压 $v_O'<0$,若 $v_O'\leqslant-0.7\text{V}$,则二极管 D_2 导通,D_1 截止,电路实现了反相比例运算,输出电压 $v_O=-\dfrac{R_2}{R_1}v_I$。

当 $v_I<0$ 时,运放的输出电压 $v_O'>0$,若 $v_O'\geqslant0.7\text{V}$,则二极管 D_1 导通,D_2 截止,流过 R_2 的电流为零,输出电压 $v_O=0$。

输入电压 v_I 和输出电压 v_O 的波形如图 9.31(b)所示。

在上面的分析中,假设二极管的导通电压为 0.7V,若运放的开环差模电压增益为 100dB(即 10^5),则使二极管导通所需要的输入电压的幅值仅为 $0.7\text{V}/10^5=7\mu\text{V}$,可见,图 9.31(a)所示电路在整流过程中消除了死区电压的影响,实现了精密整流。

9.4.2 精密全波整流电路——绝对值电路

用精密半波整流电路和加法运算电路可构成精密全波整流电路,如图 9.32(a)所示。

当 $v_I>0$ 时,$v_{O1}=-v_I$,$v_O=-v_I-2v_{O1}=-v_I+2v_I=v_I$。

当 $v_I<0$ 时,$v_{O1}=0$,$v_O=-v_I$。

可见

$$v_O=|v_I| \tag{9-55}$$

所以,图 9.32(a)所示电路又称为绝对值电路。

当输入电压为正弦波和三角波时,输出电压的波形分别如图 9.32(b)、(c)所示。

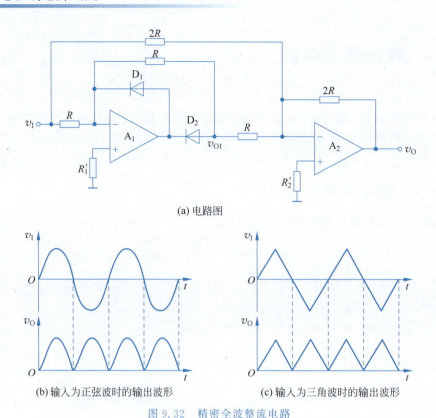

图 9.32 精密全波整流电路

9.5 有源滤波电路

滤波电路(Filter)的功能是使特定频率范围内的信号顺利通过,而阻止其他频率的信号通过,它实际上是一种**频率选择电路**(Frequency Selective Circuit)。按照其工作频带可分为低通滤波电路(LPF)、高通滤波电路(HPF)、带通滤波电路(BPF)、带阻滤波电路(BEF)和全通滤波电路(APF)。理想滤波电路的幅频特性如图 9.33 所示。实际滤波电路的幅频特性比理想情况要差,若实际的幅频特性越接近理想特性,则说明滤波电路的性能就越好。

图 9.33 中,低通滤波电路的通带(Pass Band)是 $0 \sim \omega_H$,阻带(Stop Band)是 $\omega_H \sim \infty$;高通滤波电路阻带是 $0 \sim \omega_L$,而通带是 $\omega_L \sim \infty$;带通滤波电路的通带范围是 $\omega_L \sim \omega_H$,其他频率的信号都在阻带中;带阻滤波电路和带通滤波电路正好相反,其阻带范围是 $\omega_L \sim \omega_H$,而此频率范围以外的信号都可以通过滤波电路;全通滤波电路没有阻带,其通带范围是 $0 \sim \infty$。

滤波电路如果只由电阻、电容、电感等无源元件组成,则称为**无源滤波电路**(Passive Filter);如果滤波电路中包含一个或多个有源器件(如集成运放),则称为**有源滤波电路**(Active Filter)。

有源滤波电路和无源滤波电路相比除了具有体积小、轻便的特点之外,更重要的特点是在滤波的过程中有放大能力。此外,由于运放的输出阻抗低,所以可以使滤波电路的负载效应很小,因此由运放构成的有源滤波电路被广泛应用于通信、测量和自动控制等领域。

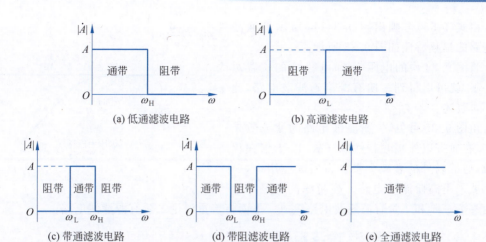

图 9.33 理想滤波电路的幅频特性

9.5.1 一阶有源滤波电路

一阶有源低通滤波电路如图 9.34 所示。由图可以看出,电路由两大部分组成:一部分是由电阻和电容组成的无源低通滤波电路;另一部分是由运放组成的放大电路,其中,图(a)为电压跟随器,图(b)为同相比例放大电路。对于图 9.34(b),借助于例 5.2 的分析结果,容易写出其传递函数为

$$A_v(s) = \frac{V_o(s)}{V_i(s)} = \frac{V_o(s)}{V_P(s)} \cdot \frac{V_P(s)}{V_i(s)} = \left(1 + \frac{R_f}{R_1}\right) \cdot \frac{1}{1+sRC} = \frac{A_{vp}}{1+sRC} \tag{9-56}$$

式中,

$$A_{vp} = 1 + \frac{R_f}{R_1} \tag{9-57}$$

为通带内增益。

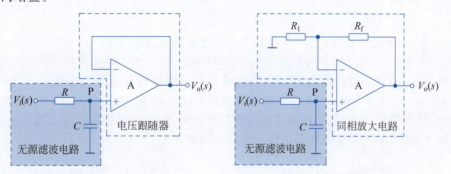

图 9.34 一阶有源低通滤波电路

用 $j\omega$ 取代 s,则得到电路的频率特性表达式为

$$A_v(j\omega) = \frac{A_{vp}}{1+j\omega RC} = \frac{A_{vp}}{1+j\omega/\omega_0} \tag{9-58}$$

式中,$\omega_0 = \dfrac{1}{RC}$,称为**特征角频率**。显然,ω_0 就是低通滤波电路的上限截止角频率 ω_H。

由式(9-58)可画出图9.34(b)所示低通滤波电路的幅频特性如图9.35所示。

将图9.34中的电阻R和电容C的位置对调一下，就可以得到一阶有源高通滤波电路，此处不再赘述。

由图9.35可见，一阶滤波电路的滤波效果不好，在通带以外幅频特性以-20dB/十倍频程衰减，通带以外的衰减太慢。在实际应用中，一般都要采用高阶滤波电路。高阶滤波电路一般是由多个一阶和二阶有源滤波电路组成。下面将着重讨论二阶有源滤波电路。

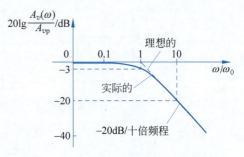

图9.35 一阶有源低通滤波电路的幅频特性

9.5.2 二阶有源滤波电路

1. 二阶有源低通滤波电路

1) 简单二阶有源低通滤波电路

简单二阶有源低通滤波电路如图9.36所示。其通带增益与一阶电路一样，传递函数为

$$A_v(s) = \left(1 + \frac{R_f}{R_1}\right) \cdot \frac{V_p(s)}{V_i(s)} = \left(1 + \frac{R_f}{R_1}\right) \cdot \frac{V_p(s)}{V_M(s)} \cdot \frac{V_M(s)}{V_i(s)} \quad (9\text{-}59)$$

由图可知：$\dfrac{V_p(s)}{V_M(s)} = \dfrac{1}{1+sRC}$，$\dfrac{V_M(s)}{V_i(s)} = \dfrac{\frac{1}{sC}//\left(R+\frac{1}{sC}\right)}{R+\left[\frac{1}{sC}//\left(R+\frac{1}{sC}\right)\right]}$，代入式(9-59)并整理得

$$A_v(s) = \left(1 + \frac{R_f}{R_1}\right) \cdot \frac{1}{1 + 3sRC + (sRC)^2} \quad (9\text{-}60)$$

用$j\omega$取代s，且令$A_{vp} = 1 + \dfrac{R_f}{R_1}$，$\omega_0 = \dfrac{1}{RC}$，则得到电路的频率特性表达式为

$$A_v(j\omega) = \frac{A_{vp}}{1 + 3j\omega/\omega_0 - (\omega/\omega_0)^2} \quad (9\text{-}61)$$

令式(9-61)分母的模等于$\sqrt{2}$，可得到电路的上限截止角频率为

$$\omega_H \approx 0.37\omega_0 \quad (9\text{-}62)$$

电路的幅频特性如图9.37所示。虽然通带外幅频特性的衰减斜率达到-40dB/十倍频程，但是ω_H远离ω_0，在$\omega = \omega_0$处，电路的增益下降很显著。若要使$\omega = \omega_0$处电路增益的数值增大，滤波特性趋于理想，由第8章所学的知识可知，在电路中可以引入正反馈。因此，得到了图9.38所示的压控电压源二阶有源低通滤波电路。

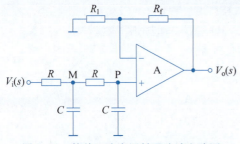

图9.36 简单二阶有源低通滤波电路图

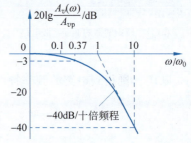

图9.37 简单二阶有源低通滤波电路的幅频特性

2) 压控电压源二阶低通滤波电路

在图 9.38 的电路中，除了负反馈外，还引入了正反馈，只要正反馈引入得当，就有可能在 $\omega=\omega_0$ 处既提高了电路的增益，又不会因正反馈过强而产生自激振荡。因为同相输入端电位由集成运放和 R_f、R_1 组成的电压源控制，故称之为**压控电压源**滤波电路。

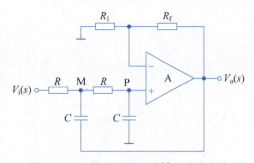

图 9.38 压控电压源二阶低通滤波电路

由图 9.38 可得

$$V_\mathrm{o}(s)=\left(1+\frac{R_\mathrm{f}}{R_1}\right)V_\mathrm{p}(s)=A_{vp}\cdot V_\mathrm{p}(s) \tag{9-63}$$

$$V_\mathrm{p}(s)=\frac{1}{1+sRC}V_\mathrm{M}(s) \tag{9-64}$$

$$\frac{V_\mathrm{i}(s)-V_\mathrm{M}(s)}{R}-\frac{V_\mathrm{M}(s)-V_\mathrm{o}(s)}{1/sC}-\frac{V_\mathrm{M}(s)-V_\mathrm{p}(s)}{R}=0 \tag{9-65}$$

联立式(9-63)~式(9-65)，可得

$$A_v(s)=\frac{V_\mathrm{o}(s)}{V_\mathrm{i}(s)}=\frac{A_{vp}}{1+(3-A_{vp})sRC+(sRC)^2} \tag{9-66}$$

由式(9-66)可以看出，当 $A_{vp}\geq 3$ 时，$A_v(s)$ 将有极点处于右半 s 平面或虚轴上，电路将产生自激振荡，因此，这种滤波器只有当 $A_{vp}<3$ 时才能稳定工作。

令 $\omega_0=\dfrac{1}{RC}$，$Q=\dfrac{1}{3-A_{vp}}$，则有

$$A_v(s)=\frac{A_{vp}\omega_0^2}{s^2+\dfrac{\omega_0}{Q}s+\omega_0^2} \tag{9-67}$$

用 $\mathrm{j}\omega$ 取代上式中的 s，整理得到电路的频率特性表达式为

$$A_v(\mathrm{j}\omega)=\frac{A_{vp}}{1-\left(\dfrac{\omega}{\omega_0}\right)^2+\mathrm{j}\dfrac{1}{Q}\cdot\dfrac{\omega}{\omega_0}} \tag{9-68}$$

由式(9-68)可知，当 $\omega=0$ 时，$A_v(\omega)=A_{vp}$；当 $\omega\to\infty$ 时，$A_v(\omega)\to 0$。显然这是低通滤波电路的特点。

图 9.39 画出了不同 Q 值时电路的幅频特性。由图可见，当 $Q=0.707$ 时，幅频特性最为平坦；当 $Q>0.707$ 时，幅频特性将出现峰值。

不同的 Q 值，在 $\omega=\omega_0$ 处呈现出不同的频率特性。按照 $\omega=\omega_0$ 处频率特性的特点，可将滤波电路分为**巴特沃思**(Butterworth)、**切比雪夫**(Chebyshev)和**贝塞尔**(Bessel)三种类型。图 9.40 所示为三种类型二阶低通滤波电路的幅频特性，它们的 Q 值分别为 0.707、0.96、0.56。巴特沃思滤波器具有最平坦的通带，但过渡带不够陡峭；切比雪夫滤波器在通带内有起伏，但过渡带比较陡峭；贝塞尔滤波器过渡带宽而不陡，但具有线性相频特性。

对于二阶巴特沃思低通滤波电路，当 $\omega=\omega_0$ 时，$20\lg A_v(\omega)=-3\mathrm{dB}$；当 $\omega=10\omega_0$ 时，$20\lg A_v(\omega)=-40\mathrm{dB}$，这说明二阶比一阶低通滤波电路的滤波效果好得多。

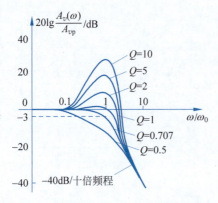

图 9.39　压控电压源二阶低通滤波电路的幅频特性

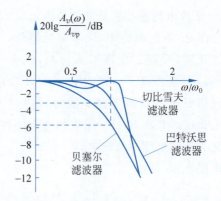

图 9.40　三种类型二阶低通滤波电路的幅频特性

2. 二阶有源高通滤波电路

如果将图 9.38 中的 R 和 C 的位置互换，就得到了图 9.41 所示的压控电压源二阶高通滤波电路。由于二阶高通滤波电路与二阶低通滤波在电路结构上存在着对偶关系，所以它们的传递函数和幅频特性也存在着对偶关系。

二阶高通滤波电路的传递函数为

$$A_v(s) = \frac{A_{vp}s^2}{s^2 + \dfrac{\omega_0}{Q}s + \omega_0^2} \tag{9-69}$$

图 9.42 画出了不同 Q 值时二阶高通滤波电路的幅频特性。

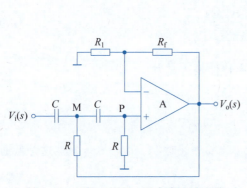

图 9.41　压控电压源二阶高通滤波电路

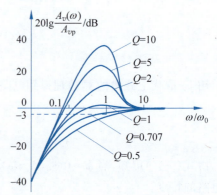

图 9.42　压控电压源二阶高通滤波电路的幅频特性图

9.5.3　带通滤波电路

将低通滤波电路和高通滤波电路串联，如图 9.43 所示，并且保证低通滤波电路的截止角频率 ω_H 大于高通滤波电路的截止角频率 ω_L，就可得到带通滤波电路。其通频带范围为 $\omega_L \sim \omega_H$。

图 9.44(a) 所示为二阶压控电压源带通滤波电路。

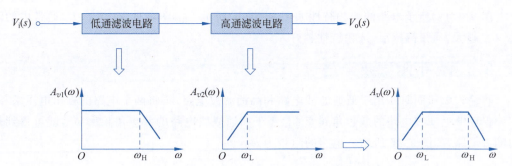

图 9.43 带通滤波电路的构成示意图

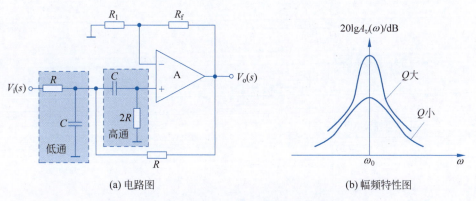

(a) 电路图　　(b) 幅频特性图

图 9.44 压控电压源二阶带通滤波电路及其幅频特性

电路的传递函数为

$$A_v(s) = \frac{A_{vf} \cdot sRC}{1 + (3 - A_{vf})sRC + (sRC)^2} \tag{9-70}$$

式中,$A_{vf} = 1 + \dfrac{R_f}{R_1}$,要求 $A_{vf} < 3$,因为当 $A_{vf} \geqslant 3$ 时,电路将产生自激振荡。

令 $\omega_0 = \dfrac{1}{RC}$,$Q = \dfrac{1}{3 - A_{vf}}$,$A_{vp} = \dfrac{A_{vf}}{3 - A_{vf}} = QA_{vf}$,则有

$$A_v(s) = \frac{A_{vp} \cdot \dfrac{\omega_0}{Q} s}{s^2 + \dfrac{\omega_0}{Q} s + \omega_0^2} \tag{9-71}$$

用 $j\omega$ 取代 s,并整理可得二阶带通滤波电路的频率特性表达式为

$$A_v(j\omega) = \frac{A_{vp}}{1 + jQ\left(\dfrac{\omega}{\omega_0} - \dfrac{\omega_0}{\omega}\right)} \tag{9-72}$$

由式(9-72)可知,当 $\omega = \omega_0$ 时,电路具有最大电压增益,$A_v(\omega) = A_{vp}$;当 $\omega \gg \omega_0$ 或 $\omega \ll \omega_0$ 时,$A_v(\omega) \to 0$。显然,这是带通滤波电路的特征。

令 $A_v(\omega) = \dfrac{A_{vp}}{\sqrt{2}}$,可求出带通滤波电路的两个截止角频率,从而可确定其通频带为

$$BW = \frac{\omega_0}{2\pi Q} = \frac{f_0}{Q} \tag{9-73}$$

图 9.44(a)所示电路的幅频特性如图 9.44(b)所示。由图可见,Q 值越大,通带内的增益 A_{vp} 越大,通频带越窄,选频特性越好。

9.5.4 带阻滤波电路

将输入电压同时作用于低通滤波电路和高通滤波电路,再将两个电路的输出电压求和,只要保证低通滤波电路的截止角频率 ω_H 小于高通滤波电路的截止角频率 ω_L,就可得到带阻滤波电路,如图 9.45 所示。电路的阻带为 $\omega_H \sim \omega_L$。

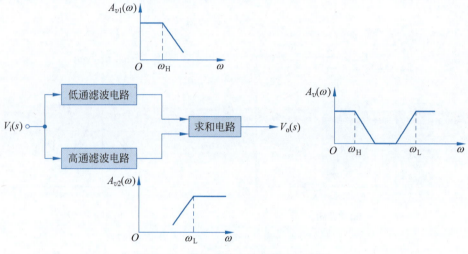

图 9.45 带阻滤波电路的构成示意图

实用电路常利用无源低通滤波电路和高通滤波电路构成无源带阻滤波电路,然后与集成运放构成的放大电路相连,从而得到有源带阻滤波电路,如图 9.46(a)所示。由于两个无源滤波电路均由三个元件构成英文字母"T"的形状,故图 9.46(a)所示电路称为"**双 T 网络带阻滤波电路**"。

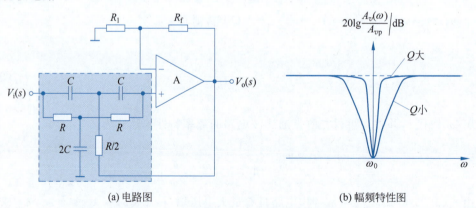

(a) 电路图　　　　　　　　　(b) 幅频特性图

图 9.46 双 T 带阻滤波电路及其幅频特性

由图 9.46(a)可推得双 T 网络带阻滤波电路的传递函数为

$$A_v(s) = \frac{A_{vp} \cdot [1+(sRC)^2]}{1+2(2-A_{vp})sRC+(sRC)^2} \tag{9-74}$$

式中，$A_{vp}=1+\dfrac{R_f}{R_1}$ 为通带内增益。

令 $\omega_0=\dfrac{1}{RC}$，$Q=\dfrac{1}{2(2-A_{vp})}$，则有

$$A_v(s)=\dfrac{A_{vp}(s^2+\omega_0^2)}{s^2+\dfrac{\omega_0}{Q}s+\omega_0^2} \qquad (9\text{-}75)$$

用 $j\omega$ 取代 s，并整理可得带阻滤波电路的频率特性表达式为

$$A_v(j\omega)=\dfrac{A_{vp}}{1+j\dfrac{1}{Q}\cdot\dfrac{\omega\omega_0}{\omega_0^2-\omega^2}} \qquad (9\text{-}76)$$

由式(9-76)可知，当 $\omega=\omega_0$ 时，$A_v(\omega)\to 0$；当 $\omega\gg\omega_0$ 或 $\omega\ll\omega_0$ 时，电路具有最大电压增益，$A_v(\omega)=A_{vp}$。显然，这是带阻滤波电路的特征。

令 $A_v(\omega)=\dfrac{A_{vp}}{\sqrt{2}}$，可求出带阻滤波电路的两个截止角频率，从而可确定其阻带宽度为

$$\text{BW}=\dfrac{\omega_0}{2\pi Q}=\dfrac{f_0}{Q} \qquad (9\text{-}77)$$

图 9.46(a)电路的幅频特性如图 9.46(b)所示。由图可见，Q 值越大，阻带越窄。

9.5.5 全通滤波电路

全通滤波电路的幅频特性是平行于频率轴的直线，所以它对频率没有选择性。人们主要利用其相位频率特性，作为相位校正电路或相位均衡电路。图 9.47(a)所示是一个一阶全通滤波电路或移相器。其传递函数为

$$A_v(s)=\dfrac{1-sRC}{1+sRC} \qquad (9\text{-}78)$$

频率特性表达式为

$$A_v(j\omega)=\dfrac{1-j\omega RC}{1+j\omega RC} \qquad (9\text{-}79)$$

由式(9-79)可得其幅频特性为

$$A_v(\omega)=1 \qquad (9\text{-}80a)$$

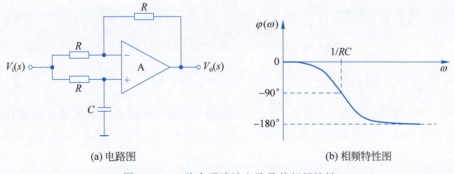

(a) 电路图 (b) 相频特性图

图 9.47 一阶全通滤波电路及其相频特性

相频特性为

$$\varphi(\omega) = -2\arctan\omega RC \tag{9-80b}$$

由式(9-80b)可画出其相频特性如图 9.47(b)所示。

二阶全通滤波电路的结构比较复杂,有兴趣的读者可参考相关书籍,此处不再赘述。

※9.5.6 开关电容滤波电路

RC 有源滤波电路的滤波特性取决于 RC 值(决定滤波电路的截止频率或中心频率)及运放的性能。如果要求 RC 值很大,全集成化几乎是不可能的。这也是制约通信设备全集成化的因素之一。因此,人们致力于寻求一种能够实现滤波电路全集成化的途径,开关电容(Switched Capacitor)便应运而生。开关电容是基于电容器电荷存储和转移原理,由受时钟控制的 MOS 开关、MOS 电容和 MOS 运放组成的网络。开关电容没有电阻,而用开关和电容代替电阻的功能。开关电容网络是一种时间离散、幅值连续的取样数据处理系统,在信号产生、放大、调制、模数转换、数模转换中有着广泛的应用。

1. 开关电容模拟电阻

图 9.48(a)是一个开关电容电路,由一个电容和两个 MOS 场效应管组成,两个 MOS 管作开关使用,分别受两相不重叠时钟 ϕ_1、ϕ_2(如图 8.48(b)所示)控制轮流导通。若 MOS 管导通时沟道电阻很小,可忽略不计,则可将两个 MOS 管看作理想的电子开关。

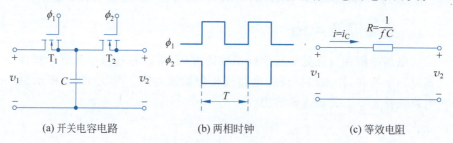

(a) 开关电容电路　　　　(b) 两相时钟　　　　(c) 等效电阻

图 9.48　用开关和电容代替电阻

图 9.48(a)中,$v_1 > v_2$,当 ϕ_1 为高电平,ϕ_2 为低电平时,T_1 管导通,T_2 管截止,电容充电至 v_1;当 ϕ_1 为低电平,ϕ_2 为高电平时,T_1 管截止,T_2 管导通,电容放电至 v_2。在时钟脉冲的一个周期 T 内,电容 C 在充电和放电过程中传输的电荷量为

$$Q = C(v_1 - v_2) \tag{9-81}$$

流过电容 C 的平均电流为

$$i_C = \frac{Q}{T} = \frac{C(v_1 - v_2)}{T} = fC(v_1 - v_2) \tag{9-82}$$

式中,$f = \dfrac{1}{T}$ 表示时钟脉冲的频率。

如果一个电阻两端的电压为 v_1 和 v_2,电流和 i_C 相同,则这个电阻就是开关电容的等效电阻,即

$$\frac{(v_1 - v_2)}{R} = fC(v_1 - v_2) \tag{9-83}$$

因此,等效电阻为

$$R = \frac{1}{fC} \tag{9-84}$$

如图 9.48(c)所示。

式(9-84)表明,可用开关和电容代替电阻,并且可通过控制时钟脉冲的频率来控制电阻 R 的大小。

当 $f=100\text{kHz},C=10\text{pF}$ 时,由式(9-84)可求得 $R=1\text{M}\Omega$。这表明用小值电容可等效大值电阻,这对集成电路的制作非常有利。

2. 开关电容滤波电路

低通、高通、带通、带阻滤波电路都可以利用开关电容技术实现,称为全电容滤波电路 (All Capacitor Filter Circuit)。图 9.49(a)所示是使用了开关电容技术的一阶低通滤波电路。图 9.49(b)是其等效电路。

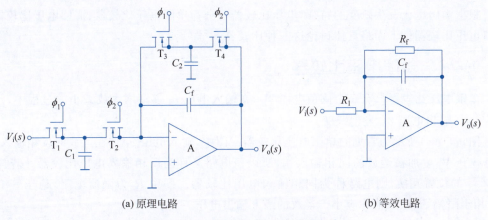

(a) 原理电路　　　　　　　　　　　　(b) 等效电路

图 9.49　一阶低通开关电容滤波电路

比较图 9.49(a)与图 9.49(b)可知

$$R_\mathrm{f} = \frac{1}{fC_2} \tag{9-85}$$

$$R_1 = \frac{1}{fC_1} \tag{9-86}$$

图 9.49(b)对应的传递函数为

$$A_v(s) = \frac{V_\mathrm{o}(s)}{V_\mathrm{i}(s)} = -\frac{R_\mathrm{f} /\!/ \dfrac{1}{sC_\mathrm{f}}}{R_1} = -\frac{R_\mathrm{f}}{R_1} \cdot \frac{1}{1+sR_\mathrm{f}C_\mathrm{f}} = \frac{A_{vp}}{1+s/\omega_0} \tag{9-87}$$

式中,$A_{vp} = -\dfrac{R_\mathrm{f}}{R_1}$,$\omega_0 = \dfrac{1}{R_\mathrm{f}C_\mathrm{f}}$。

将式(9-85)、式(9-86)代入 A_{vp}、ω_0 的表达式可得

$$A_{vp} = -\frac{C_1}{C_2} \tag{9-88}$$

$$\omega_0 = \frac{fC_2}{C_\mathrm{f}} \tag{9-89}$$

由此可见,图 9.49(a)所示滤波电路的低频增益由 C_1、C_2 的比值决定,截止角频率由

C_2、C_f 和时钟频率 f 决定。集成电路中电容比值的误差能做到 0.1%,因此开关电容滤波电路的特性能被精确地控制,而且电容可以设计得很小,适合集成电路制造工艺的要求。

9.6 电压比较器

电压比较器(Comparator)的功能是比较两个输入电压的大小,并根据比较的结果决定输出是高电平还是低电平,其输出电压常用于控制后续电路。因此,电压比较器广泛应用于自动控制、波形变换、取样保持等电路中。

电压比较器可以用运放构成,也可用专用芯片构成。用运放组成电压比较器时,运放通常工作在开环或正反馈状态,若不加限幅措施,其输出高电平可接近正电源电压$+V_{CC}$,输出低电平可接近负电源电压$-V_{EE}$。专用比较器的输出电平一般与数字电路兼容。

根据输出电压发生跃变的特征,电压比较器可分为单限电压比较器、滞回电压比较器和窗口电压比较器。下面将具体讨论这三种比较器。

9.6.1 单限电压比较器

单限电压比较器只有一个阈值电压 V_T,在输入电压 v_I 逐渐增大或减小的过程中,当通过 V_T 时,输出电压 v_O 发生跃变。

图 9.50(a)所示为常见的单限电压比较器。图中,输入电压 v_I 加在运放的反相输入端,参考电压 V_{REF} 加在运放的同相输入端,所以该电路又称为反相输入电压比较器。若将 v_I 和 V_{REF} 的位置互换,则电路称为同相输入电压比较器。图中 R 为限流电阻,稳压管 D_{Z1}、D_{Z2} 用于限幅,其稳压值均应小于运放的最大输出电压。

第 58 集
微课视频

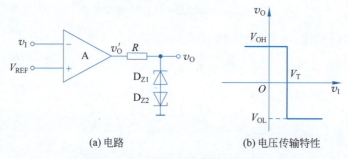

(a) 电路 (b) 电压传输特性

图 9.50 反相输入单限电压比较器

假设稳压管 D_{Z1}、D_{Z2} 的稳压值分别为 V_{Z1}、V_{Z2},它们的正向导通电压均为 $V_{D(on)}$。当 $v_I < V_{REF}$ 时,$v_O' = +V_{OM}$,D_{Z1} 工作在稳压状态,D_{Z2} 工作在正向导通状态,比较器的输出电压 $v_O = V_{OH} = +(V_{Z1} + V_{D(on)})$;当 $v_I > V_{REF}$ 时,$v_O' = -V_{OM}$,D_{Z2} 工作在稳压状态,D_{Z1} 工作在正向导通状态,比较器的输出电压 $v_O = V_{OL} = -(V_{Z2} + V_{D(on)})$。由此可画出图 9.50(a)所示电路的电压传输特性如图 9.50(b)所示,该比较器的阈值电压 $V_T = V_{REF}$。

需要指出的是,图 9.50(a)所示电路中的参考电压 V_{REF} 可正、可负,可为零。当 $V_{REF} = 0$ 时,称为反相输入过零电压比较器。

请读者自行画出同相输入单限电压比较器的电压传输特性,并与图 9.50(b)做比较。

【例 9.2】 求如图 9.51 所示电压比较器的阈值电压 V_T,并画出其电压传输特性曲线。

【解】 在图 9.51 中，输入电压 v_I 和参考电压 V_{REF} 均加在运放的同相输入端，根据叠加原理可确定运放同相输入端的电位为

$$v_P = \frac{R_1}{R_1+R_2}v_I + \frac{R_2}{R_1+R_2}V_{REF}$$

运放反相输入端的电位 $v_N=0$。

当 $v_P>v_N$，即 $v_I>-\dfrac{R_2}{R_1}V_{REF}$ 时，$v'_O=+V_{OM}$，$v_O=V_{OH}=V_Z$；

当 $v_P<v_N$，即 $v_I<-\dfrac{R_2}{R_1}V_{REF}$ 时，$v'_O=-V_{OM}$，$v_O=V_{OL}=-V_Z$。

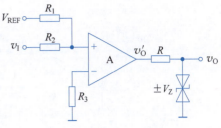

图 9.51 例 9.2 图

由以上分析可知，该比较器的阈值电压 $V_T=-\dfrac{R_2}{R_1}V_{REF}$，其电压传输特性曲线如图 9.52 所示。

单限电压比较器电路简单，灵敏度高，但它的抗干扰能力很差。例如，对于如图 9.50(a) 所示的电路，当 v_I 中含有噪声或干扰电压时，其输入和输出电压波形如图 9.53 所示。由于在 $v_I=V_T=V_{REF}$ 附近出现干扰，v_O 将时而为 V_{OH}，时而为 V_{OL}，导致比较器输出不稳定。如果用这个输出电压 v_O 去控制电机，电机将频繁起停，这种情况是不允许的。提高比较器抗干扰能力的一种方案是采用滞回电压比较器。

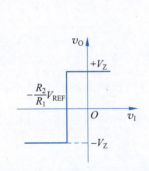

图 9.52 图 9.51 的电压传输特性曲线

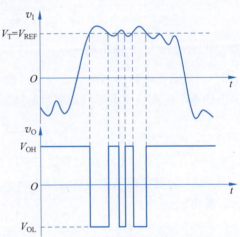

图 9.53 单限电压比较器在输入中包含干扰时的输出波形

9.6.2 滞回电压比较器

滞回电压比较器有两个阈值电压，在输入电压 v_I 逐渐由小增大以及逐渐由大减小的过程中，输出电压 v_O 经过不同的阈值电压发生跃变，电路具有**滞回特性**，即具有惯性，因而具有一定的抗干扰能力，而且可以通过改变电路参数控制抗干扰能力的大小。反相输入滞回电压比较器的电路如图 9.54(a) 所示。由图可见，滞回电压比较器电路中引入了正反馈。

在图 9.54(a) 所示电路中，输出电压 $v_O=\pm V_Z$。运放反相输入端的电位为 $v_N=v_I$，同

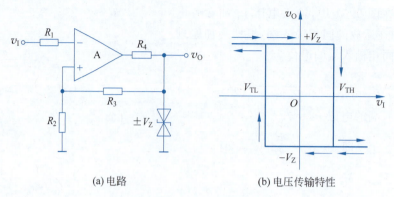

(a) 电路　　　　　　　　(b) 电压传输特性

图 9.54　滞回电压比较器

相输入端的电位为

$$v_\mathrm{P} = \frac{R_2}{R_2+R_3} v_\mathrm{O} = \pm \frac{R_2}{R_2+R_3} V_\mathrm{Z}$$

当输入电压 v_I 很小时，输出电压 $v_\mathrm{O} = +V_\mathrm{Z}$，运放同相输入端的电位 $v_\mathrm{P} = +\dfrac{R_2}{R_2+R_3}V_\mathrm{Z}$。如果 v_I（即 v_N）逐渐由小增大到略大于 v_P 时，输出电压 v_O 由 $+V_\mathrm{Z}$ 跳变到 $-V_\mathrm{Z}$。由此可得到比较器由高电平跳变到低电平时所通过的阈值电压为

$$V_\mathrm{TH} = +\frac{R_2}{R_2+R_3} V_\mathrm{Z} \tag{9-90a}$$

当输入电压 v_I 很大时，输出电压 $v_\mathrm{O} = -V_\mathrm{Z}$，运放同相输入端的电位 $v_\mathrm{P} = -\dfrac{R_2}{R_2+R_3}V_\mathrm{Z}$。如果 v_I（即 v_N）逐渐由大减小到略低于 v_P 时，输出电压 v_O 由 $-V_\mathrm{Z}$ 跳变到 $+V_\mathrm{Z}$。由此可得到比较器由低电平跳变到高电平时所通过的阈值电压为

$$V_\mathrm{TL} = -\frac{R_2}{R_2+R_3} V_\mathrm{Z} \tag{9-90b}$$

由以上分析可知，滞回电压比较器输出电压由高到低及由低到高跳变时经过不同的阈值电压。图 9.54(a) 电路的电压传输特性如图 9.54(b) 所示。

定义**回差电压** ΔV_T 为

$$\Delta V_\mathrm{T} = V_\mathrm{TH} - V_\mathrm{TL} \tag{9-91}$$

则图 9.54(a) 所示电路的回差电压为

$$\Delta V_\mathrm{T} = \frac{2R_2}{R_2+R_3} V_\mathrm{Z} \tag{9-92}$$

可见，只要改变 R_2、R_3 和 V_Z 的值就可改变 ΔV_T。

回差电压的大小表明了滞回电压比较器抗干扰能力的大小。ΔV_T 越大，表明抗干扰能力越强，相应地比较器的灵敏度越低。抗干扰能力和灵敏度是相互矛盾的，在滞回电压比较器的设计中，应根据实际需求适当地设计 ΔV_T 的大小。

【例 9.3】　在如图 9.54(a) 所示电路中，已知 $\pm V_\mathrm{Z} = \pm 10\mathrm{V}$，$R_1 = 10\mathrm{k}\Omega$，$R_2 = R_3 = 20\mathrm{k}\Omega$，$R_4 = 1\mathrm{k}\Omega$。输入电压 v_I 的波形如图 9.55(a) 所示。试画出电压传输特性及输出电压 v_O 的波形。

【解】比较器的输出高、低电平分别为：$V_{OH}=+10\text{V}, V_{OL}=-10\text{V}$。

两个阈值电压分别为

$$V_{TH}=+\frac{R_2}{R_2+R_3}V_Z=+\frac{20}{20+20}\times 10\text{V}=5\text{V}$$

$$V_{TL}=-\frac{R_2}{R_2+R_3}V_Z=-\frac{20}{20+20}\times 10\text{V}=-5\text{V}$$

由此可画出电压传输特性如图 9.55(c) 所示。根据电压传输特性可画出 v_O 的波形如图 9.55(b) 所示。

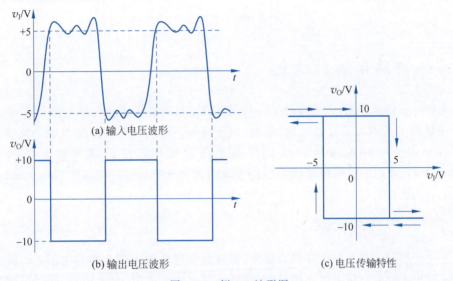

(a) 输入电压波形

(b) 输出电压波形

(c) 电压传输特性

图 9.55　例 9.3 波形图

比较图 9.55(a)、(b)可见，虽然输入电压 v_I 的波形很不"整齐"，但输出电压 v_O 的波形近似为矩形波，滞回电压比较器可用于波形整形。此外，具有滞回特性的比较器在控制系统、信号甄别和波形产生电路中应用较广。

9.6.3　窗口电压比较器

窗口电压比较器有两个阈值电压，与单限电压比较器和滞回电压比较器所不同的是，在输入电压 v_I 由小变大或由大变小的过程中，输出电压 v_O 产生两次跃变。图 9.56(a)为一种窗口电压比较器电路，有两个参考电压 V_{REF1}、V_{REF2}，且有 $V_{REF1}>V_{REF2}$。电阻 R_1、R_2 和稳压管 D_Z 构成限幅电路。

当 $v_I>V_{REF1}$ 时，$v_{P1}>v_{N1}$，$v_{O1}=+V_{OM}$；$v_{P2}<v_{N2}$，$v_{O2}=-V_{OM}$。二极管 D_1 导通，D_2 截止，电流通路如图 9.56(a)中实线所示，稳压管工作在稳压状态，输出电压 $v_O=+V_Z$。

当 $v_I<V_{REF2}$ 时，$v_{P1}<v_{N1}$，$v_{O1}=-V_{OM}$；$v_{P2}>v_{N2}$，$v_{O2}=+V_{OM}$。二极管 D_1 截止，D_2 导通，电流通路如图 9.56(a)中虚线所示，稳压管依然工作在稳压状态，输出电压 $v_O=+V_Z$。

当 $V_{REF2}<v_I<V_{REF1}$ 时，$v_{P1}<v_{N1}$，$v_{O1}=-V_{OM}$；$v_{P2}<v_{N2}$，$v_{O2}=-V_{OM}$。二极管 D_1、D_2 均截止，稳压管亦处于截止状态，输出电压 $v_O=0$。

若设 V_{REF1} 和 V_{REF2} 均大于零，则图 9.56(a)所示电路的电压传输特性如图 9.56(b)所示。

由图 9.56(b)可见，窗口电压比较器可用来判断输入电压是否处于两个已知电平之间，因此，常用于自动测试、故障检测等场合。

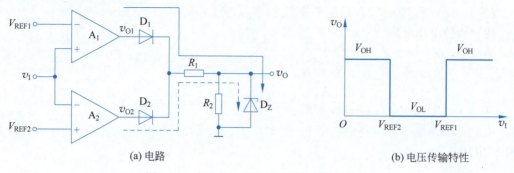

(a) 电路　　　　　　　　　　(b) 电压传输特性

图 9.56　窗口电压比较器及其电压传输特性

9.7　特殊用途放大器

考虑到一些特殊应用,人们设计了一些用于特定目的的集成放大器,这些器件中大多数实际上还是源于基本的运算放大器,例如,用于高噪声环境和数据采集系统的**仪表放大器**(Instrumentation Amplifier,INA)、用于高电压和医疗系统的**隔离放大器**(Isolation Amplifier,ISO)和用于电压转换成电流的**互导运算放大器**(Operational Transconductance Amplifier,OTA)等。

9.7.1　仪表放大器

仪表放大器是一个差分电压增益器件,可以放大两个输入端之间的电压差。其主要目的是放大位于大共模电压上的小信号,关键特性是高输入电阻、高共模抑制比、低输出失调和低输出阻抗,常用于高共模噪声的环境,如需要远程感知输入变化的数据采集系统。

基本的仪表放大器由三个运算放大器和若干电阻构成(如题图 9.6 所示),电压增益由外部电阻设置。图 9.57 所示为集成仪表放大器 INA102 的内部电路,图中各电容均为相位补偿电容。第一级电路由 A_1、A_2 组成,电压增益可调;第二级电路由 A_3 组成,电压增益为 1。

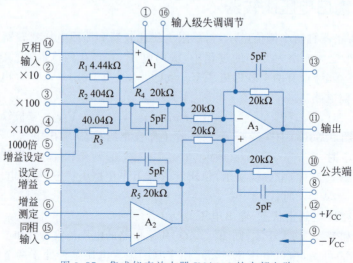

图 9.57　集成仪表放大器 INA102 的内部电路

INA102 的外接电源和输入级失调调整引脚接法如图 9.58 所示,两个 $1\mu F$ 电容为去耦电容,改变其他引脚的外部接线可以改变第一级电路的增益,分为 1、10、100 和 1000 四挡,接法见表 9.1。

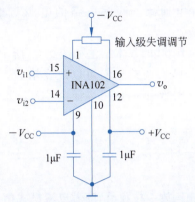

表 9.1 INA102 增益的设定

增益	引脚连接
1	6 和 7
10	2 和 6 和 7
100	3 和 6 和 7
1000	4 和 7,5 和 6

图 9.58 INA102 的外接电源和输入级失调调整引脚接法

INA102 的输入电阻可达 $10^4 \Omega$,共模抑制比为 100dB,输出电阻为 0.1Ω,小信号带宽为 300kHz。当电源电压为 $\pm 15V$ 时,最大共模输入电压为 $\pm 12.5V$。

9.7.2 隔离放大器

在远距离信号传输的过程中,常因强干扰的引入使放大电路的输出有着很强的干扰背景,甚至将有用信号淹没,造成系统无法正常工作。将电路的输入侧和输出侧在电气上完全隔离的放大电路称为隔离放大器。**隔离放大器在输入和输出之间提供直流隔离**,在存在危险的电源线漏电或瞬间高压等应用中,用隔离放大器来保护人的生命或敏感设备。应用的主要领域是医疗仪器、电厂仪表、工业处理和自动测试。

目前集成隔离放大器有光电耦合式、变压器耦合式和电容耦合式三种。这里,仅简单介绍光电耦合式隔离放大器。

如图 9.59 所示为光电耦合放大器 ISO 100 的内部电路,它由两个运放 A_1、A_2,两个恒

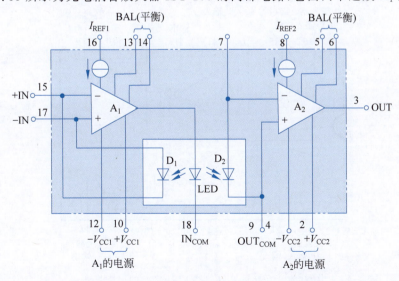

图 9.59 光电耦合放大器 ISO 100 的内部电路

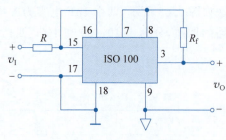

图 9.60　ISO 100 的基本接法

流源 I_{REF1}、I_{REF2} 以及一个光电耦合器组成。光电耦合器由一个发光二极管 LED 和两个光电二极管 D_1、D_2 组成,起隔离作用,使输入侧和输出侧没有电通路。两侧电路的电源与地也相互独立。

ISO 100 的基本接法如图 9.60 所示,R 和 R_f 为外接电阻,调整它们可以改变增益。若 D_1 和 D_2 所受光照相同,则可以证明

$$v_O = \frac{R_f}{R} v_I \tag{9-93}$$

9.7.3　互导运算放大器

由于历史的原因,长期以来一直是电压型集成运放一枝独秀,随着电流模式信号处理方法的兴起,互导型集成运放正日益引起人们的注意。这是因为在本质上 BJT 和 FET 都是电流型输出器件,用它们来设计电流输出的互导运算放大器,可使电路结构简单、紧凑,而且为了实现模拟信号的一些运算,利用电流信号要比电压信号简便得多,因此用电流型输出器件构成的电路和系统,在降低功耗、扩展频带方面极有潜力。

如图 9.61 所示为互导放大器(OTA)的电路符号,输出端的双圆圈表示基于偏置电流的输出电流源。与传统的电压运算放大器一样,OTA 具有两个差分输入端、高的输入电阻和共模抑制比。不同的是,OTA 具有偏置电流输入端、高的输出电阻且无固定的开环电压增益。

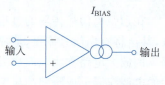

图 9.61　OTA 的电路符号

LM13700 是一款典型的 BJT 集成双互导运算放大器,其引脚排列如图 9.62 所示。封装在同一芯片内的两个互导运算放大器结构相同、特性一致,共用一个电源,但独立工作,两个放大器的特性由各自的偏置电流独立控制,其内部电路如图 9.63 所示。

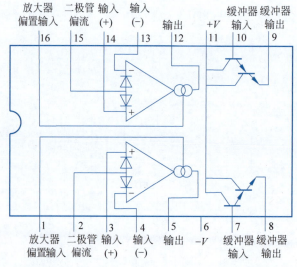

图 9.62　互导运算放大器 LM13700 的引脚排列

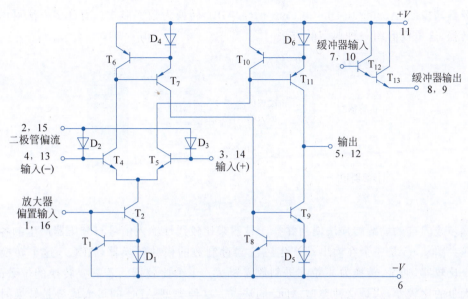

图 9.63 LM13700 的内部电路

电路包含三大部分：输入级、电流传输级、输出及缓冲级。T_4、T_5 组成差分输入级，T_1、T_2 和 D_1 构成的威尔逊电流源为其提供直流偏置，传输外加偏置电流 I_{BIAS}，电流传输比近似为 1；D_2、D_3 称为线性化二极管，其作用是补偿差分输入级传输特性的非线性失真，扩大传输特性的线性范围。电流传输级由三个威尔逊电流源构成，其中，T_6、T_7、D_4 组成的电流源用来传输电流 I_{C4}；T_8、T_9、D_5 组成的电流源用来传输电流 I_{C7}；T_{10}、T_{11}、D_6 组成的电流源用来传输电流 I_{C5}。电流输出端是 T_9、T_{11} 的集电极，由于 T_9、T_{11} 为互补型晶体管，所以输出电流 $I_O = I_{C11} - I_{C9} = I_{C5} - I_{C4}$。$T_{12}$、$T_{13}$ 构成复合管，形成缓冲输出级，它既有电流放大作用，又可提供电压输出端。

在直接输入电压信号，即线性化二极管 D_2、D_3 不工作的条件下，运放输出电流 I_O 与跨导 g_m 的关系为

$$I_O = I_{C11} - I_{C9} = g_m(V_{I+} - V_{I-}) \tag{9-94}$$

其中，g_m 的值取决于运放的偏置电流 I_{BIAS}。

互导运算放大器是将输入电压转换成输出电流的放大器，与电压运算放大器相比，其主要特点是：输出信号是电流，输出电阻高；通频带较宽，高频性能好；具有增益控制端，可使增益连续可调；电路结构简单，容易设计、制造；放大能力较弱，主要应用于开环或非深度负反馈状态。

※9.8 信号运算和处理电路的应用实例

9.8.1 比较器的应用：模数转换器

模数转换是一种常见的接口处理方法，通常用于当线性模拟系统必须向数字系统提供输入时。如图 9.64 所示，来自传感器的原始数据是模拟形式的，首先通过可编程增益放大器进行放大，因为需要通过计算机来处理数据，所以在把这些数据传送给计算机之前，应该

通过**模数转换器**(Analog-to-Digital Converter,ADC)转换为数字形式。有许多方法可以实现模数转换,这里仅介绍一种典型的方法。

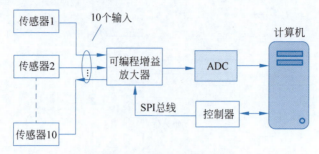

图 9.64 模数转换系统

同步或闪存的模数转换法使用并行比较器来比较线性输入信号与分压器产生的各种参考电压。图 9.65 是一个在输出端产生三位二进制数的模数转换器(ADC),这个转换器需要 7 个比较器,通常,转换为 n 位二进制数需要 2^n-1 个比较器。若需要转换的位数高,则需要大量的比较器,这是这种类型 ADC 的缺点。这种类型 ADC 的最大优势是转换时间非常短,若待转换的数据信道很多时,是非常有利的。

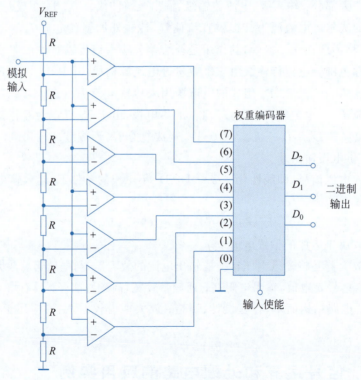

图 9.65 ADC

图 9.65 中,每个比较器的参考电压都是由电阻分压器网络设置的,每个比较器的输出都连接到权重编码器的输入。权重编码器是种数字器件,其输出为二进制数。当使能端出现脉冲(采样脉冲)时,编码器开始采样其输入,在输出端输出三位数字值,其值正比于输入信号模拟量的大小。采样率决定二进制序列数代表的变化的输入信号的表达精度。在一定

的单位时间内采样数越多,用数字形式表达的模拟信号的精度就越高。

9.8.2 数模转换器

在许多音频系统中,数模转换是一种重要的接口处理,它将数字信号转换为模拟信号。例如为了便于存储、处理和传输,声音信号首先需要放大并被数字化,最后数字化的信号被还原为原来的声音信号并经放大后驱动扩音器发声,如图 9.66 所示。这里,我们主要关注**数模转换器**(Digital-to-Analog Converter,DAC)的实现。

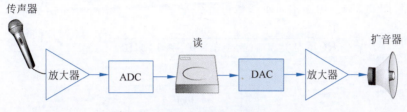

图 9.66 数模转换系统

图 9.67 所示是一个用比例加法器构成的 4 位数模转换器(DAC),其中开关符号表示晶体管开关,用来控制 4 个二进制数字的接入,电阻 R 的最低值对应于最高权重的二进制输入(2^3),其他电阻都是 R 与相应的二进制权重 2^2、2^1、2^0 的相乘。

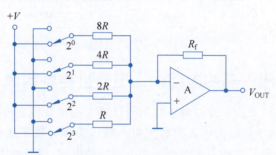

图 9.67 比例加法器用作 4 位 DAC

9.8.3 射频识别系统中的滤波器

射频识别(Radio-Frequency Identification,RFID)系统广泛应用于目标的跟踪。典型地,一个 RFID 系统包含 RFID 标签、一个接收来自标签传输数据的 RFID 读卡器和一个用于处理和存储读卡器发送数据的数据处理系统组成,基本框图如图 9.68 所示。

图 9.68 RFID 系统的基本框图

其中,RFID 读卡器的框图如图 9.69 所示。带通滤波器允许 123kHz 的信号通过,并抑制高频噪声和其他信源。放大器放大来自 RFID 标签的很小的信号,整流器去除调制信号的负半部分,低通滤波器去除 123kHz 的载波频率,让数字调制信号通过,比较器将数字信号还原为可用的数字数据流。这里,我们主要关注 RFID 读卡器中**低通滤波器**的实现。

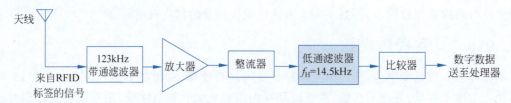

图 9.69　RFID 读卡器的框图

图 9.70 所示是图 9.69 中的低通滤波器电路,其电路结构实际上是压控电压源二阶低通滤波电路(图 9.38)。由图中所示参数可算得

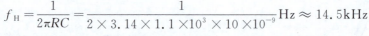

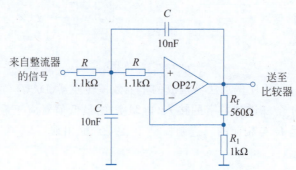

图 9.70　RFID 读卡器的低通滤波器电路

9.8.4　特殊放大器的应用——电动机控制系统

在许多工业系统中,大功率或高电压应用受计算机或可编程逻辑控制器的控制,而这些控制设备是由低直流电压控制的。系统的大功率部分需要与数字部分隔离开,从而保护敏感的控制电路。例如,为了感知一个大型工业电动机的电流,仪表放大器和隔离放大器都是关键元件,图 9.71 给出了系统传感器和隔离部分的框图。其中,AD622 为集成仪表放大器。其电压增益通过外部电阻 R_G 可在 2～1000Ω 调节,在没有外部电阻时具有单位增益。输入电阻为 10GΩ,共模抑制比 K_{CMR} 的最小值为 66dB。在增益为 10、转换速率 S_R 为 1.2V/μs 时的带宽为 800kHz。AD210 是一个宽带、三端隔离放大器。三端隔离放大器包括输入和输出端口,还包含电源端口。电源端口使用内部变压器向隔离屏蔽两侧的输入和输出端提供隔离开的电源。AD210 也可以向输入、输出两侧的 IC 提供隔离的外部电源,防止电源出现故障,这就给系统提供了额外的保护。在输入侧,隔离电源标记为 $\pm V_{ISS}$,在输出侧标记为 $\pm V_{OSS}$。此外,AD210 在输入侧由一个通用的运算放大器,可以被用户用作缓冲或设置成所需要的增益。

图 9.71 中,流到电动机的电流由一个非常小的感应电阻 R_{sense} 感应,经 AD622 放大(增益由 R_G 确定),AD622 的隔离电源来自 AD210 的输入侧。AD622 的输出是一个表示电动机电流的电压信号,该信号经 AD210 的内部运算放大器缓冲(由一个从 -IN 到 FB 的跳线完成,反馈输入),调制输入侧的一个载波,然后在输出侧解调,恢复出原信号并经缓冲,接着发送到 ADC 和计算机。注意,ADC 的隔离电源来自 AD210 的输出侧,根据系统的需求,计算机使用电流信息来控制电动机速度。

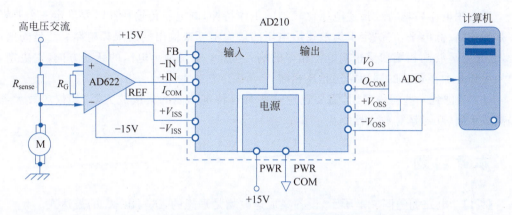

图 9.71　大型工业电动机控制系统的电流传感器和隔离电路

本章小结

（1）本章重点讨论了理想运放在信号运算和处理领域的应用。在分析理想运放构成的电路时，要区分运放是工作在线性区还是非线性区，在线性区，可利用"虚短"和"虚断"两个重要概念进行分析；在非线性区，"虚短"的概念不再成立，但"虚断"的概念依然成立。

（2）运放组成的信号运算电路主要有：比例、加法、减法、积分、微分、乘法、除法、对数、指数等，在这些运算电路中，运放均工作在线性区。

集成模拟乘法器是一种重要的信号处理功能器件，用途十分广泛。它除了完成各种运算功能外，还普遍地用在信息工程领域的频率变换技术中，如调制和解调等。

（3）由于实际运放的参数是非理想的，其 A_{od}、R_i、K_{CMR} 均为有限值，R_o、V_{IO}、I_{IO}、dV_{IO}/dT、dI_{IO}/dT 也并不为零，这些都将影响运算电路的精度，但只要合理地选择运放和电路元件，可使误差减至最小。

（4）运放组成的信号处理电路主要介绍了精密整流电路、有源滤波电路、电压比较器。

（5）精密整流电路由运放和二极管组成，用于微弱信号整流，可实现半波或全波整流。

（6）有源滤波电路通常由运放和 RC 网络组成，主要用于小信号处理。按其幅频特性可分为低通、高通、带通、带阻和全通滤波电路。

有源滤波电路的主要性能指标有通带增益 A_{vp}、截止角频率 ω_H 或 ω_L、特征角频率 ω_0、通频带 BW 和品质因数 Q 等。

有源滤波电路一般都引入了电压负反馈，因而运放工作在线性区，其分析方法与运算电路基本相同。为了实现压控电压源滤波电路，在电路中也常常引入正反馈，但只要参数选择合适，电路不会产生自激振荡。

（7）电压比较器能够将模拟信号转换成具有数字信号特点的二值信号，因此运放工作在非线性区。电压比较器除了用于信号变换、整形等信号处理领域外，还是信号产生电路的重要组成部分。

本章介绍了单限、滞回和窗口电压比较器。单限电压比较器只有一个阈值电压；滞回和窗口电压比较器都有两个阈值电压，但它们有明显的区别：当输入电压单一方向变化时，滞回电压比较器的输出电压仅跃变一次，而窗口电压比较器的输出电压要跃变两次。

通常用电压传输特性描述电压比较器的工作特性,画电压传输特性时要确定三个要素:一是输出高、低电平,它决定于运放输出电压的最大幅度或输出端的限幅电路;二是阈值电压,它是使运放同相端和反相端电位相等的输入电压;三是输出电压的跃变方向,它决定于输入电压是加在运放的同相端还是反相端。

(8) 考虑到一些特殊应用,需要选用一些具有特定功能的集成放大器,如仪表放大器、隔离放大器、互导运算放大器等。

本章习题

【9-1】 电路如题图 9.1 所示,设各集成运放均是理想的,试写出 v_O 的表达式。

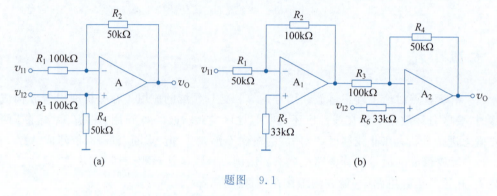

题图 9.1

【9-2】 电路如题图 9.2 所示,设各集成运放均是理想的,已知 $v_{I1}=5\text{mV}$,$v_{I2}=-5\text{mV}$,$v_{I3}=6\text{mV}$,$v_{I4}=-12\text{mV}$,试求输出电压 v_O 的值。

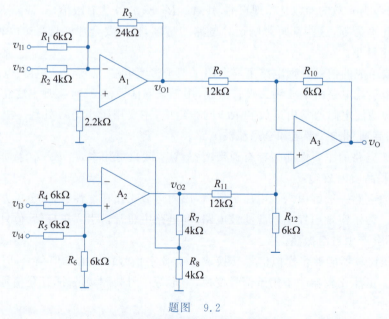

题图 9.2

【9-3】 电路如题图 9.3 所示,设运放是理想的,试推导 A_{vf} 的表达式,并用该电路设计一个输入电阻为 1MΩ,闭环增益为 100 倍的反相输入比例放大器,要求使用的电阻阻值均

不得大于1MΩ,试确定各电阻元件的阻值。

【9-4】 由理想运放构成的电路如题图9.4所示,写出 v_O 的表达式,并在 $R_1=R_3=1\text{k}\Omega, R_2=R_4=10\text{k}\Omega$ 时,计算电压增益 $A_{vf}=\dfrac{v_O}{v_{I1}-v_{I2}}$ 的值。

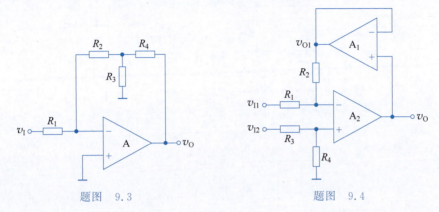

题图 9.3　　　　　　题图 9.4

【9-5】 电路如题图9.5所示,设集成运放是理想的,试推导电路电压增益 $A_{vf}=\dfrac{v_O}{v_{I1}-v_{I2}}$ 的表达式。

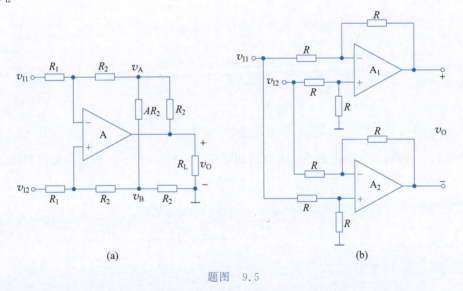

(a)　　　　　　(b)

题图 9.5

【9-6】 放大器的原理电路如题图9.6所示,设图中所有运放均为理想运放。若 $R_1=R_2=R, R_3=R_5, R_4=R_6$,试证该放大电路的增益为

$$A_{vf}=\dfrac{v_O}{v_{I1}-v_{I2}}=-\dfrac{R_4}{R_3}\left(1+\dfrac{2R}{R_G}\right)$$

【9-7】 电路如题图9.7所示,设各集成运放是理想的。试求:

(1) v_O 的表达式;

(2) 当 $R_1=R_2=R_3$ 时的 v_O 值。

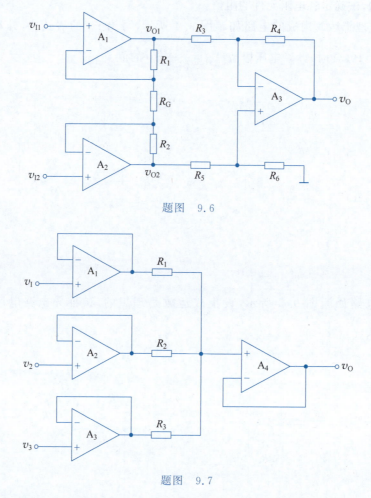

题图 9.6

题图 9.7

【9-8】 一高输入电阻的桥式放大电路如题图 9.8 所示,设各集成运放是理想的。试写出 $v_O = f(\delta)$ 的表达式($\delta = \Delta R / R$)。

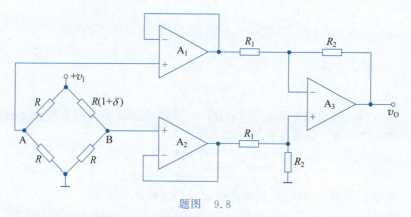

题图 9.8

【9-9】 如题图 9.9 所示为具有高输入电阻的反相放大电路,设各集成运放是理想的。已知 $R_1 = 90\text{k}\Omega, R_2 = 100\text{k}\Omega, R_3 = 270\text{k}\Omega$,试求电压增益 A_{vf} 及输入电阻 R_i 的值。

【9-10】在如题图 9.10 所示电路中,设集成运放是理想的。电容上的起始电压为零,在 $t=0$ 时,加到同相输入端的电压为 $v_S(t)=10^{-t/\tau}$(mV),其中 $\tau=5\times10^{-4}$ s。试求输出电压 $v_O(t)$。

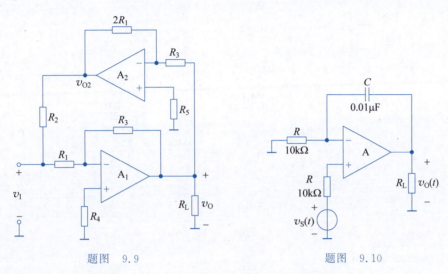

题图 9.9 题图 9.10

【9-11】积分电路如题图 9.11(a)所示,设集成运放是理想的。已知初始状态时 $v_C(0)=0$,试完成下列各题:

(1) 当 $R_1=100$ kΩ、$C=2$μF 时,若突然加入 $v_S(t)=1$V 的阶跃电压,求 1s 后输出电压 v_O 的值;

(2) 当 $R_1=100$ kΩ、$C=0.47$μF 时,输入电压波形如题图 9.11(b)所示,试画出 v_O 的波形,并标出 v_O 的幅值和回零时间。

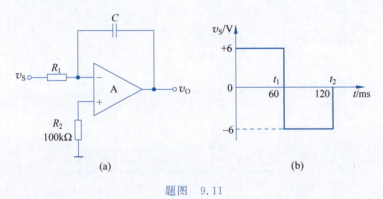

题图 9.11

【9-12】在如题图 9.12 所示的模拟运算电路中,设各集成运放是理想的。试写出输出电压 $v_O(t)$ 与输入电压 $v_S(t)$ 之间的关系式。

【9-13】电路如题图 9.13(a)所示,设各集成运放是理想的。电容器 C 上的初始电压为零。试完成下列各题:

(1) 写出 v_{O1}、v_{O2} 和 v_O 的表达式;

(2) 当输入电压 v_{S1}、v_{S2} 的波形如题图 9.13(b)所示时,试画出 v_O 的波形。

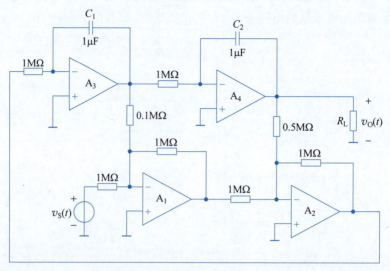

题图 9.12

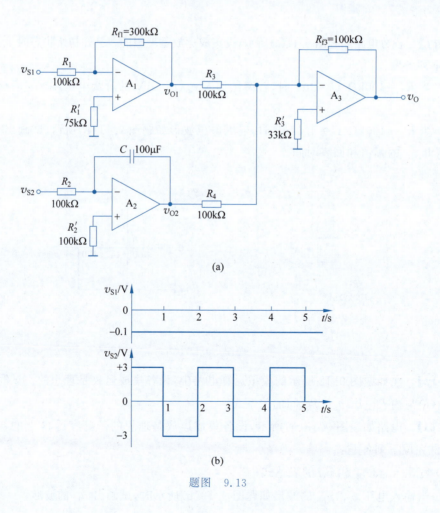

(a)

(b)

题图 9.13

【9-14】 试推导题图 9.14 所示电路 $v_O(t)$ 与 $v_S(t)$ 之间的关系式，设各集成运放是理想的。

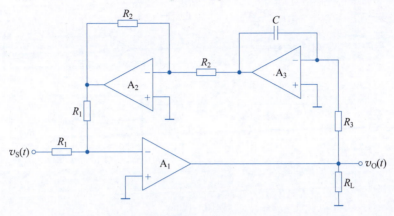

题图 9.14

【9-15】 一实用微分电路如题图 9.15 所示，其具有衰减高频噪声的作用。

(1) 确定电路的传递函数 $V_o(s)/V_s(s)$；

(2) 若 $R_1C_1=R_2C_2$，输入信号 v_S 的频率应当怎样限制，才能使电路不失去微分的功能？

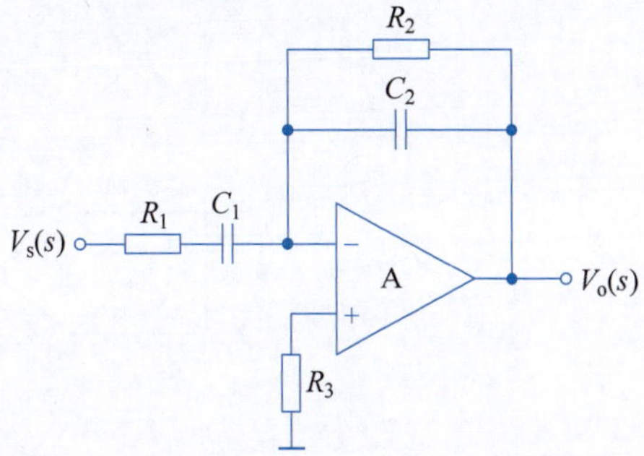

【9-16】 题图 9.16 为指数运算电路，试证：$v_O=\dfrac{R_5 V_R}{R_1}\mathrm{e}^{-v_S/\tau}$，其中 $\tau=\dfrac{R_2+R_3}{R_3}V_T$。若 $V_R=7\mathrm{V}$，$R_1=10\mathrm{k\Omega}$，$R_2=15.7\mathrm{k\Omega}$，$R_3=1\mathrm{k\Omega}$，$R_5=10\mathrm{k\Omega}$，试问：当输入电压 v_S 由 1mV 变到 10V 时，在室温下输出电压 v_O 的变化范围是多少？设各集成运放是理想的，晶体管 T_1、T_2 的特性相同。

题图 9.15

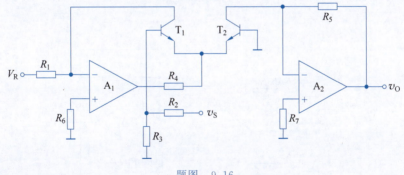

题图 9.16

【9-17】 在如题图 9.17 所示电路中，设各运放是理想的，各 BJT 特性相同。试证明：

$$v_O=\dfrac{R_f R}{R_X R_Y}\cdot\dfrac{v_X v_Y}{V_R}。$$

【9-18】 电路如题图 9.18 所示，设运放和乘法器都具有理想特性。

(1) 写出 v_{O1}、v_{O2} 和 v_O 的表达式；

(2) 当 $v_{S1}=V_{sm}\sin\omega t$，$v_{S2}=V_{sm}\cos\omega t$ 并假设 $K_1=K_2=K$，说明此电路具有检测正交振荡幅值的功能（称平方律振幅检测电路）。提示：$\sin^2\omega t+\cos^2\omega t=1$。

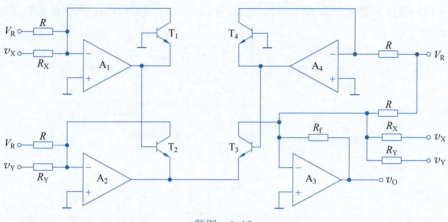

题图 9.17

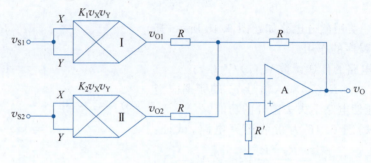

题图 9.18

【9-19】 有效值检测电路如题图 9.19 所示，若 $R_2 \to \infty$，试证明：$v_O = \sqrt{\dfrac{1}{T}\displaystyle\int_0^T v_I^2 \,dt}$，其中，$T = \dfrac{CR_1R_3K_2}{R_4K_1}$。

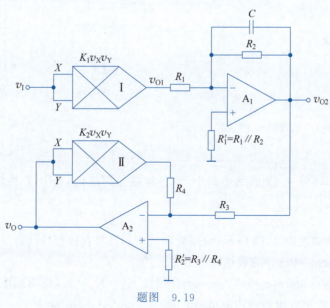

题图 9.19

【9-20】 由运放组成的同相放大电路如题图 9.20 所示,已知运放的共模抑制比 $K_{CMR}=60\text{dB}$,开环差模电压增益 $A_{od}=10^4$,其余参数均为理想值,输入电压 $V_S=1.22\text{V}$。
(1) 试求输出电压 V_O 值;
(2) 若 $K_{CMR} \to \infty$,其余参数不变,试求相应的 V_O 值,并分析比较题(1)、(2)的结果。

【9-21】 在如题图 9.21 所示电路中,已知 $A_{vf}=-10$,若运放的 $V_{IO}=2\text{mV}$,$I_{IB}=80\text{nA}$,$I_{IO}=20\text{nA}$,求下列几种情况下电路输出的误差电压 ΔV_O 值。
(1) $R_1=10\text{k}\Omega$,$R_f=100\text{k}\Omega$,$R=0$;
(2) $R_1=10\text{k}\Omega$,$R_f=100\text{k}\Omega$,$R=R_1 // R_f$;
(3) $R_1=100\text{k}\Omega$,$R_f=1\text{M}\Omega$,$R=0$。

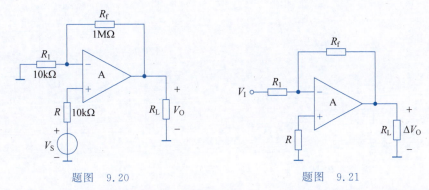

题图 9.20 　　　　题图 9.21

【9-22】 失调电流补偿电路如题图 9.22 所示,当 $I_{BN}=100\text{nA}$,$I_{BP}=80\text{nA}$ 时,为使输出误差电压 $\Delta V_O=0$ 时,求平衡电阻 R 的值是多少?

【9-23】 已知运放 μA741 的 $V_{IO}=5\text{mV}$,$I_{IB}=100\text{nA}$,$I_{IO}=20\text{nA}$,当 V_{IO}、I_{IB}、I_{IO} 为不同取值时,试回答下列问题:
(1) 设反相输入运算放大电路如题图 9.23 所示,若 $V_{IO}=0$,求由于偏置电流 $I_{IB}=I_{BN}=I_{BP}$ 而引起的输出直流电压 V_O。
(2) 怎样消除偏置电流的影响,以使 $V_O=0$?
(3) 在题(2)的改进电路中,若 $V_{IO}=0$,$I_{IO} \neq 0$(即 $I_{BN} \neq I_{BP}$),则由 I_{IO} 引起的 V_O 为多少?
(4) 在题(2)的改进电路中,若 $I_{IO}=0$,$V_{IO} \neq 0$,则由 V_{IO} 引起的 V_O 为多少?
(5) 在题(2)的改进电路中,若 $V_{IO} \neq 0$,$I_{IO} \neq 0$,求 V_O 为多少?

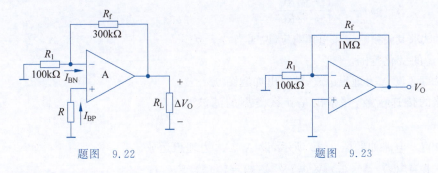

题图 9.22 　　　　题图 9.23

【9-24】 电路如题图 9.24 所示,当温度 $T=25℃$ 时,运放的失调电压 $V_{IO}=5\text{mV}$,输入失调电压的温漂 $dV_{IO}/dT=5\mu V/℃$。

(1) 当 $R_f/R_1=1000$ 时,求 $T=125℃$ 时,输出误差电压 ΔV_O 为多少?

(2) 若采取调零措施消除 V_{IO} 引起的 ΔV_O,求由 dV_{IO}/dT 引起的 ΔV_O 为多少?

(3) 若 $R_f/R_1=100$,允许 $\Delta V_{IO}=540\text{mV}$ 时的温度不能超过多少?

【9-25】 如题图 9.25 所示是一个线性整流电路,设运放及二极管均是理想的。

(1) 试画出电路的输入-输出特性 $v_O=f(v_I)$;

(2) 当 $v_I=10\sin\omega t(V)$ 时,试画出 v_O 的波形;

(3) 二极管 D_1、D_2 各起什么作用?若去掉 D_1,电路工作情况将产生什么变化?

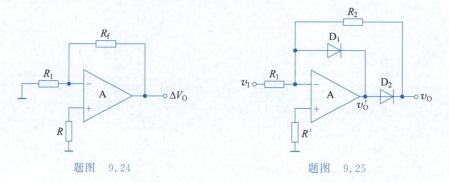

题图 9.24　　　　题图 9.25

【9-26】 试画出如题图 9.26 所示电路的电压传输特性,设各集成运放及二极管是理想的。

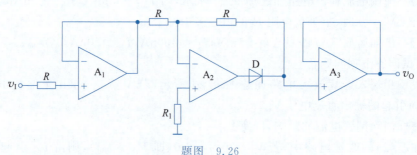

题图 9.26

【9-27】 如题图 9.27 所示是一阶全通滤电路的一种形式。

(1) 试证明电路的电压增益表达式为

$$A_v(j\omega) = -\frac{1-j\omega RC}{1+j\omega RC}$$

(2) 试求其幅频响应和相频响应,说明当 $\omega \to \infty$ 时,相角 φ 的变化范围。

【9-28】 设 A 为理想运放,试写出如题图 9.28 所示电路的传递函数,并指出是什么类型的滤波电路。

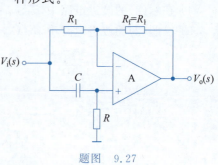

题图 9.27

【9-29】 电路如题图 9.29 所示,设 A_1、A_2 为理想运放。

(1) 求 $A_1(s)=V_{o1}(s)/V_i(s)$ 及 $A(s)=V_o(s)/V_i(s)$;

(2) 根据导出的 $A_1(s)$ 和 $A(s)$ 的表达式判断它们分别属于什么类型的滤波电路?

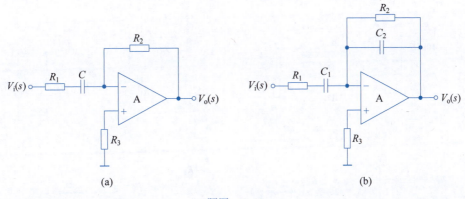

题图 9.28

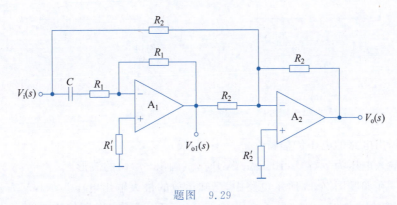

题图 9.29

[9-30] 已知某有源滤波电路的传递函数为

$$A_v(s) = \frac{V_o(s)}{V_i(s)} = -\frac{s^2}{s^2 + \dfrac{3}{R_1 C}s + \dfrac{1}{R_1 R_2 C^2}}$$

(1) 试定性分析该电路的滤波特性(低通、高通、带通或带阻);

(2) 求通带增益 A_{vp}、特征频率(中心频率)ω_0 及等效品质因数 Q。

[9-31] 开关电容滤波电路与一般 RC 有源滤波电路相比有何优点?

[9-32] 在如题图 9.30 所示电路中,稳压管 D_{Z1}、D_{Z2} 的稳压值分别为 V_{Z1}、V_{Z2},正向导通电压均为 0.7V,运放的最大输出电压为 ±13V。

(1) 若要求电路的输出高、低电平分别为 7V 和 −4V,则 V_{Z1}、V_{Z2} 应选何值?

(2) 设流过稳压管的最大允许电流为 10mA,最小允许电流为 5mA,试求限流电阻 R 的取值范围。

[9-33] 在如题图 9.31 所示电路中,已知 $V_{REF}=2V$,稳压管的稳压值 $V_Z=6.3V$,正向导通电压 $V_{D(on)}=0.7V$。

(1) 试画出电路的电压传输特性 $v_O \sim v_I$ 曲线;

(2) 当输入电压为 $v_i(t)=5\sin\omega t$(V)时,试画出 $v_O(t)$ 的波形。

[9-34] 在如题图 9.32 所示电路中,已知运放的最大输出电压为 ±14V,$V_{REF}=2V$,稳压管的稳压值 $V_Z=6.3V$,正向导通电压 $V_{D(on)}=0.7V$,设 D 为理想二极管。

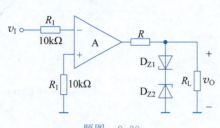
题图 9.30

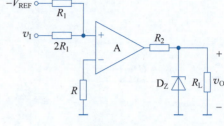
题图 9.31

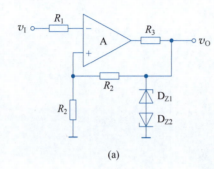
(a)

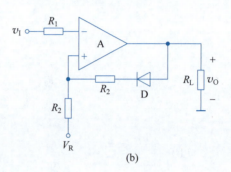
(b)

题图 9.32

(1) 试画出电路的电压传输特性 $v_O \sim v_I$ 曲线；

(2) 当输入电压为 $v_i(t) = 10\sin\omega t\,(\text{V})$ 时，试画出 $v_O(t)$ 的波形。

【9-35】 在如题图 9.33 所示电路中，已知运放的最大输出电压为 $\pm 14\text{V}$，$V_{REF} = 2\text{V}$，稳压管的稳压值 $V_Z = 6.3\text{V}$，正向导通电压 $V_{D(on)} = 0.7\text{V}$，试画出电压传输特性 $v_O \sim v_I$ 曲线并求回差电压 ΔV_T。

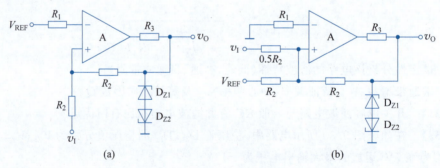

题图 9.33

【9-36】 一电压比较器电路如题图 9.34 所示。

(1) 若稳压管 D_Z 的双向限幅值为 $\pm V_Z = \pm 6\text{V}$，运放的开环电压增益 $A_{od} = \infty$，试画出比较器的传输特性；

(2) 若在同相输入端与地之间接一参考电压 $V_{REF} = -5\text{V}$，重画比较器的传输特性。

【9-37】 电路如题图 9.35 所示。设稳压管 D_Z 的双向限幅值为 $\pm V_Z = \pm 6\text{V}$。运放的开环电压增益 $A_{od} = \infty$。

(1) 试画出电路的传输特性曲线；

(2) 画出幅值为 6V 正弦信号所对应的输出电压波形。

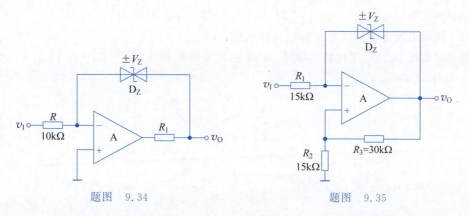

题图 9.34　　　　　　题图 9.35

【9-38】 在如题图 9.36 所示电路中,已知稳压管 D_{Z1}、D_{Z2} 的稳压值均为 6V,正向导通电压均为 0.7V,D_1、D_2 为理想二极管,$V_{REF1}=2V$,$V_{REF2}=-2V$,试画出电压传输特性曲线。

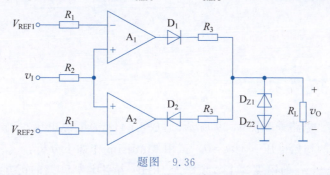

题图 9.36

【9-39】 如题图 9.37 所示是一种窗口电压比较器电路,这种比较器电路中设置了两个参考电压,一个是负值,另一个是正值,分别用 $-V_{REF1}$ 和 V_{REF2} 表示,试分析该比较器的工作原理,画出电压传输特性(设运放的最大输出电压为 $\pm V_{OM}$),并确定窗口宽度 ΔV_T。

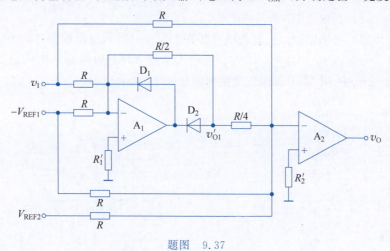

题图 9.37

【9-40】 题图 9.38 是利用两个二极管 D_1、D_2 和两个参考电压 V_A、V_B 来实现双限比较的窗口电压比较电路。设电路通常有:R_2 和 R_3 均远小于 R_4 和 R_1,运放的最大输出电压为 $\pm V_{OM}$。

(1) 试证明只有当 $V_A > v_I > V_B$ 时，D_1、D_2 导通，v_O 才为负；

(2) 试画出该比较器的电压传输特性曲线。

提示：假设 D_1、D_2 为理想二极管，运放也具有理想特性，$R_2 = R_3 = 0.1\text{k}\Omega$，$R_1 = 1\text{k}\Omega$，$R_4 = 100\text{k}\Omega$，$V_{CC} = 12\text{V}$。

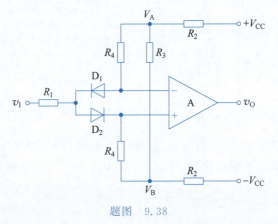

题图 9.38

Multisim 仿真习题

【**仿真题 9-1**】 电路如题图 9.39 所示，运放 LF411 的电源电压 $+V_{CC} = 15\text{V}$，$-V_{EE} = -15\text{V}$，电容器 C 的初始电压 $v_C(0) = 0$。试用 Multisim 作如下分析：

(1) 当输入电压 v_I 的幅度为 1V，频率为 1kHz，占空比为 50% 的正方波时，仿真输出电压 v_O 的波形；

(2) 去掉电阻 R_2，重复题(1)；

(3) 当输入脉冲电压信号正向幅度为 9V，宽度为 10μs，负向幅度为 -1V，宽度为 90μs，周期 T 为 100μs，仿真输出电压 v_O 的波形。

【**仿真题 9-2**】 反相比例运算放大电路如题图 9.40 所示，设运放型号均为 μA741，且其电源电压 $+V_{CC} = +12\text{V}$，$-V_{EE} = -12\text{V}$。若输入信号是高低电平分别为 $+1\text{V}$，-1V，周期为 100μs 的方波脉冲，用 Multisim 仿真输出电压 v_{O1}、v_O 的波形。

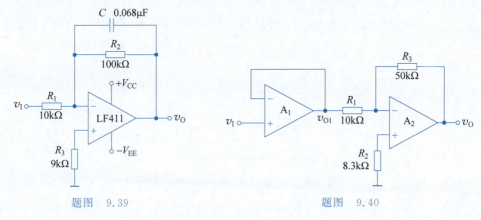

题图 9.39　　　　　　　　　题图 9.40

【仿真题 9-3】 双极点低通 Butterworth 滤波器电路如题图 9.41 所示,运放型号为 μA741,其电源电压 $+V_{CC}=+12V,-V_{EE}=-12V$。试用 Multisim 仿真滤波器特性曲线及截止频率,并与计算值进行比较。

【仿真题 9-4】 滞回电压比较器电路如题图 9.42 所示,设运放型号为 LF411,其电源电压 $+V_{CC}=+12V,-V_{EE}=-12V$。稳压管用 1N750A。

(1) 设 $R_1=R_2=10\text{k}\Omega$,若输入信号是幅度为 10V,频率为 10kHz 的正弦波,仿真基准电压 V_{REF} 分别为 2V 和 −2V 时的输出波形,确定其上、下阈值电压,讨论 V_{REF} 对传输特性的影响。

(2) 若 $V_{REF}=0,R_1=10\text{k}\Omega$,输入信号同题(1),仿真 R_2 分别为 10kΩ、50kΩ 时的输出电压波形,确定其上、下阈值电压,并讨论反馈系数 $F=R_1/(R_1+R_2)$ 对传输特性的影响。

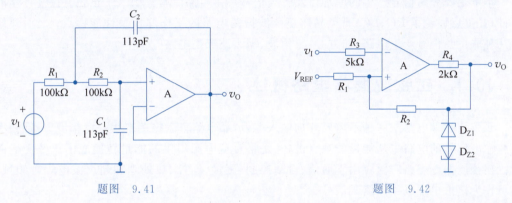

题图 9.41   题图 9.42

第 10 章 信号的产生电路

CHAPTER 10

本章主要介绍信号产生的原理以及各类信号产生电路。首先引入了正弦波振荡产生的条件,并重点讨论了 RC、LC、石英晶体正弦波振荡电路的工作原理及性能特点;之后介绍了几种非正弦信号产生电路,如方波、三角波、锯齿波产生电路等。

10.1 正弦波振荡电路概述

正弦波振荡电路是一种不需要外加输入信号,靠电路自激振荡产生一定幅度、一定频率正弦输出信号的电路。从能量的观点讲,它是将直流电源提供的能量转换成了正弦交变能量。正弦波振荡电路广泛应用于通信、自动控制、测量、遥控、热处理和超声波电焊等领域,也可作为模拟电子电路的测试信号。

第 59 集
微课视频

10.1.1 产生正弦波振荡的条件

从结构上看,正弦波振荡电路实际上是一个引入了正反馈的放大电路,如图 10.1(a)所示。由于振荡电路不需要外加输入信号,所以图 10.1(a)中的 $\dot{X}_i=0$,这样就有 $\dot{X}'_i=\dot{X}_f$,因此可得到正弦波振荡电路的方框图如图 10.1(b)所示。

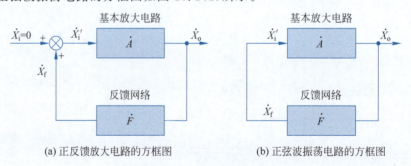

(a) 正反馈放大电路的方框图 (b) 正弦波振荡电路的方框图

图 10.1 正弦波振荡电路的方框图

在满足一定条件下,正弦波振荡电路能产生连续的具有特定频率和振幅的正弦波。这些条件称为**振荡三条件**,它们是:保证接通电源后从无到有建立起振荡的**起振条件**,保证进入平衡状态、输出等幅持续振荡的**平衡条件**以及保证平衡状态不因外界不稳定因素而受到破坏的**稳定条件**。下面将从正弦波振荡电路的工作原理讲起,分别讨论振荡的三个条件。

1. 正弦波振荡电路的工作原理及振荡平衡条件

当接通振荡电路电源的瞬间，由于电扰动，电路产生一个幅值很小的输出信号，其中包含着丰富的频率成分。如果电路只对频率为 f_0 的信号产生正反馈过程，那么该频率的信号将通过正反馈网络一次次地被放大，其幅值将会越来越大。由于放大电路中放大器件的非线性特性，当频率为 f_0 的信号的幅值增大到一定程度时，放大电路的增益将减小，从而限制了输出信号幅值的无限增大，使电路处于一种动态平衡状态。这时，输出信号通过反馈网络产生反馈信号作为放大电路的输入信号，而输入信号又通过放大电路维持着输出信号，用表达式表示即为

$$\dot{X}_\circ = \dot{A}\dot{X}'_i = \dot{A}\dot{X}_f = \dot{A}\dot{F}\dot{X}_\circ$$

也就是说，当振荡达到平衡状态时，有

$$\dot{A}\dot{F} = 1 \tag{10-1}$$

式(10-1)称为正弦波振荡的**平衡条件**。

式(10-1)又可写成如下形式

$$|\dot{A}\dot{F}| = 1 \tag{10-2a}$$

$$\varphi_A + \varphi_F = 2n\pi, \quad n = 0, \pm 1, \pm 2, \cdots \tag{10-2b}$$

其中，式(10-2a)称为**振幅平衡条件**，式(10-2b)称为**相位平衡条件**。只有同时满足振幅平衡条件和相位平衡条件，振荡电路才能正常工作。

2. 起振条件

式(10-1)、式(10-2)表示振荡电路正常工作时所满足的条件。通常振荡电路从接通电源开始到输出稳定的正弦信号，一定要经历一个输出信号由小到大直至平衡在一定幅值的所谓振荡的建立过程。如前所述，在振荡的建立过程中，由于电扰动产生的很小的输出信号沿闭环路径逐渐被放大，在这个过程中，环路增益的模值一定要大于1。因此，正弦波振荡电路的起振条件为

$$|\dot{A}\dot{F}| > 1 \tag{10-3a}$$

$$\varphi_A + \varphi_F = 2n\pi, \quad n = 0, \pm 1, \pm 2, \cdots \tag{10-3b}$$

3. 稳定条件

当电路起振并进入平衡状态后，为了保证振荡稳定，要求环路增益的模值与输出信号的振幅之间满足负斜率关系且环路增益的相移与输出信号的频率之间亦满足负斜率关系。振幅稳定条件一般由放大管的非线性特性予以保证，当电路刚刚起振时，放大管工作在线性区，放大电路的增益较大。当输出信号的振幅足够大时，放大管进入非线性区域，放大电路的增益下降，环路增益亦下降，当环路增益的模值下降到1时，振荡达到了稳定状态。相位稳定条件一般由选频网络的负斜率相频特性予以保证。

10.1.2 正弦波振荡电路的组成及分类

由以上的讨论可知，一个正弦波振荡电路应该包括以下的组成部分。

(1) 放大电路：保证电路能够从起振进入动态平衡状态，使电路获得具有一定幅值的输出信号，实现能量的控制。

(2) 选频网络：用于确定电路的振荡频率，使电路产生单一频率的正弦振荡。

(3) 正反馈网络：将振荡电路输出的一部分能量反馈到输入端，以维持振荡。

(4) 稳幅电路：限制输出信号的幅值，维持振荡的稳态振幅。

在很多实用电路中，选频网络常与正反馈网络结合在一起，即同一个网络既有选频作用，又起正反馈作用。此外，对于分立元件放大电路，有时也不再另加稳幅环节，而是依靠放大管的非线性特性来进行稳幅。

正弦波振荡电路常用选频网络所用的元件来命名，可分为 **RC 正弦波振荡电路**、**LC 正弦波振荡电路**和**石英晶体正弦波振荡电路**三种类型。RC 正弦波振荡电路一般用于产生频率较低（$f_0 <$ 1MHz）的正弦波信号；LC 正弦波振荡电路一般用于产生频率较高（$f_0 >$ 1MHz）的正弦波信号；而石英晶体正弦波振荡电路则用于产生频率稳定度很高的正弦波信号。

10.1.3 正弦波振荡电路的分析方法

对正弦波振荡电路进行分析的要点是判断其能否起振，具体方法如下。

(1) 检查电路的组成部分是否齐全，即分析电路是否包含放大电路、选频网络、正反馈网络和稳幅环节这四部分。

(2) 判断放大电路能否正常工作，即判断放大电路是否有合适的静态工作点以及是否具有放大能力。

第 60 集
微课视频

(3) 运用瞬时极性法，判断电路是否满足振荡的相位条件，这是判断电路能否振荡的关键。具体做法为：在正反馈网络的输出端与放大电路输入端的连接处断开，如图 10.2 所示，并在断开点处加一个频率为振荡频率 f_0 的输入电压 $\dot{V}_i$，假定其瞬时极性，然后以此为依据判断反馈电压 $\dot{V}_f$ 的极性。若 $\dot{V}_f$ 与 $\dot{V}_i$ 极性相同，则说明满足振荡的相位条件，电路有可能起振；若 $\dot{V}_f$ 与 $\dot{V}_i$ 极性不同，则不满足相位条件，电路不可能产生振荡。

图 10.2 利用瞬时极性法判断相位条件

(4) 判断电路是否满足振荡的振幅条件。具体方法是：分别求解放大电路的增益 $\dot{A}$ 和反馈网络的反馈系数 $\dot{F}$，然后判断 $|\dot{A}\dot{F}|$ 是否大于 1。应该明白，只有在电路满足相位条件的前提下，判断是否满足振幅起振条件才有意义。

10.2 RC 正弦波振荡电路

RC 正弦波振荡电路的形式多种多样，本节首先重点介绍 RC 文氏桥振荡电路，之后简要介绍 RC 移相式振荡电路。

10.2.1 RC 文氏桥振荡电路

RC 文氏桥振荡电路（Wien Bridge Oscillator）的原理图如图 10.3 所示。由图可知，反馈网络由 RC 串-并联电路组成，同时兼作选频网络。下面首先分析 RC 选频网络的频率特性。

1. RC 串-并联网络的选频特性

由图 10.3 可知,由 RC 串-并联网络构成的反馈网络的反馈系数为

$$\dot{F}_v = \frac{\dot{V}_f}{\dot{V}_o} = \frac{R \mathbin{/\mkern-6mu/} \frac{1}{\mathrm{j}\omega C}}{R + \frac{1}{\mathrm{j}\omega C} + R \mathbin{/\mkern-6mu/} \frac{1}{\mathrm{j}\omega C}}$$

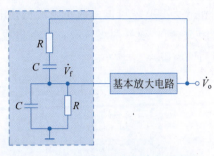

图 10.3 文氏桥振荡电路的原理图

整理上式可得

$$\dot{F}_v = \frac{1}{3 + \mathrm{j}\left(\omega RC - \frac{1}{\omega RC}\right)} \tag{10-4}$$

令 $\omega_0 = \frac{1}{RC}$,即

$$f_0 = \frac{1}{2\pi RC}$$

代入式(10-4)可得

$$\dot{F}_v = \frac{1}{3 + \mathrm{j}\left(\frac{f}{f_0} - \frac{f_0}{f}\right)} \tag{10-5}$$

由式(10-5)可写出 RC 串-并联网络的幅频特性和相频特性的表达式为

$$|\dot{F}_v| = \frac{1}{\sqrt{3^2 + \left(\frac{f}{f_0} - \frac{f_0}{f}\right)^2}} \tag{10-6a}$$

$$\varphi_F = -\arctan\frac{\frac{f}{f_0} - \frac{f_0}{f}}{3} \tag{10-6b}$$

由式(10-6a)及式(10-6b)可画出 RC 串-并联网络的频率特性,如图 10.4 所示。

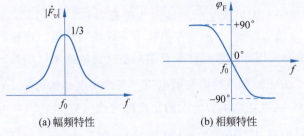

(a) 幅频特性   (b) 相频特性

图 10.4 RC 串-并联网络的频率特性

由图 10.4 可知,当 $f = f_0$ 时,幅频响应的幅值为最大,即

$$|\dot{F}_v|_{\max} = \frac{1}{3} \tag{10-7a}$$

而相频响应的相位角为零,即

$$\varphi_F = 0° \tag{10-7b}$$

2. RC 文氏桥振荡电路

式(10-7a)、式(10-7b)表明,只要为 RC 串-并联选频网络匹配一个电压增益略大于 3 的同相放大电路就可以构成正弦波振荡电路。例如,若基本放大电路由分立元件共发射极电路组成,则必须是两级放大;若由集成运放组成基本放大电路,则必须是同相比例放大电路,如图 10.5(a)所示。

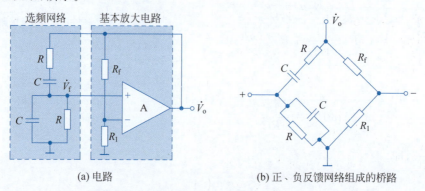

(a) 电路 (b) 正、负反馈网络组成的桥路

图 10.5 RC 文氏桥正弦波振荡电路

由图 10.5(a)可以看出,选频网络的 RC 串联支路、RC 并联支路以及放大电路中的负反馈支路 R_f、R_1 各为一臂组成了一个电桥,如图 10.5(b)所示,文氏桥振荡电路由此而得名。集成运放的输出端和"地"接桥路的两个顶点作为电路的输出;集成运放的同相输入端和反相输入端接桥路的另外两个顶点,作为集成运放的净输入电压。

由图 10.5(a)容易看出,当 $f=f_0$ 时,电路满足振荡的相位条件,且 $|\dot{F}_v|=\dfrac{1}{3}$,若调整放大电路增益 $\dot{A}_v$ 的幅值,使其略大于 3,电路便可起振。即若要产生振荡,应有

$$\dot{A}_v = \dfrac{\dot{V}_o}{\dot{V}_f} = 1 + \dfrac{R_f}{R_1} \geqslant 3$$

即

$$R_f \geqslant 2R_1 \tag{10-8}$$

应当指出的是,由于采用集成运放组成放大电路,所以 $\dot{V}_o$ 与 $\dot{V}_f$ 之间具有良好的线性关系,为了稳定输出电压的幅值,一般要在电路中采取稳幅措施。稳幅的基本思想是:在放大电路的负反馈回路里采用非线性元件来自动调整反馈的强弱以维持输出电压恒定。

例如,可选用 R_1 为正温度系数的热敏电阻。当输出电压的幅值 $|\dot{V}_o|$ 因某种原因增大时,流过电阻 R_f 和 R_1 的电流增大,R_1 上的功耗随之增大,导致其温度升高,因而其阻值增大,从而使 $|\dot{A}_v|$ 减小,$|\dot{V}_o|$ 也随之减小;当 $|\dot{V}_o|$ 因某种原因减小时,各电量的变化与上述方向相反,从而使输出电压的幅值趋于稳定。当然,也可选用 R_f 为负温度系数的热敏电阻。

此外,还可在 R_f 回路串联两个并联的二极管,如图 10.6 所示。此时,放大电路的增益为

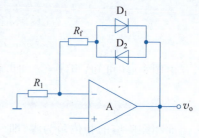

图 10.6 利用二极管稳幅

$$\dot{A}_v = 1 + \frac{R_f + r_d}{R_1} \tag{10-9}$$

利用电流增大时二极管动态电阻减小,电流减小时二极管动态电阻增大的特点,调整放大电路增益的大小,从而使输出电压趋于稳定。

用非线性电阻稳定输出电压的另一种方案是利用结型场效应管的可变电阻特性,如图 10.7 所示。由第 4 章的讨论可知,当结型场效应管的漏-源电压 v_{DS} 较小时,其漏极-源极电阻 R_{DS} 可通过控制栅极-源极电压 v_{GS} 来改变。

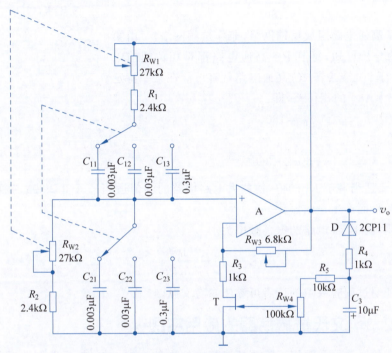

图 10.7 利用 JFET 进行稳幅的音频信号产生电路

在图 10.7 中,负反馈网络由 R_{W3}、R_3 和结型场效应管 T 的漏极-源极电阻 R_{DS} 组成。输出电压 v_o 经二极管 D 整流和 R_4、C_3 滤波后,通过 R_5、R_{W4} 组成的分压器为结型场效应管 T 提供栅极-源极控制电压 v_{GS}。当输出电压的幅值增大时,$|v_{GS}|$ 增大,R_{DS} 随之增大,放大电路增益的幅值减小,从而限制了输出电压的增大;当输出电压的幅值减小时,通过 R_{DS} 的减小也可限制其变化。这样,就达到了自动稳幅的目的。

另外需要说明的是,该电路可实现振荡频率的连续可调。用双层波段开关接不同的电容,作为振荡频率 f_o 的粗调;用同轴电位器实现 f_o 的微调,其频率调节范围为 20Hz~20kHz。

由以上对 RC 文氏桥振荡电路的分析可知,为了提高其振荡频率,必须减小 R 和 C 的数值。然而,一方面,当 R 减小到一定程度时,同相比例放大电路的输出电阻将影响选频特性;另一方面,当 C 减小到一定程度时,晶体管的极间电容和电路的分布电容将影响选频特性,因此,振荡频率 f_o 高到一定程度时,其值不仅取决于选频网络,还与放大电路的参数有关。这样,f_o 不但与一些未知因素有关,而且还将受到环境温度的影响。所以,当振荡频率较高时,应选用 LC 正弦波振荡电路。

10.2.2　RC 移相式振荡电路

在文氏桥振荡电路中,要求放大电路为同相放大电路。若放大电路为反相放大电路,组成振荡电路时就不能选用文氏桥电路了,这时,可用移相的方法组成**移相式振荡电路**(Phase Shift Oscillator)。图 10.8 所示为 RC 移相式正弦波振荡电路。

在图 10.8 中,放大电路是由集成运放组成的反相放大电路,其相移差为 180°,即

$$\varphi_A = 180°$$

三节 RC 高通电路组成反馈网络(兼作选频网络)。由第 5 章例 5.3 的分析可知,每节 RC 高通电路都是相位超前电路,相位移小于 90°。三节 RC 高通电路就有可能在某一特定频率 f_0 处产生 180°的相移差,即

$$\varphi_F = 180°$$

则有

$$\varphi_A + \varphi_F = 360°$$

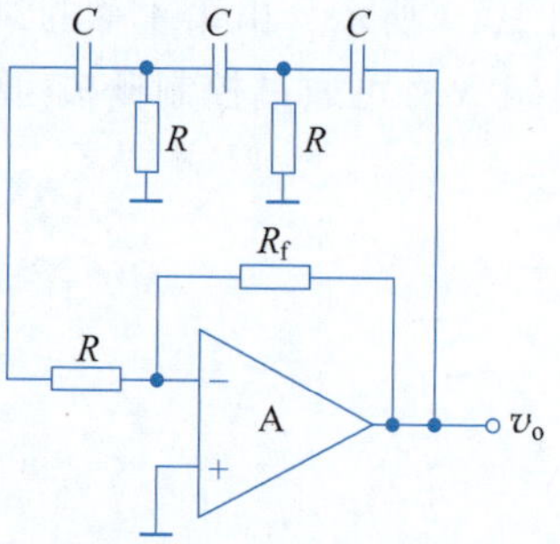

图 10.8　RC 移相式正弦波振荡电路

显然,只要适当调节 R_f 的值,使放大电路增益的幅值适当($|\dot{A}_v| \geqslant 29$),就可同时满足相位和振幅条件而产生正弦振荡。

可以证明,图 10.8 电路的振荡频率为

$$f_0 = \frac{1}{2\pi\sqrt{6}RC} \tag{10-10}$$

具体的证明过程有兴趣的读者可参阅参考文献[15]。

※10.2.3　文氏桥振荡器的应用实例

高品质音频振荡器常常用于需要精确频率标准的系统。例如,乐器制造商使用系统检查中央 C 音的频率 $f = 261.264\text{Hz}$,系统要求是便携式的,并且使用两节 9V 电池供电。整个系统由一个文氏桥振荡器、一个电压放大器、一个功率放大器和一个扬声器构成,如图 10.9 所示。为了避免噪声、失真和漂移,文氏桥和电压放大器由精密元件构成,并置于各自的外壳内。这里,我们主要关注文氏桥振荡器和电压放大器的设计。

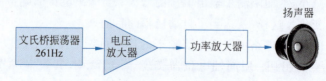

图 10.9　音频振荡器系统的基本框图

文氏桥振荡器电路和电压放大器电路实现如图 10.10 所示,电路使用了 AD822。AD822 是双精度、低功率、低噪声 FET 输入运算放大器,在指定的温度范围具有非常低的失调漂移(对 B 级最大输入失调电流漂移为 10pA),耗电低,是电池供电电路的不错选择。

文氏桥振荡器电路采用电位器联动来调整频率,假设电位器 R_{W1}、R_{W2} 都设置为 184Ω,振荡器的频率为

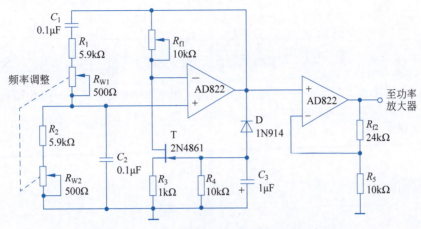

图 10.10　文氏桥振荡器电路和电压放大器电路

$$f_0 = \frac{1}{2\pi RC} = \frac{1}{2\times 3.14 \times (5.9\times 10^3 + 184)\times 0.1\times 10^{-6}}\text{Hz} \approx 261.7\text{Hz}$$

文氏桥振荡器的输出用电压放大器进行隔离,这有助于阻止对桥电路的任何负载影响。在输出信号不大的应用中,电压放大器也可以直接与扬声器相连。

10.3　LC 正弦波振荡电路

第 61 集
微课视频

LC 正弦波振荡电路与 RC 正弦波振荡电路的组成原则在本质上是相同的,只是选频网络采用 LC 电路。另外,由于 LC 正弦波振荡电路的振荡频率较高,所以放大电路多采用分立元件电路。

10.3.1　LC 并联谐振回路的频率特性

常见的 **LC 正弦波振荡电路**中的选频网络多采用 LC 并联回路,如图 10.11 所示。图中,R 为回路的等效损耗电阻,一般很小。当信号频率变化时,并联回路的阻抗和性质也发生变化,当频率很低时,电容的容抗很大,可以看成开路,电感的感抗很小,回路的总阻抗取决于电感支路,因此,频率很低时回路呈感性;当频率很高时,电感的感抗很大,可以看成开路,电容的容抗很小,回路的总阻抗主要由电容决定,回路呈容性。由此可见,存在着一个频率,在这个频率上,回路呈现纯电阻性,这一频率就称为并联回路的**谐振频率**。

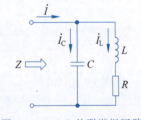

图 10.11　LC 并联谐振回路

由图 10.11 可得 LC 并联回路的阻抗为

$$Z = (R+\text{j}\omega L) \mathbin{/\mkern-6mu/} \frac{1}{\text{j}\omega C} = \frac{(R+\text{j}\omega L)\cdot \dfrac{1}{\text{j}\omega C}}{R+\text{j}\omega L+\dfrac{1}{\text{j}\omega C}}$$

通常 $R\ll \omega L$,所以,上式可近似写成

$$Z \approx \frac{j\omega L \cdot \frac{1}{j\omega C}}{R + j\left(\omega L - \frac{1}{\omega C}\right)} = \frac{\frac{L}{C}}{R + j\left(\omega L - \frac{1}{\omega C}\right)}$$

可见,当 $\omega L = \frac{1}{\omega C}$,即 $\omega = \omega_0 = \frac{1}{\sqrt{LC}}$ 时,回路呈现纯阻抗,回路发生谐振。由此得到 LC 并联回路的谐振频率为

$$f_0 = \frac{1}{2\pi \sqrt{LC}} \tag{10-11}$$

回路谐振时的阻抗为

$$Z_0 = \frac{L}{RC} \tag{10-12}$$

由式(10-12)可以看出,谐振回路的特性和回路的损耗电阻 R 有关,定义回路的**品质因数**为 Q,令

$$Q = \frac{1}{R}\sqrt{\frac{L}{C}} \tag{10-13}$$

Q 也可以表示成如下形式

$$Q = \frac{\omega_0 L}{R} = \frac{1}{\omega_0 RC} \tag{10-14}$$

一般 Q 在几到几百,回路损耗电阻 R 越小,Q 值越大。

图 10.12 所示为 LC 并联回路的频率特性。

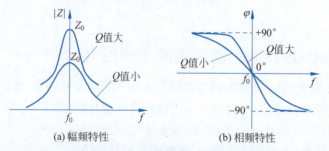

(a) 幅频特性　　(b) 相频特性

图 10.12　LC 并联回路的频率特性

由图 10.12(a) 可见,当 $f = f_0$ 时,LC 并联回路的阻抗最大,为 Z_0,而且 Q 值越大,谐振曲线越尖锐,回路阻抗越大,选频特性越好。

将式(10-14)代入式(10-12)中可得

$$Z_0 = Q\omega_0 L = \frac{Q}{\omega_0 C} \tag{10-15}$$

式(10-15)说明,发生谐振时,回路的阻抗 Z_0 为电感和电容电抗的 Q 倍。因此,若加在回路上的信号电流的幅值为 I,谐振时,电容中的电流幅值为

$$I_C = \frac{Z_0 I}{1/\omega_0 C} = \frac{(Q/\omega_0 C)I}{1/\omega_0 C} = QI \tag{10-16a}$$

电感中的电流幅值为

$$I_L \approx \frac{Z_0 I}{\omega_0 L} = \frac{Q\omega_0 LI}{\omega_0 L} = QI \tag{10-16b}$$

式(10-16a)、式(10-16b)表明,LC 并联回路发生谐振时,电容和电感中的电流近似相等,幅值是信号电流幅值的 Q 倍。

由图 10.12(b)可见,当 $f<f_0$ 时,LC 并联回路的相位角为正值,回路呈感性;当 $f>f_0$ 时,其相位角为负值,回路呈容性;当 $f=f_0$ 时,相位角为零,回路呈纯阻性。而且,Q 值越大,相角变化越快。

10.3.2　LC 选频放大电路

若以 LC 并联网络作为共发射极放大电路的集电极负载,则构成了 LC 选频放大电路,如图 10.13 所示。

根据 LC 并联回路的频率特性,当 $f=f_0$ 时,电路电压增益的数值最大,且无附加相移。对于其余频率的信号,电压增益的数值减小,而且有附加相移。电路在放大信号时具有选频作用,故称为选频放大电路。

若在图 10.13 中引入正反馈,并能用反馈电压取代输入电压,则电路就成为正弦波振荡电路。根据所引入反馈方式的不同,LC 正弦波振荡电路可分为变压器反馈式、电感三点式和电容三点式三种电路。

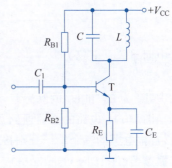

图 10.13　LC 选频放大电路

10.3.3　变压器反馈式 LC 振荡电路

变压器反馈式 LC 振荡电路如图 10.14 所示。变压器的一次绕组和电容 C 组成 LC 并联谐振回路起选频作用,可以使振荡电路振荡在选频网络的谐振频率 f_0 上。下面用瞬时极性法判断电路是否引入了正反馈。

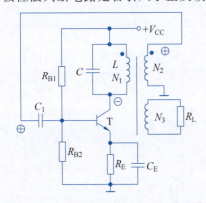

图 10.14　变压器反馈式 LC 振荡电路

在反馈网络与放大电路输入端的连接处(即 T 的基极)断开,并假设 T 的基极电压为正极性,则其集电极电压为负极性。选频网络在 $f=f_0$ 时呈纯电阻性,所以,变压器一次绕组 N_1 的同名端为正极性,由此可得变压器二次绕组 N_2 的同名端也为正极性,而反馈电压恰好从 N_2 的同名端引回,可见电路引入了正反馈,满足振荡的相位条件。振荡的振幅条件很容易满足,因此这种振荡电路只要变压器二次侧极性没有接反,起振很容易。其振荡频率为

$$f_0 = \frac{1}{2\pi\sqrt{LC}}$$

10.3.4　电感三点式振荡电路

电感三点式振荡电路实际上是变压器反馈式振荡电路的一种变形。为了避免图 10.14 中变压器同名端容易接错的麻烦,将变压器改为自耦变压器,就组成了电感三点式振荡电

路,如图 10.15 所示。

在图 10.15 中,放大电路为共发射极电路,C_1 和 C_E 分别是耦合电容和旁路电容,对交流信号而言可以看成短路,因此,双极结型晶体管 T 的发射极是交流零电位。选频网络的一端和 T 的基极相连,另一端和 T 的集电极相连。在选频网络与放大电路输入端的连接处,即 T 的基极断开,并假设其瞬时极性为正,那么,T 的集电极的极性为负,即电感和 T 的集电极相连的一端为负,在选频网络的谐振频率上,选频网络呈纯阻性,所以电感另一端的极性必定为正,而这一端恰好和 T 的基极相连。由此得到,由电感反馈回来的信号的相位和基极的相位相同,符合振荡相位的条件。只要电路参数选择得当,电路就可满足振幅条件而产生正弦波振荡,振荡频率为

$$f_0 = \frac{1}{2\pi\sqrt{LC}} = \frac{1}{2\pi\sqrt{(L_1+L_2+2M)C}} \tag{10-17}$$

其中回路的总电感为

$$L = L_1 + L_2 + 2M \tag{10-18}$$

式中,M 为 L_1 和 L_2 的互感。

图 10.15 电路的交流通路如图 10.16 所示(图中略去了直流偏置电阻)。由图可以看出,自耦电感的三个端子分别接在 T 的三个电极,故称为**电感三点式振荡电路**,也称为**哈特莱振荡器**(Hartley Oscillator)。

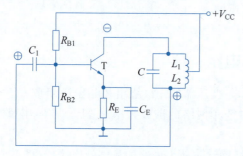

图 10.15 电感三点式振荡电路图

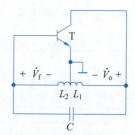

图 10.16 电感三点式振荡电路的交流通路

当选频网络处于谐振状态时,电感和电容中的电流很大,电路其他部分的电流可以忽略不计,因此,反馈系数为

$$\dot{F}_v = \frac{\dot{V}_f}{\dot{V}_o} = \frac{-\dot{I}_L(j\omega L_2 + j\omega M)}{\dot{I}_L(j\omega L_1 + j\omega M)} = -\frac{L_2+M}{L_1+M}$$

共发射极放大电路的电压增益为

$$\dot{A}_v = -\frac{\beta R'_L}{r_{be}} \quad \text{或} \quad \dot{A}_v = -g_m R'_L$$

若要使振荡电路起振,要求环路增益的模值大于 1,即要求

$$\frac{\beta R'_L}{r_{be}} \cdot \frac{L_2+M}{L_1+M} > 1 \quad \text{或} \quad g_m R'_L \cdot \frac{L_2+M}{L_1+M} > 1$$

整理后得到电感三点式振荡电路的起振条件为

$$\beta > \frac{L_1+M}{L_2+M} \cdot \frac{r_{be}}{R'_L} \quad \text{或} \quad g_m > \frac{L_1+M}{L_2+M} \cdot \frac{1}{R'_L} \tag{10-19}$$

电感三点式振荡电路具有如下特点。

(1) 电感采用自感线圈,L_1 和 L_2 之间的耦合比较紧密,电路容易起振。改变电感的抽头时,可以改变 L_1 和 L_2 的比值,但并不影响振荡频率。

(2) 可以采用可变电容来调节电路的振荡频率,其频率的调节范围较宽,最高振荡频率可达几十兆赫。

(3) 输出波形中高次谐波分量较大。由于反馈电压取自电感,而电感对高频信号呈现较大的电抗,因此输出电压波形中常含有高次谐波。一般选 L_2 与 L_1 的匝数比在 $1/8 \sim 1/4$,这样可以对输出波形中高次谐波分量有所限制。电感三点式振荡电路常用在对波形要求不高的设备中,如高频加热炉、接收机的本机振荡器中。

10.3.5 电容三点式振荡电路

为了获得较好的输出波形,将电感三点式电路中的电感换成电容,电容换成电感便得到**电容三点式振荡电路**,也称为**考毕兹振荡器**(Colpitts Oscillator),如图 10.17 所示。

电容三点式振荡电路的分析和电感三点式振荡电路的分析类似,此处不再赘述。

电容三点式振荡电路的振荡频率为

$$f_0 = \frac{1}{2\pi\sqrt{LC}} = \frac{1}{2\pi\sqrt{L\dfrac{C_1 C_2}{C_1 + C_2}}} \tag{10-20}$$

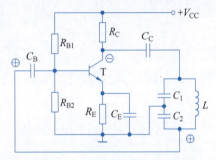

图 10.17　电容三点式振荡电路图

为了保障电路起振,除了反馈的相位条件外,还应满足振幅条件,对晶体管 T 的要求如下

$$\beta > \frac{C_2}{C_1} \cdot \frac{r_{be}}{R'_L} \quad \text{或} \quad g_m > \frac{C_2}{C_1} \cdot \frac{1}{R'_L} \tag{10-21}$$

式中的 R'_L 包含了电路中的 R_C、晶体管的输出电阻、振荡电路的负载和回路的损耗等。

电容三点式振荡电路具有如下特点。

(1) 电路的输出波形较好。这是因为反馈电容对高次谐波呈现的容抗小,因此反馈电压中高次谐波分量小的缘故。

(2) 振荡频率可以设计得比较高,可以达到 100MHz 以上。需要说明的一点是,当要求振荡频率很高时,放大电路应考虑采用共基极组态。

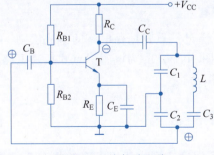

图 10.18　克拉波电路

(3) 电路的缺点是振荡频率的调节不方便。改变振荡频率时,为了使反馈系数不变,要同时改变 C_1 和 C_2 的值,使它们的数值按比例变化。所以电容三点式振荡电路常常用在固定振荡频率的场合。

为了克服电容三点式振荡电路频率调节不方便的缺点,可采用图 10.18 所示的改进型电容三点式振荡电路。该电路又称为**克拉波**(Clapp)电路。

克拉波电路的特点是在振荡回路的电感支路中串联了一只电容 C_3,而且使 C_3 的容量远远小于

C_1 和 C_2 的容量,因此振荡回路的电容主要由 C_3 决定,电路的振荡频率为

$$f_0 = \frac{1}{2\pi\sqrt{LC_3}} \tag{10-22}$$

克拉波电路具有如下特点。

(1) 振荡频率的改变比较方便。若要改变振荡频率,不需要改变 C_1 和 C_2,只要改变 C_3 即可。这样,使反馈系数和频率的调节互不影响。

(2) 振荡频率的稳定性较好。由图 10.17 和图 10.18 可以看出,T 的集电结电容和发射结电容分别并联于 C_1 和 C_2 的两端,当温度等外界因素变化时,T 的结电容也会发生变化。考毕兹振荡电路会由于晶体管结电容的变化而影响振荡频率。而克拉波电路的振荡频率主要取决于 C_3,因此振荡频率受外界因素变化的影响不大。

【**例 10.1**】 试画出图 10.19 所示各振荡电路的交流通路,并判断哪些电路可能产生振荡,哪些电路不能产生振荡。图中,C_B、C_E、C_D 为交流旁路电容或耦合电容,偏置电阻 R_{B1}、R_{B2}、R_G 不计。

第 62 集
微课视频

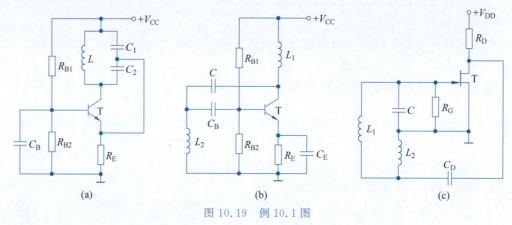

图 10.19 例 10.1 图

【**解**】 各电路的交流通路如图 10.20 所示。

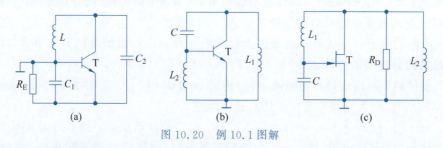

图 10.20 例 10.1 图解

由图 10.20 可以看出:图 10.20(a)、图 10.20(b) 满足三点式振荡电路的组成法则,可以振荡。其中,图 10.20(a) 为电容三点式振荡电路,图 10.20(b) 为电感三点式振荡电路。图 10.20(c) 不满足三点式振荡电路的组成法则,不能振荡。

10.4 石英晶体正弦波振荡电路

频率稳定度是衡量振荡电路的质量指标之一。频率稳定度一般用频率的相对变化量 $\Delta f/f_0$ 来表示,其中 f_0 为振荡频率,Δf 为频率偏移。在工程实际应用中,常常要求振荡电

路的振荡频率有一定的稳定度。在 LC 振荡电路中，选频网络的 Q 值至多达到几百，因此限制了振荡频率稳定性的提高，LC 振荡电路的 $\Delta f/f_0$ 值一般小于 10^{-5}。因此，在要求频率稳定度较高的场合，往往采用石英晶体谐振器作选频元件，由于石英晶体的 Q 值很高（可达 $10^4 \sim 10^6$），所以石英晶体振荡电路的频率稳定度可高达 $10^{-11} \sim 10^{-9}$。

10.4.1 石英晶体的特点和等效电路

1. 石英晶体的结构和压电效应

石英晶体谐振器是利用石英晶体（二氧化硅的结晶体）的压电效应制成的一种谐振器件，它的基本构成是：将一块石英晶体按一定方位角切成晶片（可以是正方形、矩形或圆形等），在它的两个对应表面上涂敷金属层作为电极，在每个电极上各焊一根引线接到外引线上，再加上封装外壳就构成了**石英晶体谐振器**，简称**石英晶体**。其产品一般用金属外壳封装，也有用玻璃封装的。图 10.21 是一种金属外壳封装的石英晶体结构示意图。

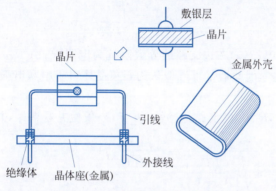

图 10.21 石英晶体结构示意图

石英晶片之所以能做振荡电路，在于它的**压电效应**。若在石英晶体的两个电极上加一个电场，晶体就会产生机械变形。反之，若在晶片的两侧施加机械压力而产生形变时，则在晶片相应的方向上产生电场，这种物理现象称为**压电效应**。如果在晶片的两个电极上加交变电场，晶片就会产生机械振动，同时晶片的机械振动又会产生交变电场。在一般情况下，晶片机械振动的振幅和交变电场的振幅非常微小，但当外加交变电压的频率为某一特定值时，振幅明显加大，比其他频率下的振幅大得多，这种现象称为**压电谐振**，它与 LC 电路的谐振现象十分相似。石英晶体的谐振频率与晶片的切割方式、几何形状、尺寸等有关。

2. 等效电路、电路符号和电抗特性

石英晶体的压电谐振现象可用图 10.22(a) 所示的等效电路来模拟。其中，C_0 代表晶片金属电极极板电容，称为静态电容。C_0 的大小与晶片的尺寸、电极面积有关，一般约为几个皮法到几十皮法。L 和 C 分别模拟晶体的质量和弹性，L 等效机械振动的惯性，其值一般为几十毫亨至几百亨。C 值很小，一般在 0.1pF 以下。晶片振动时因摩擦而造成的损耗用电阻 R 来等效，其数值约为几欧至几百欧。由于晶片的等效电感 L 很大，而等效电容 C 和损耗电阻 R 很小，因此石英晶体的 Q 值非常高，可达 $10^4 \sim 10^6$，这是一般的 LC 振荡回路所望尘莫及的。由于石英晶体的谐振频率基本上只与晶片的切割方式、几何形状和尺寸有关，而这些物理参数可以做得很精确，同时由于石英晶体的物理性能和化学性能十分稳定，因此，利用石英晶体组成的振荡电路可以获得很高的频率稳定度。石英晶体的电路符号如

图 10.22(b)所示。

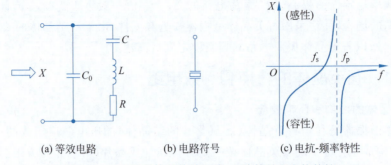

(a) 等效电路　　(b) 电路符号　　(c) 电抗-频率特性

图 10.22　石英晶体的等效电路、电路符号和电抗特性

从石英晶体的等效电路可知，它有两个谐振频率。当 R、L、C 支路发生串联谐振时，其串联谐振频率为

$$f_s = \frac{1}{2\pi\sqrt{LC}} \tag{10-23}$$

在 $f = f_s$ 处，图 10.22(a)右边支路的等效阻抗为电阻 R，由于左边支路 C_0 的值很小，其容抗比电阻 R 大得多，因此通常可近似认为石英晶体对于串联谐振频率 f_s 呈纯阻性，即认为其电抗为零。

当频率高于 f_s 时，R、L、C 支路呈感性，可与 C_0 发生并联谐振，并联谐振频率为

$$f_p = \frac{1}{2\pi\sqrt{L\dfrac{CC_0}{C+C_0}}} = \frac{1}{2\pi\sqrt{LC}}\sqrt{1+\frac{C}{C_0}} = f_s\sqrt{1+\frac{C}{C_0}} \tag{10-24}$$

由于 $C \ll C_0$，因此 f_s 和 f_p 非常接近。

根据石英晶体的等效电路，可定性画出其电抗-频率特性曲线如图 10.22(c)所示。可见，当 $f = f_s$ 时，晶体呈纯阻性；在 $f_s < f < f_p$ 的极窄频率范围内，晶体呈感性；当 $f < f_s$ 或 $f > f_p$ 时，晶体都呈容性。

10.4.2　石英晶体正弦波振荡电路

用石英晶体构成的正弦波振荡电路的基本形式有两类：一类是把石英晶体作为电感元件使用，和回路中的其他元件形成并联谐振，称为**并联型石英晶体振荡电路**；另一类是将石英晶体接入正反馈回路，使其工作在串联谐振状态，称为**串联型石英晶体振荡电路**。

1. 并联型石英晶体振荡电路

图 10.23 为典型的并联型石英晶体振荡电路。其中，石英晶体作为电容三点式电路的感性元件，其振荡频率应落在 f_s 与 f_p 之间，外接电容 C_3 做校正频率用，电路的工作原理可从图 10.18 所示的克拉波电路得到解释。

通常石英晶体产品所给出的标称频率既不是 f_s 也不是 f_p，而是外接某一电容时校正的振荡频率。在图 10.23 中，调节 C_3，可使电路的振荡频率 f_0 在 f_s 和 f_p 之间产生微小的变动，从而让电路振荡在石英晶体的标称频率上。

2. 串联型石英晶体振荡电路

图 10.24 为一种串联型石英晶体振荡电路。将图 10.24 与图 10.5(a)对照可以看出，

石英晶体、电容 C、电阻 R 组成选频网络兼作正反馈网络。运放 A 与电阻 R_f、R_1 组成同相放大电路,其中具有负温度系数的热敏电阻 R_f 起稳幅作用。显然,在石英晶体的串联谐振频率 f_s 处,石英晶体的阻抗最小,且为纯电阻,可满足振荡的相位平衡条件。

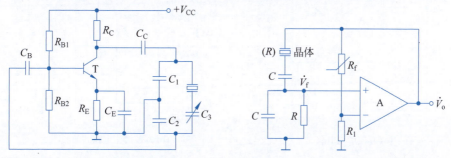

图 10.23 并联型石英晶体振荡电路　　　图 10.24 串联型石英晶体振荡电路

在图 10.24 中,为了提高正反馈网络的选频特性,应使电路的振荡频率既符合石英晶体的串联谐振频率,又符合 RC 串-并联网络所决定的振荡频率。即应使振荡频率 f_0 既等于 f_s,又等于 $\dfrac{1}{2\pi RC}$。为此,需要进行参数匹配,即选电阻 R 等于石英晶体串联谐振时的电阻,选电容 C 满足等式 $f_s=\dfrac{1}{2\pi RC}$。

10.5 非正弦波信号产生电路

非正弦波信号(矩形波、锯齿波等)发生器在测量设备、数字系统及自动控制系统中的应用十分广泛。**非正弦波信号产生电路通常由比较器、反馈网络和积分电路组成**,没有选频网络。本节主要讲述模拟电子电路中常用的方波、三角波和锯齿波三种非正弦信号产生电路的组成、工作原理、波形分析和主要参数,以及波形变换的原理。

第 63 集
微课视频

10.5.1 方波产生电路

方波发生器(Square Wave Generator)是一种能够直接产生方波或矩形波的非正弦信号产生电路,是其他非正弦波产生电路的基础。由于方波或矩形波包含极丰富的谐波,因此,这种电路又称为**多谐振荡器**。

1. 电路组成及工作原理

因为方波信号只有两种状态,不是高电平,就是低电平,所以电压比较器是它的重要组成部分;因为产生振荡,即要求输出的两种状态自动地相互转换,所以电路中必须引入反馈;因为输出状态产生周期性的变化,所以电路中要有延迟环节来确定每种状态维持的时间,由此可得到方波产生电路如图 10.25(a)所示。它由反相输入滞回电压比较器和 RC 电路组成。RC 回路既作为延迟环节,又作为反馈网络,利用电容 C 的充、放电现象实现输出状态的自动转换。

图 10.25(a)中,滞回电压比较器的输出电压 $v_O=\pm V_Z$,阈值电压为

$$\pm V_T = \pm \frac{R_1}{R_1+R_2} \cdot V_Z \tag{10-25}$$

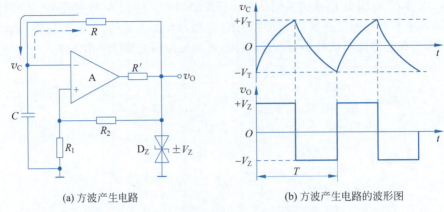

(a) 方波产生电路 (b) 方波产生电路的波形图

图 10.25 方波产生电路及其波形图

在接通电源的瞬间,输出电压究竟是高电平还是低电平,那纯属偶然。假设输出电压 $v_O=+V_Z$,则 v_O 通过 R 对电容 C 进行充电,如图 10.25(a)中实线箭头所示。此时运放同相输入端的电位 $v_P=+V_T$,反相输入端的电位 v_N 将随着时间 t 的增长而逐渐升高,最终趋于 $+V_Z$。当 v_N 增大到略微高于 $+V_T$ 时,v_O 就从 $+V_Z$ 跳变到 $-V_Z$,与此同时,v_P 从 $+V_T$ 跳变到 $-V_T$。随后,C 通过 R 放电,如图 10.25(a)中虚线箭头所示。反相输入端的电位 v_N 将随着时间 t 的增长而逐渐降低,最终趋于 $-V_Z$。当 v_N 减小到略微低于 $-V_T$ 时,v_O 就从 $-V_Z$ 跳变到 $+V_Z$,与此同时,v_P 从 $-V_T$ 跳变到 $+V_T$,C 再次充电。上述过程周而复始,电路产生了自激振荡,在输出端得到了方波信号。电路中 $v_C(v_N)$ 及 v_O 的波形如图 10.25(b)所示。

由上述分析可知,图 10.25(a)所示电路中电容充电和放电的时间常数均为 RC,而且充、放电的总幅值也相等,因此,在一个周期内,输出为高电平的时间和输出为低电平的时间相等,v_O 为对称的方波。

根据图 10.25(b)所示电容上电压 v_C 的波形可知,在 $T/2$ 时间内,电容充电的起始值为 $-V_T$,终了值为 $+V_T$,时间常数为 RC;时间 t 趋于无穷时,v_C 趋于 $+V_Z$,利用一阶电路的三要素法可列出下列方程

$$+V_T = (-V_T - V_Z) e^{-\frac{T/2}{RC}} + V_Z$$

将式(10-25)代入上式,即可求出振荡周期为

$$T = 2RC\ln\left(1 + \frac{2R_1}{R_2}\right) \tag{10-26}$$

通过以上分析可知,调整电压比较器的电路参数 R_1 和 R_2 可以改变 v_C 的幅值;调整电阻 R_1、R_2、R 和电容 C 的数值可以改变电路的振荡频率;而要调整输出电压 v_O 的振幅,只需更换稳压管 D_Z 即可,此时 v_C 的幅值也将随之变化。

2. 占空比可调的矩形波产生电路

通常将矩形波高电平持续的时间与振荡周期的比称为**占空比**。对称方波的占空比为 50%。若需要产生占空比小于或大于 50% 的矩形波,只需适当改变电容的充、放电时间常数即可,使充电回路和放电回路具有不同的参数。利用二极管的单向导电性可以引导电流流经不同的通路,占空比可调的**矩形波产生电路**(Rectangular Wave Generator)如图 10.26(a)所示。电容上电压和输出电压的波形如图 10.26(b)所示。

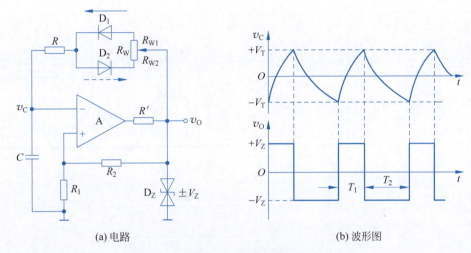

(a) 电路   (b) 波形图

图 10.26   占空比可调的矩形波产生电路

当 $v_O=+V_Z$ 时，v_O 通过 R_{W1}、D_1 和 R 对电容 C 进行充电，若忽略二极管的导通电阻，则充电时间常数为

$$\tau_1 \approx (R_{W1}+R)C \tag{10-27a}$$

当 $v_O=-V_Z$ 时，C 通过 R、D_2、R_{W2} 放电，若忽略二极管的导通电阻，则放电时间常数为

$$\tau_2 \approx (R_{W2}+R)C \tag{10-27b}$$

利用一阶电路的三要素法可求得

$$T_1 \approx \tau_1 \ln\left(1+\frac{2R_1}{R_2}\right) \tag{10-28a}$$

$$T_2 \approx \tau_2 \ln\left(1+\frac{2R_1}{R_2}\right) \tag{10-28b}$$

因此可得矩形波的周期为

$$T=T_1+T_2 \approx (R_W+2R)C\ln\left(1+\frac{2R_1}{R_2}\right) \tag{10-29}$$

式(10-29)表明，改变电位器的滑动端可以改变占空比，但不能改变周期。

10.5.2 三角波产生电路

1. 电路组成

实际上，将方波电压作为积分电路的输入，在积分电路的输出就可以得到三角波电压，如图 10.27(a)所示。当方波产生电路的输出电压 $v_{O1}=+V_Z$ 时，积分运算电路的输出电压 v_O 将线性下降；而当 $v_{O1}=-V_Z$ 时，v_O 将线性上升；v_{O1}、v_O 的波形如图 10.27(b)所示。

在实用电路中，一般不采用上述波形变换的手段获得三角波，而是将方波产生电路中的 RC 充、放电回路用积分电路来取代，如图 10.28 所示。由图可见，滞回电压比较器输出为积分电路的输入，而积分电路的输出为滞回电压比较器的输入。比较图 10.25(b)和图 10.27(b)所示波形可知，前者 RC 回路的充电方向和后者积分电路的积分方向相反，为了极性的需要，改为同相输入滞回电压比较器。

2. 工作原理

在图 10.28 中，滞回电压比较器的输出电压 $v_{O1}=\pm V_Z$，其输入电压是积分电路的输出

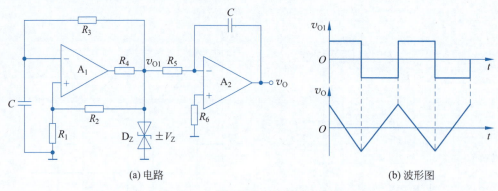

(a) 电路　　　　　　　　　　　(b) 波形图

图 10.27　利用波形变换得到三角波

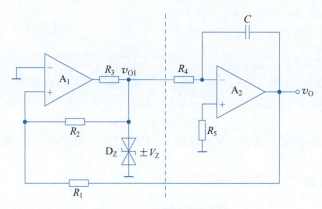

图 10.28　三角波产生电路

电压 v_O，根据叠加原理，运放 A_1 同相输入端的电位为

$$v_{P1} = \frac{R_2}{R_1+R_2}v_O + \frac{R_1}{R_1+R_2}v_{O1} = \frac{R_2}{R_1+R_2}v_O \pm \frac{R_1}{R_1+R_2}V_Z$$

令 $v_{P1}=v_{N1}=0$，则阈值电压为

$$\pm V_T = \pm \frac{R_1}{R_2}V_Z \tag{10-30}$$

积分电路的输入电压是滞回电压比较器的输出电压 v_{O1}，其输出电压的表达式为

$$v_O = -\frac{1}{R_4 C}v_{O1}(t_1-t_0) + v_O(t_0) \tag{10-31}$$

式中，$v_O(t_0)$ 为初态时的输出电压。设初态时 v_{O1} 正好从 $-V_Z$ 跳变为 $+V_Z$，则式(10-31)应写成如下形式

$$v_O = -\frac{1}{R_4 C}V_Z(t_1-t_0) + v_O(t_0) \tag{10-32a}$$

上式表明，积分电路反相积分，v_O 随时间 t 的增长而线性下降，当 v_O 下降到略微低于 $-V_T$ 时，v_{O1} 将从 $+V_Z$ 跳变为 $-V_Z$，式(10-31)变成如下形式

$$v_O = \frac{1}{R_4 C}V_Z(t_2-t_1) + v_O(t_1) \tag{10-32b}$$

$v_O(t_1)$ 为 v_{O1} 产生跃变时的输出电压。由上式可知，此时电路正向积分，v_O 随时间 t 的增长而线性增大，当 v_O 增大到略微高于 $+V_T$ 时，v_{O1} 将从 $-V_Z$ 跳变为 $+V_Z$，积分电路又开始

反向积分。如此周而复始,电路产生自激振荡。

由以上分析可知,v_O 是三角波,幅值为 $\pm V_T$;v_{O1} 是方波,幅值为 $\pm V_Z$,因此图 10.28 所示电路也称为三角波-方波产生电路。v_{O1}、v_O 波形如图 10.29 所示。

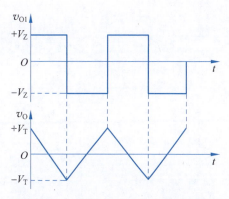

图 10.29　三角波-方波产生电路的波形图

3. 振荡频率

由图 10.29 所示波形可知,积分电路正向积分的起始值为 $-V_T$,终了值为 $+V_T$,积分时间为 1/2 周期,将它们代入式(10-32b)得到

$$+V_T = \frac{1}{R_4 C} V_Z \cdot \frac{T}{2} + (-V_T)$$

式中,$V_T = \frac{R_1}{R_2} V_Z$,整理得到振荡周期为

$$T = \frac{4 R_1 R_4 C}{R_2} \tag{10-33}$$

振荡频率为

$$f = \frac{R_2}{4 R_1 R_4 C} \tag{10-34}$$

式(10-34)表明,调节电路中 R_1、R_2、R_4 的阻值和电容 C 的容量,可以改变振荡频率;而调节 R_1、R_2 的阻值,可以改变三角波的幅值。

10.5.3　锯齿波产生电路

锯齿波产生电路(Sawtooth Wave Generator)被广泛地应用在各种屏幕的扫描系统中。如在示波器等仪器中,为了使电子按照一定规律运动,以利用荧光屏显示图像,常用到锯齿波发生器作为时基电路。例如,要在示波器荧光屏上不失真地观察到被测信号波形,就要在水平偏转板上加锯齿波电压,使电子束均匀扫过荧光屏。又如电视机中显像管荧光屏上的光点,是靠磁场变化进行偏转的,所以需要用锯齿波电流来控制。此外锯齿波和正弦波、方波、三角波一样,也是常用的基本测试信号。

在如图 10.28 所示的三角波电路中,波形的上升时间和下降时间相等,即积分电路正向积分的时间常数和反向积分的时间常数相等。如果将电路设计成具有不同的正向积分时间常数和反向积分时间常数,那么输出波形就是锯齿波。利用二极管的单向导电性可使积分电路两个方向的积分通路不同,由此可得到如图 10.30(a)所示的锯齿波产生电路。图中,R_4 的阻值远小于 R_W 的阻值。

设二极管导通时的等效电阻忽略不计,电位器 R_W 的滑动端移到最上端。

A_1 组成的滞回电压比较器的阈值电压依然同式(10-30)。

当 $v_{O1} = +V_Z$ 时,二极管 D_1 导通、D_2 截止,积分时间常数 $\tau_1 = R_4 C$,v_O 线性下降,当 v_O 下降到略微低于 $-V_T$ 时,v_{O1} 将从 $+V_Z$ 跳变为 $-V_Z$。类似于(10-33)式的推导,可得到 v_O 波形下降段所用的时间为

$$T_1 = \frac{2 R_1 R_4 C}{R_2} \tag{10-35a}$$

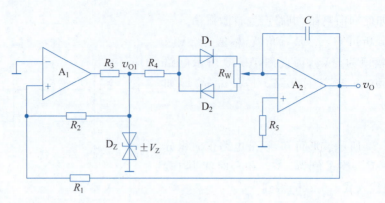

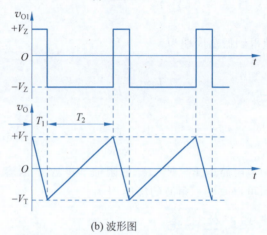

(b) 波形图

图 10.30 锯齿波产生电路及其波形图

当 $v_{O1}=-V_Z$ 时，二极管 D_2 导通、D_1 截止，积分时间常数 $\tau_2=(R_4+R_W)C$，v_O 线性增大，当 v_O 上升到略微高于 $+V_T$ 时，v_{O1} 将从 $-V_Z$ 跳变为 $+V_Z$。v_O 波形上升段所用的时间为

$$T_2=\frac{2R_1(R_4+R_W)C}{R_2} \tag{10-35b}$$

由于 $R_W \gg R_4$，所以 v_O 波形上升所用的时间远大于下降所用的时间，输出为锯齿波，其波形如图 10.30(b) 所示。

由式(10-35a)、式(10-35b) 可得到锯齿波产生电路的振荡周期为

$$T=\frac{2R_1(2R_4+R_W)C}{R_2} \tag{10-36}$$

因为 $R_W \gg R_4$，所以可近似认为 $T \approx T_2$。

由式(10-35a)、式(10-35b) 还可得到 v_{O1} 的占空比为

$$\frac{T_1}{T}=\frac{R_4}{2R_4+R_W} \tag{10-37}$$

由以上分析可知，调节 R_1 和 R_2 的阻值，可以改变锯齿波的幅值；调节 R_1、R_2 和 R_W 的阻值及 C 的容量，可以改变振荡周期；调整电位器滑动端的位置，可以改变 v_{O1} 的占空比，以及锯齿波上升和下降的斜率。

※10.6 ICL8038 函数发生器

函数发生器是一种可以同时产生方波、三角波和正弦波的专用集成电路。当调节外部电路参数时,还可以获得占空比可调的矩形波和锯齿波。因此,广泛用于仪器仪表之中。本节以 ICL8038 函数发生器为例,介绍其电路结构、工作原理、性能特点和使用方法。

10.6.1 电路结构

ICL8038 函数发生器的电路结构如图 10.31 虚线框内所示。由图可见,它共包括五个组成部分。两个电流源的电流分别为 I_1 和 I_2,且 $I_2=2I_1$;两个电压比较器均为同相输入单限比较器,其阈值电压分别为 $\frac{2}{3}V_{CC}$ 和 $\frac{1}{3}V_{CC}$,输入电压等于电容两端的电压 v_C,输出电压分别控制 RS 触发器的 S 端和 $\bar{R}$ 端;RS 触发器的状态输出端 Q 和 $\bar{Q}$ 用来控制开关 S,实现对电容 C 的充、放电;两个缓冲电路用于隔离波形发生电路和负载,使三角波和矩形波输出端的输出电阻足够低,以增强带负载能力;正弦波变换器用于将三角波变换为正弦波电压。

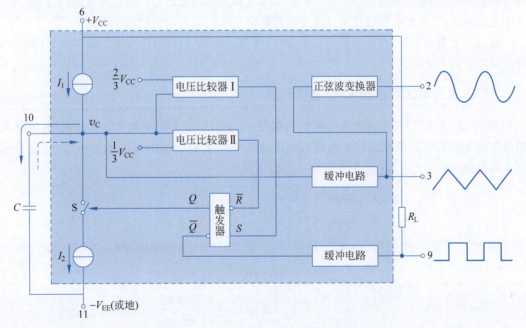

图 10.31 ICL8038 函数发生器的原理框图

其中,RS 触发器是数字电路中具有存储功能的一种基本单元电路。Q 和 $\bar{Q}$ 是一对互补的状态输出端,当 Q 为高电平时,$\bar{Q}$ 为低电平;当 Q 为低电平时,$\bar{Q}$ 为高电平。S 和 $\bar{R}$ 是两个输入端,当 $S=0,\bar{R}=0$ 时,$Q=0,\bar{Q}=1$;当 $S=1,\bar{R}=1$ 时,$Q=1,\bar{Q}=0$;当 $S=0,\bar{R}=1$ 时,Q 和 $\bar{Q}$ 保持原状态不变,即存储 S 和 $\bar{R}$ 变化前的状态。

10.6.2 工作原理

当给 ICL8038 函数发生器通电时,电容 C 的电压为 0,电压比较器Ⅰ和Ⅱ的输出电压均为低电平,因此 RS 触发器的输出 Q 为低电平,$\bar{Q}$ 为高电平,使开关 S 断开,电流源 I_1 对电容 C 充电,充电电流的方向如图中实线箭头所示。由于充电电流是恒流,所以电容上的电压 v_C 随时间的增长而线性上升。当 v_C 上升到略高于 $\frac{1}{3}V_{CC}$ 时,电压比较器 Ⅱ 的输出由低电平跳变到高电平,此时,$\bar{R}=1,S=0$,触发器的输出 Q 依然为低电平,直到 v_C 上升到略高于 $\frac{2}{3}V_{CC}$ 时,电压比较器 Ⅰ 的输出也由低电平跳变到高电平,此时,$\bar{R}=1,S=1$,触发器的输出 Q 由低电平跳变到高电平。致使开关 S 闭合,电容 C 开始放电,放电电流为 $I_2-I_1=I_1$,其方向如图中虚线所示。由于放电电流是恒流,所以电容上的电压 v_C 随时间的增长而线性下降。当 v_C 下降到略低于 $\frac{2}{3}V_{CC}$ 时,电压比较器 Ⅰ 的输出由高电平跳变到低电平,此时,$\bar{R}=1,S=0$,触发器的输出 Q 依然为高电平,直到 v_C 下降到略低于 $\frac{1}{3}V_{CC}$ 时,电压比较器 Ⅱ 的输出也由高电平跳变到低电平,此时,$\bar{R}=0,S=0$,触发器的输出 Q 由高电平跳变到低电平,使开关 S 断开,电容 C 又开始充电,如此周而复始,形成振荡。由于放电电流与充电电流均为 I_1,所以电容上的电压 v_C 为三角波,而 RS 触发器的输出 Q(和 $\bar{Q}$)为方波,它们分别经缓冲电路输出,三角波电压通过正弦波变换器输出正弦波电压,如图 10.31 所示。

通过以上分析可知,改变电容的充电、放电电流,可以输出占空比可调的矩形波和锯齿波,但此时得不到正弦波。

10.6.3 引脚排列及性能特点

图 10.32 为 ICL8038 函数发生器的引脚图,其中引脚 8 为频率调节电压输入端(简称调频电压输入端),电路的振荡频率与调频电压成正比。引脚 7 输出调频偏置电压,数值是引脚 7 与电源 $+V_{CC}$ 之差,它可作为引脚 8 的输入电压。

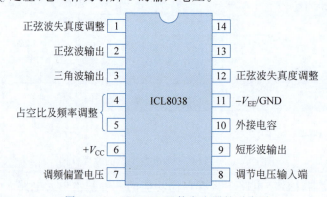

图 10.32 ICL8038 函数发生器的引脚图

ICL8038 是性能优良的集成函数发生器,可用于单电源供电,即将引脚 11 接地,引脚 6 接 $+V_{CC}$,V_{CC} 为 10～30V,也可采用双电源供电,即将引脚 11 接 $-V_{EE}$,引脚 6 接 $+V_{CC}$,它们的值为 ±(5～15)V。频率的可调范围为 0.001Hz～300kHz。输出矩形波的占空比可调范围为 2%～98%,上升时间为 180ns,下降时间为 40ns。输出三角波的非线性小于 0.05%。输出正弦波的失真度小于 1%。

10.6.4 常用接法

图 10.33 为 ICL8038 函数发生器应用电路的基本接法。

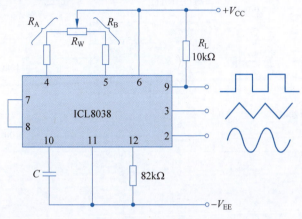

图 10.33 ICL8038 函数发生器应用电路的基本接法

由于该器件的矩形波输出端为集电极开路形式,因此一般需要在引脚 9 与正电源之间接一个电阻 R_L,其阻值在 $10\text{k}\Omega$ 左右;电阻 R_A 决定电容 C 的充电速度,R_B 决定电容 C 的放电速度,电阻 R_A、R_B 的值可在 $1\text{k}\Omega \sim 1\text{M}\Omega$ 内选取,电位器 R_W 用于调节输出信号的占空比;引脚 10 外接一定值电容 C;图中,ICL8038 的引脚 7 和引脚 8 短接,即引脚 8 的调频电压由内部供给,在这种情况下,由于引脚 7 的调频偏置电压一定,所以输出信号的频率由 R_A、R_B 和 C 决定,其频率 f 约为

$$f = \frac{3}{5 R_A C \left(1 + \dfrac{R_B}{2 R_A - R_B}\right)} \tag{10-38}$$

当 $R_A = R_B$ 时,矩形波的占空比为 50%,即为方波,此时,所有输出信号的频率为

$$f = \frac{0.3}{R_A C} \tag{10-39}$$

若用 $100\text{k}\Omega$ 的电位器代替图 10.33 中 $82\text{k}\Omega$ 的电阻,调节它可以减小正弦波的失真度,若要进一步减小正弦波的失真度,可采用如图 10.34 所示的两个 $100\text{k}\Omega$ 电位器和两个 $10\text{k}\Omega$ 电阻所组成的电路,调整该电路可使正弦波输出信号失真度小于 0.8%。调频扫描信号输入端(引脚 8)极易受到信号噪声及交流噪声的影响,因而引脚 8 与正电源之间接入一个容量为 $0.1\mu\text{F}$ 的去耦电容。调整图中的 R_{W2},调频电压发生变化,振荡频率随之变化,因此,该电路是一个频率可调的函数发生器,其频率为

$$f = \frac{3(V_{CC} - V_{in})}{V_{CC} - V_{EE}} \cdot \frac{1}{R_A C} \cdot \frac{1}{1 + \dfrac{R_B}{2 R_A - R_B}} \tag{10-40}$$

当 $R_A = R_B$ 时,所产生的信号频率为

$$f = \frac{3(V_{CC} - V_{in})}{V_{CC} - V_{EE}} \cdot \frac{1}{2 R_A C} \tag{10-41}$$

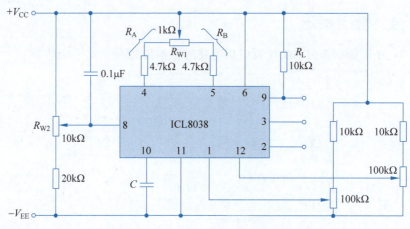

图 10.34 失真度小、频率可调的电路

本章小结

（1）信号产生电路可分为正弦波信号产生电路和非正弦波信号产生电路。按选频网络来分，正弦波振荡电路可分为 RC 振荡电路、LC 振荡电路和石英晶体振荡电路；非正弦波产生电路主要有方波产生电路、三角波产生电路和锯齿波产生电路等。

（2）正弦波振荡电路的起振条件为

$$\dot{A}\dot{F} > 1$$

平衡条件为

$$\dot{A}\dot{F} = 1$$

稳定条件为：环路增益的模值与输出信号的振幅之间满足负斜率关系且环路增益的相移与输出信号的频率之间亦满足负斜率关系。

（3）正弦波振荡电路通常包括放大电路、选频网络、正反馈网络和稳幅电路四部分。通常选频网络常与正反馈网络合二为一，此外，对于分立元件放大电路，有时也不再另加稳幅环节。而是依靠放大管的非线性特性来自动进行稳幅。

（4）RC 振荡电路用于产生低频正弦波信号，按结构不同，可分为文氏桥振荡电路和 RC 移相式振荡电路。前者由 RC 串-并联选频网络和同相放大电路组成，若要产生振荡，要求放大电路的电压增益要大于 3，振荡频率为 $f_0 = \dfrac{1}{2\pi RC}$；后者由三节 RC 超前（或滞后）移相网络和反相放大电路组成。若要产生振荡，要求放大电路的电压增益要大于 29，振荡频率为 $f_0 = \dfrac{1}{2\pi\sqrt{6}RC}$。

（5）LC 振荡电路用于产生较高频率的正弦波信号，按结构不同，可分为变压器反馈式、电感三点式和电容三点式三种电路。其振荡频率 f_0 由 LC 谐振回路决定，$f_0 = \dfrac{1}{2\pi\sqrt{L'C'}}$。$L'$ 和 C' 分别为谐振回路的等效电感和等效电容。谐振回路的品质因数 Q 越大，电路的选频特性越好。

（6）石英晶体的振荡频率非常稳定，有串联和并联两个谐振频率，分别为 f_s 和 f_p，且 $f_s \approx f_p$。当 $f = f_s$ 时，晶体呈纯阻；在 $f_s < f < f_p$ 极窄的频率范围内，晶体呈感性。利用石英晶体可构成串联型和并联型两种正弦波振荡电路。

（7）在非正弦信号产生电路中没有选频网络，它通常由比较器、反馈网络和积分电路等组成。判断电路能否振荡的方法是，设比较器的输出为高电平（或低电平），经反馈、积分等环节能使比较器从一种状态跳变到另一种状态，则电路能振荡。方波是占空比为 50% 的矩形波；三角波产生电路与锯齿波产生电路的差别是，前者积分电路正向积分和反向积分的时间常数相等，而后者不相等。

本章习题

【10-1】 电路如题图 10.1 所示，试用相位平衡条件判断哪个电路可能振荡，哪个不能，并简述理由。

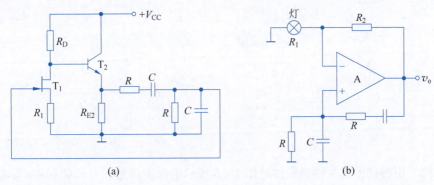

题图 10.1

【10-2】 电路如题图 10.2 所示，已知 $C = 0.1\mu F$，$R = 1k\Omega$，R_W 的可调范围为 $0 \sim 10k\Omega$。
（1）试从相位平衡条件分析电路能否产生正弦波振荡；
（2）若能振荡，并假设图中的负反馈为深度负反馈，试确定 R_{E1} 的最大值；

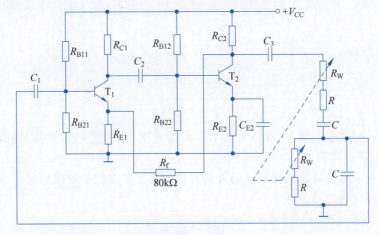

题图 10.2

(3) 若能振荡,求输出电压频率的可调范围;

(4) 若能振荡,为了稳幅,电路中哪个电阻可采用热敏电阻? 其温度系数如何?

【10-3】 一正弦波振荡电路如题图 10.3 所示,设图中集成运放是理想的。试问:

(1) 为满足相位平衡,运放 A 的 a、b 两个输入端中哪个是同相端? 哪个是反相端?

(2) 电路的振荡频率 f_0 是多少?

(3) 电路中 R_4、D、C_1 和 T 的作用是什么?

(4) 假设 v_o 幅值减小,电路是如何自动稳幅的?

【10-4】 正弦波振荡电路如题图 10.4 所示,R_W 的阻值在 0~5kΩ 的范围内可调,设运放 A 是理想的,振幅稳定后二极管的动态电阻近似为 r_d=500Ω,求 R_W 的阻值。

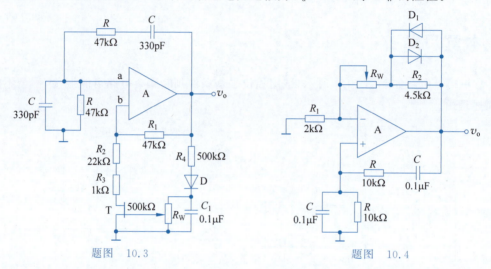

题图 10.3　　　　　　　题图 10.4

【10-5】 用相位平衡条件判断如题图 10.5 所示电路能否起振? 若能起振,写出振荡频率的表达式。

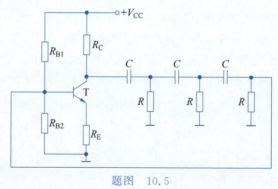

题图 10.5

【10-6】 试判断如题图 10.6 所示各 RC 振荡电路中,哪些可能振荡? 哪些不能振荡? 若不能振荡,请改正错误。

【10-7】 由一阶全通滤波器组成的可调的移相式正弦波振荡电路如题图 10.7 所示。

(1) 试证明电路的振荡频率为

$$f_0 = \frac{1}{2\pi\sqrt{R_{W1}R_{W2}}C}$$

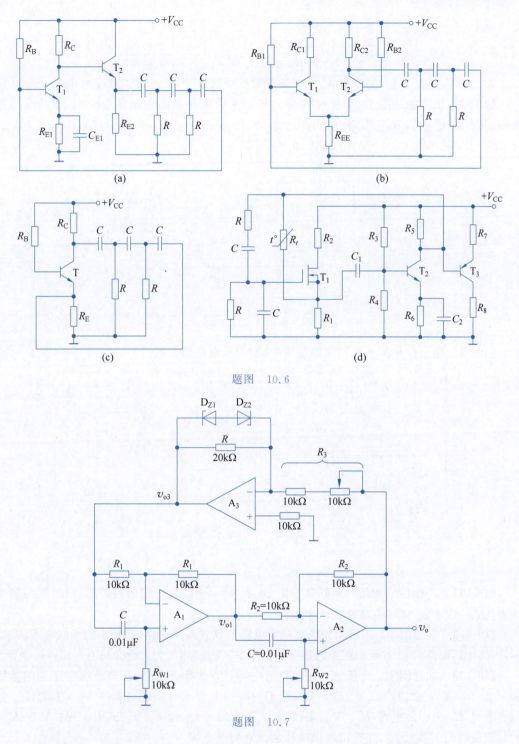

题图 10.6

题图 10.7

（2）根据全通滤波器的工作特点，可分别求出 $\dot{V}_{o1}$ 相对于 $\dot{V}_{o3}$ 的相移和 $\dot{V}_o$ 相对于 $\dot{V}_{o1}$ 的相移，同时在 $f=f_0$ 时，$\dot{V}_{o3}$ 与 $\dot{V}_o$ 之间的相位差为 $-\pi$，试证明在 $R_{W1}=R_{W2}$ 时，$\dot{V}_{o1}$ 与 $\dot{V}_o$ 之间的相位差为 90°，即若 $\dot{V}_{o1}$ 为正弦波，则 $\dot{V}_o$ 就为余弦波。

提示：A_1、A_2 分别组成一阶全通滤波器，A_3 为反相放大电路。对于 A_1、A_2 分别有

$$A_1(j\omega) = -\frac{1-j\omega R_{W1}C}{1+j\omega R_{W1}C}, \quad A_2(j\omega) = -\frac{1-j\omega R_{W2}C}{1+j\omega R_{W2}C}$$

A_1、A_2 只要各产生 $90°$ 的相移，就可满足相位平衡条件，并产生正弦波振荡。

【10-8】 试求如题图 10.8 所示串-并联移相网络振荡电路的振荡角频率 ω_0 及维持振荡所需 R_f 的最小值 R_{fmin} 的表达式。已知（1）$C_1 = C_2 = 0.05\mu F, R_1 = 5k\Omega, R_2 = 10k\Omega$；（2）$R_1 = R_2 = 10k\Omega, C_1 = 0.01\mu F, C_2 = 0.1\mu F$。

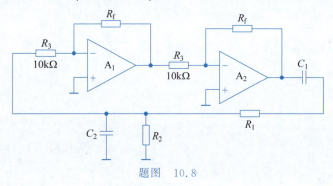

题图 10.8

【10-9】 用相位平衡条件判断如题图 10.9 所示电路能否起振？

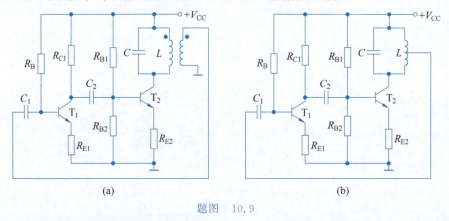

题图 10.9

【10-10】 用相位平衡条件判断如题图 10.10 所示电路能否起振？若能，写出振荡频率的表达式；若不能，修改电路使之产生振荡。

【10-11】 如题图 10.11 所示为场效应管电感三点式振荡电路，若管子的极间电容和 R_G 不计，试计算振荡频率，并导出振幅起振条件。图中，C_G、C_D、C_S 为交流旁路电容和隔直电容。

【10-12】 如题图 10.12 所示为场效应管电容三点式振荡电路，已知场效应管 T 的参数为 $V_{GS(th)} = 1V, \mu_n C_{ox} W/2L = 1mA/V^2$，管子的极间电容不计。电路元件 $R_D = 1k\Omega$，C_G 为隔直电容，C_S 为旁路电容，R_{G1}、R_{G2} 阻值很大，可忽略不计，设 $\lambda = 0$。试用工程估算法求满足起振条件的 V_{GSQmin} 值，并指出该振荡器是否有栅极电流。

【10-13】 试画出如题图 10.13 所示石英晶体振荡电路的交流通路，说明晶体在电路中的作用。

【10-14】 试改正如题图 10.14 所示各振荡电路中的错误，并指出电路类型。图中，C_B、C_E、C_D 均为交流旁路电容或隔直电容，L_C、L_S 均为高频扼流圈。

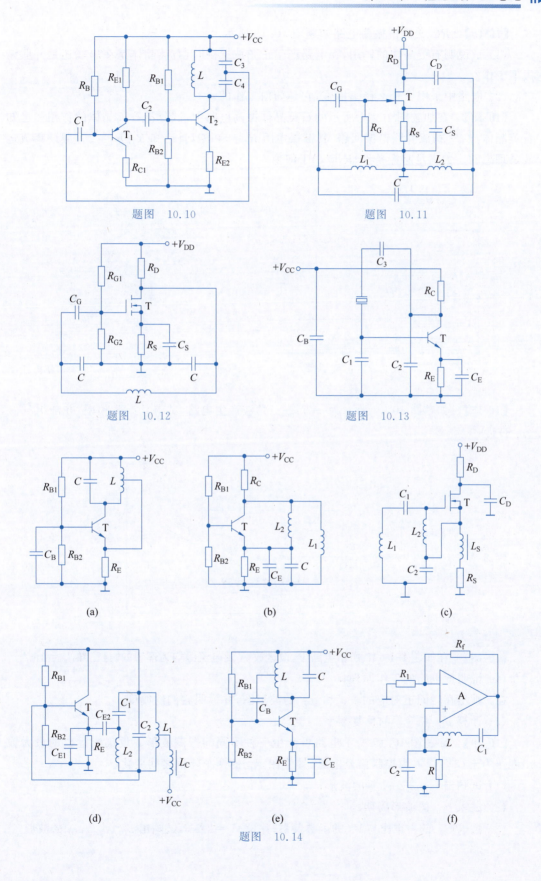

题图 10.10

题图 10.11

题图 10.12

题图 10.13

题图 10.14

【10-15】 RC 文氏桥振荡电路如题图 10.15 所示。

(1) 试说明石英晶体的作用,在电路产生正弦波振荡时,石英晶体是在串联还是并联谐振下工作?

(2) 电路中采用了什么稳幅措施,它是如何工作的?

【10-16】 在如题图 10.16 所示的石英晶体振荡电路中,试分析石英晶体的作用。已知石英晶体与 C_L 构成并联谐振回路,其谐振电阻 $R_0=80\text{k}\Omega$,且已知 $R_f/R_1=2$。假设集成运放是理想的。为满足起振条件,R 应小于何值?

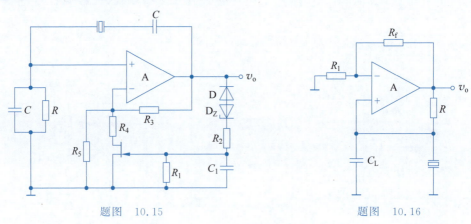

题图 10.15   题图 10.16

【10-17】 如题图 10.17 所示为一方波-三角波产生电路,试求其振荡频率,并画出 v_{O1}、v_{O2} 的波形。

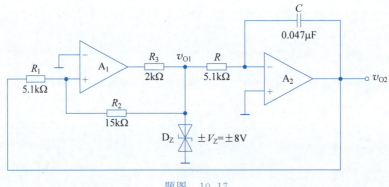

题图 10.17

【10-18】 在如题图 10.18 所示电路中,设运放 A 及电流源均为理想的,且已知 $I_O=1\text{mA}$。

(1) 说明该电路的工作原理;

(2) 画出在时间上对应的 v_{O1} 和 v_{O2} 的波形图,并标明它们的幅度;

(3) 计算 v_{O1} 和 v_{O2} 的重复频率。

【10-19】 如题图 10.19 所示电路可产生三种不同的振荡波形。设集成运放的最大输出电压为 ±12V。V_C 为控制信号电压,其值在 v_{O1} 的两个峰值之间变化。

(1) 试画出 v_{O1}、v_{O2}、v_{O3} 的波形;

(2) 试求 v_{O1} 的波形周期;

(3) 试求 v_{O3} 的占空比与 V_C 的函数关系,并设 $V_C=2.5\text{V}$,试画出 v_{O1}、v_{O2}、v_{O3} 的波形。

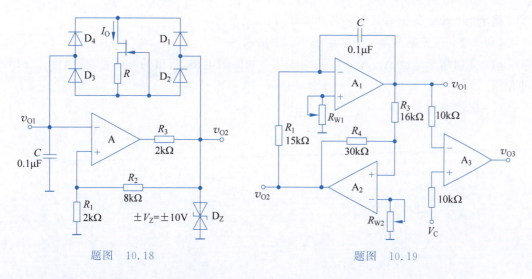

题图 10.18　　　　　　　　　题图 10.19

【10-20】 锯齿波产生电路如题图 10.20 所示。设图中 A_1，A_2 为理想运放。

(1) 画出 v_{O1}，v_{O2} 的波形，要求时间坐标对应，标明电压幅值；

(2) 求锯齿波的周期 T（回程时间不计）；

(3) 如何调节锯齿波频率？

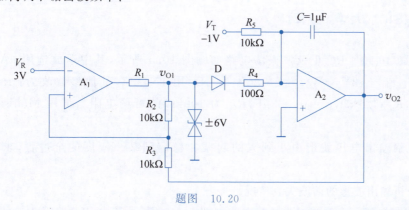

题图 10.20

【10-21】 他激式锯齿波发生电路如题图 10.21 所示，设运放是理想的，试定性画出在图示 v_I 作用下 v_O 的波形。

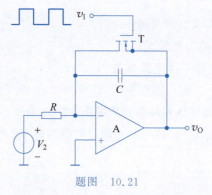

题图 10.21

提示：场效应管 T 在这里起着开关作用。

【10-22】 压控振荡器电路如题图 10.22 所示。

（1）分别指出运放 A_1、A_2、A_3 各构成什么功能的电路，指出场效应管、稳压管、二极管的作用；

（2）定性画出 v_{O1}、v_G、v_{O2}、v_O 的波形。

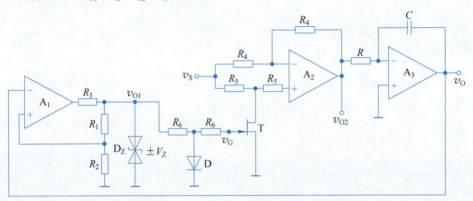

题图 10.22

Multisim 仿真习题

【仿真题 10-1】 RC 正弦波振荡电路如题图 10.4 所示，其中运放选用 μA741，其电源电压 $+V_{CC} = +12V$，$-V_{EE} = -12V$。D_1、D_2 用 1N4148，其他参数改为：$R_1 = 15kΩ$，$R_2 = 10kΩ$，$R = 5.1kΩ$，$C = 0.033μF$，R_W 为 100kΩ 的可调电阻。试用 Multisim 作如下分析：

（1）观察输出电压波形由小到大的起振和稳定到某一幅度的全过程，求出振荡频率 f_0；

（2）分析输出波形的谐波失真情况。

【仿真题 10-2】 电感三点式振荡电路如图 10.15 所示，其中 BJT 选用 2N3904，$+V_{CC} = +12V$，$R_{B1} = 51kΩ$，$R_{B2} = 10kΩ$，$R_E = 1kΩ$，$C_1 = C_E = 100μF$，$C = 10nF$，$L_1 = L_2 = 10μH$。试用 Multisim 作如下分析：

（1）观察输出电压波形，求出振荡频率 f_0；

（2）分析输出波形的谐波失真情况。

【仿真题 10-3】 阶梯波发生器电路如题图 10.23 所示，设运放选用 μA741，电源电压 $+V_{CC} = +15V$，$-V_{EE} = -15V$。场效应管型号为 2N3459，参数为默认值。D_1、D_2 用 1N747A，$D_3 \sim D_6$ 用 1N4148，其他元件参数如题图 10.23 中所示。用 Multisim 仿真场效应管的转移特性曲线及输出波形。分别改变场效应管的参数 V_{to} 和积分电容 C_3 的值，观察输出阶梯波的变化。

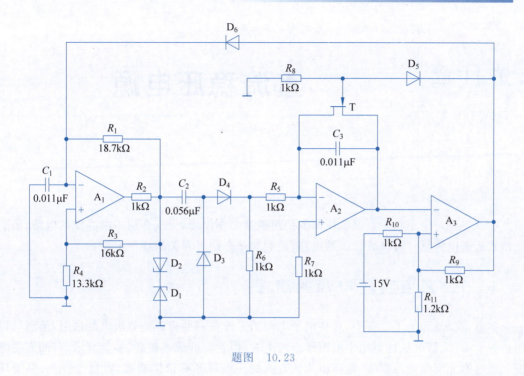

题图 10.23

第 11 章 直流稳压电源

CHAPTER 11

本章主要讨论小功率直流稳压电源的组成及工作原理,重点介绍了电容滤波电路、串联反馈式稳压电路及三端集成稳压器电路,最后简单介绍了开关型稳压电路。

11.1 直流稳压电源的组成

在电子仪器和电子设备中,各种电子电路的工作都需要稳定的直流电源供电,虽然可以用各种干电池、蓄电池这类化学电源作直流电源,但它们的成本较高、容量有限、有的需要维护。将电网交流电进行变换、稳压组成的直流稳压电源具有价格低廉、容量范围大、性能优良等特点,已成为大多数电子电路的工作用直流电源。

第 64 集
微课视频

第 65 集
微课视频

本章主要讨论单相小功率直流稳压电源的组成及工作原理,图 11.1 示出了其原理框图。

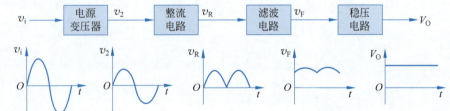

图 11.1 单相小功率直流稳压电源的组成框图

图中,电源变压器的作用是将电网供给的交流电压变换为符合电子设备所要求的电压值。比如,它可将 220V 的电压变换为十几伏或几十伏的电压值。目前,有些电路不用变压器,而采用其他方法降压。

整流电路的作用是将正、负交替变化的交变电压变换为单向脉动的直流电压。在第 2 章已讨论了常用的整流电路。

滤波电路的作用是滤除整流输出中的脉动成分,从而使输出电压趋于平滑。对于稳定性要求不高的电子电路,整流、滤波后的直流电压可以作为供电电源。

稳压电路的作用是当电网电压波动、负载和温度变化时,维持输出直流电压稳定。

11.2 滤波电路

整流电路的输出电压虽然是单一方向的,但是脉动较大,含有较大的谐波成分,不能适应大部分电子电路及设备的要求。

图 11.2 为全波整流电路的输出电压波形,可见,其中含有不少交流谐波分量,将其用傅里叶级数展开为

$$v_O = V_m \sin\omega t$$
$$= V_m \left(\frac{2}{\pi} - \frac{4}{3\pi}\cos2\omega t - \frac{4}{15\pi}\cos4\omega t - \frac{4}{35\pi}\cos6\omega t - \cdots \right)$$
(11-1)

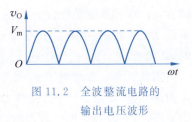

图 11.2 全波整流电路的输出电压波形

式中,直流分量为 $\frac{2}{\pi}V_m$,和第 2 章推导的结果相同。谐波分量的角频率为 2ω、4ω、6ω 等,一般称谐波分量为**纹波**(Ripple),并定义纹波电压的有效值为

$$V_{O\gamma} = \sqrt{V_2^2 + V_4^2 + V_6^2 + \cdots}$$
(11-2)

式中,V_2、V_4、V_6、…分别为二次谐波、四次谐波、六次谐波、…的有效值。

将纹波电压和直流电压比称为**纹波系数**(Ripple Factor),即

$$K_\gamma = \frac{V_{O\gamma}}{V_O} = \frac{\sqrt{V_2^2 + V_4^2 + V_6^2 + \cdots}}{V_O}$$
(11-3)

由于整流电路的输出电压中存在一定的纹波,所以需要用滤波电路来滤除纹波电压。一般小功率直流稳压电源多采用电容滤波电路。

11.2.1 电容滤波电路

电容滤波电路是最常见,也是最简单的滤波电路,在整流电路的输出端(即负载电阻两端)并联一个电容即构成电容滤波电路,如图 11.3(a)所示。滤波电容容量较大,因此一般采用电解电容,在接线时要注意电解电容的正、负极。

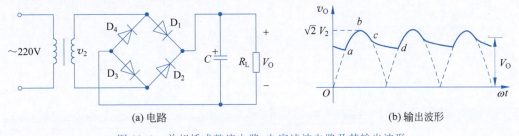

(a) 电路   (b) 输出波形

图 11.3 单相桥式整流电路、电容滤波电路及其输出波形

1. 滤波原理

图 11.3(a)为单相桥式整流、电容滤波电路。当不加滤波电容时,输出电压的波形如图 11.3(b)中虚线所示。当接入滤波电容后,利用电容的充、放电作用,使输出电压趋于平滑,具体分析过程如下。

当变压器二次侧电压 v_2 处于正半周且数值大于电容两端电压 v_C 时,二极管 D_1、D_3 因正偏而导通,此时,v_2 经二极管 D_1、D_3 一方面向负载 R_L 提供电流,另一方面向电容器 C 充电。在理想情况下,设变压器二次侧无损耗,二极管为理想的,电容两端的电压 $v_C(v_O)$ 与 v_2 相同,输出波形如图 11.3(b)中实线的 ab 段所示。当 v_2 上升到峰值后开始下降,电容通过负载电阻 R_L 放电,其电压 v_C 也开始下降,趋势与 v_2 基本相同,如图 11.3(b)中实线的 bc 段所示。由于电容按指数规律放电,而 v_2 是按正弦规律下降,所以当 v_2 下降到一定数

值后,v_C 的下降速度将会小于 v_2 的下降速度,使 v_C 大于 v_2,从而导致二极管 D_1、D_3 因反偏而截止。此后,电容 C 继续通过 R_L 放电,v_C 按指数规律缓慢下降,如图 11.3(b) 中实线的 cd 段所示。

当变压器二次侧电压 v_2 处于负半周且数值大于电容两端电压 v_C 时,二极管 D_2、D_4 因正偏而导通,此时,v_2 经二极管 D_2、D_4 再次对电容 C 进行充电,v_C 上升到 v_2 的峰值后又开始下降,当下降到一定的数值时,D_2、D_4 截止,C 通过 R_L 放电,v_C 按指数规律下降。当 v_C 下降到小于 v_2 时,D_1、D_3 又变为导通,重复上述过程。

由图 11.3(b) 所示的波形可以看出,经滤波后的输出电压不仅变得平滑,而且平均值也得到提高。

由以上分析可知,电容充电时,回路电阻为变压器的内阻和二极管的导通电阻,充电时间常数 τ_c 很小。电容放电时,回路电阻为 R_L,放电时间常数 $\tau_d = R_L C$。通常 $\tau_d \gg \tau_c$,因此,滤波效果取决于 τ_d,电容越大,负载电阻越大,滤波后输出电压越平滑,并且其平均值越大,如图 11.4 所示。

为了获得较好的滤波效果,在实际电路中,通常按下式选择滤波电容。

$$R_L C \geqslant (3 \sim 5) \frac{T}{2} \tag{11-4}$$

式中,T 为电网电压的周期,并且要求滤波电容的耐压值应大于 $\sqrt{2} V_2$。

2. 输出特性(外特性)

当滤波电容 C 选定后,输出电压的平均值 V_O 和输出电流的平均值 I_O 的关系称为输出特性或外特性,电容滤波电路的外特性较软,如图 11.5 所示。

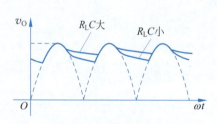

图 11.4 $R_L C$ 对输出电压的影响

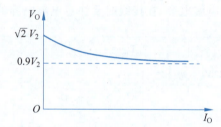

图 11.5 电容滤波电路的输出特性

若滤波电容一定,当 $R_L = \infty$,即空载时,

$$V_O = \sqrt{2} V_2 = 1.4 V_2 \tag{11-5}$$

式中,V_2 为变压器二次侧电压的有效值。

当 $C = 0$,即不加滤波电容时,$V_O = 0.9 V_2$。

在整流电路的内阻不太大(几欧)和放电时间常数满足式(11-4)时,滤波电路的输出电压约为

$$V_O = (1.1 \sim 1.2) V_2 \tag{11-6}$$

由于电容滤波电路的输出特性较差,所以它适用于负载电压较高,负载变动不大且负载电流较小的场合。

3. 整流二极管的导通角

未加滤波电容 C 之前,整流电路中每只二极管均有半个周期处于导通状态,也称二极

管的导通角 θ 等于 π。加滤波电容后,只有当 $|v_2| > v_C$ 时,二极管才导通,因此每只二极管的导通角都小于 π,并且 $R_L C$ 的值越大,滤波效果越好,θ 将越小。由于电容滤波后输出电流的平均值增大,而二极管的导通角却减小,因此,整流管在短暂的导通时间内将流过一个很大的冲击电流,如图 11.6 所示。这对管子的使用寿命不利,所以必须选择较大容量的整流二极管,通常应选择其最大整流平均电流 I_F 大于负载电流的 2~3 倍。

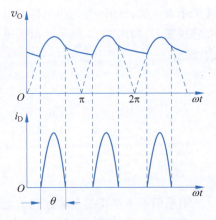

图 11.6 电容滤波电路中二极管的导通角

【例 11.1】 一电子设备要求直流电源的输出电压是 30V,输出电流为 50mA。试设计一桥式整流、电容滤波电路,以满足上述要求。

【解】(1)选择整流二极管

流过每个二极管的电流平均值为

$$I_D = \frac{1}{2} I_O = \frac{1}{2} \times 50\text{mA} = 25\text{mA}$$

根据式(11-6),取 $V_O = 1.2 V_2$,可算得变压器二次侧电压的有效值为

$$V_2 = \frac{V_O}{1.2} = \frac{30}{1.2}\text{V} = 25\text{V}$$

二极管承受的最大反向电压为

$$V_{RM} = \sqrt{2} V_2 = \sqrt{2} \times 25 \approx 35\text{V}$$

根据 I_D 和 V_{RM} 可选 2CZ51D 整流二极管($I_F = 50\text{mA}, V_{RM} = 100\text{V}$),也可选硅桥堆 QL-Ⅰ型($I_F = 50\text{mA}, V_{RM} = 100\text{V}$)。

(2)选择滤波电容

根据式(11-4),取

$$R_L C = 5 \times \frac{T}{2} = 5 \times \frac{0.02}{2}\text{s} = 0.05\text{s}$$

而

$$R_L = \frac{V_O}{I_O} = \frac{30}{0.05}\Omega = 600\Omega$$

所以

$$C = \frac{0.05}{R_L} = \frac{0.05}{600}\text{F} \approx 83.3\mu\text{F}$$

电容的耐压值应大于 $\sqrt{2} V_2 \approx 35\text{V}$。

由以上计算可知,可选用标称值为 $100\mu\text{F}/50\text{V}$ 的电解电容器。

11.2.2 其他形式的滤波电路

1. 电感滤波电路

在大电流负载的情况下,若采用电容滤波,使得整流二极管及滤波电容的选择很困难,

甚至不太可能,这时,可采用电感滤波。电感滤波就是在整流电路与负载电阻之间串联一个电感线圈 L,如图 11.7 所示。由于电感线圈的电感量要足够大,所以一般需要采用有铁芯的线圈。

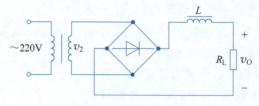

图 11.7 电感滤波电路

电感的基本性质是当通过它的电流变化时,电感线圈中产生的感应电动势将阻止电流的变化,当通过电感线圈的电流增大时,电感线圈产生的自感电动势与电流方向相反,阻止电流的增加,同时将一部分电能转化成磁场能存储于电感之中;当通过电感线圈的电流减小时,自感电动势与电流方向相同,阻止电流的减小,同时释放出存储的能量,以补偿电流的减小。因此,经电感滤波后,负载电压和电流的脉动减小,波形变得平滑。同时,整流二极管的导通角增大,减小了二极管的冲击电流,平滑了流过二极管的电流,延长了整流二极管的寿命。L 越大,R_L 越小,滤波效果越好,电感滤波适用于负载电流较大的场合。

2. 复式滤波电路

电容和电感是基本的滤波元件,当单独使用电容和电感进行滤波而效果并不理想时,可采用复式滤波电路,常用的复式滤波电路如图 11.8 所示。如图 11.8(a)所示为 LC 滤波电路,图 11.8(b)、(c)为两种 π 型滤波电路。

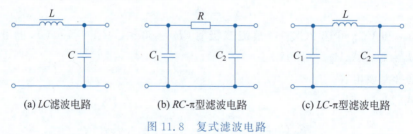

图 11.8 复式滤波电路

11.3 线性稳压电路

虽然整流滤波电路能将正弦交流电压变换为较为平滑的直流电压,但是这种直流电压的数值会随着电网电压的波动及负载的变化而变化,稳定性很差。为了获得稳定性很好的直流电压,需要采取稳压措施。稳压电路主要分为线性稳压电路和开关稳压电路。

11.3.1 稳压电路的性能指标

对于任何稳压电路,均可用稳压系数 S_r 和输出电阻 R_o 来表征其稳压性能。S_r 定义为负载一定时,稳压电路输出电压相对变化量与其输入电压相对变化量之比,即

$$S_r = \left. \frac{\Delta V_O / V_O}{\Delta V_I / V_I} \right|_{R_L = 常数} \tag{11-7}$$

式中，V_I 为整流滤波后的直流电压，S_r 表明电网电压波动对稳压电路性能的影响。

R_o 定义为输入电压一定时，稳压电路输出电压变化量与输出电流变化量之比，即

$$R_o = \left. \frac{\Delta V_O}{\Delta I_O} \right|_{V_I = 常数} \tag{11-8}$$

R_o 表明负载电阻对稳压电路性能的影响。

此外，也常用电压调整率和电流调整率来描述稳压电路的性能，相关的定义请读者参阅文献[3]。

11.3.2 串联反馈式稳压电路

在第 2 章介绍了硅稳压管组成的稳压电路，它虽然具有体积小、电路简单的优点，但其输出电压、输出电流和输出功率受到稳压管的限制，无法满足大电流输出和输出电压任意可调的要求。为此，可采用线性稳压电路，如串联反馈式稳压电路。

串联反馈式稳压电路的原理框图如图 11.9 所示。它主要包括取样电路、基准电压电路、比较放大电路和调整管四部分。此外，为使电路安全工作，通常在电路中加保护电路。

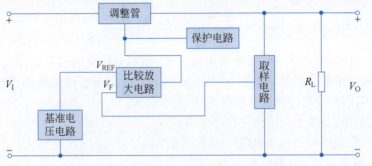

图 11.9　串联反馈式稳压电路的原理框图

图中，取样电路一般由电阻组成，取样电压 V_F 送到比较放大电路与基准电压 V_{REF} 进行比较放大，比较放大电路的输出电压控制调整管，调节调整管的电压降，使输出电压趋于稳定。由于调整管和负载串联，因此称为串联反馈电路，另外，由于电路稳压的机理是采用了电压串联负反馈，故而称串联反馈式稳压电路。

一种串联反馈式稳压电路如图 11.10 所示。图中，V_I 是滤波电路的输出电压，作为稳压电路的输入电压；T 为调整管；稳压二极管 D_Z 和限流电阻 R 组成了基准电压电路，基准电压 V_{REF} 等于稳压二极管的稳定电压 V_Z；集成运放 A 作为比较放大电路；三个电阻组成了取样电路，中间为可调电阻，若上面的电阻和可调电阻的上半部分电阻之和用 R_1 表示，下面的电阻和可调电阻的下半部分电阻之和用 R_2 表示，则反馈电压为

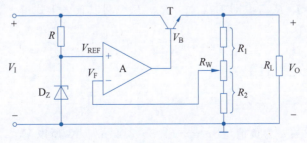

图 11.10　串联反馈式稳压电路

$$V_F = \frac{R_2}{R_1 + R_2} V_O \tag{11-9}$$

电路的工作原理如下：当由于某种原因使输出电压 V_O 升高（或降低）时，取样电路将这一变化趋势送到集成运放 A 的反相输入端，并与送至运放同相输入端的基准电压 V_{REF} 进行比较放大，使运放的输出电压，也即调整管 T 的基极电位 V_B 降低（或升高），而 T 接成了电压跟随器的形式，所以 T 的发射极电位，也即输出电压 V_O 必然随之降低（或升高），从而使输出电压趋于稳定。可见，**串联反馈式稳压电路是依靠引入深度电压负反馈来稳定输出电压的。**

如果由于电网电压或负载变化而引起输出电压 V_O 升高时，调节过程简述如下。

$$V_O\uparrow \longrightarrow V_F\uparrow \longrightarrow (V_{REF}-V_F)\downarrow \longrightarrow V_B=A_v(V_{REF}-V_F)\downarrow$$
$$V_O\downarrow \longleftarrow \text{T 为射极跟随器} \longleftarrow$$

如图 11.10 所示电路不但稳定了输出电压，而且其输出电压是可调的。图中的运放 A 作为比较放大电路，且引入了深度负反馈，因此"虚短"的概念成立，故有

$$V_{REF} \approx V_F \tag{11-10}$$

由式（11-9）并考虑到式（11-10）可得

$$V_O = \left(1 + \frac{R_1}{R_2}\right) V_{REF} \tag{11-11}$$

式（11-11）表明，输出电压与基准电压成正比，也和取样电阻有关。改变取样电阻的比值，可以改变输出电压。若基准电压一定，当可调电阻的滑动端移到最上端时，输出电压最小；当可调电阻的滑动端移到最下端时，输出电压最大。

应当指出的是，基准电压电路是稳压电路的一个重要组成部分，它直接影响稳压电路的性能。为此要求基准电压源输出电阻小，温度稳定性好，噪声低。用稳压管组成的基准电压源虽然电路简单，但它的输出电阻大，因此，常采用带隙基准电压源，电路如图 11.11 所示。

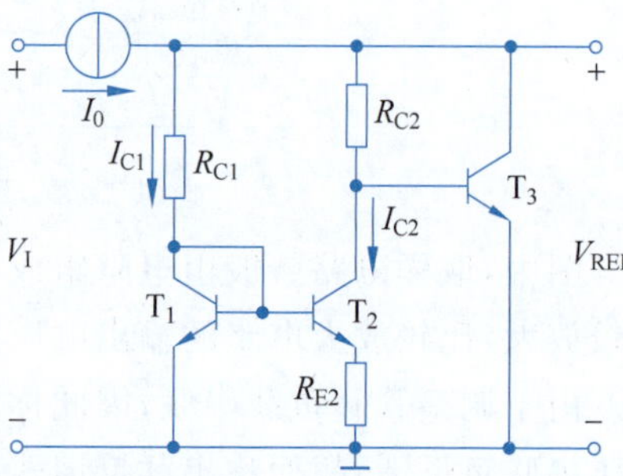

设图 11.11 中各晶体管具有相同的特性。若忽略 T_3 的基极电流，由图可知，基准电压为

$$V_{REF} = V_{BE3} + I_{C2} R_{C2} \tag{11-12}$$

图 11.11 带隙基准电压源电路

I_{C2} 是由 T_1、T_2 和 R_{E2} 组成的微电流源电路提供的，其值为

$$I_{C2} = \left(\frac{V_T}{R_{E2}}\right) \cdot \ln\left(\frac{I_{C1}}{I_{C2}}\right)$$

由于 T_1 和 T_3 特性相同，所以，$V_{BE1} = V_{BE3}$，那么由图可知，R_{C1} 上的电压与 R_{C2} 上的电压相等，即 $I_{C1}R_{C1} = I_{C2}R_{C2}$，也即 $I_{C1}/I_{C2} = R_{C2}/R_{C1}$，将其代入上式得

$$I_{C2} = \left(\frac{V_T}{R_{E2}}\right) \cdot \ln\left(\frac{R_{C2}}{R_{C1}}\right) \tag{11-13}$$

将式（11-13）代入式（11-12）得

$$V_{REF} = V_{BE3} + \left(\frac{R_{C2}}{R_{E2}}\right) V_T \cdot \ln\left(\frac{R_{C2}}{R_{C1}}\right) \tag{11-14}$$

式中，V_{BE3} 的温度系数 α 为负值，且 $\alpha \approx -(1.8 \sim 2.4)\text{mV/K}$，所以 V_{BE3} 又可表示为

$$V_{BE3} = V_{g0} + \alpha T \tag{11-15}$$

式中，T 为热力学温度；V_{g0} 为硅材料在 0K 时的能隙电压值，根据对 PN 结的分析，其值为

$$V_{g0} = 1.205\text{V} \tag{11-16}$$

因此，基准电压为

$$V_{REF} = V_{g0} + \alpha T + \left(\frac{R_{C2}}{R_{E2}}\right)V_T \cdot \ln\left(\frac{R_{C2}}{R_{C1}}\right) \tag{11-17}$$

式中，$V_T = \dfrac{kT}{q}$，具有正温度系数。因此，只要选取合适的 R_{C1}、R_{C2}、R_{E2} 的数值，式(11-17)中的第二项和第三项就可相互抵消，从而使基准电压变为

$$V_{REF} = V_{g0} \tag{11-18}$$

可见，基准电压将与温度无关，获得了极高的稳定性。

由上述分析可知，带隙基准电压源电路的电压值较低，温度稳定性好，故适用于低电压的电源中。市场上已有这类集成组件可供使用，国产型号有 CJ336、CJ329，国外型号有 MC1403、AD850 等。这类基准电压源还能方便地转换成 1.2～10V 等多挡稳定性极高的基准电压，温度系数可达 $2\mu V/\text{℃}$，输出电阻极低，而且近似零温漂及微伏级的热噪声，广泛应用于集成稳压器、ADC、DAC 和集成传感器中。

11.3.3 三端集成稳压电路

随着电子技术的发展，小功率直流稳压电路已集成化。集成稳压器把调整管、基准电源、比较放大电路和多种保护电路集成到一块芯片上，具有体积小、可靠性高、使用简单等特点。集成稳压电路的种类很多，最常用的是三端集成稳压器。三端集成稳压器只有三个外部接线端子，即输入端、输出端和公共端。由于使用简单，外接元件少，性能稳定，因此广泛应用于各种电子设备中。**三端稳压器可分为固定式和可调式两大类。**

第 67 集
微课视频

1. 三端固定式稳压器

三端固定式稳压器的输出电压是固定的。如果不采取其他的方法，其输出电压一般是不可调的。三端固定式稳压器有两个系列：W78×× 系列和 W79×× 系列。W78 系列为正电压输出，W79 系列为负电压输出。×× 为集成稳压器输出电压的标称值，W78 或 W79 系列集成稳压器的输出电压有 5V、6V、8V、9V、10V、12V、15V、18V、24V 等。其额定输出电流以 W78 或 W79 后面所加的字母来区分。L 表示 0.1A，M 表示 0.5A，无字母表示 1.5A。如 W78L05 表示该稳压器输出电压为正 5V，最大输出电流为 0.1A。三端固定式稳压器的外形及引线排列如图 11.12 所示。

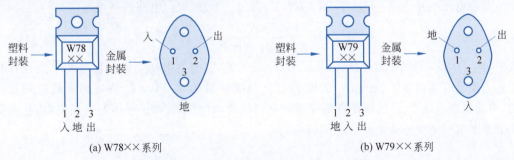

图 11.12 三端固定式稳压器的外形及引线排列

下面以 78L×× 系列为例介绍三端固定式稳压器的工作原理及特点。78L×× 系列稳压器的内部电路如图 11.13 所示，它由启动电路、基准电压电路、取样比较放大电路、调整电路和保护电路等部分组成。各部分电路的功能如下。

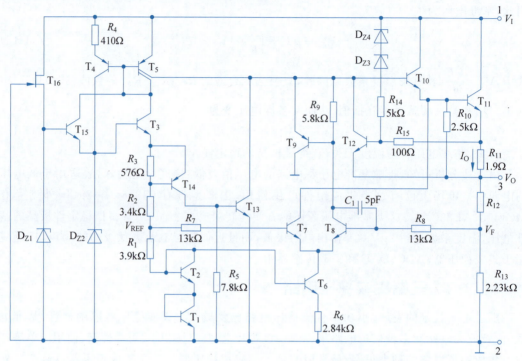

图 11.13　78L×× 三端固定式稳压器的内部电路

1) 启动电路

在集成稳压器中，常常采用许多电流源，当输入电压 V_I 接通后，这些电流源难以自行导通，以致使输出电压 V_O 较难建立。因此，必须用启动电路给构成电流源的 T_4、T_5 管提供基极电流。启动电路由 T_{16}、T_{15} 和 D_{Z1} 管组成。当输入电压 V_I 高于稳压管 D_{Z1} 的稳定电压时，有电流流过 T_{16}、T_{15} 管，使 T_3 管的基极电位上升而导通，同时 T_4、T_5 管也工作。T_4 管的集电极电流通过稳压管 D_{Z2} 建立起正常的工作电压，当 D_{Z2} 管达到和 D_{Z1} 管相同的稳压值时，整个电路进入正常工作状态，电路启动完毕。与此同时，T_{15} 管因发射结电压为零而截止，切断了启动电路与基准电压电路的联系。

2) 基准电压电路

基准电压电路由 T_4、D_{Z2}、T_3、R_1、R_2、R_3 及 T_2、T_1 组成。电路的基准电压为

$$V_{REF} = \frac{V_{Z2} - 3V_{BE}}{R_1 + R_2 + R_3} R_1 + 2V_{BE} \tag{11-19}$$

式中，V_{Z2} 为 D_{Z2} 管的稳定电压值，V_{BE} 为 T_3、T_2、T_1 管的发射结正向电压。在电路设计和工艺上使具有正温度系数的 D_{Z2} 管和具有负温度系数的 T_3、T_2、T_1 管的温度效应相互补偿，可使基准电压 V_{REF} 基本不随温度而变化。同时，对稳压管 D_{Z2} 采用电流源供电，从而保证了基准电压不受输入电压波动的影响。

3) 取样电路、比较放大电路和调整电路

取样电路由 R_{12}、R_{13} 组成的电阻分压器组成；比较放大电路由 T_7、T_8、T_6 管组成的恒流源差分放大电路构成，T_4、T_5 管组成的电流源作为其有源负载；调整电路由 T_{10}、T_{11} 管组成的复合管组成。

T_9、R_9 组成缓冲电路，以保证差分管 T_8 工作在线性区域。其作用说明如下：若没有 T_9、R_9，T_5 管的集电极电流 $I_{C5} = I_{C8} + I_{B10}$，当调整管满载时，$I_{B10}$ 最大，而 I_{C8} 最小；而当负载开路时，$I_O = 0$，I_{B10} 也趋于零，这时 I_{C5} 大部分流入了 T_8 管。由此可见，I_{C8} 的变化范围很大，这对比较放大电路来说是不允许的。为此，接入由 T_9、R_9 组成的缓冲电路。当 I_O 减小时，I_{B10} 减小，I_{C8} 增大，V_{R_9} 增大，当 $V_{R_9} > 0.6V$ 时，则 T_9 管导通起分流作用，从而减轻了 T_8 管的过多负担，使 I_{C8} 的变化范围缩小。

4) 保护电路

(1) 减流式保护电路　减流式保护电路由 T_{12}、R_{11}、R_{15}、R_{14} 和 D_{Z3}、D_{Z4} 组成，R_{11} 为检流电阻。保护的目的是使调整管（主要是 T_{11} 管）的功耗不超过其额定值 P_{CM}。如果 $(V_I - I_O R_{11} - V_O) > (V_{Z3} + V_{Z4})$，则 D_{Z3}、D_{Z4} 管击穿，导致 T_{12} 管的发射结承受正向电压而导通。V_{BE12} 的值为

$$V_{BE12} = I_O R_{11} + \frac{V_I - V_{Z3} - V_{Z4} - I_O R_{11} - V_O}{R_{14} + R_{15}} R_{15}$$

整理后可得

$$I_O = \frac{R_{14} + R_{15}}{R_{11} R_{14}} V_{BE12} - \frac{R_{15}}{R_{11} R_{14}} [(V_I - V_O) - V_{Z3} - V_{Z4}] \tag{11-20}$$

显然，$V_I - V_O$ 越大，即调整管的 V_{CE} 越大，则 I_O 越小，从而使调整管的功耗限制在允许范围内。由于当调整管输出电压增大时，其输出电流趋于减小，故上述保护称为减流式保护。

(2) 过热保护电路　过热保护电路由 D_{Z2}、T_3、T_{14} 和 T_{13} 组成。在常温下，T_{14} 和 T_{13} 管是截止的。当芯片温度升高（如过载或环境温度升高）时，R_3 上的压降将随 V_{Z2} 的升高而升高，而 T_{14} 管的发射结电压 V_{BE14} 将下降，从而导致 T_{14} 管导通，T_{13} 管也随之导通。调整管 T_{10} 的基极电流 I_{B10} 被 T_{13} 管分流，输出电流 I_O 减小，从而达到了过热保护的目的。

电路中 R_{10} 的作用是给 T_{10}、T_{11} 管的 I_{CEO10}、I_{CEO11} 提供一条分流通路，以改善温度稳定性。

值得指出的是，当出现故障时，上述几种保护电路是互相关联的。

三端固定式稳压器的使用非常方便，其基本应用电路如图 11.14 所示。图中，电容 C_1 用以抵消因输入端接线较长时的电感效应，防止自激振荡，并抑制高频干扰。C_2 用来减小由于负载电流瞬时变化而引起的高频干扰。C_3 为容量较大的电解电容，用来进一步减小输出脉动和低频干扰。二极管 D 用作保护。如果没有二极管，当输入端短路时，电容 C_3 上的电压

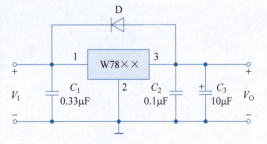

图 11.14　三端固定式稳压器的基本应用电路

会全部加在稳压器的调整管上，从而导致其损坏。加上保护二极管 D 之后，电容 C_3 上的电压会通过二极管放电，起到保护调整管的作用。

三端固定式集成稳压器的功能可以扩展,有扩流电路、扩大输出电压电路和输出电压可调电路等,有兴趣的读者可参阅相关文献。

2. 三端可调式稳压器

三端可调式稳压器是在三端固定式稳压器基础上发展起来的一种性能更为优异的集成稳压组件。它除了具备三端固定式稳压器的优点外,可用少量的外接元件,实现大范围的输出电压连续可调(调节范围为 1.2~37V),应用更为灵活。其典型产品有输出正电压的 W117、W217、W317 系列和输出负电压的 W137、W237、W337 系列。同一系列的内部电路和工作原理基本相同,只是工作温度不同。如 W117、W217、W317 的工作温度分别为 $-55 \sim 150℃$、$-25 \sim 150℃$、$0 \sim 125℃$。根据输出电流的大小,每个系列又分为 L 型系列($I_O \leqslant 0.1A$)、M 型系列($I_O \leqslant 0.5A$),如果不标 M 或 L,则表示该器件的 $I_O \leqslant 1.5A$。三端可调式稳压器的外形及引脚排列如图 11.15 所示。

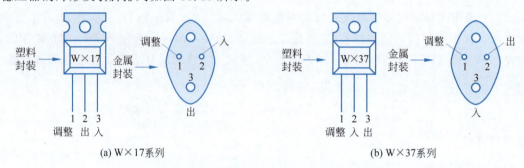

图 11.15 三端可调式稳压器的外形及引脚排列

三端可调式稳压器的组成原理框图如图 11.16 所示。图中,虚线框内是集成稳压器,它由基准电压源、比较放大电路、调整管电路等组成。它的三个接线端子中,一个接输入电压,一个接输出端,还有一个调整端接到可调的外接电阻上。

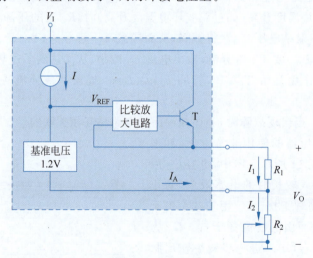

图 11.16 三端可调式稳压器的组成原理框图

由图 11.16 可知,输出电压是 R_1、R_2 上的电压之和,在稳压器正常工作时,比较器的两个输入端电压近似相等,因此输出电压为

$$V_O = V_{REF} + \left(\frac{V_{REF}}{R_1} + I_A\right) R_2 = V_{REF}\left(1 + \frac{R_2}{R_1}\right) + I_A R_2 \tag{11-21}$$

由于调整端的电流 I_A 很小（例如 LM317 的 $I_A = 50\mu A$），远小于 I_1，故可忽略，因此式(11-21)又可化简为

$$V_O = V_{REF}\left(1 + \frac{R_2}{R_1}\right) \tag{11-22}$$

调节 R_2 的大小可以调节输出电压。需要强调的是，由于输出电压和外接电阻有关，为了保证输出电压的精度和稳定性，要选择高精度的电阻，同时电阻要紧靠稳压器，防止输出电流在连线电阻上产生误差电压。

三端可调式稳压器的应用更为灵活，图 11.17 是用 W117 和 W137 组成的正、负输出电压可调的稳压器。

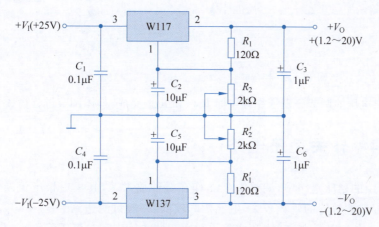

图 11.17　正、负输出电压可调的稳压电路

图中，$V_{REF} = V_{21}$（或 V_{31}）$= 1.2V$，$R_1 = R_1' = 120\Omega$，$R_2 = R_2' = 2k\Omega$，该电路在输入电压为 $\pm 25V$ 时，输出电压的可调范围为 $-20 \sim -1.2V$ 和 $1.2 \sim 20V$。若要改变输出电压的可调范围，可以改变 R_2、R_2' 的大小。

※11.3.4　三端集成稳压器的应用实例

图 11.18 所示是用固定三端稳压器构成的可变双极性电源，能够输出从 $\pm 12V$ 到 $\pm 30V$ 的电压，该电路没有使用如 LM117 的可变稳压器，而使用了固定三端稳压器。

电源的输入来自标准的 120V/60Hz 的线电压，正电压和负电压各自变化。对双电源的任意一侧，最大负载电流均为 500mA，熔丝在变压器的一次侧。

7812 固定三端稳压器用于正电源，7912 固定三端稳压器用于负电源。$0.33\mu F$ 的电容器安装在稳压器的输入端和地之间，$0.1\mu F$ 的电容器安装在稳压器的输出和地之间，$6800\mu F$ 的大输入滤波电容器具有优良的纹波抑制能力。在稳压器的输入端，让 $0.33\mu F$ 的小值电容器和 $6800\mu F$ 的大值电容器并联的原因是，大的电解电容器具有相对高的内部等效电阻和一定的内部电感，并联上小电容器能改善暂态响应，减小高频振荡的可能性。

每个稳压器上的二极管用作保护器件，如因任何原因使得输出电压大于输入电压，二极管将导通并保护稳压器。

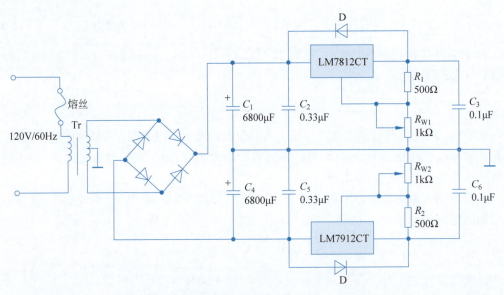

图 11.18 用固定三端稳压器构成的可变双极性电源

正、负输出电压的调节分别依靠分压器 R_{W1} 和 R_{W2} 完成,具体调节过程请读者自行分析。

※11.4 开关稳压电路

以上所介绍的稳压电路中,调整管 T 工作在线性放大区,其集电极电流及集-射间压降均较大,因而导致调整管的管耗较大,电源效率较低,一般只能达到 30%~50%。开关稳压电路中调整管工作在开关状态(饱和或截止),由于调整管饱和时管压降很小,截止时电流趋于零,两种状态下管耗均很小,所以电源效率可提高到 80%~90%。目前,开关稳压电源已成为宇航、计算机、通信和功率较大电子设备中电源的主流,应用日趋广泛。

11.4.1 开关稳压电路的基本工作原理

开关稳压电路的基本结构框图如图 11.19 所示,基本工作原理是:将经过整流滤波电路后得到的直流电压通过开关元件(调整管)变换为矩形波电压,然后将矩形波电压通过储能电路再转换为平滑的直流电压。通过控制电路来控制开关元件的开关频率或控制其导通、关断的时间比例实现稳压控制。

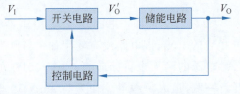

图 11.19 开关稳压电路的基本结构框图

下面,用图 11.20 来具体说明开关稳压电路的工作原理。图中,V_I 为开关稳压电路的输入电压,T 为理想开关管,V_O' 为矩形波电压,其平均值为

$$V_O = \frac{1}{T}\int_0^{T_{on}} V_I dt = \frac{V_I T_{on}}{T} = \frac{V_I(T - T_{off})}{T} = qV_I \tag{11-23}$$

式中,T_{on} 为开关管的导通时间;T_{off} 为开关管的截止时间;$q = \dfrac{T_{on}}{T}$ 为矩形波的脉冲占空比。

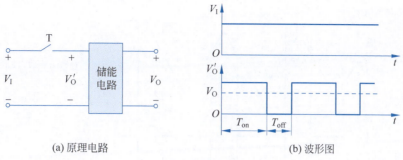

(a) 原理电路　　　　　　　　　(b) 波形图

图 11.20　开关稳压电路的工作原理

当稳压电路的输入电压 V_I 变化时,只要适当改变 V_O' 的脉冲占空比 q,就可保持 V_O 的稳定,从而实现稳压控制,q 的控制有以下几种方式。

(1) 在开关周期 T 不变的情况下,改变导通时间 T_{on},称为脉冲宽度调制(PWM)。

(2) 在 T_{on}(或 T_{off})不变的情况下,改变开关周期 T,称为脉冲频率调制(PFM)。

(3) 既改变 T_{on}(或 T_{off}),又改变开关周期 T,称为脉冲宽度、频率混合调制。

下面介绍开关稳压电路的基本工作过程。开关管的基极接有一个开关控制电路,控制开关管的饱和导通和截止。当开关管饱和导通时,电流流经储能电路传输给负载,同时储能电路储能;当开关管截止时,储能电路将储备的电能供给负载,因而负载在开关管导通和截止时都能得到信号。只要设法控制和调节开关管的导通时间 T_{on},就可以调整和稳定输出电压 V_O。加大 T_{on}(或保持 T_{on} 不变,减小 T)可以提高 V_O;反之,减小 T_{on}(或保持 T_{on} 不变,加大 T)可以降低 V_O。因此,只要在电路中通过某种方式用输出电压去控制开关管的导通时间,就能得到稳定的输出电压。

根据开关管与负载连接方式的不同,开关稳压电路可分为串联型和并联型两大类。下面将予以分别介绍。

11.4.2　串联型开关稳压电路

串联型开关稳压电路如图 11.21 所示,与串联反馈式线性稳压电路相比,电路增加了 LC 滤波电路(储能电路)、产生固定频率的三角波发生器以及由电压比较器 C 组成的控制电路。

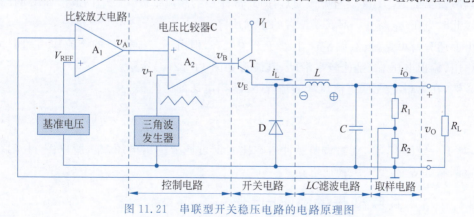

图 11.21　串联型开关稳压电路的电路原理图

在图 11.21 中,V_I 是整流滤波电路的输出电压,v_B 是控制电路的输出电压,利用 v_B 控制调整管 T,将 V_I 变换成矩形波电压 v_E,其波形如图 11.22(b)所示。

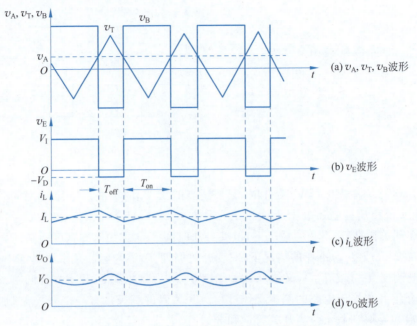

图 11.22 串联型开关稳压电路的工作原理

当 $v_A > v_T$ 时，v_B 为高电平，T 饱和导通，输入电压 V_I 经 T 加到二极管 D 的两端，$v_E \approx V_I$（忽略 T 的饱和压降），D 因反向偏置而截止，输入电压 V_I 通过导通的 T 管加到储能电感 L 和负载电阻 R_L 上，由于电感中的电流不能突变，所以流过电感的电流 i_L 随着 T 的导通而逐渐增大。这时输入电压 V_I 向电感 L 输送并储存能量。调整管 T 导通时间越长，即 T_{on} 越大，电流增加得越大，储存的磁能越多。因为电感 L 和负载 R_L 是串联的，所以通过电感的电流同时给电容 C 充电和给负载 R_L 供电。

当 $v_A < v_T$ 时，v_B 为低电平，T 管由饱和导通变为截止，电感 L 中的电流停止增长，因为电感中的电流不能突变，所以电感两端产生一个自感反电动势，其极性为左负右正（如图 11.21 所示），它使二极管 D 因处于正向偏置而导通，于是电感储存的能量通过 D 向负载 R_L 释放，使负载 R_L 上继续有电流通过，因此常称 D 为续流二极管。i_L 的波形如图 11.22(c) 所示。此时电压 v_E 等于 $-V_D$（二极管的正向压降）。

由上述分析可见，虽然调整管 T 处于开关状态，但由于二极管 D 的续流作用和 L、C 的储能作用，输出电压 v_O 是比较平滑的，其波形如图 11.22(d) 所示。

显然，在忽略电感 L 直流压降的情况下，输出电压的平均值为

$$V_O = \frac{T_{on}}{T}(V_I - V_{CE(sat)}) + \frac{T_{off}}{T}(-V_D) \approx \frac{T_{on}}{T} V_I = q V_I \qquad (11\text{-}24)$$

可见，对于一定的 V_I 值，通过调节脉冲占空比 q 即可调节输出电压 V_O，所以图 11.21 电路为脉宽调制（PWM）型开关稳压电路。

11.4.3 并联型开关稳压电路

串联型开关稳压电路的调整管 T 与负载串联，输出电压总是小于输入电压，所以有时又称为降压型稳压电路。在实际应用中，有时需要将输入直流电源经稳压电路转换成大于

输入电压的稳定的输出电压,这种电路称为**升压型稳压电路**。在这类电路中,调整管 T 与负载并联,因此又称为**并联型开关稳压电路**。它通过电感的储能作用,将感应电动势与输入电压相叠加后作用于负载,因而 $V_O > V_I$。

图 11.23(a)示出了并联型开关稳压电路中的储能电路,图中,输入电压 V_I 为整流滤波后的直流电压,T 为调整管,v_B 为矩形波,T 的工作状态受 v_B 的控制,D 为续流二极管。

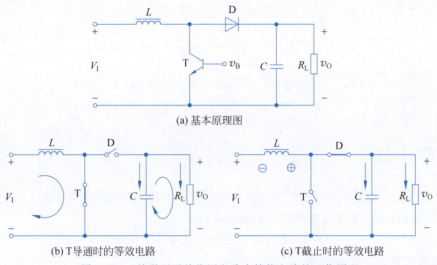

图 11.23 并联型开关稳压电路中储能电路的工作原理

当 v_B 为高电平时,T 饱和导通,输入电压 V_I 通过 T 给电感储能,D 因处于反向偏置而截止,此时负载电流是由上个周期已充了电的电容 C 放电供给的。这时的等效电路如图 11.23(b)所示,各部分电流的方向如图中所标。

当 v_B 为低电平时,T 截止,由于电感中的电流不能突变,因此,这时电感产生自感电动势,其方向左负右正,与 V_I 同方向,二者叠加后通过二极管 D 向电容 C 充电,并同时向负载 R_L 供电。此时的等效电路如图 11.23(c)所示,电感上电压及各部分电流的方向如图中所标。

由上述分析可见,无论 T 和 D 的状态如何,负载上电流的方向始终不变。在控制信号 v_B 的作用下,电感上的电压 v_L 和输出电压 v_O 的波形如图 11.24 所示。

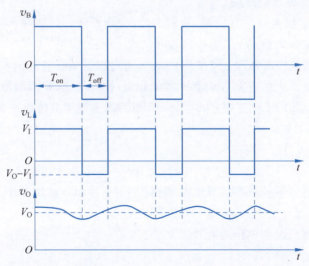

图 11.24 并联型开关稳压电路中储能电路的工作波形

由波形分析容易得知：只有当 L 足够大时，才能升压；只有当 C 足够大时，输出电压的脉动才可能足够小；当控制电压 v_B 的周期不变时，其占空比越大，输出电压将越高。

在图 11.23(a) 所示储能电路中加上脉宽调制电路后，便可构成并联型开关稳压电路，如图 11.25 所示。其稳压原理与图 11.21 相同，读者可自行分析，此处不再赘述。

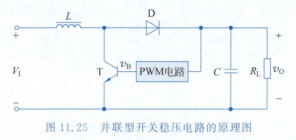

图 11.25　并联型开关稳压电路的原理图

本章小结

（1）直流稳压电源的功能是将电网交流电压转换为稳定输出的直流电压。它一般由电源变压器、整流电路、滤波电路和稳压电路组成。

（2）整流电路的功能是将正、负交替变化的交流电压变换成单方向脉动的直流电压，最常用的是桥式整流电路。

（3）滤波电路的作用是滤除整流后脉动直流电压中的脉动成分。最基本的滤波电路有电容滤波和电感滤波电路，小电流负载时用电容滤波电路；大电流负载时用电感滤波电路。若单纯的电容和电感滤波电路的滤波效果不佳时，可采用复式滤波电路。

（4）稳压电路的作用是在电网电压和负载电流变化时，保持输出电压基本不变。稳压电路分线性稳压电路和开关稳压电路两大类。线性稳压电路效率低，多用于小功率电源中；开关稳压电路效率高，多用于中、大功率电源中。两类电路均有集成化或模块化产品可供选用。

（5）串联反馈式稳压电路由基准电压电路、取样电路、比较放大电路和调整管组成。其中，调整管工作在线性放大区，通过控制调整管的管压降来调整输出电压，实质上是利用电压串联负反馈来稳定输出电压的。

三端集成稳压器仅有三个接线端，使用方便，稳压性能好。W78××/W79×× 系列为固定式三端稳压器；W×17/W×37 系列为可调式三端稳压器。

（6）开关稳压电路的调整管工作在开关状态，通过控制调整管的饱和导通与截止时间的比例来稳定输出电压。它的控制方式有脉宽调制型（PWM）、脉频调制型（PFM）和混合调制型。根据调整管与负载的不同连接方式可分为串联型开关稳压电路和并联型开关稳压电路。

本章习题

【11-1】 单相桥式整流电容滤波电路如题图 11.1 所示。电网频率 $f=50\text{Hz}$。为了使负载能得到 20V 的直流电压，试完成下列各题：

（1）计算变压器二次侧电压的有效值 V_2；

（2）试选择整流二极管；

(3) 试选择滤波电容。

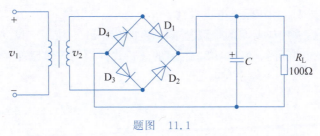

题图 11.1

【11-2】 电路如题图 11.2 所示。已知稳压管 D_Z 的稳定电压 $V_Z=6V$，$V_I=18V$，$C=1000\mu F$，$R=R_L=1k\Omega$。

(1) 电路中稳压管接反或限流电阻 R 短路，会出现什么现象？
(2) 求变压器二次侧电压的有效值 V_2 及输出电压 V_O 的值。
(3) 若稳压管 D_Z 的动态电阻 $r_Z=20\Omega$，求稳压电路的输出电阻 R_o 及 $\Delta V_O/\Delta V_I$ 的值。
(4) 若电容器 C 断开，试画出 v_1、v_O 及电阻 R 两端电压 v_R 的波形。

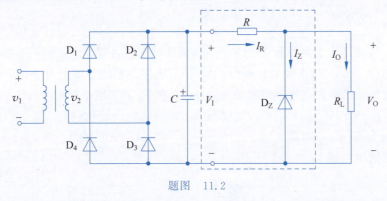

题图 11.2

【11-3】 直流稳压电源如题图 11.3 所示。已知稳压管 D_Z 的稳定电压 $V_Z=6V$。
(1) 求 V_O 的可调范围；
(2) 设流过调整管 T 的发射极电流 $I=0.1A$ 且 $V_3=24V$，求 T 的最大管耗；
(3) 设 T 的管压降 $V_{CE}=4V$，求当 $V_O=18V$ 时所需 V_2 的值；
(4) 设 $V_2=20V$，测得 $V_3=18V$，且波动较大，试分析电路的故障。

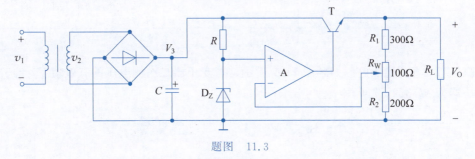

题图 11.3

【11-4】 有温度补偿的稳压管基准电压源电路如题图 11.4 所示。已知稳压管 D_Z 的稳定电压 $V_Z=6.3V$，T_2 的 $V_{BE(on)2}=0.7V$，D_Z 具有正的温度系数 $+2.2mV/℃$，而 T_2 的 $V_{BE(on)2}$ 具有负的温度系数 $-2mV/℃$。

(1) 当输入电压 V_I(或负载电阻 R_L 增大)时,说明它的稳压过程和温度补偿作用;

(2) 求基准电压 V_{REF},并标出电压极性。

【11-5】 应用运放构成反馈的带隙基准电路如题图 11.5 所示。设 T_1 和 T_2 完全匹配,且 T_1 和 T_2 的基极电流可忽略,试导出 V_{REF} 的表达式并说明工作原理。

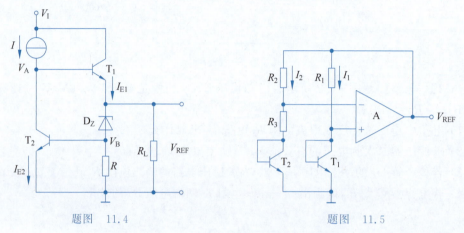

题图 11.4 题图 11.5

【11-6】 直流稳压电源如题图 11.6 所示,试完成下列各题:

(1) 设图中 T_2、T_3 的连接是正确的,请在原有电路结构的基础上改正图中的错误;

(2) 设变压器二次侧电压的有效值 $V_2 = 20V$,求 V_I 并说明电路中 T_1、R_1、D_{Z2} 的作用;

(3) 当 $V_{Z1} = 6V$,$V_{BE(on)} = 0.7V$,电位器 R_W 的滑动触头处在中间位置,试计算 A、B、C、D、E 各点的电位和 V_{CE3} 的值;

(4) 计算输出电压 V_O 的调节范围。

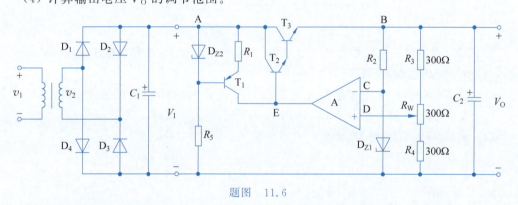

题图 11.6

【11-7】 直流稳压电源如题图 11.7 所示。若变压器二次侧电压的有效值 $V_2 = 15V$,三端稳压器为 W7812,试回答:

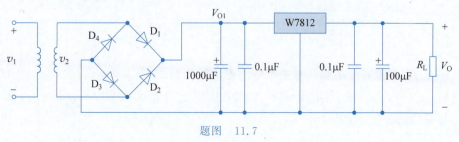

题图 11.7

(1) 整流器的输出电压约为多少？
(2) 要求整流管的击穿电压 V_{BR} 大于或等于多少？
(3) W7812 中的调整管承受的电压约为多少？
(4) 若负载电流 $I_L = 100\text{mA}$，W7812 的功率损耗为多少？

【11-8】 如题图 11.8 所示是由三端集成稳压电路 W7805 组成的恒流源电路。已知 W7805 的引脚 2 输出电流 $I = 5\text{mA}$，$R = 1\text{k}\Omega$，$R_L = 100 \sim 200\Omega$，求流过负载 R_L 上的电流 I_O 值及输出电压 V_O 的范围。

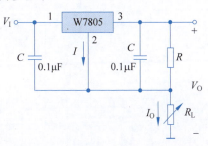

题图 11.8

【11-9】 如题图 11.9 所示是由三端固定稳压器 W78×× 组成的输出电压扩展电路，试推导输出电压 V_O 的表达式。

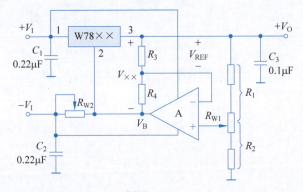

题图 11.9

【11-10】 如题图 11.10 所示为 W79×× 系列三端负电压输出的集成稳压器内部原理电路，已知输入电压 $V_I = -19\text{V}$，输出电压 $V_O = -12\text{V}$，各管的导通电压 $|V_{BE(on)}|$ 均为 0.7V，稳压管 D_Z 的稳定电压 $V_Z = 7\text{V}$。

(1) 试说明比较放大电路和输出级的工作原理；
(2) 试求提供给比较放大电路的基准电压 V_{REF}；
(3) 试求取样比 n 及 R_{19}。

【11-11】 电路如题图 11.11 所示。已知 $R_1 = 10\text{k}\Omega$，$R_2 = R_3 = 1\text{k}\Omega$，$C_1 = 0.33\mu\text{F}$，$C_2 = 0.1\mu\text{F}$，$C = 2\mu\text{F}$，$+V_{EE} = +30\text{V}$，$I = 1\text{mA}$，晶体管 T 的 $\alpha = 0.98$。试计算开关 S 由闭合到断开后 10ms 时，电容器 C 两端的电压 v_C 的数值。

【11-12】 题图 11.12 是由 W317 组成的输出电压可调的典型电路，当 $V_{21} = V_{REF} = 1.2\text{V}$ 时，流过 R_1 的最小电流 $I_{R_{1\min}}$ 为 $(5 \sim 10)\text{mA}$，调整端 1 流出的电流 $I_A \approx 0$，$V_I - V_O = 2\text{V}$。

(1) 求 R_1 的取值范围；
(2) 当 $R_1 = 210\Omega$，$R_2 = 3\text{k}\Omega$ 时，求输出电压 V_O；
(3) 当 $V_O = 30\text{V}$，$R_1 = 210\Omega$ 时，R_2 是多少？电路此时的最小输入电压 $V_{I\min}$ 是多少？
(4) 调节 R_2 从 0 变化到 $6.2\text{k}\Omega$ 时，输出电压的调节范围是多少？

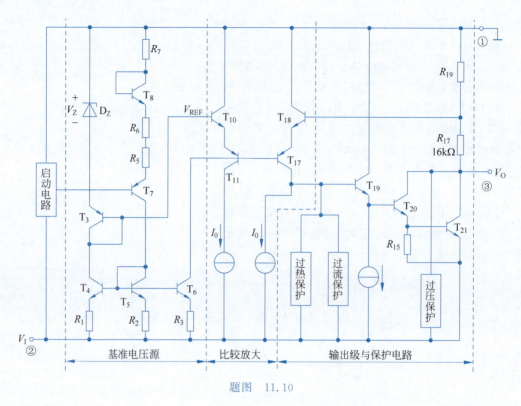

题图 11.10

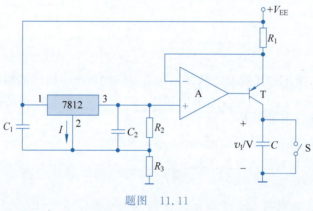

题图 11.11

【11-13】 可调恒流源电路如题图 11.13 所示。假设 $I_A \approx 0$,当 $V_{21} = V_{REF} = 1.2\text{V}$,$R$ 从 $0.8 \sim 120\Omega$ 变化时,恒流电流 I_O 的变化范围是多少?

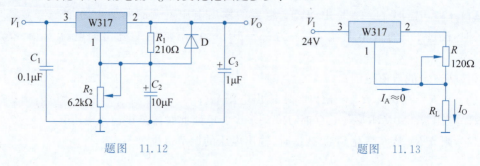

题图 11.12　　　　　　　　　题图 11.13

【11-14】 电路如题图 11.14 所示。已知 v_2 的有效值足够大,合理连线,使之构成一个 5V 的直流电源。

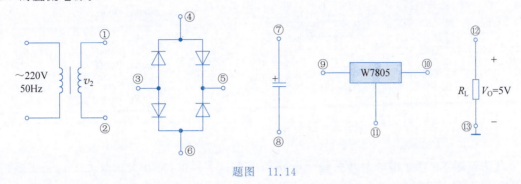

题图 11.14

Multisim 仿真习题

【仿真题 11-1】 某简易稳压电源电路如题图 11.15 所示,设二极管用 1N4002,稳压管用 1N750A,其稳压值 $V_Z=6V$,$I_{ZM}=30mA$。若输入电压 $v_2=8\sin\omega t(V)$,试用 Multisim 作如下分析:

(1) 当 R_W 的阻值变化时,观察负载电流和输出电压的变化情况,并求稳压电源的输出电阻 R_o;

(2) 当输入电压 v_2 变化 20% 时,滑动电位器 R_W 处于中间位置,观察输出电压的变化情况,并求该稳压电源的稳压系数 S_r。

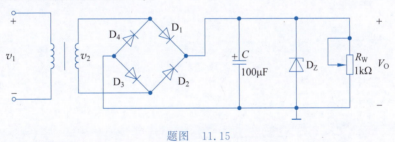

题图 11.15

【仿真题 11-2】 稳压电源电路如题图 11.16 所示,设 T_2、T_3 管用 2N3904,T_1 管用 2N3906,各管的 β 值均为 50,$V_{BE(on)}$ 均为 0.6V,两个稳压管用 1N750A,其稳压值 $V_Z=6V$,$I_{ZM}=30mA$。二极管用 1N4148,运放用 μA741,输入电压 $v_2=28\sin\omega t(V)$,电位器 R_W 处于中间位置,试用 Multisim 作如下分析:

(1) 给出 v_A、v_O 的波形,观察输出电压的建立和稳定的过程;

(2) 输出电压稳定后,分别求 v_A、v_O 的直流平均值及其纹波的大小;

(3) 当负载电流从 0.1A 变到 1A 时,输出电压的变化情况,并求输出电阻 R_o;

(4) 当输入电压 $v_I(v_A)$ 变化 10% 时,观察输出电压的变化情况,并求稳压系数 S_r;

(5) 当温度由室温(25℃)增至 50℃时,观察输出电压的变化情况,并求温度系数 S_T。

$$S_T = \frac{\Delta V_O}{\Delta T}\bigg|_{\substack{V_I=常数\\R_L=常数}}$$

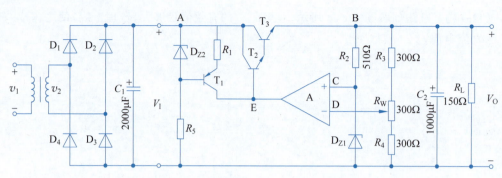

题图 11.16

【仿真题 11-3】 串联型开关稳压电路如图 11.21 所示,将开关管改为 P 沟道增强型 MOSFET,且源极接 V_I。设电路中输入电压 $V_I=(10\sim 15)\text{V}$,输出电压 $V_O=5\text{V}$,输出最大电流 $I_{O\max}=100\text{mA}$,基准电压 $V_{REF}=3.5\text{V}$,三角波电压 v_T 的幅值为 $0\sim 10\text{V}$,取样电阻 $R_1=10\text{k}\Omega$,$R_2=20\text{k}\Omega$。电容 $C=100\mu\text{F}$,电感 $L=220\mu\text{H}$。试用 Multisim 做如下分析:

(1) 当 v_T 的频率 $f_T=50\text{kHz}$ 时,绘出 v_A、v_T、v_G、v_{DS}、v_D、i_L 和 v_O 的波形,并求 v_O 的纹波值;

(2) 分别观察输入电压和负载变化时,输出电压的稳压特性;

(3) 当 $f_T=5\text{kHz}$ 时,观察 v_O 的纹波电压,并与题(1)的结果比较。

第 12 章 在系统可编程模拟器件及其开发平台

本章主要讨论在系统可编程模拟器件及其软件开发平台,介绍了 ispPAC 器件的特性及 PAC-Designer 软件的使用,并给出了几个开发实例。

12.1 引言

1999 年 11 月,美国 Lattice 公司率先推出在系统可编程模拟集成电路(In System Programmable Analog Circuit)及其软件开发平台,从而开拓了模拟可编程技术的广阔前景。在系统可编程模拟器件允许设计者使用开发软件在计算机上设计、修改电路,进行电路特性的仿真。仿真合格后,通过编程电缆将设计的电路下载到芯片中即可完成硬件设计。

在系统可编程模拟器件把高集成度、高精确度的设计集于一片 ispPAC 中,取代了许多传统的独立标准器件所能实现的电路功能。它的功能有:对信号进行放大、衰减、滤波、求和、求差、积分等,并且可以将数字信号转换为模拟信号;可以把器件中的多个功能块进行互连,对电路进行重构;能简单容易地调整电路的增益、带宽、偏移等。ispPAC 器件的最大优点是可以反复编程,次数可达 10000 次之多。

12.2 主要 ispPAC 器件的特性及应用

Lattice 公司发布的 ispPAC 系列模拟可编程器件共有 5 种,其特性及应用如表 12.1 所示。其中,ispPAC10 和 ispPAC20 是通用型的,ispPAC80/81 是高阶滤波器。虽然这些器件的规模和功能有差别,但内部结构、制造工艺和工作原理等基本相似,下面将分别予以简要介绍。

表 12.1 主要可编程模拟器件的特性及应用

器件名称	特 性	应 用
ispPAC10	内含 8 个可编程增益放大器、4 个输出放大器(可构成放大、低通滤波、积分电路),电路可编程互连	放大器 差分信号与单路信号的相互转换 低通滤波器(1~4 阶) 带通滤波器(2~4 阶)

续表

器件名称	特　性	应　用
ispPAC20	内含 4 个可编程增益放大器、两个输出放大器、调制器、8 位 DAC、两个模拟比较器、模拟多路器（可构成放大、低通滤波、积分电路），电路可编程互连	放大器 差分信号与单路信号的相互转换 低通滤波器（1~4 阶） 带通滤波器（2 阶） 自动校正电路 同步解调电路 脉宽调制电路 电压频率转换电路 温度控制电路
ispPAC30	内含 4 个可编程增益放大器、两个输出放大器、两个模拟多路器、两个复合 8 位 DAC（可构成放大、低通滤波、积分电路），电路可编程互连	放大器 差分信号与单路信号的相互转换 可编程电压源 可编程电流源 自适应电路 激光及射频电路的偏置电路 温度控制电路
ispPAC80	内含 5 阶低通滤波器核，支持多种滤波器的类型：贝塞尔(Bessel)滤波器、巴特沃思(Butterworth)滤波器、切比雪夫(Chebyshev)滤波器、椭圆(Elliptical)滤波器、线性(Linear)滤波器，50~750kHz　1/2/5/10 可编程增益放大器	5 阶低通滤波器 抗混叠滤波器 放大器
ispPAC81	内含 5 阶低通滤波器核，支持多种滤波器的类型：巴特沃思滤波器、切比雪夫滤波器、椭圆（Elliptical）滤波器，10~750kHz　1/2/5/10 可编程增益放大器	5 阶低通滤波器 放大器 DSP 系统前端传感器信号调节

12.2.1　ispPAC10

ispPAC10 的内部结构框图如图 12.1(a)所示。其中包括四个独立的 PAC 块、配置存储器、模拟布线池、参考电压和自动校正单元及 isp 接口等。器件用＋5V 电源供电。ispPAC10 为引脚 28 双列直插封装,引脚排列如图 12.1(b)所示。

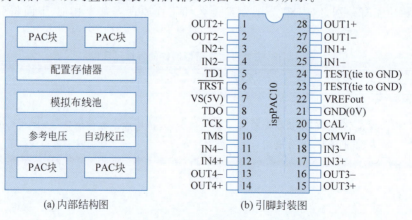

图 12.1　ispPAC10 的内部结构图及引脚封装图

基本单元 PAC 块的化简电路如图 12.2 所示。

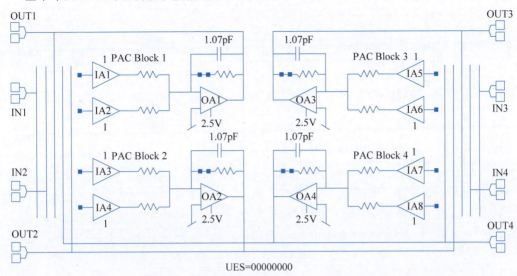

图 12.2 ispPAC10 内部 PAC 块的化简电路

每一个 PAC 块由两个差分输入的放大器(IA)和一个双端输出的输出放大器组成。输入阻抗高达 $10^9\Omega$，共模抑制比为 69dB，增益调节范围为 $-10\sim+10$dB。输出放大器的反馈电容 C_f 有 128 种值($1.07\sim62$pF)，可以在 $10\sim100$kHz 的范围内实现 120 多个极点位置。反馈电阻 R_f 可接入或断开。各 PAC 块或 PAC 块之间可通过模拟布线池实现可编程和级联，以构成 $1\sim10000$ 倍的放大器或复杂的滤波器电路。

12.2.2 ispPAC20

ispPAC20 的内部结构框图如图 12.3(a)所示。它有两个基本单元 PAC 块、两个比较器、一个八位数模转换器、配置存储器、参考电压、自动校正单元、模拟布线池及 isp 接口所组成。该器件为引脚 44 封装，引脚排列如图 12.3(b)所示。ispPAC20 具有独特的自动校准能力，可以达到很低的失调误差(PAC 块增益为 10 时，输入失调$<100\mu$V)。

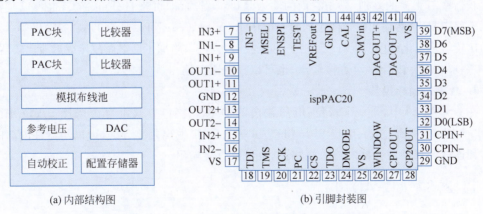

(a) 内部结构图　　　　(b) 引脚封装图

图 12.3 ispPAC20 的内部结构图及引脚封装图

ispPAC20 的内部电路原理图如图 12.4 所示，其性能特点简述如下。

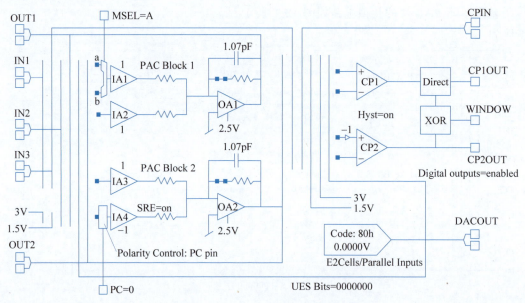

图 12.4　ispPAC20 的内部电路原理图

1. 输入控制

如图 12.4 所示,当外部引脚 MSEL＝0 时,输入 IN1 被接至 IA1 的 a 端;反之,MSEL＝1 时,输入 IN1 被接至 IA1 的 b 端。

2. 极性控制

在 ispPAC20 中,前置互导放大器 IA1、IA2、IA3 的增益为 $-10 \sim +10$;而 IA4 的增益范围限制为 $-10 \sim -1$,没有正增益,这样做的原因在于可以通过 IA4 的输入信号反相来实现正增益,其输入信号是否反相由外部引脚 PC 控制,当外部引脚 PC＝1 时,增益调整范围为 $-10 \sim -1$,而当外部引脚 PC＝0 时,增益调整范围为 $+1 \sim +10$。

3. 比较器 CP1 和 CP2

在 ispPAC20 中,有两个可编程双差分比较器 CP1 和 CP2。该电压比较器与普通的电压比较器没有太大的差别,只是它们的输入是可编程的,即可来自外部输入,也可以是基本单元电路 PAC 块的输出或是固定的参考电压 1.5V 或 3V,还可以来自 DAC 的输出等。当输入的比较信号变化缓慢或混有较大噪声和干扰时,也可以施加正反馈而改接成迟滞比较器。

比较器 CP1 和 CP2 可直接输出,也可以经异或门输出。

4. 八位数模转换器

在 ispPAC20 中,是一个八位、电压输出的 DAC。接口方式可自由选择:八位并行方式、串行 JTAG 寻址方式、串行 SPI 寻址方式等。DAC 输出是差分的,可以与器件内部的比较器相连或与仪用放大器的输入端相连,也可以直接输出。

12.2.3　ispPAC30

ispPAC30 的内部包含四个输入仪表放大器,两个独立的内部可控参考源(可分为 7 级, $64mV \sim 2.5V$)和两个复合 8 位 DAC。其中 DAC 的输入信号可以是外部模拟信号,也可以是内部模拟信号,还可以是内部的 DC 信号,使用非常灵活。ispPAC30 的封装形式有两种:

引脚 28 的双列直插封装和引脚 24 的贴片封装。其对应型号分别为 ispPAC30-01PI 和 ispPAC30-01SI,相应的引脚排列如图 12.5 所示。

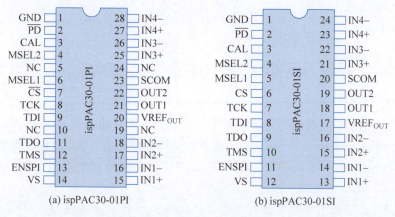

图 12.5　ispPAC30 的引脚封装图

12.2.4　ispPAC80/ispPAC81

ispPAC80/ispPAC81 的内部包含 5 阶低通滤波器核,支持多种滤波器的类型。两个配置存储器 CfgA、CfgB 用来存放各种类型的 5 阶低通滤波器的参数。两个配置存储器存放的滤波器参数经选择器送给 5 阶低通滤波器。此外,ispPAC80/ispPAC81 的内部还包括可编程增益放大器。ispPAC80、ispPAC81 的主要差别是滤波频率范围不同。图 12.6 是 ispPAC80 的引脚排列图,它也有两种封装形式:双列直插式封装和贴片式封装,对应的型号分别是 ispPAC80-01PI 和 ispPAC80-01SI。

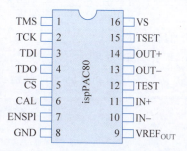

图 12.6　ispPAC80 的引脚封装图

12.3　PAC-Designer 软件及开发实例

PAC-Designer 是 Lattic 公司专为 ispPAC 系列器件开发而配备的工具软件,可提供支持 ispPAC 器件设计、仿真和编程等全过程的集成开发环境。该套软件还附带有大量的设计实例、技术文档,并可产生用于 Pspice 仿真的器件模型,是开发 ispPAC 系列器件的必备工具和有力手段。

12.3.1　PAC-Designer 的基本用法

1. 主要功能

PAC-Designer 是工作于 Microsoft Windows 环境下的集成化应用软件,支持现有的全部 ispPAC 器件,包括如图 12.7 所示的基本功能。

(1) 原理图设计:以对应于器件内部结构的基本原理图为基础(该图由 PAC-Designer 软件自动画出,简称器件原图),通过确定内部连线、各单元工作模式、工作参数等方式描述电路设计。

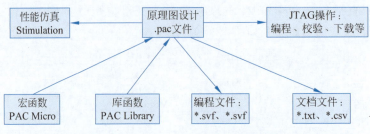

图 12.7　PAC-Designer 软件功能框图

(2) 功能仿真：原理图设计完后需借助仿真来验证电路的功能。该软件同时给出 4 组幅频、相频特性曲线，特别适合于放大器、衰减器及滤波器的仿真。4 组曲线的参数（包括输入、输出、起始频率、数据点数）均可独立设置，以便更细致地观察设计者所关心的频率范围等。

(3) 只需配备下载电缆和电路板上的 ISP 接口、+5V 电源，便可利用在系统编程方式将设计结果下载至用户系统。

(4) 可生成第三方编程器编程所需的 JED 文件。

(5) 可生成存档所需的原理图文件、格式化文本文件、仿真数据文件。

(6) 可生成 Pspice 软件需要的仿真模型库文件，用于对含有 ispPAC 器件的电路进行仿真。

2. 设计过程

PAC-Designer 的设计过程主要包括 4 大步骤，如图 12.8 所示。

图 12.8　PAC-Designer 软件设计流程图

(1) 原理图设计：这一步是整个设计过程的核心，主要有 4 种设计方法。

① 在器件基本原理图上直接连接内部连线并修改各单元的电路参数。内部连线主要是与放大器单元、DAC 单元和比较器的输入、输出等有关的连线，它反映信号的传递关系。可修改的电路参数包括放大器增益、DAC 的 E^2CMOS 配置、滤波器电容取值、比较器工作方式、UES（用户电子标签）等。

② 引用 PAC-Designer 软件提供的库函数（仅对 ispPAC10、ispPAC20 等适用）。

③ 引用 PAC-Designer 软件提供的宏函数（仅对 ispPAC10、ispPAC20 等适用）。

④ 引用 PAC-Designer 软件提供的滤波器库（仅对 ispPAC80 等适用）。

(2) 功能仿真：在原理图设计完成后，利用软件提供的幅频特性曲线验证设计结果。当对设计结果不满意时可修改设计，重复这个过程直到满意为止。

(3) 下载设计：当对设计结果满意后，可将器件的配置文件传送到器件内部的 E^2CMOS 存储器中，即下载设计。这一步需要用到下载电缆和器件的 JTAG 接口。

(4) 文件整理：这一步可在前 3 步过程中随时进行。可存档的文件包括如下 6 种。

① *.pac 文件：设计原理图文件，可由 Open 命令直接调入。

② *.txt 文件：设计原理图文本格式，可用于存档等。
③ *.jed 文件：提供给第三方编程器用的文件，可由 Import 命令调入原理图中。
④ *.csv 文件：仿真结果文本输出形式，可由 Microsoft Excel 打开。
⑤ *.lib 文件：提供 Pspice 软件仿真使用的元件库文件。
⑥ *.svf 文件：也称为串行矢量文件，可直接用于 JTAG 编程。

3. 用户界面

PAC-Designer 是一个完全集成的图形化设计软件，支持 ispPAC 系列产品从设计到功能仿真、芯片配置的开发全过程。图 12.9 为该软件的基本界面，主要由菜单栏、工具栏、显示窗口和状态行等组成。

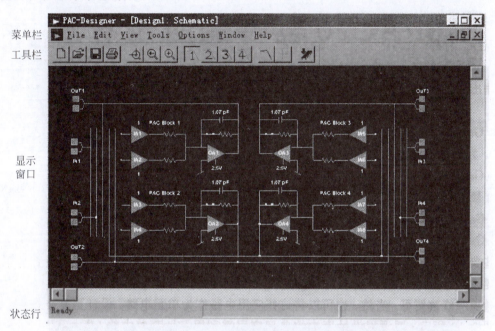

图 12.9　PAC-Designer 软件的基本界面

菜单栏中列出了所有的下拉菜单的标题，用鼠标单击菜单标题或按下相应的快捷键（Alt＋首字母），即可调出下拉菜单，各下拉菜单的名称和作用如下。

(1) File：提供 PAC-Designer 软件需要的文件类的全部操作，包括文件的创建、打开、导入、导出、存盘、打印及打印机设置等。

(2) Edit：可设计、修改原理图参数及器件的安全属性。

(3) View：控制编辑区的显示内容(工具栏、状态行)及原理图显示尺寸。

(4) Tools：执行原理图的幅频特性仿真、JTAG 操作(下载、上传、校验等)。

(5) Options：完成仿真选项、JTAG 配置的设置。

(6) Windows：设置窗口显示方式，包括重叠、平铺等。

(7) Help：提供帮助信息，包括器件特点、软件使用等。

12.3.2　设计实例

本节通过几个设计实例简要介绍一下 PAC-Designer 软件的设计及仿真过程。

1. 用 ispPAC10 设计加法器

设计要求：用 ispPAC10 设计一个两路输入的加法器，电路原理框图如图 12.10 所示。第一路信号 V_1 从 IN1 端输入，需放大 4 倍；第二路信号 V_2 从 IN2 端输入，需放大 10 倍；结果 V_{OUT} 从 OUT1 输出。

设计过程：

（1）启动 PAC-Designer 软件。依次选择命令："开始"→"程序"→Lattice Semiconductor→PAC-Designer。

（2）建立新的设计文件。在 File 菜单下选择 New 命令，弹出如图 12.11 所示的对话框，从中选择 ispPAC10 Schematic，即指定使用 ispPAC10 和原理图描述方式。此后，界面中的窗口便会显示 ispPAC10 的基本原理图。

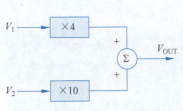

图 12.10　简单加法器原理框图

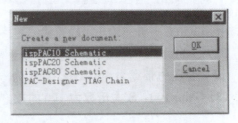

图 12.11　建立新设计文件对话框

（3）编辑原理图，包括连线和设置电路参数。需要指定选用 PAC Block1；两个输入分别用 IN1、IN2，直接连接到两个输入级 IA1、IA2 上；输出为 OUT1，如图 12.12 所示。具体操作如下。

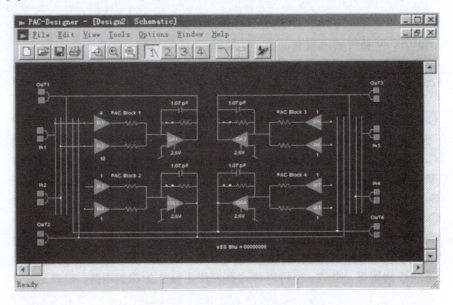

图 12.12　用 ispPAC10 实现加法器

① 将鼠标移至 IA1 的输入端处，光标形状变为 ![] （元件有效编辑处）。双击鼠标左键，在对话框中选择 IN1，再单击 OK 按钮，便可完成 IN1 与 IA1 的连接。

② 将鼠标移至 IA2 的输入端处，光标形状变为 ![] 。双击鼠标左键，在对话框中选择

IN2,再单击 OK 按钮,便可完成 IN2 与 IA2 的连接。

③ 将鼠标移至 OA1 上方的反馈元件连接处,光标形状变为 ![]。双击鼠标左键,将对话框中的 Feedback、Path、Enabled 属性选中,使两端连接起来。

④ 将鼠标移至 IA1 上,光标形状变为 ![]。双击鼠标左键,在对话框中选择 4,单击 OK 按钮,便可指定对 IN1 信号的放大倍数为 4。

⑤ 将鼠标移至 IA2 上,光标形状变为 ![]。双击鼠标左键,在对话框中选择 10,单击 OK 按钮,便可指定对 IN2 信号的放大倍数为 10。

上述五步也可利用 Edit 菜单下的 Symbol 命令,逐一选择实现。

(4) 将设计存盘。在 File 菜单下选择 Save 命令即可将设计存盘。

2. 用 ispPAC10 实现双二次电路

双二次电路用于实现二阶滤波。图 12.13 给出了利用 ispPAC10 实现双二次电路的结构框图。其中,V_{IN} 为输入,V_{OUT1} 和 V_{OUT2} 为输出。可以看出,双二次电路由加法器、积分器和有损积分器构成。由图可推得其传递函数为

$$H_1(s) = \frac{V_{OUT1}(s)}{V_{OUT2}(s)} = \frac{\rho Bs}{s^2 + \rho s + \rho AB} \tag{12-1}$$

$$H_2(s) = \frac{V_{OUT2}(s)}{V_{IN}(s)} = \frac{\rho \frac{B}{A}}{s^2 + \rho s + \rho AB} \tag{12-2}$$

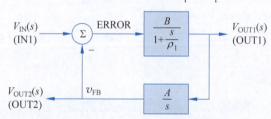

图 12.13 实现双二次电路的结构框图

式(12-1)表明,V_{OUT1} 为带通滤波输出;式(12-2)表明,V_{OUT2} 为低通滤波输出。

实现及仿真过程如下。

(1) 启动 PAC-Designer 软件。

(2) 执行菜单命令 File→New,在对话框中选择 ispPAC10 Schematic,单击 OK 按钮,窗口中便会显示 ispPAC10 的基本原理图。

(3) 执行菜单命令 File→Browse Library,选择 ispPAC10 Biquad Filter.pac,单击 Open File 按钮,便可得到如图 12.14 所示的双二次滤波原理图,修改原理图的增益及电容量便可得到不同的滤波特性。对于本例中的双二次滤波器应用特例,还有一种更方便的输入方法,即利用软件提供的宏函数执行 Tools→Run Micro 命令,选择 ispPAC10 Biquad Filter,修改 F0、Q、G 等参数即可。其中 IN1 为输入,OUT1 为带通滤波输出,OUT2 为低通滤波输出,加法器和有损耗积分器由 PAC Block1 实现,理想积分器由 PAC Block2 实现。

(4) 进行特性仿真。

① 仿真设定:执行 Options→Simulator 菜单命令,在如图 12.15 所示的对话框中设置各曲线参数。

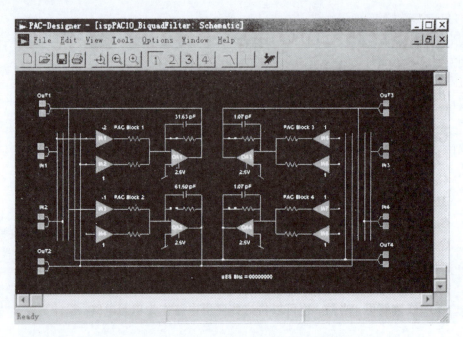

图 12.14 ispPAC10 实现双二次滤波的原理图

第一条曲线：单击标签 Curve 1，设置输入 Input＝V_{in1}，输出 Output＝V_{out1}，起始频率 F Start＝10，终止频率 F Stop＝10M，数据密度 Points/Decade＝500。

第二条曲线：单击标签 Curve 2，设置输入 Input＝V_{in2}，输出 Output＝V_{out2}，起始频率 F Start＝10，终止频率 F Stop＝10M，数据密度 Points/Decade＝500。

设置完毕后单击 确定 按钮。

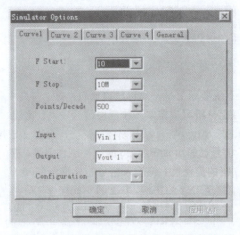

图 12.15 双二次滤波器仿真曲线参数设定

② 仿真：单击工具栏中的快捷按钮 ，然后按仿真按钮 ，给出第一条曲线；按工具栏中的快捷按钮 ，然后单击仿真按钮 ，给出第 2 条曲线；单击工具栏快捷按钮 后，可以查看当前光标处的幅度、相位数值，如图 12.16 所示。修改 PAC 块的电容和增益取值，直到获得满意的结果为止。

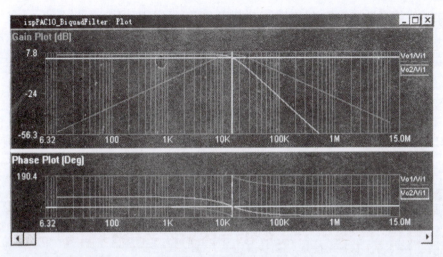

图 12.16 ispPAC10 实现 Biquad Filter 的仿真结果

(5) 原理图文件的存盘。执行 File→Save 命令,输入文件名及路径,单击"保存"按钮即可。

(6) 产生其他文档。执行 File→Export 命令,可产生所需要的 *.jed、*.csv、*.txt 等文件。

(7) 器件下载。先连接好下载电缆,插入芯片,接通 +5V 电源,再执行 Tools→Download 命令,按照提示操作即可。

3. 单片 ispPAC20 实现电压监控

单片 ispPAC20 实现电压监控过程如下。

(1) 技术要求:被监控电压 V_{IN} 为 +5V,允许误差范围为 ±5%。当该电压超出此范围时报警。

(2) 分析:根据被监控电压及误差要求可知,V_{IN} 正常范围为 4.75~5.25V,当超出此范围时报警。因此,本系统实际上是一个对称窗口比较电路,窗口中心为 +5V。

(3) 方案设计:由以上分析可确定本系统应由信号输入、比较基准电压和窗口比较器三部分组成。

① 信号输入:由于信号已超出 ispPAC20 的线性工作范围,应对其分压。为保证系统有最大的灵敏度和实现方案的简便性,将输入信号的标准值(5.0V)分压至与片内共模电压参考源相一致(2.5V),接至 IN2 的正端,IN2 的负端接 $VREF_{OUT}$(2.5V)。将 IN2 与 IA3 相连,则 IA3 输入的正常差分电压为 -0.125~+0.125V。为提高灵敏度,设置 IA3 的增益为 10,其输出 OUT2 的正常范围为 -1.25~+1.25V。输出 OUT2 与输入 V_{IN} 的关系为

$$OUT2 = 5(V_{IN} - 5)$$

② 比较基准电压:由 DAC 给出。可以看出,要进行需两个基准电压:-1.25V 和 +1.25V。利用二者的对称性和 CP2 输入正端的反相特性,只需一个 +1.25V 的基准电压即可。由于 DAC 的输出为 -3~+3V,对应 DAC 编码为 0~255V,编码为 0 时输出为 -3V,可以计算出 DAC 的分辨率为 6000mV/256 = 23.4mV。DAC 能够输出的最接近于 +1.25V 的电压为 1.266V,编码为 0B6h(182)。

③ 窗口比较器:需要构造一个特性对称的窗口比较器,要求当比较器输入的绝对值大

于基准电压时输出为 1,否则输出为 0。由于 DAC 提供的基准电压为 1.266V,因此,设比较器输入电压为 CPin(等于 OUT2),输出为 Cpout,则有:

CPout=1,当 Cpin>1.266V,即 V_{IN}>5.253V。

CPout=1,当 Cpin<−1.266V,即 V_{IN}<4.747V。

CPout=0,当−1.266V<Cpin<1.266V,即 4.747V<V_{IN}<5.253V。

④ 电路原理图(如图 12.17 所示):PAC 块实现电压放大,比较器完成电压比较,DAC 给出比较基准。电容 C 起滤波作用,可选 0.1μF,R1、R2 均为 10kΩ。

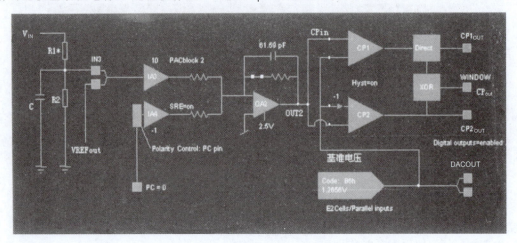

图 12.17　ispPAC20 实现电压监控的 PAC-Designer 原理图

⑤ 该电路可推广至 V_{IN} 不等于 5V 的情况,如 12V、15V 等。

本章小结

(1) 在系统可编程模拟器件及其相应的开发软件的诞生,是模拟集成电路技术的重大突破。目前常用的模拟可编程器件有 ispPAC10、ispPAC20、ispPAC30、ispPAC80/ispPAC81。

(2) 模拟可编程器件的功能主要是组成放大器、加法器、减法器、积分器、差分放大器、比较器、有源滤波器等。

(3) 模拟可编程器件利用编程软件可以进行电路的仿真、下载等,使用十分方便。

本章习题

【12-1】 用 ispPAC10 器件分别构成增益为 4、20、−40 的放大器。

【12-2】 用 ispPAC10 器件设计一个上限截止频率 f_H=50kHz,Q=4,通带内增益为 20dB 的二阶低通滤波器,并且进行幅频特性和相频特性的仿真。

附录 A 电路仿真软件——Multisim 软件简介
APPENDIX A

Multisim 电路仿真软件是美国国家仪器(National Instruments,NI)有限公司推出的一个专门用于电子线路仿真与设计的仿真工具软件。Multisim 是以 Windows 为基础、符合工业标准、具有 SPICE 的仿真标准环境,它可以对数字电路、模拟电路以及模拟/数字混合电路进行仿真,克服了传统电子产品设计受实验室客观条件限制的局限性,用虚拟元件搭建各种电路,用虚拟仪表进行各种参数和性能指标的测试。Multisim 9 版本之后增加了单片机和 LabVIEW 虚拟仪器的仿真,可通过 Multisim 和 LabVIEW 软件进行电路设计和联合仿真。

Multisim 14 中增加了探针功能、可编程逻辑图和新的嵌入式硬件的集成,同时还增加了 MPLAB 的联合仿真的接口,下载和安装相关环境和套件后可以在 Multisim 中进行 PIC 微处理器的电路仿真。MPLAB 的联合仿真包括高阶工程应用,可实现模拟电路、数字电路和嵌入式系统与微处理器的结合。推出和实物近似的虚拟实验面包板以提升电路的感性认识,Ultiboard 中新增 Gerber 和 PCB 制造文件导出函数以完成高级设计项目。同时,新版软件具有直观的原理图捕捉和交互式仿真,拥有 SPICE 分析功能和 3D ELVIS 虚拟原型。

A.1 Multisim 集成环境

1. 基本界面

在 Multisim 软件安装后,在 Windows 窗口选择"开始"→"所有程序"命令,找到 National Instruments 中的 Circuit Design Suite11.0 下包含的电路仿真软件 Multisim11.0 和 PCB 板制作软件 Ultiboard11.0,选择 Multisim 11.0 就会出现如图 A.1 所示的界面。

在 Multisim 界面中,第一行为菜单栏,包含电路仿真的各种命令,第 2 行、第 3 行为快捷工具栏,其上显示了电路仿真常用的命令,且都可以在菜单中找到对应的命令,可用菜单 View 下的 Toolsbar 命令来显示或隐藏这些快捷工具。快捷工具栏的下方是元器件栏、设计工具栏、电路仿真工作区和仪器仪表栏。元器件栏中每个按钮对应一类元器件,分类方式与 Multisim 元器件数据库中的分类相对应,通过按钮上图标可快捷选择元器件;设计工具栏用于操作设计项目中各种类型的文件(如原理图文件、PCB 文件、报告清单等);电路仿真工作区是用户搭建电路的区域;仪器仪表栏显示 Multisim 能够提供的各种仪表。最下方的窗口是电子表格视窗,主要用于快速地显示编辑元件的参数,如封装、参考值、属性和设计约束条件等。

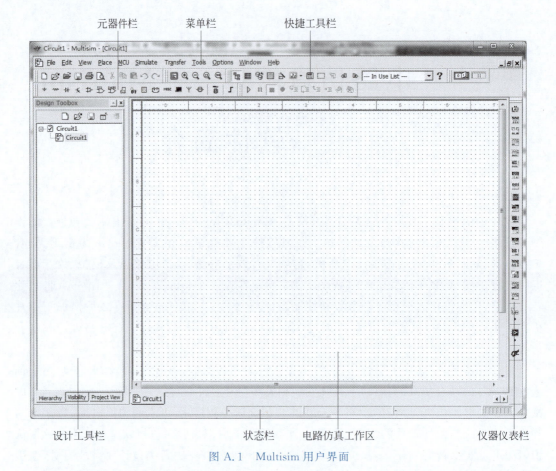

图 A.1　Multisim 用户界面

对于文件基本操作，Multisim 与 Windows 常用的文件操作一样，也有新建文件（New）、打开文件（Open）、保存文件（Save）、另存文件（Save As）、打印文件（Print）、打印设置（Print Setup）和退出（Exit）等相关操作。这些操作可以通过菜单栏 File 子菜单进行选择，也可以使用快捷键或工具栏的图标进行快捷操作。

对于元器件的基本操作，常用的元器件编辑功能有：顺时针旋转 90°（90 Clockwise）、逆时针旋转 90°（90 CounterCW）、水平翻转（Flip Horizontal）、垂直翻转（Flip Vertical）、元件属性（Component Properties）等。对元器件的操作可以通过菜单栏 Edit 子菜单进行选择，也可以使用快捷键进行快捷操作。

2. 创建电路

运行 Multisim 后，软件会自动打开文件名为 Circuit1 的电路图。在这个电路图的绘制区中，没有任何元件及连线，初始的绘图区类似于做实验的面包板，电路图需要用户来创建。首先在绘图区放置元件，软件提供 3 个元器件数据库：主元器件库（Master Database）、用户元器件库（User Database）和合作元器件库（Corporate Database）。一般来说，电路图文件中均采用主元器件库，其他两个元器件库是由用户或者合作人创建的，在新安装的软件中为空元器件库，需要用户添加元器件。

在元器件栏中单击要选择的元器件库图标，打开该元器件库，在屏幕出现的元器件库对话框中选择所需的元器件。常用元器件库有 13 个，用鼠标单击元器件，可选中该元器件，右击,可通过菜单进行操作。

同样,也可以双击元器件对它的基本属性进行设置,通过仪器仪表栏对电路添加仪器,通过电路仿真分析菜单设置电路的分析内容等。

A.2 元器件及虚拟仪器

Multisim 除了保持原有的 EWB 图形界面直观的特点外,还包含丰富的元器件和众多虚拟仪器。Multisim 自带元器件库中的元器件数量已超过 17000 个,不但含有大量虚拟分立元件、集成电路,还含有大量的实物元器件模型。同时,用户可以编辑这些元件参数,并利用模型生成器及代码模式创建自己的元器件。虚拟仪器从最早的 7 种发展到 22 种,这些仪器的设置和使用与真实仪表一样,能动态交互显示。

1. 元器件库

Multisim 中默认元器件库为主元器件库(Master Database),也是最常用的元器件库。库中又分信号源库、基本元器件库、二极管库、晶体管库、模拟器件库、TTL 数字集成电路库、CMOS 数字集成电路库、其他数字器件库、混合器件库、指示器件库、其他器件库、射频器件库、机电器件库等。

信号源库共有 7 个系列,分别是:
- 电源(POWER_SOURCES);
- 电压信号源(SIGNAL_VOLTAGE_SOURCES);
- 电流信号源(SIGNAL_CURRENT_SOURCES);
- 函数控制模块(CONTROL_FUNCTION_BLOCKS);
- 受控电压源(CONTROLLED_VOLTAGE_SOURCES);
- 受控电流源(CONTROLLED_CURRENT_SOURCES);
- 数字信号源(DIGITAL_SOURCE)。

每个系列又含有许多电源或信号源。

基本元器件库有 16 个系列,包含:
- 基本虚拟器件(BASIC_VIRTUAL);
- 设置额定值的虚拟器件(RATED_VIRTUAL);
- 电阻(RESISTOR)、排阻(RESISTOR_PACK);
- 电位器(POTENTIONMETER);
- 电容(CAPACITOR);
- 电解电容(CAP_ELECTROLIT);
- 可变电容(VARIABLE CAPACITO);
- 电感(INDUCTOR);
- 可变电感(VARIABLE INDUCTOR);
- 开关(SWITCH);
- 变压器(TRANSFORMER);
- 非线性变压器(NONLINEAR TRANSFORMER);
- 继电器(RELAY)、连接器(CONNECTOR)和插座(SOCKET)等。

二极管库中有：
- 虚拟二极管(DIODE_VIRTUAL)；
- 二极管(DIODE)；
- 齐纳二极管(ZENER)；
- 发光二极管(LED)；
- 全波桥式整流器(FWB)；
- 可控硅整流器(SCR)；
- 双向开关二极管(DIAC)；
- 三端开关可控硅开关(TRIAC)；
- 变容二极管(VARACTOR)和 PIN 二极管(PIN_DIODE)等。

晶体管库有 20 个系列，分别是：
- 虚拟晶体管(BJT_NPN_VIRTUAL)；
- NPN 晶体管(BJT_NPN)；
- PNP 晶体管(BJT_PNP)；
- 达林顿 NPN 晶体管(DARLINGTON_NPN)；
- 达林顿 PNP 晶体管(DARLINGTON_PNP)；
- 达林顿晶体管阵列(DARLINGTON_ARRAY)；
- 含电阻 NPN 晶体管(BJT_NRES)；
- 含电阻 PNP 晶体管(BJT_PRES)；
- BJT 晶体管阵列(ARRAY)；
- 绝缘栅双极型晶体管(IGBT)；
- 三端 N 沟道耗尽型 MOS 管(MOS_3TDN)；
- 三端 N 沟道增强型 MOS 管(MOS_3TEN)；
- 三端 P 沟道增强型 MOS 管(MOS_3TEP)；
- N 沟道 JFET(JFET_N)；
- P 沟道 JFET(JFET_P)；
- N 沟道功率 MOSFET(POWER_MOS_N)；
- P 沟道功率 MOSFET(POWER_MOS_P)；
- 单结晶体管(UJT)；
- MOSFET 半桥(POWER_MOS_COMP)；
- 热效应管(THERMAL_MODELS)。

模拟器件库含有 6 个系列，分别是：
- 模拟虚拟器件(ANALOG_VIRTUAL)；
- 运算放大器(OPAMP)；
- 诺顿运算放大器(OPAMP_NORTON)；
- 比较器(COMPARATOR)；
- 宽带放大器(WIDEBAND_AMPS)；
- 特殊功能运算放大器(SPECIAL_FUNCTION)。

TTL 数字集成电路库含有 9 个系列，分别是：

- 74STD；
- 74STD_IC；
- 74S；
- 74S_IC；
- 74LS；
- 74LS_IC；
- 74F；
- 74ALS；
- 74AS。

CMOS 数字集成电路库有 14 个系列，包括：
- CMOS_5V；
- CMOS_5V_IC；
- CMOS_10V_IC；
- CMOS_10V；
- CMOS_15V；
- 74HC_2V；
- 74HC_4V；
- 74HC_4V_IC；
- 74HC_6V；
- Tiny_logic_2V；
- Tiny_logic_3V；
- Tiny_logic_4V；
- Tiny_logic_5V；
- Tiny_logic_6V。

其他数字器件库中的元器件是按元器件功能进行分类排列的，它包含 TIL 系列、Line_Drive 系列和 Line_Transceiver 系列。

混合器件库中有 5 个系列，分别是：
- 虚拟混合器件库(Mixed_Virtual)；
- 模拟开关(Analog_Switch)；
- 定时器(Timer)；
- 模数-数模转换器(ADC_DAC)；
- 单稳态器件(Multivibrator)。

指示器件库有 8 个系列，分别是：
- 电压表(Voltmeter)；
- 电流表(Ammeter)；
- 探测器(Probe)；
- 蜂鸣器(Buzzer)；
- 灯泡(Lamp)；
- 虚拟灯泡(Lamp-Virtual)；

- 十六进制计数器(Hex Display);
- 条形光柱(Bar graph)。

2. 虚拟仪器

1) 数字万用表

数字万用表(Multimeter)的外观与操作和实际万用表相似,有正极和负极两个引线端,如图 A.2 所示,可以测量直流或交流信号,例如电流 A、电压 V、电阻 Ω 和分贝值 dB 等。

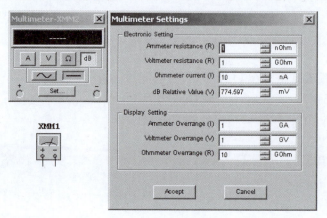

图 A.2 数字万用表

2) 函数发生器

函数发生器(Function Generator)如图 A.3 所示。它可以产生正弦波、三角波和方波。信号频率可在 1Hz~999MHz 的范围内调整,信号的幅值以及占空比等参数也可以进行调节。信号发生器有三个引线端口:正极、负极和公共端。

3) 瓦特表

瓦特表(Wattmeter)有四个引线端口:电压正极和负极、电流正极和负极,如图 A.4 所示。瓦特表可以用来测量电路的交流或者直流功率。

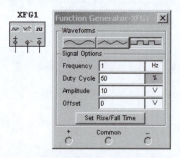

图 A.3 函数发生器

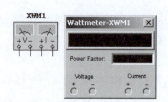

图 A.4 瓦特表

4) 双通道示波器

双通道示波器(Oscilloscope)与实际的示波器的外观和基本操作基本相同,如图 A.5 所示。它不仅用来显示信号的波形,还可以用来测量信号的频率、幅度和周期等参数,时间基准可在秒和纳秒之间调节。示波器图标上有三组接线端:A、B 两组端点分别为两个通道,Ext Trigger 是外触发输入端。

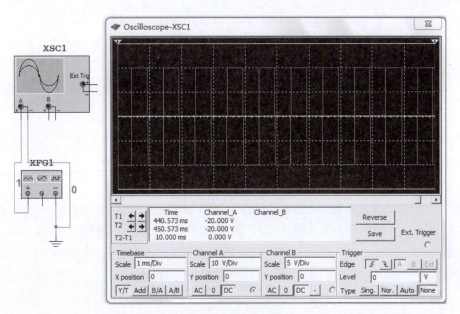

图 A.5 双通道示波器

5) 四通道示波器

四通道示波器(4 Channel Oscilloscope)如图 A.6 所示,它与双通道示波器的使用方法和内部参数设置方式完全一样,只是多了一个 ⚫ 通道控制器旋钮,当旋钮拨到某个通道位置,才能对该通道的参数进行设置。

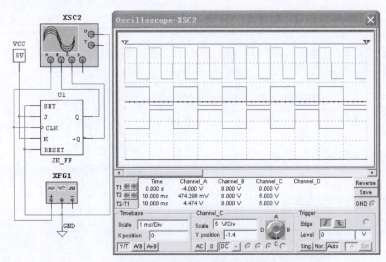

图 A.6 四通道示波器

6) 伯德图仪

伯德图仪(Bode Plotter)是一种测量和显示被测电路幅频、相频特性曲线的仪表。伯德图仪控制面板如图 A.7 所示,有幅值(Magnitude)或相位(Phase)的选择、横轴(Horizontal)设置、纵轴(Vertical)设置、显示方式的其他控制信号,面板中的 F 指的是终值,I 指的是初值。

伯德图仪适合于分析滤波电路或电路的频率特性,特别是观察截止频率。伯德图仪需要连接两路信号:一路是电路输入信号(需要接交流信号);另一路是电路输出信号。例

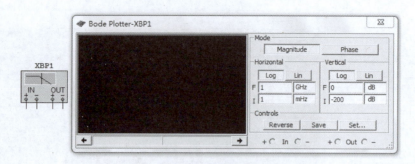

图 A.7 伯德图仪

如：构造一阶 RC 滤波电路，如图 A.8 所示。输入端加入正弦波信号源，电路输出端与示波器相连，可观察不同频率的输入信号经过 RC 滤波电路后输出信号的变化情况。

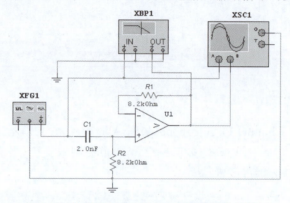

图 A.8 伯德图仪在一阶 RC 滤波电路中的使用

打开仿真开关，单击幅频特性，在观察窗口可以看到幅频特性曲线，如图 A.9 所示；单击相频特性，可以在观察窗口显示相频特性曲线，如图 A.10 所示。

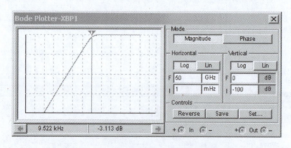

图 A.9 伯德图仪查看幅频特性

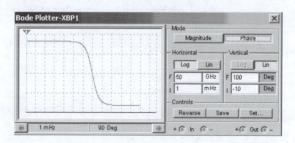

图 A.10 伯德图仪查看相频特性

7) 频率计

频率计(Frequency Couter)如图 A.11 所示,主要用来测量信号的频率、周期、相位,脉冲信号的上升沿和下降沿,频率计只有 1 个接线端用于连接被测电路节点,使用过程中需要根据输入信号的幅值调整频率计的灵敏度(Sensitivity)和触发电平(Trigger Level)。

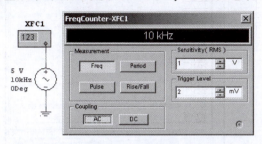

图 A.11　频率计

8) 数字信号发生器

数字信号发生器(Word Generator)是一个产生 32 位同步逻辑信号的通用数字激励源编辑器,如图 A.12 所示。左侧是控制面板,右侧是数字信号发生器的字符窗口。控制面板分为控制方式(Controls)、显示方式(Display)、触发(Trigger)、频率(Frequency)等几部分。

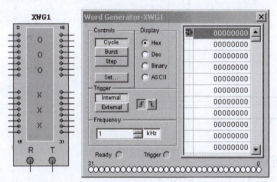

图 A.12　数字信号发生器

9) 逻辑分析仪

逻辑分析仪(Logic Analyzer)可以同步记录和显示 16 路逻辑信号,常用于数字逻辑电路的时序分析和大型数字系统的故障分析。逻辑分析仪的图标如图 A.13 所示。逻辑分析仪的连接端口有:16 路信号输入端、外部时钟输入端 C、时钟控制输入端 Q 以及触发控制输入端 T。显示面板分两部分:上半部分是显示窗口;下半部分是逻辑分析仪的控制窗口。控制信号有停止(Stop)、复位(Reset)、反相显示(Reverse)、时钟(Clock)设置和触发(Trigger)。

10) 逻辑转换器

逻辑转换器(Logic Converter)是虚拟仪表,实际中并不存在,逻辑转换器可以在逻辑电路、真值表和逻辑表达式之间进行转换。它有 8 路信号输入端,1 路信号输出端,如图 A.14 所示。其转换功能有:逻辑电路转换为真值表、真值表转换为逻辑表达式、真值表转换为最简表达式、逻辑表达式转换为真值表、逻辑表达式转换为逻辑电路、逻辑表达式转换为与非门电路。

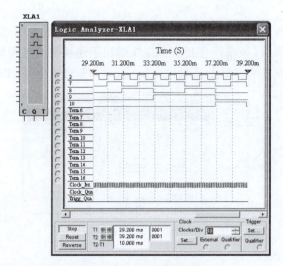

图 A.13　逻辑分析仪

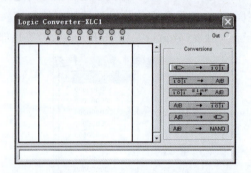 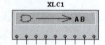

图 A.14　逻辑转换器

11）伏安特性分析仪

伏安特性分析仪（IV Analyzer）如图 A.15 所示。它专门用来分析晶体管的伏安特性曲线，如二极管、晶体管和 MOS 等器件。伏安特性分析仪相当于实验室的晶体管图示仪，需要将晶体管与连接电路完全断开，才能进行伏安特性分析仪的连接和测试。伏安特性分析仪有三个连接点，实现与晶体管的连接。

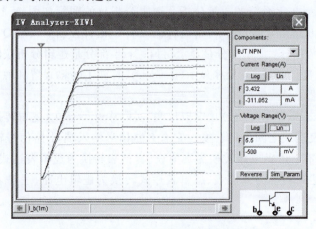

图 A.15　伏安特性分析仪

12) Agilent33120A 型函数发生器

Agilent33120A 是常用函数发生器，如图 A.16 所示，由安捷伦公司生产，这里虚拟仪器面板和真实仪器面板相同。该仪器能够产生正弦波、方波、三角波、锯齿波、噪声源和直流电压 6 种标准波形，因宽频带、多用途和高性能等特点使用受众广泛。此外，Agilent33120A 还能产生随指数下降和上升的波形、负斜率波函数、Sa(x) 和 Cardiac（心律波）等特殊波形，以及由 8~256 点描述的任意波形，还提供 GPIB 和 RS-232 标准总线接口。

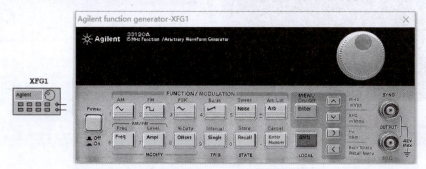

图 A.16 Agilent33120A 型函数发生器

13) Agilent34401A 型数字万用表

Agilent34401A 型数字万用表如图 A.17 所示，它是具有 12 种测量功能的 6 位半高性能数字万用表。其传统的基本测量功能可在设置面板上直接操作完成，如数字运算、零位、dB、Dbm、界限测试和最大最小平均值测量和 512 个读数存储至内部存储器等高级测量，还包含易接入测量系统的通用接口总线（GPIB）和 RS-232 标准总线。

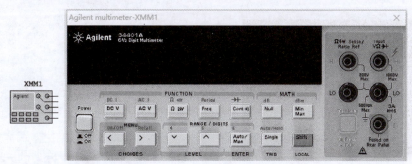

图 A.17 Agilent34401A 型数字万用表

14) Agilent54622D 型数字示波器

Agilent54622D 型数字示波器如图 A.18 所示，它是包含两个模拟输入通道、16 个逻辑输入通道，带宽为 100MHz，右侧有触发端、数字地和探针补偿输出的高端示波器。

15) TektronixTDS2024 型数字示波器

TektronixTDS2024 型数字示波器如图 A.19 所示，它是带宽为 200MHz，取样速率为 2GS/s，有四模拟测试通道，可记录 2500 个点的彩色存储示波器。同时，它还包含自动设置菜单，能实现 11 种自动测量，具有波形平均值和峰值测量，光标自带读数等功能。

16) 探针

电压和电流探针如图 A.20 所示，能方便获取电路性能，包括电压、电流、功率和数字探

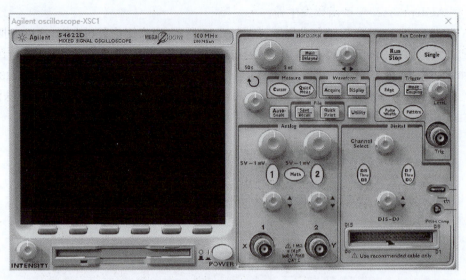

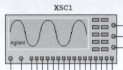

图 A.18　Agilent54622D 型数字示波器

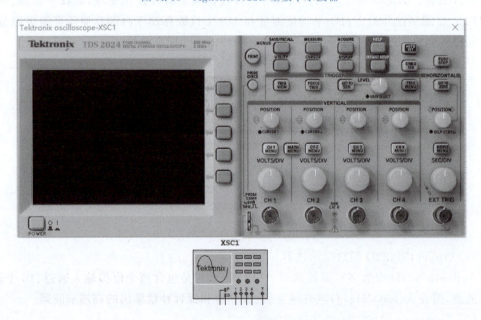

图 A.19　TektronixTDS2024 型数字示波器

针。其中,增加被测节点的参数可以自动显示在注释框中;在电路分析时,可以放置探针的节点自动出现在分析与仿真的输出页中,运行仿真后可以看到节点的相应输出信息。电流测试探针模拟工业应用中的电流夹,夹住通过有电流的导线,同时将电流夹的输出端口接入示波器的输入端,示波器就可同时测量出该点的电压值。

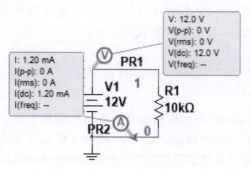

图 A.20　电压和电流探针

A.3　Multisim 仿真功能简介

NI Multisim 教育版菜单中提供了 19 种基本分析方法,分别是:直流工作点分析、交流分析、单一频率交流分析、瞬态分析、傅里叶分析、噪声分析、噪声系数分析、失真分析、直流扫描分析、灵敏度分析、参数扫描分析、温度扫描分析、零-极点分析、传输函数分析、最坏情况分析、蒙特卡洛分析、线宽分析、批处理分析、用户自定义分析。

1. 直流工作点分析

当进行直流工作点分析(DC Operating Point Analysis)时,电路中的电感全部短路,电容全部开路,电路中交流信号源置零,分析电路仅受电路中直流电压源或直流电流源的作用,分析结果包括电路每一节点相对于参考点的电压值和在此工作点下的有源器件模型的参数值。

2. 交流分析

交流分析(AC Analysis)用于对线性电路进行交流频率响应分析。在交流分析中,先对电路进行直流工作点分析,已建立电路中非线性元器件的交流小信号模型,然后对电路进行交流分析,且输入信号都被认为是正弦波信号。

3. 单一频率交流分析

单一频率交流分析(Single Frequency AC Analysis)可以测试电路对某个特定频率的交流频率响应分析,以输出信号的实部/虚部或幅度/相位的形式给出。

4. 瞬态分析

瞬态分析(Transient Analysis)是一种非线性时域分析方法,是在给定输入激励信号时,分析电路输出端的瞬态响应。分析时,电路的初始状态可由用户自行设置,也可以将软件对电路进行直流分析的结果作为电路初始状态。当瞬态分析的对象是节点的电压波形时,结果通常与用示波器观察到的结果相同。

5. 傅里叶分析

傅里叶分析(Fourier Analysis)是一种分析复杂周期性信号的方法,求解一个时域信号的直流分量、基波分量和各谐波分量的幅度。根据傅里叶级数的数学原理,周期函数 $f(t)$ 可以写为

$$f(t) = A_0 + A_1\cos\omega t + A_2\cos 2\omega t + \cdots + B_1\sin\omega t + B_2\sin 2\omega t + \cdots$$

傅里叶分析以图表或图形方式给出信号电压分量的幅值频谱和相位频谱。傅里叶分析

同时也计算了信号的总谐波失真(THD),THD定义为信号的各次谐波幅度平方和的平方根再除以信号的基波幅度,并以百分数表示,即

$$\text{THD} = \left[\left(\sum_{i=2} V_i^2 \right)^{\frac{1}{2}} / V_1 \right] \times 100\%$$

6. 噪声分析

噪声分析(Noise Analysis)用于检测电路输出信号的噪声功率谱密度和总噪声。电路中的电阻和半导体器件在工作时都会产生噪声,噪声分析是将这些电路中的噪声进行定量分析。软件为分析电路建立电路的噪声模型,用电阻和半导体器件的噪声模型代替交流模型,然后在分析对话框指定的频率范围内,执行类似于交流分析,计算每个元器件产生的噪声及其在电路的输出端产生的影响。

7. 噪声系数分析

噪声系数分析(Noise Figure Analysis)是分析元器件模型中噪声参数对电路的影响。在二端口网络(如放大器或衰减器)的输入端不仅有信号,还会伴随噪声,同时电路中的无源器件(如电阻)会增加热噪声,有源器件则增加散粒噪声和闪烁噪声。无论何种噪声,经过电路放大后,将全部汇总到输出端,对输出信号产生影响。信噪比是衡量一个信号质量好坏的重要参数,而噪声系数(F)则是衡量二端口网络性能的重要参数,其定义为:网络的输入信噪比/输出信噪比。

8. 失真分析

失真分析(Distortion Analysis)用于检测电路中那些采用瞬态分析不易察觉的微小失真,其中包括增益的非线性产生的谐波失真和相位不一致产生的互调失真。如果电路中有一个交流信号,失真分析将检测电路中每一个节点的二次谐波和三次谐波所造成的失真。如果有两个频率不同的交流信号,则分析 $f_1+f_2, f_1-f_2, 2f_1-f_2$ 三个不同频率上的失真。

9. 直流扫描分析

直流扫描分析(DC Sweep Analysis)用来分析电路中某一节点的直流工作点随电路中一个或两个直流电源变化的情况。利用直流扫描分析的直流电源的变化范围可以快速确定电路的可用直流工作点。在进行直流扫描分析时,电路中的所有电容视为开路,所有电感视为短路。

10. 参数扫描分析

参数扫描分析(Parameter Sweep Analysis)是检测电路中某个元器件的参数在一定取值范围内变化时对电路直流工作点、瞬态特性、交流频率特性等的影响。在参数扫描分析中,变化的参数可以从温度参数扩展为独立电压源、独立电流源、温度、模型参数和全局参数等多种参数。显然,温度扫描分析也可以通过参数扫描分析来完成。在实际电路设计中,可以利用该方法针对电路的某些技术指标进行优化。

11. 温度扫描分析

温度扫描分析(Temperature Sweep Analysis)是研究不同温度条件下的电路特性。在双极结型晶体管中,电流放大系数 β,发射结导通电压 V_{BE} 和穿透电流 I_{CEO} 等参数都是温度的函数,当工作环境温度变化很大时,会导致放大电路性能指标变差。为获得最佳参数,在实际工作中,通常需要把放大电路实物放入烘箱,进行实际温度条件测试,并需要不断调整电路参数直至满意为止。采用温度扫描分析方法则方便了对电路温度特性进行仿真分析和

对电路参数的优化设计工作。

12. 灵敏度分析

灵敏度分析(Sensitivity Analysis)是当电路中某个元器件的参数发生变化时,对电路节点电压或支路电流的影响程度。灵敏度分析可分为直流灵敏度分析和交流灵敏度分析,直流灵敏度分析的仿真结果以数值形式显示,而交流灵敏度分析的仿真结果绘出相应的曲线。

13. 零点-极点分析

零点-极点分析(Pole-Zero Analysis)可以获得交流小信号电路传递函数中极点和零点的个数和数值,因而广泛应用于负反馈放大器和自动控制系统的稳定性分析中。零点-极点分析时,首先计算电路的直流工作点,并求得非线性元器件在交流小信号条件下的线性化模型,然后在此基础上求出电路传递函数中的极点和零点。

14. 传递函数分析

传递函数分析(Transfer Function Analysis)是对电路中一个输入源与两个节点的输出电压之间,或一个输入源和一个输出电流变量之间在直流小信号状态下的传递函数。传递函数分析也具有计算电路输入和输出阻抗的功能。对电路进行传递函数分析时,首先需要计算直流工作点,然后再求出电路中非线性器件的直流小信号线性化模型,最后求出电路传递函数的各参数。

15. 最坏情况分析

最坏情况分析(Worst Case Analysis)是一种统计分析,在电路中的元器件参数在其容差域边界点上取某种组合以造成电路性能的最大误差,也就是在给定电路元器件参数容差的情况下,估算出电路性能相对于标称值时的最大偏差。

16. 蒙特卡洛分析

蒙特卡洛分析(Monte Carlo Analysis)是利用一种统计分析方法,分析电路元器件的参数在一定数值范围内按照指定的误差分布变化时对电路特性的影响,它可以预测电路在批量生产时的合格率和生产成本。进行蒙特卡洛分析时,一般需要进行多次仿真分析。首先按电路元器件参数标称数值进行仿真分析,然后在电路元器件参数标称数值基础上加减一个 σ 值再进行仿真分析,所取的 σ 值大小取决于所选择的概率分布类型。

17. 线宽分析

线宽分析(Trace Width Analysis)是用来确定在设计 PCB 板时为使导线有效地传输电流所允许的最小导线宽度。导线所散发的功率不仅与电流有关,还与导线的电阻有关,而导线的电阻又与导线的横截面积有关。在 PCB 制板时,导线的厚度受板材的限制,其电阻主要取决于对导线宽度的设置。

18. 批处理分析

批处理分析(Batched Analysis)是将同一电路的不同分析或不同电路的同一分析放在一起依次执行。如在振荡器电路中,可以先做直流工作点的分析来确定电路的静态工作点,再做交流分析来观测其频率特性,通过瞬态分析来观察其输出波形。

19. 用户自定义分析

用户自定义分析(User Defined Analysis)是用户通过 SPICE 命令来定义某些仿真分析功能,以达到扩充仿真分析的目的。SPICE 是 Multisim 的仿真核心,SPICE 以命令行的形式供用户使用。

A.4 其他功能

1. 虚拟面包板

Multisim14 中设有虚拟面包板,如图 A.21 所示,可以根据电路的复杂程度设置虚拟面包板的大小和插孔。在面包板上搭建电路,首先要完成 Multisim 软件中的电路原理图设计,然后在当前电路原理图的目录下选择面包板界面,进入所选电路原理图的 3D View 面包板的操作界面。

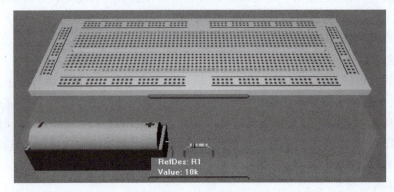

图 A.21 虚拟面包板

在 3D View 中可以采用 3D 元器件搭建电路板,流程与真实电路搭建过程相同,先选择面包板,再选择元器件盒中的某个元器件,拖曳至适当位置,当元器件引脚插入面包板插孔时,面包板的接插孔会变成红色,当红色插孔与其他插孔连通时会显示绿色,方便辨识电路连接状态,如图 A.22 所示。

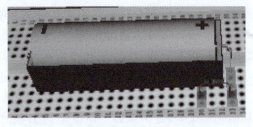

图 A.22 虚拟面包板连接元器件

2. NI ELVIS

NI ELVIS 作为 NI 公司的教学实验室虚拟仪器套件,是设计将硬件和软件组合使用的原型设计平台,可以通过 Multisim14 中的虚拟 ELVIS Schematic 平台上的电路原理图反映出电路的正确性和进度。其中虚拟 ELVIS 和 NI ELVIS 功能基本一致,操作也和真实的 NI ELVIS 原型平台相同,但真实平台需要实际搭建电路,虚拟 ELVIS 需要在 Schematic 环境中先画好电路原理图再将电路转移到 Virtual ELVIS 的面包板上才能用虚拟 3D 电子元器件搭建电路。当通过 ELVIS 虚拟环境搭建电路后,就可在 NI ELVIS 原型设计板的真实环境中搭建电路。

3. LabView 虚拟仪器使用

LabView 是采用图形化的 G 编程语言,编写框图形式的程序,用于化简开发环境,和学习创建自定义的自动化测量虚拟仪器。好处是电路仿真结果与测试结果比较直观。在 NI 电路设计套件中选择安装 LabView8.0 和相应运行引擎,就可以在 Multisim14 中使用虚拟仪器。可以在菜单项"仿真"中找到"仪器"后选择 LabView 仪器,能看到可以使用的 7 种虚拟仪器,如图 A.23 所示。其中,包括 BJT 分析仪(BJT Analysis)、阻抗计(Impedance Meter)、麦克风(Microphone)、Speaker(扬声器)、信号分析仪(Signal Analyzer)、信号发生器(Signal Generator)和流信号发生器(Streaming Signal Generator)。当然也可以通过输入模板将 LabView 中创建好的虚拟仪器导入 Multisim 中。

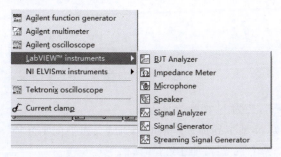

图 A.23　LabView 虚拟仪器

4. 梯形图程序仿真

Multisim14 中可通过梯形图(Ladder Diagrams,LA)进行可编程序控制器的设计和仿真,如图 A.24 所示。在软件中涉及的控制器与被控制对象和真实情况相同,可用于 PLC 实验,绘制梯形图,然后按所需逻辑控制设置梯形图中的各种继电器触点、继电器线圈等梯形图元器件。可先在主菜单放置中选择 place Ladder Rungs 选择梯形图。

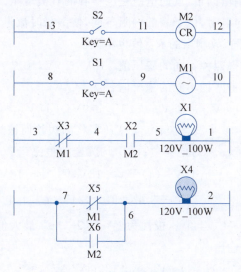

图 A.24　简单梯形图编程

附录 B 部分习题参考答案
APPENDIX B

第 2 章

【2-1】 形成 P 型半导体，变为 N 型半导体；
$T=500$K 时，为 N 型半导体；$T=600$K 时，变为本征半导体。

【2-2】 $T=27℃$ 时，$V_B\approx 0.76$V；$T=100℃$ 时，$V_B\approx 0.64$V。

【2-3】 当 V 为 0.2V、0.36V 及 0.4V 时，I 分别为 21.91μA、10.3mA 及 48mA。

【2-4】 当 $I_S=2\times10^{-12}$A 时，$V_{D(on)}=461$mV；当 $I_S=2\times10^{-15}$A 时，$V_{D(on)}=640$mV。

【2-5】 $I_S(-10℃)=77$pA；$I_S(47℃)=4$nA；$I_S(60℃)=9.85$nA。

【2-6】 二极管的直流电阻 R_D 是指二极管两端所加直流电压与流过它的直流电流之比。二极管的交流电阻 r_d 是指在 Q 点附近电压变化量 ΔV_D 与电流变化量 ΔI_D 之比。用万用表欧姆挡测出的正、反向电阻是二极管的直流电阻。用欧姆挡的不同量程去测量二极管的正向电阻，由于表的内阻不同，使测量时流过二极管的电流大小不同，即 Q 点的位置不同，故测出的 R_D 值也不同。

【2-7】 串联使用时，可获得四种不同的稳压值：16V、6.7V、10.7V、1.4V。
并联使用时，可获得两种不同的稳压值：6V、0.7V。

【2-8】 (a) $V_{AO}=12$V；(b) $V_{AO}=15$V；(c) $V_{AO}=0$V；(d) $V_{AO}\approx 50$mV。

【2-10】 (1) 全波整流；(2) 半波整流；(3) 变压器将因短路而被烧毁。

【2-11】 (1) v_{O1} 对地为正，v_{O2} 对地为负；(2) 均为全波整流；
(3) $V_{O1}=18$V，$V_{O2}=-18$V；(4) $V_{O1}=18$V，$V_{O2}=-18$V，波形略。

【2-12】 C_1 上电压极性为上"+"下"-"，最大值为 $\sqrt{2}V_2$；C_2 上电压极性为右"+"左"-"，最大值为 $2\sqrt{2}V_2$；C_3 上电压极性为上"+"下"-"，最大值为 $3\sqrt{2}V_2$；负载电阻上能获得 3 倍压的输出。

【2-13】 (1) $350\Omega\leqslant R\leqslant 375\Omega$；(2) $\Delta V_{O1}\approx\pm 139$mV，$\Delta V_{O2}\approx\pm 73$mV。

【2-14】 为双向限幅电路，其上、下限门限电压分别为 $V_{IH}=8$V，$V_{IL}=-0.7$V。

【2-15】 为双向限幅电路，其上、下限门限电压分别为 $V_{IH}=10.6$V，$V_{IL}=-5.6$V，波形略。

【2-16】 图(a)为双向限幅电路，其上、下限门限电压分别为 $V_{IH}=5$V，$V_{IL}=-2$V，波形略。
图(b)为下限幅电路，其下限门限电压为 $V_{IL}=2$V，波形略。

【2-18】 $i_D=I_{DQ}+i_d=(13.16+0.38\sin\omega t)$mA。

第 3 章

【3-1】 ①——C、②——B、③——E；NPN 管；$\bar{\beta}=50$。

【3-2】 从工作的稳定性考虑，应选择 $\beta=50$，$I_{CEQ}=10\mu A$ 的管子。

【3-3】 当 $\bar{\alpha}=0.99$ 时，$\bar{\beta}=99$，$I_B\approx 100\mu A$；当 $\bar{\alpha}=0.985$ 时，$\bar{\beta}\approx 66$，$I_B\approx 152\mu A$。

【3-4】 (1) 放大；(2) 饱和；(3) 截止；(4) 反向（或称倒置）放大。

【3-5】 (a) PNP 型锗管，①——B、②——E、③——C；
(b) NPN 型硅管，①——C、②——E、③——B；
(c) NPN 型锗管，①——B、②——C、③——E；
(d) PNP 型硅管，①——C、②——E、③——B。

【3-6】 15mA，30V。

【3-7】 $\bar{\beta}'=66.5$，$V'_{BE(on)}\approx 0.12V$，$I'_{CBO}\approx 9.85\times 10^{-8}A$。

【3-8】

V_{BE}/V	I_C	I_E	$I_B/\mu A$
0.65	$324\mu A$	$331.6\mu A$	7.6
0.7	2.22mA	2.26mA	40
0.75	15.17mA	15.48mA	310

结果表明：当发射结正偏压小于 0.7V 时，各极电流都很小；当发射结正偏压大于 0.7V 时，各极电流随电压的增加而急剧增大。

【3-9】 $A_v=200$，46dB；$A_i=100$，40dB；$A_p=2\times 10^4$，43dB。

【3-10】 $R_o=250\Omega$。

【3-11】 $THD\approx 1.12\times 10^{-2}$。

【3-13】 (a) 不能。将电源改为正电源，并去掉 C_{B2}。
(b) 不能。在 BJT 的基极到电源 V_{CC} 之间接入偏置电阻 R_B。
(c) 不能。将 C_B 改接在 R_B 的左边。
(d) 不能。将集电极直流电源改为正电源。

【3-14】 $I_{BQ}\approx 27\mu A$，$I_{CQ}\approx 1.8mA$，$V_{CEQ}\approx 5.2V$。

【3-15】 (1) $V_{CC}=6V$，$I_{BQ}=20\mu A$，$I_{CQ}=1mA$，$V_{CEQ}=3V$；(2) $R_B=300k\Omega$，$R_C=3k\Omega$；
(3) $V_{om}=1.5V$；(4) $I_{bm}=20\mu A$。

【3-16】 (1) $V_{CC}=9V$，$R_E=1k\Omega$，$V_{CEQ}\approx 12V$，$R_{B1}=63k\Omega$，$R_{B2}=27k\Omega$，$R_L=2k\Omega$。
(2) 截止失真；$V_{opp}=4V$；若要增大输出动态范围，应将 Q 点上移，可调整 R_{B1}，使其减小；或可调整 R_{B2}，使其增大。

【3-17】 (1) $I_{BQ}\approx 40\mu A$，$I_{CQ}\approx 4mA$，$V_{CEQ}\approx -4V$；
(3) $\dot{A}_v\approx -155.7$，$R_i\approx r_{be}\approx 856.5\Omega$，$R_o\approx 2k\Omega$；
(4) 截止失真，减小 R_B。

【3-18】 (1) 室温下：$I_{CQ}\approx 2.04mA$，$V_{CEQ}\approx 1.92V$；
(2) 温度升高 40℃，$I_{CQ}\approx 2.9mA$，$V_{CEQ}=0.2V$，BJT 工作在饱和区；

温度降低 $60℃$, $I_{CQ} \approx 0.79\text{mA}$, $V_{CEQ} = 4.42\text{V}$, BJT 工作在放大区。

【3-19】 室温下：$I_{CQ} \approx 1.93\text{mA}$, $V_{CEQ} \approx 1.56\text{V}$ ；
温度升高 $40℃$ 时 , $I_{CQ} \approx 2.18\text{mA}$, $V_{CEQ} \approx 0.99\text{V}$, BJT 仍然工作在放大区。

【3-20】 $R_i \approx 3.22\text{k}\Omega$, $R_o \approx 3.88\text{k}\Omega$, $\dot{A}_v \approx -33.5$, $\dot{A}_{vs} \approx -25.6$ 。

【3-22】 $R_i \approx 4.12\text{k}\Omega$, $R_o \approx 7.57\text{k}\Omega$, $\dot{A}_v \approx -95.5$ 。

【3-23】 $\dot{A}_v \approx 0.98$, $R_i \approx 16\text{k}\Omega$, $R_o \approx 21\Omega$, $\dot{A}_{vs} \approx 0.98$ 。

【3-24】 (1) $R_i \approx 19\text{k}\Omega$; (2) $\dot{A}_{v1} \approx -0.98$, $R_{o1} = 3\text{k}\Omega$; $\dot{A}_{v2} \approx 0.99$, $R_{o2} = 27\Omega$ 。

【3-25】 (1) $I_{CQ} \approx 1.65\text{mA}$, $V_{CEQ} \approx 3.75\text{V}$; (2) $\dot{A}_v \approx 88$, $R_i \approx 16.7\Omega$, $R_o = 3\text{k}\Omega$ 。

【3-26】 (a) $\dot{A}_{vs} \approx 22.22$; (b) $\dot{A}_{vs\Sigma} \approx 170.87$ 。

【3-27】 (1) (a) $\dot{A}_{vs\Sigma} = \dot{A}_{r5}\dot{A}_{i4}\dot{A}_{i3}\dot{A}_{i2}\dot{A}_{g1}\dfrac{R_{i1}}{R_s+R_{i1}}$;

(b) $\dot{A}_{is\Sigma} = \dot{A}_{g5}\dot{A}_{v4}\dot{A}_{v3}\dot{A}_{v2}\dot{A}_{r1}\dfrac{R_s}{R_s+R_{i1}}$;

(2) (a) 要求 $R_s \ll R_{i1}$, $R_{o5} \ll R_L$;

(b) 要求 $R_s \gg R_{i1}$, $R_{o5} \gg R_L$ 。

【3-28】 (1) $R_{E1}=1.89\text{k}\Omega$, $R_{C1}=2.11\text{k}\Omega$; $R_{E2}=1\text{k}\Omega$, $R_{C2}=1.85\text{k}\Omega$; $R_{E3}=1.18\text{k}\Omega$, $R_{C3}=1.32\text{k}\Omega$; $V_{CQ1}=3.89\text{V}$, $V_{CQ2}=2.59\text{V}$, $V_{CQ3}=3.89\text{V}$;

(2) T_3 将进入饱和区，电路无法正常放大。

【3-29】 (1) $R_{E2}=3.1\text{k}\Omega$; (2) 电路不能正常工作。

【3-30】 $I_{CQ3}=15.1\mu\text{A}$, $V_{CEQ1}=15\text{V}$, $V_{CEQ2} \approx -12.85\text{V}$, $V_{CEQ3} \approx 29.25\text{V}$, $V_{CEQ4} \approx 13.55\text{V}$, $V_{CEQ5}=14.3\text{V}$, $V_{CEQ6}=15\text{V}$, $V_{CEQ7}=-15\text{V}$ 。

【3-31】 $R_i=288.66\text{k}\Omega$, $\dot{A}_v=-6.75$, $\dot{A}_{vs}=-6.73$ 。

【3-32】 $\dot{A}_v=47.6$ 。

【3-33】 (a) $R_o=r_{ce1}//r_{ce2}$; (b) $R_o=r_{ce1}//\left[r_{ce2}\left(1+\dfrac{\beta_2 R_{E2}}{R_{E2}+r_{be2}+R_{B1}//R_{B2}}\right)\right]$ 。

【3-34】 $\dot{A}_v=\dfrac{(1+\beta)(R_E//R_{i2})}{r_{be1}+(1+\beta)(R_E//R_{i2})} \cdot \dfrac{\beta R_L'}{r_{be2}}$ （其中，$R_{i2}=\dfrac{r_{be2}}{1+\beta}$）。

【3-35】 (1) $R_i=4.05\text{M}\Omega$; (2) $\dot{A}_{gn}=6.4\text{mS}$; (3) $R_o=79.5\text{k}\Omega$; (4) $\dot{A}_{vo}=-582$;

(5) 该电路吸取了共集电极电路高输入阻抗的特点和共发射极电路高增益的优点，特别适用于电流信号源的放大，是第二代集成运放 μA741 中间增益级的电路结构。

第 4 章

【4-1】 (a) N 沟道 JFET。$V_{GS(off)}=-3.5\text{V}$。符号及转移特性略。

(b) N 沟道耗尽型 MOSFET。$V_{GS(off)}=-1.5\text{V}$。符号及转移特性略。

(c) P 沟道耗尽型 MOSFET。$V_{GS(off)}=0.75\text{V}$。符号及转移特性略。

【4-2】 (a) N 沟道增强型 MOSFET。符号略。$V_{GS(th)}=1\text{V}$。

(b) P 沟道增强型 MOSFET。符号略。$V_{GS(th)} = -1V$。

MOS 管饱和区与非饱和区的分界线方程为：$|v_{DS}| = |v_{GS} - V_{GS(th)}|$。

[4-3] (a) N 沟道耗尽型 MOSFET；(b) N 沟道增强型 MOSFET；

(c) P 沟道耗尽型 MOSFET；(d) P 沟道增强型 MOSFET。

[4-4] 转移特性略，$g_m = 2.5\text{mS}$。

[4-5] (1) 略；(2) $V_O = -5.64\text{V}$。

[4-6] $W_1 = W_3 = 100\mu\text{m}, W_2 = 25\mu\text{m}$。

[4-7] $I_{DQ} \approx 0.37\text{mA}, V_{GSQ} \approx -3.63\text{V}, g_m \approx 0.34\text{mS}, r_{ds} \to \infty$。

[4-8] $R_D = 10\text{k}\Omega, R_S = 5\text{k}\Omega$。

[4-9] $R_S = 2\text{k}\Omega, R_D = 5\text{k}\Omega$。

[4-11] $V_{DSQ} \approx 7\text{V}, I_{DQ} \approx 1.3\text{mA}$。

[4-12] (a) T_1、T_2、T_3 均工作在饱和区，$V_{O1} \approx 3.33\text{V}, V_{O2} \approx 6.67\text{V}$；

(b) T_1、T_2 均工作在饱和区，$V_O = 5\text{V}$。

[4-13] (a) 饱和区；(b) 截止区；(c) 可变电阻区；(d) 饱和区。

[4-14] (a) 不能。在场效应管的栅极到电源 V_{SS} 之间接入偏置电阻 R_G。

(b) 不能。将 V_{DD} 改为正电源，并在场效应管的栅极到地之间接入偏置电阻 R_G。

(c) 不能。将负电源改为正电源或将 P 沟道 JFET 改为 N 沟道 JFET。

(d) 不能。采用分压式偏置方式。

[4-15] (1) 略；(2) $\dot{A}_v = -\dfrac{g_m R_D}{1 + g_m R_{S1} + (R_{S1} + R_D)/r_{ds}} \approx -\dfrac{g_m R_D}{1 + g_m R_{S1}} \approx -3.33$；

$R_i = R_{G3} + R_{G1} // R_{G2} = 1075\text{k}\Omega$；

$R_o = R_D // [R_{S1} + (1 + g_m R_{S1}) r_{ds}] \approx 9.84\text{k}\Omega$。

[4-16] 等效电路略；$v_o \approx 30\text{mV}$。

[4-17] (1) 略；(2) $\dot{A}_{vs} = \dfrac{1}{R_i + R_s}\left[\dfrac{R_3 + g_m(R_1 R_2 + R_1 R_3 + R_2 R_3)}{1 + g_m R_2}\right]$；

$R_i = R_1 + R_3 + \dfrac{g_m R_1 R_3}{1 + g_m R_2}$；$R_o = \dfrac{R_2 + R_3 // (R_1 + R_s)}{1 + g_m\left[\dfrac{R_1 R_3}{R_1 + R_3 + R_s} + R_2\right]}$。

[4-18] (1) $I_{DQ} = 2\text{mA}, V_{GSQ} = -2\text{V}, V_{DSQ} = 6\text{V}$；(2) 略；

(3) $\dot{A}_v = 5, R_i = 0.33\text{k}\Omega, R_o = 5\text{k}\Omega$。

[4-19] (a) $\dot{A}_v \approx -2.7$；

(b) $\dot{A}_v \approx 0.696$；

(c) $\dot{A}_v \approx -27.27$；

(d) $\dot{A}_v \approx -300$。

[4-20] (1) $\dot{A}_v \approx -g_{m1} r_{ds3}$，$T_4$ 管的作用是可以有效地提高电压增益 $\dot{A}_v$；

(2) 若没有 T_2 管，$\dot{A}_v = -g_{m1}(r_{ds1} // r_{ds3} // r_{ds4})$，增益 $\dot{A}_v$ 下降。

第 5 章

【5-1】 $A(0)=200, f_H \approx 159.2\text{kHz}, GBW \approx 31.84\text{MHz}$。

【5-2】 (1) 略；(2) $A_m = 120\text{dB}, f_H \approx 1.6\text{MHz}$。

【5-3】 (1) $A_{vL} = 60\text{dB}$；(2) $A_v(\omega) = \dfrac{1000}{\left[\sqrt{1+\left(\dfrac{\omega}{10^7}\right)^2}\right]^3}, \varphi(\omega) = -3\arctan\dfrac{\omega}{10^7}$；

(3) 略；(4) $f_H \approx 0.812\text{MHz}$。

【5-4】 $\beta(\text{j}\omega) = \dfrac{100}{1+\text{j}\dfrac{\omega}{4\times 10^6}}, \omega_\beta = 4\text{Mrad/s}, \omega_T \approx 400\text{Mrad/s}$，相频特性的伯德图略。

【5-5】 (1) 出现严重的非线性失真(波形出现限幅状态)；(2) 不会出现任何失真；

(3) 不会出现任何失真；(4) 会出现低频频率失真；(5) 会出现高频频率失真。

【5-6】 $f_T = 100\text{MHz}, g_m = 77\text{mS}, C_{b'e} = 122\text{pF}, r_{b'e} = 1053\Omega, r_{bb'} = 147\Omega$。

【5-7】 (1) $f_H \approx 3.1\text{MHz}$，(2) $A_{vsm} \approx -56$；

(3) $A_{vsm} \approx -79, f_H \approx 2.5\text{MHz}, f_L \approx 241\text{Hz}$。

【5-9】 (1) $R_C = 2.8\text{k}\Omega$；(2) $C_1 = 5.68\mu\text{F}$；(3) $f_H \approx 1.848\text{MHz}$。

【5-10】 $t_r = 0.27\mu\text{s}, f_H \approx 1.3\text{MHz}$。

第 6 章

【6-1】 (1) $P_{om} \approx 2.07\text{W}$；(2) $R_B \approx 1.57\text{k}\Omega$；(3) $\eta \approx 24\%$。

【6-2】 (1) $V_{CCmin} = 12\text{V}$；(2) $I_{CMmin} = 1.5\text{A}, |V_{(BR)CEO}|_{min} = 24\text{V}, P_{CMmin} = 1.8\text{W}$；

(3) $P_D \approx 11.46\text{W}$；(4) $V_i \approx 8.5\text{V}$。

【6-3】 (1) $P_o = 12.5\text{W}, P_D \approx 22.5\text{W}, P_{T1} = P_{T2} = 5\text{W}, \eta \approx 55.6\%$；

(2) $P_o = 25\text{W}, P_D \approx 31.85\text{W}, P_{T1} = P_{T2} = 3.425\text{W}, \eta \approx 78.5\%$。

【6-4】 (1) $P_o = 12.5\text{W}, P_D \approx 22.5\text{W}, P_{T1} = P_{T2} = 5\text{W}, \eta \approx 55.6\%$；

(2) $P_{om} = 20.25\text{W}, \eta \approx 70.7\%, V_{o3} \approx 12.73\text{V}$。

【6-5】 (1) $V_{C2} = 6\text{V}$，调整 R_1、R_3 可以改变 V_{C_2} 的值；(2) $P_{om} = 2.25\text{W}$；

(3) 可调节电阻 R_2，使其增大；

(4) $P_{T1} = P_{T2} = 1157\text{mW} > 400\text{mW}$，会烧坏功放管。

【6-6】 (a)、(c)、(d)、(f)不是复合管。(b)、(e)是复合管，(b)等效为 NPN 型管，引脚 1、2、3 分别对应等效管的基极 B、集电极 C 和发射极 E，(e)等效为 N 沟道增强型 MOS 管，引脚 1、2、3 分别对应等效管的栅极 G、漏极 D 和源极 S。

【6-7】 (1) (a) NPN, $I_B = 9.2\mu\text{A}, I_C = 23.92\text{mA}, V_{CE} \approx 7.8\text{V}$ (b) PNP, $I_B = 2.18\mu\text{A}, I_C = 5.45\text{mA}, V_{CE} = -4.1\text{V}$；

(2) 复合管的等效 β 值均为 2500。

【6-8】 (1) R_1、R_2 和 T_3 组成"V_{BE} 扩大电路"，用以消除交越失真；

(2) 恒流源 I 在电路中作为电压放大级 T_1、T_2 的有源负载，用以提高电压增益；

(3) 当电路输出电流过大时，D_1、D_2 可起到过载保护作用。其工作原理如下：

$I_{E4}\uparrow \to V_{R_3}\uparrow \to V_O\downarrow \to D_1\ 导通 \to I_{B4}\downarrow \to I_{E4}\downarrow$；

$I_{E5}\uparrow \to V_{R_4}\uparrow \to V_O\uparrow \to D_2\ 导通 \to I_{B5}\downarrow \to I_{E5}\downarrow$。

【6-9】 (1) D_1、D_2 和 R_W 的作用是为输出互补功放管提供适当的直流偏置电压，消除交越失真。电容 C 起交流旁路作用，保证 T_1 管为 T_2、T_3 管输入端提供大小相等的放大信号。

(2) 电阻 R_1、R_2 的作用有两个：一方面防止 T_2 或 T_3 管截止时 T_4 或 T_5 管基极开路的情况，有利于提高输出管 T_4、T_5 的集-射间耐压参数；另一方面对 T_2、T_3 管的 I_{CEO} 起分流作用，有利于提高输出级工作的温度稳定性。

(3) $P_{om}\approx 15.2\text{W}$；(4) $\eta\approx 68\%$。

【6-10】 (1) $v_o=0$；(2) $P_{om}=\dfrac{1}{2}\cdot\dfrac{V_{CC}^2}{R_L}$。

【6-11】 (1) $P_{om}\approx 5.1\text{W}$；(2) $V_i\approx 64\text{mV}$。

【6-12】 (1) OCL；(2) $P_{om}\approx 14.06\text{W}$；(3) $\eta\approx 78.5\%$。

【6-13】 (1) $V_{CC(OTL)}=20\text{V}$，$V_{CC(BTL)}=13\text{V}$；

(2) $P_{om(OCL)}=2.25\text{W}$，$P_{om(OTL)}=0.316\text{W}$，$P_{om(BTL)}=1.266\text{W}$。

第 7 章

【7-1】 (1) $I_{C4}=0.365\text{mA}$；(2) $R_1\approx 3.3\text{k}\Omega$。

【7-2】 $A_i\approx 6$。

【7-3】 (1) 略；(2) 当 $\beta\gg 1+n_2+n_1$ 时，$I_{O1}\approx n_1 I_R$。

【7-4】 $I_{C1}\approx 1.13\text{mA}$，$I_{C3}\approx 3.33\text{mA}$，$R_{o3}\approx 1013\text{k}\Omega$。

【7-5】 $R_2\approx 11.92\text{k}\Omega$，$R_o\approx 53.4\text{M}\Omega$。

【7-6】 $I_{C2}\approx 0.51\text{mA}$。

【7-7】 各管电流均为 1.86mA，$V_{R_1}=V_{R_2}=V_{R_5}=1.86\text{V}$，$V_{R_4}=3.72\text{V}$，$V_{R_3}=18.6\text{V}$。

【7-10】 $\dot{A}_v=-2817$。

【7-11】 $W/L=26/1$。

【7-12】 $R=2.21\text{k}\Omega$，$I_3=1\text{mA}$，$I_4=2\text{mA}$。

【7-13】 $\dot{A}_v=-200$。

【7-14】 $(W/L)_6=(W/L)_5=6/0.3$，$(W/L)_9=12/0.3$。

【7-15】 (1) 略；(2) $R_{id}=10.1\text{k}\Omega$，$R_{od}=10.2\text{k}\Omega$，$A_{vd}\approx -50$；

(3) $R_{ic}\approx 0.52\text{M}\Omega$，$R_{oc}\approx 5.1\text{k}\Omega$，$A_{vc1}\approx -0.33$，$K_{CMR}\approx 101$。

【7-16】 $R_{id}=10.1\text{k}\Omega$，$R_{od}=10.2\text{k}\Omega$，$A_{vd}\approx -50$；$R_{ic}\approx 10.11\text{M}\Omega$，$R_{oc}=5.1\text{k}\Omega$，$A_{vc1}\approx -0.03$，$K_{CMR}\approx 990.1$。

【7-17】 (1) $I_{CQ1}=I_{CQ2}=0.24\text{mA}$，$V_{CEQ1}=15.7\text{V}$，$V_{CEQ2}=5.8\text{V}$；

(2) $R_{id}=17.22\text{k}\Omega$，$R_{od}=20\text{k}\Omega$，$A_{vd2}\approx 34.8$，$A_{vc2}\approx -0.167$，$K_{CMR}\approx 208.4$；

(3) $v_o\approx 1.73\text{V}$，$v_O=6.83\text{V}$。

【7-18】 (1) T_3、T_4 构成比例式镜像电流源，用以代替公共射极电阻 R_{EE}，以提高电路的共模抑制比；

(2) $I_{CQ1}=I_{CQ2}\approx 1\text{mA}$；(3) $A_{vd1}\approx -88.3$。

【7-19】 $-8.3\text{V}<V_{Ic}<5.4\text{V}$。

【7-20】 (1) $v_o=1.96\sin\omega t(\text{V})$；(2) $v_O=(0.98-1.96\sin\omega t)\text{V}$；
(3) $-9.3\text{V}<V_{Ic}<9.4\text{V}$；(4) A_{vd} 减小，R_{id} 增大。

【7-21】 (1) $I_{CQ1}=I_{CQ2}\approx 0.5\text{mA}$，$A_{vd}\approx -64.33$；
(2) 若去掉 R_{B1}，差分对管无静态偏置，输出信号将产生失真。

【7-22】 $R_{id}\approx 19.6\text{M}\Omega$，$A_{vd}\approx -239.8$。

【7-23】 (1) 电位器的动臂应向右移动；(2) $A_{vd}\approx -24.8$，$R_{id}=64.5\text{k}\Omega$。

【7-24】 $I_{SS}=2.34\text{mA}$，$A_{vd2}=5.4$，$A_{vc2}\approx -0.47$，$K_{CMR}\approx 11.5$，$v_o\approx 51.7\text{mV}$。

【7-25】 $A_{vd}=A_{v1}=\dfrac{g_{m1}}{1/r_{ds1}+1/r_{ds3}+g_{mb3}}$。

【7-26】 $A_{vd2}\approx 11.88$，$A_{vc2}\approx -0.00049$，$K_{CMR}\approx 2.4\times 10^4$，$R_{id}\approx 13.5\text{k}\Omega$，$R_{od}\approx 4.7\text{k}\Omega$。

【7-27】 $R_{id}\approx 663.8\text{k}\Omega$，$A_{vd1}\approx -29.1$，$A_{vc1}\approx -0.65$，$K_{CMR}\approx 44.8$。

【7-28】 (1) $I_{EQ1}=I_{EQ2}=0.15\text{mA}$；(2) 减小 R_{C2} 的值；(3) $R_{C2}\approx 6.8\text{k}\Omega$；
(4) $A_{vd}\approx -336.7$。

【7-29】 (1) $A_v\approx 726.7$；(2) $R_{id}=5.1\text{M}\Omega$，$R_o=24\text{k}\Omega$；
(3) $A_{vd1}\approx -10.2$，$A_{vc1}\approx -9.74\times 10^{-4}$，$K_{CMR}\approx 1.05\times 10^4$。

【7-30】 $A_g\approx 19.23 I_A$。

【7-31】 (1) 略；(2) D_1 的作用是为 T_6 管提供一个偏置电压，使静态时 T_6 管的发射极比基极高出一个门限电压；(3) 3 端为同相输入端，2 端为反相输入端。

【7-32】 $R_i\approx 4.51\text{M}\Omega$，$A_v\approx -1816$。

【7-33】 $R_{id}\approx 2607\text{k}\Omega$，$A_g\approx 192\mu\text{S}$。

【7-34】 (1) 略；(2) T_8、T_9 管组成镜像电流源，作为输入级的有源负载，从而提高电压增益；I_{O1} 为差分输入级的恒流源，内阻极大，可提高电路的共模抑制比；I_{O2} 为 T_{10} 管的射极有源负载，用以提高其输入电阻；I_{O3} 为 T_{12} 管的集电极有源负载，用以增大其电压增益和输出电流，提高驱动能力。

第 8 章

【8-1】

电路	反馈网络	交、直流性质	反馈类型	反馈极性
(a)	R_f	交、直流	电压并联	负
(b)	R_f、R_{C2}	交、直流	电流并联	正
(c)	R_{E2}	交、直流	电流串联	正
(d)	R_f、C_f、R_{E2}	交流	电流并联	负
(e)	R_f、R_{E12}	交、直流	电流串联	正
(f)	R_E	交、直流	电流串联	负
(g)	R_f、R_G	交、直流	电压串联	负
(h)	R_f、R_E	交、直流	电压串联	正
(i)	R_{E1}、R_{E2}、T_2	交、直流	电压串联	负

续表

电路	反馈网络	交、直流性质	反馈类型	反馈极性
(j)	R_1、R_2、R_3	交、直流	电压并联	负
(k)	A_2、R_3	交、直流	电压并联	负
(l)	R_6	交、直流	电流串联	负

【8-2】 $V_f = 99\mathrm{mV}, V_i = 100\mathrm{mV}, V_i' = 1\mathrm{mV}$。

【8-3】 (a) $\dot{A}_f = \dfrac{\dot{A}_1 \dot{A}_2}{1 + \dot{A}_1 \dot{F}_1 + \dot{A}_1 \dot{A}_2 \dot{F}_2}$；(b) $\dot{A}_f = \dfrac{\dot{A}_1 \dot{A}_2}{1 + \dot{A}_2 \dot{F}_2 + \dot{A}_1 \dot{A}_2 \dot{F}_1}$；

(c) $\dot{A}_f = \dfrac{\dot{A}_1 \dot{A}_2}{1 + \dot{A}_1 \dot{F}_1 + \dot{A}_2 \dot{F}_2 + \dot{A}_1 \dot{A}_2 \dot{F}_3}$。

【8-4】 $1 + A_1^3 F = \dfrac{3B_1}{B_2}$。

【8-5】 $A_{vf} \approx 100$。

【8-6】 (1) 约为 2.19V；(2) 约为 0.196V。

【8-8】 (1) 引入电压串联负反馈，②→⑤，⑦→R_f→④；
(2) 引入电流并联负反馈，②→⑤，⑥→R_f→①；
(3) 引入电流串联负反馈，③→⑤，⑥→R_f→④；
(4) 引入电压并联负反馈，③→⑤，⑦→R_f→①。

【8-9】 (1) 题图 8.7(a)电路的输入电阻大，题图 8.7(b)电路的输出电阻大；(2) 题图 8.7(a)；
(3) 题图 8.7(a)。

【8-11】 $\dot{A}_v = \dot{A}_{v1} \dot{A}_{v2}$ （其中，$\dot{A}_{v1} = -\dfrac{g_m(R_D // R_{i2})}{1 + g_m R_S}$，$R_{i2} = r_{be2} + (1+\beta)R_E$，

$\dot{A}_{v2} = -\dfrac{\beta R_L}{r_{be2} + (1+\beta)R_E}$ ），$\dot{A}_{vf} = 1 + \dfrac{R_f}{R_S}$。

【8-12】 (1) 略；(2) 略；(3) $\dot{A}_{vfa} \approx -\dfrac{R_8 + R_5 + R_3}{R_3} \cdot \dfrac{R_7}{R_8}$，$\dot{A}_{vfb} \approx -\dfrac{R_8}{R_s}$。

【8-13】 (1) 略；(2) 略；(3) $\dot{A}_{vf} = 91$。

【8-14】 $\dot{A}_{vf} \approx -2.77$。

【8-15】 (1) 略；(2) 略；(3) 连线变动前，$\dot{A}_{vf} = -10$，连线变动后，$\dot{A}_{vf} = 11$。

【8-16】 (1) 略；(2) 略；(3) 略；(4) $\dot{A}_{vf} \approx 38$。

【8-17】 (1) 略；(2) $R_f = 18.5\mathrm{k}\Omega$。

【8-18】 (1) 能，$\varphi_m = 45°$；(2) 略；(3) $BW = 0.1\mathrm{MHz}, BW_f = 10\mathrm{MHz}$。

【8-20】 (1) $R_{fmin} = 1\mathrm{M}\Omega$；(2) $R_f = 100\mathrm{k}\Omega, C_f = 10\mathrm{pF}$。

【8-21】 F_v 的变化范围为：$10^{-5} \sim 10^{-4}$；环路增益的范围为：20dB。

【8-22】 (1) 略；(2) $F = 10^{-5}$；(3) $C_\varphi = 0.066\mu\mathrm{F}$。

【8-23】 (1) $\varphi_m = 90°, G_m = 20\mathrm{dB}$；(2) 略。

第 9 章

【9-1】 (a) $v_O = 0.5(v_{I2} - v_{I1})$; (b) $v_O = v_{I1} + 1.5 v_{I2}$。

【9-2】 $v_O = -7\text{mV}$。

【9-3】 $A_{vf} = -\dfrac{R_2}{R_1}\left(1 + \dfrac{R_4}{R_2} + \dfrac{R_4}{R_3}\right)$, $R_1 = R_2 = R_4 = 1\text{M}\Omega$, $R_3 = 10.2\text{k}\Omega$。

【9-4】 $v_O = -\dfrac{R_2}{R_1}(v_{I1} - v_{I2})$, $A_{vf} = -10$。

【9-5】 (a) $A_{vf} = -2\left(1 + \dfrac{1}{A}\right)\dfrac{R_2}{R_1}$; (b) $A_{vf} = -2$。

【9-7】 (1) $v_O = \dfrac{R_2 R_3 v_1 + R_1 R_3 v_2 + R_1 R_2 v_3}{R_1 R_2 + R_2 R_3 + R_1 R_3}$; (2) $v_O = \dfrac{1}{3}(v_1 + v_2 + v_3)$。

【9-8】 $v_O = -\dfrac{R_2}{R_1}\left(\dfrac{\delta}{4 + 2\delta}\right) v_I$。

【9-9】 $A_{vf} = -3$, $R_i = 900\text{k}\Omega$。

【9-10】 $v_O(t) = (50 - 40^{-t/\tau})\text{mV}$。

【9-11】 (1) $v_O(1\text{s}) = -5\text{V}$;

(2) $v_O(t)$ 的波形略, 幅值为 -7.66V, 回零时间为 120ms。

【9-12】 $\dfrac{d^2 v_O(t)}{dt} + 10 \dfrac{d v_O(t)}{dt} + 2 v_O(t) = v_S(t)$。

【9-13】 (1) $v_{O1} = -3 v_{S1}$, $v_{O2} = -\dfrac{1}{10}\int_0^t v_{S2} dt$, $v_O = 3 v_{S1} + \dfrac{1}{10}\int_0^t v_{S2} dt$; (2) 略。

【9-14】 $v_O(t) = -R_3 C \dfrac{d v_S(t)}{dt}$。

【9-15】 (1) $\dfrac{V_o(s)}{V_s(s)} = -\dfrac{s R_2 C_1}{(1 + s R_1 C_1)(1 + s R_2 C_2)}$; (2) $f \ll f_H = \dfrac{1}{2\pi RC}$。

【9-16】 证明略; v_O 的变化范围为 $6.99\text{V} \sim 6.97 \times 10^{-10}\text{V}$。

【9-18】 (1) $v_{O1} = K_1 v_{S1}^2$, $v_{O2} = K_2 v_{S2}^2$, $v_O = -K(v_{S1}^2 + v_{S2}^2)$; (2) $v_O = -K V_{sm}^2$。

【9-20】 (1) $V_O = 122\text{mV}$; (2) $V_O = 121.99\text{mV}$。

【9-21】 (1) $\Delta V_O \approx 31\text{mV}$; (2) $\Delta V_O \approx 24\text{mV}$; (3) $\Delta V_O \approx 112\text{mV}$。

【9-22】 $R = 93.75\text{k}\Omega$。

【9-23】 (1) -0.1V; (2) 在运放的同相端接 $-90.9\text{k}\Omega$ 的平衡电阻;

(3) 20mV; (4) 55mV; (5) 75mV。

【9-24】 (1) $\Delta V_O \approx 5.51\text{V}$; (2) $\Delta V_O \approx 0.5\text{V}$; (3) 94.3℃。

【9-25】 (1) 略; (2) 略; (3) D_2 为整流管, D_1 为反馈管, 若去掉 D_1, 当 $v_1 > 0$ 时, 运放将处于开环状态。

【9-27】 (1) 略; (2) $-\pi \rightarrow -2\pi$。

【9-28】 (a) $A_v(s) = -\dfrac{s R_2 C}{1 + s R_1 C}$, 高通滤波电路;

(b) $A_v(s) = -\dfrac{sR_2C_1}{1+s(R_1C_1+R_2C_2)+s^2R_1R_2C_1C_2}$,带通滤波电路。

【9-29】 (1) $A_1(s) = -\dfrac{sR_1C}{1+sR_1C}$,$A(s) = -\dfrac{1}{1+sR_1C}$;

(2) 分别为一阶高通滤波电路和一阶低通滤波电路。

【9-30】 (1) 高通滤波电路;(2) $A_{vp} = -1$,$\omega_0 = \dfrac{1}{\sqrt{R_1R_2}C}$,$Q = \dfrac{1}{3}\sqrt{\dfrac{R_1}{R_2}}$。

【9-32】 (1) $V_{Z1} = 3.3\text{V}$,$V_{Z2} = 6.3\text{V}$;$900\Omega \leqslant R \leqslant 1200\Omega$。

【9-35】 (a) $\Delta V_T = 14\text{V}$;(b) $\Delta V_T = 7\text{V}$。

【9-39】 $\Delta V_T = 2V_{\text{REF2}}$。

第 10 章

【10-1】 (a) 不能;(b) 能。

【10-2】 (1) 能;(2) $R_{E1\max} = 40\text{k}\Omega$;(3) $145\text{Hz} \sim 1.6\text{kHz}$;

(4) R_f(负温度系数)或 R_{E1}(正温度系数)。

【10-3】 (1) a 是同相端,b 是反相端;(2) $f_0 \approx 10\text{kHz}$;(3) R_4 为隔离电阻,用来减小二极管 D 的负载效应;D 和 C_1 组成整流滤波电路,将 v_o 转换为直流电压,作为场效应管 T 的栅极控制电压;T 工作在可变电阻区,当 v_o 幅值变化时,在 V_{GS} 的控制下,使漏源电阻 R_{GS} 改变,从而达到稳幅和减小非线性失真的目的;(4) $V_{om} \downarrow \to V_{GS} \downarrow \to I_D \uparrow \to R_{on} \downarrow \to |A_v| \uparrow \to V_{om} \uparrow$。

【10-4】 $R_W = 3.55\text{k}\Omega$。

【10-5】 能,$f_0 = \dfrac{1}{2\pi\sqrt{6}RC}$。

【10-6】 题图 10.6(a)可能产生振荡,题图 10.6(b)、(c)、(d)不能产生振荡;将题图 10.6(b)、(c)中的放大电路改为反相放大电路,将题图 10.6(d)中的放大电路改为同相放大电路。

【10-7】 (1) $A(\text{j}\omega) = A_1(\text{j}\omega) \cdot A_2(\text{j}\omega) = \dfrac{1-\text{j}\omega(R_{W1}+R_{W2})C-(\omega/\omega_0)^2}{1+\text{j}\omega(R_{W1}+R_{W2})C-(\omega/\omega_0)^2}$,其中,$\omega_0 = \dfrac{1}{\sqrt{R_{W1}R_{W2}}C}$;(2) 略。

【10-8】 $\omega_0 = \dfrac{1}{\sqrt{R_1R_2'C_1C_2}}$,式中,$R_2' = R_2 // R_3$;

(1) $\omega_0 = 4\times10^3\text{rad/s}$,$R_{f\min} = \sqrt{3}R_3 = 17.32\text{k}\Omega$;

(2) $\omega_0 \approx 4.47\times10^3\text{rad/s}$,$R_{f\min} = \sqrt{13}R_3 = 36.06\text{k}\Omega$。

【10-9】 (a) 不能;(b) 能。

【10-10】 不能,若要产生振荡,应将第一级放大电路改为共发射极放大电路。

【10-11】 $f_0 = \dfrac{1}{2\pi\sqrt{(L_1+L_2)C}}$,$g_m > \dfrac{L_2}{L_1R_D}$。

【10-12】 $f_0 = \dfrac{1}{2\pi\sqrt{LC/2}}$, $V_{\text{GSQmin}} = 1.5\text{V}$, 该振荡器中没有栅极电流。

【10-13】 交流通路略, 石英晶体在电路中起电感作用。

【10-14】 题图 10.14(a)反馈线中串接隔直电容 C_C, 隔断电源电压 V_{CC}; 题图 10.14(b)中去掉 C_E, 消除 C_E 对回路的影响, 加 C_B 和 C_C 以保证基极交流接地并隔断电源电压 V_{CC}; L_2 改为 C_1 构成电容三点式振荡电路; 题图 10.14(c)中 L_2 改为 C_1 构成电容三点式振荡电路; 去掉原电路中的 C_1, 保证栅极通过 L_1 形成直流通路; 题图 10.14(d)反馈线中串接隔直电容 C_B, 隔断 V_{CC}, 使其不能直接加到基极上; 题图 10.14(e)中 L 改为 C_1L_1 串接电路, 构成电容三点式振荡电路; 题图 10.14(f)中去掉 C_2, 以满足相位平衡条件; 改正后的电路略。

【10-15】 (1) 石英晶体用作电阻, 即工作在串联谐振点上;
(2) 电路利用 JFET 的可变电阻性实现了稳幅。

【10-16】 $R < 160\text{k}\Omega$。

【10-17】 $f = \dfrac{R_2}{4RR_1C} \approx 3.068\text{kHz}$; v_{O1}、v_{O2} 的波形略。

【10-18】 (1) 该电路是一个方波-三角波产生电路, v_{O1} 为三角波输出, v_{O2} 为方波输出;
(2) 略; (3) $f = 1250\text{Hz}$。

【10-19】 (1) v_{O1} 为三角波, v_{O2} 为方波, v_{O3} 为矩形波, 其脉冲占空比由控制信号 V_C 决定, 波形略;
(2) $T \approx 3.2\text{ms}$; (3) $\delta = \dfrac{T_1}{T} = \left(\dfrac{5}{64}V_C + 0.5\right) \times 100\%$, $\delta \approx 70\%$。

【10-20】 (1) 略; (2) $T \approx T_1 = 120\text{ms}$;
(3) 可调节偏移支路 V_T、R_5 的参数, 也可以调整 R_2、R_3 的大小。

【10-22】 (1) A_1 构成反相输入迟滞电压比较器, A_2 构成符号运算电路, A_3 构成反相积分电路; (2) 略。

第 11 章

【11-1】 (1) $V_2 \approx 16.67\text{V}$; (2) 略; (3) 略。

【11-2】 (1) D_Z 接反时, $V_O = 0.7\text{V}$; 若 R 短路, 将烧坏稳压管;
(2) $V_2 = 15\text{V}$, $V_O = V_Z = 6\text{V}$;
(3) $R_o \approx r_Z = 20\Omega$, $\Delta V_O/\Delta V_I \approx 0.0196$; (4) 略。

【11-3】 (1) 12~18V; (2) $P_{CM} = 1.2\text{W}$; (3) $V_2 \approx 18\text{V}$; (4) 电容虚焊。

【11-4】 (1) 略; (2) $V_{\text{REF}} = V_Z + V_{\text{BE(on)}2} = 6.3 + 0.7 = 7\text{V}$, 极性为上"+"下"−"。

【11-5】 $V_{\text{REF}} = V_{\text{BE1}} + \dfrac{R_2}{R_3}\ln\left(\dfrac{R_2}{R_1}\right)V_T = V_{\text{BE1}} + KV_T$。

V_{BE} 具有负的温漂, 而 V_T 具有正的温漂, V_{BE} 和 V_T 的温漂极性相反, 精确合理地选择 K 可使 V_{REF} 的温漂系数为零, 得到精密的基准电压 V_{REF}。

【11-6】 (1) 整流部分: 二极管 D_2、D_4 的极性接反; 稳压部分: 稳压管 D_{Z1}、D_{Z2} 的极性接反, 运放的同相端和反相端接反, 不能构成负反馈;

(2) $V_I = 24V$, T_1、R_1、D_{Z2} 为启动电路；

(3) $V_A = 24V$, $V_B = 12V$, $V_C = V_D = 6V$, $V_E = 13.4V$, $V_{CE3} = 12V$；

(4) $9 \sim 18V$。

【11-7】 (1) $V_{O1} = 18V$；(2) $V_{BR} \geqslant 21.2V$；

(3) 正常情况下为 6V，最危险情况下为 18V；(4) $P_C = 0.6W$。

【11-8】 $I_O = 10mA$, $V_O = (6 \sim 7)V$。

【11-9】 $V_O = V_{XX} \left(\dfrac{R_3}{R_3 + R_4} \right) \cdot \left(1 + \dfrac{R_2}{R_1} \right)$。

【11-10】 (1) 略；(2) $V_{REF} = -7.7V$；(3) $n \approx 0.64$, $R_{19} = 28.5k\Omega$。

【11-11】 $v_C = 2.45V$。

【11-12】 (1) $R_1 = (120 \sim 240)\Omega$；(2) $V_O \approx 18.3V$；

(3) $R_2 = 5.25k\Omega$, $V_{Imin} = 32V$；(4) $1.2 \sim 36.6V$。

【11-13】 $0.01A \leqslant I_O \leqslant 1.5A$。

【11-14】 ①—④；②—⑥；③—⑧—⑪—⑬；⑤—⑦—⑨；⑩—⑫。

参 考 文 献

[1] FARRINGTON G C. ENIAC：birth of the information age[J]. Popular Science. 1996,248(3)：74-76.
[2] 童诗白,华成英. 模拟电子技术基础[M]. 6 版. 北京：高等教育出版社,2023.
[3] 康华光,张林. 电子技术基础 模拟部分[M]. 7 版. 北京：高等教育出版社,2021.
[4] 冯军,谢嘉奎. 电子线路[M]. 6 版. 北京：高等教育出版社,2022.
[5] 赵进全,杨栓科. 模拟电子技术基础[M]. 3 版. 北京：高等教育出版社,2019.
[6] 黄丽亚,杨恒新,袁丰. 模拟电子技术基础[M]. 4 版. 北京：机械工业出版社,2022.
[7] 王骥,宋芳,林景东,等. 模拟电路分析与设计[M]. 3 版. 北京：清华大学出版社,2020.
[8] THOMAS L F,DAVID M B. 模拟电子技术基础 系统方法[M]. 朱杰,蒋乐天,译. 北京：机械工业出版社,2015.
[9] NEAMEN D A. Microelectronic：circuit analysis and design[M]. 4th ed. 北京：清华大学出版社,2018.
[10] THOMAS L F,DAVID M B. Fundamentals of analog circuits[M]. 2nd ed. 北京：高等教育出版社,2004.
[11] MUHAMMAD H R. 电子电路分析与设计[M]. 王永生,罗敏,田丽,等译. 2 版. 北京：清华大学出版社,2015.
[12] 孙肖子,赵建勋. 模拟电子电路及技术基础[M]. 3 版. 西安：西安电子科技大学出版社,2017.
[13] WILSON P,MANTOOTH H A. 复杂电子系统建模与设计[M]. 黎飞,王志功,译. 北京：机械工业出版社,2017.
[14] 王成华,胡志忠,邵杰,等. 现代电子技术基础[M]. 3 版. 北京：北京航空航天大学出版社,2020.
[15] 周淑阁. 模拟电子技术基础[M]. 北京：高等教育出版社,2004.
[16] 郑君里,应启珩,杨为理. 信号与系统[M]. 4 版. 北京：高等教育出版社,2024.
[17] SERGIO F. 基于运算放大器和模拟集成电路的电路设计(原书第 4 版·精编版)[M]. 何乐年,奚剑雄,等译. 北京：机械工业出版社,2018.
[18] 赵曙光. 可编程器件技术原理与开发及应用[M]. 西安：西安电子科技大学出版社,2011.
[19] 郭锁利,刘延飞,李琪,等. 基于 Multisim 的电子系统设计、仿真与综合应用[M]. 2 版. 北京：人民邮电出版社,2012.
[20] 周润景,李波,王伟,等. Multisim 14 电子电路与仿真实践[M]. 北京：化学工业出版社,2023.